Python开发技术大全

吴仲治◎编著

图书在版编目（CIP）数据

Python开发技术大全/吴仲治编著. —北京：机械工业出版社，2020.8

ISBN 978-7-111-66152-8

Ⅰ. P…　Ⅱ. 吴…　Ⅲ. 软件工具－程序设计　Ⅳ. TP311.561

中国版本图书馆CIP数据核字（2020）第132404号

Python 开发技术大全

出版发行：机械工业出版社（北京市西城区百万庄大街 22 号　邮政编码：100037）

责任编辑：李华君　　责任校对：姚志娟

印　　刷：中国电影出版社印刷厂　　版　　次：2020 年 8 月第 1 版第 1 次印刷

开　　本：186mm×240mm　1/16　　印　　张：35.25

书　　号：ISBN 978-7-111-66152-8　　定　　价：149.00 元

客服电话：（010）88361066　88379833　68326294　　投稿热线：（010）88379604

华章网站：www.hzbook.com　　读者信箱：hzit@hzbook.com

前言

Python 作为一门编程语言，有 30 多年的历史了。其热度在最近几年迅速攀升，究其原因，除了因为该语言具有简洁、容易上手的特点外，还因为它在人工智能、数据处理和爬虫等多个领域提供了非常优秀的开发库。这些优秀的 Python 库极大地扩展了 Python 的应用领域，并且使得 Python 逐步成为这些领域的首要开发语言。本书兼顾 Python 的语法知识和 Python 在各个领域的应用实例，不但能够让读者快速入门，而且可以让读者比较全面地掌握 Python 编程中的一些高级主题。

笔者将多年的知识积累和务实的工作经验浓缩成这本书，奉献给千千万万学习 Python 编程的人。本书包含大量的代码实例，涉及 Python 语言的方方面面。本书讲解深入浅出、通俗易懂，将抽象的概念用典型实例浅显直白地进行了讲解。本书涉及的内容繁多，不但全面涵盖 Python 语言的基础语法，而且涵盖多线程、多进程、Redis、容器、爬虫、Flask 框架、图形界面应用和数据处理等诸多高级主题。不论哪方面的内容，本书都强调实战，而绝不囿于示意与演示。读者学到的将会是紧跟时代发展的技术，是完全可以在实际工作中直接使用的开发知识。相信借助本书，你的 Python 学习之旅一定会成为一种难忘的体验。

本书特色

1．内容全面、实用，讲解详略得当，章节安排符合学习者的认知规律

本书全面涵盖 Python 编程的相关知识，所讲解的内容非常注重实用性和可操作性。书中对必须掌握的细节绝不吝惜笔墨，都是通过真实的代码演示各个知识点；而对仅需要大致了解的内容也绝不浪费纸张，这使得图书的整体结构紧凑，内容重点突出。这样的安排能够帮助读者快速上手，并且将精力重点放在培养解决实际问题的能力上。这种由浅入深、循序渐进的讲授方式完全遵循和尊重学习者尤其是初学者对软件开发的认知规律。

2．涵盖大量生动有趣的实例，帮助读者深刻理解所学知识

本书中的每个章节都包含一些生动有趣的实例，通过人们在生活中经常碰到的一些例子来演示 Python 编程的知识点。这些例子都是我们在学习其他编程语言时经常会碰到的一些经典实例，例如如何让 3 种动物安全过河、汉诺塔问题和背包问题等。笔者在书中详细介绍了这些例子的编码实现过程，并对一些重点和难点问题做了分析。

在介绍 Python 知识时，笔者的讲授绝不是那种死板教条的模式，而是从一个程序员的视角对这些知识进行生动有趣、通俗易懂的讲解。这犹如一位编程伙伴陪伴你在 Python

主题公园中游玩，让你在不知不觉中就对 Python 编程有了全面的了解，帮助你在较短的时间内成为 Python 编程达人。全面阅读本书后，你将会发现整个学习过程并不痛苦，而且还非常有趣。

3．涉及面很广，不仅适合Python初学者，也适合Python进阶者

本书从最基本的 Python 语言历史和 Python 基础语法开始讲解，逐步深入到诸如类、多线程、多进程、容器、爬虫和数据处理等高级话题，不仅适合 Python 初学者学习，让他们快速跨入 Python 编程的大门，而且适合 Python 进阶开发者阅读，让他们全面掌握 Python 编程涉及的高级话题，解决实际应用开发过程中碰到的种种难题。

本书内容

第1篇　Python编程基础（第1～8章）

第 1 章从 Python 的历史入手，介绍 Python 的版本、Python 语言的特点及 Python 开发需要的基础知识，掌握这些内容可以为后续章节的学习打好基础。

第 2 章介绍整型、浮点数、字符串、布尔型、列表、元组、集合和字典等 Python 定义的基本数据类型，以及这些数据类型的运算操作。我们将会在后续章节中使用这些基本数据类型构造自己的数据类型。

第 3 章介绍函数的定义和使用、函数参数的使用、常见的系统自带函数，以及 lambda 函数和递归等方面的内容。

第 4 章介绍模块和包的概念与定义，另外还介绍第三方 Python 包的各种安装方法。

第 5 章介绍文件操作的方方面面，包括打开文件、读写文件、文件模式和 with 语句的使用等。

第 6 章介绍正则表达式、数学库、时间库、日期库、二叉树、串行化、随机数等常用模块，这些模块涵盖了 Python 开发过程中的基础内容。

第 7 章介绍如何捕捉异常、得到异常信息、忽略某些异常、抛出异常、自定义异常对象，以及异常处理在 Python 2 和 Python 3 中的异同，最后介绍常见的系统定义异常。

第 8 章介绍类及其属性和方法、类的派生方法、多重派生的使用等内容。通过类可以定义自己的类型，从而可以不仅仅使用系统定义的类型。

第2篇　Python编程高级主题（第9～21章）

第 9 章介绍线程的概念和特点、使用线程类创建和停止线程、线程同步、线程安全等内容。通过使用线程，程序可以获得并发能力。

第 10 章介绍进程的概念和特点、使用进程类创建和停止进程、查看进程状态、在进程之间共享数据、同步进程及协调进程的运行等内容。通过进程可以使用其他可执行文件

提高代码的性能。

第 11 章介绍迭代器和生成器的概念，以及如何使用迭代器节省系统资源，如何操作生成器获得期望的数据等。

第 12 章介绍装饰器的起源、装饰函数与被装饰函数的参数、常用装饰器的用法等。

第 13 章介绍如何处理 csv 文件、yaml 文件和 json 文件等。这些都是常见的数据文件格式，可以使用它们保存数据，也可将其用于不同程序之间的数据交换。

第 14 章介绍软件测试的概念、PyUnit 和 Pytest 的使用、生成测试报告、产生覆盖率数据、运行自动化测试用例、共享测试脚手架等内容。程序代码必须经过测试才可以发布，借助测试框架可以大幅度提升代码的质量。

第 15 章介绍网络编程的概念、socket 接口、UDP 客户端程序的编写、UDP 服务器程序的编写、TCP 客户端程序的编写、TCP 服务器程序的编写、socket 的属性控制等。通过本章的学习，可以编写出基于 TCP/IP 协议的网络应用程序。

第 16 章介绍容器的概念、容器镜像的下载、容器实例的启动、容器实例的查看、容器镜像的创建、容器镜像的发布、通过 kubernetes 发布应用等。通过本章的学习，可以使用自己编写的 Python 代码完成基于容器的运维工作。

第 17 章介绍爬虫的概念、爬虫的工作原理、Scrapy 框架的安装和使用、通过过滤器来提取感兴趣的内容、配置 Scrapy 并爬取指定范围的页面、将爬取的数据保存成所希望的文件格式、使用模板、以交互式运行爬虫等。通过本章的学习，可以掌握从互联网上爬取各种有用数据的方法。

第 18 章介绍 Python 的 Web 开发框架 Flask 的工作原理、路由、通用参数和模板的使用等。通过本章的学习，能够构造自己的 Web 服务器，并提供 REST 服务或 Web 服务。

第 19 章介绍 Redis 键值数据库的概念、Redis 服务器的搭建、Redis 客户端库、元操作、字符串操作、哈希数据的操作、列表和集合的操作、订阅机制、时效设置等内容。通过本章的学习，可以搭建 Redis 服务器，操作 Redis 服务器上的数据，并通过 Redis 服务器进行数据交换。

第 20 章介绍 Tkinter、wxPython、PyQt 等图形界面库的使用，以及如何使用这些库提供的元素，另外还介绍图片的使用、用户操作事件的处理等内容。通过本章的学习，可以编写出自己的图形界面程序。

第 21 章介绍 matplotlib 的使用、各种统计数据图的生成、NumPy 数据处理、NumPy 金融应用、使用 NumPy 进行傅里叶变换、使用 NumPy 训练神经网络等。通过本章的学习，可以编写出各种处理工程数据的程序，还可以训练自己的神经网络。

配书资源

本书涉及的所有实例源代码文件及其他相关资源需要读者自行下载。请在华章公司的网站 www.hzbook.com 上搜索到本书，然后单击“资料下载”按钮，即可在本书页面上找到配书资源下载链接。

读者对象

- Python 初学者与进阶者；
- Python 从业人员；
- Python 编程爱好者；
- 互联网产品开发人员；
- 数据运维人员；
- 数据清洗与分析人员；
- 数据库管理人员；
- 桌面应用开发人员；
- 高校计算机等专业的学生；
- 培训机构的学员。

本书作者

本书由吴仲治编写。笔者是一个拥有近 30 年软件开发经验的老兵，使用过 Fortran、Pascal、Perl、C/C++、C#和 Java 等高级语言，在电信、互联网、云计算等领域有丰富的开发经验。近十年笔者逐步转到 Python 开发，目前正在享受 Python 带来的快速开发体验，以及 Python 在各领域的各种库所带来的便捷。作为一个 Python 语言的深度用户，笔者愿意将自己多年的 Python 开发经验分享给广大 Python 编程爱好者，以帮助他们快速成长。

本书涉及的内容比较庞杂，而且 Python 技术也是日新月异，加之编者水平和成书时间所限，书中难免存有一些疏漏和不当之处，敬请指正。阅读本书时若有疑问，请发 E-mail 到 hzbook2017@163.com。

目录

第 2 篇　Python 编程高级主题

第 1 篇
Python 编程基础

第 1 章　Python 语言基础

很高兴您打开本书，本书主要介绍 Python 语言以及其在各个领域的应用。作为本书的第 1 章，我们将简要介绍一些 Python 相关的基础知识，主要覆盖以下内容：

- Python 语言介绍；
- Python 版本介绍；
- Python 集成开发环境介绍；
- 代码运行方式；
- 网页运行方式；
- Python 的基本语法；
- Python 之禅。

1.1　Python 语言介绍

Python 是一种高级计算机编程语言，作者是荷兰人吉多·范罗苏姆。在 1989 年圣诞节期间，吉多打算开发一种新的脚本语言，用来取代 ABC 语言，就这样，一门新的编程语言 Python 诞生了。吉多之前参与了 ABC 语言的开发，其认为阻止 ABC 语言成功的一个重要因素就是 ABC 语言的开放性不够。基于这种考虑，吉多特别强调了 Python 语言的开放性，其对任何人都是免费开放的。Python 语言继承自 ABC 语言，同时也从 Unix Shell 和 C 语言中借鉴了很多有用的东西。所以从语法风格上看，Python 语言和这些“前辈”语言有某些相似性。

Python 目前已经是非常流行的编程语言了。业界有一个专门评定编程语言流行度的公司——Tiobe。就像流行歌曲排行榜一样，Tiobe 每年都会发布各种编程语言的流行度，并且发布流行度年度上升最快的编程语言。Python 语言在 2007、2010 和 2018 年获得了 TIOBE 榜单上当年最热编程语言的殊荣。在 2019 年的榜单上，可以看到 Python 排名第 4，流行度是 8.166%，比 2018 年上升了 2.36%。

Python 也是一门古老的语言，但是在早期并没有流行起来，直到 2005 年左右才得到广泛的关注。这与其自身特点和当前软件开发所要解决的问题有关。在早期，软件开发对于性能要求很高，因为当时的硬件处理能力有限，必须在软件上花费功夫来优化代码，以充分利用处理器的运算能力。但是随着硬件运算能力的大幅提升，运算性能在某些应用场景中让位于开发速度。在这种情形下，脚本由于其简单易用的特性而变成了第一选择。Python 由于其自身特点，逐渐超越了 Perl、Ruby 等脚本语言而成为当前最受欢迎的脚本语言。

Python 语言具有以下特点：

- 解释性脚本语言：不需要编译就可以直接运行。
- 面向对象：在 Python 中一切都是对象。
- 动态语言：变量的类型可以在运行时发生变化。
- 强类型：某个变量在某个特定时刻类型确定，不能将字符串对象当作整数来使用，与之相对的是弱类型语言，如 PHP。
- 语法简单、明确，入门门槛低。
- 易于扩展：可以方便地将其他语言开发的模块加入到 Python 中，如本书后面章节将介绍的 wxPython 库就是从 C++版的 wxWidget 移植过来的。
- 免费：Python 解释器都可以免费获得和使用。Python 语言也是免费的，任何人都可以开发自己的 Python 解释器，不用给任何人交专利费用。
- 可移植性强：Python 解释器在目前主流硬件架构和操作系统上都获得了支持，而且绝大多数的 Python 代码可以在这些平台上无差别地运行。
- 丰富的库：这个决定了 Python 语言的应用领域。目前 Python 在互联网、人工智能、手机应用开发等领域都有各种丰富的库可以使用。Python 语言现在可以算是一种通用开发语言了，在各个领域中都得到了应用。

1.2 Python 版本介绍

Python 作为一种语言，它也是随时间而逐步演进的。早期版本的 Python 被称作是 Python 1；在 2000 年，Python 2 的第一个版本发布了，它目前仍在广泛使用中；2008 年 Python 3 的第一个版本发布，它是目前的最新版本。不同版本的 Python 语法有所不同，有些代码使用了某个特定版本的语法，则该代码就被绑定到特定的 Python 版本上了。语言是一种规范，或者说仅仅是一张纸。编译器、解释器是语言的具体实现，不同的解释器会添加自己的一些风格。所以即使是同一份代码，使用不同的解释器其表现也会有所不同。本节就介绍 Python 语言的主要版本和常见的 Python 解释器。

1.2.1 Python 语言的版本

我们可能听说过 C++ 11、C 99 这些名词。C++ 11 表示 2011 年发布的 C++语言版本，C 99 表示 1999 年发布的 C 语言版本。Java 语言也一样，目前广泛使用的版本包括 Java 7、

Java 8 和 Java 10 等。类似地，Python 语言也是有其版本的。最初发布的是 Python 1，但是这个版本并没有广泛流行起来。现在 Python 语言主要分为两个大的版本，Python 2 和 Python 3。

Python 2 于 2000 年 10 月 16 日发布，其最后一个版本是 2.7。Python 2.7 在 2020 年 1 月 1 日已经无法得到 Python 社区的支持，所以进入到了类似于 Windows XP 的状态。

Python 3 于 2008 年 12 月 3 日发布，目前的版本是 3.7。Python 3 是目前最活跃的版本，基本上新开发的 Python 代码都会支持 Python 3。

Python 4 是未来的版本，目前还处于萌芽状态，至今没有相关发布，预计会在 2023 年左右发布第一个版本。由于目前还没有软件支持 Python 4，所以本书就不涉及 Python 4 的相关内容。

Python 3 和 Python 2 并不是完全兼容的，即在 Python 2 中可以运行的代码并不一定可以在 Python 3 中运行。这是一个很让人头疼的问题，这意味着很多老的项目需要经过重构才能迁移到 Python 3 上来。当然，Python 社区也意识到了这个问题，所以在 Python 3 中也提供了一些工具，如 2to3，这些工具可以帮助用户将 Python 2 编写的代码转换成 Python 3 编写的代码。

现阶段来看，多数 Python 库都完成了向 Python 3 迁移的任务，本书的代码也将以 Python 3 为主，同时兼顾 Python 2 的用法。建议读者安装 Python 3.5 和 Python 2.7 来练习书中的例子代码。

1.2.2　Python 的实现版本

Python 语言是开放的，任何人、任何公司或者组织都可以做出自己的实现，做出自己的解释器。目前最正统的 Python 发行版本是 python.org 提供的用 C 语言实现的 Python 解释器，该发行版本可以在 https://www.python.org/上免费下载。除了 python.org 外还有不少组织或公司也提供其他的 Python 实现版本，本节将介绍一些常见的实现版本。

1．CPython

CPython 是前面提到的由 python.org 提供的版本，其支持在 Windows、macOS、Linux 以及其他系统上运行。该版本用 C 语言实现，所以也被称作是 CPython，本书也推荐安装该版本的 Python。

在 https://www.python.org/downloads/上可以看到其发布的所有 Python 版本，包括 Python 2 和 Python 3。我们可以从这里选择自己的版本，单击链接后即可进入相关版本的下载页面，如图 1-1 所示。

在打开的链接中可以选择下载不同平台的安装包，也可以下载源代码。对于 Windows 用户，推荐下载 Windows x86-64 executable installer 安装包，如图 1-2 所示。下载后直接双击即可完成安装。

选择版本　单击进入相关版本的下载页面

Release version	Release date		Click for more
Python 3.7.3	March 25, 2019	Download	Release Notes
Python 3.4.10	March 18, 2019	Download	Release Notes
Python 3.5.7	March 18, 2019	Download	Release Notes
Python 2.7.16	March 4, 2019	Download	Release Notes
Python 3.7.2	Dec. 24, 2018	Download	Release Notes
Python 3.6.8	Dec. 24, 2018	Download	Release Notes
Python 3.7.1	Oct. 20, 2018	Download	Release Notes
Python 3.6.7	Oct. 20, 2018	Download	Release Notes

图 1-1　选择 CPython 的版本

Files

下载源文件　下载Windows下的安装包

Version	Operating System	Description	MD5 Sum	File Size	GPG
Gzipped source tarball	Source release		2ee10f25e3d1b14215d56c3882486fcf	22973527	SIG
XZ compressed source tarball	Source release		93df27aec0cd18d6d42173e601ffbbfd	17108364	SIG
macOS 64-bit/32-bit installer	Mac OS X	for Mac OS X 10.6 and later	5a95572715e0d600de28d6232c656954	34479513	SIG
macOS 64-bit installer	Mac OS X	for OS X 10.9 and later	4ca0e30f48be690bfe80111daee9509a	27839889	SIG
Windows help file	Windows		7740b11d249bca16364f4a45b40c5676	8090273	SIG
Windows x86-64 embeddable zip file	Windows	for AMD64/EM64T/x64	854ac011983b4c799379a3baa3a040ec	7018568	SIG
Windows x86-64 executable installer	Windows	for AMD64/EM64T/x64	a2b79563476e9aa47f11899a53349383	26190920	SIG
Windows x86-64 web-based installer	Windows	for AMD64/EM64T/x64	047d19d2569c963b8253a9b2e52395ef	1362888	SIG
Windows x86 embeddable zip file	Windows		70df01e7b0c1b7042aabb5a3c1e2fbd5	6526486	SIG
Windows x86 executable installer	Windows		ebf1644cdc1eeeebacc92afa949cfc01	25424128	SIG
Windows x86 web-based installer	Windows		d3944e218a45d982f0abcd93b151273a	1324632	SIG

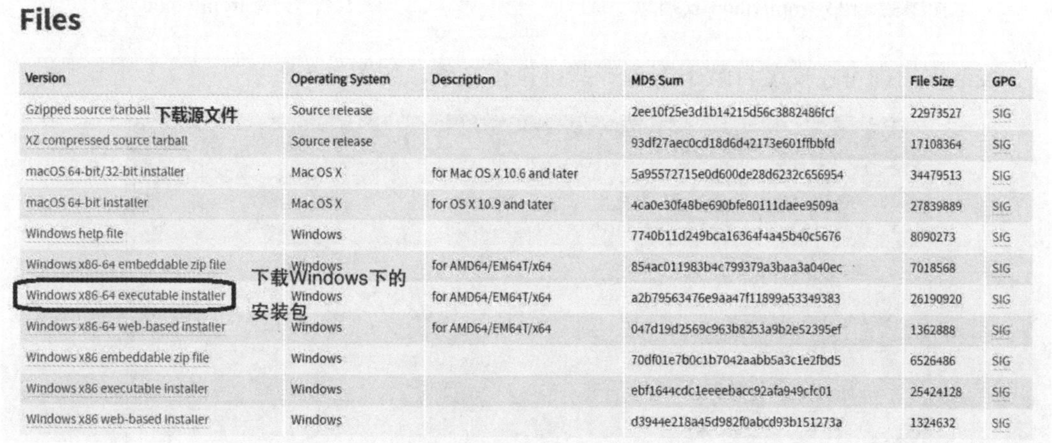

图 1-2　选择 CPython 的安装包

2. Irony Python

IronPython 是一种在.NET 和 Mono 上对 Python 语言的实现，由 Jim Hugunin（同时也是 Jython 的创造者）所创造，第一个发行版本在 2006 年 9 月 5 日发布。该 Python 实现的最大特点就是和 Windows 无缝对接，甚至可以直接编译成 Windows 下的可执行程序。可以在 https://ironpython.net/上看到该项目的情况，目前其最新的发行版本是 2.7.9，还没有看到 Python 3 相关的版本，该版本可以从 https://github.com/IronLanguages/ironpython2/releases/tag/ipy-2.7.9 上下载，推荐下载 msi 安装文件，如图 1-3 所示。

该安装包约 5MB，相比 CPython 的安装包小了很多。下载完成后双击该 msi 文件即可进行安装，如图 1-4 所示。

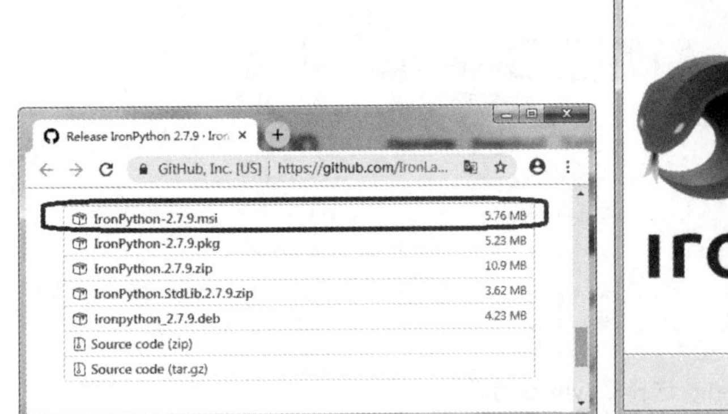

图 1-3　下载 IronPython 安装包

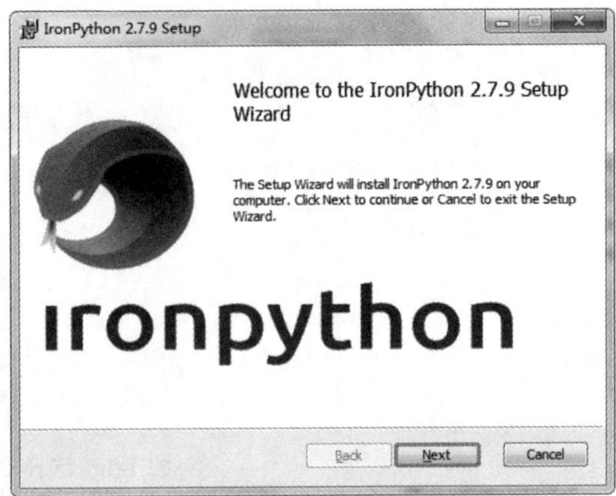

图 1-4　安装 IronPython

安装完后即可在安装目录下看到一些可执行文件，如图 1-5 所示。

图 1-5　IronPython 安装目录下的文件

其中，ipy32.exe 是 32 位的解释器。运行该程序，可以看到如图 1-6 所示的窗口。

```
D:\Program Files\IronPython 2.7\ipy32.exe
IronPython 2.7.9 (2.7.9.0) on .NET 4.0.30319.42000 (32-bit)
Type "help", "copyright", "credits" or "license" for more information.
>>>
```

图 1-6　ipy32.exe 运行情况

ipy.exe 是 64 位的解释器。运行该程序，可以看到如图 1-7 所示的窗口。

```
D:\Program Files\IronPython 2.7\ipy.exe
IronPython 2.7.9 (2.7.9.0) on .NET 4.0.30319.42000 (64-bit)
Type "help", "copyright", "credits" or "license" for more information.
>>> _
```

图 1-7　ipy.exe 运行情况

ipyc.exe 是编译器，可以将 Python 脚本编译成可执行文件，这是 IronPython 比较有特色的一个功能。CPython 也有将 Python 脚本编译成可执行文件的工具，但是通常编译后的结果文件非常巨大。而 ipyc.exe 编译出来的是 dotnet 上的字节码，所以结果文件要小得多。图 1-8 演示了使用 ipyc.exe 进行编译的过程。

```
管理员: C:\Windows\system32\cmd.exe

E:\temp>"D:\Program Files\IronPython 2.7\ipyc.exe" /target:exe hello.py
IronPython Compiler for IronPython 2.7.9 (2.7.9.0)
Input Files:
        hello.py
Output:
        hello
OutputPath:

Target:
        ConsoleApplication
Platform:
        AMD64

compiling...
Saved to hello.exe

E:\temp>hello.exe
4170824

E:\temp>dir hello.exe
 驱动器 E 中的卷没有标签。
 卷的序列号是 0000-4623

 E:\temp 的目录

2019/06/08 周六  下午 05:23             3,584 hello.exe
               1 个文件          3,584 字节
               0 个目录 166,065,131,520 可用字节

E:\temp>_
```

图 1-8　ipyc 编译器的使用

我们可以看到编译结果文件 hello.exe 约 4KB。如果使用其他工具，输出文件至少是 2MB 以上，二者相差了几百倍。

在安装目录的 scripts 目录下有几个安装 Python 软件包的工具，如 pip 和 easy_install 程序，如图 1-9 所示。这两个程序都是常见的安装 Python 软件包的工具。pip 现在是比较流行的 Python 包安装方法，本书也推荐使用 pip 来安装 Python 包。

和 CPython 不同，pip 不是 Python 脚本而是应用程序，是一个可执行文件，用文本编辑器打开看到的将是二进制乱码。

由于 IronPython 不是本书的重点，所以在这里仅演示一个简单的例子，这个例子创建一个窗口，并显示该窗口。代码如下：

```
import clr                                   # 用来引入 dotnet 库
clr.AddReference('System.Drawing')           # 引入 System.Drawing 这个 dll
# 引入 System.Windows.Forms 这个 dll
clr.AddReference('System.Windows.Forms')
from System.Drawing import Icon              # 引入图标
from System.Windows.Forms import Form        # 引入窗口
icon = Icon('./test.ico')                    # 创建一个图标
form = Form()                                # 创建一个窗口
form.Icon = icon                             # 指定窗口使用的图标
form.ShowDialog()                            # 显示窗口
```

可以发现它使用的方法和 C#类似，首先引入一些 dll，然后创建这些用户界面元素，最后显示出来即可。运行该代码，可以看到如图 1-10 所示的窗口。

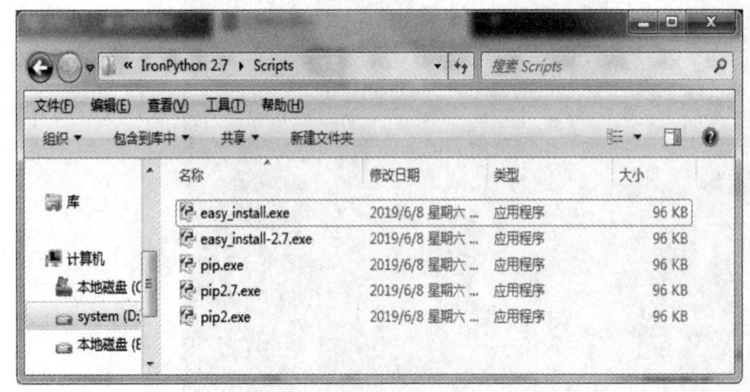

图 1-9 scripts 目录下的内容

图 1-10 IronPython 下执行代码的效果

3. Jython

Jython 是用 Java 实现的 Python 解释器。其特点也很鲜明，可以无缝使用第三方的 jar 包，这样 Java 社区的所有资源都可以在 Python 中直接使用。Jython 和 CPython 的用法基本一样，不过 sys 的信息有所不同，如其 os.name 就是 java，而 CPython 的值为 nt。图 1-11 演示了 Jython 解释器的运行情况。

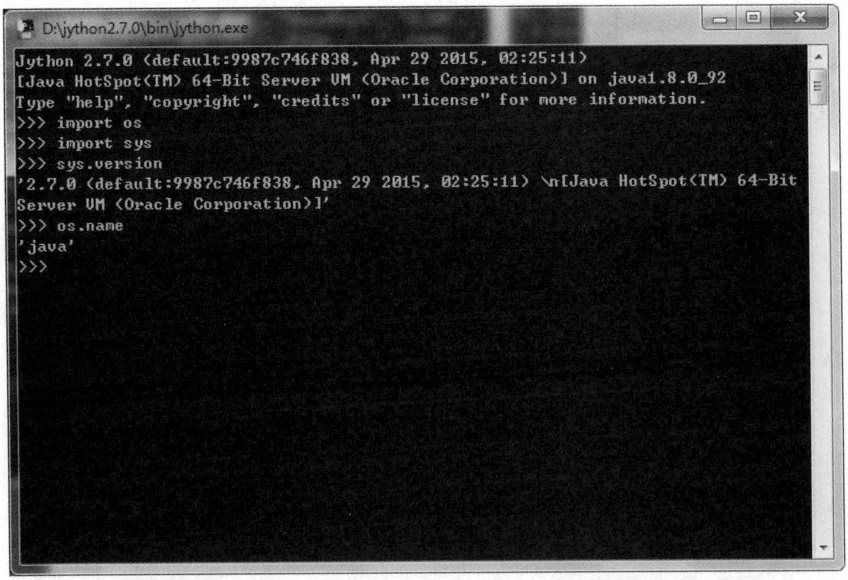

```
Jython 2.7.0 (default:9987c746f838, Apr 29 2015, 02:25:11)
[Java HotSpot(TM) 64-Bit Server VM (Oracle Corporation)] on java1.8.0_92
Type "help", "copyright", "credits" or "license" for more information.
>>> import os
>>> import sys
>>> sys.version
'2.7.0 (default:9987c746f838, Apr 29 2015, 02:25:11) \n[Java HotSpot(TM) 64-Bit
Server VM (Oracle Corporation)]'
>>> os.name
'java'
>>>
```

图 1-11　Jython 解释器的运行情况

1.3　集成开发环境

前面下载安装的软件包主要包括 Python 解释器和其依赖的库文件，有些也带有编辑器等辅助工具。但总的来说，这些都是比较基础的工具。如果希望大幅提升开发效率，可以选择安装一些集成开发环境，这样编辑代码、运行程序、调试程序便都可以在一个窗口中完成。

1.3.1　PyCharm

PyCharm 是 JetBrains 公司开发的 Python 集成开发环境。JetBrains 公司开发了很多种语言的集成开发环境，比较有名的包括 C++开发环境 CLion、Java 开发环境 IntelliJ IDEA、iOS/macOS 开发环境 APPCode 等。Pycharm 分为两个版本，专业版和社区版。专业版是需要付费的，社区版是免费的。

PyCharm 提供智能代码补全、代码检查、实时错误高亮显示和快速修复，以及自动化代码重构和丰富的导航功能。PyCharm 为现代 Web 开发框架（如 Django、Flask、Google App Engine、Pyramid 和 web2py）提供丰富的框架针对性支持。PyCharm 与 IPython Notebook 集成，提供交互式 Python 控制台，并且支持 Anaconda 和多种科学化的包（例如 matplotlib 和 NumPy）。

Pycharm 的下载地址是 https://www.jetbrains.com/pycharm/download/。打开后可以选择自己的操作系统，如 Windows、macOS 或 Linux，之后可以单击不同的按钮来选择下载社区版或专业版，如图 1-12 所示。

图 1-12　选择目标操作系统和 Pycharm 的版本

1.3.2　Anaconda

这是一个非常类似于 PyCharm 的集成开发环境，也是本书推荐的集成开发环境，其下载地址为 https://www.anaconda.com。它可以在 Windows、Linux 和 macOS 系统上运行。在下载页面 https://www.anaconda.com/distribution/可以选择操作系统和 Python 的版本，如可以选择 Python 3.7 或者 Python 2.7；对于不同的语言版本还可以选择不同的硬件平台，如 32 位版或 64 位版，如图 1-13 所示。

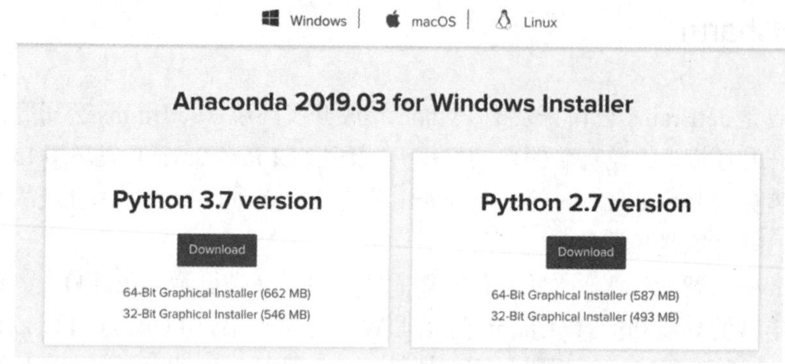

图 1-13　选择目标操作系统和 Anaconda 的版本

下载完成后，在 Windows 或 macOS 系统下双击即可完成安装。安装完毕后启动

Anaconda，可以看到如图 1-14 所示的界面（以 Windows 版本为例，其他版本类似）。

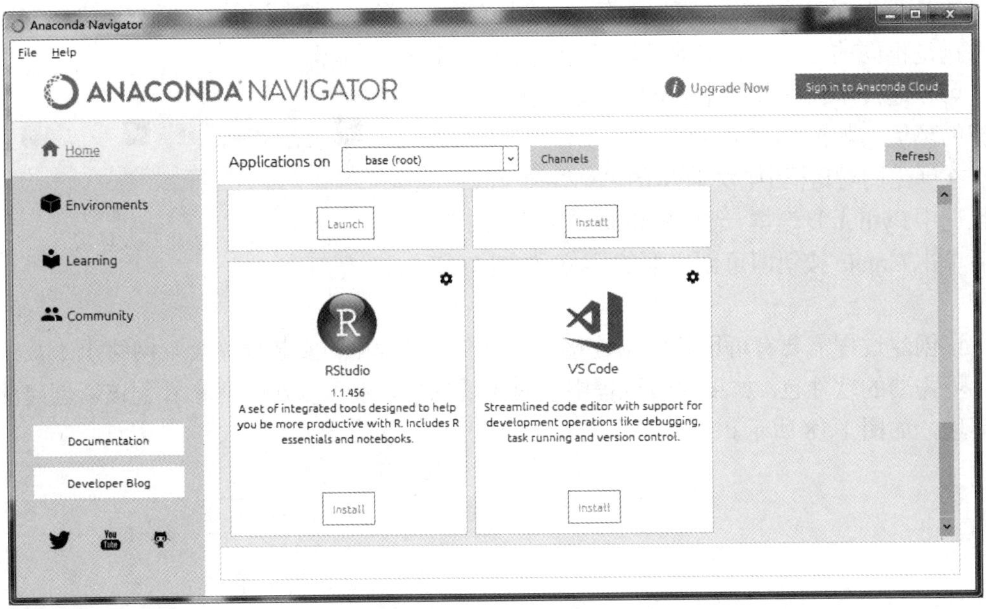

图 1-14　Anaconda 界面

如图 1-15 所示，在左边栏选择 Environmens（环境）选项，可以在中间栏看到目前系统中的所有环境，并在右边栏看到默认环境下已经安装的 Python 包。

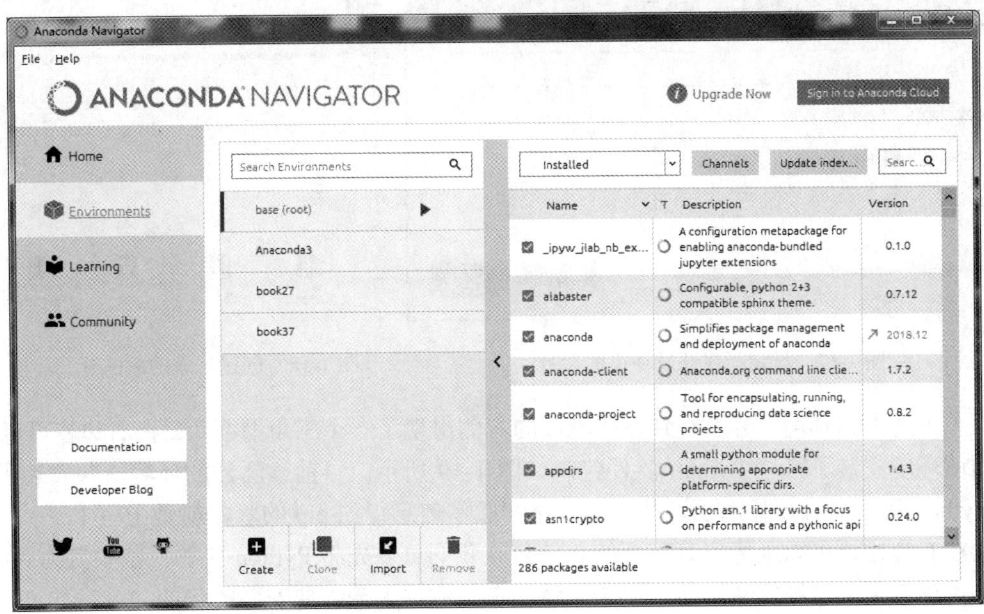

图 1-15　Anaconda 开发环境

可以看到，中间栏显示的是目前的运行环境，其中第一个 base(root)是系统自带的，其他的是我们创建的。我们可以为每个项目创建一个独立的开发环境。每个环境中安装的软件包是不同的，每个虚拟的环境就相当于一个独立的机器。

可以通过单击中间栏下部的 Create 按钮来创建新的环境，如图 1-16 所示。

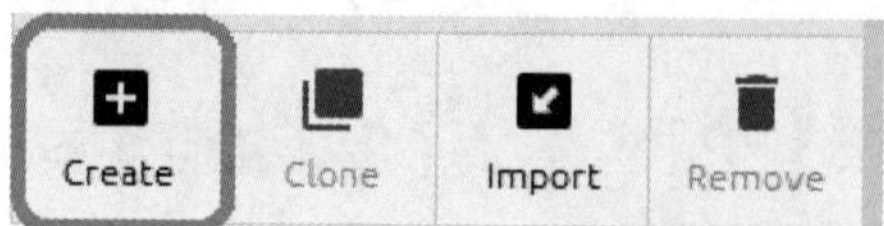

图 1-16　新建开发环境

在弹出的对话框中输入环境的名称“test_env1”，并且选中 Python 复选框，选择 Python 的版本为 2.7，然后单击 Create 按钮即可创建新的环境，如图 1-17 所示。

该创建过程需要有可用的网络连接，因为在该过程中，安装程序会从网络上下载所指定环境需要的软件包。如果安装过程中没有出现问题，就可以在中间栏看到该新创建的开发环境，如图 1-18 所示。

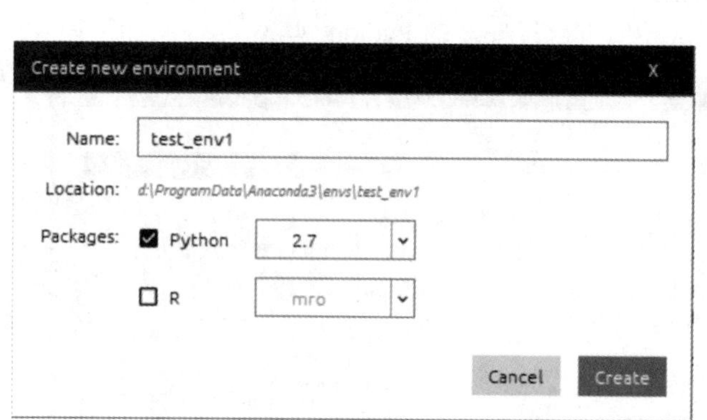

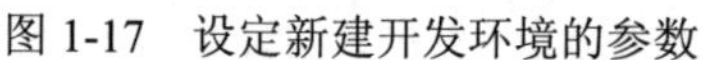
图 1-17　设定新建开发环境的参数

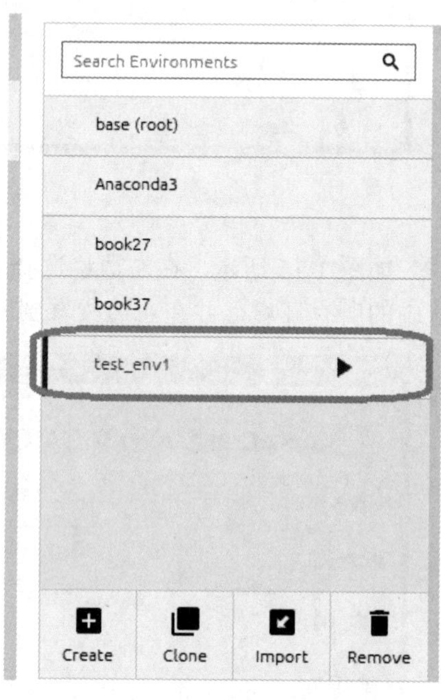

图 1-18　创建完成的新的开发环境

单击选中该环境，可以看到该环境项的右侧出现了一个三角型箭头。在右边栏可以看到当前环境安装了哪些 Python 软件包，如图 1-19 所示。目前该新建的环境一共安装了 9 个 Python 包，而且还显示了这些包的名称和版本信息，如 pip 的版本就是 19.1.1。

在右边栏还可以选择安装需要的软件包。我们可以先将 Python 包的范围设置为 All，即不论该包是否已经安装都显示出来，然后在搜索框中输入要安装的包的名称，如 flask，可以看到相关的 6 个包，这里选中 flask 包，然后单击右下角的 Apply 按钮即可安装该软件包，如图 1-20 所示。当然，在安装包时需要保证网络畅通。

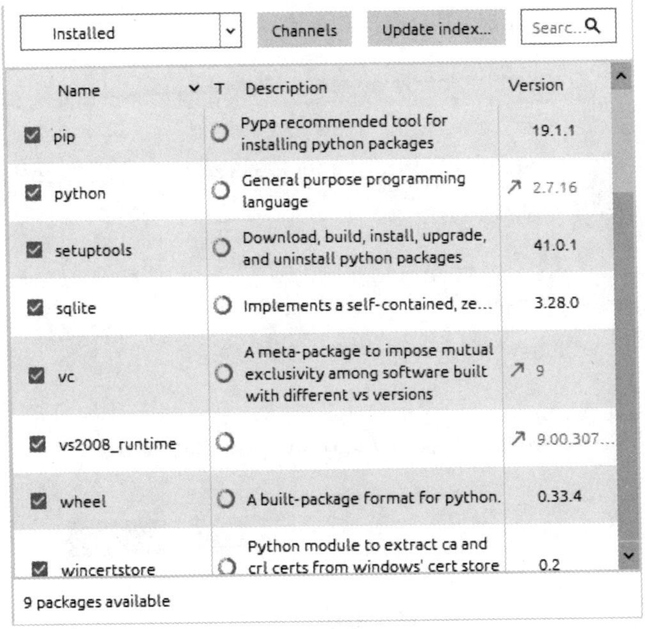

图 1-19　新建开发环境的安装包列表

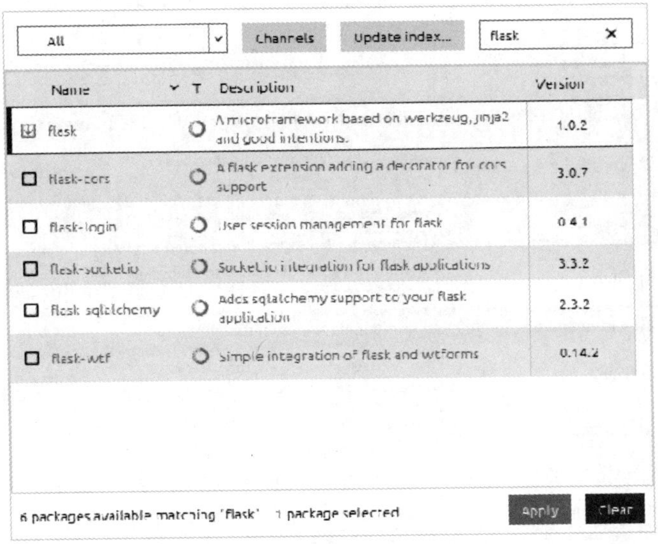

图 1-20　安装新的 Python 包

在安装过程中，通过分析包的依赖关系，会弹出一个对话框，显示需要安装的所有 Python 包以及它们的版本，单击 Apply 按钮确认安装即可，如图 1-21 所示。

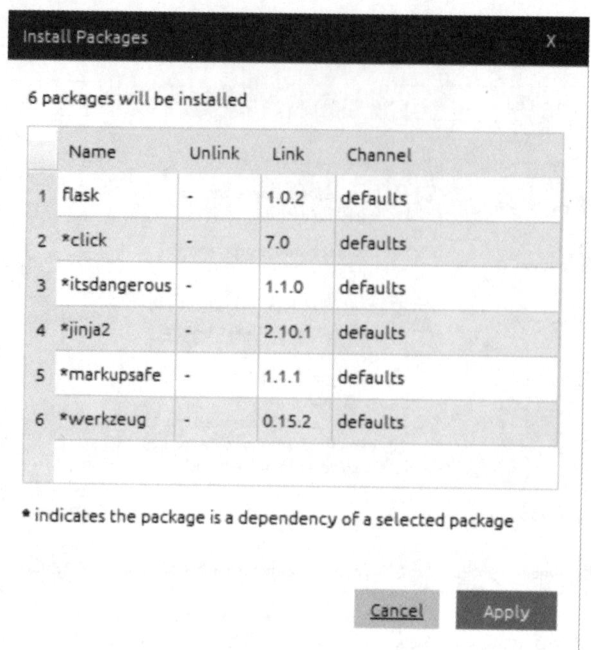

	Name	Unlink	Link	Channel
1	flask	-	1.0.2	defaults
2	*click	-	7.0	defaults
3	*itsdangerous	-	1.1.0	defaults
4	*jinja2	-	2.10.1	defaults
5	*markupsafe	-	1.1.1	defaults
6	*werkzeug	-	0.15.2	defaults

图 1-21　确认需要安装的 Python 包

安装完成后，在显示该环境已安装的 Python 包时即可发现软件包的数量由之前的 9 个变成了 15 个，并且可以看到新安装的 flask 包也显示在列表中，如图 1-22 所示。

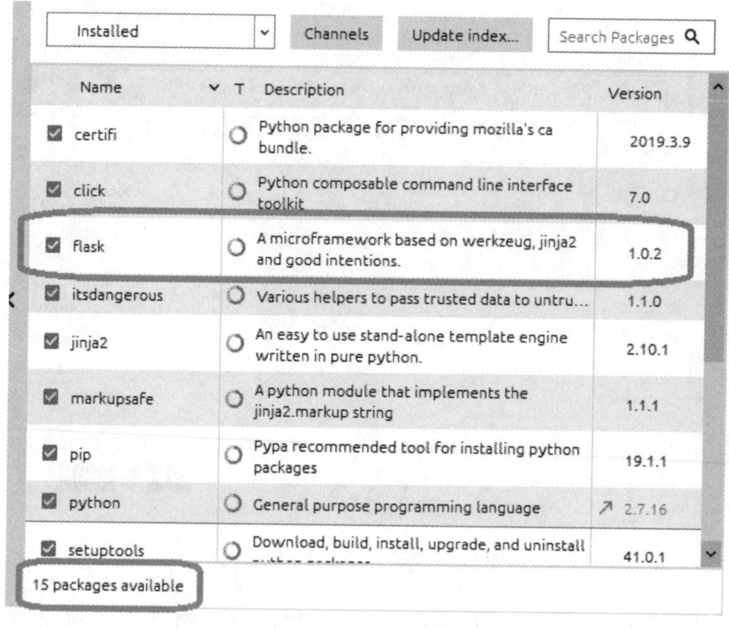

图 1-22　安装 Python 包后的效果

下面启动该环境下的终端，查看安装的软件包的情况。在中间栏选中新建的环境 test_env1，在该环境右侧出现了绿色的三角形箭头，单击该箭头弹出菜单，然后选择 Open Terminal 选项，如图 1-23 所示。

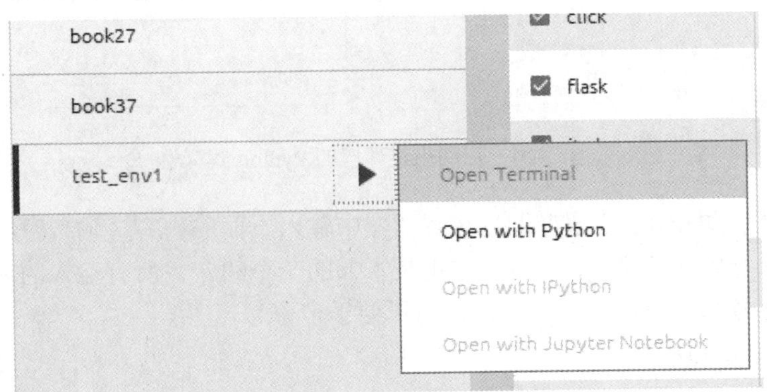

图 1-23　启动指定环境的命令行工具

在弹出的终端输入“pip freeze”以显示安装包的情况，如图 1-24 所示。

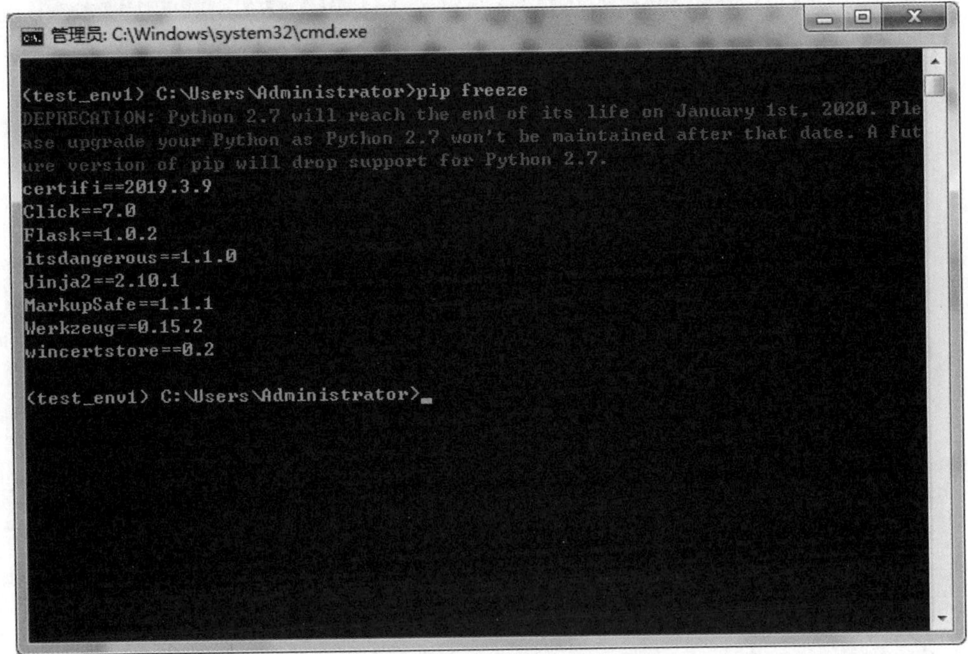

图 1-24　使用 PIP 命令查看安装的 Python 包

可以看到，Flask 1.0.2 已经安装在该环境下。

也可以运行 Python 来查看 Flask 的信息。方法是选中环境 test_env1，然后单击右侧的绿色三角形箭头，在弹出的菜单中选择 Open with Python 选项，如图 1-25 所示。

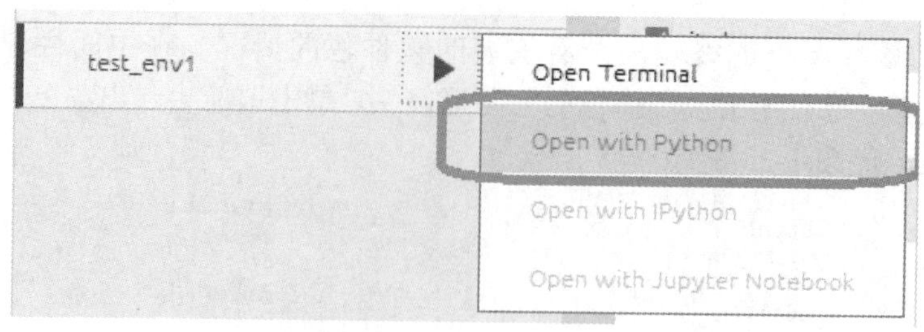

图 1-25　启动指定环境的 Python 解释器

该操作会启动 Python 解释器，在解释器中输入下面的内容（输入时不要输入前面的行号，即每行开始的数字 1、2 等。这也是本书的一个约定，所有输入的内容前面都带有行号，这些行号都是不用输入的，仅仅为了便于定位）：

```
1    import flask
2    flask
```

可以看到目前使用的 Flask 是哪个文件，就是该模块对应的原文件，如图 1-26 所示。

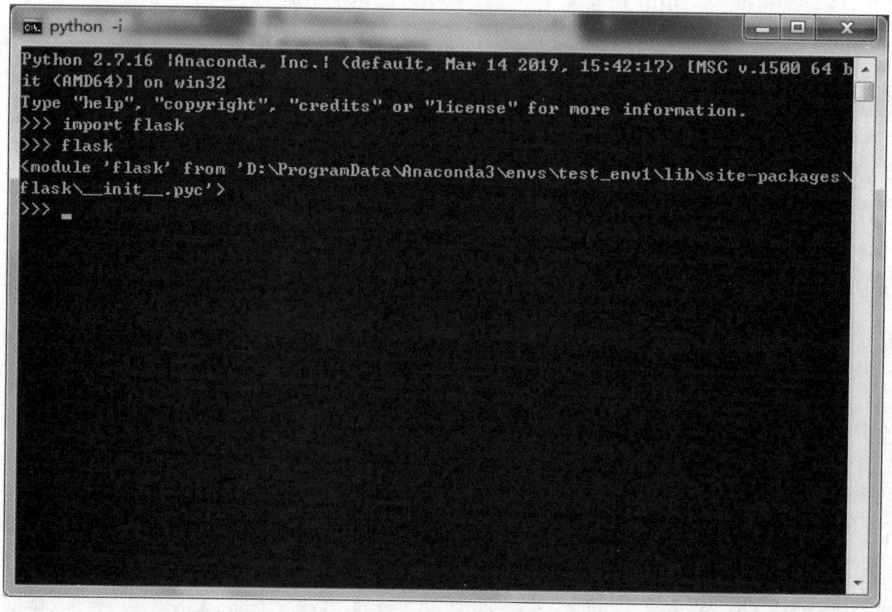

```
python -i
Python 2.7.16 |Anaconda, Inc.| (default, Mar 14 2019, 15:42:17) [MSC v.1500 64 b
it (AMD64)] on win32
Type "help", "copyright", "credits" or "license" for more information.
>>> import flask
>>> flask
<module 'flask' from 'D:\ProgramData\Anaconda3\envs\test_env1\lib\site-packages\
flask\__init__.pyc'>
>>>
```

图 1-26　查看 Flask 模块的信息

在使用完成后也可以删除该环境。方法是选中该环境 test_env1 选项，然后单击下部的 Remove 按钮，如图 1-27 所示。

在弹出的确认框中单击 Remove 按钮以确认删除指定的开发环境，如图 1-28 所示。

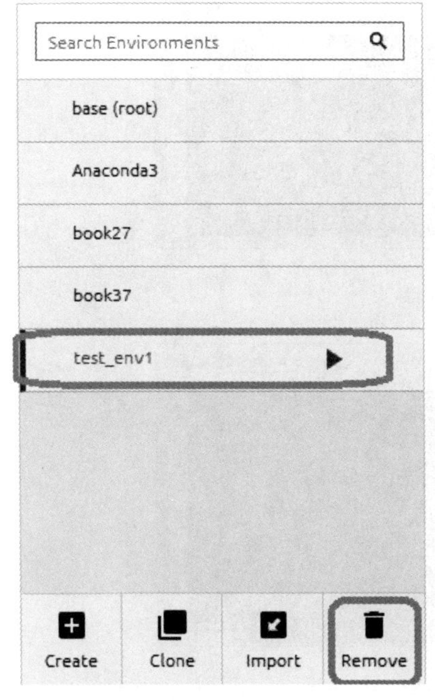

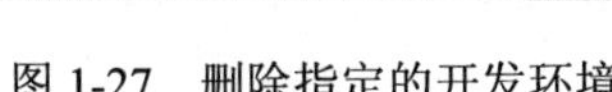

图 1-27　删除指定的开发环境

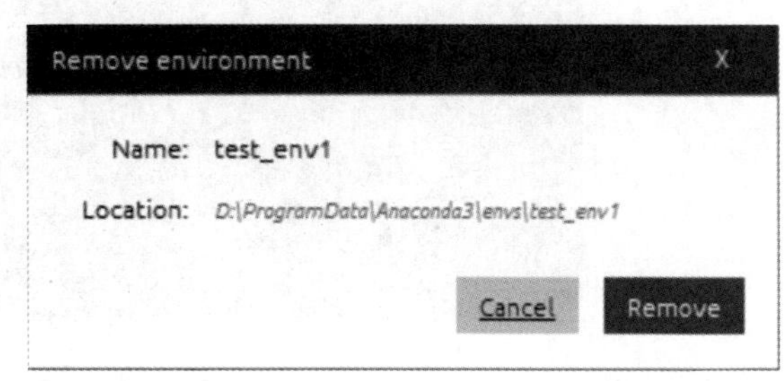

图 1-28　确认删除指定的开发环境

1.4　代码的运行方式

Python 代码有两种运行方式，即交互运行方式和脚本运行方式。交互运行方式和 Windows 系统上的 cmd 类似，启动 Python 解释器后，解释器等待用户输入指令，在接收到用户指令后就去执行该指令，指令执行完毕后接着等待用户的下一条指令。而脚本运行方式则是将用户执行存入到一个文本文件中，然后让解释器去执行该文本文件中的所有指令。但无论哪种方式，都可以发现其不同于 C 和 Java 语言的一个地方，即代码没有经过编译便直接运行了。这是所有脚本语言的特点，如 Perl、Shell、TCL 等，它们的脚本也是不用编译便直接运行的。

1．交互运行方式

首先在终端上输入 python 以启动解释器，如图 1-29 所示。

这时出现了>>>提示符，表示用户可以在这里输入命令。如要让 Python 计算 1988×2098，则可以在这里输入 1988 * 2098。Python 解释器便会去执行该乘法运算，并将结果 4 170 824 显示出来。指令运行完毕后再次显示>>>符号，以提示用户输入下条指令，如图 1-30 所示。

```
管理员: C:\Windows\system32\cmd.exe - python

(book27) C:\Users\Administrator>python
Python 2.7.16 |Anaconda, Inc.| (default, Mar 14 2019, 15:42:17) [MSC v.1500 64 b
it (AMD64)] on win32
Type "help", "copyright", "credits" or "license" for more information.
>>>
```

图 1-29　启动 Python 解释器

```
管理员: C:\Windows\system32\cmd.exe - python

(book27) C:\Users\Administrator>python
Python 2.7.16 |Anaconda, Inc.| (default, Mar 14 2019, 15:42:17) [MSC v.1500 64 b
it (AMD64)] on win32
Type "help", "copyright", "credits" or "license" for more information.
>>> 1988 * 2098
4170824
>>>
```

图 1-30　输入指令查看结果

这种方式非常直观，每一步执行了什么指令，指令执行的结果是什么都一目了然。这也是本书首选的演示代码的方式。

在 CPython 中还自带了一个解释器 IDLE，该解释器是一个 GUI 程序，用法和前面的类似。其启动方式比较简单，直接在终端上输入 idle 即可，如图 1-31 所示。

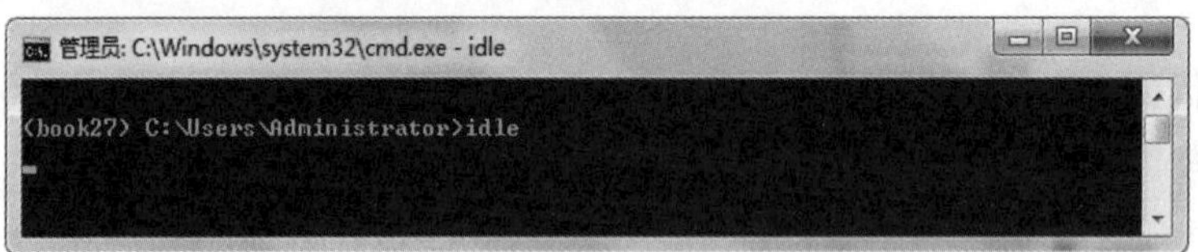

图 1-31　启动 IDLE

启动 IDLE 后便可以在窗口内输入要执行的指令，解释器会立即执行并等待下一条指令，如图 1-32 所示。

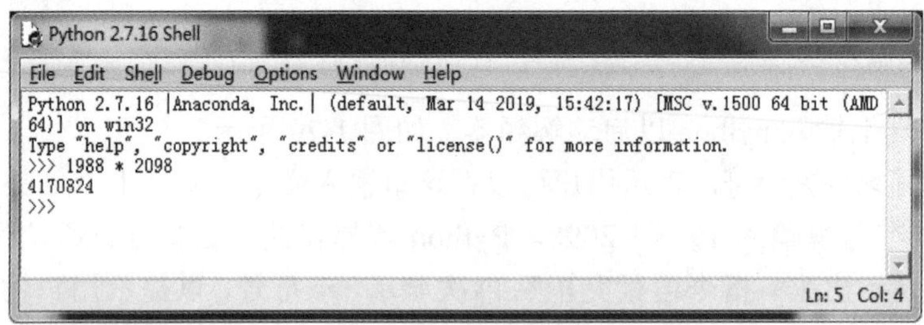

图 1-32　IDLE 运行情况

2．脚本运行方式

脚本运行方式是先创建一个文本文件，然后在该文本文件中输入需要执行的指令，最后通过指令“python 脚本文件名”来执行该文本文件中的所有指令。

例如，假定我们使用 Windows 自带的文本编辑器“记事本”新建了一个文件 hello.py，内容如图 1-33 所示。

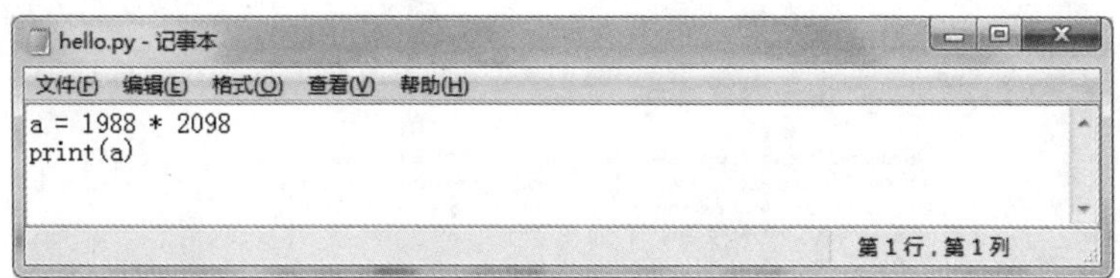

图 1-33　hello.py 的内容

可以看到该文件包含两条指令，第一条指令是计算 1988 和 2098 的乘积并将计算结果保存到变量 a 中，第二条指令是显示 a 的值。

下面在终端中运行该脚本文件 hello.py，可以看到准确地输出了 1988 × 2098 的结果，如图 1-34 所示。

图 1-34　运行脚本文件 hello.py

1.5　网页运行方式

最近比较流行的代码运行方式是 Notebook，它使用网页作为用户界面来编辑和执行 Python 代码。首先需要安装 notebook 这个包。下面演示在 Anacconda 中安装 Notebook 包的方法。

启动 Annaconda，在左边栏中选择 Home 选项，在右边栏中选择开发环境 book27，如图 1-35 所示。

由于笔者已经安装好了 Jupyter，所以显示的是 Launch 按钮。如果在该环境下未安装 Jupyter，则显示 Install 按钮，在保证网络畅通情况下单击 Install 按钮即可安装该组件。

在 Notebook 安装完成后启动终端，进入到目录下，运行命令 jupyter notebook 来启动 Notebook，如图 1-36 所示。

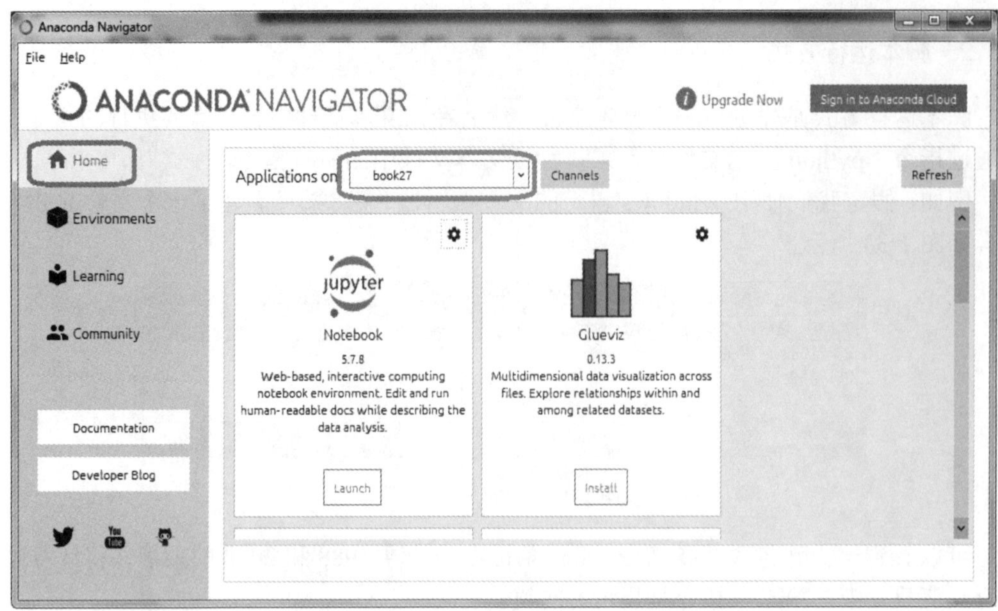

图 1-35　选择开发环境

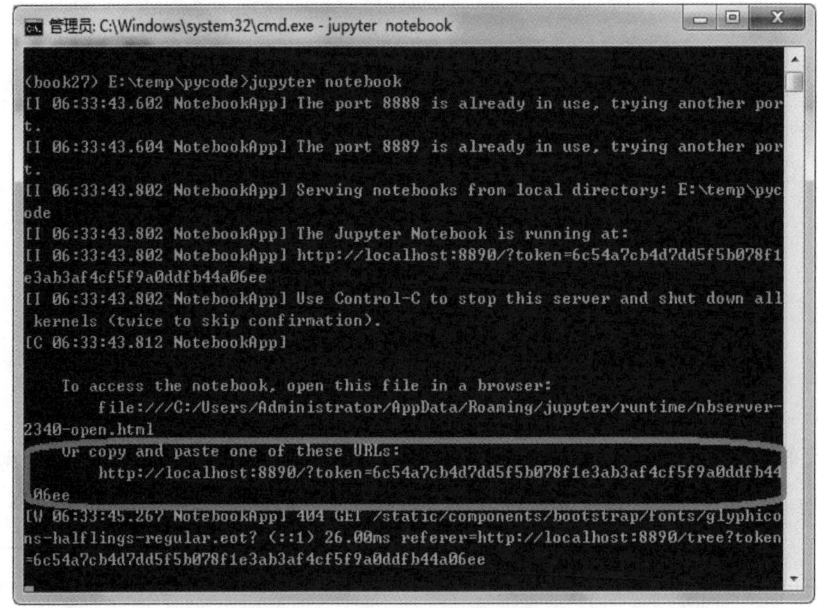

图 1-36　启动 Notebook

在浏览器中输入图 1-36 中框中的地址该地址会在每次启动时各不相同，所以最好是将其复制下来，即可在浏览器中可以看到当前目录下的文件，不过目前该目录下没有任何文件，如图 1-37 所示。

图 1-37　启动浏览器查看 Notebook 服务器上的内容

我们可以创建一个新的文件，注意文件的扩展名是 ipynb。方法是单击右边的 New 按钮，在弹出的菜单中选择 Notebook 下面的 Python 3 选项，这样就新建了一个脚本文件，如图 1-38 所示。

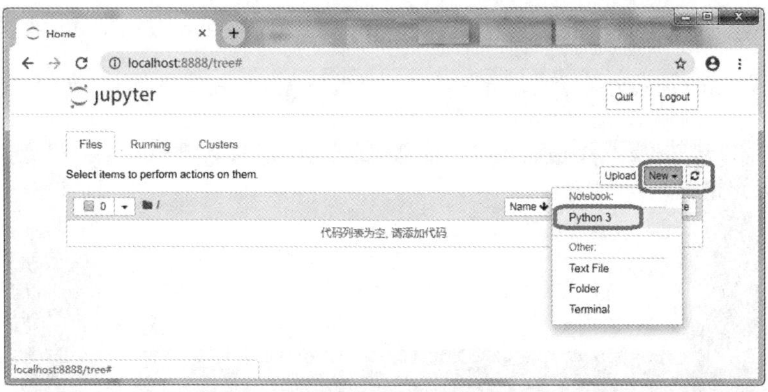

图 1-38　新建一个脚本文件

在新打开的页面中输入 Python 代码，然后单击“运行”按钮即可运行该脚本，如图 1-39 所示。

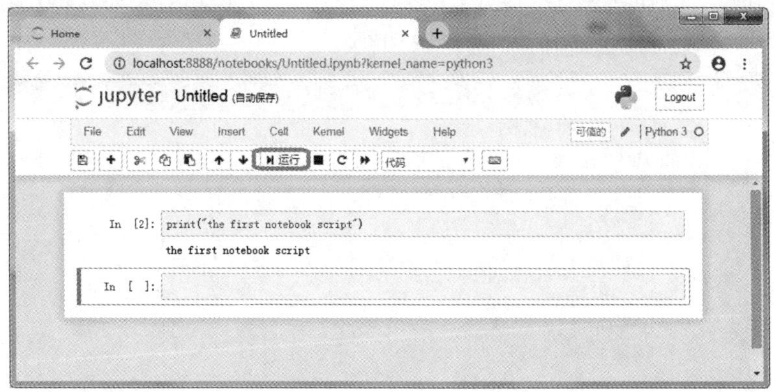

图 1-39　运行脚本文件

下面可以保存该脚本文件。选择 File→Save as...命令，如图 1-40 所示。

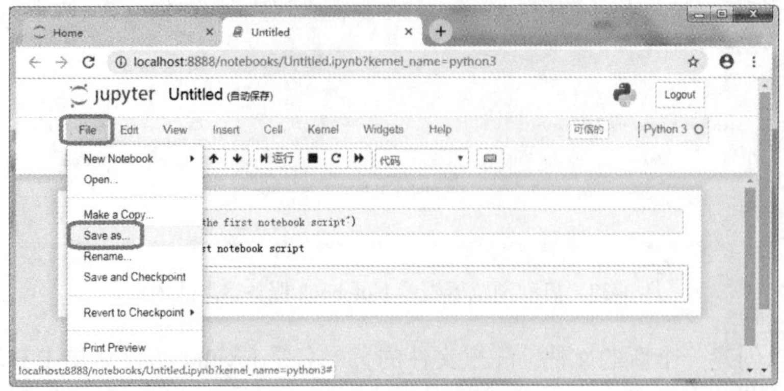

图 1-40　保存脚本文件

然后在弹出的对话框内输入文件名 hello.ipynb，单击 Save 按钮即可，如图 1-41 所示。

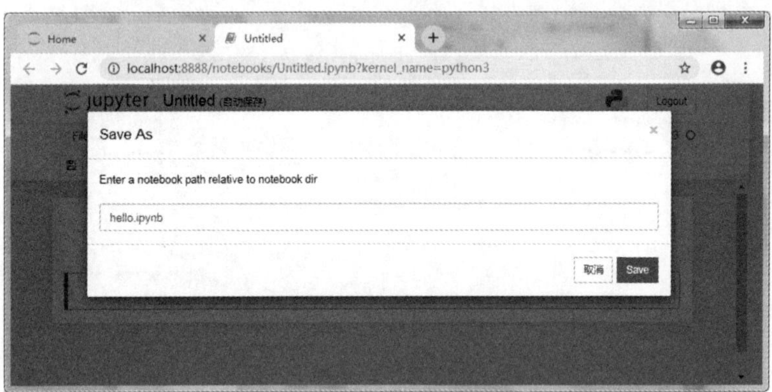

图 1-41　输入新的脚本文件名

现在回到前一个页面，即可看到两个文件，其中一个是我们新保存的，另外一个是单击 New 按钮时生成的默认文件，如图 1-42 所示。

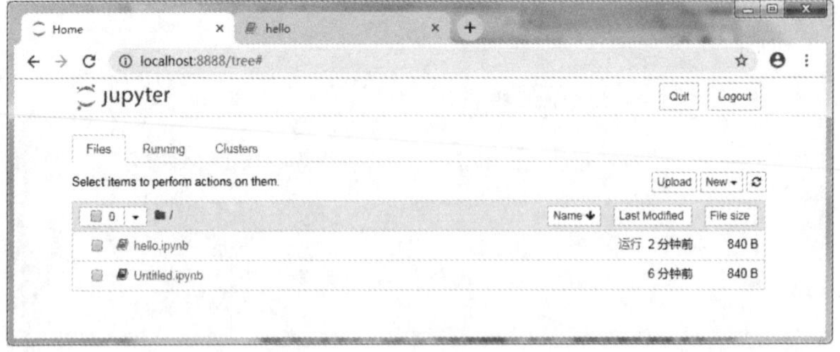

图 1-42　查看脚本文件列表

上面是通过 Save as...（另存为）命令来另外保存了一份文件。下面可以删掉原始的 Untitled.ipynb 文件。方法是选中该文件前面的复选框，然后单击删除按钮，如图 1-43 所示。

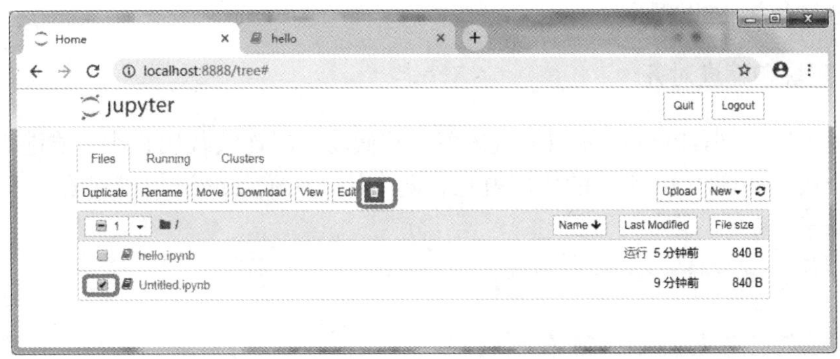

图 1-43　删除脚本文件

类似地，我们可以进行重命名、文件下载等操作，如图 1-44 所示。

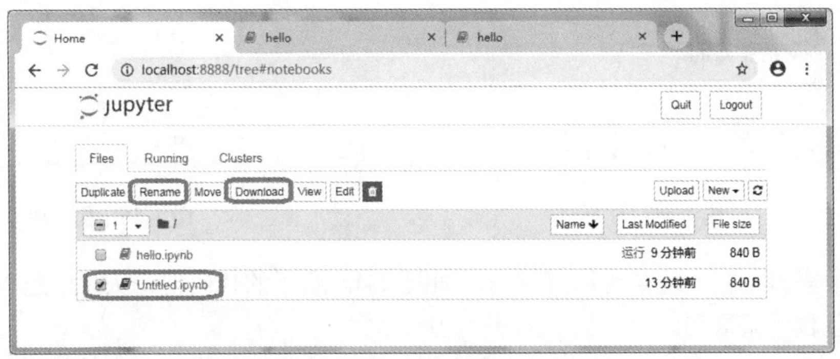

图 1-44　重命名和下载脚本文件

1.6 基本语法

Python 语言从 C、Shell 等语言借鉴了很多内容，同时也加入了新的特色。这就使得 Python 的语法和其他语言有相近的地方，但是也有不少不同的地方。本节将介绍基本的 Python 语法。

1. 注释

注释是不会被执行的。Python 使用类似于 Shell 的**行注释**方式，以“#”开始一直到行结束，这些内容都被认为是注释。解释器是不会对这部分内容进行任何处理的。

另外一种特殊的注释方法，或者严格来说不叫注释，叫作字符串注释。就是将注释内容放入模块、函数、类的起始字符串，该字符串也被称作“**文档字符串(docstring)**”。在图 1-45 中，有两处是用“#”开始的代码，有一处是用字符串进行注释的。我们都已经用框线将这些注释标记出来了。

2．代码块和缩进对齐

和其他语言不同，Python 使用缩进来表示代码块，即连续代码行中，缩进相同的行被认为是一个块。如图 1-46 所示的代码就包含两个块，它们的缩进是相同的。

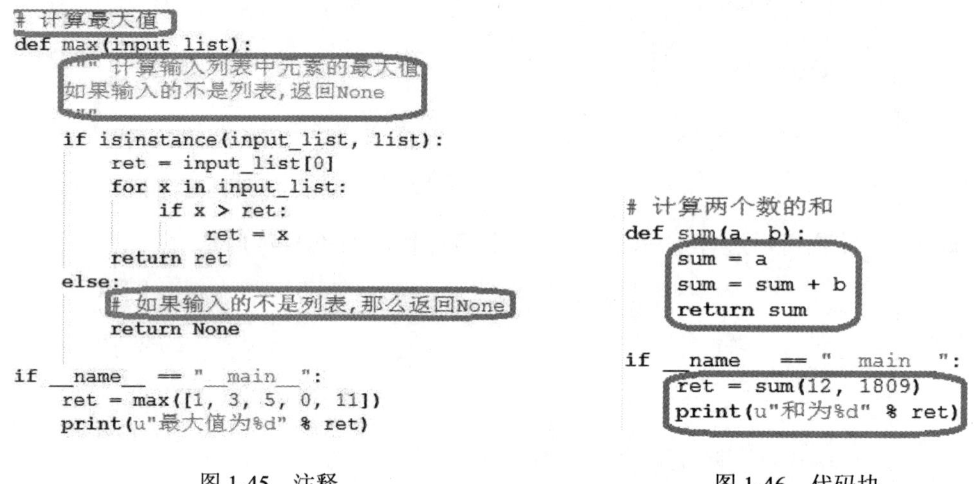

```
# 计算最大值
def max(input_list):
    """ 计算输入列表中元素的最大值
    如果输入的不是列表，返回None
    """
    if isinstance(input_list, list):
        ret = input_list[0]
        for x in input_list:
            if x > ret:
                ret = x
        return ret
    else:
        # 如果输入的不是列表，那么返回None
        return None

if __name__ == "__main__":
    ret = max([1, 3, 5, 0, 11])
    print(u"最大值为%d" % ret)
```

```
# 计算两个数的和
def sum(a, b):
    sum = a
    sum = sum + b
    return sum

if __name__ == "__main__":
    ret = sum(12, 1809)
    print(u"和为%d" % ret)
```

图 1-45　注释　　　　图 1-46　代码块

和其他语言一样，块是可以嵌套的，如图 1-47 所示的代码便是大块中包含小块。一个块最少包含一条语句。

Python 在这点上和 C 语言、Shell 都不同。在 C 语言中使用一对大括号“{}”来表示标识块，所有放到这对大括号中的内容都被认为属于这个块。而 Shell 则使用不同的起始和结束标识，如 if 块，就是用 if 和 fi 分别标识块的开始和结束，在这中间的都是 if 块的内容。如图 1-48 所示的 C 语言代码，就包含 3 个块，分别放在不同的大括号中。

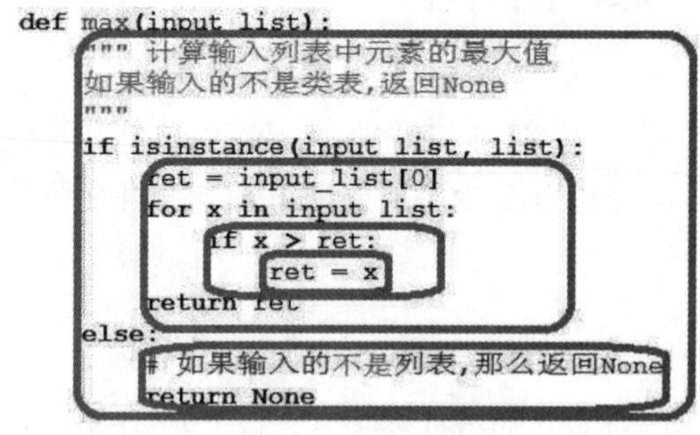

```
def max(input_list):
    """ 计算输入列表中元素的最大值
    如果输入的不是类表，返回None
    """
    if isinstance(input_list, list):
        ret = input_list[0]
        for x in input_list:
            if x > ret:
                ret = x
        return ret
    else:
        # 如果输入的不是列表，那么返回None
        return None
```

图 1-47　嵌套块

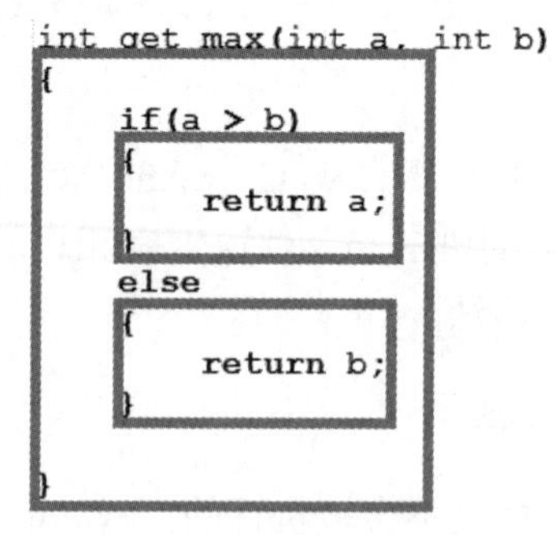

```
int get_max(int a, int b)
{
    if(a > b)
    {
        return a;
    }
    else
    {
        return b;
    }
}
```

图 1-48　C 语言中的代码块

缩进的语法带来的好处是代码看起来特别工整规范。当然图 1-48 所示的 C 代码看起来也非常工整。但与 C 代码不同的是 Python 代码必须工整，而 C 代码却没有这个**强制要求**。C 代码可以写得让人完全看不懂，但是依然可以很好地运行。如图 1-48 所示求最大值的 C 代码也可以写成图 1-49 所示的样子，二者含义完全一样。

```
int get_max
    (int
 a
 , int b)
{     if(a > b)
 {       return a;
    } else
    {    return b;
    }
}
```

图 1-49　C 语言中的块不要求对齐

有些程序员本着娱乐至上的精神，写了不少标新立异的代码。如图 1-50 所示的 C 代码，看起来就像一个飞机，其实该代码的确就是一个飞行模拟器。

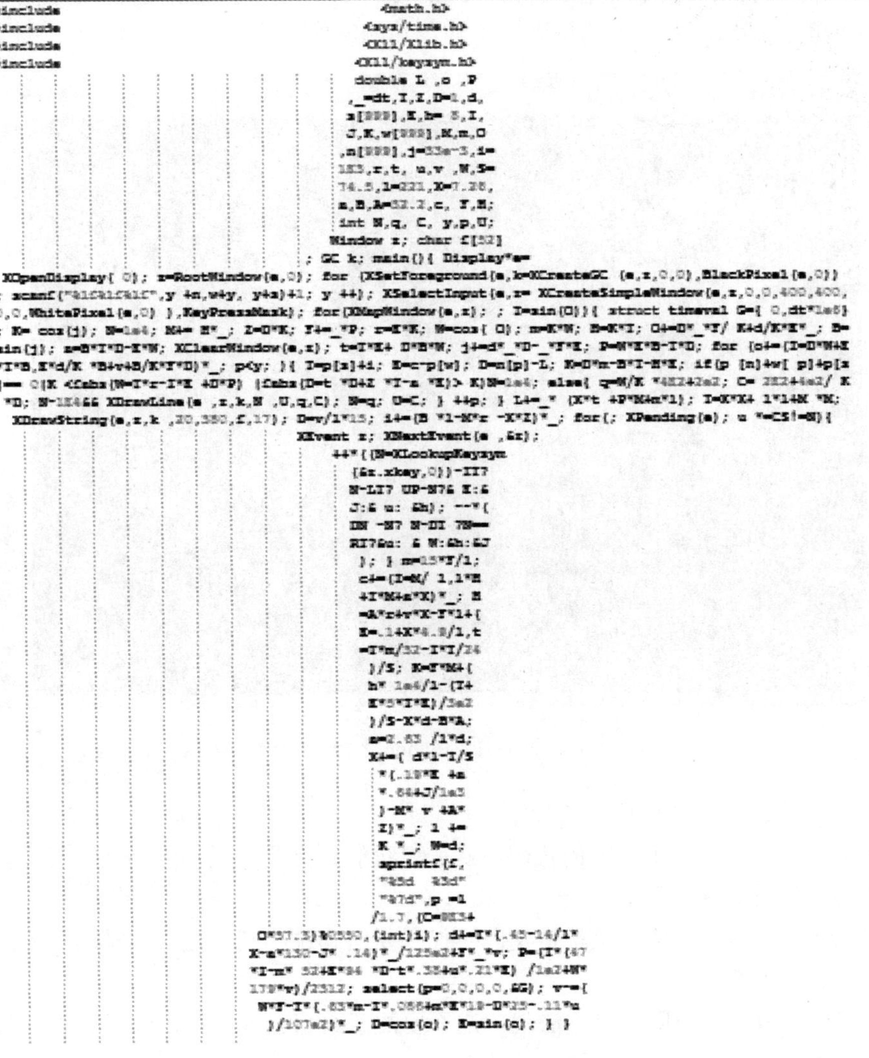

图 1-50　难看但是可以运行的 C 代码

但是在 Python 中，这样的代码是不能工作的。

其他关于变量、类型等语法内容将在后面的章节逐个介绍，本章不再单独讲解。

1.7　Python 之禅

使用 Python 语言进行软件开发应该遵循什么样的风格和原则呢？Tim Peters 对该问题进行了解答，他的答案被称作 Zen of Python，也就是本节将要介绍的 Python 之禅。

这些编码的原则被 Python 社区广泛接受，因此最后被放入到各个 Python 解释器中了。用户只需要在 Python 解释器中输入 import this 即可看到这个 Python 之禅，如图 1-51 所示。当然它是用英文编写的，这里简单做一下翻译和解释的工作。

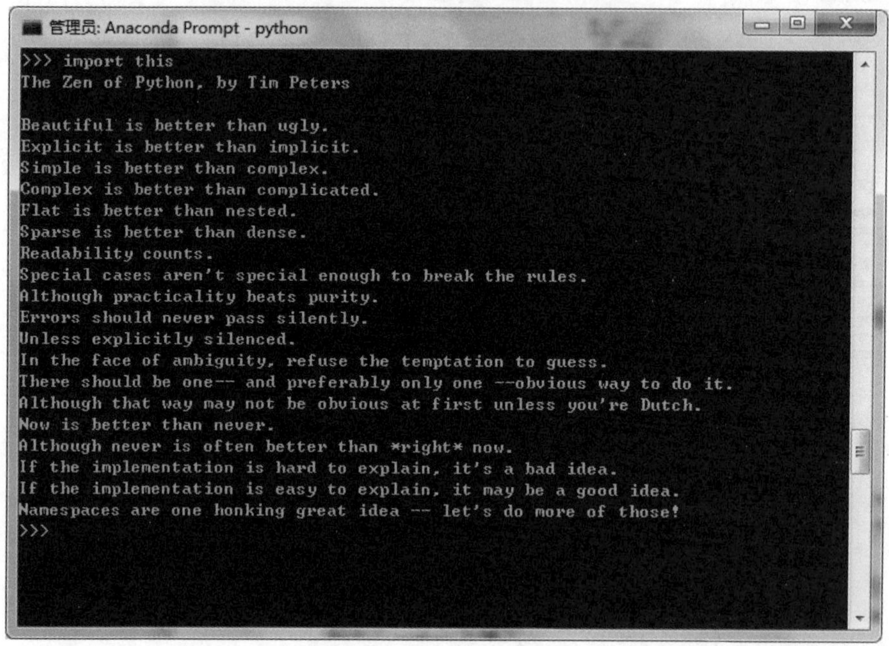

图 1-51　Python 之禅

Python 之禅的内容翻译成中文如下：

- 优美漂亮的代码优于丑陋的代码。就是说我们不仅要求代码能够正常工作，而且还希望代码看起来优美。
- 明确优于隐含。简单来说就是我们的代码要明确说明其用法，不要让用户根据他们自己的理解来猜。
- 简单优于复杂。能用简单方法就一定不要故意给自己找麻烦，最简单的方法就是最好的方法。

- 复杂胜于凌乱。如果功能很复杂，则希望能够将其分割成功能单一的多个模块；希望保持模块间接口函数简洁，保证各个模块功能单一。
- 扁平优于嵌套。就是尽量不要使用嵌套，毕竟嵌套代码在调试时，定位问题比较麻烦，不知道是在哪一层嵌套时出的问题。
- 宽松优于紧凑。各个代码模块之间的联系要简单，不能过于依赖某些模块，不要不同模块之间的联系过于复杂而形成蜘蛛网状。
- 代码可读性很重要。变量名、函数名、类名最好有明确的含义。注释也是很重要的，注释可以帮助我们和他人来理解代码。
- 即便是特例，也不可违背上述规则。所谓的特例就是这样一些情况，如果我们不遵守这些规则，看起来在目前更加划算。但是如果我们的代码会长期服务于我们，那么遵守这些规则最终会让我们受益。
- 虽然现实往往不那么完美，但是不应该放过任何异常。对异常的处理非常重要，90%的问题就发生在那些边角用例中。
- 对异常处理不可马虎。虽然多数异常出现概率很低，但是我们不能掉以轻心，希望能够找到异常发生的原因并将其解决，不能使用 except 捕捉到异常然后就不管了。
- 如果存在多种可能，不要猜测。肯定有一种，通常也是唯一一种最佳的解决方案。对待代码，要有精益求精的精神，逐步改进，让其趋于完美。
- 虽然这并不容易，因为你不是 Python 之父。完全按照上面执行，最开始可能有点困难，但是坚持下来，事情会变得容易起来。
- 动手比不动手要好。编程既是脑力劳动，也是体力劳动。多多练习，将想法付之实践能够帮助我们更好地理解代码的优缺点。
- 不假思索就动手还不如不做。动手之前，需要思考，确定目标，了解现状。比如，我们要完成的功能是否有类似的库可以使用，它们能否满足我们的需要，即使不能完全满足我们的需要，但可以看看有哪些设计思想值得我们借鉴。
- 如果你的方案很难懂，那肯定是一个糟糕的方案。一个难懂的方案，一般很难实现，毕竟代码还是要人来写的。如果编写代码的人对这个方案的理解都不好，结果会和期望值相去甚远，毕竟差之毫厘谬以千里。
- 如果你的方案很好懂，那肯定是一个好方案。如果一个方案很好懂，在方案论证时大家都能很好地理解，也能帮忙出主意。在开发时，开发人员也容易保证开发的进度和质量，测试方案和实施也要容易得多。最后出来一个爆款是大概率事件，大家都能从中受益。
- 命名空间非常有用，我们应当多加利用。尽量不要将太多的东西放在一个包中，这样会导致功能不清，就像杂货铺一样。应该尽量将代码按照某种方式有效地组织起来。

第 2 章　基本数据类型

我们知道，Python 是强类型语言，每个变量在某个时刻的类型是确定的。也就是说，Python 中任意一个存活的对象，其类型是唯一的。不同类型的对象有不同的属性，能完成不同的操作。本章将介绍 Python 内置的基本数据类型。

另外本章最后还会介绍变量、对象等概念。每个对象都有一个确定的类型，每个变量都指向某个特定的对象。

2.1　整 数 类 型

整数就是 1、2、3、-1、-3、0 这些数，它们是自然界中最基本的数据类型。在儿童学习数学时，第一件事情可能就是学习从 1 数到 100。在 Python 中没有自然数这种类型，但是存在可以表示负数和零的整数类型。整数是自然数的超集，在需要使用自然数时直接使用整数即可。

2.1.1　整数的表示法

在 Python 3 中用 int 来表示整数类型。和 C 语言、Java 语言不同，这里的整数型数据是没有大小限制的，其在内存中所占的空间是不固定的。例如，如果用 32 位表示一个整数，那么其能够表示的最大值为 4 294 967 295；如果使用 64 位来表示一个整数，那么其能够表示的最大值为 18 446 744 073 709 551 615。但是在 Python 3 中，没有任何限制，所以也不需要大整数这种特殊数据类型了。

```
>>> 2 ** 32 - 1                     # 32 位无符号整数的最大值
4294967295
>>> 2 ** 64 - 1                     # 64 位无符号整数的最大值
18446744073709551615
>>> a = 2 ** 64 + 100               # 大于 64 位无符号整数的最大值
>>> type(a)                         # 查看类型
<class 'int'>                       # 整型
>>> a                               # 查看值
18446744073709551716
>>> a.bit_length()                  # 查看需要表达该值所需要的位数
65                                  # 需要 65 位整数来表示该值
```

2.1.2　数值运算

本节介绍整数的数值运算，包括加、减、乘、除和幂运算等，这也是整型数据的最基本用法。

1．四则运算（+-*/）

可以对两个整数进行加、减、乘、除操作。下面的例子演示了这 4 种基本操作的结果。

```
>>> 1+2                              # 加法运算
3                                    # 结果为 3
>>> 1-2                              # 减法运算
-1                                   # 结果为-1
>>> 200-32                           # 减法运算
168                                  # 结果为 168
>>> 2*-9                             # 乘法运算
-18                                  # 结果为-18
>>> 12/4                             # 除法运算
3                                    # 结果为 3
```

需要注意的是，在 Python 3 中，如果除法运算不能除尽，那么返回的是浮点数。如 5/2 得到的不是 2，而是 2.5。这与 C 语言和 Java 语言不同，甚至与 Python 2 也不同。

例如，在 Python 3 中，情况如下：

```
>>> 12/11                            # 除不尽，余数为 1
1.0909090909090908                   # 结果为小数
>>> 12/7                             # 除不尽，余数为 5
1.7142857142857142                   # 结果为小数
```

注意，在 Python 中，如果被除数是负数，那么余数也是负数。例如：

```
>>> -3/-2                            # 除不尽，被除数为-2，余数为-1
1                                    # 结果为 1，而不为 2
>>> -3%-2                            # 求余数
-1                                   # 余数为-1 而不是 1
```

2．幂运算（）**

可以用 a**b 表示 a 的 b 次幂，即 a^b。例如：

```
>>> 2**2                             # 2^2
4                                    #
>>> 2**3                             # 2^3
8                                    #
>>> 3**4                             # 3^4
81                                   #
```

3. 得到余数（%）

需要注意的是，如果被除数是整数，那么返回值就是整数；如果被除数是负数，那么返回值就是负数；如果被除数是 0，那么抛出 ZeroDivisionError 异常，表示这是非法操作。例如：

```
>>> 12 % 3                          # 12 除以 3 的余数
0                                   # 余数为 0
>>> 12 % 5                          # 12 除以 5 的余数
2                                   # 余数为 2
>>> 12%-5                           # 被除数为-5，余数也是小于或等于 0
-3                                  # 余数为-3
>>> 5 % 0                           # 被除数是 0，抛出异常
Traceback (most recent call last):
  File "<stdin>", line 1, in <module>
ZeroDivisionError: integer division or modulo by zero
```

4. 相反数（-）

相反数是绝对值相同、符号相反的数。如 8 的相反数就是-8，-8 的相反数就是 8，0 的相反数还是 0。可以通过“-”来达到取反的目的。

```
>>> a = 12                          # 给 a 赋值
>>> a                               # 显示 a 的值
12
>>> -a                              # a 的相反数
-12
>>> --a                             # a 的相反数的相反数
12
>>> a = 0                           # 0 的相反数还是 0
>>> -a
0
```

5. ++/--的问题

和 C 语言及 Java 语言不同，在 Python 中没有**自增**“++”和**自减**“--”操作符。在前面我们介绍过“-”操作符，表示得到相反数。如果是两个“-”则表示取了相反数后再次取相反数，所以--a 表示取 a 的相反数的相反数，得到的结果为 a。

```
>>> a = 12
>>> --a                             # a 的相反数的相反数
12
```

但是如果我们仿造 C 语言，将“--”放到变量的后面，将会导致语法错误。

```
>>> a = 12
>>> a--                             # 在 Python 中 a--是不合法的语法
  File "<stdin>", line 1            # 抛出异常
    a--
```

```
          ^
SyntaxError: invalid syntax      # 语法错误
```

那么还有一个问题，是否存在++a 呢?其实这种写法是允许的。在 Python 中，+a 就表示 a，++a 就表示+(+a)=+a=a，即++a 其实就是取 a 的值。

```
>>> a = 12
>>> +a                           # 在 Python 中+a 就表示 a
12
>>> ++a                          # ++a = +(+a) = a
12
```

同样的情形，Python 中不支持 a++的语法。

```
>>> a = 12
>>> a++                          # 在 Python 中 a++是不合法的语法
  File "<stdin>", line 1         # 抛出异常
    a++
      ^
SyntaxError: invalid syntax
```

6. 优先级问题

乘除的优先级高于加减。

```
>>>1+2*3                         # 乘除优先级高于加减
 7                               # 相当于是 1 + (2*3)
```

相反数操作符“-”的优先级高于加减乘除和幂运算。

```
>>> a=12
>>>-a+4                          # 取反操作符“-”优先级高于加减乘除
-8                               # 相当于是(-a)+4
>>> -a*4                         # 取反操作符-优先级高于加减乘除
-48                              # 相当于是(-a)*4
>>> -a**2                        # 取反操作符-优先级高于加减乘除
-144                             # 相当于是(-a)**2
```

2.1.3　位运算

1. 按位与（&）

按位依次进行与操作。该操作需要两个操作数，返回值的每一位的值是两个操作数的对应位进行与操作的结果。该操作并不改变操作数自身，即进行该操作后，两个操作数的值不会发生改变。与操作真值表如表 2-1 所示。

表 2-1　与操作真值表

A	B	A & B
1	1	1

（续）

A	B	A & B
1	0	0
0	1	0
0	0	0

下面演示了与操作的情况：

```
>>> 1 & 2                          # 两个操作数分别是 1 和 2
0                                  # 高位分别是 0 和 1，所以高位结果为 0
                                   # 低位分别是 1 和 0，所以低位结果也为 0
                                   # 最后总的结果为 0
>>> 6 & 12                         # 6=0110B，12=1100B
4                                  # 从高到低，结果依次为 0100B = 4
```

2．按位或（|）

按位依次进行或操作。该操作需要两个操作数，返回值的每一位的值是两个操作数的对应位进行或操作的结果。该操作并不改变操作数自身，即进行该操作后，两个操作数的值不会发生改变。或操作真值表如表 2-2 所示。

表 2-2　或操作真值表

A	B	A | B
1	1	1
1	0	1
0	1	1
0	0	0

下面演示了或操作的情况：

```
>>> 1 | 2                          # 两个操作数分别是 1 和 2
3                                  # 高位分别是 0 和 1，所以高位结果为 1
                                   # 低位分别是 1 和 0，所以低位结果也为 1
                                   # 最后总的结果为 11B=3
>>> 6 | 12                         # 6=0110B，12=1100B
14                                 # 从高到低，结果依次为 1110B = 14
```

3．按位异或（^）

按位依次进行异或操作。该操作也需要两个操作数，返回值的每一位的值是两个操作数的对应位进行异或操作的结果。该操作并不改变操作数自身，即进行该操作后，两个操作数的值并不会发生改变。异或操作真值表如表 2-3 所示。

表 2-3　异或操作真值表

A	B	A ^ B
1	1	0
1	0	1
0	1	1
0	0	0

下面演示了异或操作的情况：

```
>>> 1 ^ 2                              # 两个操作数分别是 1 和 2
3                                      # 高位分别是 0 和 1，所以高位结果为 1
                                       # 低位分别是 1 和 0，所以低位结果也为 1
                                       # 最后总的结果为 11B=3
>>> 6 ^ 12                             # 6=0110B，12=1100B
10                                     # 从高到低，结果依次为 1010B = 10
```

4．按位取反（~）

按位依次进行取反操作。该操作只需要一个操作数，返回值的每一位的值是操作数的对应位进行取反操作的结果。该操作并不改变操作数自身，即进行该操作后，原操作数的值并不会发生改变。取反操作真值表如表 2-4 所示。

表 2-4　取反操作真值表

A	~A
1	0
0	1

下面演示了取反操作的情况：

```
>>> ~100 + 1                           # 我们知道一个数的相反数用补码表示的方法是
-100                                   # 按位取反然后+1
                                       # 所以结果就是 100 的相反数为-100
>>> ~(-100) + 1                        # 和上面的一样，就是求-100 的相反数
100                                    # 所以结果为 100
```

2.1.4　移位运算

移位操作等效于乘以 2 或者除以 2，但是移位运算的效率更高。所以在乘以或者除以 2 的整数幂时使用移位操作可以提升代码的执行速度。移位操作包括左移和右移两个操作。左移操作相当于得到原操作数除以 2^n，右移操作相当于得到原操作数乘以 2^n。这两个操作都不改变原操作数的值。

1. 左移操作（>>）

相当于得到原操作数除以 2^n，原操作数不发生变化。

```
>>> 2 >> 1                        # 得到 2 左移一位的值
1                                 # 相当于是 2/2
>>> 2 >> 2                        # 得到 2 左移 2 位的值
0                                 # 相当于先左移一位得到 1，结果 1 再除以 2 等于 0
```

从前面的例子可以看出，每左移一位相当于是除以 2，即 a>>1 等效于 a/2。如果移动 n 位，则等效于连除以 n 个 2，即 a>>n 等效于(((a>>1)>>1)...)>>1。如果操作数是正数，那么对之不停进行左移一位操作，其最终结果一定可以得到 0。如果操作数是负数，对之不停进行左移一位操作，是否最后也一定能够得到 0 呢?来看下面的例子：

```
>>> -8>>1                         # 移动一位，相当于是除以 2
-4                                # 得到-4
>>> -8>>2                         # 移动 2 位，相当于是用结果-4 再除以 2
-2
>>> -8>>3                         # 移动 3 位，相当于是用结果-2 再除以 2
-1
>>> -8>>4                         # 移动 4 位，相当于是用结果-1 再除以 2
-1
```

我们发现，-1 左移一位还是-1，所以负数不停左移最后会停留在-1 而不是 0 上。

```
>>> -1>>100                       # -1 移动 100 位
-1                                # 依然是-1
```

2. 右移操作（<<）

相当于得到原操作数乘以 2^n，原操作数不发生变化。

```
>>> 3<<1                          # 向右移动一位，相当于是乘以 2
6                                 # 得到 6
>>> -3 << 1                       # 向右移动一位，相当于是乘以 2
-6
```

2.1.5　类型转换

在某些情况下，我们得到的类型不是整数，但是我们知道其表示的是整数含义，所以我们希望能够将其转换成整数，然后进行相关操作。例如，假定需要从用户输入得到语文课测验的成绩，计算其最高分、最低分和平均分。而从用户键盘得到的就是字符串，但我们知道其表示的是整数的含义，因此进行统计处理时就需要将其转换成整数。

1. 字符串转换成整数

可以使用 int()来从字符串得到一个整数。

```
>>> a = int("1000")                    # 输入是字符串
>>> type(a)                            # 检查类型
<class 'int'>                          # 类型是整型
>>> a                                  # 查看结果的值
1000
```

如果字符串的格式不对，如输入字符串是“100.abc”，这时就会抛出异常，需要进行特别处理。

```
>>> a = int("1000.8766")               # 输入的字符串非法
Traceback (most recent call last):     # 抛出异常
  File "<stdin>", line 1, in <module>
ValueError: invalid literal for int() with base 10: '1000.8766'
>>> a = int("a1000")                   # 输入的字符串非法
Traceback (most recent call last):     # 抛出异常
  File "<stdin>", line 1, in <module>
ValueError: invalid literal for int() with base 10: 'a1000'
```

如果输入的字符串不是十进制的格式，而是八进制，可以执行进制转换，用法如下：

```
>>> a = int("20", 8)                   # 八进制表示的数 20
>>> a                                  # 查看结果的值
16                                     # 在十进制中为 16
>>> int("1111", 2)                     # 二进制表示的数 1111
15                                     # 在十进制中为 15
```

2. 浮点数转换成整数

也可以使用 int()来从浮点数得到一个整数。

```
>>> int(12.0)                          # 输入是浮点数
12                                     # 得到的是去掉小数部分的值
>>> int(12.9)                          # 输入是浮点数
12                                     # 没有四舍五入
```

3. 整数转换成字符串

可以使用 str()来得到字符串结果。

```
>>> a = str(12)                        # 输入是整数
>>> type(a)                            # 查看 a 的类型
<class 'str'>                          # 输出 a 是字符串
>>> a                                  # 查看 a 的值
'12'                                   # 注意''表示是字符串
```

2.1.6　其他进制表示法

除了常用的十进制表示法，Python 也支持二进制、八进制和十六进制表示法。这些只是表示方法不同，但是它们表示的含义是一样的，如二进制中的 11 和十进制数中的 3 是一样的。

1．二进制表示法

如十进制中的 100 用二进制表示就是 1100100，那么 100 就可以用 0b1100100 来表示。

```
>>> a = 0b1100100                    # 二进制 1100100
>>> a                                # 查看其值，默认用十进制表示
100                                  # 对应到十进制就是 100
```

用 0B 也可以表示二进制数，效果和 0b 是一样的，如十进制的 100 也可以用 0B1100100 来表示。

```
>>> a = 0B1100100
>>> a
100
```

另外一个问题就是，如果知道了某个数的值，如何知道其二进制的表示法？Python 提供了一个函数 bin()，该函数输入是整数，输出是用二进制表示的字符串。如 bin(100)就输出字符串'0b1100100'。

```
>>> a = bin(100)                     # 得到十进制数 100 的二进制表示法
>>> a                                # 查看二进制表示法的值
'0b1100100'
>>> type(a)                          # 注意返回值是一个字符串
<type 'str'>
>>> b = bin(3)                       # 得到十进制数 3 的二进制表示法
>>> b
'0b11'
```

如果得到的是字符串，表示一个二进制数，如何将其转换成整数对象呢？可以使用函数 eval()。eval()输入是字符串，返回值是一个整数对象。

```
>>> a = eval('0b1100100')            # 输入是字符串
>>> type(a)                          # 返回值类型是整型
<type 'int'>
>>> a                                # 返回值的内容
100
```

还有一个可以使用的函数就是 int()，其实际上是整型的构造函数。该构造函数可以从字符串对象构造出整型对象，而且在构造时指定进制。和函数 eval()不同，字符串不能以 0b 开头，并且要指定进制。还是以 100 为例，输入是字符串'1100100'而不是'0b 1100100'。并且带上进制参数 2，所以就可以用 int('1100100', 2)来构造值为二进制 1100100 的整数对象。

```
>>> a = int("1100100", 2)            # 按照二进制的方式解析字符串"1100100",
>>> type(a)                          # 返回值的类型是整型
<type 'int'>
>>> a                                # 返回值的内容是 100
100
```

int()还可以指定第二个参数为 0，这时第一个参数就可以带上 0b。int()看到第二个参

数为 0，就会从第一个参数的 0b 上猜出应该按照二进制来解析输入的字符串。

```
>>> a = int("0b1101", 0)        # 第二个参数为 0，第一个参数带有 0b，所以按照二进制解析
>>> type(a)                     # 返回值类型是整数
<type 'int'>
>>> a                           # 返回值的值为十进制的 13
13
```

2. 八进制表示法

类似于二进制表示法，在数字之前加上 0 用来表示其为八进制数。

```
>>> a = 012                     # 八进制数 12，等同于 10 进制的 10
>>> type(a)
<type 'int'>
>>> a                           # 查看 a 的值，默认是用十进制表示的
10
```

同样的问题，如何将一个整数转换成八进制的字符串？系统提供的函数是 oct()，其输入是整数对象，输出是一个字符串，该字符串也是以 0 开头。如数 oct(10)就输出'012'。

```
>>> out_str = oct(10)           # 转换成字符串类型，按照八进制的格式转换
>>> type(out_str)               # 返回值的类型是字符串
<type 'str'>
>>> out_str                     # 查看返回值的内容
'012'
>>> out_str = oct(100)          # 对 100 进行八进制转换
>>> out_str                     # 查看转换结果
'0144'
```

如何从用八进制表示的字符串构造出整数对象呢？前面介绍的 eval()和 int()方法依然有效。使用 eval()时需要输入字符串以 0 开头，这样 eval()就知道输入的数是八进制表示的。

```
>>> a = eval('012')             # 将字符串转换成整数，八进制格式表示的字符串
>>> type(a)                     # 查看返回值的类型
<type 'int'>
>>> a                           # 查看返回值的内容
10
>>> a = eval('0144')            # 将八进制字符串 144 转换成整数
>>> a                           # 查看返回值的内容
100
```

使用 int()来将字符串转换成整数，需要将第二个参数设定为 8，表示用八进制来解释该字符串，并且输入字符串不必以 0 开头。但是以 0 开头也不会有问题，因为 0 会被忽略掉，如 02 和 2 表示的意思是一样的。

```
>>> a = int('144', 8)           # 八进制数 144，没有以 0 开头
>>> type(a)                     # 输出的类型是整数
<type 'int'>
>>> a                           # 查看 a 的值，十进制表示为 100
100
```

```
>>> a = int('0144', 8)          # 0144 等效于 144
>>> a                           # 但是 0b11 不等效于 11
100
>>> a = int('12', 8)            # 八进制数 12
>>> a
10
```

和二进制表示法一样，如果第二个参数为 0，并且第一个参数以 0 开头，那么 int()将试图按照八进制来解析输入的第二个参数。例如：

```
>>> a = int("0144", 0)          # 第二个参数为 0，那么从第一个参数猜出进制
>>> type(a)                     # 由于第一参数以 0 开头，所以应该是八进制表示
<type 'int'>                    # 返回值类型是整型
>>> a                           # 返回值是 100，即八进制的 144 对应十进制的 100
100
```

3．十六进制表示法

十六进制表示法在数字前面加上 0x 或者 0X 来表示，除了用数字 0、1、…、9 这 10 个字符外，还引入了 a、b、c、d、e、f 这 6 个字符，分别表示 10、11、12、13、14 和 15。如十进制中的 15 用十六进制来表示就是 0xF 或者 0Xf。需要注意的是，a、b、c、d、e、f 也可以用 A、B、C、D、E、F 来表示。

```
>>> a = 0xf                     # 0x 开头表示是十六进制数
>>> a
15
>>> a = 0XF                     # 0X 开头表示是十六进制数
>>> a
15
>>> a = 0Xf
>>> a
15
```

如果希望将整数转换成十六进制的字符串，可以使用函数 hex()。该函数输入是一个整型对象，输出是字符串。该输出字符串表示用十六进制表示该输入整数的格式。

```
>>> a = hex(9)                  # 转换成十六进制表示的字符串
>>> type(a)                     # 返回的是字符串
<type 'str'>                    # 查看返回值的内容
>>> a
'0x9'
>>> b = hex(16)                 # 将十进制的 16 转换成十六进制表示的字符串
>>> b
'0x10'                          # 转换后的结果
```

如果希望做 hex()的逆操作，可以使用 eval()。

```
>>> a = 100
>>> b = eval(hex(a))            # 先用 hex()转换成十六进制表示的字符串
>>> type(b)                     # 然后用 eval()将字符串转换成整型对象
<type 'int'>                    # 返回值的类型是整型
```

```
>>> b                          # 经过两轮互逆的运算后还是得到最初的值 100
100
```

如果输入的字符串不带开头的 0x 或者 0X，那么可以用 int()来构造一个等值的整型对象。例如，还和前面一样，第二个参数为 16。

```
>>> a = int('64', 16)          # 输入是十六进制表示的 64
>>> type(a)                    # 返回值是一个整型对象
<type 'int'>
>>> a                          # 值为 100，对应十六进制中的 64
100
```

和前面的二进制、八进制一样，如果第二个参数为 0，第一个参数以 0x 开头，那么 int()会将第二个参数当作十六进制来解释。例如：

```
>>> a = int("0x64", 0)         # 第二个参数为 0，所以从第一个参数猜出进制
>>> type(a)                    # 第一个参数开头是 0x，所以按照十六进制解析
<type 'int'>
>>> a                          # 解析结果是十进制的 100
100
```

另外，int()函数不仅可以用于转换二进制数、八进制数和十六进制数，也可以用于转换任意进制的数。对于 16，其用 F 后面的 G 来表示，17 用 H 来表示，其他值的表示法以此类推。下面的例子演示了 17 进制数的使用。

```
>>> int('F', 17)               # F 表示 15
15
>>> int('G', 17)               # G 表示 16
16
```

2.1.7 小整数池

本节介绍有关整数池的问题。在 Python 中，整数可以表示的范围很大，但是常用的整数可能都集中在-1000 到 1000 之间，如考试分数，一般在 0 到 100 之间，年龄也在 0 到 100 之间。基于整数对象分布不均匀的特性，我们可以做一些优化来提升运行效率。

在 Python 解释器的内部实现中，对于-5 到 256 内的整数建立了一个小整数池。如果要使用的整数对象在该范围内，其不会自动新建一个整数对象，而是看小整数池中是否有值相同的整数对象。如果有，则返回这个现有的整数对象；如果没有，则创建一个新的整数对象。这个新建的整数对象在以后也可能被共享使用。

我们可以使用函数 id()来查看对象的地址，在 CPython 中，id()返回的就是某个对象在内存中的地址信息。我们可以比较这个 id 值来查看是否存在这种共享关系。另外也可以用 is 来检查两个对象是否相同。

```
>>> a = 12                     # 创建对象 a，值为 12
>>> id(a)                      # 查看 a 的 id 值
8791344854192
>>> b = 11                     # 新建对象 b，值为 11
```

```
>>> id(b)                          # 查看 b 的 id 值
8791344854160                      # b 的 id 和 a 的 id 是不同的，它们是不同的整数对象
>>> a is b                         # 使用 is 来判断 a 和 b 是不是同一个整数对象
False                              # 它们的确不是同一个整数对象
>>> b = b + 1                      # 重新给 b 赋值
>>> b                              # 查看 b 的值
12                                 # b 的值和 a 的值相同，都为 12
>>> id(b)                          # 查看 b 现在的 id 值
8791344854192                      # b 的 id 发生了变化，现在和 a 相同了
>>> a is b                         # 用 is 来检查 a 和 b 是否是同一个对象
True                               # 它们的确是同一个对象
```

2.1.8　统计成绩的例子

在 2.1.5 节中，提到了统计语文考试成绩的例子，本节就来实现该例子。这个例子覆盖了类型转化、四则运算等方面的用法。另外我们还需要学习一个函数，用来从键盘读入一个字符。在 Python 2 中，这个函数是 raw_input()；在 Python 3 中，这个函数是 input()。这也是一个让人诟病的事情。我们这个例子用 Python 3 来编写，所以会使用 input()函数，如果使用 Python 2 编写，将第 9 行的 input 改为 raw_input 即可。这里假定 100 分是满分，60 分及格。

```
1   # 统计语文成绩，Python 3 版本
2   average_score = 0                              # 平均分
3   student_number = 0                             # 学生人数
4   totoal_score = 0                               # 所有学生的总分
5   highest_score = 0                              # 最高分
6   lowest_score = 100                             # 最低分
7   failed_number = 0                              # 不及格的人数
8   while True:
9       str_score = input("请输入下一个学生的分数，回车表示输入结束>>> ")
10      if str_score == "":                        # 空的输入，表示输入结束
11          break
12      int_score = int(str_score)                 # 将输入字符串转换为整数
13      student_number = student_number + 1        # 统计过的学生个数加 1
14      totoal_score = totoal_score + int_score# 统计过的总分
15      if int_score > highest_score:              # 如果高于以前的最高分
16          highest_score = int_score              # 那么当前成绩就是最高分
17      if int_score < lowest_score:               # 如果低于以前的最低分
18          lowest_score = int_score               # 那么当前成绩就是最低分
19      if int_score < 60:                         # 如果低于 60 分，就是不及格
20          failed_number = failed_number + 1
21  average_score = totoal_score / student_number  # 计算平均成绩
22  print("平均分：%s" % average_score)
23  print("最高分：%s" % highest_score)
24  print("最低分：%s" % lowest_score)
25  print("不及格人数：%s" % failed_number)
```

运行后的输出如下：

```
$ Python3 chineseScore.py
请输入下一个学生的分数，回车表示输入结束>>> 88
请输入下一个学生的分数，回车表示输入结束>>> 76
请输入下一个学生的分数，回车表示输入结束>>> 58
请输入下一个学生的分数，回车表示输入结束>>> 90
请输入下一个学生的分数，回车表示输入结束>>>
平均分：78.0
最高分：90
最低分：58
不及格人数：1
```

2.1.9　韩信点兵的故事

相传，一次韩信带领 1500 人的军队外出作战。大胜后回营，韩信打算清点一下人数。首先他让值日官去清点人数，不一会儿值日官回报说还有士兵 1035 人。韩信不是很放心，于是他让士兵每 3 个人排成一排，发现多出了 2 个士兵。他又让士兵每 5 个人排成一排，结果多出了 3 个士兵。随后他让士兵每 7 个人排成一排，结果多出了 2 个士兵。韩信随后就宣布，我军有 1073 名勇士。请问他是怎么知道士兵个数的？

很明显，士兵个数是大于或等于 3，小于或等于 1500。我们可以依次尝试，看看符合条件的整数有多少个。下面的代码就使用逐个尝试的办法。

```
>>> soider_number = 3                              # 最少有 3 名士兵
>>> while soider_number <= 1500:                   # 士兵总数不超过 1500
...     if (soider_number % 3 == 2) and \          # 同时满足前面三个条件的数
...        (soider_number % 5 == 3) and \
...        (soider_number % 7 == 2) :
...         print("Solder number = %d" % soider_number)
...     soider_number = soider_number + 1          # 下一个可能的值
...                                                # while 块结束
Solder number = 23                                 # 输出的满足条件的数
Solder number = 128
Solder number = 233
Solder number = 338
Solder number = 443
Solder number = 548
Solder number = 653
Solder number = 758
Solder number = 863
Solder number = 968
Solder number = 1073                               # 这个最接近值日官所说的值
Solder number = 1178
Solder number = 1283
Solder number = 1388
Solder number = 1493
```

其实满足条件的整数有很多个，但是最接近值日官说的 1035 的值是 1073，这就是为何韩信准确得出士兵数目为 1073。

2.2 布尔类型

布尔类型仅用来表示两种可能的值：真（True）和假（False）。在 Python 中，布尔类型是**一种特殊的整数类型**。下面的例子可以看到 True 和 False 既是布尔类型，也是整数类型。

```
>>> isinstance(True, bool)          # True 是布尔类型?
True
>>> isinstance(True, int)           # True 是整数类型?
True
>>> isinstance(False, bool)         # False 是布尔类型?
True
>>> isinstance(False, int)          # False 是 int 类型?
True
```

其实，True 就是整数 1，False 就是整数 0。

```
>>> True == 1                       # True 和 1 的值相等吗?
True
>>> True == 2                       # True 和 2 的值相等吗?
False
>>> False == 1                      # False 和 1 的值相等吗?
False
>>> False == 0                      # False 和 0 的值相等吗?
True
```

由于布尔类型就是整数类型的一个特例，所以整数类型的所有运算对布尔类型都适用。如前面介绍的移位运算也是可以的：

```
>>> True << 3                       # 对布尔类型数据进行移位操作
8
>>> False + 12                      # 对布尔类型数据进行加法运算
12
```

2.2.1 布尔运算

除了常规的整数操作外，布尔类型有其独特的运算。本节主要介绍这一类特定的运算。

1. 与（and）

该操作符有两个操作数，要求这两个操作数都是布尔型的。如果两个操作数都是 True，那么结果是 True；否则就是 False。

表 2-5 所示为其运算规则。

表 2-5　与运算规则

A	B	A and B
True	True	True
True	False	False
False	True	False
False	False	False

下面是实际操作的情况：

```
>>> True and True               # 两个操作数都是 True
True
>>> True and False              # 两个操作数一个是 True，另外一个是 False
False
>>> False and True              # 两个操作数一个是 True，另外一个是 False
False
>>> False and False             # 两个操作数都是 False
False
```

2. 或（or）

该操作符也需要两个操作数，而且这两个操作数都应该是布尔类型的。如果有一个操作数的值是 True，那么运算结果就是 True；否则结果是 False。

表 2-6 所示为其运算规则。

表 2-6　或运算规则

A	B	A or B
True	True	True
True	False	True
False	True	True
False	False	False

下面是实际操作的情况：

```
>>> True or True                # 演示布尔类型的 or 运算
True
>>> True or False
True
>>> False or True
True
>>> False or False
False
```

3. 非（not）

该操作符需要一个操作数，要求操作数是布尔类型的。如果操作数是 True，那么结果是 False；如果操作数的值为 False，那么结果就是 True。

表 2-7 所示为其运算规则。

表 2-7　非运算规则

A	not　A
True	False
False	True

下面是实际操作的情况：

```
>>> not True                    # 对 True 取否得到 False
False
>>> not False                   # 对 False 取否得到 True
True
```

2.2.2　类型转换

将其他类型转换成布尔类型的最简单办法是使用 bool()函数。如将字符串转换成布尔类型，其规则是如果字符串为空字符串，就是不包含任何字符、长度为 0 的字符串，转换成布尔类型时为 False，其他都转换成 True，包括“False”。

```
>>> bool("")                    # 空字符串
False
>>> bool("False")               # 非空字符串
True
>>> bool("123")
True
```

如果想将布尔类型的转换成字符串，可以使用 str()函数。其返回的值分别是“True”和“False”。

```
>>> str(True)                   # 将布尔类型的 True 转换成字符串类型
'True'
>>> str(False)                  # 将布尔类型的 False 转换成字符串类型
'False'
```

2.2.3　例子：谁在说谎

妈妈上街买菜回来后，就随手把手里的一些零钱放在了抽屉里。可是，等妈妈下午再去拿钱买菜时发现抽屉里的零钱没有了。于是，她就把三个女儿 A、B、C 叫来，问她们是不是拿了抽屉里的零钱。

A 说：“我拿了，我买可乐喝了。”

B 说：“我没有拿钱，我知道 A 拿了。”

C 说：“总之，我与 B 都没有拿。”

这三个女儿中有一个人在说谎，那么到底谁拿了钱呢？

我们可以这么来表示可能的情况，如果仅仅 A 拿了钱，那么用 A 来表示；如果 A 和 B 都拿了钱，可以用 AB 来表示；类似地，可以用 ABC 表示 A、B、C 都拿了钱。

我们定义三个函数，A_lies(x)表示某种情况 x 下，A 是否说谎了。x 的值就是前面描述的 A 和 AB 等值。

类似地，我们定义函数 B_lies(x)和 C_lies(x)，分别表示在情况 x 下 B 和 C 是否撒谎。x 的取值和前面的一样，表示某人或者某几个人拿了钱。

然后我们对所有可能的情况依次检查 A、B、C 是否说了谎。如果符合仅仅一个人说谎，那么这种情况就符合题目的要求，我们就可以知道究竟谁拿了钱。

```
>>> def A_lies(who_takes_money):
...     """ 如果 who_take_money 拿了钱，A 说谎了吗？
...     """
...     # 如果 A 拿了钱，那么她没有说谎
...     if who_takes_money.find("A") != -1:
...         return False
...     else:                                          # 否则 A 说谎
...         return True
...                # 函数定义结束
>>> def B_lies(who_takes_money):
...     """ 如果 who_take_money 拿了钱，B 说谎了吗？
...     """
...     # 如果 A 拿了钱，并且 B 没有拿钱，那么 B 没有说谎
...     if who_takes_money.find("A") != -1 and \
...        who_takes_money.find("B") == -1:
...         return False
...     else:                                          # 否则 B 说谎
...         return True
...          # 结束函数定义
>>> def C_lies(who_takes_money):
...     """ 如果 who_take_money 拿了钱，C 说谎了吗？
...     """
...     # 如果 B 或者 C 拿了钱，那么 C 说谎
...      if who_takes_money.find("B") != -1 or \
...        who_takes_money.find("C") != -1 :
...         return True
...     else:                                          # 否则 C 没有说谎
...         return False
...          # 结束函数定义
>>> for money_taker in ['A', 'B', 'C', 'AB', 'AC', 'BC', 'ABC']:
...     lier_number = 0
...     if A_lies(money_taker):
...         lier_number = lier_number + 1
...     if B_lies(money_taker):
...         lier_number = lier_number + 1
...     if C_lies(money_taker):
```

```
...         lier_number = lier_number + 1
...     if lier_number == 1:                          # 说谎的人就一个？
...         print("[%s] Takes Money" % money_taker) # 显示谁拿了钱
...          # for 循环结束
[AC] Takes Money                              # 结果是A和C拿了钱，C说谎了
```

从上面的运行结果来看，是 A 和 C 拿了钱，C 说了谎。

2.3　字　节　流

我们知道在计算机存储中，最小的存储单位是字节。每个字节有 8 位，所以每个字节的取值范围是 0～255。在早期，使用一个字节来表示一个字符，这就是有名的 ACSII 码。表 2-8 所示是 ASCII 码的定义，不过我们仅列出了前面的 128 个字符，这也是最早期的 ASCII 码。

表 2-8　ASCII码

ASCII码值	含　义
0	空字符，在有些语言中作为字符串的结尾字符使用
1	标题开始
2	正文开始
3	正文结束
4	传输结束
5	请求
6	收到通知
7	响铃
8	退格，相当于删除前一个字符
9	水平制表符
10	换行键
11	垂直制表符
12	换页键
13	回车键
14	不用切换
15	启用切换
16	数据链路转义
17	设备控制1
18	设备控制2
19	设备控制3

（续）

ASCII码值	含　义
20	设备控制4
21	拒绝接收
22	同步空闲
23	结束传输块
24	取消
25	媒介结束
26	代替
27	换码
28	文件分隔符
29	分组符
30	记录分隔符
31	单元分隔符
32	空格，也就是相当于按了键盘上最长的那个键
33	!（叹号），不是中文的叹号，对应的是键盘上和1共用的那个键
34	"（双引号），不是中文的双引号
35	#（井号），也就是Python中的注释开始的字符
36	$（美元符）
37	%（百分号），就是整数取余数的那个操作符
38	&，就是整数按位与的那个操作符
39	'（单引号）
40	(（开括号）
41	)（闭括号）
42	*，就是整数乘法运算符
43	+（加号）
44	,（逗号）
45	-（减号）
46	.（小数点）
47	/（除号），也可以为目录路径分隔符，如c:/temp/a.py
48	数字字符0。数字字符是连续的，0和1相差一个码，1和2也相差一个码，依次类推
49	数字字符1
50	数字字符2
51	数字字符3
52	数字字符4

（续）

ASCII码值	含　义
53	数字字符5
54	数字字符6
55	数字字符7
56	数字字符8
57	数字字符9
58	:冒号
59	;分号
60	<小于号
61	=等号，在Python中作为赋值符号使用
62	>大于号
63	?问号
64	@电子邮件符号
65	大写字母A。大写字母也是连续的，A和B相差一个码，B和C也相差一个码，依次类推
66	大写字母B
67	大写字母C
68	大写字母D
69	大写字母E
70	大写字母F
71	大写字母G
72	大写字母H
73	大写字母I
74	大写字母J
75	大写字母K
76	大写字母L
77	大写字母M
78	大写字母N
79	大写字母O
80	大写字母P
81	大写字母Q
82	大写字母R
83	大写字母S
84	大写字母T
85	大写字母U

（续）

ASCII码值	含　　义
86	大写字母V
87	大写字母W
88	大写字母X
89	大写字母Y
90	大写字母Z
91	[，这个在Python中作为列表的开始符
92	\（反斜杠），通常作为转义字符使用，比如“\n”表示换行符
93	]
94	^，在Python中作为异或操作符
95	_（下划线）
96	`
97	小写字母a。小写字符也是连续的，a和b相差一个码，b集合c相差一个码，依次类推
98	小写字母b
99	小写字母c
100	小写字母d
101	小写字母e
102	小写字母f
103	小写字母g
104	小写字母h
105	小写字母i
106	小写字母j
107	小写字母k
108	小写字母l
109	小写字母m
110	小写字母n
111	小写字母o
112	小写字母p
113	小写字母q
114	小写字母r
115	小写字母s
116	小写字母t
117	小写字母u
118	小写字母v

（续）

ASCII码值	含　义
119	小写字母w
120	小写字母x
121	小写字母y
122	小写字母z
123	{
124	|，在Python中表示或的位操作
125	}
126	~，在Python中表示取反的位操作
127	删除，就是按了Del键的输入

由于 ASCII 码最多只能表示 256 个字符，所以非拉丁字母就很难用 ASCII 码表示。为了解决该问题，人们就定义了 Unicode，单个字符用 16 位或者 32 位来表示。这时字符和字节之间就没有直接对应的关系了。

在 Python 中，字符串和字节流是两个不同的数据类型。字节流主要用在二进制数据、网络传输的数据方面，字符串则用在文本文件、用户 IO 等方面。字节流的定义如下：

```
>>> var1 = b'abc'              # 定义字节流，3 个字节，内容依次是 a、b、c
>>> type(var1)                 # 查看其类型
<class 'bytes'>
```

在 Python 中，字节流和字符串之间是可以相互转换的。尤其是在拉丁字母组成的字符串和字节流之间的相互转换是很简单的。

```
>>> 'abc'.encode("ascii")        # 将字符串按照 ASCII 编码方式来编码
b'abc'                           # 得到字节流
>>> b'abc'.decode("ascii")       # 将字节流按照 ASCII 编码方式来解码
'abc'                            # 得到字符串
```

需要注意的是，并不是所有的字节流都可以用任意编码方式来解码。

```
>>> b'abc'.decode("utf-8")       # 用 utf-8 来解码是没有问题的
'abc'
>>> b'abc'.decode("utf-16")      # 用 utf-16 来解码是有问题的
Traceback (most recent call last):
  File "<stdin>", line 1, in <module>
UnicodeDecodeError: 'utf-16-le' codec can't decode byte 0x63 in position 2:
truncated data
```

2.4　浮　点　数

浮点数简单来说就是实数，不同于整数，其带有小数部分。浮点数广泛用于统计和科学计算上。现实生活中，我们经常说的一个半小时，其应该用 1.5 个小时来表示。所有浮点数自然存在于生活中，并且广泛存在生活中。

所有的浮点数都是近似的。

```
>>> 1.2 * 6
7.199999999999999
>>> 1.2 * 6 == 7.2                        # 它们居然不相等
False
```

所以比较两个浮点数是否相等需要用 abs(a−b) < 1e−5 来判断。

```
>>> a = 1.2 * 6
>>> abs(a-7.2) < 1e-5
True
```

至于为何浮点数不同于整数，其值可以认为都是近似值呢？这与采用的进制有关。如在十进制中，三分之一（1/3）就是无法准确表示的，只能近似等于 0.333333。但是这个数在三进制中就可以准确表示为 0.1。同样的情况也发生在二进制中，如十进制中的 0.1 在二进制中就不能准确表示。

下面以浮点数 10.5 为例介绍浮点数的表示法。浮点数一般分为两部分，整数部分和小数部分。整数部分的表示法和整数的二进制表示法相同，如 10 用二进制数表示就是 1010。

$10=8+2=2^3+2^1=$0b1010

小数部分每位的权重依次是 2^{-1}、2^{-2}、2^{-3}、2^{-4}，所以 0.5 就可以表示为 0.1。

所以 10.5 用二进制数表示为 0b1010.1=0b1.0101 * 2^3。这就是标准的浮点数表示法，其包括数值部分 0b1.0101 和指数 3。数值部分大于或等于 1 而且小于 2。

如果用十六进制表示就是：

0b1.0101 * 2^3=0x1.5 * 2^3

但是我们也不需要每个数都这么来手工计算，Python 提供了函数 hex()，它是浮点数对象的成员函数。下面演示其用法。

```
>>> 10.5.hex()                            # 得到其内部表示法
'0x1.5000000000000p+3'                    # 数值部分是 0x1.5，指数部分是 3
```

2.4.1　基本运算

本节介绍浮点数的基本运算，包括加减乘除和幂运算。

1．加减乘除运算（+−*/）

和整数一样，浮点数也支持加减乘除等基本运算，运算符号也相同。

```
>>> 1.2 + 1.3                             # 加法运算
2.5
>>> 1.2 - 2.3                             # 减法运算
```

```
-1.0999999999999999                          # 得到一个近似值
>>> 1.2 * 2.0                                # 乘法运算
2.4
>>> 1.2 / 2.0                                # 除法运算
0.6
```

2．幂运算（**）

浮点数也支持幂运算，符号也是**。但是负数不支持小数幂的运算。

```
>>> 1.2 ** 2
1.44
>>> 1.2 ** 2.3
1.5209567545525315
>>> -1.2 ** 2                                # 等效于-(1.2 ** 2)
-1.44
>>> (-1.2) ** 2                              # 负数的平方为正数
1.44
>>> (-1.2) ** 2.1                            # 负数不支持小数幂运算
Traceback (most recent call last):           # 抛出异常
  File "<stdin>", line 1, in <module>
    ValueError: negative number cannot be raised to a fractional power
```

2.4.2　其他运算

1．将浮点数转换成近似的两个整数的商——as_integer_ratio()

这是一个浮点数的成员函数。其用法如下：

```
>>> a = 0.1                                  # 操作数
>>> a.as_integer_ratio()
(3602879701896397, 36028797018963968)
>>> 3602879701896397.0 / 36028797018963968 # 两者的值很接近了
0.1
```

2．判断某个浮点数是否为整数——is_integer()

这是浮点数对象自带的函数，判断某个浮点数是否为一个整数。其用法如下：

```
>>> a = 12.0
>>> a.is_integer()
True
>>> a = 12.0001
>>> a.is_integer()
False
```

当然这也是一个近似值，如 1.0000000000000001 就被看做 1。下面演示了这种情况。

```
>>> 1.0000000000000001.is_integer()         # 判断是否可以当作整数使用
True
>>> 1.0000000000000001 == 1.0
True
```

2.4.3　类型转换

本节介绍浮点数和其他类型之间的相互转换。如将浮点数转换成字符串或整数。由于 Python 是强类型语言，某些操作仅对特定类型有效，有时就需要先将其转换特定类型，然后才能完成对应的操作。如加法运算，其不能针对字符串，但是文件操作得到的就是字符串，那么就需要先将从文件得到的字符串转化成数值型对象，如整数，或者浮点数，然后进行加法运算。

1．转换成整型——int()

该函数将小数部分丢掉，该操作不会进行四舍五入操作。

```
>>> a = 1.2                      # 1.2 被处理为 1
>>> b = int(a)
>>> type(b)
<type 'int'>
>>> b
1
>>> a = 1.9                      # 即使是小数部分大于 0.5，也会被舍弃
>>> int(a)
1
```

2．转换成字符串——str()

该函数将其他类型转换成字符串。

```
>>> a = 12.88
>>> b = str(a)                   # 将浮点数转换成字符串
>>> type(b)
<type 'str'>
>>> b
'12.88'
```

3．从字符串转换成浮点数——eval()

可以看作是 str()的逆操作。str()将其他类型转换成字符串，eval()将字符串转换成其他类型的对象。

```
>>> a = '1.23'
>>> b = eval(a)
>>> type(b)
<type 'float'>
>>> b
1.23
```

2.4.4　例子：求某个数的平方根

对于求一个浮点数的平方根，可以使用库函数，如 math.sqrt()。但在本节，为了演示

浮点数的一些用法，我们用下面的迭代法来求某个数的平方根。其基本原理如下，对于一个浮点数 a，其平方根一定在 1 和 a 之间。如 a=2，那么其平方根 1.414 在 1 和 2 之间。如 a=0.8，那么其平方根 0.89443 在 0.8 和 1 之间。假定 a>1，我们的方法是取 1 和 a 的中间值 a1=(a+1)/2，如果 a1 的平方大于 a，那么平方根一定在 1 和 a1 之间；否则在 a1 和 a 之间。依次迭代直到误差足够小。下面是实现代码。

```
import sys                                            # 用来获得用户输入参数
def cal_sqrt_with_newton(start, end, target, stop):   # 计算平方根
    while True:                                       # 一直循环
        mid = (start + end) / 2.0
        if abs((mid * mid) - target) < stop:          # 如果精度达到要求了
            return mid                                # 返回中间值
        else:
            if (mid * mid) > target:                  # 否则继续二分法
                end = mid
            else:
                start = mid
def py_sqrt(v):
    if v > 1.0:                                       # 如果值大于 1，那么在 1 和 v 之间
        return cal_sqrt_with_newton(1.0, v, v, 1.0e-6)
    else:                                             # 如果值小于 1，那么在 v 和 1 之间
        return cal_sqrt_with_newton(v, 1.0, v, 1.0e-6)
def test(v):                                          # 测试计算结果
    ret = py_sqrt(v)
    print("sqrt(%s) = %s" % (v, ret))                 # 显示计算结果
if __name__=='__main__':
    input = float(sys.argv[1])
    test(input)
```

运行后的结果如下：

```
$ python sqrt2.py 2.0                 # 计算 2 的平方根
sqrt(2.0) = 1.41421365738             # 计算结果
$ python sqrt2.py 0.5                 # 计算 0.5 的平方根
sqrt(0.5) = 0.707106590271            # 计算结果
```

需要注意的是，由于使用了递归调用，如果希望得到高精度的结果，就有可能出现调用深度超出。

2.5 列　　表

列表是多个元素组成的有序集合。我们可以使用列表将紧密关联的元素捆绑在一起，如某个班级有 28 名同学，那么可以建立一个班级列表，里面包含 28 个元素，每个元素对应一个学生。由于列表是有序的，我们可以按照学号来排序，这样就得到了一个学生列表用来表示某个班级的所有学生。在 Python 中，使用[]来定义列表。

```
>>> list1 = [1, 2, 3]                           # 定义列表 list1
>>> type(list1)                                 # 查看 list1 的类型
<class 'list'>
```

另外一种构造列表的方式是 list(对象)，其从另外一个对象复制数据来构建一个新的列表。这个输入的对象一般也是一个集合数据，就是说其是包含很多个元素的数据，如字符串。字符串可以看作是字符的集合。

```
>>> list('123')
['1', '2', '3']
```

列表可以为空，即不包含任何元素的列表。用[]来表示空的列表。

```
>>> a = []                                      # 空列表
>>> len(a)                                      # 列表元素为 0
0
```

2.5.1　列表特性

列表和前面介绍的数据类型有很大的不同，它是一系列元素的集合。在其他编程语言中，也有类似的数据类型，但 Python 中的列表有其自己的特性。

1．异构性

Python 的列表不要求其元素的类型相同。这点和 C 语言、Java 语言中的数组有很大的不同。

```
>>> a = [1, 2.3, "hello", [1, 2]]               # 构造一个列表，4 个元素
>>> type(a[0])                                  # 第一个元素的类型为整型
<class 'int'>
>>> type(a[1])                                  # 第二个元素的类型为浮点数
<class 'float'>
>>> type(a[2])                                  # 第三个元素的类型为字符串
<class 'str'>
>>> type(a[3])                                  # 第四个元素的类型为列表
<class 'list'>
```

2．元素个数可变

对于 C 语言和 Java 语言的数组来说，元素个数在定义时就已经确定了，以后是不可以修改的。而 Python 的列表对元素个数是没有限制的，而且可以在运行时动态发生变化，如可以在尾部添加一个元素，或者在头部插入一个元素。经过这样的操作后，列表的元素个数也会发生变化。

```
>>> a = [1, 2, 3]                               # 构造列表 a
>>> len(a)                                      # a 有 3 个元素
3
>>> a.append(4)                                 # 在尾部添加元素 4
>>> a                                           # 查看 a 的内容
```

```
[1, 2, 3, 4]
>>> len(a)                                # 现在 a 的元素个数为 4
4
>>> a.insert(0, 0)                        # 在头部插入 0
>>> a                                     # 查看 a 的内容
[0, 1, 2, 3, 4]
>>> len(a)                                # a 的元素个数现在为 5
5
```

3. 直接访问元素

这个和 C 语言、Java 语言中的数组类似，可以指定某个位置来访问列表中的元素，如第一个元素、最后一个元素等。另外一种常见的数据结构是链表，但链表不可以直接访问任意元素，如要得到第三个元素的值，首先要访问第一个元素，通过第一个元素来找到第二个元素，再通过第二个元素来找到第三个元素。

```
>>> a = list(range(1, 100))               # 生成 99 个元素的列表
>>> len(a)                                # 得到元素的个数
99
>>> a[10]                                 # 访问第 11 个元素，得到其值
11
```

4. 对象表示法

我们从前面知道访问列表中任意元素的时间是相同的，这点就像 C、C++和 Java 中的数组一样。但是其不要求所有元素类型相同，也不要求它们占用相同的内存空间，这是如何做到的呢？下面以列表[1, "hello" 12.5, ""]为例画出其在内存中对象模型，如图 2-1 所示。

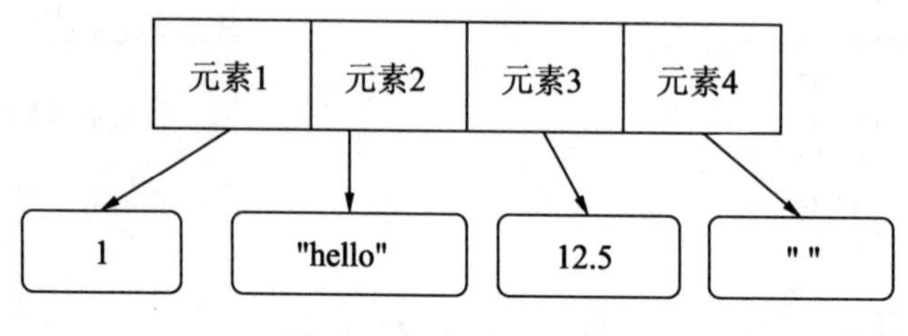

图 2-1　列表的对象模型

2.5.2 常见操作

下面介绍列表数据的常用操作。

1. 得到元素个数——len()

可以使用 len()函数来得到某个列表包含的元素个数。

```
>>> len([])                          # 空的列表元素个数为 0
0
>>> len([1, 2, 3])                   # 包含 3 个元素的列表
3
```

2．得到某种元素——列表[位置]

我们可以用“列表[位置]”来表示某个元素，然后可以读取该元素的值，也可以修改该元素的值。

```
>>> list1 = [1, 2, 3]                # 定义一个列表
>>> list1[1]                         # 查看第二个元素的值
2
>>> list1[1] = 100                   # 修改第二个元素的值
>>> list1                            # 查看列表的内容
[1, 100, 3]                          # 第二个元素值发生变化了
```

3．在尾部添加元素——append()

结果就是元素个数加一，列表自己的 id 没有发生变化。

```
>>> list_obj1 = [1, 2, 3]
>>> id(list_obj1)
4346456544
>>> list_obj1.append(12)
>>> list_obj1
[1, 2, 3, 12]
>>> id(list_obj1)
4346456544
```

4．得到某个值在列表中出现的次数——count()

如果没有出现过，那么返回 0。

```
>>> list_obj1 = [1, 1, 2, 3, 4]      # 创建一个列表
>>> list_obj1.count(1)               # 列表中值为 1 的元素个数为 2
2
>>> list_obj1.count(2)               # 列表中值为 2 的元素个数为 1
1
>>> list_obj1.count(20)              # 列表中值为 20 的元素个数为 0
0
```

5．将另外一个列表的元素附加到尾部——extend(新列表)

将新列表的元素放在原来列表尾部，原来的列表数据发生了变化。

```
>>> list_obj1 = [1, 2, 3]            # 新建一个列表
>>> list_obj2 = [10, 20, 30]         # 新建另外一个列表
>>> id(list_obj1)                    # 得到第一个列表的 id
4346331936
>>> id(list_obj2)                    # 得到第二个列表的 id
4346393520
```

```
>>> list_obj1.extend(list_obj2)        # 将第二个列表内容依次加入第一个列表
>>> id(list_obj1)                      # 第一个列表的 id 没有发生变化
4346331936
>>> id(list_obj2)                      # 第二个列表的 id 也没有发生变化
4346393520
>>> list_obj1                          # 但是第一个列表的内容发生了变化
[1, 2, 3, 10, 20, 30]
>>> list_obj2                          # 第二个列表的内容没有发生变化
[10, 20, 30]
```

6．查找第一个指定值出现的位置——index()

第一个元素的位置为 0。如果没有找到，抛出异常。

```
>>> list_obj1 = [1, 2, 4, 1, 21, 20]   # 新建一个列表
>>> list_obj1.index(1)       # 第一个值为 1 的元素位置是 0,也就是第一个位置
0
>>> list_obj1.index(30)      # 第一个值为 30 的元素位置是不存在的,抛出异常
Traceback (most recent call last):
  File "<stdin>", line 1, in <module>
ValueError: 30 is not in list
>>> list_obj1.index(21)      # 第一个值为 21 的元素位置是 4,也就是第 5 个元素
4
```

也可以指定开始位置。

```
>>> list_obj1 = [1, 2, 4, 1, 21, 20]
>>> list_obj1.index(1, 2)                    # 开始位置为 2
3
>>> list_obj1.index(1, 0)                    # 开始位置为 0
0
```

当然也可以同时指定开始和结束的位置。

```
>>> list_obj1 = [1, 2, 4, 1, 21, 20]
>>> list_obj1.index(1, 4, 6)                 # 开始于位置 4，结束于位置 5
Traceback (most recent call last):
  File "<stdin>", line 1, in <module>
ValueError: 1 is not in list
```

7．在指定位置插入元素——insert()

需要指定位置和值，在该位置后面的元素都会向后移动一个位置。

```
>>> list_obj1 = [1, 2, 4, 1, 21, 20]
>>> list_obj1.insert(0, 100)
>>> list_obj1
[100, 1, 2, 4, 1, 21, 20]
```

8．删除指定位置的元素——pop()

将该指定位置上的元素从列表中删除，在该位置后面的元素都往前挪动一个位置。返回值是删除掉的元素的值。

```
>>> list_obj1 = [1, 2, 4, 1, 21, 20]
>>> list_obj1.pop(2)                    # 删除位置为 2 的元素，也就是第三个元素
4
>>> list_obj1                           # 查看删除后的结果
[1, 2, 1, 21, 20]
```

如果没有指定位置，那么就是删除最后一个元素。

```
>>> list_obj1 = [1, 2, 4, 1, 21, 20]
>>> list_obj1.pop()                     # 删除最后一个元素
20
>>> list_obj1
[1, 2, 4, 1, 21]
```

9. 删除第一个等于指定值的元素——remove(值)

从头部开始，删除第一个指定值的元素。

```
>>> list_obj1 = [1, 2, 4, 1, 21, 20]
>>> list_obj1.remove(1)                 # 删除第一个值为 1 的元素
>>> list_obj1                           # 查看删除后的列表内容
[2, 4, 1, 21, 20]
```

如果没有元素的值等于指定值，那么抛出异常。

```
>>> list_obj1 = [1, 2, 4, 1, 21, 20]
>>> list_obj1.remove(100)
Traceback (most recent call last):
  File "<stdin>", line 1, in <module>
ValueError: list.remove(x): x not in list
```

10. 颠倒顺序——reverse()

用于反转列表中的元素。

```
>>> list_obj1 = [1, 2, 4, 1, 21, 20]
>>> list_obj1.reverse()
>>> list_obj1
[20, 21, 1, 4, 2, 1]
```

11. 排序——sort()

这对于由整数组成的列表来说非常有用。如果不是数值型的元素，那么其使用某种排队规则进行排序。我们也可以指定自己的排队规则来实现不同的排列方式。

```
>>> list_obj1 = [1, 2, 4, 1, 21, 20]
>>> list_obj1.sort()
>>> list_obj1
[1, 1, 2, 4, 20, 21]
```

12. in操作符

用来判断某个列表中是否包含指定值的元素。如果包含，返回 True；否则返回 False。

```
>>> list_obj1 = [1, 2, 4, 1, 21, 20]
>>> 1 in list_obj1
```

```
True
>>> 10 in list_obj1
False
```

13. not in操作符

判断某个值是否不在列表中。如果不在，返回 True；否则返回 False。该操作符和 in 刚好相反。

```
>>> list_obj1 = [1, 2, 4, 1, 21, 20]
>>> 1 not in list_obj1
False
>>> 10 not in list_obj1
True
```

14. 遍历所有元素——for...in

该操作符依次访问列表中的所有元素，而且是按照列表中元素的顺序依次来访问。第一次访问该列表的第一个元素，第二次访问第二个元素，循环执行直到访问完最后一个元素。如果列表为空，该操作符也是合法的，但是不会执行循环内的代码，一次也不会执行。

```
>>> list_obj1 = [1, 2, 4, 1, 21, 20]
>>> for ele in list_obj1:              # 遍历所有元素
...   print(ele)                       # 打印输出这些元素的值
...
1                                      # 按照顺序输出各个元素
2
4
1
21
20
```

2.5.3 找出丢失的数

有一个包含 1 到 100，一共 100 整数的列表 list，但是顺序已经被打乱，现在随机丢掉一个值，请计算出被扔掉的数的值。

1. 直接的解法

依次查看 1 到 100 哪些数没有在输入的列表中。代码如下：

```
import random                          # 引入伪随机数模块
def find_missing_num(list):            # 查找丢失的数
    for candidate in range(1, 101):    # 对所有的数，查看是否在结果队列中
        if candidate not in list:      # 如果不在结果队列中，那么它就是丢失的数
            return candidate           # 返回该丢失的数
    return None                        # 如果没有找到，返回 None
def test():                            # 测试代码
    list_a = range(1, 101)             # 得到 100 个数
```

```
    random.shuffle(list_a)              # 打乱顺序
    drop_val = list_a.pop(49)           # 丢掉一个数
    print("The Dropped Item is %d" % drop_val)
    ret = find_missing_num(list_a)  # 查找该丢失的数
    print("Answer: %d" % ret)
if __name__=='__main__':      # 如果是脚本运行而不是 import，那么执行测试代码
    test()
```

运行结果如下：

```
$ python listdemo3.py
The Dropped Item is 77
Answer: 77
$ python listdemo3.py
The Dropped Item is 97
Answer: 97
```

2. 求和的方法

求出列表中所有元素的和 s，假定丢掉的元素为 x，那么 s+x=1+2+3+…+100。这样可以求出 x 的值来。代码如下：

```
import random                                  # 引入随机库
def find_missing_num(list):
    expected_sum = ( (1 + 100) * 100) / 2
    real_sum = sum(list)
    return (expected_sum - real_sum)
def test():
    list_a = range(1, 101)
    random.shuffle(list_a)
    drop_val = list_a.pop(49)              #
    print("The Dropped Item is %d" % drop_val)
    ret = find_missing_num(list_a)
  print("Answer: %d" % ret)
if __name__=='__main__':
    test()
```

运行结果如下：

```
$ python listdemo4.py
The Item is 87
Missing Number = 87
$ python listdemo4.py
The Dropped Item is 79
Answer: 79
```

2.5.4　背包问题

背包问题是一个经典的问题，其有多个变种，本节要解决的是 0-1 背包问题。题目如下，给定一个背包，其容量为 v，现在有 n 个物品，它们的体积分别为 e1、e2、…、en。现在挑选任意多个物品放入背包内，要求它们的体积和不能超过背包容量 v，并且希望尽量接近 v，如背包容量为 100，那么物品体积和为 99 的方案就比物品体积和为 98 的方案

要好，当然最好是体积和等于背包容量 v。我们就是要找到这个最优的物品组合。

为了说明该类问题的解决方案，我们设定了一个特殊的场景，在该场景中，背包容量为 10，物品有 4 个，它们的容量分别为 1、3、6、8。现在我们需要计算出这个最优的物品组合。最简单的方法就是列出所有的排列组合，看看它们是否满足条件。由于有 4 个物体，每个物体有两个可能选项，放入背包或者不放入背包。下面为实现代码：

```
goods_list = [1, 3, 6, 8]
def resolve_bag(bag_volume, goods_list):
    biggest_valid_vol = 0
    biggest_valid_selection = []
    goods_num = len(goods_list)
    candidate_num = 1 << goods_num
    for candidate in range(candidate_num):
        selection_decision = []
        for x in range(goods_num):
            if (candidate & 1) == 1:
                selection_decision.append(True)
            else:
                selection_decision.append(False)
            candidate = candidate >> 1
        current_vol = 0
        for x in range(goods_num):
            if selection_decision[x] == True:
                current_vol = current_vol + goods_list[x]
        if current_vol <= bag_volume and current_vol > biggest_valid_vol:
            biggest_valid_vol = current_vol
            biggest_valid_selection = selection_decision
    result = [goods_list[x] for x in range(goods_num) if biggest_valid_selection[x] \
        == True]
    print(result)
resolve_bag(10, goods_list)
```

运行后的结果如下：

```
$ python simpleBag1.py
[1, 3, 6]
```

但是该程序的运行效率比较低下，其枚举了所有的组合。对于这个过程，可以用决策树来表示。我们可以用两个信息来描述每个状态，一个是背包的剩余空间，一个是没有放入背包的物品。如初始状态就是有 10 个剩余空间，没有放入背包的物品体积依次为 1、3、6、8。然后我们对于所有的物品，从右往左，依次决定是否放入背包。如将体积为 8 的物品放入背包，那么就得到这样一个状态，其背包剩余空间是 2，没有放入到背包的物品容量是 1、3、6。如果决定不将体积为 8 的放入背包，那么就得到这样一个状态，剩余空间为 10，没有放入背包的物品体积为 1、3、6。除掉一些明显不太可能出现的状态，可以得到如图 2-2 所示的一个状态图。

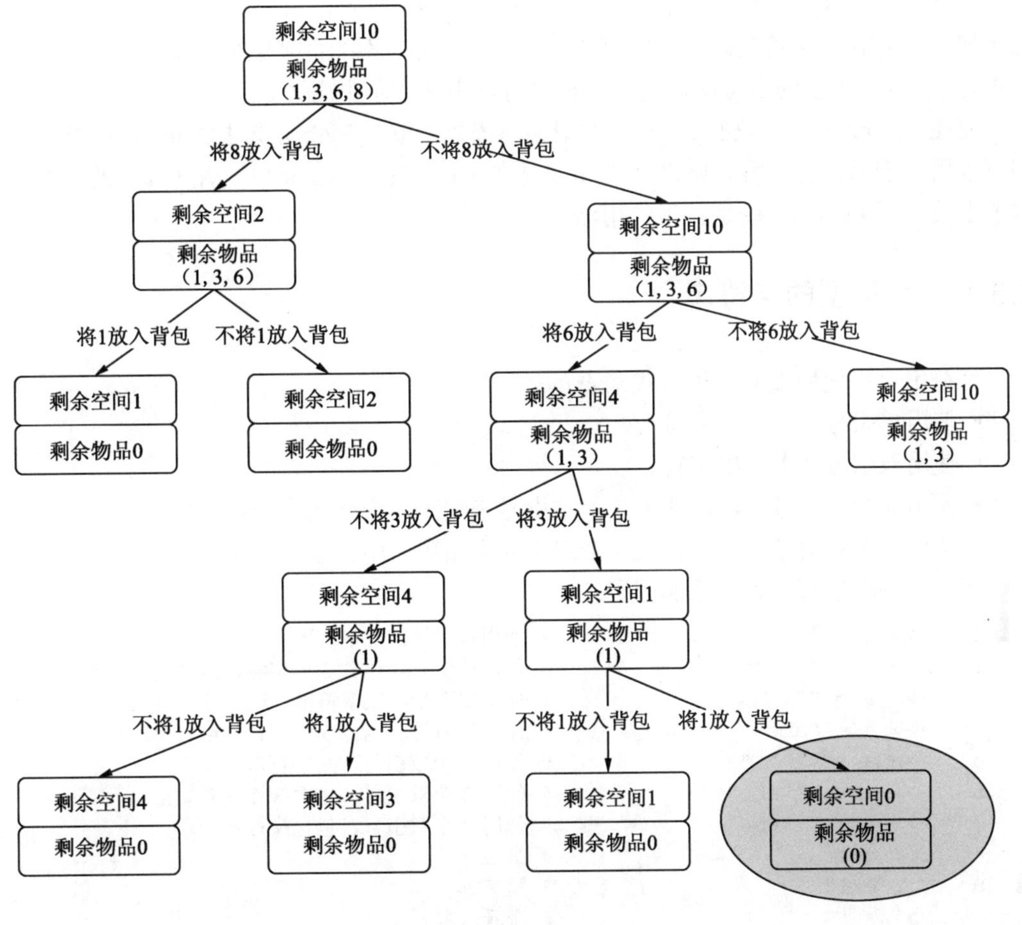

图 2-2　背包问题的状态图

最后找到右下角的这个状态，剩余空间为 0，即将背包完全装满了。这就是我们的终极状态了。

2.6 字 符 串

字符串是最常见的一种数据类型，在现实生活中，比较适合用字符串表示的对象包括名字、诗词等。字符串表示一组有序的字符集合，如“床前明月光”就是一个字符串，“床”和“前”都是字符。所以字符串最基本的属性就是长度，就是包含字符的个数。和其他语言类似，在 Python 中，长度为 0 的字符串也是合法的，也被称作空字符串。但和 C 语言、Java 语言不同的是，Python 中没有字符这个类型，或者我们可以认为字符就是长度为 1

的字符串。

在 Python 2 中，有两类字符串，一类是 str 类型的字符，可以看作字节流，一般用来表示使用 ASCII 码字符就能表示的字符串，这类字符串不能直接用来表示中文字符；另外一类是 unicode 类型的字符串，这类字符串可以用来表示中文。

而在 Python 3 中，只有 str 一种类型，但该类型就是 Python 2 中的 unicode 类型，我们可以用其表示任意字符。原来 Python 2 中的 str 类型在 Python 3 中用 bytes 类型表示。本节主要讲述 Python 3 中字符串的用法。

2.6.1　str 类型的字符串

字符串可以使用下面 4 种方式来表示：

- 使用单引号加上一串字符。
- 使用双引号加上一串字符。
- 使用 3 个单引号开始，使用 3 个单引号来结束，中间放上一串字符。
- 使用 3 个双引号开始，使用 3 个双引号来结束，中间放上一串字符。

下面是各种字符串表示法的例子：

```
>>> a = ''                        # 使用单引号，空字符串
>>> a = 'abc'                     # 使用单引号，包含 3 个字符，a、b 和 c
>>> a = ""                        # 使用双引号，空字符串
>>> a = "abc"                     # 使用双引号，包含 3 个字符，a、b 和 c
>>> a = """"""                    # 使用 3 个双引号，空字符串
>>> a = """abc"""                 # 使用 3 个双引号，包含 3 个字符，a、b 和 c
>>> a = """abc                    # 使用 3 个双引号，包含换行符
... def                           # 第二行
... ekl"""                        # 第三行
>>> a                             # 查看内容
'abc\ndef\nekl'
>>> a = '''abc                    # 使用 3 个单引号，包含换行符
... def                           # 第二行
... ijl'''                        # 第三行
>>> a                             # 查看内容，可以看到换行符\n
'abc\ndef\nijl'
```

2.6.2　str 类型的相关接口函数

字符串的基本操作包括得到子字符串、得到字符串的长度等。本节将介绍字符串类型的常用接口函数以及它们的用法。

1. 得到字符串长度——len()

其返回字符串中字符的个数。

```
>>> len("")                          # 空字符串，长度为 0
0
>>> len("a")                         # 单个字符，所以长度为 1
1
>>> len("ab")                        # 包含两个字符，所以长度为 2
2
>>> len("abc")                       # 包含 3 个字符，所以长度为 3
3
>>> a = "我爱 python"
>>> len(a)                           # 包括 8 个字符
8
```

2．得到子字符串——[开始位置:结束位置]

需要注意的是，字符串是不可以修改的，所以对子字符串是只能读不能写。

```
>>> in_str="abcdefghijklmn"
>>> in_str[2:]                       # 从第三个开始一直到最后
'cdefghijklmn'
>>> in_str[2]                        # 仅第三个字符
'c'
>>> in_str[2:5]                      # 第 3 个到第 5 个字符
'cde'
>>> in_str[2:5]="1234"               # 试图做写操作，失败，抛出异常
Traceback (most recent call last):
  File "<stdin>", line 1, in <module>
TypeError: 'str' object does not support item assignment
```

3．是否为26个字母——isalpha()

如果字符串包含多个字符，那么是否所有的字符都是 26 个字母，包括大小写的字母。

```
>>> "".isalpha()                     # 空字符串不是 26 个字母
False
>>> "a".isalpha()                    # "a"包含的都是 26 个字母
True
>>> "a1".isalpha()
False
>>> "aB".isalpha()
True
```

4．是否全部为10个数字字符——isdigit()

该函数用于判断是否所有的字符都是 0 到 9 的字符，如果有一个不是，返回 False，否则返回 True。

```
>>> "".isdigit()                     # 空字符返回 False
False
>>> "0".isdigit()                    # 单个字符 0，返回 True
True
>>> "0a".isdigit()                   # 包含非数字字符 a，返回 False
False
```

```
>>> "009876".isdigit()                   # 全部为数字字符，返回 True
True
```

5. 是否为26个字母或者10个数字字符——isalnum()

如果字符串中的每个字符都是 26 个字母或者 10 个数字字符，返回 True；如果有一个不是这个范围内的字符，返回 False。

```
>>> "009876".isalnum()                   # 都符合要求
True
>>> "a009876".isalnum()                  # 都符合要求
True
>>> "".isalnum()                         # 空字符串，返回 False
False
>>> "abc_def".isalnum()                  # _字符不符合要求，所以返回 False
False
```

6. 转换成小写字母——lower()

该函数将所有的大写字母都转换成小写字母，其他字符原封不动。

```
>>> "abCD987".lower()                    # CD => cd，其他没有变化
'abcd987'
```

7. 转换成大写字母——upper()

该函数将所有的小写字母都转换成大写字母，其他字符原封不动。

```
>>> "abCD987".upper()                    # ab    => AB
'ABCD987'
>>> "我爱 python".upper()
'我爱 PYTHON'
```

8. 将单词的首字母大写——title()

如果有多个单词，那么每个单词的首字母都变成大写的。

```
>>> "abc".title()                        # 仅仅包含一个单词
'Abc'
>>> "this is our favorite book".title() # 包含多个单词，每个的首字母都大写
'This Is Our Favorite Book'
```

9. 分割成字符串列表——split(分割字符)

分割字符可以是单个字符，也可以是一个字符串。下面的例子中既有单个字符组成的分割字符，也有多个字符组成的分割字符。

```
>>> "a:b:c".split(":")                   # 分割字符是单个字符
['a', 'b', 'c']
>>> "abc--def".split('--')               # 分割字符是两个字符
['abc', 'def']
>>> "abc:def:".split(':')                # 尾部有分割字符
```

```
['abc', 'def', '']
>>> "::::abc:def::::".split(':')        # 头部有分割字符，有连续的分割字符
['', '', '', '', 'abc', 'def', '', '', '', '']
```

10. 将字符串列表拼接成一个字符串——join(字符串列表)

该接口函数接收一个字符串列表或者元组，返回一个新的字符串，输入的字符串集合不会发生变化。返回的字符串就是用指定的字符连接起来的。下面的例子使用“:”来连接输入的字符串列表。

```
>>> ":".join(['a', 'b', 'c'])
'a:b:c'
```

11. 得到字符的ASCII码——ord(单个字符)

要求输入是包含单个字符的字符串。

ASCII 码是早期的一种编码方式，使用 8 位来表示一个字符。目前这种编码方式依然广泛使用，但这种表示方法无法表示中文。

```
>>> ord("a")                              # 字符 a 的 ASCII 码是 97
97
>>> ord("x")                              # 字符 x 的 ASCII 码是 120
120
>>> ord("?")
63
>>> ord("ab")                             # 两个字符，抛出异常
Traceback (most recent call last):
  File "<stdin>", line 1, in <module>
TypeError: ord() expected a character, but string of length 2 found
```

12. 从ASCII码得到字符——chr(ASCII码值)

输入参数必须在 0 到 255 之间，超出范围会抛出异常。

```
>>> chr(0)                                # ASCII 码中 0 表示的字符
'\x00'
>>> chr(255)
'\xff'
>>> chr(36)
'$'
>>> chr(2236)                             # 超出范围，导致抛出异常
Traceback (most recent call last):
  File "<stdin>", line 1, in <module>
ValueError: chr() arg not in range(256)
```

下面通过一个实例说明 str 类型的相关接口函数的使用。

统计 26 个字母出现的频率：输入是一个很长的字符串，对其中的英文字母统计其出现的次数，其他字符忽略不处理，大写字母和小写字母当作一个字母来看。

```
input_str = """The First-ever Open-water
Beluga Sanctuary Will Welcome Two Adorable Whales in June,
Adorable beluga whales are a popular attraction to aquariums
```

```
around the world, but like many other wild animals,
they also risk losing their habitats due to human
intervention such as population growth, new buildings
along the coastline, fishing, and other problems
that sea creatures face.
"""                                          # 输入的字符串
def calc_statistic(input_str):               # 计算英文字母出现的频率
    result = [0] * 26                        # 构建结果列表
    for c in input_str:                      # 对于每个输入字符串中的字符
        if c.isalpha():                      # 必须是 26*2 个字符之一
            c = c.lower()                    # 统一转换成小写字符
            index = ord(c) - ord('a')        # 计算出其对应的位置
            result[index] = result[index] + 1    # 将出现的次数加一
    for ele in range(0, 26):                 # 显示打印结果
        c = chr(ord('a') + ele)              # 将位置转换成字符
        print("[%s] Shows Up %d Times" % (c, result[ele])) # 显示结果
calc_statistic(input_str)                    # 进行处理
```

输出结果如下：

```
$ python calcCharFreq.py
[a] Shows Up 35 Times                        # a 字符出现的次数
[b] Shows Up 8 Times                         # b 字符出现的次数
[c] Shows Up 7 Times
[d] Shows Up 8 Times
[e] Shows Up 32 Times                        # e 字符出现的次数
[f] Shows Up 3 Times
[g] Shows Up 7 Times
[h] Shows Up 15 Times
[i] Shows Up 20 Times
[j] Shows Up 1 Times
[k] Shows Up 2 Times                         # k 字符出现的次数
[l] Shows Up 21 Times
[m] Shows Up 6 Times
[n] Shows Up 20 Times
[o] Shows Up 22 Times
[p] Shows Up 6 Times
[q] Shows Up 1 Times
[r] Shows Up 21 Times
[s] Shows Up 18 Times
[t] Shows Up 27 Times
[u] Shows Up 15 Times
[v] Shows Up 2 Times
[w] Shows Up 10 Times
[x] Shows Up 0 Times
[y] Shows Up 3 Times
[z] Shows Up 0 Times                         # z 字符出现的次数
```

2.6.3 bytes 类型

bytes 从名字上即可看出，其表示字节数组，每个单元表示单个字节。该类型字符串

的表示方法和 str 类型类似，不过需要在前面加上 b，如说下面的代码就是用单引号表示的 bytes 字符串。

```
>>> a = b'abc'          # 以字符 b 开头，后面跟着用单引号表示的 bytes 字符串
>>> type(a)
<type bytes>
```

当然也可以使用双引号或者三引号，下面是这两种表示方法的例子：

```
>>> b"python"                                  # 双引号
'python'
>>> b"""I love python                          # 三个双引号
... do you like it?"""
'I love python\ndo you like it?'
>>> a = '''I love python                       # 三个单引号
... do you love it?'''
>>> a
'I love python\ndo you love it?'
```

需要注意的是，这时不能使用中文字符，因为中文字符无法用单个 0～255 之间的值来表示。另外可以使用“**数值**”来表示单个字符，如 123 表示 S，如下面所示：

```
>>> b'\123'                                    # 123 是字符 S 的 ASCII 码
b'S'
>>> b'\141\142\143'                            # 141 是字符 a 的 ASCII 码
b'abc'
```

2.6.4 str 类型和 bytes 类型的转换

在 Python 3 中同时支持 str 类型和 bytes 两种类型，它们之间是可以相互转换的。如从 str 转换成 bytes，可以使用 encode()成员函数。

```
>>> a = "abc"
>>> a
'abc'
>>> b = a.encode("utf-8")
>>> type(b)
<class 'bytes'>
```

下面的代码说明了带有中文的 str 类型是如何转换成 bytes 类型的。

```
>>> a = "最爱中国"                   # str 类型
>>> len(a)                          # 长度为 4，4 个字符
4
>>> type(a)                         # 类型
<class 'str'>
>>> b = a.encode("utf-8")           # 将其转换成 str 类型，方式是 utf-8
>>> type(b)
<class 'bytes'>
>>> len(b)                  # 字节个数为 12，每个中文在 utf-8 中用 3 个字节表示
12
>>> b                               # 各个字节的内容
b'\xe6\x9c\x80\xe7\x88\xb1\xe4\xb8\xad\xe5\x9b\xbd'
```

从 bytes 类型转换成 str 类型可以使用成员函数 decode()，下面的代码说明了普通的拉丁字母是如何进行转换的。

```
>>> b = b"abc"
>>> type(b)
<class 'bytes'>
>>> len(b)
3
>>> a = b.decode("utf-8")
>>> type(a)
<class 'str'>
>>> len(a)
3
>>> a
'abc'
```

下面的代码说明了成员函数 decode()如何将 bytes 类型转换成含中文字符的 str 类型。

```
>>> b = b'\xe6\x9c\x80\xe7\x88\xb1\xe4\xb8\xad\xe5\x9b\xbd'
>>> len(b)                        # 字节个数
12
>>> type(b)
< class 'bytes'>
>>> b
b'\xe6\x9c\x80\xe7\x88\xb1\xe4\xb8\xad\xe5\x9b\xbd'
>>> a = b.decode("utf-8")         # 按照 utf-8 的格式进行解码，每 3 个字节表示一个中文字符
>>> type(a)
<class 'str'>
>>> len(a)                        # 字符个素
4
>>> a
'最爱中国'
```

2.7　元　　组

元组和列表很像，也是一个包含多个元素的集合。与列表不同的是不能对元组中数据进行修改，如不能为元组添加数据，也不能删除元组中的某个元素。元组最常用的用法是作为函数的返回值。

2.7.1　元组的表示法

元组的最简单表示法是“(元素 1,元素 2,…)”。这个和列表的表示方法类似，只是将方括号变成圆括号。下面是这种最简单的表示法的例子。

```
>>> tuple1 = (1, 2, 3)
>>> type(tuple1)
<type 'tuple'>
```

但是对于空的元组，需要使用下面的表示法：

```
>>> tuple1 = tuple()
>>> type(tuple1)
<type 'tuple'>
>>> len(tuple1)
0
```

对于仅包含一个元素的元组，需要使用下面的方法：

```
>>> tuple1 = tuple([1])
>>> type(tuple1)
<type 'tuple'>
>>> len(tuple1)
1
```

或者使用下面的方法：

```
>>> tuple1 = (1,)
>>> type(tuple1)
<type 'tuple'>
>>> len(tuple1)
1
```

但是不能使用下面的方式：

```
>>> tuple1 = (1)                    # (1)等效于 1
>>> type(tuple1)                    # 可以看到类型是整型 int 而不是元组 tuple
<type 'int'>
```

2.7.2　元组接口函数

元组的接口函数比列表少很多，常用的只有两个，一个是 count()，表示某个值在元组中出现的次数；另外一个是 index()，表示某个值在元组中第一次出现的位置。这两个接口函数的用法和列表是一样的。

1．某个元素值出现的次数——count(值)

如果没有出现过，返回 0，否则返回一个正整数表示该值在元组中出现的次数。

```
>>> a = (1, 3, 5, 7)                # 定义了元组 a，包含 4 个元素
>>> type(a)                         # 查看 a 的类型，这是 Python 3 中的返回值
<class 'tuple'>
>>> a.count(1)                      # 1 在 a 中出现了 1 次
1
>>> a.count(2)                      # 2 在 a 中出现了 0 次
0
```

2．指定值在元组中第一次出现的位置——index(值)

如果指定的值在元组中不存在，抛出异常 ValueError，否则返回该值在元组中第一次出现的位置。注意，元组中第一个元素的位置是 0，第二个元素的位置是 1，以此类推。

```
>>> a = (100, 90, 80, 90, 80, 70)  # 定义元组 a
>>> len(a)                         # a 包含 6 个元素
6
>>> a.count(90)                    # 其包含 2 个 90
2
>>> a.index(90)                    # 第一个 90 出现的位置是 1，就是第二个元素
1
>>> a.index(10)                    # 10 没有被 a 包含，所以 index()会抛出异常
Traceback (most recent call last):
  File "<stdin>", line 1, in <module>
ValueError: tuple.index(x): x not in tuple
```

2.8 集　合

和列表类似，集合也是一个数据集合，其也不要求元素的类型一致。但是集合有下面两个特点：

- 集合内元素唯一。如不可以用 1、2、1、1 组成集合，因为其包含重复的 1。
- 集合是无序的，添加元素时不能指定位置，删除元素时也不能通过指定位置，只能通过指定值。当然也不能通过位置来定位某个元素。

2.8.1 创建集合

我们可以从列表创建集合，将列表中的元素都加入到集合中，如果有重复的元素就仅保留一个。

```
>>> a = set([1, 1, 3])
>>> a
set([1, 3])                          # 重复的元素被丢弃
>>> type(a)                          # 查看类型
<type 'set'>
```

下面的例子说明了集合的无序性。

```
>>> a = set([100, 99, 1, 1, 3])      # 从列表中构建一个集合
>>> type(a)                          # 得到 a 的类型
<type 'set'>                         # 类型是字典型
>>> a                                # 查看 a 的内容
set([3, 1, 99, 100])                 # 可以发现其顺序和添加的顺序是无关的
```

也可以从元组、字典和其他集合构建集合。下面的例子是用元组构建集合。

```
>>> a = set((0, 1, 2, 3, 3, 2))      # 从元组构建集合
>>> a                                # 重复元素被丢弃
{0, 1, 2, 3}
>>> type(a)                          # 查看类型
<class 'set'>
```

下面的例子是从字典构建集合，使用的是字典的键来构建集合，字典的值没有被使用到。

```
>>> a = set({1:10, 2:20, 3:30})
>>> a
{1, 2, 3}
>>> type(a)
<class 'set'>
```

下面的例子是从字符串构建集合，其每个字符都成为集合的一个元素。

```
>>> a = set("abcdefabc")              # 以字符串为输入创建一个集合
>>> a                                 # 查看 a 的内容
{'c', 'e', 'f', 'b', 'd', 'a'}
>>> type(a)                           # 查看 a 的类型
<class 'set'>
```

下面的例子是从另外一个集合构建集合。

```
>>> a = set([1, 2, 3])                # 3 个元素的集合
>>> b = set(a)                        # 用集合 a 作为输入，创建一个新的集合 b
>>> b                                 # 查看 b 的值
{1, 2, 3}
>>> type(b)                           # 查看 b 的类型
<class 'set'>
```

当然也可以构造一个空的集合，使用的方法是 set()。空集合没有任何元素。

```
>>> a = set()                         # 创建一个空的集合
>>> type(a)                           # 查看类型
<class 'set'>
>>> len(a)                            # 得到元素个数
0
```

2.8.2　基本操作

1. 添加元——add(值)

该函数只能添加一个元素。

```
>>> a = set()                         # 构造一个空的集合
>>> a.add(1)                          # 添加一个元素 1
>>> a                                 # 查看 a 的值
set([1])                              # 的确包含唯一一个元素 1
>>> a.add(100)                        # 再次添加元素 100
>>> a                                 # 查看现在 a 的值
set([1, 100])                         # 包含两个元素了
```

如果添加的元素已经在集合中存在，那么不会发生任何变化。

```
>>> a                                 # a 是包含 1 和 100 的集合
set([1, 100])                         # a 的内容
```

```
>>> a.add(100)                    # 添加重复的元素 100
>>> a                             # a 没有发生任何变化
set([1, 100])
```

2. 扔掉元素——discard(值)

该函数删除集合中指定的值对应的元素。

```
>>> a = set([1, 2, 3])
>>> a
set([1, 2, 3])
>>> a.discard(1)
>>> a
set([2, 3])
```

如果指定值在集合中不存在，则不做任何操作。

```
>>> a
set([2, 3])
>>> a.discard(100)
>>> a
set([2, 3])
```

3. 删除指定值——remove(值)

该函数和 discard()的不同之处在于，如果指定的值在集合中不存在，会抛出异常。

```
>>> a = set([1, 2, 3])
>>> a.remove(1)
>>> a
set([2, 3])
>>> a.remove(10)                 # 删除不存在的元素 10，抛出 KeyError 异常
Traceback (most recent call last):
  File "<stdin>", line 1, in <module>
KeyError: 10
```

4. 清空所有元素——clear()

该函数扔掉所有的元素。执行完该函数后，该集合将变成一个空的集合。

```
>>> a = set([1, 2, 3])
>>> a
set([1, 2, 3])
>>> a.clear()
>>> a
set([])
>>> a.clear()
>>> a
set([])
```

5. 删除第一个元素——pop()

如果集合中有元素，则返回值为删除掉的元素的值。

```
>>> a = set([1, 2, 3])
>>> a.pop()
```

```
1
>>> a
set([2, 3])
```

如果集合为空，则抛出异常。

```
>>> a = set([])
>>> len(a)
0
>>> a
set([])
>>> a.pop()
Traceback (most recent call last):
  File "<stdin>", line 1, in <module>
KeyError: 'pop from an empty set'
```

6．得到差集——difference(集合对象)

该函数返回一个新的集合，该集合包含所有属于 a 而不属于 b 的元素，如图 2-3 所示。该操作不会改变原始集合 a 或者 b 的内容。

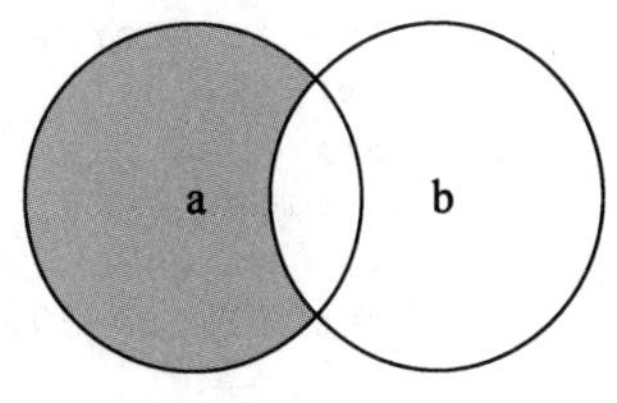

图 2-3　差集

```
>>> a = set([1, 2, 3, 4])          # 创建两个集合
>>> b = set([1, 2, 10, 20])
>>> a.difference(b)                # 返回一个新的集合
set([3, 4])
>>> a                              # 集合 a 没有发生变化
set([1, 2, 3, 4])
>>> b                              # 集合 b 也没有发生变化
set([1, 2, 20, 10])
```

7．差集操作符（-）

该操作符和 difference()类似，返回一个新的集合，该集合包含所有属于 a 而不属于 b 的元素。该操作不会改变原始输入集合 a 或者 b 的内容。

```
>>> a = set([1, 2, 3, 4])          # 构造两个集合 a 和 b
>>> b = set([1, 2, 10, 20])
>>> a - b                          # 求集合 a 和集合 b 的差集
set([3, 4])
>>> a                              # 集合 a 没有发生变化
set([1, 2, 3, 4])
>>> b                              # 集合 b 也没有发生变化
set([1, 2, 20, 10])
```

8．从集合中删除另一个集合中存在的元素——difference_update(集合对象)

该函数和 difference()的不同是操作数 a 会被修改，而且没有返回值。

```
>>> a = set([1, 2, 3, 4])
>>> b = set([1, 2, 10, 20])
>>> a.difference_update(b)
>>> a                              # 集合 a 发生了变化
```

```
set([3, 4])
>>> b                                # 集合 b 没有发生变化
set([1, 2, 20, 10])
```

9. 得到两个集合的交集——intersection(集合)

该函数返回所有的同时属于集合 a 和集合 b 的元素组成的集合，即返回的是一个集合，该集合的所有元素都同时属于集合 a 和 b，如图 2-4 所示。输入集合 a 和 b 在该过程中没有发生任何改变。

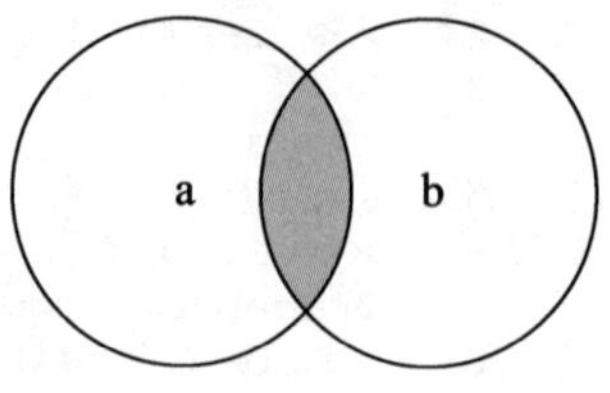

图 2-4 交集

```
>>> a = set([1, 2, 3, 4])
>>> b = set([1, 2, 10, 20])
>>> a.intersection(b)
set([1, 2])
>>> a                                # 集合 a 没有发生变化
set([1, 2, 3, 4])
>>> b                                # 集合 b 也没有发生变化
set([1, 2, 20, 10])
```

10. 交集操作符（&）

该操作符和 intersection()的效果是一样的。

```
>>> a = set([1, 2, 3, 4])
>>> b = set([1, 2, 10, 20])
>>> a & b
set([1, 2])
>>> a
set([1, 2, 3, 4])
>>> b
set([1, 2, 20, 10])
```

11. 删除集合a中所有不属于集合b的元素——intersection_update(集合)

该函数也是求交集，与 intersection()不同的是其修改原始输入集合，并且没有返回值。这也是为何该接口函数后面带有 update 字样，因为其更新了原来的输入集合。

```
>>> a = set([1, 2, 3, 4])
>>> b = set([1, 2, 10, 20])
>>> a.intersection_update(b)
>>> a                                # 集合 a 发生了变化
set([1, 2])
>>> b                                # 集合 b 没有发生变化
set([1, 2, 20, 10])
```

12. 是否存在交集——isdisjoint()

该函数判断是否存在这样的元素，其同时属于集合 a 和集合 b。如果存在这样的元素，返回 False；否则返回 True。

```
>>> a = set([1, 2, 3, 4])
```

```
>>> b = set([1, 2, 10, 20])
>>> a.isdisjoint(b)
False
>>> c = set([100, 200])
>>> a.isdisjoint(c)
True
```

13．并集——union(集合a，集合b)

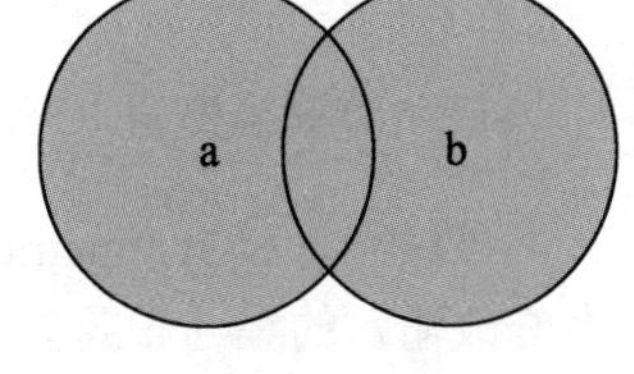

图 2-5　并集

该函数返回一个新的集合，该集合的元素要么属于输入集合 a 要么属于集合 b。该操作不修改作为输入的两个集合 a 和 b。图 2-5 表示该函数返回的集合的内容。

```
>>> a = set([1, 2, 3, 4])          # 创建集合 a
>>> b = set([1, 2, 10, 20])        # 创建集合 b
>>> a.union(b)                     # 得到 a 和 b 的并集
set([1, 2, 3, 4, 10, 20])          # 所有属于 a 或者 b 的元素都被包含
>>> a                              # 集合 a 没有发生变化
set([1, 2, 3, 4])
>>> b                              # 集合 b 没有发生变化
set([1, 2, 20, 10])
```

14．并集操作符（|）

该操作符和 union()的效果是一样的。其返回一个并集，并且不修改输入集合的内容。

```
>>> a = set([1, 2, 3, 4])
>>> b = set([1, 2, 10, 20])
>>> a | b                          # 等效于 a.union(b)
set([1, 2, 3, 4, 10, 20])
>>> a
set([1, 2, 3, 4])
>>> b
set([1, 2, 20, 10])
```

15．添加属于b而不属于a的元素——update()

该函数在集合 a 中添加属于 b 而不属于 a 的所有元素。该操作和 union()不同的是，其修改了输入集合 a，并且没有返回值。

```
>>> a = set([1, 2, 3, 4])
>>> b = set([1, 2, 10, 20])
>>> a.update(b)
>>> a
set([1, 2, 3, 4, 10, 20])
>>> b
set([1, 2, 20, 10])
```

16．外集——symmetric_difference()

外集就是由只属于集合 a 或者只属于集合 b 的元素组成的集合，如图 2-6 所示。该操作返回一个新的集合，并且不修改原来的输入集合 a 和 b。

```
>>> a = set([1, 2, 3, 4])
>>> b = set([1, 2, 10, 20])
>>> a.symmetric_difference(b)
set([4, 3, 20, 10])
>>> a
set([1, 2, 3, 4])
>>> b
set([1, 2, 20, 10])
```

图 2-6 外集

17. 外集操作符（^）

该操作符和 symmetric_difference()的效果是一样的，也是返回一个新的集合，并且不会修改输入的集合 a 或者 b。

```
>>> a = set([1, 2, 3, 4])
>>> b = set([1, 2, 10, 20])
>>> a ^ b
set([4, 3, 20, 10])
>>> a
set([1, 2, 3, 4])
>>> b
set([1, 2, 20, 10])
```

18. a和b的并集减去a和b的交集——symmetric_difference_update()

该函数和 symmetric_difference()的区别是，其修改了集合 a 的值，并且没有返回值。

```
>>> a = set([1, 2, 3, 4])
>>> b = set([1, 2, 10, 20])
>>> a.symmetric_difference_update(b)
>>> a
set([20, 10, 3, 4])
>>> b
set([1, 2, 20, 10])
```

19. 是指定集合的子集吗——issubset()

a 是 b 的子集就是说集合 a 的所有元素都属于集合 b。

```
>>> a = set([1, 2])
>>> b = set([1, 2, 10, 20])
>>> a.issubset(b)                    # 集合 a 是集合 b 的子集吗
True                                 # 是的
>>> c = set([1, 10, 20, 30, 40])
>>> a.issubset(c)
False
```

如果 a 等于 b，那么 a 和 b 互为子集。

```
>>> a = set([1, 2])                  # 集合 a 和集合 b 值相同，但是是不同的对象
>>> id(a)                            # 集合 a 的 id
49020712
>>> b = set([2, 1])
>>> id(b)                            # 集合 b 的 id，不同于 a 的 id
```

```
49018024
>>> a is b                          # 集合 a 和 b 不是一个对象
False
>>> a == b                          # 集合 a 和 b 的内容相等
True
>>> a.issubset(b)                   # a 是 b 的子集
True
>>> b.issubset(a)                   # b 也是 a 的子集
True
```

20. 是指定集合的超集吗——issuperset()

a 是 b 的超集合就是说集合 b 中的所有元素都属于集合 a。

```
>>> a = set([1, 2])
>>> b = set([1, 2, 10, 20])
>>> b.issuperset(a)
True
>>> b.issuperset(b)
True
>>> a.issuperset(b)
False
```

如果 a 是 b 的超集，那么 b 就是 a 的子集。

```
>>> a = set([1, 2, 3, 4])           # a 包含所有 b 的元素
>>> b = set([1, 3])
>>> a.issuperset(b)                 # a 是 b 的超集
True
>>> b.issubset(a)                   # b 是 a 的子集
True
```

如果 a 等于 b，那么它们互为子集，同时也互为超集。

```
>>> a = set([1, 2])                 # 集合 a 和 b 值相同，但是不是一个对象
>>> b = set([2, 1])
>>> a == b                          # 值相同
True
>>> a is b                          # 不是一个对象
False
>>> a.issuperset(b)                 # 它们互为超集
True
>>> b.issuperset(a)
True
```

2.8.3　例子：删除重复元素

本例要求给定一个列表，将其中重复出现的元素删除掉。如输入是列表[1, 2, 1, 3, 2, 5, 7]，则输出应该是[1, 2, 3, 5, 7]。我们知道集合内的元素是不能有重复的，如果将列表转换成集合，那些重复的元素就自然丢失了，然后再转换回列表就可以得到期待的结果了。

```
>>> input_list = [1, 2, 1, 3, 2, 5, 7]
>>> output_list = list(set(input_list))
>>> print(output_list)
[1, 2, 3, 5, 7]
```

我们知道集合按照内部规则自动排序，如果输入的列表元素不是按照集合的规则排序的，那么得到的输出列表顺序可能就不对。如输入列表是[100, 98, 100, 80, 10, 80, 1]，用上面的方法得到结果不是[100, 98, 80, 10, 1]而是[80, 1, 98, 100, 10]。下面的代码演示了这种情况：

```
>>> input_list = [100, 98, 100, 80 ,10, 80, 1]
>>> output_list = list(set(input_list))
>>> output_list
[80, 1, 98, 100, 10]
```

那么该如何保持输入的顺序呢？可以使用列表的 sorted()函数。sorted()函数可以对列表、集合等进行排序。

```
>>> sorted([1, 30, 2, 76, 32])              # 对列表进行操作
[1, 2, 30, 32, 76]
>>> sorted(set([1, 30, 2, 76, 32]))         # 对集合进行操作
[1, 2, 30, 32, 76]
```

我们还可以指定排序的函数，如 index()返回的就是某个值第一次出现的位置。也就是说，在列表中先出现的，在结果中也先出现。下面是实现的代码。

```
>>> input_list = [100, 98, 100, 80 ,10, 80, 1]
>>> output_list = sorted(set(input_list), key = input_list.index()
>>> output_list
[100, 98, 80, 10, 1]
```

2.9　字　　典

字典也是一个集合，但是其每个元素包含两部分——键和值。和列表一样，其对元素个数没有限制，可以动态添加和删除元素。和列表不同的是，其对元素自动按照某种规则排序，所以在插入元素时不能指定位置。可以用图 2-7 来表示字典的对象模型。

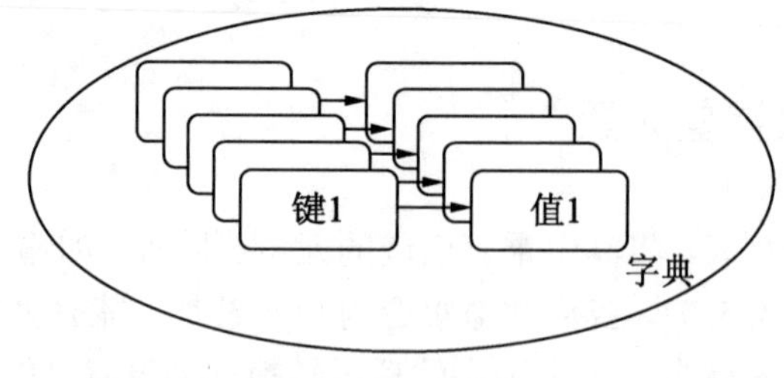

图 2-7　字典模型

2.9.1 创建字典

可以用多种方法来创建一个没有元素的字典，即空的字典。下面演示了 3 种创建空字典的方法。

```
>>> a = {}                  # 第一种方法
>>> type(a)
<type 'dict'>
>>> b = dict()              # 第二种方法
>>> type(b)
<type 'dict'>
>>> c = dict([])            # 第三种方法：使用空的列表作为输入
>>> type(c)
<type 'dict'>
```

下面创建一个指定了元素初始值的字典。

```
>>> a = {1: 100, 2: 200}    # 包含 z 个元素，一个是 1:100，另外一个是 2:200
>>> type(a)
<type 'dict'>
```

2.9.2 基本操作

本节介绍字典的基本操作，如计算字典中元素个数、修改字典内容等。

1. 计算元素个数——len()

如果字典为空，返回 0；否则返回一个正整数表示键-值对的个数。

```
>>> a = {1: 100, 2: 200}    # 字典 a 包含两个元素
>>> len(a)                  # 字典 a 的元素个数为 2
2
>>> b = dict()              # 创建一个空的字典 b
>>> len(b)                  # 字典 b 的元素个数为 0
0
```

2. 添加元素

如果该键不存在，则新建该键。

```
>>> a = {1: 100, 2: 200}
>>> a[3] = 300              # 添加元素 3:300，键为 3，值为 300
>>> a
{1: 100, 2: 200, 3: 300}
```

3. 修改元素值

如果该键已经存在，则修改该键的值。

```
>>> a = {1: 100, 2: 200}
>>> a
{1: 100, 2: 200}
>>> a[1] = 1000
>>> a
{1: 1000, 2: 200}
```

4. 得到元素值——get()

如果该键存在，返回该键对应的值；否则返回 None。

```
>>> a = {1: 100, 2: 200}
>>> a.get(1)                          # 键 1 存在，返回其对应的值 100
100
>>> a.get(8)                          # 键 8 不存在，返回 None
>>> r = a.get(8)
>>> r is None
True
```

5. 更新值——a.update(字典b)

对于字典 b 中的元素，如果其存在于字典 a 中，则用 b 的值覆盖 a 的值；如果不存在于 a 中，则添加一个新的元素到 a 中。该过程 a 发生了变化而 b 没有变化。该函数没有返回值。

```
>>> a = {1: 100, 2: 200}              # 定义字典 a
>>> b = {1: 1000, 3: 3000}            # 定义字典 b
>>> a.update(b)                       # 用字典 b 的内容来更新 a 的内容
>>> a                                 # 字典 a 发生了变化
{1: 1000, 2: 200, 3: 3000}
>>> b                                 # 字典 b 没有发生了变化
{1: 1000, 3: 3000}
```

6. 是否存在某个键——has_key(键)

如果存在该键，返回 True；否则返回 False。

```
>>> a = {1: 100, 2: 200}              # 定义字典 a，有两个键 1 和 2
>>> a.has_key(1)                      # 是否存在键 1？存在
True
>>> a.has_key(3)                      # 是否存在键 3？不存在
False
```

7. 得到键组成的列表——key()

该函数返回一个列表，每个元素都是原来字典的键。

```
>>> a = {1: 100, 2: 200}
>>> r = a.keys()
>>> type(r)
<type 'list'>
```

```
>>> r
[1, 2]
```

8．得到值组成的列表——values()

该函数返回一个列表，每个元素都是原来字典的值。

```
>>> a = {1: 100, 2: 200}
>>> r = a.values()
>>> type(r)
<type 'list'>
>>> r
[100, 200]
```

如果有重复的值，则在返回列表中也会出现重复的元素。

```
>>> a = {1: 100, 2: 200, 3: 200}
>>> r = a.values()
>>> type(r)
<type 'list'>
>>> r
[100, 200, 200]                    # 其中有重复的元素 200
```

9．得到键-值元组的列表——items()

这在 Python 2 和 Python 3 中有所不同。在 Python 2 中，该操作返回的是一个列表，如下所示：

```
>>> a = {1: 100, 2: 200, 3: 200}
>>> a.items()
[(1, 100), (2, 200), (3, 200)]
```

而在 Python 3 中，返回的是一个类实例对象，如下所示：

```
>>> a = {1: 100, 2: 200, 3: 200}
>>> r = a.items()
>>> type(r)
<class 'dict_items'>
>>> r
dict_items([(1, 100), (2, 200), (3, 200)])
```

但不论是 Python 2 还是 Python 3，都可以对 items()的返回值使用 in 操作符，下面是 Python 2 中的情况：

```
>>> a = {1: 100, 2: 200, 3: 200}  # Python 2 中的使用情况
>>> for k, v in a.items():        # 使用 in 操作符遍历所有的元素
...     print(k, v)               # 显示键和值
...                               # for 循环结束
(1, 100)                          # 输出结果
(2, 200)
(3, 200)
```

下面是 Python 3 中的情况：

```
>>> a = {1: 100, 2: 200, 3: 200}  # Python 3 中的使用情况
```

```
>>> for k, v in a.items():                    # 使用 in 操作符遍历所有的元素
...     print(k, v)                           # 显示键和值
...                                           # for 循环结束
1 100                                         # 输出结果
2 200
3 200
```

10. 删除所有元素——clear()

该操作会丢掉所有的元素，但是字典自身还存在。

```
>>> a = {1: 100, 2: 200, 3: 200}             # 创建字典 a
>>> len(a)                                    # 字典 a 包含 3 个元素
3
>>> id(a)                                     # 查看字典 a 的 id
48498080
>>> a.clear()                                 # 删除字典 a 的所有元素
>>> len(a)                                    # 字典 a 没有元素了
0
>>> id(a)                                     # 字典 a 的 id 没有发生变化
48498080
```

11. 删除指定键的元素——pop(键)

如果指定的键不存在，抛出 KeyError 异常。

```
>>> a =  {1: 100, 2: 200, 3: 200}            # 创建字典 a，3 个元素
>>> a
{1: 100, 2: 200, 3: 200}
>>> len(a)                                    # 字典 a 的元素个数为 3
3
>>> a.pop(1)                                  # 删除键为 1 的元素，返回值是该键对象的值
100
>>> a                                         # 删除后字典 a 剩余两个元素
{2: 200, 3: 200}
>>> a.pop(10)                                 # 删除键 10，但是不存在该键
Traceback (most recent call last):
  File "<stdin>", line 1, in <module>
KeyError: 10
```

也可以指定默认值，即如果指定的键不存在，返回该默认值。这时就不会抛出异常了。

```
>>> a = {1: 100, 2: 200, 3: 200}             # 创建一个字典
>>> a.pop(100, 888)                           # 888 是默认值
888                                           # 指定的键 100 不存在，所以返回 888
>>> a                                         # 原来的字典没有发生任何变化
{1: 100, 2: 200, 3: 200}
```

12. 复制——copy()

该函数返回一个新的对象，但是值和原来的一样。

```
>>> a = {1: 100, 2: 200, 3: 200}             # 创建一个新的字典
```

```
>>> id(a)                              # a 的 id
4434280808
>>> b = a.copy()                       # 从 a 复制一份数据得到对象 b
>>> id(b)                              # a 和 b 是两个对象
4434284168                             # 它们的 id 是不同的
>>> b                                  # 但是 b 的值和 a 的值相同
{1: 100, 2: 200, 3: 200}
>>> a is b                             # 它们不是一个对象
False
>>> a == b                             # 它们的值相同
True
>>> a[1] = 111                         # 修改 a
>>> b[1]                               # 对 b 没有影响
100
```

如果某个元素的值是列表或字典等，它们其实是共享对象的。例如：

```
>>> a = {1: [1, 2, 3]}
>>> b = a.copy()
>>> a is b                             # a 和 b 是两个对象
False
>>> a[1] is b[1]                       # 但是 a[1]和 b[1]是同一个对象
True
>>> a[1].append(4)                     # 修改 a[1]
>>> a[1]
[1, 2, 3, 4]
>>> b[1]                               # b[1]的值也发生了变化
>>> a == b                             # a 和 b 还是一样
True
>>> a[1] is b[1]                       # a[1]和 b[1]还是同一个对象
True
```

13. in操作符

该操作符用于判断某个值是否为字典的某个键，即是否存在这样一个键，其值等于指定的值。

```
>>> a = {1: 100, 2: 200, 3: 200}
>>> 1 in a                             # 是否存在值为 1 的键
True
>>> 100 in a                           # 是否存在值为 100 的键
False
```

14. not in操作符

该操作符用于判断是否不存在这样的一个键，该键的值为指定的值。如果不存在，返回 True；否则返回 False。

```
>>> a = {1: 100, 2: 200, 3: 200}
>>> 1 not in a                         # 是否不值为 1 的键
False
>>> 100 not in a                       # 是否不值为 100 的键
True
```

2.9.3　例子：合并结果

2.6.2 节最后有一个例子，统计各个字符出现的次数。下面改变一下要求，假定要统计的是两个文件，而且这两个文件在不同的机器上。现在对于这两个文件的统计已经分别在各自的机器上完成了，并且结果以字典的方式保存。现在要求合并这两个结果字典，得到一个完整的统计结果。

两个文件的结果字典如下：

```
{
    "a": 10,
    "b": 21,
    ...
    "z": 18
}
```

下面是合并的算法。

```
import random                                       # 用来产生随机数
import string                                       # 用来得到所有的 26 个小写字母
def generate_2_dict():                              # 生成两个输入字典
    a = dict()                                      # a 和 b 开始是两个空的字典
    b = dict()
    for x in string.ascii_lowercase:                # 给每个字典添加内容
        val_temp = random.randint(0, 10)
        if val_temp > 0:
            a[x] = val_temp
        val_temp = random.randint(0, 10)
        if val_temp > 0:
            b[x] = val_temp
    return (a, b)
def merge_dict(a, b):                          # 合并字典 a 和 b，返回合并后的字典
    ret = dict()
    for x in string.ascii_lowercase:
        val1 = a.get(x, 0)
        val2 = b.get(x, 0)
        merget_val = val1 + val2
        if merget_val > 0:
            ret[x] = merget_val
    return ret
dict_a, dict_b = generate_2_dict()                  # 生成输入的两个字典
print(u"第一个字典的值: %s" % dict_a)               # 显示这两个输入字典的内容
print(u"第二个字典的值: %s" % dict_b)
merged_dict = merge_dict(dict_a, dict_b)            # 合并输入字典
print(u"合并后的字典的值: %s" % merged_dict)        # 显示合并后的字典的内容
```

运行结果如下：

```
$ python mergeDict.py
第一个字典的值: {'a': 8, 'c': 6, 'd': 5, 'e': 2, 'f': 7, 'g': 6,
'h': 5, 'i': 3, 'j': 4, 'k': 4, 'l': 6, 'm': 8, 'n': 2, 'o': 7,
```

```
'p': 3, 'q': 10, 'r': 6, 's': 6, 't': 8, 'u': 1, 'v': 9, 'w': 6,
'x': 1, 'y': 9, 'z': 9}
第二个字典的值: {'b': 1, 'c': 7, 'd': 5, 'e': 7, 'f': 5, 'g': 3,
'h': 9, 'i': 5, 'j': 2, 'k': 10, 'l': 4, 'm': 8, 'n': 4, 'o': 1,
'p': 5, 'q': 9, 'r': 2, 's': 4, 't': 2, 'u': 3, 'v': 3, 'w': 10,
'x': 7, 'y': 7, 'z': 5}
合并后的字典的值: {'a': 8, 'b': 1, 'c': 13, 'd': 10, 'e': 9,
'f': 12, 'g': 9, 'h': 14, 'i': 8, 'j': 6, 'k': 14, 'l': 10,
'm': 16, 'n': 6, 'o': 8, 'p': 8, 'q': 19, 'r': 8, 's': 10,
't': 10, 'u': 4, 'v': 12, 'w': 16, 'x': 8, 'y': 16, 'z': 14}
```

2.9.4 例子：如何安全过河

有虎、豹、狼三对母子靠一只小船过河，已知：

- 虎、豹、狼母亲和小虎会驾船。
- 大动物在一起不会相互伤害，小动物们在一起也不会相互伤害，但如果小动物离开母亲而有其他的大动物在，则小动物会受到伤害。
- 不论大小，小船每次只能载两只动物。

代码如下：

```
# encoding: utf-8
import copy                          # 需要复制一些列表
# 记录所有的状态
gstate = []
# 初始化状态
def init_state():
    # 键是老虎妈妈、豹子妈妈等
    # 值是是否已经过河
    state = {'tiger_mother': False,
             'panther_mother': False,
             'wolf_mother': False,
             'tiger_kid': False,
             'panther_kid': False,
             'wolf_kid': False,
             'boat': False}
    gstate.append(state)
def is_state_safe(state):          # 判断某种状态是否安全，就是不能有动物被吃掉
    # 如果小虎不安全
    if (state['tiger_mother'] != state['tiger_kid']) and \
       ( (state['tiger_kid'] == state['panther_mother']) or \
         (state['tiger_kid'] == state['wolf_mother']) ):
       return False
    # 如果小豹不安全
    if ( state['panther_mother'] != state['panther_kid']) and \
       ( (state['panther_kid'] == state['tiger_mother']) or \
         (state['panther_kid'] == state['wolf_mother']) ):
       return False
    # 如果小狼不安全
    if (state['wolf_mother'] != state['wolf_kid']) and  \
```

```
        ( (state['wolf_kid'] == state['tiger_mother'])  or \
          (state['wolf_kid'] == state['panther_mother'])  ) :
        return False
    return True                   # 都很安全，返回 True
def print_state(state):
    ret_str = ""
    if not state['tiger_mother']:
        ret_str = ret_str +' tm'
    if not state['panther_mother']:
        ret_str = ret_str +' pm'
    if not state['wolf_mother']:
        ret_str = ret_str +' wm'
    if not state['tiger_kid']:
        ret_str = ret_str +' tk'
    if not state['panther_kid']:
        ret_str = ret_str +' pk'
    if not state['wolf_kid']:
        ret_str = ret_str +' wk'
    if not state['boat']:
        ret_str = ret_str +' boat'
    ret_str = ret_str +' <-> '
    if state['tiger_mother']:
        ret_str = ret_str +' tm'
    if state['panther_mother']:
        ret_str = ret_str +' pm'
    if state['wolf_mother']:
        ret_str = ret_str +' wm'
    if state['tiger_kid']:
        ret_str = ret_str +' tk'
    if state['panther_kid']:
        ret_str = ret_str +' pk'
    if state['wolf_kid']:
        ret_str = ret_str +' wk'
    if state['boat']:
        ret_str = ret_str +' boat'
    print(ret_str)
def print_steps():                # 显示状态转换过程
    for state in gstate:
        print_state(state)
    print("")
def is_done():                    # 判断游戏是否结束
    last_state = gstate[-1]
    if last_state['tiger_mother'] == True and \
      last_state['panther_mother'] == True and \
      last_state['wolf_mother'] == True and \
      last_state['tiger_kid'] == True and \
      last_state['panther_kid'] == True and \
      last_state['wolf_kid'] == True:
      return True
    return False
def equal_state(state1, state2):
    if state1['tiger_mother'] == state2['tiger_mother'] and \
      state1['panther_mother'] == state2['panther_mother'] and \
      state1['wolf_mother'] == state2['wolf_mother'] and \
      state1['tiger_kid'] == state2['tiger_kid'] and \
```

```
        state1['panther_kid'] == state2['panther_kid'] and \
        state1['wolf_kid'] == state2['wolf_kid'] and \
        state1['boat'] == state2['boat']:
        return True
    return False
def search_state(state):
    for old_state in gstate:
        if equal_state(old_state, state):
            return True
    return False
def cross_reviver(first, second):
    if len(gstate) <= 0:
        print("List Empty")
        return False
    last_state = gstate[-1]
    if first is None and second is None:    # 没有指定任何动物过河
        return False
    if (first is not None) and (last_state['boat'] != last_state[first]):
        # 这个动物和船不在一边，没法过河
        return False
    if second is not None and last_state['boat'] != last_state[second]:
        # 这个动物和船不在一边，没法过河
        return False
    # 虎、豹、狼母亲和小虎会驾船
    if (first not in ['tiger_mother', 'panther_mother', 'wolf_mother', 'tiger_kid']) and \
        (second not in ['tiger_mother', 'panther_mother', 'wolf_ mother', 'tiger_kid']):
        return False
    new_state = copy.copy(last_state)
    if first is not None:
        new_state[first] = not new_state[first]
    if second is not None:
        new_state[second] = not new_state[second]
    new_state['boat'] = not new_state['boat']
    if is_state_safe(new_state) and search_state(new_state) == False:
        gstate.append(new_state)
        return True
    else:
        return False
def try_next_step():
    # 移动一个
    moved = False
    if is_done():
        return True
    for candidate in ['tiger_mother', 'panther_mother', 'wolf_mother',
                      'tiger_kid', 'panther_kid', 'wolf_kid']:
        ret = cross_reviver(candidate, None)
        if ret:                                 # 移动成功
            if is_done():
                return True
            else:
                try_next_step()
```

```
        else:                           # 移动失败，啥也不错
            pass
    # 移动两个
    for candidate1 in ['tiger_mother', 'panther_mother',
                       'wolf_mother', 'tiger_kid',
                       'panther_kid', 'wolf_kid']:
        for candidate2 in ['tiger_mother', 'panther_mother',
                           'wolf_mother', 'tiger_kid',
                           'panther_kid', 'wolf_kid']:
            if candidate1 != candidate2:
                ret = cross_reviver(candidate1, candidate2)
                if ret:
                    if is_done():
                        return True
                    else:
                        try_next_step()
                else:
                    pass
    # 无法移动任何动物，跳回到上一步
    if len(gstate) == 0:
        print("Pop Empty List")
    else:
        gstate.pop()
init_state()
try_next_step()
if is_done():
    print_steps()
else:
    print("No Answer To This Question")
```

运行结果如下：

```
$ python crossRiver1.py
 tm pm wm tk pk wk boat <->
 tm wm tk wk <->  pm pk boat
 tm pm wm tk wk boat <->  pk
 tm pm wm <->  tk pk wk boat
 tm pm wm tk boat <->  pk wk
 tm tk <->  pm wm pk wk boat
 tm pm tk pk boat <->  wm wk
 pm pk <->  tm wm tk wk boat
 pm wm pk wk boat <->  tm tk
 pk wk <->  tm pm wm tk boat
 tk pk wk boat <->  tm pm wm
 wk <->  tm pm wm tk pk boat
 wm wk boat <->  tm pm tk pk
 <->  tm pm wm tk pk wk boat
```

我们可以看到<->表示河流，在其左边表示该动物还没有过河，在其右边表示已经过了河。tm 表示 tiger mother，即老虎妈妈；pm 表示 panther mother，即豹子妈妈；wm 表示 wolf mother，即狼妈妈；tk 表示 tiger kid，即小老虎；pk 表示 panther kid，即小豹子；

wk 表示 wolf kid，即小狼；boat 表示过河的船。上面程序输出了整个过河的过程中所有的整体。

如果上面的表示还不够直观，可以用下面的图形来表示过河的过程。

最初的状态，6 只动物都在河的左边，船也在河的左边，如图 2-8 所示。

图 2-8　状态 1

豹子妈妈带着孩子过河了，船也在河的右边了，如图 2-9 所示。

图 2-9　状态 2

豹子妈妈独自驾船回到河的左边，小豹子留在河的右边，船已经到了河的左边，如图 2-10 所示。

图 2-10　状态 3

小老虎驾船，带着小狼过河，现在三个妈妈在河的左边，三个孩子在河的右边，船也在河的右边，如图 2-11 所示。

图 2-11　状态 4

小老虎独自驾船回到河的左边，如图 2-12 所示。

图 2-12　状态 5

豹子妈妈和狼妈妈驾船到河的右边，如图 2-13 所示。

图 2-13　状态 6

狼妈妈带着小狼回到河的左边，如图 2-14 所示。

图 2-14　状态 7

狼妈妈和虎妈妈驾船到河的右边，如图 2-15 所示。

图 2-15　状态 8

小老虎独自驾船回到河的左边，如图 2-16 所示。

图 2-16　状态 9

然后就是小老虎每次运一个小动物过河，需要 2 趟。假定先运小豹子，如图 2-17 所示。

图 2-17　状态 10

小老虎再次独自返回到河的左边，如图 2-18 所示。

图 2-18　状态 11

小老虎带着小狼回到河的右边，完成整个渡河任务，如图 2-19 所示。

图 2-19　状态 12

2.10　NoneType 类型

NoneType 是一类特别的类型，该类型只能有一个值 None，而且该值几乎没有任何可以做的操作。那其作用是什么呢？由于每个变量一定要有一个值，必须指向一个对象，在我们不知道其应该取什么值时就可以让其等于 None。

```
>>> a = None
>>> b = None
>>> id(a)                    # 所有值为 None 的对象的地址相同，执行同一个对象
4368575992
>>> id(b)
4368575992
>>> a is b
True
```

而且可以通过将某个变量设为 None 来释放原来的值。如果我们认为某个变量对应的对象不再需要了，可以通过将该变量指向 None 对象，那么原来的对象就可能因为不再被使用而被自动销毁。该自动销毁的过程也被称作垃圾回收。

读者也许注意到了，Python 中有对象创建的过程，但是几乎没有看到对象销毁的过程。这一点和 C、C++语言不一样。在 C、C++中，如果是通过代码生成的对象，也需要通过代码去销毁。Python 和其他脚本语言一样，其有自己的垃圾回收机制，所以不用开发人员来操心对象的销毁。但是我们可以通过给变量赋值为 None 来提醒垃圾回收系统该对象不再需要使用，可以帮忙将其销毁。

2.11　变量、对象和值的关系

前面的例子中我们已经用到了变量，如

```
>>> a = 12
```

就创建了变量，而且变量的值为 12，但对象接触的不是很多。本节将介绍这些概念。

变量就是一个符号，或者说是名字。类比现实生活，相当于是身份证。

对象是一段存储空间，简单来说就是一块内存。类比现实生活就是某个具体的人。对象有很多属性，其中一个属性就是类型。相同类型的对象有很多一样的属性。类型就类似于国籍，相同国籍的人虽然不同，但是有很多一样的属性，如所有中国人都有一个户口的属性，其他国家的人就没有这个属性。

值就是对象的详细属性。如某个整型对象，其值为 100，而另外一个整型对象，其值就为 800。

图 2-20 所示描述了它们的关系。

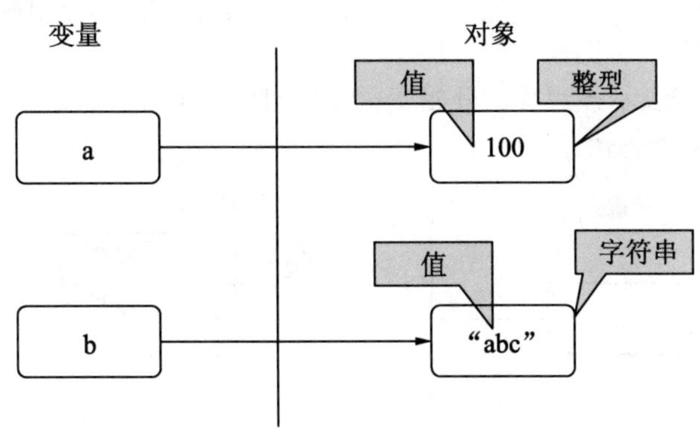

图 2-20　变量、对象和值的关系

它们的关系是每个变量一定对应某个对象，变量的值就是该变量对应对象的值。每个对象有三个基础属性，id、类型和值。每个对象的 id 是不同的，但是两个不同对象的类型和值可以相同。

可以使用“id(变量名)”来获得对象的 id。

```
>>> a = 12
>>> id(a)                           # 得到变量 a 对应对象的 id
140377101203968
>>> b = "abc"                       # 新建一个字符串对象，并让变量 b 指向该对象
>>> id(b)                           # 得到变量 b 对应对象的 id
4370848984
```

可以使用“type(变量名)”来查看对象的类型。

```
>>> a = 12
>>> type(a)
<type 'int'>
>>> b = "abc"
>>> type(b)
<type 'str'>
```

可以通过变量名来得到对象的值。

```
>>> a = 12                          # 创建一个对象，其值为 12，并且用 a 来记录它
>>> a                               # 得到 a 所对应的对象的值
```

```
12
>>> a = 13                              # 修改 a 所对应的对象的值
>>> a                                   # 得到 a 所对应的对象的值
13
```

前面提到某个变量一定有一个对应的对象，那么随着时间的推移，某个变量是否可以对应到另外一个对象上呢？这个是可以的。

```
>>> a = 12
>>> id(a)
140377101203968
>>> a = "abc"
>>> id(a)                               # id 发生了变化，变量 a 所对应的对象也发生了变化
4370848984
```

可以用图 2-21 来表示该过程。开始变量 a 指向值为 12 的对象，后来 a 指向了一个新的对象，该对象值为“abc”。

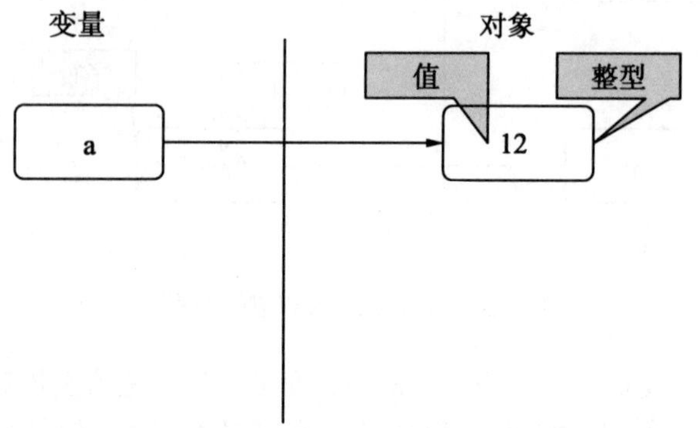

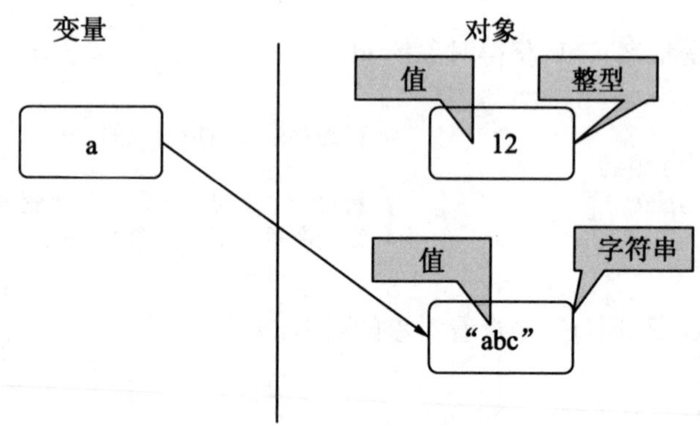

图 2-21　变量重新赋值

那么可不可以两个变量对应同一个对象呢？答案是可以的。如下面的情况：

```
>>> a = [1, 2, 3, 4]
>>> id(a)
4370717152
>>> b = a
```

```
>>> id(b)                    # 变量 b 对应的对象和变量 a 对应的对象的 id 相同
4370717152                   # 这说明 a 和 b 指向同一个对象
```

可以用图 2-22 来表示这种情况。

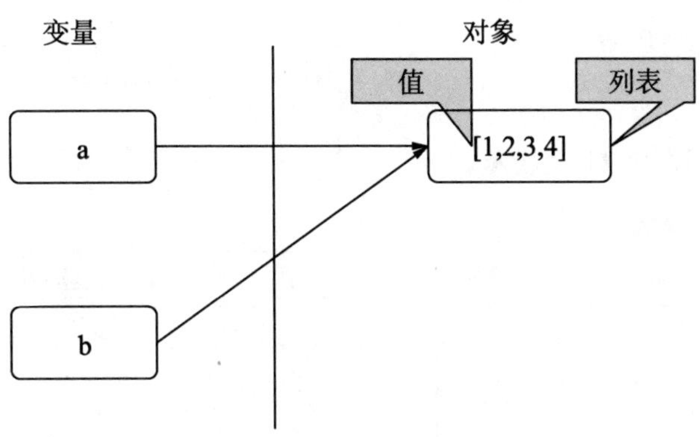

图 2-22　变量共用对象

这时对 a 的修改和对 b 的修改是一样的。

```
>>> a = [1, 2, 3, 4]
>>> id(a)
4370717152
>>> b = a
>>> id(b)
4370717152
>>> a.append(100)                # 修改变量 a 指向的对象
>>> a
[1, 2, 3, 4, 100]
>>> b                            # b 指向的对象也发生了改变
[1, 2, 3, 4, 100]
```

那么如何知道两个变量对应的对象是同一个对象呢？可以通过判断 id 是否相等来确定。

```
>>> a = [1, 2, 3, 4]
>>> b = a
>>> id(a) == id(b)               # 判断 a 和 b 的 id 是否相等
True
```

也可以通过 is 操作符来判断，如下：

```
>>> a = [1, 2, 3, 4]
>>> b = a
>>> a is b
True
```

另外一种情况是两个不同的对象有相同的值。

```
>>> a = 1024
>>> b = 1000 + 24
>>> a
1024
```

```
>>> b
1024
>>> id(a)                    # 变量 a 指向的对象和变量 b 指向的对象是两个对象
140377101238440
>>> id(b)
140377101238464
>>> a is b                   # 此时通过 is 操作返回 False
False
```

这种情况可以用图 2-23 来表示。

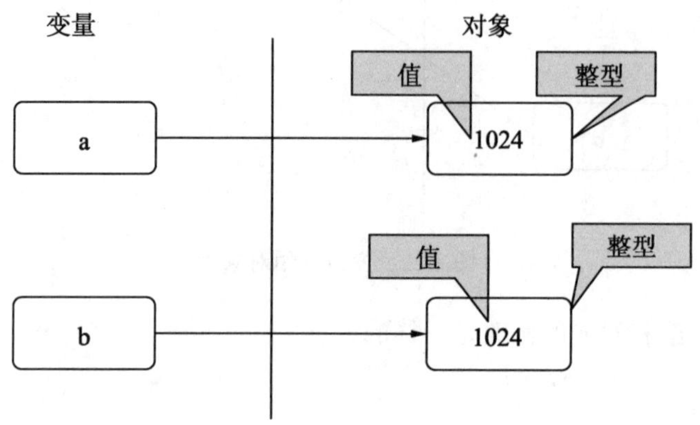

图 2-23　不同对象的值相同

第 3 章　函　　数

函数是代码的基本模块，其完成某个特定的功能，可以被其他代码使用。函数能够提高代码的模块化程度，更加有效地组织代码，有利于协同开发。现代软件开发语言都支持函数，我们可以认为函数是代码的最基本单元，即使是最简单的 hellopython 代码也涉及调用函数 print()。函数多数情况下会有一个返回的结果，称为返回值，用户可以在调用函数后根据需要保存该结果。

本章将介绍函数的基本概念和用法，主要包括下面的内容：

- 函数的定义和使用；
- 函数的返回值；
- 函数的参数；
- 系统自带的函数；
- lambda 函数；
- 函数的递归调用。

3.1　函数的定义和使用

使用函数之前需要定义函数。有些函数是系统自带的，如 print()，这些内置的函数可以直接使用而不用提前定义。如果希望拥有自己的功能模块，就需要定义自己的函数。下面是函数定义的方式：

```
def 函数名([参数列表]):                # 参数列表是可选的，可以没有
    函数体                              # 注意需要缩进
```

函数定义以关键字 def 开始，后面跟着函数名，函数名后面是一对圆括号()，再后面是半角冒号。冒号后面是函数体，函数体一般新起一行，并且需要缩进。圆括号内是参数列表，可以没有。参数列表是用逗号分割的一组参数。

下面来定义一个简单的函数，其返回两个整数中比较大的那个值，如输入 3 和 5，则返回 5。

```
def get_max(a, b):                     # 参数是 a 和 b
    if a > b:                          # 函数体的定义
        return a                       # 返回值是 a
```

```
    else:
        return b                    # 返回值是 b
```

函数的使用方法是“函数名(实际参数列表)”。

```
函数名([实际参数列表])                  # 参数列表是可选的，可以没有
变量 = 函数名([实际参数列表])           # 如果希望保存函数返回值
```

下面是自定义函数的运行结果。

```
>>> get_max(3, 5)                    # 求 3 和 5 的最大值
5
>>> get_max(13, 5)                   # 求 13 和 5 的最大值
13
>>> a = get_max(9, 102)              # 将返回值保存到变量 a 中
>>> a                                # 查看 a 的值
102
```

3.2　函数的返回值

和 C 语言、Java 语言不同，Python 并不要求返回值的类型是统一的。也就是说，某个函数的返回值可以是多种类型。如下面的例子中，输入一个字符串，如果字符串是 name，那么返回字符串表示的是名字信息；如果输入的是 age，那么返回值是一个整数，用来表示年龄信息。

```
>>> def get_info(info_type):        # 定义函数
...     if info_type == "name":
...             return "alex"
...     if info_type == "age":
...             return 26
...
>>> get_info("name")                 # 使用函数，得到名字信息
'alex'                               # 返回值为名字
>>> get_info("age")                  # 使用函数，得到名字信息
26                                   # 返回值是年龄
```

多数函数是带有 return 语句的。如果没有 return 语句，返回值是 None。

```
>>> def no_ret_demo():               # 定义一个没有 return 语句的函数
...     print("Demo a function without return statement")
...
>>> a = no_ret_demo()                # 使用该函数，并将返回值保存到变量 a 中
Demo a function without return statement
>>> a is None                        # 检查 a 是否为 None
True                                 # 返回值是 None
```

3.3　函数的参数

多数函数是带有参数的，通过给定不同的输入参数进行不同的操作，并得到不同的返

回值。Python 的参数就是函数和调用者之间的通信协议。作为通信协议，最重要的是保持一致，即调用者和函数之间对参数的理解要求一致。

3.3.1 位置参数

最简单的协议是类似于 C 语言的形参和实参。函数定义了形参，调用者传入实参。要求形参和实参个数相同，顺序也相同，即形参和实参是按照位置来匹配的。如求两个参数的和，可以按以下方式定义：

```
def get_sum(a, b):          # 定义了两个形参，一个是 a，一个是 b
    return a+b
get_sum(1, 2)               # 传递进去两个实参，一个是 1，一个是 2
```

如果参数个数不同，会导致异常。下面的例子演示了形参和实参不匹配的情形。

```
>>> def get_sum(a, b):      # 定义函数
...     return a+b
...
>>> get_sum(1)              # 实参个数比形参少
Traceback (most recent call last):
  File "<stdin>", line 1, in <module>
TypeError: get_sum() takes exactly 2 arguments (1 given)
>>> get_sum(1, 2, 3)        # 实参个数比形参多
Traceback (most recent call last):
  File "<stdin>", line 1, in <module>
TypeError: get_sum() takes exactly 2 arguments (3 given)
```

如果参数的顺序不一致，可能不会抛出异常，但计算结果不是我们预期的。如要求两个数的差，在函数定义时第一个参数表示被减数，第二个参数表示减数。但如果在调用时将顺序颠倒，第一个实参是减数，第二个实参是被减数，得到的结果就是错误的。

```
>>> def get_diff(a, b):     # 定义求差的函数，第一个参数为被减数
...     return a-b
...
>>> get_diff(10, 2)         # 使用求差函数，但是实参顺序不对，导致结果错误
8
```

3.3.2 将位置参数当作元组

3.3.1 节的方法有一个缺点，即函数的参数个数是确定的，但有些情况不能确定调用函数时输入的实参数量。最简单的例子就是 Python 3 中的 print()函数，其可以接受任意多个参数。

```
>>> print(1)                # 1 个参数
1
>>> print(1, 2)             # 2 个参数
1 2
```

```
>>> print(1, 2, 3)                        # 3 个参数
1 2 3
```

假定现在需要实现一个求和函数，但并不局限在两个数或者三个数的求和，即该函数要求能够接受任意数量的参数，然后求出所有实参的和并返回该和。

这时可以将所有的实参当作一个元组，定义函数如下：

```
def get_sum(*l):
```

这里和前面不同的是参数前面带有一个*，表示参数 l 是一个元组，该元组的每个元素都对应一个实参，而且顺序和实参的实际顺序一致。

```
>>> def get_sum(*l):                      # 定义求和函数，将参数当作元组
...     print("Type of l:", type(l))
...     ret = 0
...     for x in l:
...         print("  x =", x)
...         ret = ret + x
...     print("sum =", ret)
...     return ret
...                                       # 求和函数定义结束
>>> get_sum(10, 2)                        # 使用求和函数，传入两个实参
Type of l: <class 'tuple'>
  x = 10
  x = 2
sum = 12
12
>>> get_sum(10, 2, 11, 28, 100)           # 使用求和函数，传入 5 个实参
Type of l: <class 'tuple'>
  x = 10
  x = 2
  x = 11
  x = 28
  x = 100
sum = 151
151
```

前面的例子是将所有的实参作为一个元组使用。那能否将部分实参作为元组使用呢？答案是可以的，但作为元组使用的参数一定要是最后的实参。我们可以将前面的实参当作普通参数使用，但后面的参数当作一个元组使用。

下面修改一下前面的求和函数，其第一个参数是一个系数 k，后面是任意多个参数，其计算的结果是这些参数的和，然后乘以第一个参数 k。用数学来表达就是

```
y = k * (v1 + v2+ ...)
```

这时我们可将第一个实参 k 作为普通的参数，其他的实参作为元组。下面是该函数的定义和使用情况。

```
>>> def get_sum(k, *l):              # 第一个实参是普通参数，后面的是一个元组
...     print("k =", k)
...     print("Type of l:", type(l))
...     ret = 0
```

```
...     for x in l:                        # 对元组内的数据求和
...         print("  x =", x)
...         ret = ret + x
...     ret = ret * k                      # 乘以系数 k
...     print("sum =", ret)
...     return ret
...
>>> get_sum(10, 2)                         # 10 对应的是 k，2 放入到元组参数中
k = 10
Type of l: <class 'tuple'>
  x = 2
sum = 20
20
>>> get_sum(10, 2, 11, 28, 100)            # 10 对应的是 k，其他放入到元组参数中
k = 10
Type of l: <class 'tuple'>
  x = 2
  x = 11
  x = 28
  x = 100
sum = 1410
1410
```

3.3.3　调用时使用元组和列表

3.2.2 节中，在调用函数时采用的是普通的方法，但是在函数定义时对参数进行了特殊处理。本节正好相反，即在函数定义时使用普通的方法，但在函数调用时传入的是元组。注意，该元组中元素的个数和顺序一定要和函数定义时一致；传入的字典对象前需要加上一个*。

```
>>> def func_demo(a, b, c):                # 普通定义方法，需要 3 个参数
...     print("  a = %s" % a)
...     print("  b = %s" % b)
...     print("  c = %s" % c)
...
>>> d = [1, 2, 3]                          # 传入的是列表
>>> func_demo(*d)                          # 列表有 3 个元素，没有问题
  a = 1                                    # 注意参数对象前面的*
  b = 2
  c = 3
>>> d = [1, 2]                             # 列表只有 2 个元素，有问题
>>> func_demo(*d)
Traceback (most recent call last):
  File "<stdin>", line 1, in <module>
TypeError: func_demo() missing 1 required positional argument: 'c'
>>> d = (10, 20, 30)                       # 参数是元组，元素个数为 3，也没有问题
>>> func_demo(*d)
  a = 10
  b = 20
  c = 30
```

3.3.4　关键字参数

将实参当作元组能解决参数个数不确定的问题，但还有一个问题，即参数顺序必须一致。如果不希望调用时固定参数的顺序，可以在调用时同时指定形参和实参，这些参数又称为关键字参数。

```
>>> def get_diff(sub_from, sub_val):
...     ret = sub_from - sub_val
...     print("  %d - %d = %d" % (sub_from, sub_val, ret))
...     return ret
...
>>> get_diff(100, 10)                      # 普通调用方法，要求个数和顺序正确
  100 - 10 = 90
90
>>> get_diff(sub_from=100, sub_val=10) # 不要求顺序一致
  100 - 10 = 90
90
>>> get_diff(sub_val=10, sub_from=100) # 不要求顺序一致
  100 - 10 = 90
90
```

3.3.5　将实参当作字典

对于同时使用形参和实参，同样也会面临参数个数的问题。如果不确定参数个数，该如何处理呢?最简单的一个例子就是命令行参数，有些参数被指定了，有些没有被指定，从而导致实参的个数不定。为了解决该问题，可以将实参当作字典，该字典的键就是形参的名字，值就是实参。由于是字典，所以其元素个数是不定的，即有些参数可能存在也可能不存在。假定某个函数，其最多可以有 3 个参数 key1、key2 和 key3，在调用时可以指定某一个参数，也可以指定某两个参数或者都指定，则该函数可以进行如下定义：

```
>>> def func_demo(**d):               # 这里 d 匹配所有带有形参和实参的参数
...     print("type of d: %s" % type(d))
...     for k, v in d.items():
...         print("  %s => %s" % (k, v))
...     return None
...
>>> func_demo(key1=1)                       # 只传入 1 个参数 key1
type of d: <class 'dict'>
  key1 => 1
>>> func_demo(key2=1, key1=2)               # 只传入 2 个参数，key2 和 key1
type of d: <class 'dict'>
  key2 => 1
  key1 => 2
>>> func_demo(key2=1, key3=6, key1=2)   # 传入 3 个参数，key2、key3 和 key1
type of d: <class 'dict'>
  key2 => 1
```

```
key3 => 6
key1 => 2
```

可以看到，使用字典来表示参数时，既不要求参数个数固定，也不要求参数顺序固定，这比前面的用法要灵活得多。

3.3.6　调用时使用字典

和 3.3.3 节类似，可以在函数定义时使用普通用法，但在调用时通过传入一个字典来解决。这时需要在传入参数前面加上两个*。同样，实参个数一定要等于形参个数。由于传入的是字典，所以顺序是没有关系的。

```
>>> def func_demo(a, b, c):              # 普通函数定义方法
...     print("  a = %s" % a)
...     print("  b = %s" % b)
...     print("  c = %s" % c)
...
>>> d = {"a": 10, "b":20, "c":30}        # 传入字典
>>> func_demo(**d)                       # 注意字典对象前的**
  a = 10
  b = 20
  c = 30
>>> d = {"c":30, "a": 10, "b":20}        # 参数顺序不重要
>>> func_demo(**d)
  a = 10
  b = 20
  c = 30
>>> d = {"a": 10, "b":20}                # 但是参数的个数必须和形参一致
>>> func_demo(**d)
Traceback (most recent call last):
  File "<stdin>", line 1, in <module>
TypeError: func_demo() missing 1 required positional argument: 'c'
```

3.3.7　默认值

在定义函数时可以指定参数的默认值。这样在调用时即使不指定该参数的值也没有关系，因为该参数会自动等于定义时指定的默认值。需要注意的是，带有默认值的参数一定是在最后面，不能放在没有默认值参数的前面。

```
>>> def get_sum(a, b=0):     # 参数 b 有一个默认值 0，如果未指定 b 的值，b 就为 0
...     return a+b
...
>>> get_sum(1, 2)            # 普通用法，指定了 a 和 b 的值
3
>>> get_sum(1)               # 没有指定 b 的值，所以 b 等于默认值 0
1
```

如果有默认值的参数在没有默认值参数的前面，那么在函数定义时会抛出语法错误的异常。下面演示了这种情况。

```
>>> def get_sum(a=0, b):    # a 有默认值，b 没有默认值，a 不能在 b 的前面
...     return a+b
...
  File "<stdin>", line 1
SyntaxError: non-default argument follows default argument
```

3.4　常见的系统自带函数

系统自带的函数一般都是最常见的函数，也是最基础的函数，当然这些函数也是最重要的。一般情况下，我们的代码最终都会用到这些基础函数。本节将介绍一部分最常用的基础函数。

3.4.1　数据对象有关的函数

本节介绍和数据对象有关的函数，如得到某个对象的 id 值，判断这两个对象是否为同一个对象等。

1．得到某个对象的标识——id()

id()函数返回某个对象的标识。如果是在 CPython 中，其返回的是该对象在内存中的地址。如果两个对象的标识相同，则这两个对象是同一个对象；如果不同，则为不同的对象。

```
>>> a = [1, 2, 3, 4]                 # 新建列表对象 a
>>> id(a)                            # 查看 a 的标识
4504821640
>>> b = a                            # b 也指向 a 所指向的对象
>>> id(b)                            # 查看 b 的标识
4504821640                           # 发现 a 和 b 的标识是相等的
>>> a is b                           # 判断对象 a 和对象 b 是否是同一个对象
True                                 # 它们是同一个对象
>>> a == b                           # 它们的值也应该相等
True
>>> a.append("new element")          # 修改 a，给它加上一个新的元素
>>> a                                # 查看 a 的内容
[1, 2, 3, 4, 'new element']          # 可以看到这个新的元素
>>> b                                # b 的值是否也会发生改变
[1, 2, 3, 4, 'new element']          # 是的，b 的值和 a 的值相同，它们是同一个对象
```

2．得到某个函数或者类的帮助信息——help()

help()函数的作用和 Linux 下的 man 类似。如果不知道某个函数怎么使用，可以通过该函数得到其相关的帮助信息。

```
>>> help(print)                    # 得到print()函数的帮助信息
Help on built-in function print in module builtins:    # 帮助信息
print(...)
    print(value, ..., sep=' ', end='\n', file=sys.stdout, flush=False)
    Prints the values to a stream, or to sys.stdout by default.
    Optional keyword arguments:
    file:  a file-like object (stream); defaults to the current sys.stdout.
    sep:   string inserted between values, default a space.
    end:   string appended after the last value, default a newline.
    flush: whether to forcibly flush the stream.
```

3．得到对象的成员列表——dir()

如果带有输入对象，那么就返回该对象所有属性和函数名称的列表，该列表按照名称排序；如果没有输入参数，那么就返回当前范围内所有定义的符号。

```
>>> a = [1, 2, 3]                  # 构造列表对象 a
>>> dir(a)                         # 显示 a 的属性和函数名称列表，自动排序
['__add__', '__class__', '__contains__', '__delattr__', '__delitem__',
 '__dir__', '__doc__', '__eq__', '__format__', '__ge__', '__getattribute__',
'__getitem__', '__gt__', '__hash__', '__iadd__', '__imul__', '__init__', '
__init_subclass__', '__iter__', '__le__', '__len__', '__lt__', '__mul__',
 '__ne__', '__new__', '__reduce__', '__reduce_ex__', '__repr__',
'__reversed__', '__rmul__', '__setattr__', '__setitem__', '__sizeof__',
'__str__', '__subclasshook__', 'append', 'clear', 'copy', 'count', 'extend',
'index', 'insert', 'pop', 'remove', 'reverse', 'sort']
>>> dir()                          # 显示当前的符号列表
['__annotations__', '__builtins__', '__doc__', '__loader__', '__name__',
'__package__', '__spec__', 'a', 'b', 'get_info', 'get_max_2', 'no_ret_demo']
```

4．得到对象类型——type()

type()函数在前面已经使用过了。需要注意的是，在 Python 2 和 Python 3 中，该函数的返回值是不同的。如在 Python 2 中，输出如下：

```
>>> type("")
<type 'str'>
```

在 Python 3 中，输出如下：

```
>>> type("")
<class 'str'>
```

但不论是在 Python 2 中还是在 Python 3 中，下面的判断方法都不会出现问题。

```
>>> a= "abc"
>>> type(a) is str
True
```

5. isinstance(对象,类型)

isinstance()函数用于判断某个对象是否属于指定的类型。

```
>>> a = True
>>> isinstance(a, bool)          # a 是布尔型的
True
>>> isinstance(a, int)           # a 也是整型的
True
>>> isinstance(a, str)           # a 不是字符串型的
False
```

6. 将字符串转换成对象——eval()

如果从某个文本文件中读出一些字符串，其格式符合 Python 的语法，那么可以使用 eval()函数将其转换为 Python 的对象。下面的例子是将字符串转换为长列表。

```
>>> a = "[1, 2, 3]"              # 输入字符串，格式符合 Python 列表的格式
>>> b = eval(a)                  # 将值转换成 Python 对象
>>> type(b)                      # 查看该对象的类型，是一个列表
<class 'list'>
>>> b                            # 查看该对象的值
[1, 2, 3]
```

7. 删除对象——del()

如果不需要某个对象了，可以使用 del()函数将其回收。

```
>>> a = 12                       # 定义对象 a
>>> a                            # a 是存在的
12
>>> del(a)                       # 删除对象 a
>>> a                            # 现在 a 是不存在的
Traceback (most recent call last):
  File "<stdin>", line 1, in <module>
NameError: name 'a' is not defined
```

在 Python 中一切都是对象，函数也是对象。下面的例子中定义了一个函数，然后删除该函数对象，之后该函数便不可用了。

```
>>> def func_a():                # 定义函数 func_a()
...   print("hello python")
...                              # 函数定义结束
>>> func_a                       # 查看函数对象 func_a()
<function func_a at 0x109d33ae8>
>>> func_a()                     # 调用函数 func_a()
hello python
>>> del(func_a)                  # 删除对象 func_a()
>>> func_a                       # 该对象不存在了
```

```
Traceback (most recent call last):
  File "<stdin>", line 1, in <module>
NameError: name 'func_a' is not defined
>>> func_a()                          # 调用该函数，失败
Traceback (most recent call last):
  File "<stdin>", line 1, in <module>
NameError: name 'func_a' is not defined
>>> id(func_a)                        # 查看该函数的地址，失败
Traceback (most recent call last):
  File "<stdin>", line 1, in <module>
NameError: name 'func_a' is not defined
```

3.4.2 数学计算有关的函数

本节介绍数学计算相关的一些函数，如求绝对值、求最大值等。

1. 求绝对值——abs()

abs()函数用来得到某个数值的绝对值。

```
>>> abs(12)                        # 得到整数 12 的绝对值
12
>>> abs(-12)                       # 得到整数-12 的绝对值
12
>>> abs(12.4)                      # 得到浮点数 12.4 的绝对值
12.4
>>> abs(-12.4)                     # 得到浮点数-12.4 的绝对值
12.4
```

如果输入的是复数，那么得到的是其模。

```
>>> abs(12.4+3j)                   # 对复数 12.4+3j 取模
12.75774274705365                  # 模是 12.7
>>> abs(12.4-3j)                   # 对复数 12.4-3j 取模
12.75774274705365                  # 和前面的值应该相等
>>> abs(-12.4-3j) )                # 对复数-12.4-3j 取模
12.75774274705365                  # 和前面的值应该相等
>>> abs(-12.4+3j) )                # 对复数-12.4+3j 取模
12.75774274705365                  # 和前面的值应该相等
```

2. 求和——sum()

sum()函数对输入的序列求和，并返回这个和。对于前面的高斯求和问题，也可以直接使用该函数来完成。下面是实现代码：

```
>>> sum(range(1, 101))             # 对 1 到 100 的序列求和
5050
```

3. 求最大值——max()

max()函数用于求列表或者元组中所有元素的最大值。下面是求列表中最大值的例子。

```
>>> a = [1, 2, 3,21, 99, 21]
>>> max(a)
99
```

下面是求元组中最大值的例子。

```
>>> a = (1, 2, 3,21, 99, 21)
>>> max(a)
99
```

如果输入的是字典，则求键的最大值。

```
>>> a = {12:1, 999:2, 2:3}          # 键列表是[12, 999, 2]
>>> max(a)                          # 最大值是 999
999
```

对于不同类型的元素，如果都是数值类型，也可以直接标大小。在下面的例子中，元素有整数和浮点数，但它们都是数值类型，是可以比较大小的。

```
>>> a = [12, 23, 99.7]
>>> max(a)
99.7
>>> a = [212, 23, 99.7]
>>> max(a)
212
```

字符串之间也可以比较大小，其大小确实是按照字典顺序来排列的。下面的例子是求字符串列表中的最大值。

```
>>> a = ['a', 'b', 'c']
>>> max(a)
'c'
```

但对于既包含字符串类型的元素，也包含整数类型的元素的列表，默认比较方法就不好使了。下面的例子就是求既有字符串又有整数的列表的最大值。

```
>>> a = [100, 200, "300"]        # 在 Python 3 中的运行情况
>>> max(a)                       # 抛出异常
Traceback (most recent call last):
  File "<stdin>", line 1, in <module>
TypeError: '>' not supported between instances of 'str' and 'int'
```

可见，在 Python 2 中，没有抛出异常。注意下面的代码的运行情况：

```
>>> a = [100, 200, "300"]        # 在 Python 2 中的运行情况
>>> max(a)                       # 认为'300'是最大的元素
'300'
```

但这个潜在转换有时也会让人发晕，不知道它是如何计算出来的。因此最好的办法是自己定义一个比较函数，这样元素之间的大小关系就由自己来确定了。

另外需要注意的是，如果输入集合中元素为 0，如空列表，那么会抛出 ValueError 异常。

```
>>> min([])                      # 抛出异常
Traceback (most recent call last):
```

```
  File "<stdin>", line 1, in <module>
ValueError: min() arg is an empty sequence
```

4．求最小值——min()

min()函数返回集合元素中的最小值。

```
a = [1, 2, 3]
>>> min(a)
1
>>> d = [10, 1.3, 12.0]
>>> min(d)
1.3
```

其他需要注意的事项和 max()一样，如在 Python 3 中，输入不能包含字符串元素。但在 Python 2 中，如果元素不是数值型的，则该元素会被忽略。

3.4.3　容器类型有关的函数

本节介绍和容器类型有关的函数。容器类型包括列表、字典、集合等数据。

1．得到元素个数——len()

len()函数返回一个整数值，表示输入参数包含的元素个数。如果输入的是字符串，那么表示该字符串包含的字符个数。

```
>>> len("hello")                        # 字符串"hello"包含的字符个数
5                                       # 包含 5 个字符
>>> len("")                             # 空字符串" "包含的字符个数
0                                       # 包含 0 个字符
```

如果是列表、元组、字典和集合，则返回它们中的成员个数。

```
>>> len((1, 2, 3))                      # 得到元组的元素个数
3
>>> len([1, 2, 3])                      # 得到列表的元素个数
3
>>> len({"name": "alex", "age": 26})    # 得到字典的元素个数
2
>>> a = set([1, 2, 3])                  # 构建集合 a
>>> len(a)                              # 得到集合对象 a 的元素个数
3
```

2．排序——sorted()

sorted()函数对输入进行排序，并生成一个新的列表。输入的对象在操作过程中不会发生变化。

```
>>> sorted([1, 3, 10, 2, 4, 5])         # 输入是列表
[1, 2, 3, 4, 5, 10]                     # 输出是排好序的列表
```

```
>>> sorted((1, 3, 10, 2, 4, 5))      # 输入是元组
[1, 2, 3, 4, 5, 10]                  # 输出还是排好序的列表
```

3．倒序——reversed()

reversed()函数返回某个序列的倒序遍历迭代器，使用该迭代器会按照从后向前的顺序来依次访问全部元素。

```
>>> a = [1, 2, 3]                    # 创建列表对象 a
>>> b = reversed(a)                  # 得到 a 的反向遍历迭代器
>>> b                                # 查看 b 的类型
<list_reverseiterator object at 0x10cd9ef98>
>>> for x in a:                      # 从头到尾遍历 a
...     print(x)
...
1                                    # 遍历的输出
2
3
>>> for x in b:                      # 从尾到头遍历 a
...     print(x)
...
3                                    # 遍历输出
2
1
```

4．全部元素为真——all()

如果所有的元素为 True，那么其返回值为 True；否则返回值为 False。

```
>>> all([True, True, True])          # 所有的元素为 True，返回值为 True
True
>>> all([True, True, False])         # 所有的元素为 False，返回值为 False
False
```

如果没有元素，返回 True。

```
>>> all([])                          # 列表，没有元素
True
```

如果元素类型不为布尔型，那么是否可以使用该函数做判断呢？答案是可以的。这时可以使用“bool(对象)”的方法来判断其是否为真，如空的列表为 False，不为 0 的整数表示 True。

```
>>> bool([])                         # 空的列表可以认为是 False
False
>>> bool([0])                        # 不空的列表可以认为是 True
True
>>> bool(0)                          # 整数 0 看作是 False
False
>>> bool(0.000001)                   # 非 0 浮点数被看作是 True
True
```

参照上面的方法，输入包含的元素也可以不是布尔型的，但会被自动转换成布尔型来进行判断。

```
>>> all([1, 1, 10])                  # 非 0 整数都被看作是 True
True
>>> all([1, 1, 12])
True
>>> all([1, 1, 12, 0])               # 整数 0 被看作是 False
False
```

5．包含真的元素——any()

如果有元素为 True，那么其返回值是 True；否则返回值是 False。判断元素是否为 True 的方法和 all()一样。

```
>>> a = [1, 0, 0]                    # 第一个元素为 True，所以 any 返回 True
>>> any(a)
True
>>> b = ["", 0, 0.0, None, []] # 所有元素都为 False，所以 any 返回 False
>>> any(b)
False
```

6．序列——range(start, stop, step)

在 Python 2 中，range(start, stop, step)函数返回一个列表。

```
>>> range(10)                        # 在 Python 2 中产生一个列表
[0, 1, 2, 3, 4, 5, 6, 7, 8, 9]
```

而在 Python 3 中，range(start, stop, step)函数返回一个对象。

```
>>> r = range(10)                    # 产生一个 range 对象
>>> type(r)                          # 返回值的类型是 range 类的对象
<class 'range'>
>>> r.start                          # 开始值，包含在内
0
>>> r.step                           # 步长
1
>>> r.stop                           # 结束值，不包括在内
10
```

Python 3 的做法是一种惰性求值，它并不会一次性将所有的列表元素都生成，它会在使用时才生成。这样做的好处是占用的资源相对来说要少一些。当然我们可以将其转换成列表，这样就和 Python 2 一样了。

```
>>> r = range(10)                    # 生成一个 range 对象
>>> list(r)                          # 将值转换成列表
[0, 1, 2, 3, 4, 5, 6, 7, 8, 9]
```

前面只使用了一个参数 stop，生成从 0 到 stop-1 的序列。我们也可以使用两个参数，start 和 stop，生成从 start 到 stop-1 的序列。下面就是该用法的例子。

```
>>> r = range(3, 10)                    # start=3, stop=10
>>> list(r)                             # 步长为默认值 1
[3, 4, 5, 6, 7, 8, 9]
```

我们也可以指定步长。如希望得到 100 以内的正偶数序列，可以使用下面的方法获得。

```
>>> r = range(2, 100, 2)                # 从 2 开始，小于 100，步长是 2
>>> list(r)                                                # 转换成列表
[2, 4, 6, 8, 10, 12, 14, 16, 18, 20, 22, 24,               # 列表内容
26, 28, 30, 32, 34, 36, 38, 40, 42, 44, 46,
48, 50, 52, 54, 56, 58, 60, 62, 64, 66, 68,
70, 72, 74, 76, 78, 80, 82, 84, 86, 88, 90,
92, 94, 96, 98]
```

类似地，也可以得到 100 以内的正奇数列表，如下面的代码所示。

```
>>> r = range(1, 100, 2)                # 从 1 开始，小于 100，步长为 2
>>> list(r)                                                # 转换成列表
[1, 3, 5, 7, 9, 11, 13, 15, 17, 19, 21, 23,                # 列表内容
25, 27, 29, 31, 33, 35, 37, 39, 41, 43, 45,
47, 49, 51, 53, 55, 57, 59, 61, 63, 65, 67,
69, 71, 73, 75, 77, 79, 81, 83, 85, 87,
89, 91, 93, 95, 97, 99]
```

下面通过一个例子——高斯求和问题来说明 range()函数的使用。德国大数学家高斯小时候就喜欢动脑筋，上小学三年级时老师出了一道题，求 1 + 2 + 3 + 4 + 5 + … + 99 + 100 的和。这个题本身不难，但是需要进行 99 次加法运算，所以小朋友在短时间内都没有完成。下面是这些小朋友的计算方法。

```
>>> ret = 0                                         #. 保存结果的变量
>>> item = 1                                        # 每项的值
>>> while item <= 100:                              # 求每项值的和
...     ret = ret + item                            # 求和
...     item = item + 1                             # 下一项
...                                                 # 结束 while 循环
>>> ret                                             # 显示结果
5050                                                # 结果
```

如果使用 range()函数，代码可以简化成下面的样子。

```
>>> ret = 0                                         # 保存结果的变量
>>> for item in range(1, 101):                      # 对于每一项求和
...     ret = ret + item                            # 求和
...                                                 # 结束 for 循环
>>> ret                                             # 显示结果
5050                                                # 结果
```

高斯发现这个序列是一个等差序列，就是相邻序列元素之间的差是相同的。基于该特性，高斯使用下面的求和公式：

所有元素的和 = 平均值 × 元素个数

平均值 = (第一个元素 + 最后一个元素)/2

下面的代码实现了高斯的计算公式。

```
>>> ( 100 * (1 + 100 ) ) / 2          # 元素个数为 100，  第一个元素
5050.0
```

7. 对所有元素依次进行处理——map(处理函数，集合对象)

map()函数接收两个参数：第一个参数是处理函数；第二个参数是一个集合对象。如果第二个参数类型不是一个集合，那么该函数抛出 TypeError 异常。该函数对集合对象中的所有元素都调用第一个参数传入的处理函数，得到的是一个新的集合。原来的输入数据不会发生变化。

```
>>> def plus1(a):                      # 定义一个处理函数
...     return a+1
...
>>> d = [1, 2, 3, 4]                   # 操作数
>>> r = map(plus1, d)                  # 对操作数 d 的所有元素调用 plus1()
>>> r                                  # 将结果放入列表 r 中
[2, 3, 4, 5]                           # 查看 r 的内容
>>> d                                  # 原来的输入 d 没有发生变化
[1, 2, 3, 4]
```

如果操作数是字典，则对字典的键进行处理。

```
>>> def plus1(a):                      # 定义一个处理函数
...     return a+1
...
>>> d = {1: 100, 2: 200, 3:300}        # 操作数是一个字典
>>> r = map(plus1, d)                  # 相当于是对 d.keys()进行操作
>>> r
[2, 3, 4]
```

如果操作数是集合，则对集合中每个元素按照集合内部的顺序依次进行处理，并返回一个列表。

```
>>> def plus1(a):                      # 定义一个处理函数
...     return a+1
...
>>> a = set([1, 4, 6, 9])              # 定义一个字典
>>> a                                  # 注意字典元素的顺序
set([1, 9, 4, 6])
>>> r = map(plus1, a)
>>> r
[2, 10, 5, 7]
```

8. 对所有元素依次进行合并处理——reduce(处理函数，输入数据)

假定输入的数据是一个列表[1, 2, 3, 4, 5]，处理函数是求和。进行以下操作，依次从输入数据中读出一个值，然后将其和结果值作为参数交给处理函数进行处理，并将元素结果保存到结果值中。结果值默认初始化为 0。如 reduce(f, data)就等效于下面的 Python 代码。

```
ret = 0                     # 结果值初始化为 0
for x in data:              # 每次读入一个元素
    ret = f(ret, x)         # 将该元素和结果值进行处理，并将处理结果放入结果值中
return ret                  # 返回最后的结果值
```

下面实现一个列表求和操作，普通的方法如下：

```
>>> def add_op(x, y):  # 定义两个元素的求和操作
...     return x+y
...
>>> def get_sum(x):    # 定义多个元素的求和操作
...     ret = 0
...     for item in x:
...         ret = add_op(ret, item)
...     return ret
...
>>> d = [1, 2, 4, 5]   # 操作数
>>> get_sum(d)         # 求和
12
```

也可以使用 reduce()快速实现列表求和操作，代码如下：

```
>>> def add_op(x, y):
...     return x+y
...
>>> def get_sum(x):    # 重新定义
...     return reduce(add_op, x)
>>> d = [1, 2, 4, 5]
>>> get_sum(d)
12
```

3.4.4　属性操作

在 Python 中，一切都是对象。对象有各种属性，如列表对象有长度属性。对于系统自带的数据类型，这些属性多数是只读的，我们的代码不能修改其值。但是对于自定义的类实例，则可以修改一些属性的值。通过类来定义自己的数据类型会在第 8 章中介绍。输出操作主要包括下面三个：

- 判断是否有某个属性——hasattr(对象,属性名)
- 设置某个属性——setattr(对象,属性名)
- 得到某个属性的值——getattr(对象,属性名)

```
>>> a = 12
>>> hasattr(a, 'bit_length')                # 存在 bit_length 这个属性
True
>>> ret = getattr(a, 'bit_length')          #. 得到属性 bit_length 的值
>>> ret                                     # bit_length 是一个函数
<built-in method bit_length of int object at 0x1010e6700>
>>> ret()                                   # 调用该函数
4
```

3.5　lambda 函数

lambda 函数是一种特殊的函数，它只能包含一句话，所以不太可能完成复杂的任务。而且一般情况下 lambda 函数是临时性的，并不会长期存在，也不会在大范围内有效。

定义一个 lambda 函数的方式如下：

```
lambda 参数列表:单行语句
```

一个简单的例子就是求和，可以定义如下：

```
lambda x, y: x+y
```

虽然多数时候 lambda 函数是作为一个匿名函数来使用的，但还是可以将其值赋值为变量，这时它就更像普通的函数了，只是函数体只有一句话而已。下面演示了这种用法。

```
>>> a = lambda x, y: x+y
>>> type(a)
<class 'function'>
>>> a
<function <lambda> at 0x0000000002974378>
>>> a(1, 2)
3
```

在所有可以使用函数的地方都可以使用 lambda 函数，如函数式编程、闭包等场合。下面举两个应用的例子。

在排序函数 sorted()中，有一个参数 key，该参数就需要一个函数，其对所有的元素都调用这个函数，并对返回值进行排序。最简单的用法就是定义一个函数，并将其作为参数 key 传入函数 sorted()。下面是一个最简单的例子，在这个例子中，这个新定义的函数对输入不做任何处理就直接返回，也就是 f(x) =x。

```
>>> a = [-1, 2, -8, 10]
>>> sorted(a, key=lambda x: x)
[-8, -1, 2, 10]
```

如果希望对输入元素的绝对值进行排序，则可以按如下方式来定义 key 参数：

```
>>> a = [-1, 2, -8, 10]
>>> sorted(a, key=lambda x: abs(x))
[-1, 2, -8, 10]
```

如果希望以该元素与 8 的差值来排序，则可以按如下方式来定义 key 参数：

```
>>> a = [-1, 2, -8, 10]
>>> sorted(a, key=lambda x: abs(x-8))
[10, 2, -1, -8]
```

这里需要注意的是，lambda 函数是函数的一个特例，所有可以使用 lambda 函数的地方都可以使用普通函数来代替。

3.6 递归调用

递归调用是高级编程语言的基本特性，它最早出现在 LISP 语言中。Python 语言也支持递归调用。通过递归调用可以简化代码，而且可以让代码和问题的数学描述非常一致。使用递归调用一般不会提升代码运行速度。

3.6.1 递归调用介绍

递归调用是一种特殊的嵌套调用，是指某个函数调用自己或者调用其他函数后再次调用自己。由于不能无限嵌套调用，所以某个递归函数一定存在至少两个分支，一个是退出嵌套，不再直接或者间接调用自己；另外一个则是继续嵌套。一般通过函数的输入参数来决定走哪个分支，所以递归函数一般都是带有参数的。

最常见的递归用法是求一个整数的阶乘，如 2 的阶乘等于 1×2，3 的阶乘等于 1×2×3。如果不用递归的方法，可以使用下面的方法来实现。

```
>>> def get_factorial(n):              # 定义阶乘函数
...     ret = i = 1
..    while i <= n:                         # 从 1 到 n，依次相乘
...           ret = ret * I
...           i = i + 1
...     return ret                          # 返回值
...                                         # 阶乘函数定义结束
>>> get_factorial(3)                        # 求 3 的阶乘
6
>>> get_factorial(10)                       # 求 10 的阶乘
3628800
```

如果使用递归方法，可以定义下面的求值方案：

$$n!\begin{cases} n\times(n-1)! & \text{如果}n>1 \\ 1 & \text{如果}n=1 \end{cases}$$

如果 $n>1$，就可以递归调用阶乘函数自己了，代码如下：

```
>>> def get_factorial(n):                   # 定义阶乘函数
...     if n == 1:                          # 退出递归的分支
...         return 1
...     return n * get_factorial(n-1)       # 递归调用
...                                         # 阶乘函数定义结束
>>> get_factorial(3)                        # 求 3 的阶乘
6
>>> get_factorial(10)                       # 求 10 的阶乘
3628800
```

递归需要注意递归的深度。由于递归会产生多次函数调用，而函数调用会消耗代码的栈空间，如果递归的深度太大，会导致栈溢出。以上面的阶乘为例，如果计算 100000 的阶乘，在一般机器上都会出现栈溢出的问题，如下所示：

```
>>> get_factorial(100000)                  # 求 100000 的阶乘
Traceback (most recent call last):         # 错误信息
File "<stdin>", line 1, in <module>
  File "<stdin>", line 4, in get_factorial
  File "<stdin>", line 4, in get_factorial
  File "<stdin>", line 4, in get_factorial
  [Previous line repeated 994 more times]
  File "<stdin>", line 2, in get_factorial
RecursionError: maximum recursion depth exceeded in comparison
```

默认情况下，函数调用深度的最大值为 1000，如果达到或者超过 1000 就会出现上面的错误信息。可以通过下面的代码来查看该系统的设置。

```
>>> import sys
>>> sys.getrecursionlimit()                # 得到最大调用深度
1000                                       # 目前值为 1000
```

如果希望修改该系统值，也可以通过 sys 模块的接口函数来实现。如希望最大函数调用深度为 10000，那么可以使用下面的代码进行修改：

```
>>> import sys
>>> sys.setrecursionlimit(10000)           # 设定最大调用深度
```

3.6.2 例子

本节介绍几个比较知名的递归调用的例子。

1. 斐波拉契级数

有这样一个数列：1，1，2，3，5，8，13，21，34…。其第一元素和第二个元素等于 1，其他元素等于其前面两个元素的和。用数学公式表示如下：

$$Fab(n)\begin{cases}1 & \text{如果}n=1\text{或者}n=2\\ Fab(n-1)+Fab(n-2) & \text{如果}n>2\end{cases}$$

可以用下面的代码来实现。

```
>>> def fab(n):                            # 定义斐波拉契级数
...     if n in [1, 2]:                    # 如果 n=1 或者 2
...         return 1
...     return fab(n-1)+fab(n-2)           # n>2
...
>>> fab(1)                                 # 斐波拉契级数的第一个元素
1
>>> fab(2)                                 # 斐波拉契级数的第二个元素
```

```
1
>>> fab(8)                                  # 斐波拉契级数的第 8 个元素
21
>>> fab(8)                                  # 斐波拉契级数的第 9 个元素
34
```

2. 全排列

对于一个输入的列表，可以通过改变元素的位置来得到不同的值。全排列就是得到所有的这些排列的列表。一般对于 *n* 个元素的列表有 *n*！ 种排列方式。如对于[1,2,3]有下面几种排列方法：

```
1, 2, 3
1, 3, 2
2, 1, 3
2, 3, 1
3, 1, 2
3, 2, 1
```

下面是用递归的方法实现的全排列。

```
>>> def sub_combination(left, right):  # left 表示左边待处理的列表
                                       # right 表示处理好的列表
...     if len(left) > 0:              # 如果没有处理完
...         for item in left:          # 从没有处理完的元素中取出一个
...             new_right = right + [item] # 将该元素放入到处理好的列表中
...             new_left = [x for x in left if x != item]
...             sub_combination(new_left, new_right) # 递归继续处理
...     else:                          # 所有元素都已经处理完毕
...         print(right)               # 显示这个排列的内容
...                                    # 结束 sub_combination()的定义
>>> def combination(l):                # 已经处理的列表为空
...     return sub_combination(l, [])  # 开始处理
...                                    # 结束 combination()的定义
>>> combination(["alex", "bob", "carol"])  # 对 3 个元素的列表进行排列
['alex', 'bob', 'carol']               # 排列结果，一行一个结果
['alex', 'carol', 'bob']
['bob', 'alex', 'carol']
['bob', 'carol', 'alex']
['carol', 'alex', 'bob']
['carol', 'bob', 'alex']
```

3. 简单背包问题

如果已知某个背包可以放入质量为 N 的物品，现有 M 个物品，其质量分别为 W1、W2、W2、…、Wm。问是否可以从这 M 个物品中取出 K 个，使其重量和为 N?这样它们正好可以放入背包中。

下面定义一个函数 bag_resolve (w, left_vol, left_item_num)，w 是 M 个元素的列表，表示每个物品的重量；left_vol 表示当前状态下还剩余的重量；left_item_num 表示当前状态下没有处理的物品个数，如果 left_item_num=1，表示就剩下第 M 个物品还没有决定是否

需要放入背包中；返回值为 True 表示可以找到这样的物品组合放入背包使得其重量和为 N，否则返回 False。

```
>>> def bag_resolve(w, left_vol, left_item_num):
...     if left_vol == 0:                    # 找到了满足要求的组合
...         return True
...     if left_vol < 0:                     # 已经不满足条件了
...         return False
...     if left_item_num == 0:               # 没有物品可以处理了
...         return False
...     else:
...         # 如果将当前物品放入背包中
...         # 那么剩余的容量为 left_vol-w[-1*left_item_num]
...         # 剩余的物品个数为 left_item_num-1
...         ret1 = bag_resolve(w, left_vol-w[-1*left_item_num],left_item_num-1)
...         # 如果不将当前物品放入背包中
...         # 那么剩余的容量为 left_vol
...         # 剩余的物品个数为 left_item_num-1
...         ret2 = bag_resolve(w, left_vol, left_item_num-1)
...         if ret1 == True or ret2 == True:
...             return True                  # 有一个方案有解，返回 True
...         else:
...             return False
...                                          # else 分支结束
...                                          # 函数定义结束
>>> bag_resolve([1, 2, 3], 1, 3)             # 从 1、2、3 中组合出 3
True
>>> bag_resolve([10, 12, 13], 11, 3)         # 从 10、12、13 中组合出 11
False
>>> bag_resolve([10, 12, 13], 22, 3)         # 从 10、12、13 中组合出 22
True
```

4. 汉诺塔问题

法国数学家爱德华·卢卡斯曾编写过一个印度的古老传说：在贝拿勒斯（在印度北部）的圣庙里，一块黄铜板上插着三根宝石针。印度教的主神梵天在创造世界时，在其中一根针上从下到上穿好了由大到小的 64 片金片，这就是所谓的汉诺塔。不论白天还是黑夜，总有一个僧侣在按照下面的法则移动这些金片：一次只移动一片，不管在哪根针上，小片必须在大片上面。僧侣们预言，当所有的金片都从梵天穿好的那根针上移到另外一根针上时，世界就将在一声霹雳中消灭，而梵塔、庙宇和众生也都将同归于尽。

对于这个问题，可以先考虑只有 3 个金片的情况。假定其初始状态如图 3-1 所示。

从左到右有 3 根柱子 A、B 和 C。在 A 柱子上放着 3 个金片，从上到下依次编号为 1、2 和 3。通过移动金片，希望最终得到的结果如图 3-2 所示。

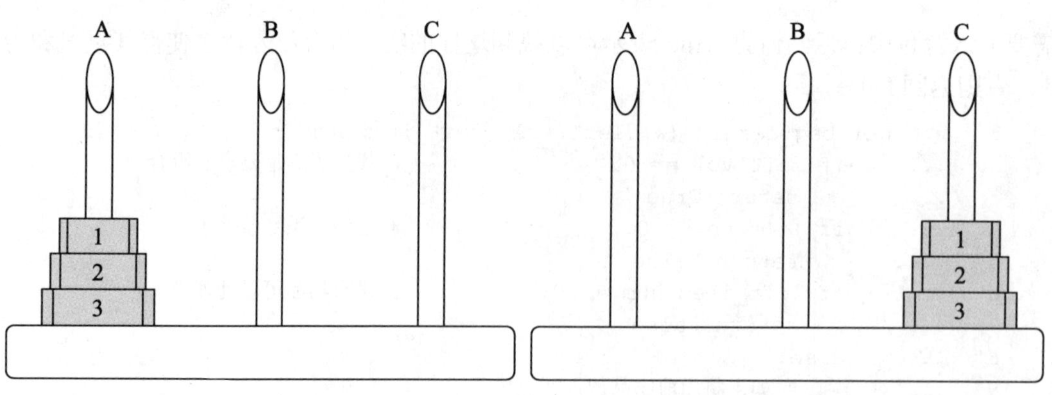

图 3-1　初始状态　　　　图 3-2　最终状态

第一步，移动金片 1 到 C，结果如图 3-3 所示。

再将金片 2 移动到 B，结果如图 3-4 所示。

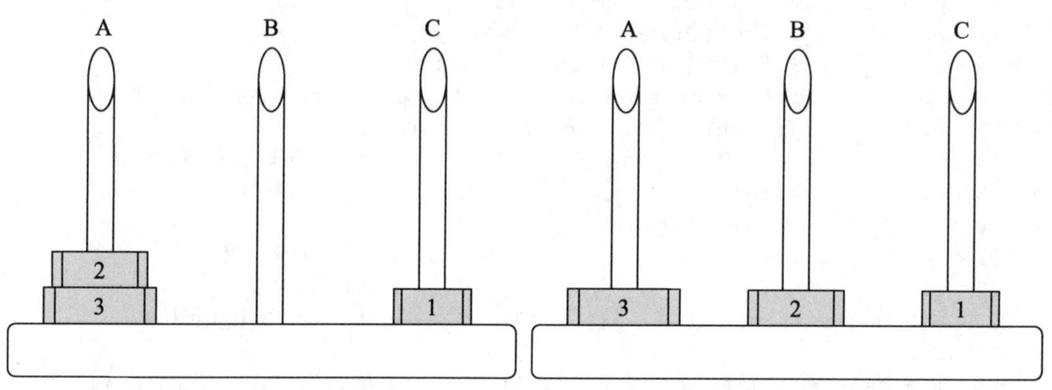

图 3-3　状态 1　　　　图 3-4　状态 2

再将金片 1 移动到 B，结果如图 3-5 所示。

再将金片 3 移动到 C，结果如图 3-6 所示。

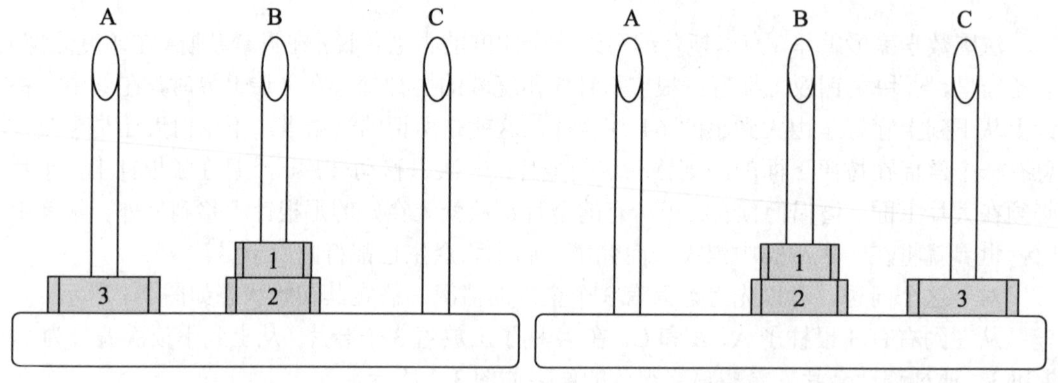

图 3-5　状态 3　　　　图 3-6　状态 4

再将金片 1 移动到 A，结果如图 3-7 所示。

再将金片 2 移动到 C，结果如图 3-8 所示。

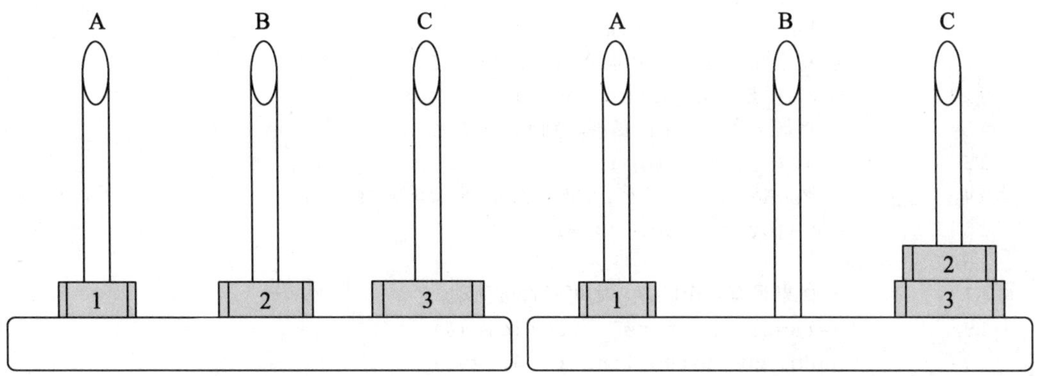

图 3-7　状态 5　　　　图 3-8　状态 6

最后将金片 1 移动到 C，即可得到想要的结果，如图 3-9 所示。

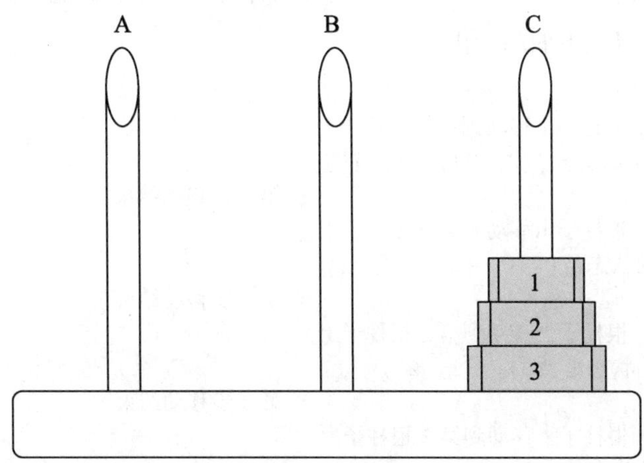

图 3-9　状态 7

如果使用递归方式来解释该过程，即为：

（1）将金片 3 上面的所有金片移动到 B。

（2）将金片 3 移动到 C。

（3）将 B 上的所有金片移动到 C。

下面是实现代码：

```
hanoi_state = [[1, 2, 3], [], []]  # 初始状态，所有的圆盘都在柱子 A 上
# 将_from 上的前 num 个圆盘移动到 to 上
def move(_from, to, num):
    # 如果需要移动 n 个圆盘，n>1
    # 那么先移动上面的 n-1 个圆盘到其他（other）柱子上
```

```
    # 然后再移动最后一个圆盘到 to 的柱子上
    if num > 1:
        # 其他柱子
        other = 3 - _from - to
        # 将上面的 n-1 个圆盘移动到 other 柱子上
        move(_from, other, num-1)
        # 将最下面的一个圆盘移动到 to 柱子上
        move(_from, to, 1)
        # 然后将 other 柱子上的圆盘移动到 to 柱子上
        move(other, to, num-1)
    else:
        # 如果只有一个圆盘，则可以直接移动
        val =hanoi_state[_from].pop(0)
        hanoi_state[to].insert(0, val)
        print(u"将%d 从第%d 根柱子移动到第%d 根柱子" % (val, _from+1, to+1))
        print(u"移动完后的状态是%s" % hanoi_state)
        print()
move(0, 2, 3)                           # 将柱子 A 上的 3 个圆盘移动到柱子 C 上
```

运行该程序，得到下面的输出：

```
c:\> python hanoi.py
将 1 从第 1 根柱子上移动到第 3 根柱子上
移动完后的状态是 [[2, 3], [], [1]]
                                        # 第 1 步移动结束
将 2 从第 1 根柱子上移动到第 2 根柱子上
移动完后的状态是[[3], [2], [1]]
                                        # 第 2 步移动结束
将 1 从第 3 根柱子上移动到第 2 根柱子上
移动完后的状态是[[3], [1, 2], []]
                                        # 第 3 步移动结束
将 3 从第 1 根柱子上移动到第 3 根柱子上
移动完后的状态是[[], [1, 2], [3]]
                                        # 第 4 步移动结束
将 1 从第 2 根柱子上移动到第 1 根柱子上
移动完后的状态是[[1], [2], [3]]
                                        # 第 5 步移动结束
将 2 从第 2 根柱子上移动到第 3 根柱子上
移动完后的状态是[[1], [], [2, 3]]
                                        # 第 6 步移动结束
将 1 从第 1 根柱子上移动到第 3 根柱子上
移动完后的状态是[[], [], [1, 2, 3]]
                                        # 第 7 步移动结束
```

可以发现移动步数 s 和盘子个数 n 之间的规律为：

如果 n=1，那么 $s=1=2^1-1$。

如果 $n=2$，那么 $s=3=2^2-1$。

如果 $n=3$，那么 $s=2\times3+1=7=2^3-1$。

……

如果 $n=k$，那么 $s=2^k-1$。

汉诺塔原题有 64 个金片，那么就需要进行 $2^{64}-1$ 次移动才可以完成任务。这是一个非常大的数，其值为 18446744073709551615。假定每秒移动一次金片，那么需要多长时间呢？按照每年 31536000 秒来计算，需要 584942417355 年。即使是在运算速度飞快的计算机上，这也是一个不可能完成这个任务，所以这里并没有去计算 64 个金片的移动过程。

第 4 章　模 块 和 包

在 Python 中，目录和文件非常重要，不同的文件可以定义相同的函数和相同的变量而不会引起冲突。这点和 Java 类似，明显不同于 C、C++。由于 Python 没有在源代码层面上定义命名空间，所以文件和路径配合 import 语句就起到了命名空间的作用。不同的 Python 文件对应不同的模块，多个在同一个目录下的 Python 文件的集合就是一个包。

本章主要包含下面的内容：

- 模块；
- 包；
- Python 包的安装。

4.1　模　　块

模块就是一个 Python 文件。一个空的 Python 文件也可以称为模块。多数情况下一个 Python 文件包含变量、函数和其他的内容，这些内容可以被其他代码使用。使用模块的最简单方法就是“import 模块名”。下面在当前目录下创建一个文件 child.py，内容如下：

```
""" this is the child module          # 文件child.py的内容
"""
name = "child"                        # 定义一个变量
def hello():                          # 定义一个函数
    print("hello from child")
```

下面来操作这个模块：

```
>>> import child                      # 引入该模块
>>> child                             # child现在就是一个模块
<module 'child' from '/moduleDemo1/child.py'>
>>> child.__doc__              # 查看该模块的__doc__属性，即模块最开始的字符串
' this is the child module\n'
>>> child.__file__                    # 模块的文件信息
'/moduleDemo1/child.py'
>>> child.__name__                    # 模块名
'child'
>>> child.name                        # 访问该模块中的name变量
'child'
>>> child.hello                       # 查看hello，其是一个函数
```

```
<function hello at 0x108fa3e18>
>>> child.hello()                          # 调用 hello()函数
hello from child
```

可以发现，基本用法就是 import 的某个模块，然后即可使用该文件中定义的变量、函数等资源。使用时带上模块的名，如 child.name 表示属于模块 child 的变量 name。

如果不希望将某个文件中所有的内容都引入进来，如只希望引入 hello()函数，则可以使用下面的语句：

```
from child import hello
```

这样 child 模块下的 hello()函数就被引入到当前空间，这时不再需要使用 child.hello，而应该使用 hello。

```
>>> from child import hello
>>> hello()
hello from child
```

如果不希望每次访问某个模块的资源都带上模块名，可以使用下面的方法：

```
from 模块名 import *
```

这样指定模块的内容都被加载到了当前空间，使用时便不需要再带上模块名。

```
>>> from child import *
>>> hello
<function hello at 0x10eef8c80>
>>> hello()
hello from child
>>> name
'child'
```

如果同时使用这两种方式，是否会发生冲突呢？答案是不会的，我们会发现两份资源共存，而且相互不影响。

```
>>> import child                           # 同时使用两种方式
>>> from child import *
>>> id(child.name)                         # 它们的 id 是不同的
4524178480
>>> id(name)
4530112248
>>> child.name
'child'
>>> name
'child'
>>> child.name = "new_name"                # 修改其中一个并不会影响另一个
>>> name
'child'
```

前面提到了在当前目录下创建一个文件，为何要在当前目录下呢？其他的目录可不可以呢？答案是不可以，因为只有某些特定目录下的文件才会被引入进来。这就类似于 Shell 中的 path，只有在指定目录下的文件才可以被自动执行。但是 Shell 中可以通过绝对路径来执行不在 path 目录中的程序，而 Python 没有办法这么做。那么如何知道哪些路径下的

Python 文件能够被引入呢？这是在 sys.path 变量中定义的。

```
>>> import sys
>>> sys.path                        # 这是一个列表，每个元素表示一个搜索路径
['',                                # 当前目录
 '/anaconda3/lib/python37.zip',
 '/anaconda3/lib/python3.7',
 '/anaconda3/lib/python3.7/lib-dynload',
 '/anaconda3/lib/python3.7/site-packages',
 '/anaconda3/lib/python3.7/site-packages/aeosa']
```

可以看到，sys.path 是一个路径的列表，只要将 Python 文件放到其中任意一个路径下就可以被成功 import 进来。这里要特别注意的是，第一个值是空的字符串，表示当前目录。这就是为何总是可以引入当前目录下的 Python 文件。还需要注意的是，这里的目录除了第一个之外，都是绝对路径。

4.2 包

包对应的是一个目录而不是一个源文件，包目录下一定要存在一个名为__init__.py 的文件。如我们可以创建下面的目录结构：

```
$ tree pkgDemo1/
pkgDemo1/
└── __init__.py
```

这里 pkgDemo1 目录就是一个包。

```
>>> import pkgDemo1
>>> pkgDemo1
<module 'pkgDemo1' from '/pkgDemo1/__init__.py'>
```

__init__.py 现在就是一个模块，可以使用前面介绍的方法来使用其定义的内容。如修改__init__.py 的内容，让其包含以下内容：

```
""" this is the pakage demo file
"""
name =  "pkgDemo1"
author = "love.pythoh"
```

现在就可以访问这些新加的内容了：

```
>>> import pkgDemo1
>>> pkgDemo1.name
'pkgDemo1'
>>> pkgDemo1.author
'love.pythoh'
>>> pkgDemo1.__doc__
' this is the pakage demo file\n'
```

一般来说，一个包包含多个模块。例如在同一个目录下放入两个文件 mod1.py 和 mod2.py，它们的结构如下：

```
$ tree pkgDemo1/
pkgDemo1/
├── __init__.py
├── mod1.py
└── mod2.py
```

mod1.py 的内容如下：

```
""" this is mod1.py
"""
name = "pkgDemo1.mod1"
def hello():
    print("hello from pkgDemo1.mod1")
```

mod2.py 的内容如下：

```
""" this is mod2.py
"""
name = "pkgDemo1.mod2"
def hello():
    print("hello from pkgDemo1.mod2")
```

下面来使用这个包的内容，代码如下：

```
>>> import pkgDemo1.mod1              # 引入mod1，注意前面的包名
>>> import pkgDemo1.mod2              # 引入mod2，注意前面的包名
>>> pkgDemo1.mod1
<module 'pkgDemo1.mod1' from 'pkgDemo1/mod1.py'>
>>> pkgDemo1.mod2
<module 'pkgDemo1.mod2' from '/pkgDemo1/mod2.py'>
>>> pkgDemo1.mod1.hello()             # 带上包名和模块名
hello from pkgDemo1.mod1
>>> pkgDemo1.mod2.hello()
hello from pkgDemo1.mod2
```

4.3　软件包的安装

有些 Python 软件包是系统自带的，如 sys，这些包在安装 Python 时已自动安装。但有些包是需要自行下载安装的，如 PIL。这些第三方的软件有的以源代码的形式提供，有的以安装包的形式提供。安装第三方 Python 包的方法有很多种。本节将介绍一些常见的方法。

4.3.1　复制源代码到系统目录

最简单的方法就是将 Python 源文件复制到 sys.path 包含的某个目录下。这样使用“import 文件名”即可导入该包。下面的代码查看 sys.path 变量包含的路径：

```
>>> import sys
>>> sys.path
```

```
3   ['', '/anaconda3/lib/python37.zip',
4    '/anaconda3/lib/python3.7',                 # 这里要使用的目录
5    '/anaconda3/lib/python3.7/lib-dynload',
6    '/anaconda3/lib/python3.7/site-packages',
7    '/anaconda3/lib/python3.7/site-packages/aeosa']
```

假定将文件 demo1.py 复制到目录/anaconda3/lib/python3.7，就是上面的代码第 4 行指定的目录。该文件的内容如下：

```
""" just a demo package
"""
var_str = "love python"
var_int = 88
def show_usage():
    print("just to demo the package installation")
```

下面就可以使用 demo1 模块了，方法如下：

```
>>> import demo1
>>> demo1.var_int
88
>>> demo1.__doc__
' just a demo package\n'
>>> demo1.var_str
'love python'
>>> demo1.show_usage()
just to demo the package installation
```

4.3.2　使用 PIP 进行安装

最近比较流行的安装工具是 PIP，该工具一般在安装 Python 时已成功安装，不需要单独安装。PIP 是客户端安装工具，安装包来自 PyPI，PIP 从 PyPI 上下载安装包，并且安装在本机。

Python 软件包的制作方需要有 PyPI 账户，这样才可以将自己编写的 Python 包推送到 PyPI 上以供其他用户使用。而对于普通用户来说，并不需要注册 PyPI 账户，只需要本地有 PIP 客户端程序即可。

PIP 提供了安装、卸载、列出安装软件包列表等功能。下面将对这些常见功能一一讲解。

1. 安装

安装的常用命令有两个，一个不指定版本信息，一个指定版本信息。下面分别是它们的格式：

```
pip install 包名
pip install 包名==版本号
```

如果已经有了一个安装包，但是希望修改其版本，则需要使用下面的命令：

```
pip install --upgrade 包名==版本
```

下面是安装一个 Python 包 lin-demo 的例子。

```
$ pip install lin-demo
Collecting lin-demo                              # 获得 lin-demo 包的相关信息
Downloading https://files.pythonhosted.org/packages/87    #下载安装包
/35/985a9e7d7fd66bfe82c3c83092bb14d23105e15b5738e02b6c761737c8a8/
lin_demo-0.0.1-py3-none-any.whl
Installing collected packages: lin-demo         # 安装
Successfully installed lin-demo-0.0.1           # 安装成功，显示安装的版本
```

由于 PyPI 是一个开源项目，有些公司也在内部搭建了自己的 PyPI 服务器。有些专有的包可能只能从公司自己搭建的服务器上才能找到，这时就需要指定 PyPI 服务器信息，而不是使用默认的服务器。下面的命令可以指定安装包的来源：

```
pip install --index-url 包的来源 包名
```

如果一次要安装很多的软件包，尤其是在搭建开发或者运行环境时，这么一个一个地去执行安装命令进行安装显得不是很友好。这时可以将要安装的包写在一个文本文件中，如 requirements.txt，然后使用该文本文件作为输入，将文本文件中列出的 Pyhton 包一次安装完成。这相当于是一个批处理命令，其格式如下：

```
pip install -r 包列表文件
```

这个包含包列表的文本文件的格式也很简单，一般一行写一个包的名和版本，格式还是“包名==版本”。下面便是一个例子：

```
CherryPy==13.0.0
Jinja2==2.10
MySQL-python==1.2.5
Routes==2.4.1
SQLAlchemy==1.1.15
Werkzeug==0.13
hpc==0.2.725
requests==2.18.4
```

2. 卸载

卸载相对来说比较简单。由于一台机器对于某个软件包只能安装某一个版本，而且肯定是安装在本机上的，所以卸载命令没有指定版本、指定源这些参数。下面即为卸载某个包的命令格式：

```
pip uninstall 包名
```

3. 查看已经安装的包

有时在 import 语句时会抛出异常，原因可能是某个软件包没有安装，或者安装的版本不对。这时可以通过下面的命令来查看所有本地已经安装的 Python 包：

```
pip freeze
```

下面是一个例子：

```
$ pip freeze
alabaster==0.7.12                          # 0.7.12 是版本信息
allure-pytest==2.7.0
allure-python-commons==2.7.0
anaconda-client==1.7.2
…                                          # 其他的已经安装的 Python 包
anaconda-navigator==1.9.7
anaconda-project==0.8.2
appnope==0.1.0
```

4. 查看某个包的详细情况

如果对某个包的具体作用不是很清楚，或者对其所依赖的包的情况不是很清楚，这时可以查看该包的详细描述，命令如下：

```
pip show 包名
```

下面是一个例子：

```
$ pip show SQLAlchemy
Name: SQLAlchemy
Version: 1.2.11                                         # 版本信息
Summary: Database Abstraction Library
Home-page: http://www.sqlalchemy.org
Author: Mike Bayer
Author-email: mike_mp@zzzcomputing.com
License: MIT License
Location: /Library/Python/2.7/site-packages             # 安装位置
Requires:                                               # 其所依赖的包
Required-by:                                            # 依赖该包的包
```

5. 查看服务器上的包信息

可以使用命令行来查找包，命令行格式如下：

```
pip search 包名
```

然后便可以看到与指定包名类似的包的信息，包括版本和描述信息。下面是查找带有 demo 字样的包的信息：

```
$ pip search demo                # 搜索与 demo 相关的 Python 包
demo (0.1.0)                     - egg test demo.
rattail-demo (0.1.0)             - Rattail Software Demo
typosquating-demo (1.1.7)        - Typosquating demo attack.
hacmec-demo (0.0.3)              - hACMEc demo application
python-demo (0.0.3)              - python scripts demos
my-demo (2019.3.31)              - A demo for python packaging.
pysp2tf-demo (0.11)              - PySpark and TF demo
flask-demo (1.0.0)               - demo template based on flask
agora-demo (0.1.0)               - A demo testing configuration and dataset
                                   management.
version-demo (0.0.3)             - Just demo for checking how is version work
smooth-demo (0.1)                - Tool to automate giving a demo on command line
pypi-task-demo (0.0.1)           - PyPI demo
```

```
...                                      # 省略一些包
jdhp-setuptools-demo (0.2)                 - A snippet to test setuptools and PyPI
flask_neglog (0.0.2)                       - demo
mylittlepypiproject (0.0.4)                - A demo
flask_aide (0.0.1)                         - demo
mypypiproject (0.0.4)                      - A demo
my_little_pypi_project (0.0.4)             - A demo
ccq18-hello (0.2)                          - demos
hykpyp (0.1)                               - this is demo
Flask-Kits (0.0.24)                        - demo
longj_demo (1.2.1)                         - this is a demo
demo-project-test-time (1.1111115) -
openerp-web-tests-demo (7.0.406)           - Demonstration of web/javascript tests
```

当然，也可以在 PyPI 网站上进行查找。打开地址 https://pypi.org/，可以看到如图 4-1 所示的页面。

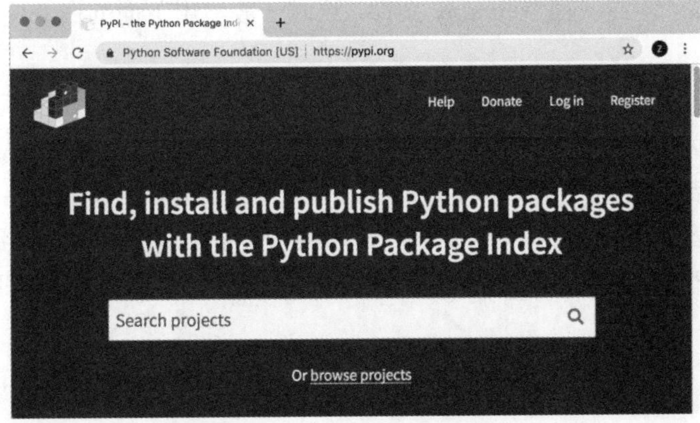

图 4-1　PyPI 的主页面

在搜索框内输入 demo，按 Enter 键，即可看到搜索到的与 demo 相关的 Python 包，如图 4-2 所示。

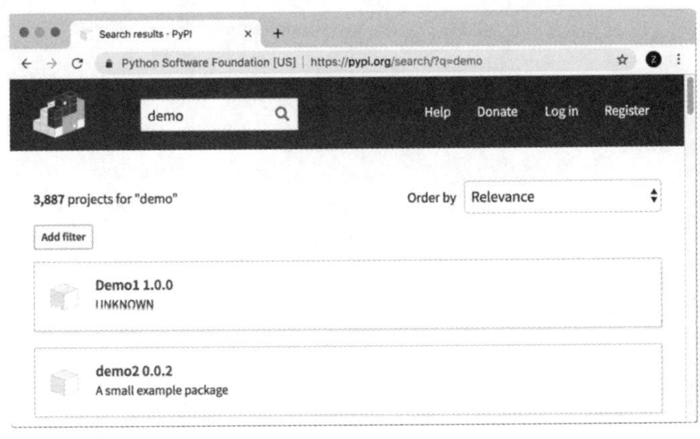

图 4-2　搜索 demo 相关的 Python 包

4.3.3　使用 easy_install 和 setup 进行安装

有些老的 Python 包可能没有放在 PyPI 服务器上，这时就需要使用 easy_install 来进行安装了。

使用 easy_install 安装其他软件包之前需要首先安装 easy_install 这个工具，步骤如下：

（1）从 http://peak.telecommunity.com/dist/下载 ez_steup.py 到本地。

（2）运行刚下载的 ez_setup.py。

这时在 Python 的系统目录下便可以看到文件 easy_install，这就是用来进行包安装的工具。

现在直接运行命令“easy_install 包名”即可安装需要的包。

有些模块的源代码中包含 setup.py 文件，这时一般使用下面的命令便可以完成安装任务：

```
python setup.py install
```

例如有一个 Python 包叫作 send2trash，其源代码地址是 https://github.com/hsoft/send2trash，下载源代码，然后可以使用源代码中的 setup.py 来进行安装。

本节介绍的安装方法并不常用，只有在安装某些特殊的包时才会用到。多数 Python 包都可以通过 PIP 进行安装，如本书介绍的第三方 Python 包都是可以使用 PIP 进行安装的。

第5章 文件操作

如果希望将数据长久保存，最简单的办法就是将数据写入磁盘文件中。这样在程序退出后，处理结果依然长期有效。对于大型软件项目，文件操作是无法避免的。本章主要介绍普通文本文件和二进制文件的操作方法，对于 json、yaml、cvs、xml 等特殊格式的文件，一般都有对应的包来进行操作，不必直接使用本章介绍的方法来处理。

本章主要内容如下：

- 文件的基本操作；
- 打开文件；
- 文件对象的操作；
- 关闭文件；
- 文件对象的属性。

5.1 文件的基本操作

文件的基本操作步骤如下：

（1）打开文件。

（2）进行读写操作。

（3）关闭文件。

下面是打开某个文本文件，并将其内容显示在屏幕上的代码：

```
fd = open("in.dat", "r")          # 打开文件 in.dat
for line in fd:                   # 读取 in.dat 的每一行到变量 line 中
    print(line)                   # 在屏幕上打印出 line 的内容
fd.close()                        # 处理结束，关闭文件
```

如果希望将数据写入文件中，可以使用下面的基本操作模式：

```
fd = open("out.dat", "r")         # 以写的方式打开文件 out.dat
fd.write("output line 1")         # 向该文件写入一行数据
fd.write("output line 2")         # 再次向该文件写入一行数据
fd.close()                        # 处理结束，关闭文件
```

如果希望添加数据到某个文件的尾部，如将一些新的日志内容添加到日志文件的尾部，则需要设定文件打开的模式为 a，这样原来文件的数据不会丢失，写入的数据只是添

加在原来数据的尾部。下面的代码演示了这样的用法：

```
fd = open("out.dat", "a")         # a 表示是以添加的方式打开该文件
fd.write("log line 1")            # 在尾部添加一行日志
fd.write("log line 2")            # 再次在尾部添加一行日志
fd.close()                        # 处理结束，关闭文件
```

5.2　打开文件

打开文件可以使用“open(文件名,模式)”来完成。该函数有两个参数，第一个参数是文件名，第二个参数是打开的模式。该函数返回一个文件对象，以后的读写都需要使用该文件对象。

文件名可以包含路径，如 cfg/config.ini。使用绝对路径和相对路径都是允许的，但不能使用通配符，如 log/*.log。对于 Windows 用户来说，由于使用\作为路径分隔符，而有人喜欢用两个连续的反斜杠\即\\来表示\，如"c:\\log\\app.log"。推荐的用法是在引号前面加上 r，这样看起来更加自然一点，如 r"c:\log\app.log"。

模式参数也是一个字符串，但是其用法比较复杂。从 5.1 节可知，通过不同的模式值可以指定按照只读、只写、尾部添加等方式来打开某个文件。

模式的基本格式如下：

```
mode  = 打开方式 + 文件类型
```

文件类型包括两种，文本模式和二进制模式。文本模式用 t 表示，这是默认值；二进制模式用 b 表示。

打开方式包括：只读，用 r 表示；只写，用 w 表示；添加，用 a 表示。除此之外，还包括可读可写，用 w+或者 r+表示。它们的区别是 w+会清空原来的文件内容，而 r+不会清空原来的文件内容。

如 rb 即表示用二进制模式+只读打开指定文件。

如果操作的文件不存在或者没有权限进行相关操作时，其会抛出 FileNotFoundError 或者 IOError 异常，此时一般需要使用 try 语句来处理。下面是在 Python 3 中打开不存在的文件的情况：

```
>>> fd = open("notExists.dat", "r")     # 打开不存在的文件，抛出异常
Traceback (most recent call last):
  File "<stdin>", line 1, in <module>
FileNotFoundError: [Errno 2] No such file or directory: 'notExists.dat'
```

下面是在 Python 2 中打开不存在的文件的情况：

```
>>> fd = open("notExists.dat", "r")     # Python 2 中的异常情况
Traceback (most recent call last):
  File "<stdin>", line 1, in <module>
IOError: [Errno 2] No such file or directory: 'notExists.dat'
```

为了处理这些打开文件的异常情况，可以使用下面的代码：

```
try:
    file_obj1 = open(u"nonexist.txt", "r")
    file_obj1.close()
except IOError:
    # 找不到文件时提示文件不存在
    print(u"File not Exist")
```

如果希望某个文件只在某个局部有效，可以使用 with 语句。下面是一个使用的例子：

```
>>> with open('in.dat', 'r') as f: # 使用 with 语句，f 是打开的文件对象
...     print(f.read())            # 读出所有的数据并打印到屏幕上
...                                # 结束 with 语句
this is input text file            # 文件内容
it contains 3 lines
this is the end of file
>>> f                              # 查看 f
<_io.TextIOWrapper name='in.dat' mode='r' encoding='UTF-8'>
>>> f.closed                       # f 是不是自动关闭了？
True                               # 文件对象自动关闭了
```

5.3 文件对象的操作

通过打开文件得到文件对象，该对象提供一系列操作文件的方法。

1. 读入指定长度的文本——read(size)

该函数从当前位置开始读，读出指定个数的字符。其返回值是一个字符串，表示读取的文件内容。参数 size 如果为正数，表示最多读出 size 个字符；如果 size 为 0，则什么也不会读出，返回值是空字符串；如果 size 为负数，表示读出全部的内容。size 的默认值是 -1，表示读出全部的内容。

下面的例子演示了不指定 size 的值而使用默认值-1 的情况。

```
>>> fd = open("in.dat", "r")    # 以只读方式打开文件 in.dat
>>> ret_str = fd.read()         # 将所有文件内容读到 ret_str，size=-1
>>> type(ret_str)               # 返回值类型是字符串
<class 'str'>
>>> len(ret_str)                # 字符串长度为 68
68
>>> print(ret_str)              # 显示文件内容
this is input text file
it contains 3 lines
this is the end of file
>>> fd.close()                  # 关闭文件
```

下面演示指定 size，并且 size 为正数的情况。

```
>>> fd = open("in.dat", "r")      # 以只读方式打开文件 in.dat
>>> str1 = fd.read(40)            # 读入最多 40 个字符，保存到 str1 中
>>> str2 = fd.read(40)            # 读入最多 40 个字符，保存到 str2 中
>>> len(str1)                     # str1 包含 40 个字符
40
>>> len(str2)                     # str2 包含 28 个字符，总共是 68 个字符
28
>>> print(str1+str2)         # 将 str1 和 str2 连接起来，就是文件的完整内容
this is input text file
it contains 3 lines
this is the end of file
>>> fd.close()                    # 关闭文件
```

如果到了文件的尾部，则返回空字符串。

```
>>> fd = open("in.dat", "r")      # 以只读方式打开文件 in.dat
>>> str1 = fd.read()              # 读出全部内容
>>> str2 = fd.read()              # 这时已经到了文件的尾部
>>> type(str2)                    # 返回值类型是字符串
<class 'str'>
>>> len(str2)                     # str2 的长度为 0，所以是空字符串
0
>>> fd.close()                    # 关闭文件
```

2. 读入一行数据——readline(size)

该函数读入一行数据，所以文件类型要求是文本，不能是二进制。返回值是这行数据，包括尾部的换行符；如果没有数据则返回一个空的字符串。该函数也带有参数 size，表示的含义和 read()一样。size 的默认值也是-1，表示读取完整的一行。

下面的例子演示了没有指定 size 而使用默认值-1 的情况。

```
>>> fd = open("in.dat", "r")      # 以只读方式打开文件 in.dat
>>> line = fd.readline()          # 读入一行
>>> while line:                   # 如果不是空行，就是还没有到尾部
...     print(line, end='')       # 打印读入的行，关闭自动换行功能
...     line = fd.readline()      # 读入下一行
...                               # 结束 while 循环
this is input text file           # 显示的文件内容
it contains 3 lines
this is the end of file
>>> fd.close()                    # 关闭文件
```

下面的例子演示了 size 为正数的情况。

```
>>> fd = open("in.dat", "r")      # 以只读方式打开文件 in.dat
>>> line = fd.readline(2)         # 读入一行，但最多读入 2 个字符
>>> len(line)                     # 返回字符串的长度为 2
2
>>> line                          # 显示返回值的内容
'th'
>>> fd.close()                    # 关闭文件
```

下面的例子演示了 size 为 0 的情况。

```
>>> fd = open("in.dat", "r")     # 以只读方式打开文件 in.dat
>>> line = fd.readline(0)        # 读入一行，但是最多只能读入 0 个字符
>>> len(line)                    # 返回的是空字符串
0
>>> fd.close()                   # 关闭文件
```

3. 读出全部行——readlines(hint)

该函数将文件的每行作为一个元素，组合成一个列表返回。

参数 hint 用来限制读入的行数。

如果参数 hint 为负数或者 0，表示没有行数的限制。hint 的默认值是-1，即默认情况下是不对读入的行数进行限制的，返回的是文件的所有行。

下面的例子演示了没有指定 hint 值而使用默认值-1 的情况，其会读出所有的行，并且将这些行组成一个列表返回。

```
>>> fd = open("in.dat", "r")     # 以只读方式打开文件 in.dat
>>> lines = fd.readlines()       # 将所有的行读出
>>> lines                        # 显示返回值，是一个列表，每个元素表示一行
['this is input text file\n', 'it contains 3 lines\n', 'this is the end
of file\n']
>>> fd.close()                   # 关闭文件
```

如果 hint 为正数，则会依次读入各行，并检查读入的字符数是否大于 hint。如果大于或等于 hint，则停止继续读入下一行；如果小于 hint 则继续读入下一行。下面的例子演示了 hint 比实际文件字节数小的情况。

```
>>> fd = open("in.dat", "r")     # 以只读方式打开文件 in.dat
>>> lines = fd.readlines(3)      # 如果读入字符数超过 3，就停止读入下一行
>>> lines                        # 所以只读入了一行便停止了
['this is input text file\n']
>>> lines = fd.readlines(30)     # 如果读入超过了 30 个字符，就停止读入下一行
>>> lines                        # 第二行字符串小于 30，所以继续读入第三行
['it contains 3 lines\n', 'this is the end of file\n']
>>> fd.close()                   # 关闭文件
```

4. 写入字符串——write(data)

在 Python 3 中，该函数的返回值是参数 data 的字节数。在 Python 2 中，其返回值是 None。下面演示了这种不同：

```
>>> fd = open("out.dat", "w")    # Python 3 中的情况
>>> fd.write("line 1")           # 写入字符串，返回值是字符的个数
6
>>> fd.close()

```

```
>>> fd = open("out.dat", "w")  # Python 2 中的情况下打开文件
>>> fd.write("line 1")          # 写入字符串，返回值为 None
>>> fd.close()
```

5．写入多行——writelines(lines)

lines 是一个列表或者元组，其执行效果相当于是 write(''.join(lines))，各行之间并不会填充任何数据。

```
>>> fd = open("out.dat", "w")                    # 打开文件 out.dat
>>> fd.writelines(["line1", "line2", "line3"])      # 写入字符串列表
>>> fd.close()                                   # 关闭文件
>>> fdr = open("out.dat", "r")                   # 查看写入的内容
>>> fdr.read()                                   # 读入文件内容
'line1line2line3'                                # 行与行之间是没有添加任何信息的
>>> fdr.close()                                  # 关闭 fdr
>>> fd = open("out.dat", "w")                    # 打开文件 out.dat
>>> fd.writelines(("line1", "line2", "line3"))      # 写入字符串元组
>>> fd.close()                                   # 关闭文件
>>> fdr = open("out.dat", "r")                   # 检查写入的数据
>>> fdr.read()                                   # 可以发现没有添加数据在行之间
'line1line2line3'
>>> fdr.read()
```

6．得到文件位置——tell()

文件可以被看作是字节流或者字符流。第一个读入的字符是在该流的第 0 个位置上。如果读入了 5 个字符，则现在在该流的第 5 个位置上。我们可以用 tell()来得到当前位置，其返回一个整数。

下面的例子演示了 tell()的用法。

```
try:
    file_obj1 = open(u"data.txt", "r")
    pos = file_obj1.tell()                     # 最开始，位置应该为 0
    print(u"1)当前位置为%d" % pos)
    data = file_obj1.read(5)                   # 读出 5 个字节
    print(u"读出了%d 个字节" % len(data))
    pos = file_obj1.tell()
    print(u"2)当前位置为%d" % pos)
    file_obj1.close()
except IOError:
    # 找不到文件时提示文件不存在
    print(u"File not Exist")
```

执行该脚本，输出如下：

```
E:>python tellDemo1.py
1)当前位置为 0
读出了 5 个字节
2)当前位置为 5
```

7. 设定当前位置——seek(offset, whence)

可以使用该函数调整当前所在的位置。例如，我们从文件头部读取了 1000 个字节，处理这 1000 个字节后发现还有一个很重要的信息在文件的第 3 个字节，此时可以将当前位置移动到相对头部 3 个字节的位置，这样下次 read()操作便可以得到希望得到的信息。

该函数有 2 个参数，第一个参数是 offset，表示偏移量，可以为负数；第二个参数是 whence，表示相对于什么，可以是相对文件的头、文件的尾、当前文件。whence 的默认值是 0，表示文件头，其还可以为 1 表示当前位置，或者为 2 表示文件尾部。

下面的例子将打开文件，然后将当前位置移动到尾部的前 2 个字符，这样下次读到的就是文件最后面的两个字符。该文件的最后两个字符是 yz。这里需要注意的是，文件一定要以二进制模式打开，否则 seek()会抛出异常。下面是完整代码：

```
try:
    # 必须以二进制模式打开文件，所以带上 b 这个标识
    file_obj1 = open(u"data.txt", "rb")
    pos = file_obj1.tell()
    print(u"1)当前位置为%d" % pos)
    file_obj1.seek(-2, 2)
    print(u"2)当前位置为%d" % pos)
    data = file_obj1.read(2)
    print(u"读出了%d 个字节" % len(data))
    print("data = [%s]" % str(data))
    pos = file_obj1.tell()
    print(u"3)当前位置为%d" % pos)
    file_obj1.close()
except IOError:
    # 找不到文件时提示文件不存在
    print(u"File not Exist")
```

运行该程序，可以得到如下输出结果：

```
E:\>python seekDemo1.py
1)当前位置为 0
2)当前位置为 0
读出了 2 个字节
data = [b'yz']
3)当前位置为 26
```

下面的例子使用 tell()和 seek()来得到某个文件的字节数。其方法是通过得到文件头部的位置信息 start_pos 和尾部的位置信息 stop_pos，求 stop_pos-start_pos 的值来得到文件的大小。代码如下：

```
try:
    file_obj1 = open(u"data.txt", "rb")
    file_obj1.seek(0, 2)
    end_pos = file_obj1.tell()
    print(u"文件大小为%d" % end_pos)
    file_obj1.close()
```

```
except IOError:
    # 找不到文件时提示文件不存在
    print(u"File not Exist")
```

8．刷新——flush()

该函数用于将文件缓存清空，这样我们做的修改就会保存到文件中。

9．得到文件编号——fileno()

该函数用于得到文件在进程中的编号，这是一个整数值。其中，stdin 在进程中的文件编号永远是 0，stdout 永远是 1，stderr 永远是 2，其他文件的编号都大于 2。下面的例子查看了普通文件的编号以及 3 个特殊文件的编号。

```
>>> import sys                        # 引入 sys 模块
>>> fd = open("./in.dat", "rb")       # 打开一个普通文件
>>> fd.fileno()                       # 得到该文件的编号
3
>>> fd.close()                        # 关闭该文件
>>> sys.stdin.fileno()                # 得到 stdin 的文件编号
0
>>> sys.stdout.fileno()               # 得到 stdout 的文件编号
1
>>> sys.stderr.fileno()               # 得到 stderr 的文件编号
2
```

如果该文件已经被关闭，则 fileno()会抛出 ValueError 异常。下面的代码演示了这种情况。

```
>>> import sys
>>> fd = open("./in.dat", "rb")       # 打开文件
>>> fd.fileno()
3
>>> fd.close()                        # 关闭文件
>>> fd.fileno()                  # 无法得到文件编号，抛出异常 ValueError
Traceback (most recent call last):
  File "<stdin>", line 1, in <module>
ValueError: I/O operation on closed file
```

5.4　关闭文件

在文件使用完毕后，需要关闭文件以释放资源。关闭文件的方法是：

```
文件对象.close()
```

可以对一个已经关闭的文件再次执行 close()操作，不必担心会产生异常。

在文件关闭后便不能对其进行读写操作。文件关闭后，文件对象还是存在的，但其属性 closed 现在为 True，表示该文件已经被关闭了。

文件关闭后，如果尝试对其进行读写操作，则会抛出 ValueError 异常。

文件关闭后，除了 closed 外，文件的其他属性并不会发生变化，如 name、mode 等属性还是有效的，能够被继续使用。

```
>>> fd = open("in.dat", "r")     # 打开文件
>>> fd.closed                    # closed 的值为 False，表示没有关闭
False
>>> fd.close()                   # 关闭该文件
>>> fd.closed                    # 现在 closed 的值为 True
True
>>> fd.read()                    # 如果试图进行读操作，则抛出异常
Traceback (most recent call last):
  File "<stdin>", line 1, in <module>
ValueError: I/O operation on closed file.
>>> fd.name                      # 查看 name 属性，依然有效
'in.dat'
>>> fd.mode                      # 查看 mode 属性，依然有效
'r'
```

5.5 特殊文件

除了普通文件外，还有 3 个比较特殊的文件，分别是 sys.stdin、sys.stdout 和 sys.stderr。这 3 个文件分别对应标准输入、标准输出和标准错误输出。可以从下面的代码运行的结果看出它们和普通文件的类型是相同的。

```
>>> fd = open("in.dat", "r")     # Python 3 中的运行情况，打开一个普通文件
>>> type(fd)                     # 查看 fd 的类型
<class '_io.TextIOWrapper'>
>>> import sys                   # 引入 sys 模块
>>> type(sys.stdin)              # 查看 sys.stdin 的类型
<class '_io.TextIOWrapper'>      # 发现其和普通的文件对象一样
>>> fd.close()                   # 关闭文件
```

在打印中文时有时会出现乱码现象，这种现象一般是编码方式不匹配造成的，这就好像说话的人在说德语，但听的人却当成法语来理解，于是便出现了混乱。那么如何才能知道我们使用的终端可以接受的编码方式呢？sys.stdout.encoding 便是该终端接受的编码方式，我们可以在输出前进行编码转换，然后再输出，这样就不会出现乱码问题了。

下面以 Windows 7 系统为例讲解。在该终端上，可以看到图 5-1 所示的内容。这表明当前终端的编码方式是 936，该终端还支持其他的编码方式，如 437，如图 5-2 所示。

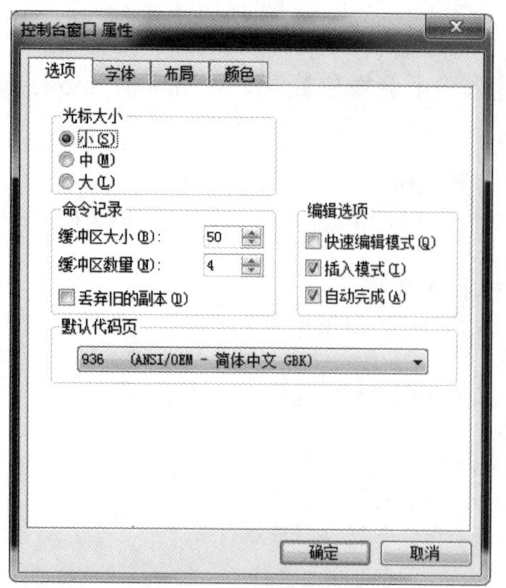

图 5-1　终端目前使用的编码方式

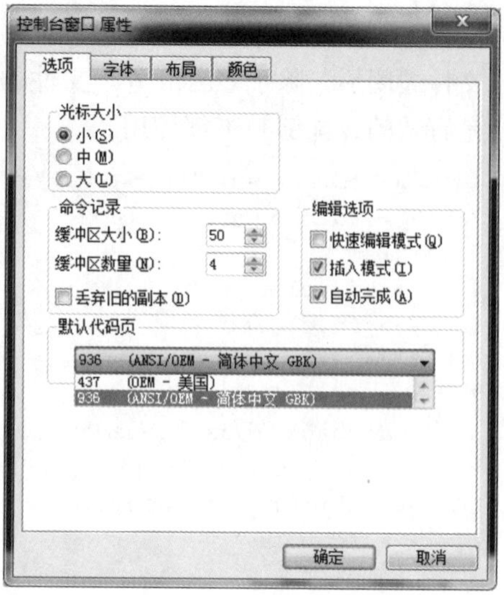

图 5-2　终端支持的其他编码方式

下面的例子分别使用 936 和 utf-8 编码方式输出字符串，以确定该终端是否能正确显示。

```
import sys
out_str = u"我爱中国,我爱 Python"
str_936 = out_str.encode("936")                # 转换成 936 的编码方式
str_utf8 = out_str.encode("utf-8")             # 转化成 utf-8 的编码方式
print("Encoding: 936")
sys.stdout.write(str_936)                      # 显示 936 编码方式
print("\n")
print("Encoding: utf-8")                       # 显示 utf-8 的编码方式
sys.stdout.write(str_utf8)
```

运行结果如图 5-3 所示。

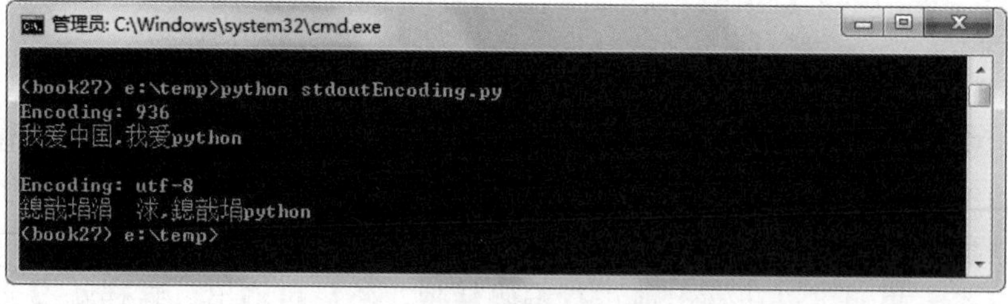

图 5-3　不同编码方式的输出

可见，使用 936 编码的数据是能够被正确识别的，而使用 utf-8 编码的数据是不能被正确识别的，出现了乱码。

5.6　文件对象的属性

文件对象也提供很多属性，如文件名、当前位置等信息。本节将介绍文件对象常用的属性。

1．文件是否关闭——closed

closed 是一个布尔类型的属性，表示该文件是否被关闭。下面的例子演示了该属性的变化情况。如果正常打开文件，该值为 False，调用 close()后该属性值变为 True。可以使用该属性来判断某个文件对象是否还有效。

```
>>> fd = open("in.dat", "r")      # 打开文件
>>> fd.closed                     # closed 的值为 False，表示没有关闭
False
>>> fd.close()                    # 关闭该文件
>>> fd.closed                     # 现在 closed 的值为 True
True
```

2．文件名——name

name 就是打开的文件名称，是一个字符串类型的属性。

```
>>> fd = open("in.dat", "rb")     # 打开文件
>>> fd.name                       # 查看文件名
'in.dat'
>>> fd.close()                    # 关闭文件
```

需要特别注意的是，sys.stdin、sys.stdout 和 sys.stderr 这些特殊文件的名称是比较独特的。下面的例子演示了这些特殊文件的名称。

```
>>> import sys                    # 引入 sys 模块
>>> sys.stdin.name                # 显示标准输入文件的名称
'<stdin>'
>>> sys.stdout.name               # 显示标准输出文件的名称
'<stdout>'
>>> sys.stderr.name               # 显示标准错误输出文件的名称
'<stderr>'
```

3．打开属性——mode

mode 即文件打开的模式，如只读、只写、添加等。该属性也是字符串类型。

4．编码方式——encoding

encoding 是一个字符串，表示该文件的编码方式。其用法在 5.5 节中已经介绍过。

第6章　基　础　库

第 3 章中介绍了一些系统自带的工具函数，如 id()、max()。这些函数在 Python 启动时会自动加载进来，不需要我们做任何事情。但并不是所有的模块都是自动加载进来的，因为有些模块不常用，它们只是在完成某个特定任务时才被需要，此时才需要将其加载进来。本章将介绍一些比较常用的这类模块。

本章主要涉及以下内容：

- 正则表达式库；
- 数学库；
- 时间库；
- 日期库；
- 二叉树库；
- 串行化库；
- 随机数库。

6.1　正则表达式库

正则表达式又被称为规则表达式，英文名为 Regular Expression。正则表达式是计算机科学的一个概念，通常被用来检索、替换那些符合某个模式的文本。现代编程语言基本都内嵌了正则表达式的库，如 Perl、Python 也不例外。虽然各种语言和库定义的正则表达式的语法规则会有所不同，但基本内容是相同的。

Python 虽然自带正则表达式库 re，但是该库不是自动加载进内存的，需要使用下面的语句来引入：

```
import re
```

正则表达式的基础是匹配。匹配操作有两个输入，一个是规则，另一个是输入字符串。在匹配的基础上可以进行替换、检索等操作。

一个简单的例子便是检查用户输入的邮箱地址是否合法，合法的邮箱地址应该符合下面的形式：

```
用户名 @ 主机地址
```

这里假定用户名可以包含 26 个字母和 10 个数字；主机地址是用小数点（.）分割的分段，每个分段可以出现的字符和用户名中可以出现的字符相同。这里只是一个假设，实际格式要复杂得多。下面的代码演示了如何判断某个输入是否是合法的邮箱地址。

```
>>> import re                                   # 引入正则表达式库
>>> def valid_email_address(addr):              # 定义函数
...     result = re.match(r"^[a-zA-Z0-9]+@[a-zA-Z0-9]+(\.[a-zA-Z0-9]+)*$",
addr)
...     if result is not None:                  # 匹配成功
...             print("[%s] is a valid email address" % addr)
...     else:                                   # 匹配失败
...             print("[%s] is NOT a valid email address" % addr)
...                                             # 函数定义结束
>>> valid_email_address("name")                 # 判断 name 是否为合法的邮箱地址
 [name] is NOT a valid email address            # 不是合法的邮箱地址
>>> valid_email_address("name@")                # 判断 name@是否为合法的邮箱地址
[name@] is NOT a valid email address            # 不是合法的邮箱地址
# 判断 name@126.com 是否为合法的邮箱地址
>>> valid_email_address("name@126.com")
[name@126.com] is a valid email address         # 是合法的邮箱地址
```

6.1.1 元字符和语法

在正则表达式中，定义了一些元字符。这些字符一般用来匹配一组字符，如希望匹配 0～9 这 10 个数字字符，那么便可以使用元字符\d。元字符一般是以\开头，后面再跟着一个字符。另外有些语法是描述某个或者某组字符出现的频率的，例如，如果认为某个字段是可选的，则可以指定其出现的频率是 0 或者 1。

下面介绍一下 Python 中正则表达式的常用元字符和语法。

1. .任意字符

任意字符可以表示除换行之外的任意字符。

```
>>> input_str = "abcdefgh"                      # 搜索的字符串
# 在 input_str 中查找符合 a.c 的字符串
>>> result = re.match("a.c", input_str)
>>> result is None                              # 如果没有找到会返回 None
False                                           # 找到了
>>> input_str[result.start():result.end()]      # 显示匹配的字符串
'abc'
```

2. \（转义符）

假设要找到符合条件的字符串：以 a 开头，后面跟着.，再后面是任意字符，最后是 xxx。如果按照前面的方法来写如下：

```
a..xxx
```

但.表示任意字符，所以其表示的含义是以 a 开头，后面是任意两个字符，最后是 xxx。这和我们期望的是不同的。为了解决该问题，需要使用转义符，转义符的作用就是使元字符无效，如.表示任意非换行字符，而\.就表示普通的小数点。下面的代码演示了所讨论的情况。

```
>>> input_str = "abcxxx"                        # 这个应该是不符合要求的
>>> result = re.match(r"a..xxx", input_str)
>>> result is None
False
>>> input_str[result.start():result.end()]      # 显示匹配的字符串
'abcxxx'
# 修改匹配规则，使用\.表示小数点
>>> result = re.match(r"a\..xxx", input_str)
>>> result is None                              # 是否能找到匹配的字符串
True                                            # 不能
```

\后面可以跟任何元字符，如表示任意字符的.，表示转义的\，即\\表示普通的反斜杠\。下面的例子演示了\\的用法。

```
input_str = r"c:\python2"
>>> result = re.match(r"c:\\py", input_str)
>>> result is None
False
>>> input_str[result.start():result.end()]
'c:\\py'
```

3. [候选字符列表]

[候选字符列表]表示任意候选字符中的字符。如[abc]表示 abc 中的任意字符，所以可以匹配 a，也可以匹配 b，还可以匹配 c。但不能匹配 y，也不能匹配 A。下面的例子演示了其用法。

```
>>> input_str = "abcdefgh"
# 匹配以 abc 中的一个字符开头，跟着 bc 的字符串
>>> result = re.match(r"[abc]bc", input_str)
>>> input_str[result.start():result.end()]
'abc'                                           # 结果匹配了字符串 abc
>>> input_str = "bbcdefgh"
# 匹配以 abc 中的一个字符开头，跟着 bc 的字符串
>>> result = re.match(r"[abc]bc", input_str)
>>> input_str[result.start():result.end()]
'bbc'                                           # 结果匹配了字符串 bbc
```

另外一个用法是[开始字符-结束字符]，表示从开始字符到结束字符中的任意字符，包括开始字符和结束字符。如[a-c]可以匹配 a、b 或者 c。下面演示该用法。

```
>>> input_str = "abc"                           # 输入字符
# 匹配以 a-x 中的一个字符开头，跟着 bc 的字符串
>>> result = re.match(r"[a-x]bc", input_str)
>>> result is None                              # 如果匹配不上，返回 None
False                                           # 匹配上了
```

```
>>> input_str[result.start():result.end()]      # 显示匹配的字符串
'abc'
>>> input_str = "Abc"                          # 输入字符以大写的 A 开始
# 匹配以 a-x 开头，跟着 bc 的字符串
>>> result = re.match(r"[a-x]bc", input_str)
>>> result is None                             # 如果匹配不上，返回 None
True                                           # 没有匹配上
```

也可以使用[^….]来表示匹配不在…范围内定义的字符。如[^a-b]表示非 a～b 的任意字符。下面演示了这种用法。

```
>>> input_str = "Abc"
>>> result = re.match(r"[^a-x]bc", input_str)
>>> result is None                              # 匹配失败则返回 None
False                                           # 匹配成功了
>>> input_str[result.start():result.end()]      # 显示匹配的字符串
'Abc'
```

4. \d（单个数字字符）

\d 等效于[0-9]。

```
>>> input_str = "0123456789"                    # 输入字符串
>>> result = re.match(r"\d\d\d", input_str)    # 匹配 3 个数字字符
>>> result is None                              # 匹配失败则返回 None
False
>>> input_str[result.start():result.end()]      # 显示匹配的字符串
'012'
```

5. \D（单个非数字字符）

\D 等效于除了 0～9 之外的任意字符，等效于[^0-9]。

```
>>> input_str = "0123456789"
>>> result = re.match(r"\D", input_str)
>>> result is None
True
```

6. \s（空白字符）

空白字符包含空格、回车\r、换行\n、制表\t、垂直制表\v、换页\f。

```
>>> input_str = "01234\n56789"                  # 输入字符串
>>> re_obj = re.compile(r"4\s5")                # 匹配的目标字符串格式
>>> result = re.search(re_obj, input_str)       # 查找
>>> result.start()                              # 开始位置
4
>>> result.end()                                # 结束位置
7
>>> input_str[result.start():result.end()]      # 匹配的字符串
'4\n5'
```

7. \S（非空白字符）

这里是大写的 S。下面的例子是查找单词，使用\S+表示不包含空格字符的字符串。

```
>>> input_str = "abc def ijk"                       # 输入字符串
>>> re_obj = re.compile(r"\S+")                     # 查找模式
>>> result = re.search(re_obj, input_str)           # 查找
>>> result.start()                                  # 开始位置
0
>>> result.end()                               # 结束位置，该位置的字符不被包含
3
>>> input_str[result.start():result.end()]          # 查看匹配的字符串
'abc'
```

8. \w（单词字符）

单词字符包括大小写字母、数字、下划线，不包括空格、$、#等。

```
>>> input_str = "abc%def$ijk"         # 输入字符，其中的%是不能匹配\w的
>>> re_obj = re.compile(r"\w+")
>>> result = re.search(re_obj, input_str)
>>> result.start()
0
>>> result.end()
3
>>> input_str[result.start():result.end()]
'abc'
```

9. \W（非单词字符）

\W 即非\w 所包含的字符。

```
>>> input_str = "!@#$%^&*()_+abc"
>>> re_obj = re.compile(r"\W+")
>>> result = re.search(re_obj, input_str)
>>> result.start()
0
>>> result.end()
10
>>> input_str[result.start():result.end()]
'!@#$%^&*()'
```

10. *（任意多个）

*表示 0 或者多个前面的字符。

```
>>> input_str = "aaaaaaaaabc"                   # 输入字符串
>>> re_obj = re.compile(r"a*bc")                # 任意多个 a 后面跟着 bc
>>> result = re.search(re_obj, input_str)     # 查找
>>> result.start()                              # 开始位置
0
>>> result.end()
```

```
11
>>> input_str[result.start():result.end()] # 查找的结果
'aaaaaaaaabc'
>>> input_str = "bcdef"                      # 新的输入数据
>>> re_obj = re.compile(r"a*bc")             # 查找模式没有发生变化
>>> result = re.search(re_obj, input_str)  # 查找
>>> result.start()
0
>>> result.end()
2
>>> input_str[result.start():result.end()] # 查找结果
'bc'
```

11. +（一个或者多个）

+表示 1 个或者多个前面的字符。

```
>>> input_str = "aaaaaaaaabc"
>>> re_obj = re.compile(r"a+bc")
>>> result = re.search(re_obj, input_str)
>>> result.start()
0
>>> result.end()
11
>>> input_str[result.start():result.end()]
'aaaaaaaaabc'
>>> input_str = "bcdef"          # 要求至少有一个 a，但是输入字符串没有包括 a
>>> re_obj = re.compile(r"a+bc")             # 匹配格式
>>> result = re.search(re_obj, input_str)  # 进行查找
>>> result is None               # 如果匹配失败，则返回 None
True                                         # 匹配失败
```

12. ?（1个或者0个）

? 表示 0 个或者 1 个前面的字符。

```
>>> input_str = "aaaaaaaaabc"
>>> re_obj = re.compile(r"a?bc")         # 表示 1 个或者 0 个 a，后面跟着 bc
>>> result = re.search(re_obj, input_str)  # 查找
>>> result is None                           # 查找是否失败
False                                        # 没有失败
>>> result.start()                           # 查找结果的开始位置
8
>>> result.end()                             # 查找结果的结束位置
11
>>> input_str[result.start():result.end()] # 查找的结果
'abc'
>>> input_str = "bcdef"                      # 新的输入字符串
>>> re_obj = re.compile(r"a?bc")             # 匹配模式没有变化
>>> result = re.search(re_obj, input_str)  # 查找操作
>>> result is None                           # 匹配是否失败
False                                        # 没有失败
```

```
>>> result.start()                       # 查找结果的开始位置
0
>>> result.end()                         # 查找结果的结束位置
2
>>> input_str[result.start():result.end()] # 查找的结果
'bc'
```

13. {m}（出现指定次数）

{m}表示 m 个前面的字符。m 可以为 0，表示不出现该字符。

```
>>> input_str = "aaaaaaaaabc"            # 输入字符串
>>> re_obj = re.compile(r"a{3}bc")       # 表示 3 个 a 后面跟着 bc
>>> result = re.search(re_obj, input_str) # 查找
>>> result is None                       # 匹配是否失败
False                                    # 没有失败
>>> result.start()                       # 匹配开始的位置
6
>>> result.end()                         # 匹配结束的位置
11
>>> input_str[result.start():result.end()] # 匹配的字符串
'aaabc'
>>> input_str = "aaaaaaaaabc"            # 输入字符串没有改变
>>> re_obj = re.compile(r"a{4}bc")       # 表示 4 个 a 后面跟着 bc
>>> result = re.search(re_obj, input_str)
>>> result is None
False
>>> result.start()
5
>>> result.end()
11
>>> input_str[result.start():result.end()] # 匹配的字符串
'aaaabc'
>>> input_str = "aaaaaaaaabc"            # 输入没有改变
>>> re_obj = re.compile(r"a{0}bc")       # m=0 的情况
>>> result = re.search(re_obj, input_str) # 查找
>>> result is None
False
>>> result.start()
9
>>> result.end()
11
>>> input_str[result.start():result.end()] # 匹配的结果
'bc'
```

14. {m,n}（指定出现次数的范围）

{m,n}表示 m 到 n 个前面的字符。如 1{1,2}可以匹配 1 和 11 两个字符串。IPv4 中定义的 IP 地址格式比较统一，是由 4 段数字组成，段与段之间用.分割，段的长度在 1～3 之间。下面的例子演示了如何定义 IPv4 的 IP 地址。

```
>>> input_str = "127.0.0.1"                          # 合法的 IPv4 的 IP 地址
>>> result = re.match(r"\d{1,3}\.\d{1,3}\.\d{1,3}\.\d{1,3}", input_str)
>>> result is None
False
>>> input_str[result.start():result.end()]          # 匹配的结果
'127.0.0.1'
>>> input_str = "127.0.0"                            # 不合法的地址，少了一段
>>> result = re.match(r"\d{1,3}\.\d{1,3}\.\d{1,3}\.\d{1,3}", input_str)
>>> result is None                                   # 匹配是否失败
True                                                 # 匹配失败
>>> input_str = "127.0.0.1000"                       # 新输入
>>> result = re.match(r"\d{1,3}\.\d{1,3}\.\d{1,3}\.\d{1,3}", input_str)
>>> result is None
False
>>> input_str[result.start():result.end()]          # 显示匹配内容
'127.0.0.100'                       # 可以看到最后一个字符 0 没有被匹配上
>>> input_str = "1270.0.0.100"                       # 新输入
>>> result = re.match(r"\d{1,3}\.\d{1,3}\.\d{1,3}\.\d{1,3}", input_str)
>>> result is None                                   # 没有匹配成功
True
```

15. ^（开头）

^字符表示的是输入的第一个字符，如^ab 可以匹配上 ab，但不能匹配上 mab。因为 mab 的第一字符是 m 而不是 a。

```
>>> re_obj = re.compile(r"^abc")                     # 匹配以 abc 开头的字符串
>>> input_str = "aaaaaaaaabc"                        # 输入字符串
>>> result = re.search(re_obj, input_str)           # 查找
>>> result is None                                   # 匹配是否失败
True                                                 # 匹配失败
>>> input_str = "abcd"                               # 新的输入字符串
>>> result = re.search(re_obj, input_str)           # 查找
>>> result is None                                   # 匹配是否失败
False                                                # 没有失败
>>> result.start()
0
>>> result.end()
3
>>> input_str[result.start():result.end()]          # 匹配的内容
'abc'
```

16. $（结尾）

$表示输入字符串的结尾字符，如 abc$可以匹配成功 abc，但不能匹配上 abcd，因为 abcd 的最后一个字符是 d，而不是 c。

```
>>> re_obj = re.compile(r"abc$")                # 匹配规则，以 abc 结尾的字符串
>>> input_str = "-----abcd"                     # 输入字符串
>>> result = re.search(re_obj, input_str)      # 查找
```

```
>>> result is None                              # 匹配是否失败
True                                            # 匹配失败
>>> input_str = "-----abc"                      # 新的输入字符串
>>> result = re.search(re_obj, input_str)       # 查找
>>> result is None                              # 匹配是否失败
False                                           # 没有失败
>>> result.start()
5
>>> result.end()
8
>>> input_str[result.start():result.end()]      # 匹配的字符串
'abc'
```

6.1.2　C 风格接口函数

这类接口直接使用函数，而不用创建正则表达式对象，或者说正则表示式用字符串表示。其主要包括匹配、查找、替换等接口函数。

1．查找——search()

search()接口函数在整个字符串内查找能够匹配上的子字符串。如果找到匹配的字符串，返回一个 re.Match 对象；如果未找到，返回 None。

如果给定一个输入 abc1234ef876，想得到第一个子数字串 1234，那么可以使用该函数来实现。

```
>>> input_str = "abc1234ef876"                  # 输入字符串
>>> result = re.search(r"\d+", input_str)       # 使用\d+进行配置
>>> result is None                              # 匹配是否失败
False
>>> input_str[result.start():result.end()]      # 显示匹配的字符串
'1234'
```

从上面的例子也可以看出，如果有多个符合条件可以成功匹配的子字符串，search()仅返回第一个符合条件的子字符串。如上例中其实可以找到两个符合条件的子字符串，即 1234 和 876，但是 search()仅返回第一个，即 1234。

2．匹配——match()

match()从输入字符串头部开始匹配，如果匹配不成功，返回 None；如果匹配成功，返回 re.Match 对象。

3．替换——sub()

sub()接口函数接受匹配模式，输入字符串和替换字符串，它在输入字符串中查找符合匹配模式的子字符串，并用替换字符串来替换匹配的字符串，得到一个新的字符串。其最

常用的格式如下：

```
re.sub(匹配模式，替换字符串，输入字符串)
```

如输入字符串是 abc123kjl，匹配模式是\d+，则可以匹配的子字符串是 123，替换字符串是===，那么得到的返回值是字符串 abv===kjl。下面是该例子的演示效果。

```
>>> re.sub(r"\d+", "===", "abc123kjl")          # 替换
'abc===kjl'
```

如果匹配不成功，则返回值为输入字符串。如下面的例子，要求匹配 8 个连续数字字符，但输入字符串中没有 8 个连续的数字字符，即找不到可以进行替换的子字符串，那么返回值就是输入字符串。

```
>>> re.sub(r"\d{8}", "===", "abc123kjl")        # 没有匹配的情况
'abc123kjl'
```

默认情况下，该接口对所有符合条件的子字符串进行替换操作。如下面的例子，对所有的 a 用 A 进行替换，

```
>>> re.sub(r"a", "A", "abc123abcABC")
'Abc123AbcABC'
```

如果不希望替换所有符合条件的子字符串，则可以使用参数 count，该参数表示最多替换的次数。下面的例子演示了这种用法，其仅替换一个匹配的，即第一个匹配的字符串，其他的匹配不被替换。

```
>>> re.sub(r"a", "A", "abc123abcABC", count=1)
'Abc123abcABC'
```

6.1.3　面向风格接口函数

面向风格接口函数的用法是首先产生一个正则表达式对象，然后调用该对象的接口函数来完成匹配、查找及替换等功能。

可以用字符串来生成正则表达式对象，使用的是 re.compile()函数。下面的例子演示了该函数的使用。

```
>>> re_obj = re.compile(r'\d\d\d')              # 得到正则表达式对象
>>> re_obj
re.compile('\\d\\d\\d')
>>> type(re_obj)
<class 're.Pattern'>
```

6.1.4　re.Match 对象

re.Match 对象在前面已经使用过了，该对象表示匹配结果。前文也使用该对象的 start()和 end()接口函数来得到匹配的开始和结束位置，但该类型对象还有一些其他属性和方法需要进一步了解。

1. 匹配开始位置——start()

start()用于匹配开始位置。对于 match()函数返回的 Match 对象，该值永远为 0，因为 match()函数是从输入字符串的头部开始匹配的，如果第一个字符不能被匹配上，则匹配失败。

```
>>> match_obj = re.match(r"a+", "Aabc")      # 第一个字符不匹配，所以失败
>>> match_obj is not None                    # 匹配成功
False
```

如果匹配成功，start()一定是 0，因为是从字符串的头部开始匹配的。

```
>>> match_obj = re.match(r"a+", "aaaabc")  # 可以匹配上开头的 aaaa
>>> match_obj is not None                  # 匹配是否成功
True
>>> match_obj.start()                # 匹配子字符串在输入字符串中的开始位置
0
```

而对于 search()则不同，其匹配上的子字符串可以在输入字符串的中间或者结尾。

```
>>> match_obj = re.search(r"a+", "Aabc")    # 查找
>>> match_obj is not None                   # 查找是否成功
True
>>> match_obj.start()                       # 找到的字符串的开始位置
1
```

2. 匹配结束位置——end()

end()用于匹配结束位置。

```
>>> match_obj = re.search(r"a+", "Aaabc")
>>> match_obj is not None                    # 是否找到符合要求的子字符串
True
>>> match_obj.end()                          # 结束位置是 3
3
```

需要注意的是，input_string[end]不是匹配的最后一个字符，而是最后一个匹配字符的后一个字符，最后一个字符是 input_string[end-1]。

```
>>> input_string = "AabcKL"                  # 输入字符串
# 查找，可以匹配上 aabc
>>> match_obj = re.search(r"[a-z]+", input_string)
# end()表示结束位置，不是最后一个匹配的字符
>>> input_string[match_obj.end()]
'K'                                          # 该位置的字符是 K，而不是 c
>>> input_string[match_obj.end()-1]  # end()-1 才是最后一个匹配字符的位置
'c'
```

3. 匹配的字符串的跨度——span()

span()接口函数返回一个包含两个元素的元组，第一个元素表示匹配开始的位置，第

二个元素表示匹配结束的位置，即该接口同时返回了 start()和 end()的值。

```
>>> input_str = "abc123ABC"                        # 输入字符串
>>> match_obj = re.search(r"\d+", input_str)       # 查找连续数字字符
>>> match_obj is not None                          # 匹配成功？
True
>>> match_obj.start()                   # start()，得到匹配开始的位置
3
>>> match_obj.end()                     # end()，得到匹配结束的位置
6
>>> match_obj.span()                    # span()，同时得到开始和结束的位置
(3, 6)
```

4. groups()

groups()得到所有的分组信息，返回值是一个列表。前面匹配过邮箱地址，该地址由两部分组成，第一部分是用户名，第二部分是主机名。如果想同时得到用户名和主机名，那么就可以使用分组的方式。方法就是在模式中将某一部分用()包裹起来，便可以得到一个组。

```
>>> def pass_email_addr(addr):              # 返回邮箱地址中的用户名和主机名
...     match_obj = re.match(r"([a-zA-Z0-9]+)@([a-zA-Z0-9]+(\.[a-zA-Z0-9]+)*)",
...         addr)
...     if match_obj is not None:
...             return match_obj.groups()[0], match_obj.groups()[1]
...     else:                               # 非法邮箱地址
...             return None                 # 返回 None
...                                         # 函数定义结束
>>> pass_email_addr("hello@python.cn")      # 分析邮箱地址
('hello', 'python.cn')                      # 得到用户名和主机名
```

6.2 数 学 库

对于基本的加、减、乘、除等运算，不用引入任何库就可以完成。但是如果要进行求正弦值、求平方根等运算，便需要使用数学库 math。该库通过下面语句引入：

```
import math
```

该库包含常用的常量和处理函数。

1. 圆周率——π

π 是一个常量，可以直接使用，类型是浮点数。

```
>>> import math                             # 引入库
>>> math.pi                                 # 查看 π 的值
3.141592653589793
```

```
>>> type(math.pi)                                    # 查看类型
<class 'float'>
```

2. 自然常数——e

e 的类型是浮点数。和 π 一样，也是一个无理数。该数的定义方法非常多，下面是最常见的一种。

$$e = \lim_{x \to \infty}\left(1 + \frac{1}{x}\right)^{x}$$

```
>>> import math                                      # 引入库
>>> math.e                                           # 查看 e 的值
2.718281828459045
>>> type(math.e)                                     # 查看类型
<class 'float'>
```

3. 正弦——sin(弧度)

sin 的输入参数是弧度而不是度，如 sin(1)= 0.8414709848078965。

```
>>> math.sin(0.0)
0.0
>>> math.sin(math.pi/4.0)
0.706825181105366
>>> math.sin(math.pi/2.0)
0.9999996829318346
>>> math.sin(math.pi)
0.0015926529164868282
```

4. 余弦——cos(弧度)

和 sin()一样，cos 的输入参数是弧度而不是度。

```
>>> math.cos(0.0)
1.0
>>> math.cos(math.pi/4.0)
0.7073882691671998
>>> math.cos(math.pi/2.0)
0.0007963267107332633
>>> math.cos(math.pi)
-0.9999987317275395
```

5. 正切——tan(弧度)

tan 输入的参数是弧度而不是度。

```
>>> math.tan(0.0)
0.0
>>> math.tan(math.pi/4.0)
0.9992039901050427
>>> math.tan(math.pi/2.0)
1255.7655915007897
```

```
>>> math.tan(-math.pi/2.0)
-1255.7655915007897
>>> math.tan(-math.pi/4.0)
-0.9992039901050427
```

6. 余切——atan(弧度)

atan 的输入参数是弧度而不是度。

```
>>> math.atan(0.0)
0.0
>>> math.tan(math.pi/4.0)
0.9992039901050427
>>> math.tan(math.pi/2.0)
1255.7655915007897
>>> math.tan(math.pi)
-0.0015926549364072232
>>> math.tan(-math.pi/4.0)
-0.9992039901050427
>>> math.tan(-math.pi/2.0)
-1255.7655915007897
```

6.3 时 间 库

在实际应用中，经常需要得到一些时间信息，如得到某个事件发生的时间、某个资源的有效期限及某个时间是否是周末等。在 Python 中，有一个系统自带的库 time，在该库中提供了对时间、日期进行操作的一些工具函数。

time 库不是自动加载的。如果需要使用它，应先将其引入，代码如下：

```
import time
```

6.3.1 时间表示法

在 Python 中使用了两种时间表示法，一种是用距离 1970 年 1 月 1 日 0 时的秒数来表示时间。另外一种是常用的表示方法，用年、月、日、时、分、秒等来表示，后文称为时分秒表示。

如果用秒数来表示，则可以使用 time()函数来得到当前时间。

```
>>> import time
>>> time.time()
1555891997.224464
```

如果用时分秒来表示时间，可以使用 localtime()函数来获得当前的本地时间。

```
>>> import time
>>> time.localtime()
time.struct_time(tm_year=2019, tm_mon=4, tm_mday=22, tm_hour=8,
tm_min=10, tm_sec=31, tm_wday=0, tm_yday=112, tm_isdst=0)
```

通过上面的例子可以看到，年份是用整数表示的，如 2019；月份也是用整数表示的，取值范围是 1～12，分别表示一月到十二月；日也是用整数表示的，取值范围是 1～31，分别对应 1 日到 31 日；时也是用整数表示的，范围是 0～59；分也是用整数表示的，范围是 0～59；秒也是用整数表示的，范围是 0～59。另外，字段 tm_wday 表示星期几，取值范围是 0～6，0 表示星期一，6 表示星期日。字段 tm_yday 表示这个时间在当年是第多少天，取值范围是 1～366，1 表示是当年的第一天；tm_isdst 表示夏令时，可以取值-1、0 或者 1。

这两种表示方法是可以相互转换的。如从秒数表示的时间转换到用时分秒表示的时间，可以使用 gmtime()函数。

```
>>> t = 0                               # 时间为 0，表示 1970 年 1 月 1 日 0 时
>>> time.gmtime(t)                      # 转换成年月日的样式
time.struct_time(tm_year=1970, tm_mon=1, tm_mday=1, tm_hour=0,
tm_min=0, tm_sec=0, tm_wday=3, tm_yday=1, tm_isdst=0)
```

如果要从时分秒表示的时间转换成秒数表示的时间，可以使用 mktime()函数。

```
>>> t = 100                             # 秒数表示的时间
>>> dmt = time.gmtime(t)                # 转换成时分秒的格式
>>> dmt                                 # 显示
time.struct_time(tm_year=1970, tm_mon=1, tm_mday=1, tm_hour=0,
tm_min=1, tm_sec=40, tm_wday=3, tm_yday=1, tm_isdst=0)
>>> st = time.mktime(dmt)               # 将时分秒转换成秒数
>>> st                                  # 注意是当地时间，我们的时区是+8
-28700.0
>>> st+8*60*60                          # 调整时区，得到秒数
100.0
```

6.3.2　接口函数

本节介绍时间相关的一些接口函数，包括获得目前时间、得到不同格式的时间字符串等。

1．得到当前时间——time()

time()函数返回当前时间距离 1970 年 1 月 1 日 0 时的时间，单位为秒，返回值类型是浮点数。

```
import time
>>> time.time()                         # 得到当前时间
1555891351.948157
```

2．休眠——sleep(秒数)

sleep()函数让当前程序休眠指定的秒数，其参数可以是浮点数。

```
>>> import time                         # 引入时间库
```

```
>>> t1 =  time.time()              # 得到当前时间 t1
>>> time.sleep(3)                  # 休眠 3 秒钟
>>> t2 =  time.time()              # 得到新的当前时间 t2
>>> print(t2-t1)                   # t2 和 t1 的时间差，大致就是休眠的时间
3.00099992752                      # 的确休眠了 3 秒
>>> t1 =  time.time()              # 第二个实验，得到新的当前时间 t1
>>> time.sleep(3.2)                # 休眠 3.2 秒，注意是实数，不是整数
>>> t2 =  time.time()              # 得到新的当前时间 t2
>>> print(t2-t1)                   # 查看二者时间差是否为 3.2 秒
3.20399999619                      # 时间差为 3.2 秒
```

3. 秒数格式转换成时分秒格式——gmtime()

gmtime()函数返回一个类 time.struct_time 的实例对象，该对象包含 tm_year、tm_hour 等属性，分别用来表示年、小时等信息。

```
>>> a = time.time()
>>> a
1559053302.312
>>> b = time.gmtime(a)
>>> b
time.struct_time(tm_year=2019, tm_mon=5,
  tm_mday=28, tm_hour=14, tm_min=21,
  tm_sec=42, tm_wday=1, tm_yday=148,
  tm_isdst=0)
>>> type(b)
<type 'time.struct_time'>
>>> b.tm_year
2019
>>> b.tm_mon
5
```

4. 得到当前时间（时分秒格式）——localtime()

localtime()函数得到时分秒表示的当前时间，并且是用类 time.struct_time 的实例对象来表示的。该实例对象包含 tm_year 等属性，用来表示年份等信息。

```
>>> a = time.localtime()
>>> type(a)
<type 'time.struct_time'>
>>> a
time.struct_time(tm_year=2019, tm_mon=5,
  tm_mday=28, tm_hour=22, tm_min=25,
  tm_sec=28, tm_wday=1, tm_yday=148,
  tm_isdst=0)
>>> a.tm_year
2019
>>> a.tm_mday
28
```

6.4 日 期 库

日期库 datatime 包括 date 类、datetime 类和 time 类等，这些类能够完成不同的功能。该库不用安装，仅需引入即可，方式如下：

```
import datetime
```

datetime.date 类包含下面的接口函数。

1. 得到现在的时间信息——today()

today()函数返回当前的时间信息，包括日期和时间信息。

```
>>> a = datetime.datetime.today()
>>> a
datetime.datetime(2019, 5, 28, 22, 32, 56, 221000)
```

2. 得到某天是星期几——weekday()

weekday()返回值是一个整数，取值范围是 0～6，0 表示星期一，1 表示星期二，6 表示星期日。

```
# 构造一个日期，2019 年 2 月 23 日
>>> date1 = datetime.date(2019, 2, 23)
>>> date1.weekday()                          # 这天是星期几
5                                            # 星期六
```

另外，也可以使用 isoweekday()来得到这样的星期几信息，其返回值也是一个整数，但取值范围为 1～7，星期一用 1 来表地，星期日用 7 来表示。

```
# 构造一个日期，2019 年 2 月 23 日
>>> date1 = datetime.date(2019, 2, 23)
>>> date1.isoweekday()                       # 这天星期几
6                                            # 星期六
```

3. 转换成字符串格式——ctime()

该函数将日期转换成字符串格式。

```
# 构造一个日期，2019 年 2 月 23 日
>>> date1 = datetime.date(2019, 2, 23)
>>> date1.ctime()
'Sat Feb 23 00:00:00 2019'
```

6.5 二 叉 树 库

二叉树库需要安装，推荐使用 PIP 进行安装。安装命令如下：

```
pip install binarytree
```

目前的版本是 binarytree-4.0.0。安装后，需要引入该库才可以使用，方法如下：

```
import binarytree
```

树的节点使用 binarytree.Node 类来表示。例如，如果希望创建一个值为 10 的树的节点，可以用下面的方法来实现。

```
>>> root = binarytree.Node(1)
>>> type(root)
<class 'binarytree.Node'>
>>> root.value
1
```

Node 节点包括以下有用的属性。

- value：节点的值。
- right：右孩子节点。
- left：左孩子节点。

可以通过创建节点并修改节点的 left 和 right 属性来创建一棵树。

```
>>> root = binarytree.Node(1)
>>> root.left = binarytree.Node(2)
>>> root.right = binarytree.Node(3)
>>> print(root)
  1
 / \
2   3
>>> root.inorder                              # 中序遍历
[Node(2), Node(1), Node(3)]
>>> root.preorder                             # 前序遍历
[Node(1), Node(2), Node(3)]
>>> root.postorder                            # 后续遍历
[Node(2), Node(3), Node(1)]
>>> root.height                               # 高度
1
>>> root.size                                 # 节点个数
3
>>> root.levels                               # 广度优先遍历
[[Node(1)], [Node(2), Node(3)]]
```

下面创建一个稍微复杂一点的树。

```
>>> root = binarytree.Node(1)
>>> root.left = binarytree.Node(2)
>>> root.right = binarytree.Node(3)
>>> root.left.left = binarytree.Node(4)
>>> root.left.right = binarytree.Node(5)
>>> root.levels
[[Node(1)], [Node(2), Node(3)], [Node(4), Node(5)]]
>>> print(root)
    1
```

```
   /  \
  2    3
 / \
4   5
>>> root.height
2
>>> root.size
5
```

6.6 串行化库

串行化主要用于网络传输或者持久化。我们知道，网络上的数据都是字节流，如果希望将某个对象传送给远端的机器，首先就必须将其转换成字节流，然后才可以在网络上传输。文件也是字节流，如果希望将某个对象保存到文件中，首先也是需要将其转换成字节流，然后才可以保存。

与串行化对应的是反串行化，即从字节流中恢复出原来的对象。这样传输才有意义。

6.6.1 基本流程

将串行化和反串行化与网络传输合并起来，便可以得到如图 6-1 所示的描述过程。

如果是通过文件永久保存或备份数据，则可以使用图 6-2 来表示该过程。

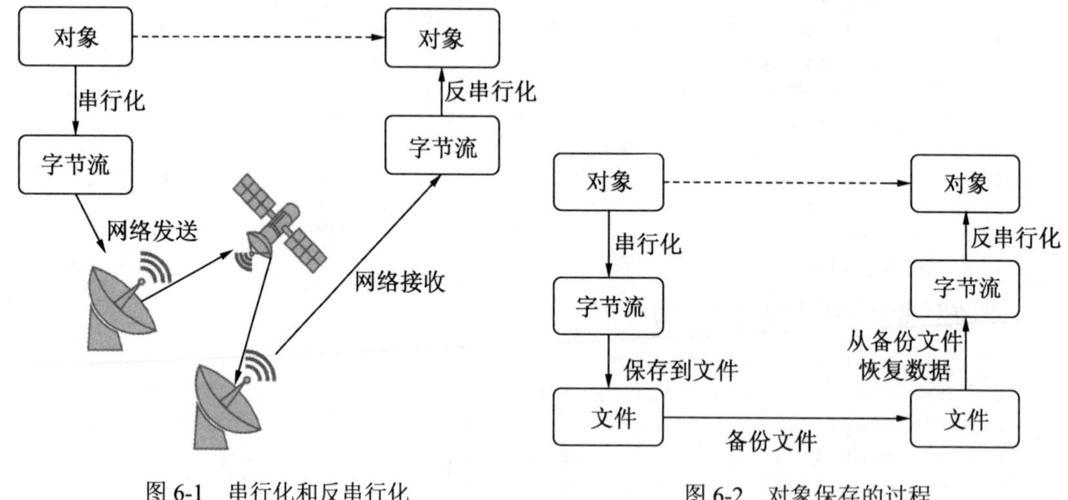

图 6-1　串行化和反串行化　　　图 6-2　对象保存的过程

可以看出，串行化在这两个领域是非常有用的。串行化的基本要求即是恢复的对象要等价于原来的对象，不能有信息丢失现象。

6.6.2　pickle 用法

串行化相关的模块很多，如 pickle、cpickle、json 和 marshal 等，它们都在转换效率和压缩效率上下了不少功夫，但其基本功能大同小异。所以本书并不会将这些模块都进行详细介绍，主要介绍 pickle 库的用法。

pickle 不用安装，其是 Python 自带的包，使用时仅需要引入该包即可。方法如下：

```
import pickle
```

pickle 包主要提供了两个功能，一个是将对象转换成字节流，即串行化；另一个是将字节流转换成对象，即反串行化。每个功能又分出了两个分支，一个是仅转换成字节流，另一个是转换成字节流并保存到文件中去。所以 pickle 包主要有 4 个接口，如表 6-1 所示。

表 6-1　pickle包的主要接口

操　　作	串　行　化	反串行化
转换+文件操作	dump()	load()
转换	dumps()	loads()

1. 串行化并保存到文件——dump(对象,文件对象)

dump 的文件对象要求是可写的。

```
>>> a = range(10)
>>> a
[0, 1, 2, 3, 4, 5, 6, 7, 8, 9]
>>> fd = open("tmp,bin", "wb")
>>> fd
<open file 'tmp,bin', mode 'wb' at 0x000000000277E8A0>
>>> pickle.dump(a, fd)
>>> fd.close()
>>> fd2 = open("tmp,bin", "rb")
>>> a2 = pickle.load(fd2)
>>> a2
[0, 1, 2, 3, 4, 5, 6, 7, 8, 9]
```

2. 从文件读数据并恢复出对象——load(文件对象)

load 函数从文件对象中读出一个对象，返回值就是该对象。上面的例子中演示了如何使用该接口函数。

3. 仅串行化——dumps(对象)

dumps 函数返回一个字节流。

```
>>> a = range(10)
>>> a
[0, 1, 2, 3, 4, 5, 6, 7, 8, 9]
```

```
>>> s =  pickle.dumps(a)
>>> s
'(lp0\nI0\naI1\naI2\naI3\naI4\naI5\naI6\naI7\naI8\naI9\na.'
>>> type(s)
<type 'str'>
>>> b = pickle.loads(s)
>>> b
[0, 1, 2, 3, 4, 5, 6, 7, 8, 9]
```

4．从字节流中恢复出对象——loads(字节流)

输入应该是 dumps()的返回值。注意，不要随意构造字节流，因为并不是所有的字节流都能被解析出来。该接口函数的用法在上面的例子中已经演示过了。

另外，可不可以将多个对象保存到一个文件中呢？答案是可以。如果需要写入多个对象，则可以多次调用 dump()函数。同样，在恢复时也要多次调用 load()函数。它们之间的对应关系是，第一次 load()得到的对象是第一次 dump()对应的对象，第二次 load()得到的对象是第二次 dump()对应的对象，简单来说就是先进先出。下面的代码演示了这个用法。

```
>>> a1 = range(3)
>>> a1
[0, 1, 2]
>>> a2 = range(5)
>>> a2
[0, 1, 2, 3, 4]
>>> fd = open("tmp,bin", "wb")
>>> pickle.dump(a1, fd)                        # 先写入短的列表
>>> pickle.dump(a2, fd)                        # 再写入长的列表
>>> fd.close()
>>> fd2 = open("tmp,bin", "rb")
>>> b1 = pickle.load(fd2)
>>> b1                                         # 先读出来的是短的列表
[0, 1, 2]
>>> b2 = pickle.load(fd2)
>>> b2                                         # 再读出来的是长的列表
[0, 1, 2, 3, 4]
>>> fd2.close()
```

6.7　随机数库

Python 自带了一个 random 库，该库可以随机生成一些数，常用来生成一个随机实数或者随机整数。我们可以用 random.random()来随机生成一个 0 到 1 之间的实数。如果希望生成一个整数，则可以使用 random.randint(开始值，结尾值)来得到指定范围内的一个整数。

6.7.1 生成随机整数和随机实数

如何知道得到的值是随机分布的呢？可以从两个方面来观察。第一就是落在任意区间内的数的个数应该是正比于区间的大小的，例如，如果要产生随机实数，那么落在 0 到 0.1 区间内的数应该占 10%，落在 0.1 到 0.6 区间内的数应该占 50%。可以使用下面的代码进行验证。

```
import random
num00_01 = 0
num01_06 = 0
total_num = 10000
while total_num > 0:
    rand_val = random.random()
    if rand_val < 0.1:
        num00_01 = num00_01 + 1
    if 0.6 > rand_val > 0.1:
       num01_06 = num01_06 + 1
    total_num = total_num -1
print(u"落在 0 到 0.1 个个数为%d, 占比为%f" % (num00_01, num00_01/10000.0))
print(u"落在 0.1 到 0.6 个个数为%d, 占比为%f" % (num01_06, num01_06/10000.0))
```

运行结果如下：

```
$ python rand1.py
落在 0 到 0.1 个个数为 1004, 占比为 0.100400
落在 0.1 到 0.6 个个数为 4950, 占比为 0.495000
```

如果所有的数都是均匀分布，如要生成 10000 个 1～100 之间的随机整数，如果依次是 100 个 1、100 个 2、...、100 个 100，这也满足前面的条件，但显然不是随机分布的。随机分布的另一个特点就是各个数出现的平均位置相同。如所有 1 出现的位置之和与所有 10 出现的位置之和应该大致相同，并且平均位置在区间的中间。以上面为例，平均位置应该是 10000/2=5000。下面使用随机整数来看看生成的随机数是否满足这个条件。

```
import random
val_10_num = 0
val_20_num = 0
val_50_num = 0
total_pos_10 = 0
total_pos_20 = 0
total_pos_50 = 0
total_num = 10000
current_pos = 1
while current_pos <= total_num:
    rand_val = random.randint(1, 100)
    if rand_val == 10:
        val_10_num = val_10_num + 1
        total_pos_10 = total_pos_10 + current_pos
    if rand_val == 20:
        val_20_num = val_20_num + 1
        total_pos_20 = total_pos_20 + current_pos
```

```
    if rand_val == 50:
        val_50_num = val_50_num + 1
      total_pos_50 = total_pos_50 + current_pos
    current_pos = current_pos +1
print(u"10 出现的次数为%d, 平均位置为%d" %
    (val_10_num, total_pos_10/val_10_num))
print(u"20 出现的次数为%d, 平均位置为%d" %
    (val_20_num, total_pos_20/val_20_num))
print(u"50 出现的次数为%d, 平均位置为%d" %
    (val_50_num, total_pos_50/val_50_num))
```

运行结果如下：

```
$ python rand2.py
10 出现的次数为 97, 平均位置为 4976
20 出现的次数为 104, 平均位置为 5124
50 出现的次数为 98, 平均位置为 5005
```

可以看到，出现的次数都接近 100 次，平均位置接近 5000。

如果希望实数出现的区间不是 0 到 1，怎么办？可以用平移拉伸的办法。简单来说就是用 $y=ax+b$，其中 x 是在 0 到 1 之间的随机数，那么 y 就是在区间 b 到 $a+b$ 之间的随机数。下面的例子用来产生 1.5 到 2.9 之间的随机数。

```
import random
start = 1.5
end = 2.9
def generate_random():
    x = random.random()
    y = start + x*(end-start)
    return y
print(generate_random())
print(generate_random())
print(generate_random())
print(generate_random())
print(generate_random())
```

运行结果如下：

```
$ python rand3.py
2.73776895174
1.99803168825
2.28699864497
2.71552010852
2.88653219406
```

为了得到指定区间内的随机实数，可以直接使用 random.uniform()，其结果和上例相同。

```
>>> import random
>>> random.uniform(1.2, 2.9)
2.6148511677324087
```

```
>>> random.uniform(1.2, 2.9)
1.3768844360707853
>>> random.uniform(1.2, 2.9)
1.974822517837854
>>> random.uniform(1.2, 2.9)
2.7001362254339325
>>> random.uniform(1.2, 2.9)
2.469935919913799
```

6.7.2　其他形式的随机

另外一个常用的函数是 random.choice()，其接收一个列表，返回值是从输入列表中随机选中一个元素。可以用该函数来模拟掷骰子，如下：

```
>>> import random                 # 引入随机库
>>> dice = [1, 2, 3, 4, 5, 6]     # 允许出现的数为 1～6，不能超出这个范围
>>> random.choice(dice)           # 掷一次骰子
5                                 # 骰子的数
>>> random.choice(dice)           # 掷一次骰子
3                                 # 骰子的数
>>> random.choice(dice)           # 掷一次骰子
1                                 # 骰子的数
>>> random.choice(dice)           # 掷一次骰子
2                                 # 骰子的数
>>> random.choice(dice)           # 掷一次骰子
1                                 # 骰子的数
```

另外一个常用函数是 random.shuffle()，用于将某个列表打乱顺序可以使用 random.shuffle()函数来完成任务。

```
>>> import random
>>> a = range(10)
>>> a
[0, 1, 2, 3, 4, 5, 6, 7, 8, 9]
>>> random.shuffle(a)
>>> a
[7, 9, 4, 2, 6, 1, 8, 3, 0, 5]
```

该函数可以用来模拟洗扑克牌的动作。一副扑克牌有 54 张，最开始它们是有序排列的，下面使用 shuffle()函数来实现洗牌的功能。

```
import random
def init_cards():
    ret = []
    for i in range(1, 13):
      ret.append((i, u'红桃'))
       ret.append((i, u'黑桃'))
```

```
        ret.append((i, u'方片'))
        ret.append((i, u'草花'))
    ret.append((14, u'大王'))
    ret.append((14, u'小王'))
    return ret
cards = init_cards()
random.shuffle(cards)
for card in cards:
    if card[0] == 14:
        print(card[1])
    else:
        print("%s%d" % (card[1], card[0]))
```

运行结果如下：

```
$ python setupPoker.py
黑桃 6                                    # 随机生成的牌
方片 11
…                                         # 数量太大，省略中间部分
红桃 2
草花 8
黑桃 7
小王
方片 3
```

6.7.3　伪随机问题

random 模块生成的数具有基本的随机特性，但其并不是真正的随机数。例如随机生成整数，我们可以让其生成两串整数，每串 10 个数，可以发现这两串数是不同的，并且任意时刻让其生成 10 个整数，它似乎都会生成不同的数。可以用下面的代码来演示这个过程。

```
import random
def generate_20_random_int(start, end):
    ret = []
    for i in range(10):
        ret.append(random.randint(start, end))
    return ret
print(generate_20_random_int(1, 100))
print(generate_20_random_int(1, 100))
print(generate_20_random_int(1, 100))
print(generate_20_random_int(1, 100))
print(generate_20_random_int(1, 100))
```

运行结果如下：

```
$ python rand4.py
```

```
[34, 60, 74, 85, 95, 70, 71, 90, 96, 69]
[51, 45, 82, 14, 17, 67, 7, 21, 94, 51]
[67, 58, 71, 58, 53, 98, 64, 56, 44, 1]
[4, 7, 70, 87, 95, 31, 67, 98, 64, 38]
[94, 86, 45, 4, 84, 12, 32, 74, 43, 26]
```

但真的是这样吗？其实我们生成的随机序列是受一个叫作种子的变量控制的。只要修改了种子的值，那么生成的序列就是确定的。下面在生成序列之前设定该种子的值，看看得到的序列是否相同。修改后的代码如下：

```
import random
def generate_20_random_int(start, end):
    random.seed(88)                                  # 修改了种子的值
    ret = []
    for i in range(10):
        ret.append(random.randint(start, end))
    return ret
print(generate_20_random_int(1, 100))
print(generate_20_random_int(1, 100))
print(generate_20_random_int(1, 100))
print(generate_20_random_int(1, 100))
print(generate_20_random_int(1, 100))
```

运行结果如下：

```
$ python rand5.py
[40, 19, 91, 63, 53, 70, 86, 69, 14, 100]
[40, 19, 91, 63, 53, 70, 86, 69, 14, 100]
[40, 19, 91, 63, 53, 70, 86, 69, 14, 100]
[40, 19, 91, 63, 53, 70, 86, 69, 14, 100]
[40, 19, 91, 63, 53, 70, 86, 69, 14, 100]
```

我们发现得到的序列是一样的。这就是为何 random 库生成的是伪随机数，即该模块生成的并不是完全随机数。由于生成完全随机数的难度较大，所以在各种随机数库的实现中生成的都是伪随机数。不过该伪随机数已经可以满足绝大多数需求，一般情况下使用它是不会有什么问题的。

6.7.4　例子：计算面积

计算面积的方法有很多种，如公式法、割补法等。这里介绍的是一个利用随机数来计算面积的方法。假定有如图 6-3 所示的图形。

要计算中间部分的面积 p，假定已知外面正方形的面积为 s。我们可随机产生一系列点。这些点可以分为两类，一类落在中间图形中，一类落在中间图形之外且在正方形中。假定落在中间图形中的点的个数是 x，落在正方形内的个数为 y，则可以得到公式 $x/y = p/s$，这样通过统计这些点的个数即可计算中间图形的面积 p。

下面假定有这样一个圆，其半径为 1，求其面积，如图 6-4 所示。

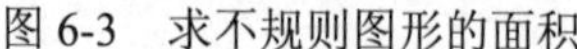

图 6-3　求不规则图形的面积

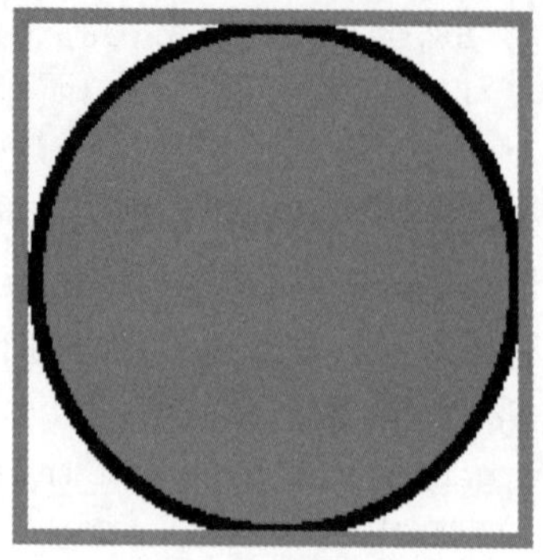

图 6-4　求圆的面积

在这个问题中，外面的正方形的面积为 $s=2\times2=4$，那么圆的面积就为 $4\times x/y$。假定 y=1000000，下面的代码实现了求 x 的值。

```
import random
def get_x(y):
    x = 0
    while y > 0:
        # 随机点 x 轴的值的范围是-1 到 1
        posx = random.uniform(-1.0, 1.0)
        # 随机点 x 轴的值的范围是-1 到 1
        posy = random.uniform(-1.0, 1.0)
        # 如果到圆心的距离小于或等于 1，表示落在圆内
        if posx*posx + posy*posy < 1.0:
            x = x + 1
        y = y -1
    return x
x = 0                              # 落在圆内的点数
y = 1000000                        # 落在正方形内的点的个数为 10000
x = get_x(y)
print("x = %d" % x)
print(u"面积 p = %f" % ((x*4.0)/(y)))
```

运行结果如下：

```
$ python area1.py
x = 786282
面积 p = 3.145128
```

6.7.5　游戏：五对胡

这是一种纸牌游戏，可以两人或者多人一起玩。可以玩一副扑克牌，也可以玩多副扑

克牌。最开始每人轮流取 9 张牌，然后按照顺序依次从剩余的牌中取一张，同时查看手中的 10 张牌是否是 5 个对子。如果是，那么恭喜你，你赢了；如果不是，则必须打出一张牌以保证手中有 9 张牌。打出的牌大家都能看到。下一个玩家有两个选择，一是取走上个玩家刚才打出的牌，或者从剩余的牌中取一张（这张取的牌只有该玩家自己能够看到，其他玩家看不到）。现在这个玩家手中也有 10 张牌，他也检查一下是否能够凑成 5 个对子。如果能，那么他就赢了；否则他也需要打出一张牌来保证自己手上还是 9 张牌。如此循环，直到有人手中出现了 5 个对子，游戏结束。其中大小王是特殊的牌，其可以扮演任意一张牌。比如你手中有一个 2 和一个大王，此时大王可以当作 2，这样你手中就有一对 2。

下面实现一个两人版的五对胡，一个是玩家自己，一个是计算机程序。其基本流程如下：

（1）洗牌。

（2）依次取 9 张牌。

（3）玩家取一张牌，决定能否胡牌，如果能，游戏结束。

（4）玩家打出一张牌。

（5）程序决定是否要玩家打出的这张牌。

（6）程序决定能否胡牌，如果能，游戏结束。

（7）程序打出一张牌。

（8）玩家决定是否需要程序打出的牌。

（9）玩家决定能否胡牌，如果能，游戏结束。

（10）玩家打出一张牌。

（11）跳到第 5 步。

下面是实现的程序。

```
import random, os, sys
player_human_cards = []
player_robot_cards = []
dumped_cards = []
last_card = -1
def decide_robot_dump():
    joker_number = 0
    pair_number2 = 0
    pair_number3 = 0
    pair_number4 = 0
    # 扔掉 3 张的
    for x in player_robot_cards:
        if player_robot_cards.count(x) == 3:
            player_robot_cards.remove(x)
            return x
    # 扔掉 1 张的
    for x in player_robot_cards:
        if x != 0 and player_robot_cards.count(x) == 1:
```

```
            player_robot_cards.remove(x)
            return x
def decide_robot_pick(last_dump):
    if last_dump in player_robot_cards:
        if player_robot_cards.count(last_dump) == 1 or \
           player_robot_cards.count(last_dump) == 3:
           return True
    else:
        # 如果手上没有这样的牌，就不需要了
        return False
def win_the_game(list):
    joker_number = 0
    pair_number2 = 0
    pair_number3 = 0
    pair_number4 = 0
    for x in list:
        if x == 0:
            joker_number = joker_number + 1
        else:
            if list.count(x) == 2:
                pair_number2 = pair_number2 + 1
            elif list.count(x) == 3:
                pair_number3 = pair_number3 + 1
            elif list.count(x) == 4:
                pair_number4 = pair_number4 + 1
    total_pair_number = joker_number + pair_number2/2 \
                  + pair_number3/3 + pair_number4/4
    if total_pair_number >= 5:
        return True
    else:
        return False
def show_human_cards():
    print(u"您的牌是:")
    print("  %s" % str(player_human_cards))
    print("")
def init_card():
    ret = []
    for i in range(1, 13):
        ret.append(i)                    # 4 个不同花色的牌
        ret.append(i)
        ret.append(i)
        ret.append(i)
  ret.append(0)                          # 大小王
    ret.append(0)
    random.shuffle(ret)
    return ret
# 1 洗牌
```

```
cards = init_card()
current_pos = 0
# 2 依次取 9 张牌
for i in range(9):
    player_human_cards.append(cards[current_pos])
    current_pos = current_pos + 1
    player_robot_cards.append(cards[current_pos])
    current_pos = current_pos + 1
# 3 玩家取一张牌，决定能否胡牌，如果能，游戏结束
player_human_cards.append(cards[current_pos])
current_pos = current_pos + 1
player_human_cards.sort()
show_human_cards()
if win_the_game(player_human_cards):
    print(u"恭喜您,您赢了")
    sys.exit(0)
else:
    # 4 玩家打出一张牌
    print(u"请选中一张牌打")
    val = int(input(">>> "))
    last_card = val
    player_human_cards.remove(last_card)
    show_human_cards()
while current_pos < 64:
    # 5 程序决定是否要玩家打出的这张牌
    if decide_robot_pick(last_card):
        print(u"机器人要了您刚才打出的%d" % last_card)
        player_robot_cards.append(last_card)
    else:
        print(u"机器人不要您刚才打出的%d" % last_card)
        player_robot_cards.append(cards[current_pos])
        current_pos = current_pos + 1
    # 6 程序决定能否胡牌，如果能，游戏结束
    if win_the_game(player_robot_cards):
        print(u"不好意思,您输了")
        sys.exit(0)
    else:
        # 7 程序打出一张牌
        last_card = decide_robot_dump()
        print(u"机器人打出了牌%d,请决定要不要" % last_card)
        print(u"y 表示要这张牌,否则表示不要")
    # 8 玩家决定是否需要程序打出的牌
    user_input_val = raw_input(">>> ")
    if user_input_val == "y":
        player_human_cards.append(last_card)
        print(u"要了上家打的牌%d" % last_card)
        player_human_cards.sort()
```

```
        show_human_cards()
    else:
        new_card = cards[current_pos]
        print(u"您取了牌%d" % new_card)
        player_human_cards.append(new_card)
        current_pos = current_pos + 1
        player_human_cards.sort()
        show_human_cards()
    # 9 玩家决定能否胡牌，如果能，游戏结束
    if win_the_game(player_human_cards):
        print(u"恭喜您,您赢了")
        sys.exit(0)
    else:
        # 10 玩家打出一张牌
        print(u"请选中一张牌打")
        val = int(input(">>> "))
        last_card = val
        player_human_cards.remove(last_card)
```

第7章 异 常 处 理

异常处理也是现代编程语言的基本特性，使用异常处理可以将正常分支和异常分支分割开来，而不像C语言那样，正常分支和异常分支是混在一起的。在Python中，异常就是一个特殊的对象，通过该异常对象可以给异常处理函数传递异常发生时的信息。

本章主要涉及以下内容：

- Python中的异常处理；
- 抛出异常；
- 常见的系统定义异常。

7.1 Python中的异常处理

Python 2和Python 3中异常处理的语法稍有不同，但内部实现机制是一样的。本节以Python 3为例介绍异常处理的方法。

多数情况下，我们自己的代码是不会主动抛出异常对象的，我们只是处理其他系统调用抛出的异常对象，所以异常处理往往是开发人员比较关心的内容。

最常见的异常是使用某个未定义的对象，如下：

```
>>> non_exists                              # 访问一个不存在的对象non_exists
Traceback (most recent call last):
  File "<stdin>", line 1, in <module>
NameError: name 'non_exists' is not defined
```

如果不对异常进行处理，程序会直接退出。因此我们希望能够捕捉到该异常，得到异常发生的原因，然后继续做后面的事情。对异常的处理就是如果某个异常发生，哪些代码会被执行，以及执行后会从哪里继续执行后面的代码。

和C++类似，一旦出现了异常，代码会从正常分支直接跳到该异常对象对应的处理分支上进行异常处理。在处理完之后，就会执行所有异常处理分支后面的代码，而不会跳回到正常分支继续执行。

7.1.1 捕捉异常

捕捉异常就是如果某个代码段中出现了异常，需要定义好相应的异常处理代码。这样异常就被处理掉了，而不是一直向上传递，直到最后导致整个程序退出。下面介绍几种捕捉异常的方法。

1. 捕捉任意异常

最简单的处理方式是捕捉任意异常，方法是使用下面的分支语句：

```
except:
```

该分支会捕捉任意没有被捕捉到的异常。

```
1   >>> try:
2   ...     a = 12 / 0                          # 正常分支
3   ... except:                                 # 异常处理分支
4   ...     print("Got and exception")          # 异常分支处理函数
5   ...                                         # 所有异常分支结束了
6   Got and exception                           # 第 4 行代码执行的结果
```

2. 捕捉特定类型的异常

当然也可以捕捉特定的异常，就是只对特定的异常进行处理，其他异常要么被更高阶的代码捕捉到，要么导致整个程序退出。

```
1   >>> try:                                    # 异常捕捉区
2   ...     a = 12 / 0
3   ... except ZeroDivisionError:       # 仅捕捉 ZeroDivisionError 类型的异常
4   ...     print("Divided By Zero")
5   ...                                         # 异常分支结束
6   Divided By Zero                             # 第 4 行的输出
```

如果抛出的异常和捕捉的类型不一致，那么不会被捕捉到。

```
1   >>> try:                                    # 异常捕捉区
2   ...     a = non_exist_var                   # 使用了不存在的对象
3   ... except ZeroDivisionError:               # 仅捕捉被 0 除的异常
4   ...     print("Divided By Zero")
5   ...                                         # 所有的异常处理分支结束
6   Traceback (most recent call last):          # 由于没有被处理，导致程序结束
7     File "<stdin>", line 2, in <module>
8   NameError: name 'non_exist_var' is not defined
```

可以通过捕捉 Expection 类型的异常对象来达到捕捉任意类型异常的目的。由于 Exception 可以匹配任意的异常，所以不用担心异常遗漏到高层的代码。最常见的用法是在前面对某些特定的异常进行处理，在最后放一个捕捉任意异常的分支来处理那些所有漏掉的异常。如下面的例子：

```
1   >>> def div(a, b):                                # 定义除法函数
2   ...     try:                                      # 进入异常捕捉区
3   ...         c = a / b
4   ...         return c
5   ...     except ZeroDivisionError as ex_obj:       # 被 0 除的异常
```

```
6   ...         print(u"被 0 除的异常,错误信息: %s" % ex_obj)
7   ...     except Exception as e:                    # 其他所有的异常
8   ...         print(u"不知道的异常, 错误信息: %s" % e)
9   ...
10  >>> div(20, 0)                                    # 被第 5 行捕捉到
11  被 0 除的异常,错误信息: division by zero
12  >>> div("abc", 0)                                 # 被第 7 行捕捉到
13  不知道的异常, 错误信息: unsupported operand type(s) for /: 'str' and 'int'
```

3. 捕捉多个异常

可以定义多个捕捉语言，用来捕捉不同的异常。这样可以对不同的异常进行不同的处理。

```
1   >>> def try_demo(x, y, z):
2   ...     try:                                      # 异常捕捉区
3   ...         a = x[y] / z
4   ...     except ZeroDivisionError:                 # 捕捉被 0 除的异常
5   ...         print("Divided By Zero")
6   ...     except IndexError:                        # 捕捉下标错误
7   ...         print("Index Error")
8   ...                                               # 异常捕捉区结束
9   >>> try_demo([1, 2], 3, 3)
10  Index Error                                       # 第 7 行的输出
11  >>> try_demo([1, 2], 1, 0)
12  Divided By Zero                                   # 第 5 行的输出
```

这里要注意的是，一个异常对象只能被捕捉到一次。如果有两个异常处理分支都可以处理该类型异常，那么前面的那个分支被触发，后面的不会被触发。这也是为何 Exception 分支要放到最后的缘故，因为它可以捕捉到任意异常，如果放在最前面，其他异常处理分支就永远也不会被触发。如下面的例子：

```
1   >>> def div(a, b):                                # 定义除法函数
2   ...     try:                                      # 进入异常捕捉区
3   ...         c = a / b
4   ...         return c
5   ...     except Exception:                         # 它会捕捉任意异常
6   ...         print(u"捕捉得到 Exception 类型的异常")
    # 它没有机会捕捉任意异常，因为前面的分支已经捕捉了所有异常
7   ...     except ZeroDivisionError :
8   ...         print(u"捕捉得到 ZeroDivisionError 类型的异常")
9   ...
10  >>> div(8, 0)
11  捕捉得到 Exception 类型的异常                       # 第 6 行的输出
```

还有一个异常类型，即 BaseException，Exception 即派生自该类型，所以该类型和 Exception 一样，也可以捕捉一切类型的异常。下面是将 BaseException 放在最前面的情况，其会屏蔽所有的捕捉分支。

```
1   >>> def div(a, b):
2   ...     try:
3   ...         c = a / b
4   ...         return c
5   ...     except BaseException:
6   ...         print(u"捕捉得到 BaseException 类型的异常")
7   ...     except ZeroDivisionError :
8   ...         print(u"捕捉得到 ZeroDivisionError 类型的异常")
9   ...
10  >>> div(8, 0)        # 被 0 除的异常 ZeroDivisionError，被第 5 行的分支捕捉
11  捕捉得到 BaseException 类型的异常
12  >>> div("abc", 2)   # 类型错误异常 TypeError，也被第 5 行的分支捕捉
13  捕捉得到 BaseException 类型的异常
```

4. 得到异常对象

也可以得到捕捉到的异常对象，这样便可以获得更多异常发生时的信息。

```
1   >>> try:                                        # 异常捕捉区
2   ...     a = 12 / 0                              # 被 0 除的操作
3   ... except ZeroDivisionError as except_obj:
4   ...     print("Got Expection")
5   ...     print("Exception Message = %s", except_obj.message)
6   ...                                             # 异常捕捉区结束
7   Got Expection
8   ('Exception Message = %s', 'integer division or modulo by zero')
```

7.1.2 没有异常才执行的分支

前面介绍的都是 except 分支，也就是异常分支。except 分支在发生异常时被执行。本节介绍的分支在没有抛出异常时才被执行，这就是 else 分支。下面演示了这种用法。

```
1   >>> def except_demo(a, b):            # 定义一个包含异常处理的函数
2   ...     try:
3   ...             a = a / b
4   ...     except ZeroDivisionError, except_obj:   # 捕捉被 0 除的异常
5   ...             print("Exception Message = %s" % except_obj.message)
6   ...     else:                          # 没有异常时会触发的 else 分支
7   ...             print("No Exception is Got")
8   ...
9   >>> except_demo(12, 0)                 # 被 0 除了
    # 第 5 行的输出
10  Exception Message = integer division or modulo by zero
11  >>> except_demo(12, 2)
12  No Exception is Got                    # 第 7 行的输出，在没有发生异常时执行
```

需要注意的是，如果没有捕捉到异常，而且在正常分支中直接使用 return 来返回，则 else 分支不会被执行。如下面的例子：

```
1   >>> def div(a, b):
2   ...     try:
```

```
3   ...        c = a / b
4   ...        return c          # 这个很关键，导致 else 分支永远不会被执行
5   ...    except ZeroDivisionError as ex_obj:
6   ...        print(u"捕捉到了异常: %s" % ex_obj)
7   ...    else:                 # 该分支不会被执行，不论是否有异常抛出
8   ...        print(u"没有捕捉到异常")
9   ...
10  >>> div(8, 2)                # 没有抛出异常，else 分支也不会被执行
11  4.0
12  >>> div(8, 0)                # 抛出异常，else 分支不会被执行
13  捕捉到了异常: division by zero
```

7.1.3　无论有无异常都要执行的分支

前面介绍了 except 分支和 else 分支，它们分别在有异常抛出和没有异常抛出时被执行。本节介绍另一个分支，该分支在任何情况下都会被执行，而且是在最后被执行，这就是 finially 分支。下面是 finally 分支的一个例子。

```
1   >>> def finally_demo(a, b):                  # 定义一个包含异常处理的函数
2   ...     try:
3   ...         a = a / b
4   ...     except ZeroDivisionError, except_obj:   # 捕捉被 0 除的异常
5   ...         print("Exception Message = %s" % except_obj.message)
6   ...     else:                                # 没有异常时会触发的分支
7   ...         print("No Exception is Got")
8   ...     finally:                             # 不论有无异常都被触发的分支
9   ...         print("Finnally Branch is Running")
10  ...
11  >>> finally_demo(12, 2)
12  No Exception is Got         # finally 分支的输出，第 9 行的输出
13  Finnally Branch is Running
14  >>> finally_demo(12, 0)
15  Exception Message = integer division or modulo by zero# 第 5 行的输出
16  Finnally Branch is Running                   # 第 9 行的输出
```

即使发生了异常但是没有被捕捉到，该分支还是会被执行。如下面的例子：

```
1   >>> def finally_demo(a, b):                  # 定义函数
2   ...     try:                                 # 异常捕捉区
3   ...         a = a / b
4   ...     except EOFError, except_obj:         # 如果出现文件，则结束异常
5   ...         print("Exception Message = %s" % except_obj.message)
6   ...     else:                                # 如果没有出现该异常
7   ...         print("No Exception is Got")
8   ...     finally:                         # 不论是否出现异常，都要执行的分支
9   ...         print("Finnally Branch is Running")
10  ...                                          # 函数定义结束
11  >>> finally_demo(12, 4)                      # 没有出现异常
12  No Exception is Got                          # else 分支会执行
13  Finnally Branch is Running                   # finally 分支会执行
```

```
>>> finally_demo(12, 0)                          # 抛出异常，但是没有被捕捉到
Finnally Branch is Running                       # finally 分支仍然会被执行
Traceback (most recent call last):               # 异常信息
  File "<stdin>", line 1, in <module>
  File "<stdin>", line 3, in finally_demo
# 没有被捕捉的异常
ZeroDivisionError: integer division or modulo by zero
```

而且在正常分支中包含 return 语句并且没有引发异常，finnally 分支也会被执行。这和 else 分支是不同的，下面就是这样的一个例子。

```
>>> def div(a, b):                               # 定义一个除法函数
...     try:                                     # 正常分支
...         c = a / b
...         return c
...     except ZeroDivisionError as ex_obj:
...         print("Got Exception: %s" % ex_obj)
...     finally:
...         print(u"finnally 分支在执行")
...                                              # 函数定义结束
>>> div(8, 2)
finnally 分支在执行                              # finally 分支的输出
4                                                # 结果，即返回值
```

7.2　抛出异常

通常情况下，我们的代码不会主动抛出异常，而是通过返回一个错误码来告知调用者这里出现了不该出现的错误。其实我们也可以在代码中抛出异常，通过异常将相关的错误信息发送出去。可以使用 raise 语句来抛出异常，该语句后面需要带一个对象，该对象必须是派生自 BaseException。基本语法如下：

```
raise 派生自 BaseException 的对象
```

下面就是一个代码主动抛出异常的例子，其在检测到参数 b 为 0 时就抛出异常。

```
1  >>> def finally_demo(a, b):
2  ...     if b == 0:
3  ...             raise Exception('my personal exception') # 抛出异常
4  ...
5  >>> try:                                                # 捕捉异常
6  ...     finally_demo(12, 0)
7  ... except Exception, e:                                # 捕捉任意异常
8  ...     print("Exception Message: %s" % e.message)     # 显示异常信息
9  ...                                                     # 结束异常捕捉
10 Exception Message: my personal exception               # 第 8 行的输出
```

就像前面介绍的那样，抛出的对象必须继承自 BaseException，否则 raise 自身会抛出异常。下面的例子就演示了这种情况。

```
>>> raise 8          # 对象 8 不是继承自 BaseException，抛出 TypeError 异常
Traceback (most recent call last):
  File "<stdin>", line 1, in <module>
TypeError: exceptions must derive from BaseException
>>> raise Exception('my personal exception')   # 抛出 Exception 异常
Traceback (most recent call last):
  File "<stdin>", line 1, in <module>
Exception: my personal exception
```

这里需要强调一下异常对象的继承关系，所有系统定义的异常对象都继承自 Exception，而 Exception 继承自 BaseException。所以如果自定义一个异常类型也是可以的，只需要继承自 Exception 即可。下面是一个使用自定义异常的例子，涉及类的使用。类的使用需要到后面的章节才会详细介绍，这里简单了解即可。完整代码如下：

```
1  >>> class UserdefException(Exception):            # 自定义的异常类
2  ...     def __init__(self, msg):
3  ...         self.msg = msg
4  ...                                               # 定义结束
5  >>> try:                                          # 进入捕捉区
6  ...     raise UserdefException("experiment")      # 抛出异常
7  ... except UserdefException as ex_obj:            # 捕捉到该异常
8  ...     print(u"子定义异常,错误信息: %s" % ex_obj)
9  ...                                               # 捕捉区结束
10 子定义异常,错误信息: experiment                     # 第 8 行输出的信息
```

7.3 常见的系统定义异常

本节将介绍常见的系统定义的异常类。以后如果看到这些对象被抛出，便可以大致明白出现了什么情况。如果在代码运行的日志中看到下面的异常：

```
Traceback (most recent call last):
  File "<stdin>", line 1, in <module>
TypeError: unsupported operand type(s) for /: 'str' and 'float'
```

那么从 TypeError 异常类型大致便可以知道应该是某个变量类型是错误的，可以通过查看相关对象的类型来确认该问题的原因。

下面是一些比较常见的系统异常类型。

（1）BaseException：所有异常的基类。

（2）AttributeError：访问不存在的属性。

```
>>> a = 12
>>> a.time                                   # 整数没有 time 属性
Traceback (most recent call last):
  File "<stdin>", line 1, in <module>
AttributeError: 'int' object has no attribute 'time'
```

（3）AssertionError：assert 断言语句失败。

```
>>> a = 2
>>> assert a < 1
Traceback (most recent call last):
  File "<stdin>", line 1, in <module>
AssertionError
```

（4）EOFError：到了文件的尾部了。假定打开一个文件，然后循环进行读操作，当读到文件尾部时就会抛出这个异常。在 Windows 中，按住 Ctrl+D 便会触发该异常。

```
>>> input("please input your name >>>")
# 按住 Ctrl+D
please input your name >>>Traceback (most recent call last):
  File "<stdin>", line 1, in <module>
EOFError
```

（5）IndentationError：对齐错误。Python 要求代码块缩进对齐，如果发现没有对齐会抛出该异常。

```
>>>    m=12                         # m 的前面多了很多个空格，导致对齐异常
  File "<stdin>", line 1
    m=12
    ^
IndentationError: unexpected indent
```

（6）IndexError：错误的位置，如超出了元素位置范围。

```
>>> list_obj1 = []                  # 空的列表
>>> list_obj1[10]                   # 不存在第 11 个元素
Traceback (most recent call last):
  File "<stdin>", line 1, in <module>
IndexError: list index out of range
```

（7）KeyError：访问了不存在的键。

```
>>> dict_obj1 = {}                  # 创建一个空的字典
>>> dict_obj1['a']                  # 没有'a'这个键
Traceback (most recent call last):
  File "<stdin>", line 1, in <module>
KeyError: 'a'
```

（8）KeyboardInterrupt：当在键盘上按住 Ctrl+C 时会触发该异常。

```
>>>                                 # 按住 Ctrl+C
KeyboardInterrupt
```

（9）ModuleNotFoundError

```
>>> import nonexistmodule           # 引入不存在的模块
Traceback (most recent call last):
  File "<stdin>", line 1, in <module>
ModuleNotFoundError: No module named 'nonexistmodule'
```

（10）NameError：使用了没有定义的对象。

```
>>> m                               # 不存在的变量
Traceback (most recent call last):
  File "<stdin>", line 1, in <module>
NameError: name 'm' is not defined
```

（11）RecursionError：递归深度超过设定的最大值。

```
>>> def demo(a):                   # 递归函数，递归深度等于 a 的值
...     if a > 0:
...         return demo(a-1)
...     else:
...         return a
...
>>> demo(10000)
Traceback (most recent call last):
  File "<stdin>", line 1, in <module>
  File "<stdin>", line 3, in demo
  File "<stdin>", line 3, in demo
  File "<stdin>", line 3, in demo
  [Previous line repeated 995 more times]
  File "<stdin>", line 2, in demo
RecursionError: maximum recursion depth exceeded in comparison
```

（12）SyntaxError：语法错误。

```
>>> a = 12
>>> a--
  File "<stdin>", line 1
    a--
      ^
SyntaxError: invalid syntax
```

（13）TypeError：数据类型错误。如除法操作符要求两边的操作数都是数字，不能是字符串，否则就抛出 TypeError。

```
>>> "abc" / 12                      # 被除数的类型错误
Traceback (most recent call last):
  File "<stdin>", line 1, in <module>
TypeError: unsupported operand type(s) for /: 'str' and 'int'
>>> 12 / "abc"                      # 除数的类型错误
Traceback (most recent call last):
  File "<stdin>", line 1, in <module>
TypeError: unsupported operand type(s) for /: 'int' and 'str'
```

（14）ZeroDivisionError：被 0 除。

```
>>> 12 / 0
Traceback (most recent call last):
```

```
3     File "<stdin>", line 1, in <module>
4   ZeroDivisionError: division by zero
```

（15）IOError ：I/O 操作错误，如打开不存在的文件。

```
1   >>> def io_except_demo():
2   ...     try:
    # 打开一个不存在的文件
3   ...             fd = open("non_exist_file.txt", "r")
4   ...     except IOError, except_obj:
5   ...             print("Got IOError Exception")
6   ...     else:
7   ...             print("No Exception is Got") # 如果没有异常，则执行该分支
8   ...
9   >>> io_except_demo()
10  Got IOError Exception                          # 第 5 行的输出
```

第 8 章　类和对象

第 2 章介绍了 Python 预定义的数据类型，如列表、字典等。但如果希望定义自己的类型，就需要使用到类。类在面向对象编程中是很基础的概念，其最基本的功能就是创建新的数据类型，另外还有继承功能，就是可以从一个类 A 派生出一个新的类 B，且类 B 会继承类 A 的所有属性。

本章主要讲述类的相关内容，包括：

- 类的定义和实例创建；
- 类的属性；
- 初始化函数和销毁函数；
- 实例对象的属性；
- 静态方法；
- 类方法；
- 访问控制；
- 只读属性；
- 类属性的安全检查；
- 派生类；
- 多重继承。

8.1　类的定义和实例创建

类最基本的功能就是定义了一个新的类型。可以使用下面的语法来定义一个空类，即一个什么属性都没有的类，一个什么事情也做不了的类。

```
class 类名:
    pass
```

这里的类名要求和变量名一样，可以由字母、数字和下划线组成，一般首字符是大写的字母，对于长度没有限制。

类定义完之后便可以使用该类来创建实例，方法如下：

```
实例对象名 = 类名()
```

下面定义一个类 Student，并且使用该类创建一个实例对象 student_a。这里使用的是 Python 2。

```
>>> class Student:                    # 定义类 Student
...     pass
...                                   # 类定义结束
>>> student_a = Student()             # 使用该类创建一个对象 student_a
>>> student_a                         # 查看对象 student_a
<__main__.Student instance at 0x10e7c8b00>      # 该对象所属的类和 id
>>> type(student_a)                   # 查看类型
<type 'instance'>
>>> dir(student_a)                    # 查看该对象有什么属性
['__doc__', '__module__']
```

在 Python 3 中，得到的输出会有比较大的差别，如 type(对象)返回的就是该类的属性。下面是在 Python 3 中执行一样的代码得到的输出结果。

```
>>> class Student:                    # 定义类 Student
...     pass
...                                   # 类定义结束
>>> student_a = Student()             # 使用该类创建一个对象 student_a
>>> student_a                         # 查看对象 student_a
<__main__.Student object at 0x106dd3160>
>>> type(student_a)                   # 查看类型，和 Python 2 不同
<class '__main__.Student'>
>>> dir(student_a)                    # 查看该对象有什么属性，和 Python 2 不同
['__class__', '__delattr__', '__dict__', '__dir__',
 '__doc__', '__eq__', '__format__', '__ge__',
 '__getattribute__', '__gt__', '__hash__', '__init__',
 '__init_subclass__', '__le__', '__lt__', '__module__',
 '__ne__', '__new__', '__reduce__', '__reduce_ex__',
 '__repr__', '__setattr__', '__sizeof__', '__str__',
 '__subclasshook__', '__weakref__']
```

通过前面的例子，我们知道了两个概念，一个是类，一个是实例对象。对于预定义的类型，如整型，可以使用下面的方法来创建实例对象：

```
int_obj_a = int(12)
```

这里的类就是 int，实例对象就是 int_obj_a。我们可以创建基于一个预定义类 int 的实例对象，也可以创建一个基于自定义的类 Student 的实例对象 student_a。这么来看就清楚了，我们以前见到的整数、字符串、列表其实都是特殊的预定义的类。那么自定义的类是否也可以使用 type()和 id()等函数呢？答案是可以的，并且在 Python 3 中基本上是没有区别的。

```
>>> type(student_a) == Student             # type()函数的用法
True
>>> isinstance(student_a, Student)         # isinstance()函数的用法
True
>>> id(student_a)                          # id()函数的用法
4410126688
```

但在 Python 2 中，type()函数不能使用，所以推荐使用 isinstance()，这样代码在 Python 2 和 Python 3 中都能以预想的方式工作。下面是 Python 2 中的情形。

```
>>> student_a = Student()                    # 创建一个对象
>>> type(student_a) == Student               # type()函数的用法，有问题
False
>>> isinstance(student_a, Student)           # isinstance()函数的用法
True
>>> id(student_a)                            # id()函数的用法
4331899648
```

8.2 类的属性

其实类本身也是一个对象，它也有自己的属性。类的属性一般表示类的相关内容，如类的版本和作者等信息。类的属性的定义是在类里面直接定义一个变量即可。下面我们给类 Student 添加版本和作者信息。

```
>>> class Student:                 # 定义类 Student
...     version = "1.0"            # 类的属性 version
...     author = "python.cn"       # 类的属性 author
...
>>> Student                        # 查看类 Student
<class '__main__.Student'>
>>> Student.version                # 查看类的属性
'1.0'
>>> Student.author                 # 查看类的属性
'python.cn'
```

可以看到，类的属性的访问方法是“类名.属性名”。这些属性也是可以修改的，如可以修改 Student 类的 version 属性。

```
>>> Student.version = "1.1"     # 修改类 Student 的属性 version
>>> Student.version          # 查看修改后的类 Student 的属性 version 的值
'1.1'
```

那么我们能否定义类的函数呢？其实也可以的，如下面的代码中的 Student 类就有一个自己的类的函数 info()。

```
>>> class Student:                 # 定义类 Student
...     version = "1.0"
...     author = "python.cn"
...     def info():                # 定义了类的函数
...         print("version %s, author: %s" % (Student.version, Student.author))
...
>>> hasattr(Student, "info")       # 是否存在 info 属性
True
>>> Student.info                   # 查看 info 属性
```

```
<function Student.info at 0x105cb09d8>
>>> Student.info()                        # 使用 info 属性
version 1.0, author: python.cn
```

8.3　初始化函数和销毁函数

初始化函数是用来初始化实例对象的。每次构造一个实例对象时，都会调用该类的初始化函数。在该初始化函数中可以初始化实例对象，或者更新类的某些属性，如该类构造出来的实例对象的个数。初始化函数也可以带参数，通过不同参数来构造不同的实例对象。初始化函数的样式如下：

```
__init__(self, 参数列表)
```

下面定义一个没有其他参数的初始化函数。

```
>>> class Student:                        # 定义类 Student
...     version = "1.0"                   # 类属性
...     author = "python.cn"
...     def __init__(self):               # 构造函数
...         print("__init__() is Running")
...
>>> student_a = Student()                 # 构造一个对象
__init__() is Running
```

在 C++和 Java 中可以有多个初始化函数，通过不同的参数个数、不同的参数类型来选择不同的初始化函数。但在 Python 中定义多个初始化函数是没有意义的，因为最终只有一个初始化函数有效，即最后定义的初始化函数会覆盖所有前面定义的初始化函数。

```
>>> class Student:
...     version = "1.0"
...     author = "python.cn"
...     def __init__(self):               # 第一次定义，但是被覆盖
...         print("__init__() is Running")
...     def __init__(self, age):          # 第二次定义，这才是有效的初始化函数
...         print("__init__(age) is Running")
...                                       # 类定义结束
>>> Student.__init__
<function Student.__init__ at 0x7f0431942e18>
>>> Student()
Traceback (most recent call last):
  File "<stdin>", line 1, in <module>
TypeError: __init__() missing 1 required positional argument: 'age'
>>> student_a = Student(12)
__init__(age) is Running
```

销毁函数在对象被销毁时调用，它不可以有参数。一般使用 del()来明确销毁某个对象。销毁函数的定义方法如下：

```
__del__(self)
```

可以看到，销毁函数仅有一个表示自己的 self 参数，不能有其他参数。下面演示销毁函数在对象被销毁时被调用的情况。

```
>>> class Student:                      # 定义类 Student
...     version = "1.0"
...     author = "python.cn"
...     def __init__(self):             # 初始化函数
...         print("__init__() is Running")
...     def __del__(self):              # 销毁函数
...         print("__del__() is Running")
...
# 创建一个 Student 对象，保存到变量 student_a 中
>>> student_a = Student()
__init__() is Running
>>> del(student_a)                      # 销毁对象 student_a
__del__() is Running
```

如果定义的销毁函数带有除 self 之外的参数，那么在销毁对象时会导致异常。下面的例子就是在销毁函数中带了一个参数，结果导致异常。

```
>>> class Student:                      # 定义类 Student
...     version = "1.0"
...     author = "python.cn"
...     def __init__(self):             # 初始化函数
...         print("__init__() is Running")
...     def __del__(self, arg1):        # 销毁函数，带有两个参数，这是错误的
...         print("__del__() is Running")
...         print("arg1 = " % arg1)
...
>>> student_a = Student()               # 构造一个 Student 对象
__init__() is Running
>>> del(student_a)                      # 销毁该对象，抛出异常
Exception ignored in: <function Student.__del__ at 0x0000000002E740D0>
TypeError: __del__() missing 1 required positional argument: 'arg1'
```

下面演示类的属性的用法。该类的属性用来记录当前有多少个该类的实例对象，我们在初始化函数时将该值加 1，而在销毁函数时将该值减 1。

```
>>> class InstanceNum:                  # 定义类 InstanceNum
...     instance_num = 0                # 类属性，用来记录实例对象的个数
...     def __init__(self)              :# 初始化函数
...         InstanceNum.instance_num = InstanceNum.instance_num + 1
...         print("init(): Now Instance Number = %d" % InstanceNum.
instance_num)
...     def __del__(self):              # 销毁函数
...         InstanceNum.instance_num = InstanceNum.instance_num - 1
...         print("del(): Now Instance Number = %d" % InstanceNum.
instance_num)
...                                     # 类定义结束
>>> inst1 = InstanceNum()               # 创建第一个实例
init(): Now Instance Number = 1
>>> inst2 = InstanceNum()               # 创建第二个实例
```

```
init(): Now Instance Number = 2
>>> inst3 = InstanceNum()                # 创建第三个实例
init(): Now Instance Number = 3
>>> del(inst3)                           # 销毁第三个实例
del(): Now Instance Number = 2
>>> inst3 = InstanceNum()
init(): Now Instance Number = 3
>>> inst4 = InstanceNum()
init(): Now Instance Number = 4
>>> del(inst1)
del(): Now Instance Number = 3
```

8.4　实例对象的属性

Python 是面向对象的，即使是最简单的一个整数，它也是一个对象，因此也有自己的 ID 和属性。在本节中，对象特指我们用自定义的类创建的对象。

8.4.1　类属性和实例对象属性的关系

由于实例对象是基于类创建出来的，所以对象会继承类的属性。通过下面的例子可以看到对象自动继承了类的所有属性。

```
>>> class Student:                   # 定义类 Student
...     version = "1.0"
...     author = "python.cn"
...     def info():
...         print("version %s, author: %s" % (Student.version, Student.author))
...
>>> student_a = Student()            # 创建对象 student_a
>>> student_a.version                # student_a 的属性 version
'1.0'
>>> student_a.author                 # student_a 的属性 author
'python.cn'
```

需要注意的是，这些从类继承得到的对象，并不是复制下来的，它们是指向类的属性的。可以通过查看 id 的方法来观察这一点。

```
>>> id(student_a.version)            # 对象的某个从类继承的属性等于相应的类属性
48991624
>>> id(Student.version)
48991624
>>> student_a.version is Student.version    # 它们是同一个对象
True
```

还可以通过修改类属性来观察实例继承的属性也发生了变化。

```
>>> student_a.version                # 对象属性
```

```
'1.0'
>>> Student.version = "1.1"                # 修改类属性
>>> student_a.version                      # 对象属性也发生了改变
'1.1'
```

但是修改对象的属性不会反映到类的属性上。如下面的例子中，修改了对象的属性 author，但是类 Student 的 author 属性是没有变化的。

```
>>> student_a.author = "inst_author"       # 修改对象的 author 属性
>>> student_a.author                       # 对象的 author 属性发生了改变
'inst_author'
>>> Student.author                         # 类的 author 属性没有发生变化
'python.cn'
```

比较特殊的情况是列表数据类型，它们可以在不改变 id 的情况下，发生内容的改变。如调用了 append()接口函数，该列表的 id 不会发生变化，但其内容发生了变化。下面演示了这种情况。

```
>>> list_1 = []                            # 构造一个列表
>>> list_1                                 # 查看列表内容
[]
>>> id(list_1)                             # 查看其 id
48545224
>>> list_1.append(2)                       # 添加一个元素
>>> id(list_1)                             # id 没有变化
48545224
>>> list_1                                 # 但是内容发生了变化
[2]
```

对于这种类型的属性，如果 id 没有发生变化，修改对象从类继承来的属性会导致类属性的值的变化。如下面的代码所示。

```
>>> class Student:                         # 定义类 Student
...     years = []
...     def __init__(self):                # 构造函数
...         print("__init__() is Running")
...     def __del__(self):                 # 销毁函数
...         print("__del__() is Running")
...     def append(self, element):         # 添加元素
...         self.years.append(element)
...     def change(self, list):            # 修改对象
...         self.years = list
...                                        # 类定义结束
>>> student_a = Student()                  # 创建一个对象
__init__() is Running
>>> student_a.years
[]
>>> id(student_a.years)                # 可以发现对象属性和类属性有相同的 id
49089736
>>> id(Student.years)
49089736
>>> student_a.append(1)                # 修改 years 属性的内容，但是没有改变 id
```

```
>>> id(student_a.years)
49089736
>>> student_a.years                        # 对象属性的内容改变了
[1]
>>> Student.years                          # 类属性的内容也改变了
[1]
```

如果使用的是赋值等操作，则对象属性的 id 会发生改变，这样对象属性和类属性就没有关联了，和我们前面讲到的情况一致。下面是修改了对象的 id，也就是使用新的对象来表示该属性的情形。

```
>>> id(Student.years)                      # 开始时对象属性和类属性是一个对象
49089736
>>> id(student_a.years)
49089736
>>> student_a.change([1,2,3])              # 重新赋值后对象属性的 id 发生了变化
>>> id(Student.years)                      # 现在对象属性和类属性已经没有关联了
49089736
>>> id(student_a.years)
48699528
```

8.4.2 self 在类定义中表示当前对象

对象属性在类外面使用“对象名.属性”来表示，在类里面使用“self.属性”来表示。对于对象的属性也存在增删改查操作，如可以用赋值语句来修改或者添加属性，通过 del()来删除对象属性。

添加属性对于 Python 这种动态语言来说非常简单，它对添加的时间没有要求，可以在运行时添加，也可以在创建时添加。而对于 C++和 Java 这类静态语言来说，属性的个数和种类在类定义时就已经确定，而且以后不能修改，在运行时仅可以修改属性的值。

下面是在构造时添加属性的例子。

```
>>> class Student:
...     version = "1.0"
...     author = "python.cn"
...     def __init__(self):
...         self.name = ""
...                                        # 类定义结束
>>> student_a = Student()                  # 创建一个类实例对象
>>> student_a.name                         # 查看 name 的值
''
```

下面是在成员函数中添加属性的例子。

```
>>> class Student:
...     version = "1.0"
...     author = "python.cn"
...     def __init__(self):
...         self.name = ""                 # 新添加的属性 name
...     def add_attr_age(self, val):
```

```
...         self.age = val
...
>>> student_a = Student()
>>> hasattr(student_a, "age")
False
>>> student_a.add_attr_age(18)
>>> hasattr(student_a, "age")
True
```

当然也可以在类的外面为对象添加属性。

```
>>> class Student:
...     version = "1.0"
...     author = "python.cn"
...     def __init__(self):
...         self.name = ""
...                                     # 类定义结束
>>> student_a = Student()
>>> hasattr(student_a, "age")           # 现在该实例对象还没有属性 age
False
>>> student_a.age = 18                  # 给该实例对象添加新的属性 age
>>> hasattr(student_a, "age")
True
```

这就是作为动态语言的优势，对象的属性不是事先定义好的，其属性可以在运行过程中添加，也可以在运行过程中修改和删除。

其实在 Python 中，变量和函数的地位是相同的，这也意味着我们可以添加对象的方法。但需要注意的是，对象方法的第一个参数一定是 self，表示当前对象。

```
>>> class Student:
...     version = "1.0"
...     author = "python.cn"
...     def __init__(self):
...         self.name = ""
...     def method1(self):
...         print("Inside method1()")
...     def method2(self):
...         print("Inside method2()")
...     def method(self):
...         print("Old One")
...     def update_method(self, val):
...         if val == 1:
...             self.method = self.method1    # 修改 method 方法
...         else:
...             self.method = self.method2
...
>>> student_a = Student()
>>> student_a.method()                        # 修改之前
Old One
>>> student_a.update_method(1)                # 修改为 method1 这个函数
```

```
>>> student_a.method()
Inside method1()
>>> student_a.update_method(2)          # 修改为 method2 这个函数
>>> student_a.method()
Inside method2()
```

当然也可以将类外部的函数变成类的函数，这时需要指定外部函数的__self__属性，该属性表明该函数所属的对象。下面的代码简单演示了该用法，不过最好的方法还是使用闭包来实现。

```
>>> def obj_method():
...     print("Inside obj_method()")
...     print("obj.name = [%s]" % obj_method.__self__.name)
...                                     # 函数定义结束
>>> class Student:
...     version = "1.0"
...     author = "python.cn"
...     def __init__(self):
...         self.name = ""
...     def update_method(self, val):
...         self.new_method = val
...         val.__self__ = self
...                                     # 类定义结束
>>> student_a.get_highest_score         # 这是一个普通函数
<function get_highest_score at 0x1047cc848>
>>> student_a.set_score                 # 这是一个对象的方法
<bound method Student.set_score of <__main__.Student instance at 0x1047c7e18>>
>>> student_a = Student()
>>> hasattr(student_a, "new_method")
False
>>> student_a.update_method(obj_method)
>>> hasattr(student_a, "new_method")
True
>>> student_a.new_method()
Inside obj_method()
obj.name = []
```

8.4.3　通过 delattr()、setattr()等接口函数来操作属性

除了使用前面介绍的方法来操作属性外，还有一套通用的方法来操作属性。这种方法类似于静态反射机制，即在不知道对象具体定义的情况下，也能通过查询等方式得到该对象的一些情况。如我们得到一个对象 a，但对象 a 是什么类型、包含哪些属性我们都不知道，那么就可以用 dir()来查看其所拥有的属性。这个 dir()使用的就是本节要介绍的通用属性接口函数。

1．读属性——getattr(对象，属性名)

这个等效于“对象.属性”。

```
>>> class Student:                         # 定义类 Student
...     version = "1.0"                    # 类属性 version
...     author = "python.cn"               # 类属性 author
...     def __init__(self):
...         self.score = 0
...                                        # 类定义结束
>>> getattr(Student, 'version')            # 得到 Student 类的属性 version
'1.0'
>>> student_a = Student()                  # 定义一个对象
>>> getattr(student_a, 'version')          # 得到该对象的 version 属性
'1.0'
>>> getattr(student_a, 'score')            # 得到该对象的 score 属性
0
```

2. 修改属性——setattr(对象，属性名，属性值)

这个等效于“对象.属性=属性值”。下面的例子演示了如何修改属性。

```
>>> class Student:                         # 定义类 Student
...     version = "1.0"                    # 类属性 version
...     author = "python.cn"               # 类属性 author
...     def __init__(self):
...         self.score = 0
...                                        # 类定义结束
>>> setattr(student_a, 'score', 99)        # 修改属性 score 的值
>>> getattr(student_a, 'score')            # 查看修改后的值
99
>>> setattr(student_a, 'new_attr', 'new_attr_val')     # 添加属性
>>> getattr(student_a, 'new_attr')         # 查看新添加的属性值
'new_attr_val
```

3. 是否包含某个属性——hasattr(对象，属性名)

判断某个对象是否包含某个属性。由于 Python 是动态语言，某个对象所包含的属性也是随时间而变化的，这时就可以用该函数来判断某个对象是否包含有特定的属性。

```
>>> class Student:                         # 定义类 Student
...   version = "1.0"
...                                        # 类定义结束
>>> hasattr(Student, 'version')            # 类是否包含属性 version
True
>>> student_obj1 = Student()               # 创建一个类实例对象
>>> hasattr(student_obj1, 'version')       # 类实例对象是否包含 version 属性
True
```

4. 删除某个属性——delattr(对象，属性名)

其作用和 del(对象.属性)是一样的。

```
>>> class Student:                         # 定义类
...   version = "1.0"
```

```
...                                          # 类定义结束
>>> hasattr(Student, 'version')              # 是否包含属性 version
True
>>> student_obj1 = Student()                 # 创建类实例对象
>>> hasattr(student_obj1, 'version')         # 实例对象是否包含属性 version
True
>>> hasattr(student_obj1, 'new_attr')        # 实例对象是否包含属性 new_attr
False
>>> setattr(student_obj1, 'new_attr', 88)  # 添加属性 new_attr
>>> hasattr(student_obj1, 'new_attr')        # 实例对象是否包含属性 new_attr
True                                         # 包含该属性
>>> delattr(student_obj1, 'new_attr')        # 删除属性 new_attr
>>> hasattr(student_obj1, 'new_attr')        # 实例对象是否包含属性 new_attr
False                                        # 没有该属性了
```

8.5 静态方法

静态方法就是该方法没有绑定某个对象。和对象方法不同的是，其定义时第一个参数不是 self，这看起来更像一个普通方法。由于没有 self 参数，所以也不能使用“self.属性名”来访问某个对象的属性了。静态方法的定义格式如下：

```
@staticmethod
def static_func():
    pass
```

在 Student 类中，得到最低成绩和最高成绩是比较适合用静态方法来实现的，因为这两个函数不需要操作学生对象的数据。如下面的代码所示。

```
>>> class Student:                           # 定义类 Student
...     highest_score = 0                    # 类属性
...     lowest_score = 100
...     def __init__(self):                  # 初始化函数
...         self.name = ""
...     @staticmethod                        # 定义静态方法,第一个参数不是 self
...     def get_highest_score():
...         return Student.highest_score
...     def set_score(self, score):      # 定义普通方法
...         if score > Student.highest_score:
...             Student.highest_score = score
...         if score < Student.lowest_score:
...             Student.lowest_score = score
...
>>> student_a = Student()
>>> student_a.set_score(98)                  # 普通方法
>>> student_b = Student()
>>> student_b.set_score(90)
>>> student_c = Student()
>>> student_c.set_score(92)
```

```
>>> Student.get_highest_score()            # 静态方法
98
```

8.6 类 方 法

类方法也不属于某个对象，所以其第一个参数也不为 self。但它属于某个类，所以其第一个参数一定是 cls。

```
@classmethod
def static_func(cls, 参数列表):
    pass
```

在使用时不需要指定第一个参数 cls，因为该函数有一个隐含的属性__self__，它就是 cls 的值。

```
>>> class Student:                          # 定义类
...     highest_score = 0
...     lowest_score = 100
...     def __init__(self):                 # 初始化函数
...         self.name = ""
...     @classmethod                        # 类方法
...     def get_highest_score(cls):
...         print("cls = ", cls)
...         return Student.highest_score
...     def set_score(self, score):         # 普通成员函数
...         if score > Student.highest_score:
...             Student.highest_score = score
...         if score < Student.lowest_score:
...             Student.lowest_score = score
...                                         # 类定义结束
>>> student_a = Student()
>>> student_b = Student()
>>> student_c = Student()
>>> student_a.set_score(98)
>>> student_b.set_score(92)
>>> student_c.set_score(95)
>>> Student.get_highest_score()
('type = ', <class __main__.Student at 0x1047a7a78>)
98
>>> Student                                 # 类对象
<class __main__.Student at 0x1047a7a78>
# 函数的一个属性__self__就是类对象
>>> student_a.get_highest_score.__self__
<class __main__.Student at 0x1047a7a78>
```

8.7 访 问 控 制

在 C++和 Java 中，属性（成员）有访问控制，如 public 表示任意代码可以访问该属

性，private 表示仅当前类的代码才可以访问该属性。在 Python 中没有这个访问控制符，但是可以在属性前面加上__来表示该属性不能在类外部访问。一般的属性都是可以在类的外部访问的，但是以两个下划线（__）开头的属性是不能在类的外部访问的。下面的例子演示了这个情况。

```
>>> class Student:                         # 定义一个类
...     __version = "1.0"                  # 私有的属性
...     version = "1.1"                    # 普通的属性
...                                        # 类属性定义完毕
...     def __init__(self):                # 初始化函数
...       self.__private_attr = 88         # 定义了一个私有的属性__private_attr
...       self.private_attr = 89           # 定义了一个普通的属性 private_attr
...                                        # 类定义结束
>>> Student.version                        # 查看类属性
'1.1'
>>> Student.__version                      # 私有的类属性是不能访问的
Traceback (most recent call last):
  File "<stdin>", line 1, in <module>
AttributeError: class Student has no attribute '__version'
>>> student_obj1 = Student()               # 创建一个类实例对象
>>> student_obj1.version                   # 查看普通属性
'1.1'
>>> student_obj1.__version                 # 查看私有属性，抛出异常
Traceback (most recent call last):
  File "<stdin>", line 1, in <module>
AttributeError: Student instance has no attribute '__version'
>>> student_obj1.private_attr              # 查看普通属性
89
>>> student_obj1.__private_attr            # 查看私有属性，抛出异常
Traceback (most recent call last):
  File "<stdin>", line 1, in <module>
AttributeError: Student instance has no attribute '__private_attr'
```

8.8 只读属性

默认情况下，实例对象的所有成员都是可以读和写的。但有时希望做一些限制，如只能读不能修改，或者检查修改的值必须符合类型要求或者范围要求。实现该功能的方法有多种，这里主要介绍使用@property 修饰符和定义__setattr__()函数两种方法。

8.8.1 使用@property 修饰符

该方法是通过@property 修饰符来定义一个特殊属性，对该属性进行读操作就是调用对应函数并得到该函数的返回值。需要注意的是，不能对该属性进行写操作。

```
>>> class Student:                          # 定义类
...     version = "1.0"
...     author = "python.cn"
...     def __init__(self, name, gender, age):
...         self.name = name
...         self.gender = gender
...         self._age = age
...     @property                           # age 是一个属性，在类的外面是只读
...     def age(self):
...         return self._age
...                                         # 类定义结束
>>> student_a = Student('alex', 0, 18)
>>> student_a.age                           # 得到属性的值
18
>>> student_a.age = 12                      # 不能修改
Traceback (most recent call last):
  File "<stdin>", line 1, in <module>
AttributeError: can't set attribute
```

8.8.2 重新定义__setattr__()函数

另外一种方法是通过定义__setattr__()函数来检查。该函数在成员属性被赋值时被调用。它有 3 个参数，第一个是 self，第二个是成员属性名，第三个是新的值。其基本定义格式如下：

```
def __setattr__(self, attr, val):
```

由于对所有的成员进行赋值操作时都调用这一个函数，所以一定要在该函数内部判断当前操作的属性名，也就是第二个参数。对于只读的属性，可以抛出异常；对于可写的属性，需要完成赋值操作。

```
>>> class Student:
...     version = "1.0"
...     author = "python.cn"
...     def __init__(self, name, gender, age):       # 初始化函数
...         self.name = name
...         self.gender = gender
...         self._age = age
...     def __setattr__(self, attr, val):   # 定义__setattr__()
...         if attr == 'age':                # 如果是 age 属性，抛出异常
...             msg = '{}.{} is READ ONLY'.format(type(self).__name__, attr)
...             raise AttributeError(msg)
...         else:
...             self.__dict__[attr] = val   # 其他属性，可以修改
...                                         # 类定义结束
>>> student_a = Student('alex', 0, 18)      # 创建类实例对象
>>> student_a.age = 21                      # 修改 age 属性，抛出异常
Traceback (most recent call last):
  File "<stdin>", line 1, in <module>
  File "<stdin>", line 11, in __setattr__
AttributeError: Student.age is READ ONLY
```

8.9　类属性的安全检查

除了读写的检查，还可以进行更多的检查，如检查某个属性值的范围、属性值的类型检查等，这样可以保证用户提供的输入值是有效的，防止非法数据写入系统。下面的例子演示了对年龄属性进行安全检查，不允许用户输入无效的年龄数据。

```
>>> class Student:
...     version = "1.0"
...     author = "python.cn"
...     def info():
...         print("version %s, author: %s" % (Student.version, Student.author))
...     def __init__(self, name, gender, age):
...         self.name = name
...         self.gender = gender
...         self._age = age
...     def get_age(self):
...         return self._age
...     def set_age(self, new_age):     # 对 age 属性进行写操作时的处理函数
...         if new_age > 40 or new_age < 14:
...             print("invalid age value")
...             return None
...         self._age = new_age
...         return new_age
...     age = property(get_age, set_age)
...                                     # 类定义结束
>>> student_a = Student('alex', 0, 18) # 创建实例对象
>>> student_a.age                       # 读取属性值
18
>>> student_a.age = 32                  # 设定属性
>>> student_a.age
32
```

另外一种用法如下。

```
>>> class Student:                      # 定义类
...     version = "1.0"
...     author = "python.cn"
...     def info():
...         print("version %s, author: %s" % (Student.version, Student.author))
...     def __init__(self, name, gender, age):
...         self.name = name
...         self.gender = gender
...         self._age = age
...     @property
...     def age(self):
...         return self._age
...     @age.setter                     # 定义 age 属性的设置函数
...     def age(self, val):
```

```
...         if val > 40 or val < 14:
...             print("Invalid age")
...             return self._age
...         self._age = val
...                                               # 类定义结束
>>> student_a = Student('alex', 0, 18)
>>> student_a.age
18
>>> student_a.age = 10
Invalid age
>>> student_a.age = 22
>>> student_a.age
22
```

8.10 派　生　类

派生是面向对象编程的基本概念，它赋予了我们基于某个基础类来轻松创建新类的能力。使用派生类的方法，我们可以复用他人的代码，不必从 0 开始创建自己的轮子。定义一个基于某个现有类的新类的方法如下：

```
def 新类(现有的类):
    pass
```

现有的类，有时也称为基类、父类；新类也称为派生类、子类。派生类继承了基类的所有属性。下面的例子中，车辆是基类，汽车和自行车是派生类，它们都继承了车辆的全部成员。

```
>>> class Vehicle:                          # 车辆类
...     def __init__(self):
...         self.cycle_number = 0
...         self.price = 0
...         self.producer = ""
...     def get_price(self):
...         return self.price
...     def set_price(self, price):
...         self.price = price
...
>>> class Bicycle(Vehicle):                 # 自行车类，派生于车辆类
...     def __init__(self):
...         pass
...
>>> class Car(Vehicle):                     # 汽车类，派生于车辆类
...     def __init__(self):
...         pass
...
>>> car_a = Car()
>>> bicycle_a = Bicycle()
>>> car_a.set_price(100000)                 # set_price()就是从基类继承而来的
>>> car_a.get_price()                       # get_price()也是从基类继承而来的
```

```
100000
>>> bicycle_a.set_price(200)
>>> bicycle_a.get_price()
200
```

需要注意的是，在派生类的构造函数中要明确调用其父类的构造函数。如果不显示调用，基类的构造函数不会被执行。这点和 C++、Java 不同。在 C++和 Java 中，基类的构造函数在创建派生类时是自动调用的。

```
>>> class Vehicle:                        # 车辆类
...     def __init__(self):
...         print("Constructor of Vehicle is Running")
...
>>> class Bicycle(Vehicle):
...     def __init__(self):
...         pass
...
>>> bicycle_a = Bicycle ()
```

从上面可以看到，基类 Vehicle 的构造函数并没有运行。显示调用父类的构造函数可以使用 super().__init__()。

```
>>> class Vehicle:                        # 车辆类
...     def __init__(self):
...         print("Constructor of Vehicle is Running")
...
>>> class Bicycle(Vehicle):
...     def __init__(self):
...         super().__init__()
...
>>> bicycle_a = Bicycle()
Constructor of Vehicle is Running
```

8.11　多重继承

在 Python 中，一个类可以派生自多个现有类，该特性就是多重继承。Python 的这个特性和 C++类似，有些语言如 Java 是不支持多重继承的。多重继承的语法格式如下：

```
class 新类(现有类 1, 现有类 2, ....):
    pass
```

下面定义 3 个类，一个类是 Birds，表示所有的鸟类，鸟类都会下蛋，所以为其提供一个 lay_egg()接口函数；第二个类是 CanSwim，表示会游泳的水生类，可以表示鱼，也可以表示海豹等，为其提供一个 swim()接口函数，表示在游泳；第三个是企鹅类 Penguin，企鹅会下蛋，也会游泳，可以让它继承自 Birds 和 CanSwim。这样便会发现 Penguin 类自动有了 swim()和 lay_egg()这两个接口函数，而且具体实现就是分别在 CanSwim 和 Birds 中定义的。下面是完整的代码。

```
>>> class Birds:
...     """鸟类"""
...     def lay_egg(self):
...         print(u"下蛋中")
...
>>> class CanSwim:
...     """水生类"""
...     def swim(self):
...         print(u"游泳中")
...
>>> class Penguin(CanSwim, Birds):
...     """ 企鹅 """
...     def __init__(self):
...         pass
...
>>> pg_obj1 = Penguin()
>>> pg_obj1.swim()
游泳中
>>> pg_obj1.lay_egg()
下蛋中
```

在多重继承中，如果某个函数在其两个或者多个基类中都定义了，那么应该使用哪个呢？还以上面的例子为例，不管哪类生物，都有诞生和死亡，这里鸟类和水生类都加上die()接口函数，下面来看看究竟哪个 die()会被执行。

```
>>> class Birds:
...     """鸟类"""
...     def lay_egg(self):
...         print(u"下蛋中")
...     def die(self):
...         print(u"鸟类死亡")
...
>>> class CanSwim:
...     """水生类"""
...     def swim(self):
...         print(u"游泳中")
...     def die(self):
...         print(u"水生类死亡")
...
>>> class Penguin(CanSwim, Birds):              # 定义了企鹅类
...     """ 企鹅 """                             # 其两个父类都定义了 die()接口函数
...     def __init__(self):
...         pass
...
>>> rb_obj1 = Penguin()
>>> rb_obj1.swim()
游泳中
>>> rb_obj1.lay_egg()
下蛋中
>>> rb_obj1.die()                          # 最后使用了 CanSwim 的 die()接口函数
水生类死亡
```

可以发现第一个基类的接口函数被继承下来，即 CanSwim 类的 die()被继承下来。如果将两个基类的顺序调换一下，就会发现继承的 die()接口函数将来自 Birds 类。

```
>>> class Birds:
...     """鸟类"""
...     def lay_egg(self):
...         print(u"下蛋中")
...     def die(self):
...         print(u"鸟类死亡")
...
>>> class CanSwim:
...     """水生类"""
...     def swim(self):
...         print(u"游泳中")
...     def die(self):
...         print(u"水生类死亡")
...                                          # 类定义结束
>>> class Penguin(Birds, CanSwim):           # 调换了基类的顺序
...     """ 企鹅 """
...     def __init__(self):
...         pass
...
>>> rb_obj1 = Penguin()
>>> rb_obj1.swim()
游泳中
>>> rb_obj1.lay_egg()
下蛋中
>>> rb_obj1.die()                            # 最后使用了 Birds 的 die()接口
鸟类死亡                                     # 这个和修改前的完全不同
```

对于属性也是一样的，如果多个基类同时定义了相同的属性，那么第一个基类的属性有效。假定给 Bird 添加一个属性 food，其值为 worm；同时给 CanSwim 也添加一个同样的属性 food，其值为 fish。现在 Penguin 同时继承自 Birds 和 CanSwim，那么它继承的 food 值就是第一个基类的值，也就是 worm。下面是该种情况的具体演示。

```
>>> class Birds:
...     """鸟类"""
...     food = "worm"
...
>>> class CanSwim:
...     """水生类"""
...     food = "fish"
...
>>> class Penguin(Birds, CanSwim):
...     """ 企鹅 """
...     def __init__(self):
...         pass
...
>>> rb_obj1 = Penguin()
>>> rb_obj1.food
'worm'
```

第2篇
Python 编程高级主题

第9章　多　线　程

线程是操作系统能够调度的最小单位，其是进程中的单一顺序的控制流。通常情况下，一个进程包括至少一个线程，如果有多个线程，其中包括一个主线程。同一个进程内的所有线程共享系统资源，但它们有各自独立的栈、寄存器环境和本地存储。多线程的好处是可以同时执行多个任务，如果系统有多个计算单元，那么多个线程可以在各自的计算单元并行运行，这样可以极大提升系统的处理效率。

本章主要介绍以下内容：

- 线程的概念；
- thread 包和 threading 包；
- 线程同步；
- 线程安全；
- 线程死锁。

9.1　线程介绍

早在 20 世纪 60 年代，进程的概念就出现了。但进程是资源的拥有者，进程的创建、销毁、调度代价都比较高，所以出现了对轻量级进程的需求。到了 20 世纪 80 年代，出现了线程，类似于进程，线程可以独立运行，但使用的代价比进程小很多。

线程一般包括程序、数据和线程控制块，其中线程控制块包括以下信息：

- 线程状态。
- 在线程处于非运行态时，其上次运行结束时的处理器状态，主要是寄存器的状态。
- 堆栈信息。

线程是独立调度和分派的基本单位，线程切换消耗的资源比较少。在多核系统中，多线程可以完全并发执行，这样可以完全发挥硬件的计算能力。同一个进程内的线程共享很多资源，如文件、定时器等，所以线程通信是很方便的。

9.2　Python 中的线程

Python 语言自然支持线程，不必另行安装特殊的软件包。

Python 系统自带了两个线程相关的包，一个是 thread，其要求用户提供一个函数作为线程的入口函数；另外一个包是 threading，其要求的输入是一个派生自 threading.Thread 类的实例对象。后面分别对它们进行介绍。这两个包只是提供的接口函数不同，其内部的线程概念是一样的。

9.2.1　主线程

在一个进程中，第一个启动的线程就是主线程，其具有如下特点：

- 其他线程都是由主线程直接或者间接创建出来的，我们可以画一棵线程树，主线程就是树的根，其他线程就是树上的节点。
- 主线程退出会导致进程退出，该进程内的所有其他线程会被强制退出。

我们常说的一个进程至少包含一个线程，这个至少包含的线程就是主线程。

9.2.2　线程状态

线程可以处于不同的状态，随着时间推移，线程在不同状态之间迁移。线程有 5 种状态，分别是新建、就绪、运行、阻塞和结束。

图 9-1 描述的便是线程在这些状态之间的转换。

最开始是创建一个线程，这个新创建的线程就处于“新建”状态，这是所有线程的起点。线程在该状态是可以进行各种配置的，如入口函数、栈的大小等。

操作 1 表示应用程序启动了该线程，这时线程将进入到“就绪”状态。处于就绪状态的线程还没有真正运行，但是已经满足了运行的全部条件。

操作 2 表示操作系统给其分配了处理器资源，现在线程就开始执行了，线程切换到新的“运行”状态。

操作 3 表示线程运行时碰到了问题，暂时不能继续执行下去了，如要读取文件数据，但该数据目前还没有捣入到系统，这时操作系统会将该线程调度出来并进入到“阻塞”队列中。这时该线程分配的处理器资源便可以释放出来并分配给其他“就绪”状态的线程使用。

操作 4 表示线程需要的资源已经就绪，现在该线程可以运行了。

操作 5 表示某个正在运行的线程被操作系统调度到就绪队列。由于处理器资源有限，处于“就绪”状态的线程可能数目远远大于处理器的个数，因此任意时刻只能一部分可运行的线程在运行。但也不能一直让某些线程运行而让其他线程处于等待状态，这是不合理的。所以操作系统会定时将一些运行中的线程调度处理，这样空闲出来的处理器就可以给其他等待中的线程使用。

操作 6 表示线程自行退出或者被强制退出。自行退出就是线程代码执行完成，这种方式比较优雅；强制退出就是外部代码强制要求线程停止运行，如主线程退出了，那么所有该进程内的线程都会被强制退出。强制退出可能导致某些运行结果没有来得及保存而丢失。自行退出就类似于关机，强制退出则类似于断电。

操作 7 就是强制退出。

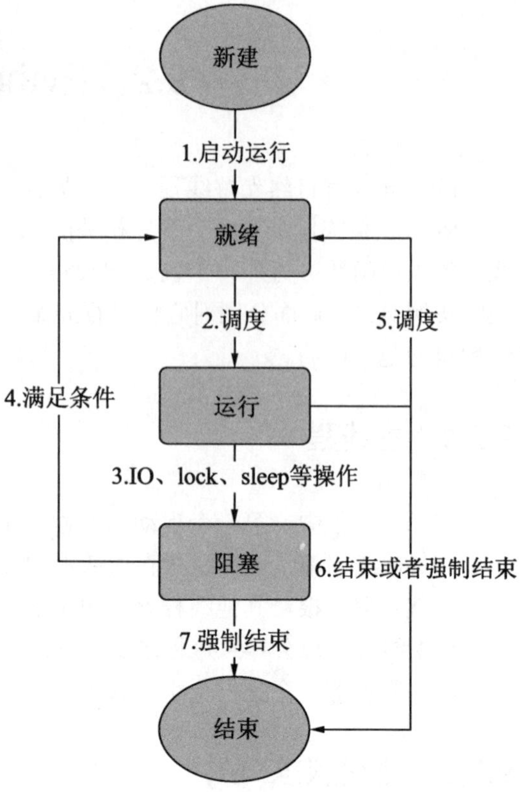

图 9-1　线程状态迁移图

另外，在后面的章节中还会经常提到几个线程相关的概念，这里先简要介绍一下这些概念。

- **线程 id**：每个线程都有一个自己的 id，就像 Python 中任何对象都有一个自己的 id 一样。不同的线程其 id 是不同的。
- **父线程**：除了主线程外，其他所有的线程都有一个父线程。这个父线程就是创建该线程的线程。在程序启动时，就只有一个主线程，这个线程可能会启动其他线程，这些新启动的线程的父线程就是主线程。

9.3　thread 包

该包在 Python 2 中属于正常可用状态，但在 Python 3 中处于即将废弃的状态，虽然还可以用，但包名被改为_thread。

使用 thread 包首先要引入该包，在 Python 2 中使用下面的语句来引入：

```
import thread
```

而在 Python 3 中，由于包名从 thread 改为了_thread，所以需要使用下面的语句来引入：

```
import _thread
```

为了保持一致性，可以首先判断当前使用的是 Python 2 还是 Python 3，然后引入不同的包，并在 Python 3 中将包重命名为 thread。代码如下：

```
import sys
if sys.version_info.major == 2:        # Python 2
    import thread
else:                                  # Python 3
    import _thread as thread
```

9.3.1 线程的启动

在 thread 包中，需要定义一个函数作为线程的入口。我们可以编写下面的一个函数，其每隔一秒钟就打印一句话，打印 10 次后退出。代码如下：

```
def thread_entry(id):
    cnt = 0
    while cnt < 10:                    # 循环次数不够
        print('Thread:(%d) Time:%s' % (id, time.ctime()))
        time.sleep(1)                  # 休息一秒
        cnt = cnt + 1
```

另外，如果需要启动某个线程，可以使用下面的方法:

```
start_new_thread(function, args[, kwargs])
```

该方法的第一个参数 function 表示要执行的函数，如上面定义的函数名，该函数将作为线程的入口函数使用。args 和 kwargs 是该函数的参数，args 是必须的，类型是元组；kwargs 是可选的，类型是字典。这里仅使用 args，而且只有一个参数，代码如下：

```
def start_threads():
    t1 = thread.start_new_thread(thread_entry, (1,))    # 启动线程 1
    t2 = thread.start_new_thread(thread_entry, (2,))    # 启动线程 2
    time.sleep(12)                                      # 等待
```

函数 start_threads()将会启动两个线程，每个线程都是以 thread_entry()作为入口函数。下面是完整的代码。

```
import time, sys                       # 引入 time 和 sys 模块
if sys.version_info.major == 2:        # 如果当前使用的是 Python 2 解释器
    import thread
else:                                  # 当前使用的是 Python 3 解释器
    import _thread as thread
def thread_entry(id):                  # 定义入口函数
    cnt = 0
    while cnt < 10:                    # 循环 10 次，每次打印一行
        print('Thread:(%d) Time:%s' % (id, time.ctime()))
        time.sleep(1)
        cnt = cnt + 1
def start_threads():                   # 启动线程
    t1 = thread.start_new_thread(thread_entry, (1,))
    t2 = thread.start_new_thread(thread_entry, (2,))
    time.sleep(12)
if __name__=='__main__':               # 运行脚本
    start_threads()
```

运行该脚本，输出如下：

```
$ python3 createThreadDemo1.py
Thread:(1) Time:Fri May 10 06:00:29 2019        # 线程 1 第 9 行输出
Thread:(2) Time:Fri May 10 06:00:29 2019        # 线程 2 第 9 行输出
Thread:(2) Time:Fri May 10 06:00:30 2019        # 线程 2 第 9 行输出
Thread:(1) Time:Fri May 10 06:00:30 2019        # 线程 1 第 9 行输出
Thread:(2) Time:Fri May 10 06:00:31 2019
Thread:(1) Time:Fri May 10 06:00:31 2019        # 线程 1 第 9 行输出
Thread:(2) Time:Fri May 10 06:00:32 2019        # 线程 2 第 9 行输出
Thread:(1) Time:Fri May 10 06:00:32 2019
Thread:(2) Time:Fri May 10 06:00:33 2019        # 线程 2 第 9 行输出
Thread:(1) Time:Fri May 10 06:00:33 2019        # 线程 1 第 9 行输出
Thread:(2) Time:Fri May 10 06:00:34 2019
Thread:(1) Time:Fri May 10 06:00:34 2019        # 线程 1 第 9 行输出
Thread:(2) Time:Fri May 10 06:00:35 2019        # 线程 2 第 9 行输出
Thread:(1) Time:Fri May 10 06:00:35 2019        # 线程 1 第 9 行输出
Thread:(2) Time:Fri May 10 06:00:36 2019
Thread:(1) Time:Fri May 10 06:00:36 2019        # 线程 1 第 9 行输出
Thread:(2) Time:Fri May 10 06:00:37 2019        # 线程 2 第 9 行输出
Thread:(1) Time:Fri May 10 06:00:37 2019        # 线程 1 第 9 行输出
Thread:(2) Time:Fri May 10 06:00:38 2019
Thread:(1) Time:Fri May 10 06:00:38 2019
```

可以看到 Tread1 和 Tread2 交错运行，并不是某一个线程执行完之后另外一个再执行。这两个线程的执行顺序并没有特定的规律，具有一定的随机性，所以两个线程可以看作是并行的。

9.3.2　线程的退出

9.3.1 节介绍了如何定义入口函数和启动线程，那么线程如何退出呢?有下面几种退出方式：

- 入口函数执行完毕。
- 线程抛出没有处理的异常。
- 线程内部调用_thread.exit_thread()来退出。

前面的例子是通过入口函数执行完毕来退出线程的，下面的例子演示了使用_thread.exit_thread()来退出线程的方法。在这个例子中，入口函数通过一个全局变量来判断是否需要退出。而这个全局变量是被主线程来控制的。完整代码如下：

```
import time, sys
if sys.version_info.major == 2:         # Python 2
    import thread
else:                                   # Python 3
    import _thread as thread
g_continue = True                       # 继续执行的标志
def thread_entry(id):                   # 线程入口函数
```

```
    global g_continue
    while True:
        if not g_continue:                          # 如果标志为 False，退出
            print("Thread:(%d) exit" % id)
            thread.exit_thread()                    # 退出线程
        else:
            print('Thread:(%d) Time:%s' % (id, time.ctime()))
            time.sleep(1)
def start_threads():                                # 启动线程
    global g_continue
    t1 = thread.start_new_thread(thread_entry, (1,))    # 启动线程 1
    t2 = thread.start_new_thread(thread_entry, (2,))    # 启动线程 2
    time.sleep(3)
    g_continue = False                              # 修改标志
    time.sleep(2)
if __name__=='__main__':
    start_threads()
```

运行结果如下：

```
$ python3 createThreadDemo2.py                      # 运行
Thread:(1) Time:Fri May 10 06:16:35 2019            # 线程 1 在运行
Thread:(2) Time:Fri May 10 06:16:35 2019            # 线程 2 在运行
Thread:(1) Time:Fri May 10 06:16:36 2019
Thread:(2) Time:Fri May 10 06:16:36 2019
Thread:(2) Time:Fri May 10 06:16:37 2019
Thread:(1) Time:Fri May 10 06:16:37 2019
Thread:(1) exit                                     # 线程 1 退出
Thread:(2) exit                                     # 线程 2 退出
```

9.4　threading 包

相对于 thread 包，threading 包提供了更多的功能。该包的用法基本分成两步，第一步是构造一个 threading.Thread 实例对象，这时该对象对应的线程就处于“新建”状态；第二步是操作该对象，如调用 start()来将该线程转换到“就绪”状态。

9.4.1　创建线程实例对象

我们可以创建基于现有的 threading.Thread 类的实例对象，主要需要提供入口函数和对应的参数。入口函数仍复用前面的函数，代码如下：

```
def thread_entry(id):
    cnt = 0
    while cnt < 10:
        print('Thread:(%d) Time:%s' % (id, time.ctime()))
        time.sleep(1)
        cnt = cnt + 1
```

下面来创建该实例，代码如下：

```
>>> import threading
>>> thread1 = threading.Thread(target=thread_entry, name="thread 1", args=(1,))
>>> thread1.isAlive()                # 线程是否在运行
False
>>> thread1.name                     # 线程名称
'thread 1'
```

在创建线程实例时可以设定入口函数、入口函数的参数、线程名等。

而在 Python 3 中多了一个标志，即 daemon，表示该线程是否为后台线程。

在 Python 3 中，默认创建的线程不是 daemon 进程。在所有非 daemon 线程结束时，进程结束。进程结束时，所有 daemon 线程会强制退出。这说明 daemon 线程会自动随进程一起结束，而非 daemon 线程则会阻止进程的结束，或者说进程会等待所有非 daemon 线程的结束。

下面来演示 daemon 属性的用法。创建一个 daemon 线程，在其完成任务之前，主线程退出。这时可以看到该 daemon 线程会自动退出。代码如下：

```
import sys, time
import threading                          # 引入线程库
def thread_entry():                       # 线程入口函数
    left_round = 10                       # 一共循环 10 轮
    print(' Child Thread: Start Running')
    while left_round > 0:
        print('Child Thread: Running, left round = %d' % left_round)
        time.sleep(0.5)
        left_round = left_round - 1
    print("Child Thread Quit")            # 线程退出
def start_threads():                      # 启动线程
    thread1 = threading.Thread(target=thread_entry, daemon=True)
    thread1.start()                       # 启动线程，使之处于“就绪”状态
    time.sleep(0.8)
    print("Active Thread Number = %d" % threading.active_count())
    time.sleep(1.8)
    print("Main Thread Quit")             # 主线程退出
if __name__=='__main__':
    start_threads()
```

运行情况如下：

```
$ python3 demo2.py
Thread: Start Running
Child Thread: Running, left round = 10
Child Thread: Running, left round = 9
Active Thread Number = 2                  # 现在有 2 个线程了
Child Thread: Running, left round = 8
Child Thread: Running, left round = 7
Child Thread: Running, left round = 6
Child Thread: Running, left round = 5
Main Thread Quit                          # 主线程结束，导致进程结束
```

可以看到主线程退出后进程就退出了。如果将 daemon 参数设为 False，则该新创建的线程就不是 daemon 线程了，这时即使主线程退出，进程也不会退出，直到所有的非 daemon 线程都退出。

将上例中的 start_threads()函数修改如下，其他代码没有任何改变：

```
def start_threads():          # 创建非 daemon 线程
    thread1 = threading.Thread(target=thread_entry, daemon=False)
    thread1.start()
    time.sleep(0.8)
    print("Active Thread Number = %d" % threading.active_count())
    time.sleep(1.8)
    print("Main Thread Quit")
```

再次运行该程序，结果如下：

```
$ python3 demo3.py
Child Thread: Start Running
Child Thread: Running, left round = 10
Child Thread: Running, left round = 9
Active Thread Number = 2
Child Thread: Running, left round = 8
Child Thread: Running, left round = 7
Child Thread: Running, left round = 6
Child Thread: Running, left round = 5
Main Thread Quit                        # 主线程退出，但是进程没有退出
Child Thread: Running, left round = 4
Child Thread: Running, left round = 3
Child Thread: Running, left round = 2
Child Thread: Running, left round = 1
Child Thread Quit                       # 所有的非 daemon 线程结束，进程结束
```

在 Python 2 中，创建线程时是不能指定 daemon 属性的，但是可以在创建后修改属性，方式如下：

```
Thread实例对象.set setDaemon(False)
```

在 Python 2 中，新创建的非主线程默认都是 daemon 线程，即会随着进程退出而强制退出。下面是 Python 2 中的一个例子，在该例子中，创建线程后将其设置为非 daemon 线程，这样进程便会一直等待该线程退出才退出，不会强制该线程退出。主要修改在 start_threads()部分，修改后的内容如下：

```
def start_threads():
    thread1 = threading.Thread(target=thread_entry)
    thread1.setDaemon(False)              # 修改为非 daemon 线程
    thread1.start()
    time.sleep(0.8)
    print("Active Thread Number = %d" % threading.active_count())
    time.sleep(1.8)
    print("Main Thread Quit")
```

运行情况如下：

```
$ python demo4.py
Child Thread: Start Running
```

```
Child Thread: Running, left round = 10
Child Thread: Running, left round = 9
Active Thread Number = 2
Child Thread: Running, left round = 8
Child Thread: Running, left round = 7
Child Thread: Running, left round = 6
Child Thread: Running, left round = 5
Main Thread Quit                                # 主线程退出，但是进程还没有退出
Child Thread: Running, left round = 4           # 新建的线程仍然在执行
Child Thread: Running, left round = 3
Child Thread: Running, left round = 2
Child Thread: Running, left round = 1
Child Thread Quit                               # 新建的线程退出，进程退出
```

9.4.2　派生自己的线程类

9.4.1 节中是通过创建 threading.Thread 的实例对象来创建线程的。其实也可以创建自己的线程类，然后使用自己的线程类来创建实例对象以达到创建线程的目的。当然自己创建的线程类要派生自 threading.Thread。

```
import sys, time
import threading                                # 引入线程库
class CustomThread(threading.Thread):           # 派生自己的线程类
    def __init__(self, thread_name):
        threading.Thread.__init__(self)
        self.thread_name = thread_name
    def run(self):                              # 线程的主函数
        left_round = 10
        print('Child Thread: Start Running')
        while left_round > 0:
            print('Child Thread: Running, left round = %d' % left_round)
            time.sleep(0.5)
            left_round = left_round - 1
        print("Child Thread Quit")
def start_threads():                            # 启动线程
    thread1 = CustomThread('thread 1')          # 创建线程对象
    thread1.setDaemon(False)                    # 设置为非 daemon 线程
    thread1.start()                             # 启动线程
    time.sleep(0.8)
    print("Active Thread Number = %d" % threading.active_count())
    time.sleep(1.8)
    print("Main Thread Quit")                   # 主线程退出
if __name__=='__main__':
    start_threads()
```

运行结果如下：

```
$ python demo6.py
Child Thread: Start Running
Child Thread: Running, left round = 10
Child Thread: Running, left round = 9
```

```
Active Thread Number = 2              # 2 个线程
Child Thread: Running, left round = 8
Child Thread: Running, left round = 7
Child Thread: Running, left round = 6
Child Thread: Running, left round = 5
Main Thread Quit                      # 主线程退出，但是进程还没有退出
Child Thread: Running, left round = 4
Child Thread: Running, left round = 3
Child Thread: Running, left round = 2
Child Thread: Running, left round = 1
Child Thread Quit                     # 子线程退出，进程退出
```

这里需要注意的是：

（1）在构造函数中一定要调用父类的构造函数，然后再进行其他的初始化操作。

（2）run()就是线程的入口函数，在外部调用实例对象的 start()接口时就会运行该函数。该函数不能有除 self 之外的其他参数，但是可以通过构造函数传入或者通过设置来传输。

9.4.3　配置线程

在启动线程之前，线程处于“新建”状态，这时可以配置线程的信息。

（1）修改是否为 daemon 线程：这个仅在 Python 3 中才有效。我们可以操作线程对象的 daemon 属性，推荐的用法是使用线程对象的 setDaemon()和 isDaemon()接口函数。下面演示了这些用法。

```
>>> import threading                  # 引入线程库
>>> import time
>>> def thread_entry():               # 定义入口函数
...   time.sleep(30)
...                                   # 入口函数定义结束
>>> thread1 = threading.Thread(target=thread_entry)    # 创建线程
>>> thread1.daemon                    # 查看该线程是否是 daemon 线程
False
>>> thread1.daemon = True             # 修改 daemon 属性
>>> thread1.daemon                    # 查看该线程是否是 daemon 线程
True
>>> thread1.isDaemon()                # 查看该线程是否是 daemon 线程
True
>>> thread1.setDaemon(False)          # 修改 daemon 属性
>>> thread1.isDaemon()                # 查看该线程是否是 daemon 线程
False
```

（2）修改线程的名称：每个线程都有一个名字，即使我们没有指定，系统也会自动为其分配一个名字。可以使用线程对象的 name 属性来修改或者获得线程的名字。和 daemon 属性一样，推荐使用线程对象的 setName()和 getName()接口函数来操作线程的名字。下面演示了这些用法。

```
>>> import threading                                # 引入 threading 库
>>> import time                                     # 定义线程入口函数
>>> def thread_entry():
...   time.sleep(30)
...                                                 # 入口函数定义结束
>>> thread1 = threading.Thread(target=thread_entry)   # 创建线程
>>> thread1.name                                    # 得到线程的名字
'Thread-1'                                          # 这是系统分配的名字
>>> thread1.name = "new-name"                       # 修改线程的名字
>>> thread1.name                                    # 得到线程的名字
'new-name'
>>> thread1.getName()                               # 得到线程的名字
'new-name'
>>> thread1.setName("abc")                          # 修改线程的名字
>>> thread1.getName()                               # 得到线程的名字
'abc'
```

9.4.4 启动线程

在配置好线程后，可以启动该线程。这时线程的状态由“新建”变为“就绪”。就绪状态的线程并没有在运行，只是说可以运行了。只有在操作系统可以为其分配相关的处理器资源时，才会将其调度到某个处理器上运行。

threading.Thread 实例对象有一个接口函数 start()，通过调用该函数可以启动该线程。

```
>>> def thread_entry():                             # 定义入口函数
...     time.sleep(30)                              # 等待 30 秒
...     print("Child Thread Quit")
...                                                 # 入口函数结束
>>> thread1 = threading.Thread(target=thread_entry)   # 创建线程
>>> thread1
<Thread(Thread-5, initial)>                         # 线程状态为 initial
>>> thread1.start()                                 # 开始运行，进入“就绪”状态
>>> thread1
<Thread(Thread-5, started 123145558048768)>
```

start()函数不能被调用多次，否则会抛出异常。下面的例子演示了多次调用 start()的情形。

```
>>> thread1.start()                                 # 再次启动线程
Traceback (most recent call last):                  # 抛出 RuntimeError 异常
  File "<stdin>", line 1, in <module>
  File "/usr/local/Cellar/python@
2/2.7.15_1/Frameworks/Python.framework/Versions
/2.7/lib/python2.7/threading.py", line 730, in start
    raise RuntimeError("threads can only be started once")
RuntimeError: threads can only be started once
```

9.4.5 停止线程

在 thread 包和 threading 包中都没有提供强制线程退出的接口函数，但可以通过给线程发送信号的方式来强制某个线程退出。

```
import threading                          # 引入线程库
import inspect, sys, time
import ctypes
def async_raise_exception(thread_id, exctype): # 给线程发送信号
  tid = ctypes.c_long(thread_id)    # 得到线程的 id
  if not inspect.isclass(exctype):
    exctype = type(exctype)
  res = ctypes.pythonapi.PyThreadState_SetAsyncExc(tid,
        ctypes.py_object(exctype))
  if res == 0:
    raise ValueError("invalid thread id")
  elif res != 1:
    ctypes.pythonapi.PyThreadState_SetAsyncExc(thread_id, None)
    raise SystemError("PyThreadState_SetAsyncExc failed")
def thread_entry():                       # 线程入口函数
    print('Child Thread: Start Running')
    while True:
        try :
            time.sleep(0.2)
        except SystemExit:                # 接收到信号
            print("Got an SystemExit Exception, Quit")
            break             # 退出线程
    print("Child Thread Quit")
def start_threads():                      # 启动线程
    thread1 = threading.Thread(target=thread_entry)
    thread1.setDaemon(False)
    thread1.start()
    time.sleep(2)
    print("Active Thread Number = %d" % threading.active_count())
    async_raise_exception(thread1.ident, SystemExit)
    time.sleep(1)
    print("Active Thread Number = %d" % threading.active_count())
    print("Main Thread Quit")
if __name__=='__main__':
    start_threads()
```

运行结果如下：

```
$ python forceQuit1.py
Child Thread: Start Running
Active Thread Number = 2
Got an SystemExit Exception, Quit
Child Thread Quit
Active Thread Number = 1
Main Thread Quit
```

9.4.6　等待线程结束

有时父线程需要等待所有的子线程完成任务，这时可以使用 join()接口函数。该接口函数会一直等待，直到对象的线程退出。

```
import sys, time                               # 引入 time 库
import threading
def thread_entry():                            # 定义入口函数
    left_round = 10
    print('Child Thread: Start Running')
    while left_round > 0:
        print('Child Thread: Running, left round = %d' % left_round)
        time.sleep(0.2)
        left_round = left_round - 1
    print("Child Thread Quit")
    return 88
def start_threads():                           # 启动线程
    thread1 = threading.Thread(target=thread_entry)
    thread1.setDaemon(False)
    thread1.start()
    thread1.join()                             # 等待子线程结束
    print("Main Thread Quit")                  # 主线程退出
if __name__=='__main__':
    start_threads()
```

运行结果如下：

```
$ python joinDemo1.py
Child Thread: Start Running
Child Thread: Running, left round = 10
Child Thread: Running, left round = 9
Child Thread: Running, left round = 8
Child Thread: Running, left round = 7
Child Thread: Running, left round = 6
Child Thread: Running, left round = 5
Child Thread: Running, left round = 4
Child Thread: Running, left round = 3
Child Thread: Running, left round = 2
Child Thread: Running, left round = 1
Child Thread Quit
Main Thread Quit
```

join()函数还可以带一个时间参数，表示最多等待多少秒，如果等待超时，该函数返回。但不论是因为超时返回还是因为线程退出，join()函数的返回值都是 None。为了分辨返回的原因，需要在 join()之后调用 isAlive()来判断等待的线程是否真的退出了。不能 join()自己，否则会抛出异常。不能 join()处于“新建”状态的线程，否则也会抛出异常。

9.4.7 其他接口函数

下面介绍 threading 包中其他常用的接口函数。

（1）得到当前进程内运行状态线程的个数——threading.active_count()：这是一个类函数，不需要使用线程实例对象，也没有任何输入参数。

```
>>> def thread_entry():                             # 入口函数
...     time.sleep(30)
...     print("Child Thread Quit")
...                                                 # 入口函数结束
>>> thread1 = threading.Thread(target=thread_entry)    # 创建线程
>>> threading.active_count()                        # 有效线程个数
1
>>> thread1.start()                                 # 启动线程
>>> threading.active_count()                        # 有效线程个数
2
```

（2）当前线程——threading.current_thread()：这也是一个类函数，不需要使用线程实例对象，也不需要任何输入参数，返回的是一个线程实例对象。在不同的线程内调用会得到不同的实例对象。

```
>>> thread_obj1 = threading.current_thread()   # 得到当前的线程
>>> type(thread_obj1)
<class 'threading._MainThread'>
>>> isinstance(thread_obj1, threading.Thread)  # 是否为线程对象
True
>>> thread_obj1                                # 查看线程对象
<_MainThread(MainThread, started 140735876817792)>
>>> thread_obj1.name                           # 线程名
'MainThread'
>>> thread_obj1.__class__                      # 线程的类型
<class 'threading._MainThread'>
```

（3）设置线程栈大小——threading.stack_size(size)：单位是字节。该函数对于所有后来新建的线程有效。目前阶段不能对某个线程设定栈的大小，只能设定系统参数。size 的值可以为 0 或者大于 32768（表示 32KB）的正整数，但最好不要设置为任意值，建议设置为 4KB 的整数倍，如 8192（8KB）；如果设为 0 表示取系统默认值。该函数仅在 Windows 和支持 POSIX 的系统上有效。

（4）得到线程栈的大小——threading.stack_size()：该函数返回的是一个整数，0 表示系统默认值，否则表示栈的字节数。该函数仅在 Windows 和支持 POSIX 的系统上有效。

```
>>> threading.stack_size()                     # 读取栈的大小
0                                              # 0 表示默认值
>>> threading.stack_size(1024*1024*2)          # 设定栈的大小为 2M
```

```
0
>>> threading.stack_size()                          # 查看目前栈的大小
2097152
```

（5）得到线程 ID：该值可以从线程对象的 ident 属性得到。如果线程处于“新建”状态，那么该属性值为 0。该 ID 值是循环使用的，如果某个线程退出，那么其原来使用的 ID 可能会分配给新的线程使用。

```
>>> a = threading.current_thread()               # 得到当前线程的对象
>>> a                                            # 查看线程对象
<_MainThread(MainThread, started 140735876817792)>
>>> a.ident                                      # 查看 ID
140735876817792
```

（6）得到主线程——main_thread()：该函数仅在 Python 3.4 以及后面的版本中可用，在 Python 2 和早期的 Python 3 中是不存在的，其返回的是主线程实例对象。

```
>>> import threading
>>> threading.main_thread()
<_MainThread(MainThread, started 140735876817792)>
```

（7）超时时间 TIMEOUT_MAX：在调用 Lock.acquire()、RLock.acquire()时等待的默认时间，单位为秒。如果超过这个时间，调用返回错误码，不再继续等待。这个属性可读可写。

```
>>> threading.TIMEOUT_MAX                        # 得到超时时间，单位为秒
9223372036.0
>>> threading.TIMEOUT_MAX = 9223372038
>>> threading.TIMEOUT_MAX
9223372038
```

（8）得到线程列表——enumerate ()：该函数返回一个列表，成员是 threading.Thread 的实例对象。

```
>>> import threading                             # 引入线程库
>>> threading.enumerate()                        # 得到遍历线程的对象
 [<_MainThread(MainThread, started 140735876817792)>]
```

9.5　线程同步

一个线程启动后，其会自行运行。但如果希望它们能同步运行，应该怎么做呢？举个简单的例子，有两个线程 A 和 B，A 负责从网络上读取数据，保持到变量 X 中，B 负责处理变量 X 中的数据，这时线程 B 就需要和 A 同步。也就是说 B 需要等 A 给其一个信号，其才可以开始去做自己的事情。同样，B 完成了任务后也需要通知 A，告诉 A 变量 X 中的数据已经处理完了，可以将新的数据放入 X 了。图 9-2 表示了这个过程。

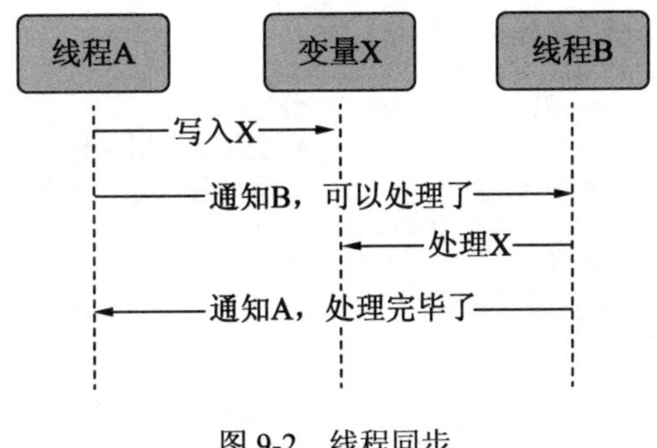

图 9-2　线程同步

实现线程同步的方式有很多种，下面分别进行介绍。

9.5.1　线程锁 thread.Lock

借助锁，可以得到一些排他的资源。例如，为某个资源 A 加上锁 L，如果要使用该资源，则必须得到锁 L，这个锁可以保证在任意时候，只有一个线程可以得到它。其他线程如果想得到已经被别的线程得到的锁，只能等待锁的拥有者主动释放锁。

这个锁类提供了 acquire()和 release()两个接口函数。release()表示某线程已经完成了任务，其他线程可以开始自己的工作了；acquire()表示某线程计划做某个工作，请在可以开始时通知它。所以做某件工作可以用下面三步构成：

（1）acquire()：等条件成熟了告诉某线程。

（2）do_the work()：条件成熟了，开始工作。

（3）release()：工作完成，告诉其他线程可以开始工作了。

现在回到前面的例子上，我们需要两个锁。一个用来写变量 X，用 write_lock 来表示；一个用来读变量 X，用 read_lock 来表示。写变量 X 的过程如下：

（1）write_lock.acquire()

（2）X = var

（3）read_lock.release()

读变量 X 的过程如下：

（1）read_lock.acquire()

（2）var = X

（3）write_lock.release()

下面是完整的代码。

```
import sys, time                                # 引入时间库
if sys.version_info.major == 2:                 # Python 2
    import thread
else:                                           # Python 3
    import _thread as thread
```

```
6   # 创建两个锁，一个用来读，一个用来写
7   read_lock = thread.allocate_lock()
8   write_lock = thread.allocate_lock()
9   X = 0                              # 变量 X，用来保存两个线程之间交换的数据
10  def write_thread_entry():          # 写线程的入口函数
11      global X, read_lock,  write_lock
12      for i in range(2, 10, 1):
13          write_lock.acquire()
14          X = i
15          read_lock.release()
16  def read_thread_entry():           # 读线程的入口函数
17      global X, read_lock, write_lock
18      while True:
19          read_lock.acquire()
20          print("Processing X = %d" % X)
21          write_lock.release()
22  def start_threads():               # 启动线程
23      read_lock.acquire()            # read_lock 处于被占用状态
24      t1 = thread.start_new_thread(write_thread_entry, tuple())
25      t2 = thread.start_new_thread(read_thread_entry, tuple())
26      time.sleep(5)
27  if __name__=='__main__':           # 如果是运行该脚本而不是 import 该文件
28      start_threads()
```

运行结果如下：

```
$ python lockDemo1.py          # 运行脚本
Processing X = 2               # 程序第 20 行的输出
Processing X = 3               # 当前 X 的值
Processing X = 4
Processing X = 5
Processing X = 6
Processing X = 7
Processing X = 8
Processing X = 9
```

9.5.2　线程锁 threading.Lock

threading 包也包含一个类 Lock，其提供的函数也是 acquire()和 release()，这两个函数和 thread.Lock 类的函数一样。但是其并没有提供 allocate_lock()接口函数来创建 Lock，需要我们用构造函数自己创建。下面的代码使用几乎一样的方法实现了前面的例子。

```
import sys, time
import threading                   # 引入线程库
read_lock = threading.Lock()
write_lock = threading.Lock()
X = 0                              # 变量 X，读写线程交互信息的载体
def write_thread_entry():
    global X, read_lock,  write_lock
    for i in range(2, 10, 1):
        write_lock.acquire()
```

```
10         X = i
11         read_lock.release()
12 def read_thread_entry():
13     global X, read_lock, write_lock
14     while True:
15         read_lock.acquire()
16         print("Processing X = %d" % X)
17         write_lock.release()
18 def start_threads():
19     read_lock.acquire()      # read_lock 处于被占用状态
20     t1 = threading.Thread(target=write_thread_entry)
21     t1.setDaemon(True)
22     t1.start()
23     t2 = threading.Thread(target=read_thread_entry)
24     t2.setDaemon(True)
25     t2.start()
26     time.sleep(5)
27 if __name__=='__main__':
28     start_threads()
```

运行结果如下：

```
$ python lockDemo1.py
Processing X = 2              # 程序第 16 行的输出
Processing X = 3              # 显示当前 X 的值
Processing X = 4
Processing X = 5
Processing X = 6
Processing X = 7
Processing X = 8
Processing X = 9
```

9.5.3 可重入锁 threading.RLock

前面介绍的 threading.Lock 有一个问题，就是对某个 threading.Lock 对象在同一个线程内重复调用两次 acquire()会发生锁死现象。下面的代码演示了这个情况。

```
import sys, time
import threading
lock_obj1 = threading.Lock()          # 创建锁对象
def thread_entry():                   # 子线程入口函数
    global lock_obj1                  # 使用全局变量 lock_obj1
    print("Child Thread: thread_entry() Is Running")
    lock_obj1.acquire()               # 第一次调用 acquire()，成功
    print("Child Thread: acquire(1) Finished")
    lock_obj1.acquire()               # 第二次调用 acquire()，阻塞
    # 我们看不到下面的两句输出
    print("Child Thread: acquire(2) Finished")
    print("Child Thread: Quit")
def start_threads():                  # 主线程
    global lock_obj1
    t1 = threading.Thread(target=thread_entry)
```

```
15          t1.setDaemon(True)
16          t1.start()
17          time.sleep(5)
18      print("Main Thread: Quit")
19  if __name__=='__main__':                # 作为脚本执行
20      start_threads()
```

运行结果如下：

```
$ python lockDemo3.py
Child Thread: thread_entry() Is Running
Child Thread: acquire(1) Finished
Main Thread: Quit
```

可以看到子线程在第二次调用 acquire()时卡住了。threading.RLock()类就是为了解决这个问题的，其用法和 Threading.Lock()基本相同，区别是如果某个线程调用了自己已经调用过的 RLock，不会被阻塞。下面将前面代码的第三行：

```
lock_obj1 = threading.Lock()
```

修改为

```
lock_obj1 = threading.RLock()
```

其他都保持不变，再次运行后结果如下：

```
$ python lockDemo4.py
Child Thread: thread_entry() Is Running
Child Thread: acquire(1) Finished
Child Thread: acquire(2) Finished
Child Thread: Quit
Main Thread: Quit
```

这里还有一个特别的地方，就是 release()被调用的次数要求和 acquire()被调用的次数相同，否则其他的非所有者线程还是会被卡在 acquire()上。某个线程成功执行 acquire()后，该线程就是该 threading.RLock 对象的所有者。threading.RLock 对象内部有一个成员变量 _RLock__count，其类型为整数。如_RLock__count=0，表示其没有被任意线程所有，因而任意线程都可以成功执行 acquire()来获得该 threading.RLock 对象；如果_RLock__count>0，则只有上次成功执行 acquire()的所有者线程才可以成功执行 acquire()，其他线程都会被阻塞。成功执行 acquire()后，_RLock__count 的值会加一；而成功执行 release()后，_RLock__count 的值会减一。

```
>>> import threading                    # 引入库
>>> lock_obj1 = threading.RLock()       # 创建 RLock 对象
>>> lock_obj1._RLock__count             # 查看当前的值
0                                       # =0 表示还没有所有者
>>> lock_obj1.acquire()                 # 获得该 RLock 对象
True
>>> lock_obj1._RLock__count             # 查看值
1                                       # 已经被 acquire()一次了
>>> lock_obj1.acquire()                 # 继续获得 RLock，同一个线程
1
```

```
>>> lock_obj1._RLock__count
2
>>> lock_obj1.release()                         # 释放一次，值应该减一
>>> lock_obj1._RLock__count
1
>>> lock_obj1.release()
>>> lock_obj1._RLock__count                     # =0 表示没有所有者了
0
```

9.5.4　条件变量 threading.Condition

条件变量提供两个接口，一个是 wait()，表示等待有线程调用 notify()；另一个是 nodify()，表示激活处于等待的线程。下面是一个简单的例子，其每隔 3 秒就将工作线程唤醒一次。注意在调用 wait()和 notify()之前要调用 acquire()，在调用 wait()和 notify 之后要调用 release()。下面是例子代码：

```
import sys, time
import threading                                # 引入线程库
def thread_entry(id, condition_obj):            # 线程入口函数
    print("Worker Thread %d: thread_entry() Is Running" % id)
    for round in range(3):                      # 循环 3 次
        condition_obj.acquire()                 # 等待
        condition_obj.wait()
        print("Worker Thread %d: is Doing Work" % id)
        condition_obj.release()
        time.sleep(0.1*id)
    print("Worker Thread %d : Quit" % id)       # 线程结束
def start_threads():                            # 创建线程
    condition_obj = threading.Condition()       # 创建 condition
    t1 = threading.Thread(target=thread_entry, args=(1, condition_obj))
    t1.start()                                  # 启动线程
    time.sleep(0.1)                             # 休眠 0.1 秒
    t2 = threading.Thread(target=thread_entry, args=(2, condition_obj))
    t2.start()
    for round in range(3):
        time.sleep(2)
        condition_obj.acquire()
        condition_obj.notify_all()              # 通知子线程开始工作
        condition_obj.release()
if __name__=='__main__':
    start_threads()
```

运行结果如下：

```
$ python conditionDemo1.py
Worker Thread 1: thread_entry() Is Running
Worker Thread 2: thread_entry() Is Running
Worker Thread 1: is Doing Work
Worker Thread 2: is Doing Work
Worker Thread 1: is Doing Work
Worker Thread 2: is Doing Work
```

```
Worker Thread 1: is Doing Work
Worker Thread 2: is Doing Work
Worker Thread 1 : Quit
Worker Thread 2 : Quit
```

如果觉得使用 acquire()和 release()比较麻烦，也可以用 with 语句，如

```
with condition_obj:
condition_obj.notify_all()
```

等效于

```
condition_obj.acquire()
condition_obj.notify_all()
condition_obj.release()
```

现在代码可以写成：

```
import sys, time
import threading                                    # 引入线程库
def thread_entry(id, condition_obj):
    print("Worker Thread %d: thread_entry() Is Running" % id)
    for round in range(3):                          # 循环 3 次
        with condition_obj:
     condition_obj.wait()
     print("Worker Thread %d: is Doing Work" % id)
time.sleep(0.1*id)
    print("Worker Thread %d : Quit" % id)
def start_threads():
condition_obj = threading.Condition()
    t1 = threading.Thread(target=thread_entry, args=(1, condition_obj))
    t1.start()
time.sleep(0.1)
    t2 = threading.Thread(target=thread_entry, args=(2, condition_obj))
    t2.start()
    for round in range(3):                          # 循环 3 次
time.sleep(2)
        with condition_obj:                         # 进入竞争区
     condition_obj.notify_all()                     # 通知子线程
if __name__=='__main__':
start_threads()
```

9.5.5　信号量 threading.Semaphore

Semaphore 和 Lock 的作用相似，其不同之处是 Lock 只能被一个线程获得，其他的线程都只能等待，而 Semaphore 可以被 N 个线程同时获得，N 也可以等于 1。下面是其用法演示。

```
import sys, time
import threading                                    # 引入线程库
def thread_entry(id, Semaphore_obj):                # 线程入口函数
    print("Worker Thread %d: thread_entry() Is Running" % id)
    time.sleep(1.8)
```

```
    for round in range(3):                    # 循环 3 次
        Semaphore_obj.acquire()
        print("Worker Thread %d: is Doing Work" % id)
        time.sleep(0.1*id)
    print("Worker Thread %d : Quit" % id)
def start_threads():
    Semaphore_obj = threading.Semaphore(3) # 创建 3 个元素的 sem
    t1 = threading.Thread(target=thread_entry, args=(1, Semaphore_obj))
    t1.start()
    t2 = threading.Thread(target=thread_entry, args=(2, Semaphore_obj))
    t2.start()
    t3 = threading.Thread(target=thread_entry, args=(3, Semaphore_obj))
    t3.start()
    t4 = threading.Thread(target=thread_entry, args=(4, Semaphore_obj))
    t4.start()
    for round in range(9):
        time.sleep(2)
        print("Release() is Called")           # 释放 sem
        Semaphore_obj.release()
    print("Main Thread Quit")
if __name__=='__main__':
    start_threads()
```

运行结果如下：

```
1   $ python semaphoreDemo1.py                          # 运行脚本
2   Worker Thread 1: thread_entry() Is Running # 子线程启动
3   Worker Thread 2: thread_entry() Is Running
4   Worker Thread 3: thread_entry() Is Running
5   Worker Thread 4: thread_entry() Is Running
6   Worker Thread 2: is Doing Work                      # 仅有 3 个线程可以并行工作
7   Worker Thread 1: is Doing Work
8   Worker Thread 3: is Doing Work
9   Release() is Called                        # 释放 sem，这时有一个子线程可以工作了
10  Worker Thread 4: is Doing Work             # 被第 9 行释放的 sem 唤醒
11  Release() is Called                        # 再次释放一个 sem
12  Worker Thread 1: is Doing Work
13  Release() is Called
14  Worker Thread 2: is Doing Work
15  Release() is Called
16  Worker Thread 3: is Doing Work
17  Release() is Called
18  Worker Thread 4: is Doing Work
19  Release() is Called
20  Worker Thread 1: is Doing Work
21  Worker Thread 1 : Quit
22  Release() is Called
23  Worker Thread 2: is Doing Work
24  Worker Thread 2 : Quit
25  Release() is Called
26  Worker Thread 3: is Doing Work
27  Worker Thread 3 : Quit
28  Release() is Called
29  vMain Thread Quit
```

```
Worker Thread 4: is Doing Work
Worker Thread 4 : Quit
```

可以看到最开始有 3 个线程并行工作，到后来每调用一次 release()就会有一个进程开始工作。Semephore 内部保存一个属性_Semaphore__value 该值在初始化时设置，在上面的代码中设置为 3。每次调用 acquire()时判断该值是否大于 0，如果大于 0，则将该值减一并立即返回；如果等于 0，则一直等待直到该值大于 0。而在 release()时，其将_Semaphore__value 值加一，这样原来阻塞在 acquire()上的线程可能就会开始执行了。

下面介绍信号量的一些属性和方法。

1．属性_Semaphore__value

该属性值表示还有多少个线程可以得到该 Semaphore。其在 Semaphore 初始化时被初始化。该属性对 Python 2 有效，在 Python 3 中则被_value 替代。下面是 Python 2 中的情况：

```
>>> import threading
>>> sem_obj = threading.Semaphore(3)
>>> sem_obj._Semaphore__value
3
>>> sem_obj.acquire()
True
>>> sem_obj._Semaphore__value
2
>>> sem_obj.release()
>>> sem_obj._Semaphore__value
3
>>> sem_obj.release()
>>> sem_obj._Semaphore__value
4
>>> sem_obj.release()
>>> sem_obj._Semaphore__value
5
```

下面是 Python 3 中的情况：

```
>>> import threading
>>> sem_obj = threading.Semaphore(3)
>>> sem_obj._value
3
>>> sem_obj.acquire()
True
>>> sem_obj._value
2
>>> sem_obj.release()
>>> sem_obj._value
3
>>> sem_obj.release()
>>> sem_obj._value
4
>>> sem_obj.release()
>>> sem_obj._value
5
```

需要注意的是，该属性值可以大于初始值。如最开始设定的初始值为 3，但其通过调用 release()可以达到 4 或 5。这在很多系统中是不会出现的现象。

2. 得到信号量——acquire()

该函数在 Python 2 中只有一个参数 blocking，如果为 1 表示一直等待；为 0 表示立刻返回。如果得到了信号量，返回值是 True，否则是 False。

```
>>> import threading
>>> sem_obj = threading.Semaphore(1)
>>> sem_obj._Semaphore__value
1
>>> sem_obj.acquire()
True
>>> sem_obj._Semaphore__value
0
>>> sem_obj.acquire(0)       # 不等待，直接返回
False
```

在 Python 3 中，多了一个超时参数，表示最多等待的时间，单位为秒。

```
>>> import threading
>>> sem_obj = threading.Semaphore(1)
>>> sem_obj._value
1
>>> sem_obj.acquire()
True
>>> sem_obj._value
0
>>> sem_obj.acquire(1, 3)                # 等待最多 3 秒
False
```

3. 释放信号量——release()

该函数没有任何参数，而且返回值也是 None。

```
>>> import threading                     # 引入 threading 库
>>> sem_obj = threading.Semaphore(1)     # 创建 Semaphore 对象
>>> sem_obj.acquire()
True
>>> ret = sem_obj.release()              # 返回值是 None
>>> ret is None
True
```

9.5.6 事件 threading.Event

Event 可以看作是某个开关状态，可以通过 set()来闭合开关，也可以通过 clear()来断开开关，还可以使用 wait()来等待开关的闭合。

```
import sys, time
import threading                         # 引入线程库
```

```
def thread_entry(id, evt):                  # 线程入口函数
    print("Child Thread %d Wait for event" % id)
    evt.wait()                              # 等待可以执行
    print("Child Thread %d Quit" % id)      # 子线程退出
def start_threads():
    event_obj1 = threading.Event()          # 创建事件
    thread1 = threading.Thread(target=thread_entry, args=(1, event_obj1))
    thread1.start()                         # 启动子线程 1
    thread2 = threading.Thread(target=thread_entry, args=(2, event_obj1))
    thread2.start()                         # 启动子线程 2
    time.sleep(0.8)
    print("Active Thread Number = %d" % threading.active_count())
    time.sleep(1.8)
    event_obj1.set()                        # 允许子线程运行
    print("Main Thread Quit")
if __name__=='__main__':
    start_threads()
```

运行结果如下：

```
$ python eventDemo1.py
Child Thread 1 Wait for event
Child Thread 2 Wait for event
Active Thread Number = 3
Main Thread Quit
Child Thread 1 Quit
Child Thread 2 Quit
```

下面介绍 Event 对象的接口函数。

1. 得到Event实例对象的状态——is_set()

新创建的 Event 对象处于非 set 状态。注意：set 状态表示闭合开关。

```
>>> event_obj = threading.Event()
>>> event_obj.is_set()
False
```

2. 等待Event实例对象变成set状态——wait(timeout)

该接口函数有超时参数，表示最多等待多少秒。不提供该参数表示一直等待直到 Event 实例对象变成 set 状态。如果超时，其返回值为 False，否则返回值为 True。

```
>>> event_obj = threading.Event()          # 创建 Event 实例对象 event_obj
>>> event_obj.set()                        # 设置为 set 状态（闭合开关）
>>> ret = event_obj.wait()                 # 等待，没有超时参数
>>> ret                                    # 返回值为 True
True
>>> event_obj.clear()                      # 清除 set 状态（断开开关）
>>> ret = event_obj.wait(0.1)              # 超时时间为 0.1 秒
>>> ret                                    # 返回值为 False，表示超时返回
False
```

3. 设置状态——set()

这样所有 wait()都会满足条件返回，相当于开关闭合。

```
>>> event_obj = threading.Event()
>>> event_obj.is_set()
False
>>> event_obj.set()
>>> event_obj.is_set()
True
>>> event_obj.set()                          # 多次设置也没有问题
>>> event_obj.is_set()
True
```

4. 清除状态——clear()

这样所有 wait()都会被阻塞，相当于开关断开。

```
>>> event_obj = threading.Event()
>>> event_obj.is_set()
False
>>> event_obj.set()
>>> event_obj.is_set()
True
>>> event_obj.clear()
>>> event_obj.is_set()
False
>>> event_obj.clear()
>>> event_obj.is_set()
False
```

9.6 线程安全

所谓线程安全就是说对某个资源的访问在多线程状态下和单线程状态下得到相同的结果，结果不会受到线程调度等因素的影响。例如下面这段代码，在函数 operate_resource()中为 g_list 添加一个新元素，新元素的值为 g_list 最后一个元素的值加 1。

```
g_list = []
def operate_resource():
    global g_list
    ele_num = len(g_list)
    if ele_num == 0:
        g_list.append(1)
    else:
        last_val = g_list[ele_num-1]
        new_last_val = last_val + 1
        g_list.append(new_last_val)
```

如果在单个线程中不停地调用 operate_resource()，那么 g_list 列表会不停地生长，而且值是依次加一的。但是如果同时启动两个线程，每个线程都在循环调用 operate_resource()，那么便不能保证得到的 g_list 的值是每次都加一的。上面的例子中，假定这两个线程分别为 A 和 B。现在 g_list 为空，在 A 执行到第 4 行时，其得到 ele_num=0，所以其下一句是通过判断而执行第 6 句，假定在这时发生了线程切换，现在 A 线程被调度出去，B 被激活了。线程 B 也执行到第 4 行代码，同样的 B 也得到 ele_num=0，所以其也会执行第 6 行代码。这样最后得到的 g_list 会是[1, 1]而不是[1, 2]，这不是预期的结果。

可以用下面的代码来完整地演示这个问题。

```
import sys, time                              # 引入时间库
if sys.version_info.major == 2:               # Python 2
    import thread
else:                                         # Python 3
    import _thread as thread
g_list = []
def operate_resource():                       # 操作资源
    global g_list
    ele_num = len(g_list)
    if ele_num == 0:
        g_list.append(1)
    else:
        last_val = g_list[ele_num-1]
        new_last_val = last_val + 1
        g_list.append(new_last_val)
def thread_entry(id, round):                  # 线程入口函数
    while round > 0:
        operate_resource()
        round = round - 1
    print("Thread %d Finished" % id)
def start_threads():                          # 启动线程
    global g_list
    t1 = thread.start_new_thread(thread_entry, (1, 10000))
    t2 = thread.start_new_thread(thread_entry, (2, 10000))
    time.sleep(10)
    print("Check the Result")
    loc = 0     # 开始位置，其依次检查是否满足 g_list[loc] = (loc + 1)
    while loc < 20000:
        if g_list[loc] != (loc + 1):          # 该值与预期的不同
            print("Error: at %d" % (loc+1))
            break
        loc = loc + 1
if __name__=='__main__':
    start_threads()
```

运行结果如下：

```
$ python threadSafe1.py                       # 运行脚本
Thread 2 Finished
Thread 1 Finished
Check the Result
Error: at 6488
$ python threadSafe1.py                       # 再运行一次
```

```
Thread 2 Finished
Thread 1 Finished
Check the Result
Error: at 3666
```

可以看到最后得到的结果不是预期的。当然这个错误的数据有点随机性，就是说有可能是第 1 个元素发生了错误，也可能是第 100 个元素发生了错误。例如上面的例子，其运行了两次，一次是第 6488 个元素发生了错误，一次是第 3666 个元素发生了错误。读者在运行该程序时还可能得到不同的错误位置。

造成该错误的原因是某些操作应该是保证原子性的却没有保证。如上面这个例子，operate_resource()应该是要保证原子性的，就是说在 operate_resource()执行过程中其所使用的资源不能再次被其他线程使用，即线程 A 在操作 g_list 的过程中，其他线程不能使用 g_list。

解决办法是使用锁，基本用法如下：

（1）得到锁 A，阻止其他线程使用特定数据。

（2）使用共享的对象。

（3）释放锁 A，允许其他线程使用特定数据。

这样在任意时刻，只有一个线程在执行上面的第二步。

该方法和同步的区别是，其仅使用一个锁，所以可能出现某个线程 A 多次连续得到锁。而同步则是依次交互执行，一般不会出现某个线程连续多次得到执行机会。

现在修改上面的代码，在访问数据之前加上锁，在访问结束后释放锁。代码如下：

```
import sys, time
if sys.version_info.major == 2:
    import thread
else:
    import _thread as thread
mutex_lock = thread.allocate_lock()
g_list = []
def operate_resource():
    global g_list
    ele_num = len(g_list)
    if ele_num == 0:
        g_list.append(1)
    else:
        last_val = g_list[ele_num-1]
        new_last_val = last_val + 1
        g_list.append(new_last_val)
def thread_entry(id, round):                    # 线程入口函数
    while round > 0:                            # 循环 round 次
        mutex_lock.acquire()
        operate_resource()
        mutex_lock.release()
        round = round - 1
    print("Thread %d Finished" % id)
def start_threads():                            # 启动线程
    global g_list
```

```
    t1 = thread.start_new_thread(thread_entry, (1, 10000))
    t2 = thread.start_new_thread(thread_entry, (2, 10000))
    time.sleep(10)
    print("Check the Result")
    loc = 0
    while loc < 20000:
        if g_list[loc] != (loc + 1):
            print("Error: at %d" % (loc+1))
            break
        loc = loc + 1
    print("All Passed")
if __name__=='__main__':
    start_threads()
```

再次运行程序，没有错误出现。

```
$ python threadSafe2.py
Thread 1 Finished
Thread 2 Finished
Check the Result
All Passed
```

这里可以用的锁有很多，除了上面例子使用的 thread.Lock，threading.Lock()和 threading.RLock()也都可以使用。

9.7 死　锁

死锁是多线程编程中经常讨论的问题，所谓死锁就是线程一直无限期地等待某个资源。最简单的死锁现象就是一个线程等待一个自己已经拿到的锁。由于该锁已经被自己拿到了，所以第二次申请该锁时会被放到等待队列中，但这个等待的时间是永远。下面的代码演示了这种情况。

```
import sys, time
if sys.version_info.major == 2:
    import thread
else:
    import _thread as thread
lock = thread.allocate_lock()          # 创建一个锁
def thread_entry():                    # 线程入口函数
    global lock
    print("Before lock Acquire - 1")
    lock.acquire()
    print("After lock Acquire - 1")
    print("Before lock Acquire - 2")
    lock.acquire()                     # 死锁在这里，后面的代码不会继续执行
    print("After lock Acquire - 1")
    lock.release()
    lock.release()
def start_threads():                   # 启动子线程
    t1 = thread.start_new_thread(thread_entry, tuple())
```

```
19      time.sleep(5)
20      print("Main Thread Quit")          # 主线程退出
21  if __name__=='__main__':
22      start_threads()
```

运行结果如下：

```
$ python deadlockDemo1.py
Before lock Acquire - 1                # 第 9 行的输出
After lock Acquire - 1                 # 第 11 行的输出
Before lock Acquire - 2                # 第 12 行的输出
Main Thread Quit                       # 第 20 行的输出，子进程卡在第 13 行
```

前面介绍的是自己将自己给锁死了，这种情况相对来说较少，更多的情况是这样的：线程 A 得到某个资源 R1，同时去申请资源 R2，线程 B 得到了资源 R2，同时去申请资源 R1。这时就出现了死锁，线程 A 因为得不到资源 R2 而一直处于等待状态，线程 B 也因为得不到资源 R1 而一直处于等待状态。下面的代码演示了这种情况。

```
import sys, time                       # 引入 time 库
if sys.version_info.major == 2:        # Python 2
    import thread
else:                                  # Python 3
        import _thread as thread
    lock1 = thread.allocate_lock()  # 资源 R1
    lock2 = thread.allocate_lock()  # 资源 R2
def thread_entry_A():                  # 线程 A 的入口函数
    global lock1, lock2
    print("Thread A: Before lock1 Acquire")
    lock1.acquire()                    # 得到资源 R1
    print("Thread A: After lock1 Acquire")
    time.sleep(3)
    print("Thread A: Before lock2 Acquire")
    lock2.acquire()                    # 申请资源 R2，死锁在这里
    print("Thread A: After lock2 Acquire")
    lock1.release()                    # 释放资源 R1
    lock2.release()                    # 释放资源 R2
def thread_entry_B():                  # 线程 B 的入口函数
    global lock1, lock2
    print("Thread B: Before lock2 Acquire")
    lock2.acquire()                    # 得到资源 R2
    print("Thread B: After lock2 Acquire")
    time.sleep(3)
    print("Thread B: Before lock1 Acquire")
    lock1.acquire()                    # 申请资源 R1，死锁在这里
    print("Thread B: After lock1 Acquire")
    lock1.release()                    # 释放资源 R1
    lock2.release()                    # 释放资源 R2
def start_threads():
    t1 = thread.start_new_thread(thread_entry_A, tuple())
    t1 = thread.start_new_thread(thread_entry_B, tuple())
    time.sleep(5)
    print("Main Thread Quit")          # 主线程退出，进程也退出
```

```
35  if __name__=='__main__':                    # 如果是运行脚本而不是引入该模块
36      start_threads()
```

运行结果如下：

```
$ python deadlockDemo2.py                       # 运行脚本
Thread A: Before lock1 Acquire                  # 第 10 行的输出
Thread A: After lock1 Acquire                   # 第 12 行的输出
Thread B: Before lock2 Acquire                  # 第 21 行的输出
Thread B: After lock2 Acquire                   # 第 23 行的输出
Thread A: Before lock2 Acquire                  # 第 14 行的输出，进入死锁状态
Thread B: Before lock1 Acquire                  # 第 25 行的输出，进入死锁状态
Main Thread Quit                                # 主线程结束
```

死锁是发生在线程之间的，一般是因为某个线程 A 希望得到另外一个线程 B 的某个资源，所以可以用图 9-3 来表示这个关系。

但是这不会导致死锁，因为线程 B 会释放其所拥有的资源，那时线程 A 就可以继续运行了，死锁的一个条件就是所有参与死锁的线程都无法继续运行下去。在前面的例子中，线程 A 是无法继续运行下去的，但是线程 B 是可以继续运行下去的，所以这时是没有死锁发生的。如果线程 B 也在等 A 手中的某个资源呢？那么 B 也不能继续运行下去了，这就是前面例子代码演示的情况，可以用图 9-4 来表示。

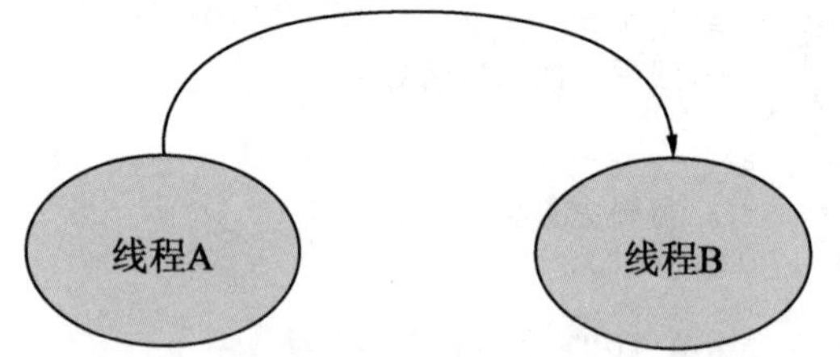

图 9-3　线程 A 等待线程 B 所拥有的资源

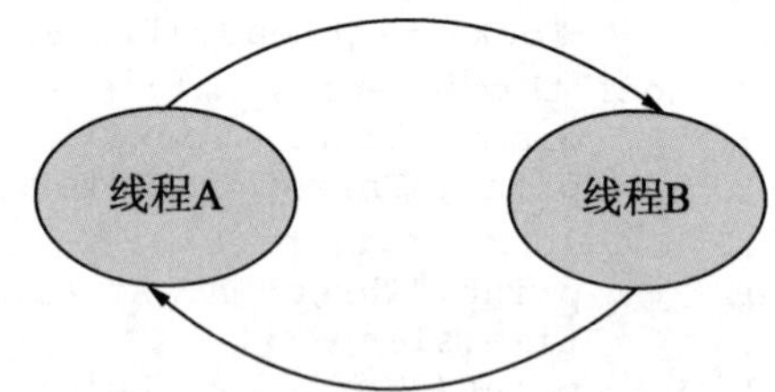

图 9-4　线程 A 和线程 B 死锁

可以发现这时图上形成了一个环，即 A 依赖于 B，B 又依赖于 A。一旦形成了环，那么就出现了死锁现象。而对于本节的第一个例子，即自己锁死自己的那个例子，可以用图 9-5 来表示。

线程死锁一般都不是我们期望的结果，所以应该尽量避免出现。而且现实中的死锁并不像例子中演示的那样，每次都会确定发生，而是表现为一种随机现象，即有时工作的很好，有时就进入了死锁状态，所以最根本的方法是谨慎设计以防止这种现象出现。在编码时也有一些小技巧可以使用，如不要无限期等待某个资源，而是设定一个等待时限。例如设置某个线程最多等待 10 秒钟，那么该锁在 10 秒钟后便可以自动解开。

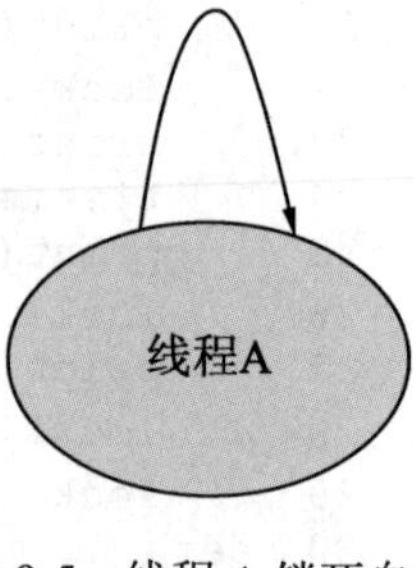

线程A

图 9-5　线程 A 锁死自己

第 10 章　多　进　程

进程是资源分配的单位，各个进程之间的资源默认是不共享的。和线程类似，进程也有自己的控制块和运行状态。多数情况下进程比线程大，通常一个进程可以包含多个线程。进程的隔离效果比线程好，所以使用多进程会比使用多线程更加安全。多进程相对多线程的缺点是其调度比较重，效率比较低。

本章介绍 Python 中常用的一些多进程库，主要包括下面的内容：

- 进程的概念；
- subprocess 模块；
- multiprocessing 模块；
- os 模块。

10.1　进程的概念

在计算机发展的早期阶段，任务调度方式比较简单，计算机从用户处得到任务，然后一直执行下去，直到指定任务完成，然后计算机等待用户的下一个计算任务。在这种运行方式下，任意时刻计算机都只能完成一个任务。如果该任务处于等待状态，计算机也不能执行其他的任务。为了解决这个问题，工程师们创造了进程的概念，在一个计算机系统上同时运行多个进程，当某个进程处于等待输入状态时，其他进程可以继续运行，计算机资源的利用效率获得了大幅提升。

对于运行多个进程的计算机系统来说，我们看到的是多个任务并发执行。对于某个进程来说，我们看到的是该进程占用了其所需要的所有资源，这些资源不会被其他进程使用。一个进程就好像是一个独立的虚拟运行环境，进程和进程之间基本是相互隔离的。

不同的操作系统上，进程的实现有所不同。本书不深度介入这些操作系统的细节，只介绍一些对各种操作系统都适用的用法，用来解决实际的问题。在 Python 中对进程的使用主要有以下两种情形：

（1）有些情况下我们需要使用某些专用的应用程序来完成特定任务。这些专用的应用程序不是用 Python 编写的，也许它是一个 Shell 脚本，也许它是一个可执行文件，或者是一个 jar 包。这时便不能在 Python 解释器这个进程中执行该任务了，必须启动另外一个进程来执行该任务。在这种情况下，多数采用的是启动-等待模式，即启动另外一个进程，然后等待该进程的执行完毕。图 10-1 描述了这个过程。

（2）多并发目的。如果需要执行一个很大的任务，该任务需要花费很长的时间，则该任务不适合在主进程中完成，因为主进程还需要执行其他任务，如用户交互的任务。这时可以将这个大的任务放到一个独立的进程中独立运行。这种情况下，主进程是不会等待子进程完成的，因为它有自己的事情要去做，主进程只是在空闲时刻才去查询一下子进程的状态，这就是我们常说的前后台任务。前台进程处理一些实时性要求比较高的小任务，后台进程处理比较费时的重度任务，这两种任务并发执行。图 10-2 描述了这种应用场景。

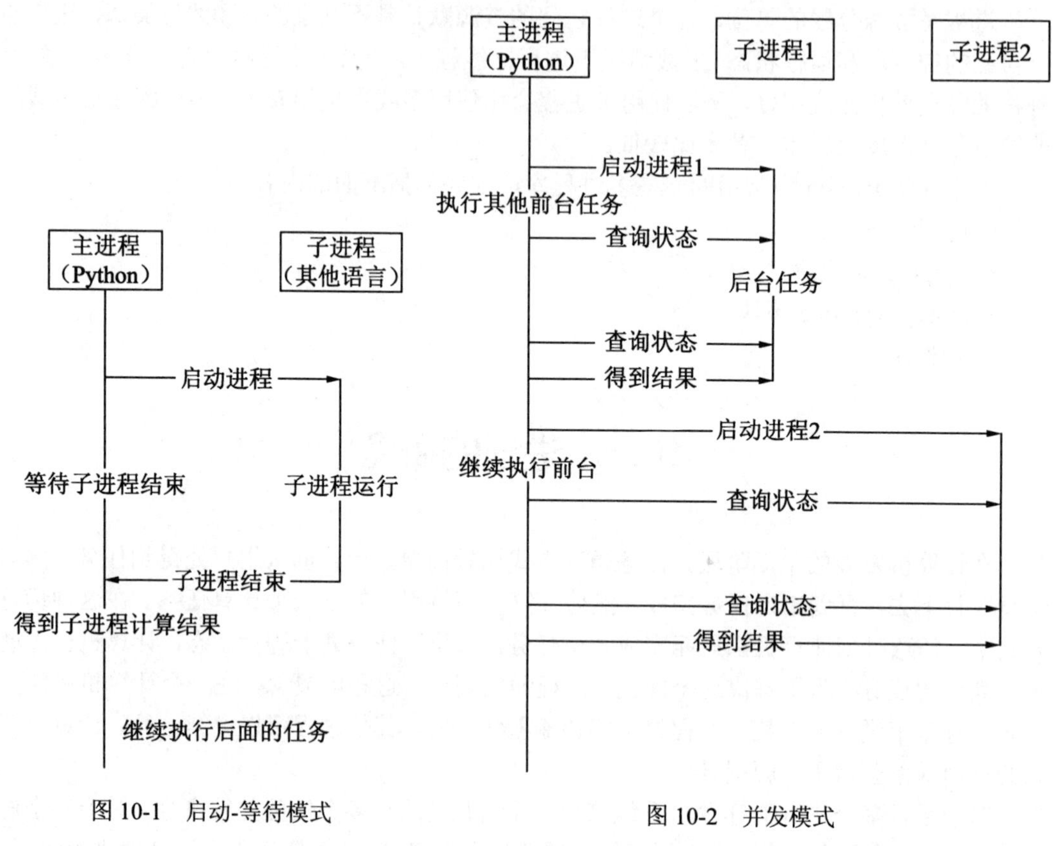

图 10-1　启动-等待模式

图 10-2　并发模式

10.2　subprocess 模块

在 Python 2.7 及 Python 3 中，系统自带了 subprocess 模块，该模块主要用来管理子进程。在使用该模块之前需要将其引入，方法如下：

```
import subprocess
```

在以前，启动一个新的进程可以使用 os.system()方法。相对来说 subprocess 模块提供了更多的灵活性，可以完全取代 os.system()。下面的例子是编写一个 shell 脚本，该脚本的返回值就是输入的参数。

```
#! /bin/bash
echo "sub process is running"       # 在标准输出中显示一行
if [ $# != 1 ]                      # 如果没有带上参数，返回值是 0
then
    exit 0
else                                # 否则返回值就是参数
    exit $1
fi
```

运行结果如下：

```
$ ./callSubprocess.sh 1             # 指定了返回值为 1
sub process is running
$ echo $?                           # 查看返回值
1
$ ./callSubprocess.sh 3             # 指定了返回值为 3
sub process is running
$ echo $?                           # 查看返回值
3
$ ./callSubprocess.sh               #
sub process is running
$ echo $?
0
```

下面使用 subprocess.call()来启动进程。该接口函数接收一个参数列表，分别表示该命令的各个部分，如命令为 ls -l，则可以用["ls", '-l']来表示该命令。

```
>>> import subprocess
# 运行命令，如 bash callSubprocess.sh
>>> subprocess.call(["bash", "callSubprocess.sh"])
sub process is running              # 标准输出
0                                   # 进程返回值
# 运行某个命令 bash callSubprocess.sh 1
>>> subprocess.call(["bash", "callSubprocess.sh", "1"])
sub process is running              # 标准输出
1                                   # 进程返回值
# 运行某个命令 bash callSubprocess.sh 3
>>> subprocess.call(["bash", "callSubprocess.sh", "3"])
sub process is running              # 标准输出
3                                   # 进程返回值
```

除了 call()之外，subprocess 模块还提供了其他的面向过程的接口函数，将在 10.2.1 节进行介绍。

10.2.1　面向过程的接口函数

本节将对 subprocess 提供的面向过程的接口函数进行详细介绍。所谓面向过程的接口函数，就是不需要创建类实例便可以直接使用的接口函数。在 10.2.2 节中将介绍一些面向对象的接口函数。

1. call(命令行参数，超时时间)

该函数在前面使用过，其参数可以是一个字符串，也可以是一个列表。该函数会一直等待（或者最多等待指定的时间）子进程结束。该函数的返回值就是子进程的返回值，而且子进程的输出就输出到当前进程的输出上。

```
>>> retcode = subprocess.call("pwd")                # 使用字符串
/Users/love,python/work
>>> retcode                                         # 子进程返回值
0
>>> retcode = subprocess.call(["cat", "a.txt"])     # 使用列表
Tue Jul  2 09:22:09 CST 2019
>>> retcode                                         # 子进程返回值
0
```

2. check_call(命令行参数，超时时间)

该函数的用法和 call()一样，二者的区别是，如果子进程的返回值不为 0，则抛出异常 CalledProcessError。下面用 rm 命令来删除一个不存在的文件，这时其返回值就是 1。

```
1   $ rm nonexist.txt
2   rm: nonexist.txt: No such file or directory
3   $ echo $?
4   1
```

下面用 subprocess 来完成这些操作，代码如下：

```
# 执行前面第 1 行的命令
>>> retcode = subprocess.call(["rm", "nonexist.txt"])
rm: nonexist.txt: No such file or directory          # 子进程的输出
>>> retcode                          # 查看返回值，就是前面第 3 行的命令
1
# 使用 check_call()
>>> retcode = subprocess.check_call(["rm", "nonexist.txt"])
rm: nonexist.txt: No such file or directory          # 子进程的输出
Traceback (most recent call last):                   # 抛出了异常
  File "<stdin>", line 1, in <module>
  File "/anaconda3/lib/python3.7/subprocess.py", line 347, in check_call
    raise CalledProcessError(retcode, cmd)
subprocess.CalledProcessError: Command '['rm', 'nonexist.txt']'
returned non-zero exit status 1.
```

3. check_output(命令行参数，超时时间)

该函数可以得到子进程的输出内容，其返回值就是子进程的输出。

```
>>> ret = subprocess.check_output("date")            # 得到子进程的输出
>>> ret                          # 返回值就是子进程的输出
```

```
b'Tue Jul  2 13:29:41 CST 2019\n'
>>> type(ret)
<class 'bytes'>
```

如果希望同时得到标准输出和错误输出的数据，则可以加上参数 stderr=subprocess.STDOUT，这样错误输出和标准输出就合并了。例如可以使用 ls nonsexist 来查看一个不存在的目录，这时就会在错误输出中得到一行信息，但是在标准输出中是没有信息的。下面的 shell 执行过程演示了这个情况。

首先创建一个 shell 脚本，内容如下：

```
echo "stdout content"                    # 在标准输出中输出一行
echo "stderr content" 1>&2               # 在错误输出中输出一行
exit 0                                   # 返回值为 0
```

使用下面的方法来使用该脚本：

```
# 将标准输出定向到 stdout.txt，错误输出定向到 stderr.txt
$ ./stdout_err.sh 1>stdout.txt 2>stderr.txt
$ echo $?                                # 查看返回值
0
$ cat stdout.txt                         # 查看标准输出的内容
stdout content
$ cat stderr.txt                         # 查看错误输出的内容
stderr content
```

如果不合并错误输出到标准输出，那么情况如下：

```
>>> ret = subprocess.check_output(["bash", "./stdout_err.sh"])
stderr content                           # 没有捕获到的错误输出
>>> ret                                  # 捕获到的标准输出
b'stdout content\n'
```

如果合并，可以看到下面的情况：

```
>>> ret = subprocess.check_output(["bash", "./stdout_err.sh"],
                                  stderr=subprocess.STDOUT)
>>> ret                                  # 输出包含标准输出和错误输出
b'stdout content\nstderr content\n'
```

需要注意的是，这个接口函数检查子进程的返回值，如果不为 0，则会抛出异常。例如，将前面的 shell 脚本修改一下，将其返回值改为 1，代码如下：

```
echo "stdout content"
echo "stderr content" 1>&2
exit 1                                   # 返回值变成了 1
```

这时再运行该脚本，便可以看到下面的输出：

```
# 使用修改后的脚本
>>> ret = subprocess.check_output(["bash", "./stdout_err_2.sh"],
                                stderr=subprocess.STDOUT)
Traceback (most recent call last): # 抛出了异常
  File "<stdin>", line 1, in <module>
  File "/anaconda3/lib/python3.7/subprocess.py", line 395, in check_output
```

```
    **kwargs).stdout
  File "/anaconda3/lib/python3.7/subprocess.py", line 487, in run
    output=stdout, stderr=stderr)
subprocess.CalledProcessError: Command '['bash', './stdout_err_2.sh']'
returned non-zero exit status 1.
>>> ret            # 返回值是正常的
b'stdout content\nstderr content\n'
```

4．仅得到输出而不检查返回值——getoutput()

我们会发现带有 check 的接口函数，都会检查返回值。如果不希望检查返回值，可以使用另外一个接口函数 getoutput()。该接口函数接收一个字符串命令，而且会另外启动一个 shell 来运行该命令。

```
>>> ret = subprocess.getoutput("./stdout_err_2.sh")
>>> ret          # 子进程标准输出和错误输出的内容
'stdout content\nstderr content'
```

5．得到返回值和输出——getstatusoutput()

如果希望同时得到返回值和输出的字符串，可以使用 getstatusoutput()。该函数接收一个字符串表示的命令，返回一个 tuple，第一个元素是返回值，第二个元素是标准输出和错误输出混合的字符串。

```
# 同时得到返回值和输出
>>> ret = subprocess.getstatusoutput("./stdout_err_2.sh")
>>> ret                  # 返回一个 tuple，第一个元素是返回值，第二个是输出
(1, 'stdout content\nstderr content')
```

10.2.2　Popen 类

Popen 类包含很多功能，如得到子进程的返回值、查询子进程的状态等。该类的初始化函数包含非常多的参数，不过多数情况下仅使用第一个参数 args，该参数就是我们的命令行。

下面来创建一个 Popen 对象并启动其执行，方法如下：

```
>>> spp_obj = subprocess.Popen("date")
Mon Jul  1 23:05:27 CST 2019              # 子进程标准输出的内容
```

如果该命令包含一些参数，则可以将列表传入 args，如希望执行的是命令 echo "love Python"，则可以输入一个列表["echo", "love Python"]，如下面的代码所示。

```
>>> spp_obj = subprocess.Popen(args=["echo", "love Python"])
love Python                               # 子进程的输出
```

比较常见的问题是，在 Linux 和 macOS 系统中，如果给 args 参数一个字符串，但是该字符串类似于"cat a.txt"，这在执行时会报错，因为如果 args 是一个字符串，则期望整个字符串是一个可执行文件，而不是分段后的第一部分是可执行文件。这样便导致了找不到

文件"cat a.txt"错误。所以如果可执行文件带有参数，一定要用列表传入。但如果是在Windows平台上这样使用，就不存在这个问题，这是因为不同平台的实现方式是不同的。

另一个比较有用的参数是 shell，其默认是 False。这就要求 args 命令可以不用 shell 就能运行，如某个可执行文件 notepad.exe。但是如果要执行的是一个 shell 脚本，就需要将该参数设置为 True，这时其会启动一个 shell 进程，并在该 shell 进程中执行 shell 脚本。

下面介绍如何为子进程提供输入，以及如何得到子进程的输出。我们可以在创建时指定参数 stdin、stdout 来达到这些目的。可以给这些参数赋值一个文件对象，这样子进程就会从指定的文件读入数据，或者将输出定向到指定的文件中。下面的例子就是将输出定向到某个文件的情况。

```
import time, os, sys
import subprocess
fd_stdout = open("a.txt", "w+")     # 打开文件 a.txt 作为子进程的输出文件
po_obj = subprocess.Popen("date", shell=True, stdout=fd_stdout)
time.sleep(1)
fd_stdout.close()                   # 关闭输出文件
fd_r = open("a.txt", "r")           # 查看 a.txt 的内容
content = fd_r.read()
print(u"a.txt 包含的内容: ", content)
fd_r.close()
```

运行结果如下：

```
$ python3 sp_popen_stdout.py
a.txt 包含的内容:  Tue Jul  2 09:22:09 CST 2019
```

如果希望直接得到子进程的输出，而不是通过打开一个文件，则可以将 stdout 设定为 subprocess.PIPE，即设定为一个管道，然后便可以使用该子进程对象的 stdout 来读取子进程的输出了。还是上面的那个例子，可以将代码进行如下修改：

```
import time, os, sys
import subprocess
po_obj = subprocess.Popen("date", shell=True, stdout=subprocess.PIPE)
time.sleep(1)
content = po_obj.stdout.read()      # 读出子进程的输出
print(u"子进程的输出: ", content)
```

运行结果如下：

```
$ python3 sp_popen_stdout_pipe.py
子进程的输出:  b'Tue Jul  2 09:28:07 CST 2019\n'
```

类似地，也可以设置 stdin，这样就可以给子进程输入数据了。

下面介绍该类实例对象的相关接口。

1. 命令行字符串——args

这就是创建 Popen 时传入的参数。

```
>>> spp_obj = subprocess.Popen("date")
```

```
Tue Jul  2 07:54:22 CST 2019          # 子进程的标准输出内容
>>> spp_obj.args                      # Popen 对象的 args 属性
'date'
```

2．等待子进程结束——wait(最大等待时间)

默认的等待时间表示永远，即一直等待直到子进程结束。

```
1  import time, os, sys, datetime
2  import subprocess
3  t_start = datetime.datetime.now()  # 进程开始的时间
4  print(u"启动子进程之前的时间：", t_start)
5  po_obj = subprocess.Popen("sleep 10", shell=True)
6  po_obj.wait()                      # 等待子进程结束
7  t_end = datetime.datetime.now()
8  print(u"子进程结束的时间：", t_end)
9  t_diff = t_end - t_start
10 print(u"子进程运行的时间：", t_diff)
```

运行结果如下：

```
$ python sp_popen_wait.py           # 启动脚本
启动子进程之前的时间： 2019-07-02 09:12:47.915412 # 代码第 4 行输出
子进程结束的时间： 2019-07-02 09:12:57.920940      # 代码第 8 行输出
子进程运行的时间： 0:00:10.005528      # 代码第 10 行输出
```

3．杀死子进程——kill()

该函数在不同操作系统上的实现可能有所不同，但基本都是让进程停止运行。需要注意的是，在 kill()之后还是需要调用 wait()的，否则进程会一直存在，成为僵尸进程。下面的例子是在 macOS 系统上使用 kill()接口的情形。

```
>>> import subprocess                 # 引入 subprocess 模块
>>> po_obj = subprocess.Popen("sleep 1000", shell=True)    # 启动进程
# 由于子进程还没有结束，所以 returncode 为 None
>>> po_obj.returncode is None
True
>>> po_obj.pid                        # 得到进程 id，这个和操作系统的进程 id 一致
58497
>>> import os                         # 引入 os 模块
>>> os.system("ps 58497")             # 查看进程 58497 的情况
  PID   TT  STAT      TIME COMMAND
58497 s001  S+     0:00.00 sleep 1000    # S+表示处于休眠状态
0
>>> po_obj.kill()                     # 杀掉进程
>>> os.system("ps 58497")             # 查看进程状态
  PID   TT  STAT      TIME COMMAND
58497 s001  Z+     0:00.00 (sleep)       # Z+表示是僵尸状态
0
>>> r = po_obj.wait()                 # 处理僵尸进程
>>> os.system("ps 58497")             # 再次查看进程状态
```

```
  PID   TT  STAT      TIME COMMAND         # 已经不存在该进程了
256
>>> r                               # 查看 wait()的返回值，就是进程的返回值
-9
>>> po_obj.returncode               # 使另外一种方式查看进程返回值
-9
```

4. 进程号——pid

这是一个属性，表示进程号。该属性和操作系统的进程 ID 是一致的。

5. 返回值——returncode

这是一个属性，表示进程的返回值。该属性仅在进程结束之后有效，在进程运行过程中始终为 None。

10.3　multiprocessing 模块

multiprocessing 模块无须安装，从 Python 2.6 开始系统便自带该模块了。该模块的接口函数和 threading 类似，但是它启动的是进程而不是线程。使用该模块时需要先将其引入 multiprocessing，方法如下：

```
import multiprocessing
```

该模块包含很多类，如 Lock，其和多线程中的锁类似。后面章节中对这些类都会有所涉及。

10.3.1　创建进程

创建进程最简单的方法是创建一个 multiprocessing.Process 的实例，在创建该实例时需要提供入口函数。下面就是一个最简单的创建进程的例子：

```
import time, os
import multiprocessing                  # 引入 multiprocessing 模块
# 子进程要执行的代码，可以看作是进程的入口函数
def process_entry():
    print(u"子进程在运行")
    print(u'子进程的 ID = %d' % os.getpid())
if __name__=='__main__':
    print(u'父进程的 ID = %d' % os.getpid())
    p = multiprocessing.Process(target=process_entry)
    time.sleep(1)
    print(u'启动子进程')
    p.start()                           # 此时才真正开始运行子进程
```

```
    time.sleep(2)
    print(u'父进程结束')
```

运行结果如下：

```
$ python multiprocessingDemo1.py         # 运行脚本
父进程的 ID = 63998
启动子进程
子进程在运行
子进程的 ID = 63999
父进程结束
```

当然创建进程时也可以带上参数。上例子中没有带任何参数，下面的例子中带了一个参数。

```
import time, os
import multiprocessing                   # 引入 multiprocessing 模块
# 子进程要执行的代码，入口函数带有一个参数 arg1
def process_entry(arg1):                 # 子进程的入口函数
    print(u"子进程(%d)在运行" % arg1)
    print(u'子进程(%d)的 ID = %d' % (arg1, os.getpid()))
if __name__=='__main__':
    print(u'父进程的 ID = %d' % os.getpid())
    # 指定了参数为 1
    p1 = multiprocessing.Process(target=process_entry, args=(1,))
    # 指定了参数为 2
    p2 = multiprocessing.Process(target=process_entry, args=(2,))
    time.sleep(1)
    print(u'启动子进程')                  # 此时子进程才开始执行
    p1.start()
    p2.start()
    time.sleep(2)
    print(u'父进程结束')
```

运行结果如下：

```
$ python multiprocessingDemo2.py
父进程的 ID = 64055
启动子进程
子进程(1)在运行
子进程(1)的 ID = 64056
子进程(2)在运行
子进程(2)的 ID = 64057
父进程结束
```

另外一种创建进程的方法是从 Process 派生一个自己的类，我们只需要定义该类的 run()函数即可。启动进程时就会运行该 run()函数。

```
import time, os
import multiprocessing
# 用户自建的进程类
class NewProcess(multiprocessing.Process):
    def __init__(self, arg):             # 初始化函数
```

```
        super(NewProcess, self).__init__()
        self.arg = arg
    def run(self):                        # 入口函数
        print(u"子进程(%d)在运行" % self.arg)
        print(u'子进程(%d)的 ID = %d' % (self.arg, os.getpid()))
if __name__=='__main__':
    print(u'父进程的 ID = %d' % os.getpid())
    p1 = NewProcess(1)
    p2 = NewProcess(2)
    time.sleep(1)
    print(u'启动子进程')
    p1.start()                            # 启动子进程
    p2.start()
    time.sleep(2)                         # 休眠 2 秒钟
    print(u'父进程结束')
```

运行结果如下：

```
$ python3 multiprocessingDemo5.py
父进程的 ID = 62560
启动子进程
子进程(1)在运行
子进程(1)的 ID = 62561
子进程(2)在运行
子进程(2)的 ID = 62562
父进程结束
```

10.3.2　进程的属性

在创建完进程后，可以对其进行很多操作，如启动、退出、查看其运行状态等。本节将介绍与进程相关的一些属性。

1. 进程ID

这个和操作系统返回的 PID 是一样的。可以通过下面的例子来演示其用法：

```
import time, os
import multiprocessing
def child_process_entry():
    pid = os.getpid()
    ppid = os.getppid()
    print(u"子进程: PID = %d, PPID = %d" % (pid, ppid))
    while True:
        time.sleep(10)
main_pid = os.getpid()
child_process = multiprocessing.Process(target=child_process_entry)
child_process.start()
print(u"主进程: PID=%d" % main_pid)
print(u"主进程: 子进程的 PID=%d" % child_process.pid)
child_process.join()
```

如果是在 Linux 或者 macOS 系统上运行，其可能的输出如下：

```
$ python3 demo2.py                                 # 启动脚本
主进程: PID=52983                                  # 在主进程中得到自己的 PID
主进程: 子进程的 PID=52984                         # 在主进程中得到子进程的 PID
# 在子进程中得到子进程的 PID 和主进程的 PID
子进程: PID = 52984, PPID = 52983
```

该程序是不会自动退出的，因为子进程是一个死循环，而主进程则是一直在等待子进程结束。所以需要强制让其退出，可以通过按 Ctrl+C 组合键或者关闭窗口等方法来强制退出。

我们可以在 shell 中看到这两个进程，如下：

```
$ ps ax | grep python                              # 查看所有的 Python 进程
52983 s001  S+     0:00.05 python3 demo2.py # 主进程，第一列是 PID
52984 s001  S+     0:00.00 python3 demo2.py # 子进程
53585 s003  S+     0:00.00 grep python      # 这是我们的查询进程，不用管
```

在这个例子中，使用 os.getpid()得到当前进程的 PID，使用 os.getppid()得到当前进程的父进程的 PID。

如果是在 Windows 系统下运行，需要加上下面运行代码：

```
multiprocessing.freeze_support()
```

完整代码如下：

```
import time, os
import multiprocessing
def child_process_entry():                          # 子进程入口
    pid = os.getpid()
    ppid = os.getppid()
    print(u"子进程: PID = %d, PPID = %d" % (pid, ppid))
    while True:
        time.sleep(10)
if __name__ == '__main__':                          # 主程序
    # windows 下必须要有的
    multiprocessing.freeze_support()                # 新加的代码
    main_pid = os.getpid()
    child_process = multiprocessing.Process(target=child_process_entry)
    child_process.start()
    print(u"主进程: PID=%d" % main_pid)
    print(u"主进程: 子进程的 PID=%d" % child_process.pid)
    child_process.join()
```

运行结果如下：

```
> python demo2.py
主进程: PID=1008
主进程: 子进程的 PID=4432
子进程: PID = 4432, PPID = 1008
```

此时在 Windows 任务管理器中可以看到两个 Python 进程，如图 10-3 所示。可以看到

代码返回的 PID 和操作系统中的 PID 是一致的。

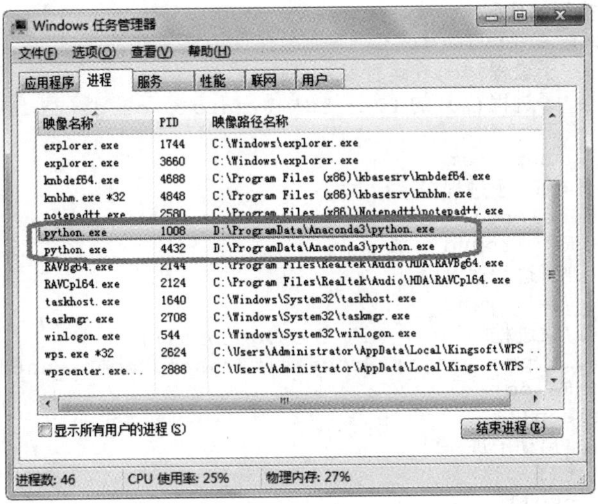

图 10-3　进程 ID

另外，属性 ident 也是表示进程 ID 的，它们其实是同一个对象。下面的代码使用 id()检查并确认它们为同一个对象。

```
import time, os
import multiprocessing
def process_entry(arg1):          # 子进程要执行的代码
    return arg1 * 2
if __name__=='__main__':
    p1 = multiprocessing.Process(target=process_entry, args=(1,),
    daemon=True)
    p1.start()
    if id(p1.pid) == id(p1.ident):
        print(u"pid 和 ident 是同一个对象")
    time.sleep(1)
```

运行结果如下：

```
$ python multiprocessing_pid_ident.py
pid 和 ident 是同一个对象
```

需要注意的是，在调用 start()之前，该属性的值为 None；在进程退出后，该属性的值依然有效。

2. Daemon属性

Daemon 进程在父进程退出时自动退出，而且不能再创建新的进程。该属性默认值是 False，表示普通的进程。我们可以在创建进程时通过参数 daemon=True 来创建一个 Daemon 进程。下面先来看看非 Daemon 进程在父进程退出后状态。在下面的例子中，父进程在启动子进程 10 秒钟后就退出了，但是子进程需要运行 15 秒钟才退出。

```
1   import time, os
2   import multiprocessing
3   # 子进程要执行的代码
4   def process_entry(arg1):
5       print(u"子进程(%d)在运行" % arg1)
6       print(u'子进程(%d)的 ID = %d' % (arg1, os.getpid()))
7       round = 5
8       while round > 0:
9           print(u"子进程在运行中")
10          time.sleep(3)
11          round = round - 1
12      print(u"子进程退出")
13  if __name__=='__main__':
14      print(u'父进程的 ID = %d' % os.getpid())
15      p1 = multiprocessing.Process(target=process_entry, args=(1,),
        daemon=False)
16      time.sleep(1)
17      print(u'启动子进程')
18      p1.start()
19      time.sleep(10)
20      print(u'父进程结束')
```

运行结果如下：

```
$ python multiprocessingDemo3.py
父进程的 ID = 65687
启动子进程
子进程(1)在运行
子进程(1)的 ID = 65688
子进程在运行中
子进程在运行中
子进程在运行中
子进程在运行中
父进程结束
子进程在运行
```

可以看到在父进程退出后，子进程继续执行。如果在创建时指定子进程是 Daemon 进程，那么在父进程执行完毕后子进程会被强制退出。修改上例中的第 15 行代码，原来是：

```
15      p1 = multiprocessing.Process(target=process_entry, args=(1,),
        daemon=False)
```

现在修改为：

```
15      p1 = multiprocessing.Process(target=process_entry, args=(1,),
        daemon=True)
```

运行修改后的代码，可以看到下面的输出：

```
$ python multiprocessingDemo4.py
父进程的 ID = 9734
启动子进程
子进程(1)在运行
子进程(1)的 ID = 9735
```

```
子进程在运行中
子进程在运行中
子进程在运行中
子进程在运行中
父进程结束
```

可以看到在父进程退出后子进程自动被强制退出。

我们也可以在调用进程的 start()之前设置该属性，方法如下：

```
进程对象. Daemon = True
```

3. 进程返回码exitcode

就是进程函数返回的值。下面的代码演示了如何得到进程的返回码。

```
import time, os, sys
import multiprocessing
def process_entry(arg1):                # 子进程要执行的代码
    sys.exit(arg1*2)
if __name__=='__main__':
    p1 = multiprocessing.Process(target=process_entry, args=(1,),
    daemon=True)
    p1.start()
    time.sleep(1)
    print(u"返回值是%d" % p1.exitcode)
```

运行结果如下：

```
$ python multiprocessing_exit_code.py
返回值是 2
```

需要注意的是，需要使用 sys.exit()来指定返回码，不能使用 return，而且仅在进程结束运行时才可以得到返回码，否则该属性的值为 None。

10.3.3 进程的接口函数

除了可以获得进程的属性，进程实例对象还提供了一些接口函数，通过这些接口函数可以对进程进行操作，如启动进程、判断进程是否仍然在运行、得到进程退出码、等待进程退出、强制要求进程退出等。本节将详细介绍这些进程相关的接口函数。

1. 启动——start()

就像前面演示的那样，只有在调用该函数之后，进程才真正运行起来，进程对象也才有了进程的 ID。在调用该函数之前，进程对象的 pid 属性为 None。下面的代码演示这个情况：

```
import time, os
import multiprocessing
# 子进程要执行的代码
def process_entry(arg1):
```

```
    print(u"子进程在运行")
    return arg1 * 2
if __name__=='__main__':
    p1 = multiprocessing.Process(target=process_entry, args=(1,), 
    daemon=True)
    if p1.pid is None:
        print(u"1)在调用 start()之前，子进程的 ID=None")
    else:
        print(u"1)在调用 start()之前，子进程的 ID=%d" % p1.pid)
    p1.start()
    time.sleep(1)
    print(u"2)在调用 start()之后，子进程的 ID=%d" % p1.pid)
    time.sleep(1)
```

运行结果如下：

```
$ python multiprocessing_noIDbeforeStart.py
1)在调用 start()之前，子进程的 ID=None
子进程在运行
2)在调用 start()之后，子进程的 ID=12430
```

而且对于某一个进程对象，只能调用一次该函数，如果多次调用，除第一次之外，其他的都会抛出异常。例如下面的代码：

```
import time, os
import multiprocessing
# 子进程要执行的代码
def process_entry(arg1):
    print(u"子进程在运行")
    return arg1 * 2
if __name__=='__main__':
    p1 = multiprocessing.Process(target=process_entry, args=(1,), 
    daemon=True)
    p1.start()
    time.sleep(1)
    print(u'再次启动该进程对象,导致错误')
    p1.start()                          # 再次启动，抛出异常
```

运行结果如下：

```
$ python multiprocessing_restart.py
子进程在运行
再次启动该进程对象,导致错误
Traceback (most recent call last):
  File "multiprocessing_restart.py", line 14, in <module>
    p1.start()
  File "/anaconda3/lib/python3.7/multiprocessing/process.py", line 
  106, in start
    assert self._popen is None, 'cannot start a process twice'
AssertionError: cannot start a process twice
```

2．进程是否还在运行——is_alive()

在调用 start()之前，该函数返回 False；在该进程退出后，该函数返回 False；在其他

时候，该函数返回 True。下面的例子演示了该函数在不同时刻返回的值。

```
import time, os
import multiprocessing
def process_entry(arg1):                # 子进程要执行的代码
    max_round = 2
    while max_round > 0:
        time.sleep(3)
        max_round = max_round - 1
    print(u'子进程结束')
if __name__=='__main__':
    p1 = multiprocessing.Process(target=process_entry, args=(1,), daemon=True)
    print(u"1)子进程是否存活: %s" % p1.is_alive())
    p1.start()
    print(u"2)子进程是否存活: %s" % p1.is_alive())
    max_query = 10
    while max_query > 0:
        time.sleep(1)
        print(u"3)子进程是否存活: %s" % p1.is_alive())
        max_query = max_query - 1
    print(u'父进程结束')
```

运行结果如下：

```
$ python multiprocessing_isalive1.py
1)子进程是否存活: False
2)子进程是否存活: True
3)子进程是否存活: True
3)子进程是否存活: True
3)子进程是否存活: True
3)子进程是否存活: True
3)子进程是否存活: True
子进程结束
3)子进程是否存活: False
3)子进程是否存活: False
3)子进程是否存活: False
3)子进程是否存活: False
3)子进程是否存活: False
父进程结束
```

3. 等待进程结束——join(超时时间)

该函数在前面的例子中使用过。如果没有指定超时时间则一直等待，直到指定进程退出为止。

```
import time, os
import multiprocessing
def process_entry(arg1):                # 子进程要执行的代码
    print(u"子进程(%d)在运行" % arg1)
    print(u'子进程(%d)的 ID = %d' % (arg1, os.getpid()))
    max_round = 3
```

```
    while max_round > 0:
        print(u"%d) 子进程在运行中" % max_round)
        time.sleep(3)
        max_round = max_round - 1
if __name__=='__main__':
    print(u'父进程的 ID = %d' % os.getpid())
    p1 = multiprocessing.Process(target=process_entry, args=(1,), daemon=True)
    time.sleep(1)
    print(u'启动子进程')
    p1.start()
    p1.join()                         # 这个函数没有返回值
    print(u'父进程结束')
```

运行结果如下：

```
$ python multiprocessing_joinDemo1.py
父进程的 ID = 9940
启动子进程
子进程(1)在运行
子进程(1)的 ID = 9941
3) 子进程在运行中
2) 子进程在运行中
1) 子进程在运行中
父进程结束
```

如果指定了超时时间，则可能在指定进程退出之前该函数就返回了。这时不能使用返回值来判断是因为进程退出了还是超时了，而需要使用 is_alive()来判断是否是因为超时而返回的。下面的代码演示了这种用法。

```
import time, os
import multiprocessing
def process_entry(arg1):                      # 子进程要执行的代码
    print(u"子进程(%d)在运行" % arg1)
    print(u'子进程(%d)的 ID = %d' % (arg1, os.getpid()))
    max_round = 3
    while max_round > 0:
        print(u"%d) 子进程在运行中" % max_round)
        time.sleep(3)
        max_round = max_round - 1
    print(u'子进程结束')
if __name__=='__main__':
    print(u'父进程的 ID = %d' % os.getpid())
    p1 = multiprocessing.Process(target=process_entry, args=(1,), daemon=True)
    time.sleep(1)
    print(u'启动子进程')
    p1.start()
    while p1.is_alive():
        p1.join(1)                            # 仅仅等待 1 秒钟
    print(u'父进程结束')
```

运行结果如下：

```
$ python multiprocessing_joinDemo2.py
父进程的 ID = 9985
启动子进程
子进程(1)在运行
子进程(1)的 ID = 9986
3) 子进程在运行中
2) 子进程在运行中
1) 子进程在运行中
子进程结束
父进程结束
```

4．强制退出——kill()

该函数给指定的进程发送 SIGKILL 信号。如果是 Windows 系统，那么就是调用了 TerminateProcess()接口函数。

另外一个强制退出的接口函数是 terminate()，其内部实现和接口函数 kill()会有所不同，但我们可以将它们当作同一个接口函数来使用。下面的代码演示了该接口函数的用法。

```
import time, os, sys
import multiprocessing
def process_entry(arg1):                    # 子进程要执行的代码
    while True:                             # 子进程不会自主，是一个死循环
        time.sleep(1)
if __name__=='__main__':
    p1 = multiprocessing.Process(target=process_entry, args=(1,), daemon=True)
    p1.start()
    if p1.is_alive():
        print(u"子进程在运行中")
    else:
        print(u"子进程没有在运行中")
    print(u"杀死子进程")
    p1.kill()
    time.sleep(2)
    if p1.is_alive():
        print(u"子进程在运行中")
    else:
        print(u"子进程没有在运行中")
```

运行该程序，输出如下：

```
$ python multiprocessing_kill.py
子进程在运行中
杀死子进程
子进程没有在运行中
```

需要注意的是，并不是所有的子进程都可以被杀死掉的，也不是立即就可以被杀死掉的。就像杀死 Windows 下的某些进程，由于这些进程忽略对外部消息的响应，导致它们

很难被杀死。我们也不认为从外部杀死一个进程是一个好的想法。相对来说，让进程自主优雅地退出是一个更好的设计。

10.3.4　进程池

如果频繁去创建一个进程，然后销毁它，会导致性能下降。对于这种情况推荐的做法是事先创建一个进程池，在有任务达到时从进程池中取出一个进程来执行相关任务，在任务完成后便归还回去。这样做可以复用部分已有进程资源，达到提升效率的作用。在 mulitprocessing 模块中有一个 Pool 类可以帮助我们完成该任务。

下面是一个使用进程池的例子。

```
import multiprocessing                       # 引入 multiprocessing 模块
import time                                  # 引入 time 模块
def child_process_entry():                   # 定义进程入口函数
    print(u"子进程在运行")
    time.sleep(10)
    print(u"子进程结束")
pool_obj = multiprocessing.Pool(processes = 5)     # 建立 5 个元素池子
for i in range(10):                          # 添加 10 个进程
    pool_obj.apply_async(child_process_entry)
pool_obj.close()                             # 停止添加进程了
pool_obj.join()                              # 等待进程都结束
```

运行该脚本后，输出如下：

```
$ python3 process_pool1.py                   # 运行脚本
子进程在运行                                 # 同时启动 5 个进程来完成任务
子进程在运行
子进程在运行
子进程在运行
子进程在运行
子进程结束                                   # 有进程结束工作了
子进程结束
子进程结束
子进程结束
子进程结束
子进程在运行                                 # 启动新的任务
子进程在运行
子进程在运行
子进程在运行
子进程在运行
子进程结束
子进程结束
子进程结束
子进程结束
子进程结束
```

可以发现，其一次启动 5 个进程，并在 5 个完成后才启动另外 5 个。也就是说其最多同时运行 5 个进程，并且仅当有进程结束后才将新的进程投入运行。

启动进程时可以指定参数 args，args 是一个元组，其各个元素对应到入口函数的各个参数。下面将前面的例子稍作修改，传入一个参数，用来标识该进程。具体代码如下：

```
1  import multiprocessing                      # 引入 multiprocessing 模块
2  import time, random                         # 引入 time,random 模块
3  def child_process_entry():                  # 定义进程入口函数
4      print(u"子进程在运行")
5  time.sleep(random.randint(1, 100)/10.0)               # 休息随时间
6      print(u"子进程结束")
7  pool_obj = multiprocessing.Pool(processes = 5)        # 建立 5 个元素池子
8  for i in range(10):                         # 添加 10 个进程
9  pool_obj.apply_async(child_process_entry)
10 pool_obj.close()                            # 停止添加进程了
11 pool_obj.join()                             # 等待进程都结束
```

运行该脚本，输出如下：

```
$ python3 process_pool1.py                  # 运行脚本
子进程在运行                                  # 同时启动 5 个进程来完成任务
子进程在运行
子进程在运行
子进程在运行
子进程在运行
子进程结束                                    # 有进程结束工作了
子进程在运行                                  # 投入一个新的进程
子进程结束                                    # 有进程结束工作了
子进程在运行                                  # 投入一个新的进程
子进程结束                                    # 有进程结束工作了
子进程在运行                                  # 投入一个新的进程
子进程结束                                    # 有进程结束工作了
子进程在运行                                  # 投入一个新的进程
子进程结束                                    # 有进程结束工作了
子进程在运行                                  # 投入一个新的进程
子进程结束
子进程结束
子进程结束
子进程结束
子进程结束
```

由于是多进程同时运行，所以一般子进程和主进程是同时运行的，也就是说它们是异步的，这也是 apply_async 中 async 的来源。如果要是同步执行，那么主进程会等待子进程结束，所以子进程只能是一个一个地运行。这种同步运行的方式比较少见，因为这没有利用到并发操作的特性。但这里还是要演示一下同步运行的情况，将上面的代码稍作修改，将第 9 行从

```
9      pool_obj.apply_async(child_process_entry, args=(i, ))
```

修改为

```
        pool_obj.apply(child_process_entry, args=(i, ))
```

其他部分不做任何修改，运行后的输出如下：

```
$ python3 process_pool3.py
子进程 0 在运行                              # 第一个进程开始执行
子进程 0 结束                                # 第一个进程执行完毕
子进程 1 在运行
子进程 1 结束
子进程 2 在运行
子进程 2 结束
子进程 3 在运行
子进程 3 结束
子进程 4 在运行
子进程 4 结束
子进程 5 在运行
子进程 5 结束
子进程 6 在运行
子进程 6 结束
子进程 7 在运行
子进程 7 结束
子进程 8 在运行
子进程 8 结束
子进程 9 在运行
子进程 9 结束
```

可以看到子进程是依次执行的，前一个执行完毕之后才执行下一个。

10.3.5 进程通信

在前面章节我们也用到了进程之间的一些简单信息交换，如查询进程的运行状态、等待进程退出、得到进程的退出码等。但是在一些复杂的应用场景，则希望进程之间有更多的信息交换，这就是本节要讲解的内容。下面介绍 multiprocessing 模块提供的进程之间通信的方式，包括管道、队列和锁。

1. 管道

管道有两头，一般一头给进程 A，一头给进程 B。如果进程 A 对管道进行写入操作，那么进程 B 就可以通过读操作看到写入的数据。而且管道是双向的，可以进程 A 写进程 B 读，也可以进程 B 写进程 A 读。

下面的例子演示了管道的用法。

```
import multiprocessing                    # 引入 multiprocessing 模块
def process_A(pipe):                      # 进程 A 的入口函数
    print(u"进程 A 发送数据 hello 到 B")    # 发送数据 hello 到进程 B
```

```
    pipe.send('hello')
    print(u"进程A等待进程B的输入")
    data = pipe.recv()                          # 结束进程B的数据
    print(u'进程A收到B的数据%s' % data)
    print(u'进程A结束')
def process_B(pipe):                            # 进程B的入口函数
    print(u'进程B等待进程A的数据')
    data = pipe.recv()                          # 接收数据
    print(u'进程B收到B的数据%s' % data)
    print(u'进程B发送hi到进程A')
    pipe.send('hi')                             # 发送数据
    print(u'进程B结束')
pipe = multiprocessing.Pipe()                   # 建立管道
# 创建进程A
p1 = multiprocessing.Process(target=process_A, args=(pipe[0],))
# 创建进程B
p2 = multiprocessing.Process(target=process_B, args=(pipe[1],))
p1.start()                                      # 启动进程
p2.start()
p1.join()                                       # 等待进程结束
p2.join()
```

运行后的输出如下：

```
$ python3 pipe1.py
进程A发送数据hello到B
进程A等待进程B的输入
进程B等待进程A的数据
进程B收到B的数据hello
进程B发送hi到进程A
进程B结束
进程A收到B的数据hi
进程A结束
```

2. 队列

对于队列有两个操作，一个是写入数据，一个是读出数据。最简单的使用方式是让一个进程往队列中写入数据，让另外一个进程从队列中读出数据。

```
import multiprocessing
import time
def process_read(queue):                        # 读队列子进程
    print(u"queue读出进程开始运行")
    data = queue.get()
    while(data != "quit"):                      # 一直读，直到读出了quit
        print("queue读出进程读出数据%s" % data)
        data = queue.get()
    print(u'queue读出进程退出')
def process_write(queue):                       # 写队列子进程
    print(u"queue写入进程开始运行")
```

```
    data = ['good', 'morning', 'everyone'] # 写入的数据
    for w in data:
        print("queue 写入进程写入数据%s" % w)
        data = queue.put(w)
        time.sleep(1)
    data = queue.put('quit')                        # 发送 quit，让读子进程退出
    print(u'queue 写入进程退出')
queue_obj = multiprocessing.Queue(3)
# 创建两个子进程，一个读队列，一个写队列
p1  = multiprocessing.Process(target=process_read, args=(queue_obj,))
# Pass the other end of the pipe to process 2
p2  = multiprocessing.Process(target=process_write, args=(queue_obj,))
p1.start()                                          # 启动进程
p2.start()
p1.join()                                           # 等待子进程退出
p2.join()
queue_obj.close()                                   # 销毁队列
```

运行后的输出如下：

```
$ python3 queue1.py
queue 读出进程开始运行                              # 两个子进程启动了起来
queue 写入进程开始运行
queue 写入进程写入数据 good                         # 写入 good
queue 读出进程读出数据 good                         # 读出 good
queue 写入进程写入数据 morning
queue 读出进程读出数据 morning
queue 写入进程写入数据 everyone                     # 写入 everyone
queue 读出进程读出数据 everyone                     # 读出 everyone
queue 写入进程退出                                  # 子进程退出
queue 读出进程退出
```

3. 锁Lock

该对象主要提供了两个接口函数，一个是得到锁 acquire()，另外一个是释放锁 release()。下面的例子演示了 3 个进程，它们都往同一个文件写入数据。由于其每轮操作需要执行 3 次数据写入，而且要求在这 3 次操作之间其他的进程不能往文件写入数据。可以使用锁来实现该功能，代码如下：

```
import multiprocessing
import time
def process_entry (lock, fd, id):        # 进程入口函数
    for x in range(30):                  # 30 轮输出，每轮进行 3 次写操作
        lock.acquire()                   # 得到锁
        line = "%d: line 1, round: %d\n" % (id, x)
        time.sleep(0.1)
        fd.write(line)                   # 第 1 次写
        fd.flush()
        line = "%d: line 2, round: %d\n" % (id, x)
        fd.write(line)                   # 第 2 次写
        fd.flush()
```

```
            time.sleep(0.1)
            line = "%d: line 3, round: %d\n" % (id, x)
            fd.write(line)                          # 第 3 次写
            fd.flush()
            lock.release()                          # 释放锁
            time.sleep(0.1)
if __name__ == "__main__":
    file_name = "shared_input2.txt"
    fd = open(file_name, "a+")
    lock = multiprocessing.Lock()                   # 创建锁
    p1 = multiprocessing.Process(target=process_entry, args=(lock, fd, 1))
    p2 = multiprocessing.Process(target=process_entry, args=(lock, fd, 2))
    p3 = multiprocessing.Process(target=process_entry, args=(lock, fd, 3))
    p1.start()                                      # 启动进程
    p2.start()
    p3.start()
    p1.join()                                       # 等待子进程结束
    p2.join()
    p3.join()
    fd.close()                                      # 关闭文件
    print(u"开始检查结果")                           # 开始检查结果
    fd2 = open(file_name, "r")
    lines = fd2.readlines()
    fd2.close()
    line_num = len(lines)                           # 显示行数
    print(u"总的行数: %d" % line_num)
    # 要求每连续的 3 行是同一个进程打印出来的
    for x in range(int(line_num/3)):
        # 第 1 行和第 2 行不是同一个进程打印出来的
        if lines[x*3][:2] != lines[x*3+1][:2]:
            print("line %d: Error" % x*3+1)  # 发现错误，退出
            sys.exit(1)
        # 第 1 行和第 3 行不是同一个进程打印出来的
        if lines[x*3][:2] != lines[x*3+2][:2]:
            print("line %d: Error" % x*3+2)  # 发现错误，退出
            sys.exit(1)
    print(u"成功通过检查")                           # 所有行的检查通过
```

运行后的输出如下：

```
$ python lock2.py
开始检查结果
总的行数: 270
成功通过检查
```

也可以使用 with lock 语句，这样就不用再显式调用 acquire()和 release()了，只需将 acquire()和 release()之间的代码放到 with lock 块中即可。下面的代码实现和前面一样的功能，但是使用 with lock 语句代替了 acquire()和 release()。代码如下：

```
import multiprocessing
import time
def process_entry(lock, fd, id):
```

```
    for x in range(30):                          # 30 轮操作，每轮 3 次写操作
        with lock:                               # 每次写入 3 行，不能被打断
            line = "%d: line 1, round: %d\n" % (id, x)
            time.sleep(0.1)
            fd.write(line)
            fd.flush()
            line = "%d: line 2, round: %d\n" % (id, x)
            fd.write(line)
            fd.flush()
            time.sleep(0.1)
            line = "%d: line 3, round: %d\n" % (id, x)
            fd.write(line)
            fd.flush()
            time.sleep(0.1)
if __name__ == "__main__":
    file_name = "shared_input.txt"               # 打开输出文件
    fd = open(file_name, "a+")
    lock = multiprocessing.Lock()                # 创建锁
    p1 = multiprocessing.Process(target=process_entry, args=(lock, fd, 1))
    p2 = multiprocessing.Process(target=process_entry, args=(lock, fd, 2))
    p3 = multiprocessing.Process(target=process_entry, args=(lock, fd, 3))
    p1.start()                                   # 启动 3 个子进程
    p2.start()
    p3.start()
    p1.join()                                    # 等待子进程结束
    p2.join()
    p3.join()
    fd.close()                                   # 关闭文件
    print(u"开始检查结果")                        # 检查结果
    fd2 = open(file_name, "r")
    lines = fd2.readlines()
    fd2.close()
    line_num = len(lines)
    print(u"总的行数: %d" % line_num)
    for x in range(int(line_num/3)):
        # 如果第 1 行和第 2 行不是同一个进程打印
        if lines[x*3][:2] != lines[x*3+1][:2]:
            print("line %d: Error" % x*3+1)  # 发现错误，退出
            sys.exit(1)
        # 如果第 1 行和第 3 行不是同一个进程打印
        if lines[x*3][:2] != lines[x*3+2][:2]:
            print("line %d: Error" % x*3+2)  # 发现错误，退出
            sys.exit(1)
    print(u"成功通过检查")                        # 所有行检查通过
```

运行后的输出如下：

```
$ python lock1.py
开始检查结果
总的行数：270
成功通过检查
```

通过运行结果可以发现使用 with lock 语句的效果和使用 acquire()和 release()的效果一样。

10.4　os 模块

在本章的最后，我们来介绍一下 os 模块中有关进程的一些接口函数。在前面已经用到了该模块一些接口函数，如得到当前进程的 PID。这些接口函数比较基础，在不太复杂的环境中也是非常有用的。如果必须使用进程的一些高级特性，还是推荐使用 multiprocessing 模块或者 subprocess 模块。

10.4.1　启动进程——system()

可以使用 system()接口函数来启动一个进程，格式如下：

```
os.system(命令字符串)
```

system()接口函数接收一个字符串格式的命令，然后启动一个进程去运行该命令，并且在该命令返回之前，该接口函数是不会返回的。该函数的返回值是该命令的返回码。这应该是最常用的一个接口函数，我们可以用其来运行任意的可执行文件或者脚本。注意参数是一个字符串，就是我们在 shell 中输入的内容。

```
>>> os.system("date")              # date 是命令
Mon Jul  1 15:23:27 CST 2019       # 这是 date 命令的输出
0                        # 这是 system()的返回值，就是 date 命令的返回码
```

我们可以在命令行字符串中带上参数，如下面的用法：

```
>>> os.system("echo hello python")
hello python
0
```

我们还可以使用重定向符、管道等，如下面的用法：

```
>>> os.system("ps | grep grep")
23645 ttys006    0:00.00 sh -c ps | grep grep
23647 ttys006    0:00.00 grep grep
0                                  # 这是命令的返回码，0 表示成功
```

总之，能够在 shell 中执行的任何命令都可以用这种方式来执行。

10.4.2　启动进程并得到输出——popen ()

system()接口函数只能够得到子进程的返回码，不能得到子进程的输出。如果希望得到子进程的输出信息，可以使用 open()接口函数，该接口函数的定义如下：

```
os.popen(命令行参数字符串)
```

使用 popen()可以解决得到标准输出信息这个问题，但是却得不到子进程的返回码。下面的例子演示了得到子进程的标准输出的方法。

```
>>> r = os.popen("date", "r", 1)          # 第二个参数 r 表示仅读出
>>> stdout = r.read()                      # 读出子进程的输出
>>> stdout                                 # 查看输出
'Mon Jul  1 21:55:27 CST 2019\n'           # 这就是 date 命令的输出
```

如果希望为子进程提供输入，可以将第二个参数改为 w，就是我们可以为该子进程写入一些信息。下面的例子使用了命令 cat - | grep python > a.txt，该命令的意思是从标准输入读入数据，然后通过 grep 来得到所有包含 python 的行，并将这样的行写入到文件 a.txt 中。

```
# 构造这个命令
>>> w = os.popen("cat - | grep python > a.txt", "w", 1)
# 给 cat -这个命令输入一行，注意最后的\n 表示换行符
>>> w.write("line1: abcd\n")
12                                         # 写入的字节数
>>> w.write("line2: love python\n")        # 给 cat -这个命令输入另外一行
19                                         # 写入的字节数
>>> w.close()                              # 关闭 w，相当于按下 Ctrl+D 组合键
>>> fd = open('a.txt', 'r')                # 打开文件 a.txt，即命令的输出
>>> fd.read()                              # 读出文件内容
'line2: love python\n'                     # 第二行被保存到 a.txt 中
>>> fd.close()                             # 关闭 a.txt
```

10.4.3　得到当前进程 ID——getpid ()

该函数定义如下：

```
os.getpid()
```

该函数返回当前 Python 解释器的进程 ID。

```
>>> os.getpid()                   # 得到当前 Python 解释器的进程 ID
21028
>>> os.system("ps | grep python") # 通过 ps 命令得到 Pyhton 相关的进程
21028 ttys006    0:00.17 python3  # 这就是当前的 Python 解释器对应的进程
24741 ttys006    0:00.00 grep python
25399 ttys006    0:00.00 sh -c ps | grep python
25401 ttys006    0:00.00 grep python
```

10.4.4　得到父进程 ID——getppid ()

该函数返回当前 Python 解释器的父进程 ID。

```
>>> os.getppid()          # 得到当前 Python 解释器的父进程，就是一个 bash 进程
15747
>>> os.system("ps a | grep bash")  # 通过 ps 来查看相关的 bash 进程
15747 s006  S      0:00.11 -bash     # 这就是得到当前 Python 解释器的父进程
25427 s006  S+     0:00.00 sh -c ps a | grep bash
25429 s006  S+     0:00.00 grep bash
```

除了这些接口函数之外，在 Linux 或者 macOS 版的 Python 中还提供了其他的进程相关的接口函数，如 fork()、kill()、execv()，这些和 C 语言版的进程操作接口函数类似，但是仅在类 UNIX 系统中才存在，所以这些接口函数在 Windows 平台上并不存在，这里也不相关介绍。

第 11 章　迭代器和生成器

在第 2 章中，我们就曾经使用 for...in...语句遍历过列表、元组、字典、集合和字符串的所有元素。简单来说，迭代器就是按照某种特定顺序来遍历某个集合的所有元素；生成器就是每次调用时生成一个元素，可以通过循环调用来实现遍历所有元素的目的。迭代器和生成器在 Python 中应用广泛。本章就来介绍一下迭代器和生成器。

11.1　迭　代　器

我们在前面使用过语句“for x in 列表对象”,这就表示列表对象是可迭代的(Iterable)。那么如何判断某个对象是否可迭代呢？答案是可以使用 collections.Iterable 类来判断。如下面的代码所示，列表是可迭代的，整数是不可迭代的，字符串是可迭代的。

```
>>> from collections import Iterable     # 引入 Iterable 类
>>> isinstance([], Iterable)             # 列表是可迭代的
True
>>> isinstance(12, Iterable)             # 整数是不可迭代的
False
>>> isinstance("12", Iterable)           # 字符串是可迭代的
True
```

另外一个概念是迭代器（Iterator）。它可以作为内置函数 next()的参数，每次按照一定顺序得到其中一个元素。但比较有趣的是，列表不是迭代器。同样可以用 collections.Iterator 类来判断某个对象是否是迭代器。如下面的代码所示，列表和字符串都不是迭代器。

```
>>> from collections import Iterator     # 引入 Iterator 类
>>> isinstance([], Iterator)             # 列表不是迭代器
False
>>> isinstance("abc", Iterator)          # 字符串也不是迭代器
False
```

那么列表是否可以作为 next()的参数呢?答案是不可以。例如下面的代码：

```
>>> a = [1, 2, 3]                   # 创建列表对象 a
>>> next(a)                         # 使用内置的 next()接口函数，发生错误
Traceback (most recent call last):
  File "<stdin>", line 1, in <module>
TypeError: list object is not an iterator
```

这比较容易理解，因为我们没有指定当前位置，但可以使用另外一个内置函数 iter()来将其转换成 Iterator。下面的代码演示了这种用法。

```
>>> from collections import Iterable       # 引入 Iterable 和 Iterator 类
>>> from collections import Iterator
>>> a = [1, 2, 3]                          # 创建列表对象 a
>>> isinstance(a, Iterable)                # 列表对象是可迭代的
True
>>> isinstance(a, Iterator)                # 列表对象不是迭代器
False
>>> it_a = iter(a)                         # 从列表对象得到迭代器 it_a
>>> isinstance(it_a, Iterable)             # it_a 是可迭代的，也是迭代器
True
>>> isinstance(it_a, Iterator)
True
>>> type(it_a)                             # it_a 是列表型迭代器
<type 'listiterator'>
>>> next(it_a)                             # 得到一个数据
1
>>> it_a.next()                            # 使用另外一种方式得到一个数据
2
>>> next(it_a)
3
>>> next(it_a)                             # 没有数据了，抛出异常
Traceback (most recent call last):
  File "<stdin>", line 1, in <module>
StopIteration
```

迭代器的一个特点是它只能使用一次，从头部走到尾部。如果希望再次走一遍，只能创建一个新的迭代器。

11.2 生　成　器

生成器类似于列表，其输出为一个线性的数据链。但生成器并不是一次将所有的数据都生成，而是仅在需要时生成一个数据。下面的例子定义一个最简单的生成器。

```
>>> generator_Demo1 = (x*x for x in range(3))  # 创建一个生成器
>>> type(generator_Demo1)                      # 查看类型
<type 'generator'>
>>> generator_Demo1.next()                     # 读出一个数据
0
>>> generator_Demo1.next()                     # 读出一个数据
1
>>> generator_Demo1.next()                     # 读出一个数据
4
>>> generator_Demo1.next()                     # 读出一个数据，失败，抛出异常
Traceback (most recent call last):
```

```
  File "<stdin>", line 1, in <module>
StopIteration
```

11.2.1 定义生成器

生成器的第一种定义方法和列表解析类似，不过需要将[]换成()。下面是 3 种基本的定义方法。

- (表达式 for 变量 in 可迭代对象)
- (表达式 for 变量 in 可迭代对象 if 条件)
- (表达式 1 if 条件 else 表达式 2 for 变量 in 可迭代对象)

生成器的第二种定义方法是定义一个包含 yield 语句的函数。yield 语句和 return 语句类似，它们的不同之处在于 return 会完全退出函数，而 yield 会保存函数的当前状态，下次还可以接着执行。

当第一次调用该函数时，其返回 yield 语句的参数；当再次调用该函数时，其从 yield 语句的下一行代码开始执行。

```
>>> def hello_generator():                  # 定义函数
...     l = range(3)
...     for i in l:
...         yield i*i                       # 每次在这里返回
...                                         # 函数定义结束
>>> gen_obj = hello_generator()             # 得到生成器对象
>>> gen_obj
<generator object hello_generator at 0x00000000026715E8>
>>> type(gen_obj)                           # 查看 gen_obj 的类型
<type 'generator'>                          # 生成器对象
>>> for ele in gen_obj:                     # 依次访问其生成的元素
...     print(ele)                          # 打印元素的值
...                                         # for 循环介绍
0                                           # 遍历得到的元素
1
4
```

11.2.2 接口函数

对生成器的最简单操作就是调用 next()函数来得到下一个数据。但是生成器也有一些高级接口函数，如 close()，它可以强制结束生成器。本节就来介绍生成器的常用接口函数。

1. next()

next()得到下一个数据。它是最基本的生成器接口函数。下面定义一个生成器 fib，它可以生成斐波拉契数列。斐波拉契数列是这样的数列，前两个元素值为 1，从第三个元素开始，所有元素的值等于前两个元素的和。代码如下：

```
>>> def fib():                  # 定义斐波拉契函数
...     yield 1                 # 第一个元素
...     first_ele = 1
...     yield 1                 # 第二个元素
...     second_ele = 1
...     while True:             # 后面的元素
...         next_ele = first_ele + second_ele
...         first_ele, second_ele = second_ele, next_ele
...         yield next_ele
...                             # 函数定义结束
>>> gen1 = fib()                # 得到生成器
>>> type(gen1)                  # 查看类型
<class 'generator'>
>>> next(gen1)                  # 得到第一个元素
1
>>> next(gen1)                  # 得到下一个元素，该生成器产生的元素个数是无限的
1
>>> next(gen1)                  # 得到下一个元素
2
>>> next(gen1)                  # 得到下一个元素
3
>>> next(gen1)                  # 得到下一个元素
5
>>> next(gen1)                  # 得到下一个元素
8
>>> next(gen1)                  # 得到下一个元素
13
>>> next(gen1)                  # 得到下一个元素
21
```

2．停止生成——close()

close()是对象的接口函数。调用该接口函数后，如果以后再次试图通过调用 next ()来生成数据，就会抛出 StopIteration 异常。

```
>>> gen_a = (x*x for x in range(100))   # 可以生成 100 个元素
>>> gen_a.next()                        # 生成第一个元素
0
>>> gen_a.close()                       # 关闭，不能再生成元素了
>>> gen_a.next()                        # 后面的 next() 导致异常抛出
Traceback (most recent call last):
  File "<stdin>", line 1, in <module>
StopIteration
```

3．发送数据——send()

前面我们生成的数据都是预先就可以知道的，如斐波拉契数列。如果希望结合生成器的状态和输入来生成某个数据，这时 send()就能派上用场了。其基本过程如下：

（1）创建生成器 A。

（2）给生成器 A 发送开始命令。

（3）给生成器 A 一个输入数据 d，生成器 A 生成一个结果 r。

（4）跳到第三步。

下面是这样一个生成器，其接收一个整数序列，并计算到目前为止接收到的输入序列的和。例如开始输入的是 1，那么其生成 1；第二次输入的是 10，那么生成值是 10+1=11；第三次输入的是 10，那么生成值是 1+10+10=21，以此类推。

```
1   >>> def get_sum():                        # 定义一个迭代器函数
2   ...     sum = 0
3   ...     while True:
4   ...         input_val = yield sum         # 返回一个值，并且等待用户输入
5   ...         if input_val == "quit":
6   ...             break
7   ...         sum = sum + input_val
8   ...                                       # 函数定义结束
9   >>> gen1 = get_sum()                      # 构造一个生成器
10  >>> gen1.send(None)                       # 开始运行，跳转到第 4 行
11  0
12  >>> gen1.send(1)                          # 输入值是 1，返回值是 1
13  1
14  >>> gen1.send(10)                         # 输入值是 10，返回值是 11
15  11
16  >>> gen1.send(10)                         # 输入值是 10，返回值是 21
17  21
18  >>> gen1.send(100)                        # 输入值是 100，返回值是 121
19  121
20  >>> gen1.send("quit")                     # 输入值是 quit，输出是异常
21  Traceback (most recent call last):
22    File "<stdin>", line 1, in <module>
23  StopIteration
```

4. 抛出异常——throw()

可以用 throw()函数直接让生成器在当前位置抛出指定的异常。下面的例子是创建一个生成器，该生成器每次的返回值都加 1，即依次生成“1，2，3，4，...”这样的序列。但如果发生了异常，那么下次重新从 1 开始，也就是如果发生了异常，那么下次还是生成“1，2，3，...”这样的序列。代码如下：

```
1   >>> def Generator_A():                    # 定义函数
2   ...     value = 1
3   ...     while True:
4   ...         try:
    # 返回值，如果输入了异常，跳转到第 8 行，然后再次到这里
5   ...             yield value
6   ...             value += 1
7   ...         except:
8   ...             print("Got Exception")
```

```
9   ...              value = 1
10  ...                              # 函数定义结束
11  >>> gen_obj = Generator_A()      # 构造生成器
12  >>> next(gen_obj)                # 生成数据
13  1
14  >>> next(gen_obj)                # 生成数据
15  2
16  >>> next(gen_obj)                # 生成数据
17  3
18  >>> gen_obj.throw(Exception, "Method throw called!")  # 输入异常
19  Got Exception                    # 第 8 行的输出
20  1                                # 第 5 行的返回值
21  >>> next(gen_obj)                # 生成数据
22  2
23  >>> next(gen_obj)                # 生成数据
24  3
25  >>> next(gen_obj)                # 生成数据
26  4
27  >>> next(gen_obj)                # 生成数据
28  5
```

5. 从其他生成器生成数据——yield from生成器

yield from 是一个语句，不是函数。我们知道列表可以嵌套，即某个列表元素可能也是一个列表，这就构成了一个树状结构。有时我们希望使用中序遍历将这个树转换成一个线性的数据结构。例如有这样一个列表：['str1',[11, 32, 13], 27, 24, [45, [106, [89, [92]],'str2'], 27]]，如果要用树来表示该列表的数据结构，结果如图 11-1 所示。

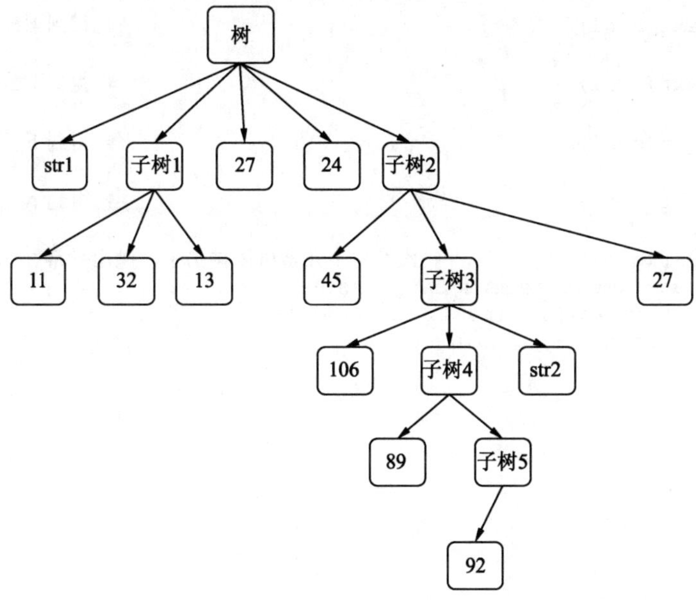

图 11-1　树状结构表示的嵌套列表

现在我们希望将其变成序列：['str1',11, 32, 13, 27, 24, 45, 106, 89, 92,'str2', 27]，可以用下面的生成器来完成该任务。

```
>>> def in_order_traverse_tree(tree_obj):       # 定义一个函数
...         if not isinstance(tree_obj, list):  # 如果不是列表
...             yield tree_obj                  # 直接返回该元素
...         else:                               # 如果是一个列表
...             for ele in tree_obj:            # 遍历所有的列表元素
...                 yield from in_order_traverse_tree(ele)   # 嵌套输出
...                                             # 函数定义结束
>>> input_list = ['str1',[11, 32, 13], 27, 24, [45, [106, [89, [92] ],'str2' ], 27] ]
>>> gen1 = in_order_traverse_tree(input_list)  # 构造生成器
>>> next(gen1)                                  # 得到第一个元素
'str1'
>>> next(gen1)                                  # 得到下一个元素
11
>>> next(gen1)                                  # 得到下一个元素
32
>>> next(gen1)                                  # 得到下一个元素
13
>>> next(gen1)                                  # 得到下一个元素
27
>>> next(gen1)                                  # 得到下一个元素
24
>>> next(gen1)                                  # 得到下一个元素
45
>>> next(gen1)                                  # 得到下一个元素
106
>>> next(gen1)                                  # 得到下一个元素
89
>>> next(gen1)                                  # 得到下一个元素
92
>>> next(gen1)                                  # 得到下一个元素
'str2'
>>> next(gen1)                                  # 得到下一个元素
27
>>> next(gen1)              # 没有更多元素可以输出了，抛出异常 StopIteration
Traceback (most recent call last):
  File "<stdin>", line 1, in <module>
StopIteration
```

第 12 章　装　饰　器

装饰器是一个比较新的功能，使用装饰器可以大幅减少代码量，并且可以做出很多有趣的功能。在各种 Python 框架中定义了多种装饰器，可以说装饰器已经成为 Python 必不可少的语法部分。本章主要包含以下内容：

- 装饰器的起源；
- 装饰器的参数；
- 装饰器的返回值；
- 使用多个装饰器；
- 常用装饰器。

12.1　起　　源

要想理解装饰器，首先要知道的一点是，在 Python 中，函数和变量一样，都是可以当作参数来传递的。或者更加简单地说，函数也是一个对象，在很多地方它和传统的变量是没有区别的，它只是一个可以调用的对象。

```
>>> def hello():                                # 定义一个简单的函数
...     print("hello() is Running")
...                                             # 函数定义结束
>>> def indirect_call_func_obj(func_obj):       # 输入参数其实是一个函数
...     if func_obj is not None and callable(func_obj):
...         func_obj()
...                                             # 函数定义结束
>>> indirect_call_func_obj(hello)               # 注意，参数是一个函数
hello() is Running
```

装饰器是这样的一个函数，其输入是一个函数，输出也是一个函数。下面就是这样的一个例子。

```
def hello():
    print("hello() is Running")
def indirect_call_func_obj(func_obj):
    def __decorator():
        print('Enter Decorator')
        func_obj()
        print('Exit Decorator')
```

```
    return __decorator
if __name__ == "__main__":
    decorator_func = indirect_call_func_obj(hello)
    decorator_func()
```

运行该脚本，输出如下：

```
$ python funcDemo2.py
Enter Decorator
hello() is Running
Exit Decorator
```

从输出可以看到，在运行 hello()之前和之后都做了一点其他的事情。这些事情就是在函数__decorator()内定义的。这就是装饰器的原型了，它将一个完整的事情分成两部分，一部分是我们常见的，即 hello()部分，另外一部分完成一些辅助功能，即__decorator()部分。还需要注意的是，我们直接调用的不是 hello()这部分代码，而是__decorator()这部分的代码，__decorator()代码包含 hello()的信息。

可以使用@来将这两部分功能连接起来，将@放在 hello()函数的上一行，而且带有 indirect_call_func_obj 这个参数。这时就不需要先调用 indirect_call_func_obj()来得到一个函数，然后再调用这个返回的函数了，而可以直接调用 hello()这个函数。代码变成了下面的样子：

```
def indirect_call_func_obj(func_obj):
    def __decorator():
        print('Enter Decorator')
        func_obj()
        print('Exit Decorator')
    return __decorator
@indirect_call_func_obj
def hello():
    print("hello() is Running")
if __name__ == "__main__":
    hello()
```

运行结果如下：

```
$ python funcDemo3.py
Enter Decorator
hello() is Running
Exit Decorator
```

从输出内容可以看出，修改后的代码和原来的代码运行效果是一样的，只是语法表述的方式不同。其实到这里最基本的装饰器就介绍完了。

12.2　被装饰函数带有参数

本节主要介绍如何给带有参数的函数装上装饰器。由于实际调用的是装饰器，所以这个参数肯定是先传给装饰器函数的，但是我们可以将这个参数再转给被装饰的函数。例如下面的例子：

```
# 装饰器函数，也就是输入一个函数，返回一个函数的函数
def indirect_call_func_obj(func_obj):
    def __decorator(argument):
        print('Enter Decorator')
        func_obj(argument)
        print('Exit Decorator')
    return __decorator
@indirect_call_func_obj
def hello(argument):    # 被装饰函数
    print("hello(%s) is Running" % argument)
if __name__ == "__main__":
    hello("example3")
```

该函数的输出结果如下：

```
$ python funcDemo4.py
Enter Decorator
hello(example3) is Running
Exit Decorator
```

如果参数个数不确定，可以使用*来解决该问题，例如下面的例子：

```
# 装饰器函数，也就是输入一个函数，返回一个函数的函数
def indirect_call_func_obj(func_obj):
    def __decorator(*argument):               # 被装饰器要用的参数
        print('Enter Decorator')
        func_obj(*argument)                   # 将参数传给被装饰函数
        print('Exit Decorator')
    return __decorator
@indirect_call_func_obj
def hello_0arg():                                       # 被装饰函数
    print("hello_0arg() is Running")
@indirect_call_func_obj
def hello_1arg(argument):                               # 被装饰函数
    print("hello_1arg() is Running")
@indirect_call_func_obj
def hello_2arg(argument1, argument2):                   # 被装饰函数
    print("hello_2arg() is Running")
@indirect_call_func_obj
def hello_3arg(argument1, argument2, argument3):        # 被装饰函数
    print("hello_3arg() is Running")
if __name__ == "__main__":
    hello_0arg()                                        # 没有参数
    hello_1arg("example4")                              # 1 个参数
    hello_2arg("example4", "2")                         # 2 个参数
    hello_3arg("example4", "2", "arguments")            # 3 个参数
```

运行结果如下：

```
$ python funcDemo5.py
Enter Decorator
hello_0arg() is Running
Exit Decorator
```

```
Enter Decorator
hello_1arg() is Running
Exit Decorator
Enter Decorator
hello_2arg() is Running
Exit Decorator
Enter Decorator
hello_3arg() is Running
Exit Decorator
```

其实使用**也是可以的，例如下面的例子：

```
# 装饰器函数，也就是输入一个函数，返回一个函数的函数
def indirect_call_func_obj(func_obj):
    def __decorator(*args, **kwargs):
        print('Enter Decorator')
        func_obj(*args, **kwargs)
        print('Exit Decorator')
    return __decorator
@indirect_call_func_obj
def hello_0arg():                                          # 被装饰函数
    print("hello_0arg() is Running")
@indirect_call_func_obj
def hello_1arg(argument):                                  # 被装饰函数
    print("hello_1arg() is Running")
@indirect_call_func_obj
def hello_2arg(argument1, argument2):                      # 被装饰函数
    print("hello_2arg() is Running")
@indirect_call_func_obj
def hello_3arg(argument1, argument2, argument3):           # 被装饰函数
    print("hello_3arg() is Running")
if __name__ == "__main__":
    hello_0arg()
    hello_1arg("example4")
    hello_1arg(argument="example4")
    hello_2arg("example4", "2")
    hello_2arg(argument1="example4", argument2="2")
    hello_3arg("example4", "2", "arguments")
    hello_3arg(argument1="example4",                       # 3 个关键字参数
               argument2="2",
               argument3="arguments")
```

运行结果如下：

```
$ python funcDemo6.py
Enter Decorator
hello_0arg() is Running
Exit Decorator
Enter Decorator
hello_1arg() is Running
Exit Decorator
Enter Decorator
hello_1arg() is Running
Exit Decorator
Enter Decorator
hello_2arg() is Running
```

```
Exit Decorator
Enter Decorator
hello_2arg() is Running
Exit Decorator
Enter Decorator
hello_3arg() is Running
Exit Decorator
Enter Decorator
hello_3arg() is Running
Exit Decorator
```

12.3　装饰函数带有参数

我们知道，函数可以带上参数，装饰器也是一个函数，所以它也可以带上参数。但是装饰器有一个固定的参数，就是输入的函数，即被装饰函数。那么如何给装饰器加上参数呢？我们可以添加一个外层装饰器，该装饰器带有另外一个参数，这样装饰器从外面看起来就有两个参数了。下面就是这样的一个例子。

```
# 装饰器参数
def deco_2(deco_arg):   # 外层装饰器，其参数就是装饰器的参数
    def _deco2(arg):    # 内层装饰器，就是一个普通装饰器，参数是被装饰函数
        print('Enter Decorator 2')
        print('deco2 arg:', deco_arg)
        def _deco1():
            print('Enter Decorator 1')
            arg()
            print('Exit Decorator 1')
        return _deco1
        print('Exit Decorator 2')
    return _deco2
@deco_2(deco_arg="deco2_arg")
def hello():
    print("hello() is Running")
if __name__ == "__main__":
    hello()
```

运行后的输出结果如下：

```
$ python funcDemo7.py
Enter Decorator 2
deco2 arg: deco2_arg
Enter Decorator 1
hello() is Running
```

如果被装饰函数也有参数，则可以在内层装饰器携带被装饰函数的参数。下面就是这样一个例子。

```
# 装饰器参数，也就是输入一个函数，返回一个函数的函数
def deco_2(deco_arg):
    def _deco2(arg):
        print('Enter Decorator 2')
```

```
        print('deco2 arg:', deco_arg)
        def _deco1(user):                    # 被装饰函数的参数放在这里
            print('Enter Decorator 1')
            arg(user)
            print('Exit Decorator 1')
        print('Exit Decorator 2')
        return _deco1
    return _deco2
@deco_2(deco_arg="deco2_arg")
def hello(user):
    print("hello(%s) is Running" % user)
if __name__ == "__main__":
    hello('alex')
```

运行后的输出结果如下：

```
$ python funcDemo8.py
Enter Decorator 2
deco2 arg: deco2_arg
Exit Decorator 2
Enter Decorator 1
hello(alex) is Running
Exit Decorator 1
```

12.4　装饰函数带有返回值

我们知道，装饰器也是一个函数，所以其执行时也会有返回值。例如下面的例子中，装饰器就返回一个特定的值。

```
# 装饰器函数，也就是输入一个函数，返回一个函数的函数
def deco1(func_obj):
    def __decorator():
        print('Enter Decorator')
        func_obj()
        print('Exit Decorator')
        return "docorator-ret"
    return __decorator
@deco1
def hello():                                 # 被装饰函数
    print("hello() is Running")
    return "hello-ret"
if __name__ == "__main__":
    ret = hello()
    print("ret:", ret)
```

运行后的输出结果如下：

```
$ python funcDemo9.py
Enter Decorator
hello() is Running
Exit Decorator
ret: docorator-ret
```

如果希望返回被装饰函数的返回值，可以在装饰器中返回被装饰函数的返回值。下面就是这样的一个例子。

```
# 装饰器函数，也就是输入一个函数，返回一个函数的函数
def deco1(func_obj):
    def __decorator():
        print('Enter Decorator')
        hello_ret = func_obj()
        print('Exit Decorator')
        return hello_ret
    return __decorator
@deco1
def hello():                            # 被装饰函数
    print("hello() is Running")
    return "hello-ret"
if __name__ == "__main__":
    ret = hello()
    print("ret:", ret)
```

运行后的输出结果如下：

```
$ python funcDemo10.py
Enter Decorator
hello() is Running
Exit Decorator
ret: hello-ret
```

12.5　使用多个装饰器

如果某个函数有多个装饰器同时装饰，会发生什么情况呢？真实情况是它先使用第一个装饰器包装第二个装饰器，再使用第二个装饰器包装后面的装饰器，最后一个装饰器再包装被装饰的函数，即装饰器之间形成的是嵌套的调用关系，而不是平行关系。

```
def deco1(func_obj):                    # 装饰器 1
    def __decorator():
        print('Enter Decorator 1')
        func_obj()
        print('Exit Decorator 1')
    return __decorator
def deco2(func_obj):                    # 装饰器 2
    def __decorator():
        print('Enter Decorator 2')
        func_obj()
        print('Exit Decorator 2')
    return __decorator
@deco1                                  # 第一个使用的装饰器，在嵌套的最外层
@deco2                                  # 第二个使用的装饰器
def hello12():                          # 被装饰函数
    print("hello() is Running")
    return "hello-ret"
```

```
@deco2                                     # 第一个使用的装饰器，在嵌套的最外层
@deco1                                     # 第二个使用的装饰器
def hello21():                             # 被装饰函数
    print("hello() is Running")
    return "hello-ret"
if __name__ == "__main__":
    hello12()
    print("*** === *** === *** === ***")
    hello21()
```

运行后的输出结果如下：

```
$ python funcDemo11.py
Enter Decorator 1
Enter Decorator 2
hello() is Running
Exit Decorator 2
Exit Decorator 1
*** === *** === *** === ***
Enter Decorator 2
Enter Decorator 1
hello() is Running
Exit Decorator 1
Exit Decorator 2
```

通过输出结果，可以很容易看出这个嵌套的调用关系及嵌套的顺序。

12.6　常用装饰器

Python 自带了一个装饰器，如在类中，可以使用 staticmethod 装饰器来表明某个函数是静态成员函数，使用 classmethod 来表明该函数是一个类成员函数。另外，可以自己定义自己的装饰，或者使用第三方提供的装饰器。本节将介绍一些比较常用的装饰器。

12.6.1　类装饰器

下面的代码演示了 staticmethod 和 classmethod 两个类装饰器的用法，分别用来装饰类成员函数，用来表示某个方法是静态方法或类方法。

```
class DemoClass1(object):
    attr1 = 1                # 类属性
    @staticmethod            # 静态方法
    def static_func1():
        print(DemoClass1.attr1)
        DemoClass1.attr1 += 1
    @classmethod         # 类方法
    def class_func1(cls):
        print(cls.attr1)
        cls.attr1 += 2
```

```
DemoClass1.static_func1()
DemoClass1.class_func1()
DemoClass1.static_func1()
DemoClass1.class_func1()
```

运行后输出结果如下：

```
$ python staticclassdemo1.py
1
2
4
5
```

另外一个常见的装饰器是 property，该装饰器表明被装饰函数会在读取与函数同名的属性时被调用，并且得到的是被装饰函数的返回值。注意，该属性是只读的，不能被赋值。下面是一个例子。

```
>>> class PropertyDemo1(object):
...     def __init__(self):
...         self.field1 = 0
...         self.field2 = 0
...     @property
...     def count(self):
...         return self.field1
...                                  # 类定义结束
>>> obj1 = PropertyDemo1()
>>> obj1.count
0
>>> obj1.count = 4                   # 只读属性，不能被赋值
Traceback (most recent call last):
  File "<stdin>", line 1, in <module>
AttributeError: can't set attribute
```

如果希望可读也可写，那么需要先定义一个被 property 装饰的函数，然后定义一个被 setter 装饰的函数。下面是一个例子。

```
>>> class GetterSetter(object):
...     def __init__(self):
...         self.field1 = 0
...     @property                    # 表明是一个属性，默认是只读的
...     def count(self):
...         return self.field1
...     @count.setter                # 添加设置写操作函数
...     def count(self, value):
...         if not isinstance(value, int):
...             raise ValueError('count must be an integer!')
...         self.field1 = value
...                                  # 类定义结束
>>> obj1 = GetterSetter()            # 创建一个对象
>>> obj1.count = 3                   # 赋值
>>> obj1.count                       # 读出
3
```

12.6.2 退出时执行的函数

本节介绍的装饰器用来装饰在程序退出时执行的函数。演示例子如下：

```
import time
def onexit(f):                          # 装饰器
    import atexit
    atexit.register(f)                  # 将被装饰函数注册到系统中
    return f
@onexit
def on_exit_func1():
    print("on_exit_func1() is running")
@onexit
def on_exit_func2():
    print("on_exit_func2() is running")
print("Starting running")               # 开始执行脚本
time.sleep(3)
print("Ending")                         # 脚本执行完毕
```

运行后的输出结果如下：

```
$ python onexit.py
Starting running
Ending
on_exit_func2() is running
on_exit_func1() is running
```

12.6.3 单例模式

这时装饰器装饰的类，表示该类最多只能有一个实例对象。演示例子如下：

```
>>> def singleton(cls):     # 装饰器，不过传入的是一个类对象而不是函数对象
...     instances = {}
...     def getinstance():
...         if cls not in instances:
...             instances[cls] = cls()          # 生成一个对象
...         return instances[cls]
...     return getinstance
...                                             # 装饰器定义结束
>>> @singleton
... class DemoClass1:
...     def __init__(self):
...         self.field1 = 8
...         self.field2 = "python"
...                                             # 被装饰的类定义结束
>>> obj1 = DemoClass1()                         # 创建两个对象
>>> obj2 = DemoClass1()                         # 第二个对象
>>> obj1 is obj2                                # 这两个对象是否是同一个对象
True                                            # 是同一个对象
```

12.6.4　执行时间限制

有时需要限定某个函数的执行时间，如果超出该时间，需要强制结束运行。提供这种装饰器的 Python 包很多，这里仅介绍其中一个，即 timeout_decorator。使用该包之前，需要自行安装，方法是运行下面的命令行：

```
pip install timeout-decorator
```

下面是一个使用该装饰器的例子。

```
import time
import timeout_decorator                         # 引入装饰器
@timeout_decorator.timeout(5)                    # 不能超时 5 秒
def func_with_time_limit():
   print("Start")
   for i in range(1,10):                         # 循环 10 次
      time.sleep(1)
      print("{} seconds have passed".format(i))
if __name__ == '__main__':
   func_with_time_limit()
```

运行该脚本，输出如下：

```
$ python timeoutdemo1.py
Start
1 seconds have passed
2 seconds have passed
3 seconds have passed
4 seconds have passed
Traceback (most recent call last):              # 打印出来调用栈
  File "timeoutdemo1.py", line 12, in <module>
    func_with_time_limit()
  File
"/anaconda3/lib/python3.7/site-packages/timeout_decorator/timeout_
decorator.py",
line 81, in new_function
    return function(*args, **kwargs)
  File "timeoutdemo1.py", line 8, in func_with_time_limit
    time.sleep(1)
  File
"/anaconda3/lib/python3.7/site-packages/timeout_decorator/timeout_
decorator.py",
line 72, in handler
    _raise_exception(timeout_exception, exception_message)
  File
"/anaconda3/lib/python3.7/site-packages/timeout_decorator/timeout_
decorator.py",
line 45, in _raise_exception
    raise exception()
timeout_decorator.timeout_decorator.TimeoutError: 'Timed Out'
```

可以发现，在超时后它会自动抛出异常，我们可以捕捉该异常。下面是修改后的代码：

```
import time
import timeout_decorator
@timeout_decorator.timeout(5)                 # 不能超时 5 秒
def func_with_time_limit():
    print("Start")
    for i in range(1,10):
        time.sleep(1)
        print("{} seconds have passed".format(i))
if __name__ == '__main__':
    try:
        func_with_time_limit()
    except:
        print("Time-out")
```

运行后的输出如下：

```
$ python timeoutdemo2.py
Start
1 seconds have passed
2 seconds have passed
3 seconds have passed
4 seconds have passed
Time-out
```

12.6.5　执行时间标定

有时需要统计出某个函数每次执行的时间，此时既可以使用在函数执行之前和之后获取系统时间，然后通过计算得到实际运行时间，也可以使用现成的装饰器来达到这个目的。本节介绍的装饰器是 benchmark-decorator，这个装饰器也是需要读者自行安装的。安装命令如下：

```
pip install benchmark-decorator
```

下面是一个使用 benchmark-decorator 装饰器的例子。

```
import time
from benchmark import Benchmark               # 引入标定模块
@Benchmark()                                  # 标定该函数的执行时间
def do_real_work1():
    time.sleep(0.1)
    return 1
@Benchmark()                                  # 标定该函数的执行时间
def do_real_work2():
    time.sleep(0.2)
    return 2
@Benchmark()                                  # 标定该函数的执行时间
def func_benchmarked():
    print("Start")
    for i in range(1,10):
        do_real_work1()
        do_real_work2()
if __name__ == '__main__':
    func_benchmarked ()
```

运行该脚本后会发现，在当前目录下多了一个文件 bench.log，标定数据都记录在该文件中了。下面是该文件的内容：

```
2019-07-28 06:10:05,921 - BENCHMARK - INFO - do_real_work1: 0.10025286674499512
2019-07-28 06:10:06,123 - BENCHMARK - INFO - do_real_work2: 0.20151209831237793
2019-07-28 06:10:06,227 - BENCHMARK - INFO - do_real_work1: 0.10357093811035156
2019-07-28 06:10:06,431 - BENCHMARK - INFO - do_real_work2: 0.2039330005645752
2019-07-28 06:10:06,536 - BENCHMARK - INFO - do_real_work1: 0.10420393943786621
2019-07-28 06:10:06,737 - BENCHMARK - INFO - do_real_work2: 0.20117402076721191
2019-07-28 06:10:06,840 - BENCHMARK - INFO - do_real_work1: 0.10258889198303223
2019-07-28 06:10:07,043 - BENCHMARK - INFO - do_real_work2: 0.20316576957702637
2019-07-28 06:10:07,144 - BENCHMARK - INFO - do_real_work1: 0.10006403923034668
2019-07-28 06:10:07,345 - BENCHMARK - INFO - do_real_work2: 0.20134592056274414
2019-07-28 06:10:07,449 - BENCHMARK - INFO - do_real_work1: 0.103179931640625
2019-07-28 06:10:07,650 - BENCHMARK - INFO - do_real_work2: 0.20065712928771973
2019-07-28 06:10:07,755 - BENCHMARK - INFO - do_real_work1: 0.10498189926147461
2019-07-28 06:10:07,959 - BENCHMARK - INFO - do_real_work2: 0.20356011390686035
2019-07-28 06:10:08,063 - BENCHMARK - INFO - do_real_work1: 0.10360908508300781
2019-07-28 06:10:08,266 - BENCHMARK - INFO - do_real_work2: 0.20292973518371582
2019-07-28 06:10:08,367 - BENCHMARK - INFO - do_real_work1: 0.10042166709899902
2019-07-28 06:10:08,567 - BENCHMARK - INFO - do_real_work2: 0.20004773139953613
2019-07-28 06:10:08,567 - BENCHMARK - INFO - func_benchmarked: 2.746522903442383
```

12.6.6　自动重新运行

如果执行过程中抛出了异常，那么可以尝试让该函数再次运行。该软件包也需要我们自行安装，安装命令如下：

```
pip install retry_decorator
```

下面是一个使用该装饰器的例子：

```
1   from retry_decorator import *                         # 引入重试模块
2   @retry(Exception, tries=3, timeout_secs=0.3)  # 自动重试 3 次，间隔 0.3 秒
3   def retry_demo():                                        # 如果抛出了任意类型的异常
4       import sys,time
5       print('working now')
6       raise Exception('Testing retry')
7   if __name__ == '__main__':
8       try:
9           retry_demo()
10      except Exception as e:
11          print('Received the last exception')
```

运行后的输出如下：

```
$ python retrydemo1.py
working now                                    # 第 5 行代码的输出
ERROR:root:Retrying in 0.32 seconds ...        # 会在 0.32 秒后再次尝试运行
Traceback (most recent call last):
  File "/anaconda3/lib/python3.7/site-packages/retry_decorator/retry_decorator.py",
line 26, in f_retry
```

```
    return f(*args, **kwargs)
  File "retrydemo1.py", line 7, in retry_demo
    raise Exception('Testing retry')
Exception: Testing retry
working now                              # 第 2 轮运行，第 5 行代码的输出
ERROR:root:Retrying in 0.60 seconds ...
Traceback (most recent call last):
  File "/anaconda3/lib/python3.7/site-packages/retry_decorator/retry_decorator.py",
line 26, in f_retry
    return f(*args, **kwargs)
  File "retrydemo1.py", line 7, in retry_demo
    raise Exception('Testing retry')
Exception: Testing retry
working now                              # 第 3 轮运行
Received the last exception
```

12.6.7　状态机

对于一个状态机来说，需要定义状态和状态迁移函数，在某个事件发生时，会调用对应的状态迁移函数，如果迁移函数执行失败，其会调用用户定义的失败处理函数。下面是 pystatemachine 包的源代码：

```
import functools
import inspect
class InvalidStateTransition(Exception):
    pass
class StateInfo(object):
    @staticmethod
    def get_states(cls):
        if not inspect.isclass(cls):
            raise TypeError('"{0}" is no class object!'.format(cls))
        if not hasattr(cls, '__pystatemachine_cls_states'):
            states = tuple(state for _, state  in
                inspect.getmembers(cls, lambda member: isinstance(member,
                State)))
            setattr(cls, '__pystatemachine_cls_states', states)
        return getattr(cls, '__pystatemachine_cls_states')
    @staticmethod
    def get_initial_state(cls):
        if not inspect.isclass(cls):
            raise TypeError('"{0}" is no class object!'.format(cls))
        if not hasattr(cls, '__pystatemachine_cls_initial_state'):
            states = StateInfo.get_states(cls)
            initial_states = [state for state in states if state.is_initial]
            assert initial_states
            assert len(initial_states) == 1
            initial_state = initial_states[0]
            setattr(cls, '__pystatemachine_cls_initial_state', initial_state)
        return getattr(cls, '__pystatemachine_cls_initial_state')
```

```
    @staticmethod
    def get_current_state(obj):
        if not hasattr(obj, '___pystatemachine_obj_current_state'):
            initial_state = StateInfo.get_initial_state(obj.__class__)
            setattr(obj, '___pystatemachine_obj_current_state', initial_state)
        return getattr(obj, '___pystatemachine_obj_current_state')
    @staticmethod
    def set_current_state(obj, state):
        assert isinstance(state, State), 'invalid state type!'
        setattr(obj, '___pystatemachine_obj_current_state', state)
class State(object):                                    # 定义状态类
    def __init__(self, name, initial=False):
        super(State, self).__init__()
        self.is_initial = True if initial else False
        self.name = name.upper()
    def __str__(self):
        return '<{0}.State[{1}] object at 0x{2:X}>'.format(__name__, self.name, id(self))
def event(from_states=None, to_state=None):     # 装饰器
    """ a decorator for transitioning from certain states to a target state.
      must be used on bound methods of a class instance, only. """
    from_states_tuple = (from_states, ) if isinstance(from_states, State) \
            else tuple(from_states or [])
    if not len(from_states_tuple) >= 1:
        raise ValueError()
    if not all(isinstance(state, State) for state in from_states_tuple):
        raise TypeError()
    if not isinstance(to_state, State):
        raise TypeError()
    def wrapper(wrapped):
        @functools.wraps(wrapped)
        def transition(instance, *a, **kw):
            if instance.current_state not in from_states_tuple:
                raise InvalidStateTransition()
            try:
                result = wrapped(instance, *a, **kw)
            except Exception as error:
                error_handlers = getattr(instance,
                      '___pystatemachine_transition_failure_handlers', [])
                for error_handler in error_handlers:
                    error_handler(instance, wrapped, instance.current_state,
                        to_state, error)
                if not error_handlers:
                    raise error
            else:
                StateInfo.set_current_state(instance, to_state)
                return result
        return transition
    return wrapper
def transition_failure_handler(calling_sequence=0):
    def wrapper(wrapped):
```

```
        setattr(wrapped, '___pystatemachine_is_transition_failure_handler', True)
        setattr(wrapped,
            '___pystatemachine_transition_failure_handler_calling_sequence',
            int(calling_sequence))
        return wrapped
    return wrapper
def acts_as_state_machine(cls):
    """
    a decorator which sets two properties on a class:
        * the 'current_state' property: a read-only property,
          returning the state machine's current state, as 'State' object
        * the 'states' property: a tuple of all valid state machine states,
          as 'State' objects
    class objects may use current_state and states freely
    :param cls:
    :return:
    """
    assert not hasattr(cls, 'current_state')
    assert not hasattr(cls, 'states'), '{0} already has a "states" attribute!'.format(cls)
    def get_states(obj):
        return StateInfo.get_states(obj.__class__)
    def is_transition_failure_handler(obj):
        return all([
            any([
                inspect.ismethod(obj),  # Python 2
                inspect.isfunction(obj),  # python3
            ]),
            getattr(obj, '___pystatemachine_is_transition_failure_handler', False),
        ])
    transition_failure_handlers = sorted(
        [value for name, value in
        inspect.getmembers(cls, is_transition_failure_handler)],
        key=lambda m:
          getattr(m,
              '___pystatemachine_transition_failure_handler_calling_sequence', 0),
    )
    setattr(cls,
          '___pystatemachine_transition_failure_handlers',
          transition_failure_handlers)
    cls.current_state = property(fget=StateInfo.get_current_state)
    cls.states = property(fget=get_states)
    return cls
```

下面是使用该状态机装饰器的例子，该例子描述了闸机的状态。闸机只有两个状态，一个是锁死，一个是可以推动的非锁死状态。事件也有两个，一个是让闸机锁死，一个是让闸机解锁。状态转换函数应该有 4 个，但有两个可以和别的共享，所以实际上只有两个状态转换函数，一个是解锁处理函数，一个是锁定处理函数。由于任意状态转换的过程中可能发生异常情况，所以需要定义异常，该函数会在转换函数抛出异常时被调用。下面是一个例子：

```
@acts_as_state_machine
class Turnstile(object):                            # 这个类对应一个状态机
    locked = State('locked', initial=True)  # 定义两个状态
    unlocked = State('unlocked')
    @event(from_states=(locked, unlocked), to_state=unlocked)
    def coin(self):                                 # 解锁的处理函数
        assert random.random() > .5, 'failing for demonstration purposes, only ..'
        print('*blingbling* .. unlocked!')
    @event(from_states=(locked, unlocked), to_state=locked)
    def push(self):                                 # 锁定处理函数
        print('*push* .. locked!')
    @transition_failure_handler(calling_sequence=2)
    def turnstile_malfunction(self, method, from_state, to_state, error):
        print(" *** turnstile_malfunction() is Running")
    @transition_failure_handler(calling_sequence=1)
    def before_turnstile_malfunction(self, method, from_state, to_state, error):
        print(" *** before_turnstile_malfunction() is Running")
import random
turnstile = Turnstile()                             # 创建状态机
for _ in range(10):                                 # 产生 10 个事件
    handler = random.choice([turnstile.coin, turnstile.push])
    handler()                                       # 触发事件
    print("=======================").       # 分隔符
```

运行后的输出如下：

```
$ python statemachine.py
*blingbling* .. unlocked!
=======================
*push* .. locked!
=======================
 *** before_turnstile_malfunction() is Running
 *** turnstile_malfunction() is Running
=======================
 *** before_turnstile_malfunction() is Running
 *** turnstile_malfunction() is Running
=======================
 *** before_turnstile_malfunction() is Running
 *** turnstile_malfunction() is Running
=======================
 *** before_turnstile_malfunction() is Running
 *** turnstile_malfunction() is Running
=======================
```

```
*push* .. locked!
========================
*push* .. locked!
========================
*push* .. locked!
========================
*push* .. locked!
========================
```

可以发现，错误处理函数是按照 calling_sequence 属性所指定的顺序执行的。每次在执行状态转换函数的过程中，如果抛出了异常，那么被 transition_failure_handler 装饰的函数都会被调用，我们可以从参数中得知错误的详细情况。

第 13 章　数据文件操作

本章主要介绍一些特殊格式的文件操作。本章和第 5 章介绍的对普通文本文件、二进制文件的操作是不同的。

本章主要涉及以下内容：

- csv 文件的处理；
- yaml 文件的处理；
- json 文件的处理。

13.1　csv 文件的处理

csv 文件本质上是文本文件，用来保存表格数据，它使用逗号来分隔行内的单元，使用换行符来分隔不同的行。下面是一个普通的 csv 文件，包含两行和两列，内容如下：

```
第一行第一列，第一行第二列
第二行第一列，第二行第二列
```

在 Excel 中的显示效果如图 13-1 所示。

如果某个单元格中包含“,”分隔符，那么它将使用双引号将单元格的内容包裹起来。如下面的 csv 文件内容就是包裹有“,”分隔符的情形。

```
"包括,的单元",第一行第二列
第二行第一列,第二行第二列
```

注意，第一行第一列是用双引号包裹的，显示效果如图 13-2 所示。

	A	B
1	第一行第一列	第一行第二列
2	第二行第一列	第二行第二列
3		

图 13-1　普通的 csv 文件

	A	B
1	包括,的单元	第一行第二列
2	第二行第一列	第二行第二列

图 13-2　带有“,”分隔符的单元

如果某个单元格包含多行，也是将该单元格的内容包裹在双引号内。例如，下面的 csv 文件的第一行第一列就包含多行。

```
"包含换行符的单元
第 2 行
```

```
第三行",第一行第二列
第二行第一列,第二行第二列
```

在 Excel 中的显示效果如图 13-3 所示。

如果单元格的内容包含双引号呢？其还是用双引号来包裹，内容中的双引号用两个连续的双引号来表示。例如下面的 csv 文件的第一行第一列就包含“"”字符：

```
"包含""的单元格",第一行第二列
第二行第一列,第二行第二列
```

在 Excel 中的显示效果如图 13-4 所示。

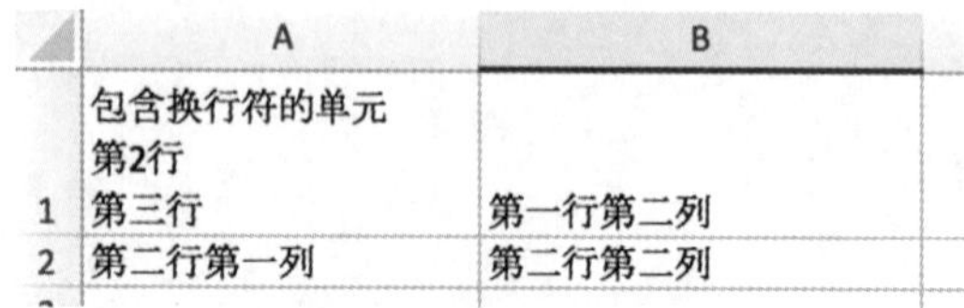

图 13-3　包含多行内容的单元格

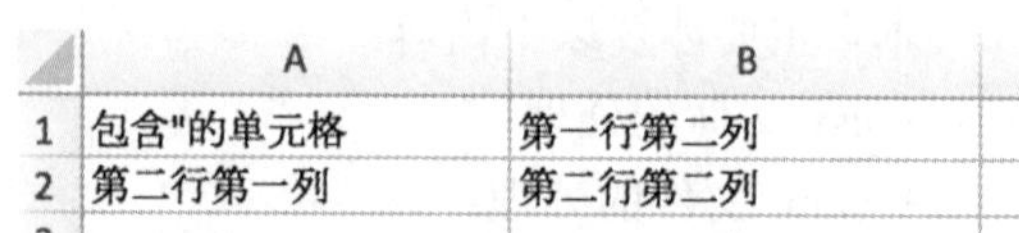

图 13-4　带有双引号的单元格

可以看出 csv 文件的格式还是比较简单的，通过“,”和“"”就能完整表示一个仅包含文本内容的表格数据。在 Python 中，可以不通过操作文本文件的方式来对 csv 文件进行处理，因为其可以通过很多库来直接操作单元格内容，而不用关心 csv 文件格式的细节。本节将介绍一个比较常见的处理 csv 文件的模块——csv。

csv 模块是 Python 的一个内置模块，不需要安装只需要在使用之前将其引入即可，方式如下：

```
import csv
```

对 csv 文件的操作主要有两个，一个是读入，一个是写出。首先来介绍读入，在 csv 模块中有一个类 reader，该类实例对象是可迭代的，就是可以用 for…in...语句来变量所有的 csv 的行。同时其还有一个属性 line_num，表示当前读入的行号。下面以图 13-1 所示的 csv 文件为例来演示相关操作。

```
>>> import csv                                          # 引入 csv 模块
>>> reader_obj = csv.reader(open('demo1.csv', 'r', encoding="utf-8"))
>>> for line in reader_obj:                             # 对每行进行操作
...     print("line number: %d" % reader_obj.line_num)    # 显示当前行号
...     print("content: %s" % str(line))                # 显示当前行的内容
...     print("")                                       # 输出换行
...                                                     # 结束 for 循环
line number: 1                                          # 行号为 1
content: ['第一行第一列', '第一行第二列']                # 内容为列表
                                                        # 第 6 行的输出
line number: 2                                          # 行号为 2
content: ['第二行第一列', '第二行第二列']                # 第二行的内容
```

下面是一个查找诈骗电话的例子。诈骗电话有这样一个特点，就是这些电话仅往外拨，

从来不接听别人的电话。现在我们拿到一个完整的通话记录，内容显示如图 13-5 所示。其中第一列是呼叫方的号码，第二列是被叫方的电话号码，第三列是呼叫开始的时间，第四列是通话时长。我们希望通过这些数据来找到其中的诈骗电话号码。我们依次读出所有的行，然后在呼叫方号码列表中查找没有出现在被叫方号码列表的号码，它们就可能是诈骗电话号码。实现代码如下：

	A	B	C	D
1	caller	callee	time	timespan(sec)
2	13243767286	13243767090	2018/1/4 12:06	161
3	13243767286	13243767090	2018/1/5 8:11	241
4	13243767090	13243767090	2018/1/6 1:22	29
5	13243767286	13243767290	2018/1/4 6:31	86
6	13243767286	13243467090	2018/1/5 2:41	220
7	13243767290	13343767090	2018/1/6 5:11	36
8	13243767286	13643767090	2018/1/7 11:18	20
9	13243767286	13243767890	2018/3/4 10:15	321
10	13243767286	13253767098	2018/4/2 9:04	301
11	13243767000	13243767286	2018/5/1 8:06	321

图 13-5　通话记录

```
import sys, csv
# 打开通话记录文件
if sys.version_info.major == 3:    # python3
    f = open("telephone.csv", "r",encoding="utf-8", newline="\n")
else:                              # Python 2
    f = open("telephone.csv", "r")
reader = csv.reader(f)
caller_list = []                   # 呼叫方号码列表
callee_list = []                   # 被叫方号码列表，最开始都为空
for record in reader:              # 对每个记录进行处理
    # 第一行是表头，不进行处理
    if reader.line_num == 1:
        continue
    caller_list.append(record[0])  # 记录下所有的呼叫号码
    # 记录下所有的被呼叫号码
    callee_list.append(record[1])
caller_list = set(caller_list)     # 去掉重复的呼叫号码
f.close()                          # 关闭文件
# 对于每个呼叫号码
for caller in caller_list:
    # 如果它没有被呼叫过，那么标定为骗子号码
    if caller not in callee_list:
        print(caller, "is Cheat Telephone Number")
```

运行后的输出如下：

```
$ python cheatTel1.py
13243767000 is Cheat Telephone Number
```

下面我们来介绍将数据输出到 csv 文件中的方法。在 csv 模块中有一个 writer 类，其提供 writerow()和 writerows()两个接口函数。使用这两个接口函数便可以将列表数据输出

到 csv 文件中。下面是一个简单的例子，其使用 writerow()来产生一个 csv 文件。

```
import csv
csv_writer_obj = csv.writer(open("writeDemo1.csv", "w"))
csv_writer_obj.writerow(("a", "b", 12, 24.6))
```

输出文件 writeDemo1.csv 的内容在 Excel 中的显示如图 13-6 所示。

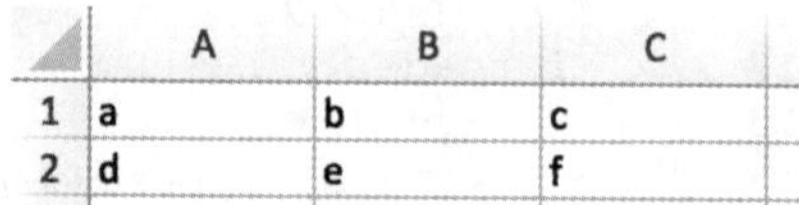

	A	B	C	D
1	a	b	12	24.6

图 13-6　writeDemo1.csv 文件的内容

在输出时并不要求每行的列数相同，例如下面的代码，其输出了三行，这三行的列数分别为 4、2、3。

```
import csv
csv_writer_obj = csv.writer(open("writeDemo2.csv", "w"))
csv_writer_obj.writerow(("a", "b", 12, 24.6))
csv_writer_obj.writerow(("c", "d"))
csv_writer_obj.writerow(("e", "", "1"))
```

输出 csv 文件，内容如图 13-7 所示。

另外一个接口函数是 writerows()，顾名思义，该接口函数可以一次写入多行。下面的例子便是将一个列表写入到 csv 文件中。

```
import csv
data = [                                          # 列表，每个元素代表一行
    ["a", "b", "c"],
    ["d", "e", "f"],
]
csv_writer_obj = csv.writer(open("writeDemo3.csv", "w"))
csv_writer_obj.writerows(data)
```

输出 csv 文件，内容如图 13-8 所示。

	A	B	C	D
1	a	b	12	24.6
2	c	d		
3	e		1	

图 13-7　writeDemo2.csv 文件的内容

	A	B	C
1	a	b	c
2	d	e	f

图 13-8　writeDemo3.csv 的内容

13.2　yaml 文件的处理

yaml 的全称是 Yet Another Markup Language，顾名思义，其是计划提供一个简化版的 xml 数据格式。的确，yaml 文件要比 xml 文件简单很多。

yaml 文件有如下特点：

- 大小写敏感。
- 使用缩进表示层级关系。
- 缩进时不允许使用 Tab 键，只允许使用空格。

- 缩进的空格数目不重要，只要相同层级的元素左侧对齐即可。
- 支持行注释，以#表示注释的开始。

yaml 支持以下 3 种数据类型：

（1）对象，对应到 Python 中的字典。下面是一个例子：

```
0: a                                # 0 为键，a 为值
1: b                                # 字典的第二个元素，1 为键，b 为值
```

（2）数组，对应到 Python 的列表。

```
- 1                                 # -开头表示是数组元素，这是第一个元素
- 2                                 # 第二个元素
- 3                                 # 第三个元素
```

（3）标量，对应到 Python 的字符串、整数、浮点数等。

可以将 3 种数据类型组合起来表示复杂的数据结构。例如对于下面这个复杂的 Python 对象：

```
{
    1: [
        1,
        2,
        3,
        {
            "name": "python",
            "age": 20.0
        }
    ],
    2: "value 2"
}
```

可以用 yaml 表示为：

```
1:
- 1
- 2
- 3
- age: 20.0
  name: python
2: value 2
```

本节将介绍一种可以解析和生成 yaml 文件的库，即 pyyaml。该库需要自己安装，安装方法是：

```
pip install pyyaml
```

使用该库时，需要将其引入，方法如下：

```
import yaml
```

该库主要提供两个功能，一个是将 yaml 文件转化成 Python 对象，一个是将 Python 对象写入到 yaml 文件中。

yaml 模块提供了一个函数 load()，该函数从文件中读入内容并返回一个 Python 对象。

下面是一个简单的例子：

```
import yaml
fd = open("yamlWriteDemo1.yaml", 'r', encoding='utf-8')
data = yaml.load(fd, Loader=yaml.FullLoader)   # 读入文件内容并返回对象
fd.close()
print(data)
```

运行该脚本的输出如下：

```
$ cat yamlWriteDemo1.yaml                    # 查看输入文件内容
0: a                                         # 文件内容
1: b
$ python yamlReadDemo1.py                    # 运行脚本
{0: 'a', 1: 'b'}                             # 得到的 Python 对象
```

写入文件可以使用 dump()函数，该函数接收一个 Python 对象和文件对象，并将 Python 对象按照 yaml 的格式写入到文件对象中。下面是一个简单的写入 yaml 文件的例子：

```
import yaml
fd = open("yamlWriteDemo4.yaml", 'w', encoding='utf-8')
data = {                                     # 写入的对象
    1: [
        1,
        2,
        3,
        {
            "name": "python",
            "age": 20.0
        }
    ],
    2: "value 2"
}
yaml.dump(data, fd)                          # 写入Python对象到文件对象中
fd.close()                                   # 关闭文件
```

运行后的输入如下：

```
$ python yamlWriteDemo4.py                   # 运行脚本
$ cat yamlWriteDemo4.yaml                    # 查看输出的 yaml 文件
1:
- 1
- 2
- 3
- age: 20.0
  name: python
2: value 2
```

13.3　json 文件的处理

json（JavaScript Object Notation）格式的文件多用于在计算机程序之间交换数据。和 yaml 不同的是，该格式并不使用友好的缩进来界定元素的边界，而是使用“{}”、“[]”、

“,” 和 “:” 等特殊字符来标识字段的分割。

和 yaml 类似，json 也包括以下三种数据类型：

（1）对象，对应到 Python 中的字典。下面是一个例子：

```
{1: 12, 2: 22}
```

（2）数组，对应到 Python 的列表。下面是一个例子：

```
[1, 2, 3, 4]
```

（3）标量，对应到 Python 的字符串、整数、浮点数、true、false、null 等。

本节介绍的 json 模块是 Python 自带的，不需要安装，不过在使用之前需要先将其引入，方式如下：

```
import json
```

该模块主要提供两个功能，一个是将 json 字符串转换成 Python 对象，一个是将 Python 对象转换成 json 字符串。下面先来看看将 Python 对象转换成 json 字符串的功能。将 Python 对象转换成字符串的基本函数是 dumps()，该函数接收一个 Python 对象，输出一个 json 格式的字符串。下面是该函数的使用例子：

```
>>> import json                          # 引入 json 模块
>>> obj = ["a", "b", 12, 24.6]           # 输入的 Python 对象，是一个列表
>>> out = json.dumps(obj)                # 调用 dumps()函数
>>> type(out)                            # 输出是字符串
<class 'str'>
>>> out                                  # 输出的内容
'["a", "b", 12, 24.6]'
```

除了 dumps()函数之外，还有一个类似的函数 dump()，该函数直接将输出写入到文件中。其第二个参数是文件对象，并将输出内容写入到该文件对象中。下面是该函数的使用例子：

```
import json
fd = open("writeJsonDemo2.json", "w")  # 打开文件
obj = ["a", "b", 12, 24.6]
out = json.dump(obj, fd)               # 将 Python 对象进行转换后写入文件
fd.close()                             # 关闭文件
```

运行该脚本后的输出如下：

```
$ python writeJsonDemo2.py             # 运行脚本
$ cat writeJsonDemo2.json              # 查看输出文件的内容
["a", "b", 12, 24.6]
```

下面介绍如何将 json 字符串转换成 Python 对象。和 yaml 类似，json 模块也提供了两个函数，一个是以字符串为输入，一个是以文件对象为输入。首先介绍以字符串为输入的函数 loads()，该函数接收的输入是字符串，输出是一个 Python 对象。

```
>>> import json                          # 引入 json 模块
# 转换字符串
>>> out = json.loads('["item1", {"key1": ["item2", null, 1.0, 2]}]')
```

```
>>> type(out)                                    # 输出对象是字典
<class 'list'>
>>> out                                          # 输出对象的内容
['item1', {'key1': ['item2', None, 1.0, 2]}]
```

以文件对象为输入的函数是 load()，该函数接收一个文件对象作为参数，返回一个字符串。下面的代码演示了该接口函数的使用情况：

```
import json                                 # 引入 json 模块
fd = open("writeJsonDemo2.json", "r")       # 打开输入文件
out = json.load(fd)                         # 转换文件内容
fd.close()                                  # 关闭文件
print("Type: %s" % type(out))               # 查看返回对象的类型
print(out)                                  # 查看返回对象的内容
```

运行该脚本后的输出如下：

```
$ cat writeJsonDemo2.json                   # 查看输入文件的内容
["a", "b", 12, 24.6]
$ python jsonReadDemo1.py                   # 运行脚本
Type: <class 'list'>
['a', 'b', 12, 24.6]
```

第 14 章　软 件 测 试

测试在各行各业中普遍存在，例如在汽车行业中，我们需要对汽车轮胎能耐受的压力值进行测试，需要对车架的疲劳寿命进行测试，还需要做碰撞测试；在食品加工业中，我们需要对农药残留、添加剂含量等进行测试。同样地，在软件行业，我们也需要对软件的方方面面进行测试，以获取软件各方面的质量指标。最常见的是功能测试，就是看开发的软件是否按照设计实现了相关的各个功能。其他测试还包括容量测试，就是看被测试的软件在给定资源的情况下能够提供的最大服务能力。

本章就来介绍软件测试的内容，但是主要是测试中经常使用到的测试框架，主要包括以下内容：

- 无框架的测试
- 测试框架 PyUnit
- 测试框架 Pytest

14.1　无框架的测试

Python 对于测试非常看重，例如测试中最常见的操作——断言 assert——在 Python 中就是一个关键字而不是一个函数。而在 C 语言中，assert 只是一个普通的函数。从这点也可以看出，Python 将测试当作最基础的部分。

可以通过使用下面的代码来查看 Python 语言定义的关键字：

```
>>> import keyword                       # 引入模块 keyword
>>> keyword.kwlist                       # 得到所有的关键字
# 关键字列表
['False', 'None', 'True', 'and', 'as', 'assert', 'async', 'await',
 'break', 'class', 'continue', 'def', 'del', 'elif', 'else',
 'except', 'finally', 'for', 'from', 'global', 'if', 'import',
 'in', 'is', 'lambda', 'nonlocal', 'not', 'or', 'pass',
 'raise', 'return', 'try', 'while', 'with', 'yield']
```

可以直接是使用 assert 在源代码中对其进行测试，常用的做法如图 14-1 所示。

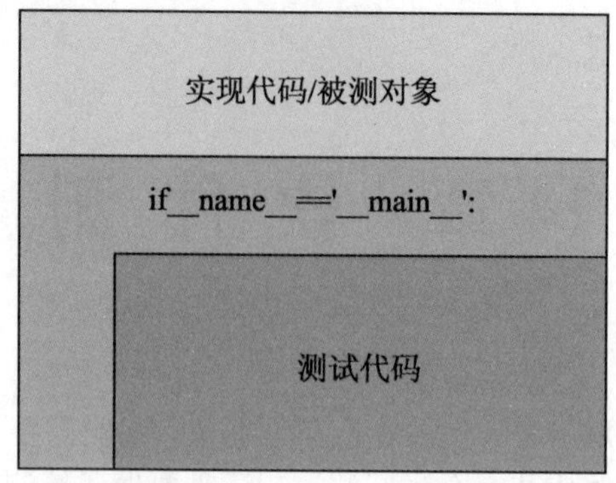

图 14-1　将测试代码和实现功能放入同一个文件

下面看一个简单的例子，假定自定义了一个模块 sampleAssert，其代码如下：

```
1  def int_list_sort(input_list):        # 被测对象，完成对输入的整数列表排序
2      input_list.sort()                                # 完成排序
3  if __name__ == "__main__":           # 判断条件，里面的内容是用来测试的
4      def test_normal_positive_input():            # 定义一个测试用例
5          input_list = [3, 5, 9, 1, 8]
6          int_list_sort(input_list)
7          assert input_list == [1, 3, 5, 8, 9]
8          print("test_normal_positive_input: PASS")
9      test_normal_positive_input()                 # 执行测试用例
```

如果我们是 import（引入）该模块，case 是不会执行的，即第 3 行开始的块是不会执行的，所以包含在该块内的测试用例定义不会被看到，测试用例也不会被执行。

```
$ python                                            # 启动解释器，Python 3
Python 3.7.3 (default, Mar 27 2019, 16:54:48)
[Clang 4.0.1 (tags/RELEASE_401/final)] :: Anaconda, Inc. on darwin
Type "help", "copyright", "credits" or "license" for more information.
>>> import sampleAssert                    # 引入我们刚才定义的模块
>>> sampleAssert.test_normal_positive_input()  # 测试函数是不可见的
Traceback (most recent call last):
  File "<stdin>", line 1, in <module>
AttributeError: module 'sampleAssert' has no attribute 'test_normal_positive_input'
>>> list_obj = [3, 1, 6, 100, 98, 9]
>>> sampleAssert.int_list_sort(list_obj)        # 被测对象是可见的
>>> list_obj
[1, 3, 6, 9, 98, 100]                               # 排序后的结果
```

如果是直接运行该脚本，则测试用例就会被触发。

```
$ python sampleAssert.py
test_normal_positive_input: PASS
```

下面我们来实现一个冒泡排序法，其仅对整数列表有效。冒泡排序法是最简单的排序法，其通过交换相邻的元素来实现排序。下面以对包含 4 个元素 3、1、5、2 的列表进行排序为例来解释这个过程，如图 14-2 所示。

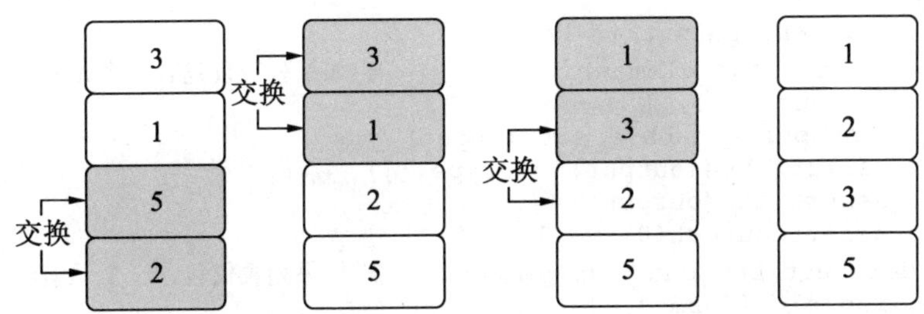

图 14-2　冒泡排序

首先从尾部，也就是下部依次查找不符合排列要求的相邻两个数，第一次找到的是 5 和 2，交换它们，然后继续查找得到 3 和 1 这两个不符合要求的相邻数，交换它们。通过这一轮的交换，最小的数交换到了第一个元素。然后继续其他记录的排序，第二轮可以保证第二小的数排到第二个位置上。以此类推，最多经过 n-1 轮就可以完成所有数据的排序。在这个例子中，经过了两轮就完成了所有数据的排序。

下面是完整的实现代码和相关测试代码：

```
def bubble_sort(input_list):                      # 被测函数，冒泡排序
    if type(input_list) is not type([]):          # 如果输入参数不符合要求
        print("Invalid Input Type")
        return None
    for x in input_list:                          # 有元素不是整数，返回 None
        if type(x) != int:
            return None
    input_len = len(input_list)
    print()
    print("Origin:", input_list)
    if input_len <= 1:                            # 没有元素或者仅包含一个元素
        return input_list
    for x in range(input_len-1):                  # 如果顺序不对，和旁边的元素交换
        swap_happens = False
        for y in range(input_len-1, x, -1):
            if input_list[y-1] > input_list[y]:
                input_list[y-1], input_list[y] = input_list[y], input_list[y-1]
                swap_happens = True
        if swap_happens == False:                 # 上一轮没有交换数据，已经排序完毕
            break
        print("Temp %d:" % x, input_list)
    return input_list                             # 返回排序完毕的列表
if __name__ == "__main__":                        # 如果是运行该脚本而不是引入该脚本
    import random                                 # 测试代码开始
    def test_empty_input():                       # 如果输入的列表为空
        input = []
        output = bubble_sort(input)
        assert type(output) == type([])
        assert len(output) == 0
    def test_invalid_input():                     # 如果输入的不是列表
        output = bubble_sort(1)
```

```
        assert output is None
def test_one_element():               # 如果列表仅包含一个元素
    input = [1, ]
    output = bubble_sort(input)
    assert type(output) == type([])
    assert len(output) == 1
    assert output[0] == 1
def test_neg_one_element():           # 如果列表仅包含一个元素，而且不是整数
    input = ["name", ]
    output = bubble_sort(input)
    assert output is None
def test_two_element():               # 如果列表仅包含两个元素
    input = [18, 8]
    output = bubble_sort(input)
    assert type(output) == type([])
    assert len(output) == 2
    assert output[0] == 8
    assert output[1] == 18
def test_neg_two_element():           # 如果列表包含两个元素，但并不都是整数
    input = [1, "name"]
    output = bubble_sort(input)
    assert output is None
def test_normal_pos():                     # 正常输入
    input = [88, 1, 20, 8, 9, 21, 98, 76]
    output = bubble_sort(input)
    expected_output = [1, 8, 9, 20, 21, 76, 88, 98]
    assert output == expected_output
def test_dup_elements():                   # 如果有重复的元素
    input = [88, 1, 20, 8, 9, 21, 98, 8, 76]     # 两个 8
    print("input:", input)
    output = bubble_sort(input)
    print("outpout:", output)
    expected_output = [1, 8, 8, 9, 20, 21, 76, 88, 98]
    assert output == expected_output
def test_all_same():                       # 如果所有元素都相等
    input = [8, 8, 8, 8, 8, 8]             # 所有的输入元素相同
    output = bubble_sort(input)
    expected_output = [8, 8, 8, 8, 8, 8]
    assert output == expected_output
def random_test():                         # 随机生成测试数据
    # 生成随机的输入数据
    expected_list_len = random.randint(10, 100)
    input_list = []
    for x in range(expected_list_len):
        input_list.append(random.randint(-100, 100))
    input_len = len(input_list)
    org_input = input_list.copy()    # 备份一下元素数据
    output = bubble_sort(input_list)
    print("org_input", org_input)
    #input_len = len(org_input)
    assert len(output) == expected_list_len
    for pos in range(input_len-1):
        val = output[pos]
```

```
        # 该数据在原始列表中存在
        # 这样可以确保所有结果列表中的数据都是来自输入列表
        assert val in org_input
        # 而且其出现的次数和元素列表中出现的次数一致
        # 这可保证输入列表中的数据不会丢失
        assert output.count(val) == org_input.count(val)
        # 保证有序，从小到大
        assert val <= output[pos+1]
def test_random_data():                    # 随机输入测试
    # 进行 100 轮随机输入的测试
    for x in range(100):
        random_test()
# 执行所有的测试
test_empty_input()
test_invalid_input()
test_one_element()
test_neg_one_element()
test_two_element()
test_neg_two_element()
test_normal_pos()
test_dup_elements()
test_all_same()
test_random_data()
```

可以发现测试代码的长度比被测代码的长度还要长，这是软件测试中，尤其是功能测试部分常见的现象。另外一个现象是对于针对特殊使用场景的测试用例数量比较大。多数情况下，问题不会隐藏在常用的使用场景，而多隐藏在这些不常见的使用场景中，所以针对这些特殊使用场景的测试用例的设计需要多下功夫。

14.2　PyUnit 测试框架

14.1 节介绍的测试方式一般用于单元测试，测试代码由开发人员自己完成。而在 Python 中还有一些测试框架，用来帮助组织测试用例、产生统一的测试报告等。本节将介绍的是 PyUnit 测试框架。

在介绍 PyUnit 之前，首先介绍一下 JUnit。JUnit 是一个 Java 语言的单元测试框架，由 Kent Beck 和 Erich Gamma 建立。由于 JUnit 大获成功，Kent Beck 又创建了类似的其他语言的单元测试框架，如 Cppunit、PHPunit 等。本节介绍的 PyUnit 也是其中之一。

PyUnit 从 Python 2.1 开始就成为了 Python 自带的模块，所以使用之前只需通过下面的方式来引入该模块：

```
import unittest
```

下面是一个简单的例子，该例子中包含一个测试用例。测试用例必须是从 unittest.

TestCase 派生出来的类，而且默认测试用例就是函数 runTest()。

```
import unittest
class Demo1TestCase(unittest.TestCase):     # 定义测试用例类
    def runTest(self):                      # 测试用例对应的函数
        f = 2.5
        a = int(f)
        assert type(a) == int, 'a type check failed'
        assert a == 2, 'a value check failed'
if __name__ == "__main__":
  unittest.main()                           # 运行测试用例
```

运行脚本后的输出如下：

```
$ python pyunit1.py
.                                           # 一个点表示一个 case 通过了
----------------------------------------------------------------------
Ran 1 test in 0.000s

OK                                          # 没有失败的用例
```

其实，unittest.TestCase 子类中所有以 test 开头的函数都被认为是一个测试用例。将前面的例子修改一下，将函数 runTest()修改为 test 开头的任一函数。下面是修改后的代码：

```
import unittest
class Demo1TestCase(unittest.TestCase):
    def test_case_a(self):        # 采用 test 开头的函数作为测试用例的函数
        f = 2.5
        a = int(f)
        assert type(a) == int, 'a type check failed'
        assert a == 2, 'a value check failed'
if __name__ == "__main__":
  unittest.main()
```

运行效果和原来的一样。推荐使用 test 开头的函数来表示测试用例，这样做的好处是可以在一个 unittest.TestCase 子类中定义多个以 test 开头的函数，这样可以得到多个测试用例。下面的例子中定义了两个以 test 开头的函数，运行时便会发现这是两个测试用例。

```
import unittest
class Demo1TestCase(unittest.TestCase):
    def test_case_a(self):                  # 第一个测试用例
        f = 2.5
        a = int(f)
        assert type(a) == int, 'a type check failed'
        assert a == 2, 'a value check failed'
    def test_case_b(self):                  # 第二个测试用例
        s = "1.6"
        a = int(float(s))
        assert type(a) == int, 'a type check failed'
        assert a == 1, 'a value check failed'
        return 0
if __name__ == "__main__":
  unittest.main()
```

运行后的输出如下：

```
$ python pyunit6.py                # 运行脚本
..                                 # 两个圆点表示两个测试用例通过了
----------------------------------------------------------------------
Ran 2 tests in 0.000s              # 运行了两个测试用例

OK                                 # 没有测试用例失败
```

上面介绍的是 PyUnit 最基本的用法，后面的章节会介绍其一些高级用法。

14.2.1　运行方式

在前面，我们都是运行某个 Python 文件，如果该文件包含一个测试用例，那么就运行一个测试用例，如果包含多个测试用例，那么就运行多个测试用例。下面介绍几种复杂的运行方式。

1．运行多个Python文件中的所有测试用例

可以使用“python -m unittest 脚本文件列表”方式来运行多个脚本文件中的测试用例。下面是一个例子，我们有两个文件 file1.py 和 file2.py。file1.py 文件的内容如下：

```
import unittest
class Demo1TestCase(unittest.TestCase):
    def test_case_1_1(self):
        pass
    def test_case_1_2(self):
        pass
if __name__ == "__main__":
  unittest.main
```

file2.py 文件的内容如下：

```
import unittest
class Demo2TestCase(unittest.TestCase):
    def test_case_2_1(self):
        pass
    def test_case_2_2(self):
        pass
if __name__ == "__main__":
  unittest.main()
```

两个脚本文件一共包含 4 个测试用例，可以用下面的方式来运行这些测试用例：

```
$ python -m unittest file1.py file2.py
....                                    # 每一个圆点表示一个测试用例通过了
----------------------------------------------------------------------
Ran 4 tests in 0.000s                   # 一共运行了 4 个测试用例

OK                                      # 没有测试用例失败
```

也可以使用参数-v 来查看运行了哪些测试用例：

```
$ python -m unittest -v file1.py file2.py  # 使用-v 来查看详细运行情况
# 运行测试用例 test_case_1_1
test_case_1_1 (file1.Demo1TestCase) ... ok
test_case_1_2 (file1.Demo1TestCase) ... ok
test_case_2_1 (file2.Demo2TestCase) ... ok
test_case_2_2 (file2.Demo2TestCase) ... ok

----------------------------------------------------------------------
Ran 4 tests in 0.000s                              # 一共运行了 4 个测试用例

OK                                                 # 没有测试用例失败
```

从输出的内容可以看到两个脚本文件中的测试用例都运行了。

2. 运行某个特定的测试用例

可以使用“模块名.类名.函数名”来指定特定的测试用例。仍以上面的 2 个文件、4 个测试用例为例，假定要运行 file1.py 文件中的第二个测试用例和 file2.py 文件中的第一个测试用例，则可以使用下面的命令来达到目的：

```
$ python -m unittest -v file1.Demo1TestCase.test_case_1_2. \
    file2.Demo2TestCase.test_case_2_1   # 指定了两个测试用例
test_case_1_2 (file1.Demo1TestCase) ... ok
test_case_2_1 (file2.Demo2TestCase) ... ok

----------------------------------------------------------------------
Ran 2 tests in 0.000s                       # 运行了两个测试用例

OK                                          # 没有失败的测试用例
```

3. 运行某个类下面的所有测试用例

可以使用的方法是“模块名.类名”。假定有一个新的 Python 脚本文件 file3.py，其包含两个类 Demo3TestCase 和 Demo4TestCase，每个类中定义了两个测试用例。该文件的内容如下：

```
import unittest
class Demo3TestCase(unittest.TestCase):
    def test_case_3_1(self):
        pass
    def test_case_3_2(self):
        pass
class Demo4TestCase(unittest.TestCase):
    def test_case_4_1(self):
        pass
    def test_case_4_2(self):
        pass
```

```
if __name__ == "__main__":
  unittest.main()
```

如果希望运行类 Demo4TestCase 中的两个测试用例，则可以使用以下方式来启动：

```
$ python -m unittest -v file3.Demo4TestCase    # 启动指定的测试类
test_case_4_1 (file3.Demo4TestCase) ... ok
test_case_4_2 (file3.Demo4TestCase) ... ok
                    # 运行介绍，显示测试结果
----------------------------------------------------------------------
Ran 2 tests in 0.000s                          # 运行了两个测试用例
                                               # 总的测试结果
OK                                             # 所有的测试用例都通过
```

14.2.2 生成测试报告

在前面，运行的结果输出在标准输出上，但有时需要将测试结果以文件的形式输出，此时便可以通过安装其他的 Python 包来生成测试报告。本节将介绍几种可以和 PyUnit 合作的测试报告生成工具。

1. xml报告

这是比较常用的报告格式，CI 工具 Jenkins 也接受这种报告格式。使用之前需要安装 Python 包 unittest-xml-reporting，推荐安装方法如下：

```
pip install unittest-xml-reporting
```

在运行测试用例时就不要再使用 unittest 这个 Python 模块了，而应该使用 xmlrunner 模块。二者的用法和输出结果基本相同，但后者最后会生成 xml 报告。下面是一个运行测试用例的例子：

```
$ python -m xmlrunner file1          # 运行 file1.py 中的所有测试用例
Running tests...
----------------------------------------------------------------------
..                                   # 两个圆点
----------------------------------------------------------------------
Ran 2 tests in 0.004s                # 运行了两个测试用例
OK                                   # 没有测试用例失败
Generating XML reports...            # 生成 xml 格式测试报告
```

在当前目录下，可以看到一个 xml 文件，该文件名比较长，包含了时间信息，例如 TEST-file1.Demo1TestCase-20190716051811.xml。使用浏览器打开该文件，可以看到如图 14-3 所示的内容。

```
▼<testsuite errors="0" failures="0" file="file1.py" name="file1.Demo1TestCase-20190716051811" skipped="0" tests="2" time="0.004" timestamp="2019-07-16T05:18:11">
  ▼<testcase classname="file1.Demo1TestCase" file="file1.py" line="5" name="test_case_1_1" time="0.003" timestamp="2019-07-16T05:18:11">
    ▼<system-out>
       <![CDATA[ ]]>
     </system-out>
    ▼<system-err>
       <![CDATA[ ]]>
     </system-err>
   </testcase>
  ▼<testcase classname="file1.Demo1TestCase" file="file1.py" line="7" name="test_case_1_2" time="0.000" timestamp="2019-07-16T05:18:11">
    ▼<system-out>
       <![CDATA[ ]]>
     </system-out>
    ▼<system-err>
       <![CDATA[ ]]>
     </system-err>
   </testcase>
 </testsuite>
```

图 14-3　xml 报告的内容

由于文件内容的第一行比较长，为了便于阅读，我们将其内容用文本显示如下：

```
<?xml version="1.0" encoding="UTF-8"?>      # xml 文件的头
<testsuite
    errors="0"                               # 运行错误的测试用例个数
    failures="0"                             # 运行失败的测试用例个数
    file="file1.py"                          # 测试脚本名
    name="file1.Demo1TestCase-20190716051811"
    skipped="0"                              # 跳过的测试用例个数为 0
    tests="2"                                # 2 个测试用例
    time="0.004"
    timestamp="2019-07-16T05:18:11">         # 运行的时间戳
     <testcase
         classname="file1.Demo1TestCase"
         file="file1.py"
         line="5"
         name="test_case_1_1"
         time="0.003"
         timestamp="2019-07-16T05:18:11">
         <system-out>
             <![CDATA[]]>
          </system-out>
         <system-err>
             <![CDATA[]]>
         </system-err>
     </testcase>
     <testcase
         classname="file1.Demo1TestCase"
         file="file1.py"                     # 脚本文件名
         line="7"
         name="test_case_1_2"                # 测试用例名
         time="0.000"                        # 运行时长
         timestamp="2019-07-16T05:18:11">
         <system-out>
             <![CDATA[]]>
         </system-out>
         <system-err>
             <![CDATA[]]>
          </system-err>
     </testcase>
</testsuite>
```

从测试报告中可以看到运行时间、运行结果以及一些统计信息。如果希望指定测试报告的名称，可以使用参数--output-file，例如下面的用法：

```
$ python -m xmlrunner --output-file report1.xml file1 # 指定了报告名

Running tests...
----------------------------------------------------------------------
..                                        # 两个圆点表示两个测试用例运行成功
----------------------------------------------------------------------
Ran 2 tests in 0.005s

OK                                        # 没有测试用例失败

Generating XML reports...                 # 正在生成 xml 报告
$ ls -l report1.xml                       # 查看是否存在该报告文件
-rw-r--r--  1 lovepython  1930890908  722 Jul 16 06:16 report1.xml
```

其他的用法和以前一样，如运行指定的测试用例。

2. html报告

如果希望生成 **html** 格式的测试报告，则需要使用其他的软件包。这里使用 **html-testRunner**，该包也需要自己安装，安装方式如下：

```
pip install html-testRunner
```

下面是一个使用该模块的例子：

```
import HtmlTestRunner
import unittest
class Demo1TestCase(unittest.TestCase):
    def test_case_1_1(self):
        pass
    def test_case_1_2(self):
        pass
if __name__ == "__main__":
  unittest.main(testRunner=HtmlTestRunner.HTMLTestRunner())
```

运行该脚本，输出如下：

```
$ python file1.py

Running tests...
----------------------------------------------------------------------
 test_case_1_1 (__main__.Demo1TestCase) ... OK (0.000068)s
 test_case_1_2 (__main__.Demo1TestCase) ... OK (0.000053)s

----------------------------------------------------------------------
Ran 2 tests in 0:00:00

OK

Generating HTML reports...                # 生成 html 格式的测试报告
reports/TestResults___main__.Demo1TestCase_2019-07-17_10-11-01.html
```

可以看到在当前目录下多了一个 reports 目录，里面包含一个 html 文档，该文档的名字和测试脚本的名字相像，而且还包括了运行时间信息。打开 html 文档，可以看到如图 14-4 所示的内容。

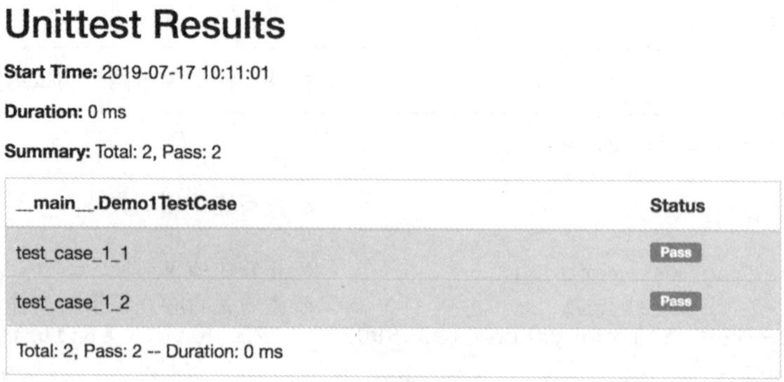

Unittest Results

Start Time: 2019-07-17 10:11:01

Duration: 0 ms

Summary: Total: 2, Pass: 2

__main__.Demo1TestCase	Status
test_case_1_1	Pass
test_case_1_2	Pass
Total: 2, Pass: 2 -- Duration: 0 ms	

图 14-4 html 报告内容

14.2.3 测试步骤

在前面的例子中，测试用例对应了一个函数。但是在实际使用中，一个测试用例一般包含三部分，准备、运行和清理。其中第二步运行就是前面提到的执行测试用例。有些测试用例执行前还需要准备一些数据，所以有了准备这个阶段。有的测试用例在执行完毕后需要清理现场，如删除运行过程中生成的临时文件，这就是第三步清理。在 PyUnit 中，可以分别用不同的函数来定义这些步骤。

1. 准备

这部分代码在测试用例执行前执行。如果某个测试类仅包含一个测试用例，那么比较简单，就是定义一个函数，让该函数在测试用例对应的函数之前执行。如果某个测试类有多个测试用例，则情况稍微复杂一点，其可以分为两类代码，一类是在所有测试用例执行前运行一次，即使有多个测试用例也仅执行一次；另外一类是在每个测试用例执行前都执行一次，如果有两个测试用例，那么其会被执行两次。

在所有测试用例执行前仅运行一次的函数是 setUpClass()，该函数不带任何参数，甚至不包含 self 参数。假定有一个测试脚本 setUpClassDemo1.py，其内容如下：

```
import unittest
class Demo1TestCase(unittest.TestCase):
    def test_case_1_1(self):
        print("test_case_1_1() is Running")
    def test_case_1_2(self):
        print("test_case_1_2() is Running")
    def test_case_1_3(self):
```

```
        print("test_case_1_3() is Running")
    def setUpClass():
        print("setUpClass() is Running")
```

运行该脚本，可以看到下面的输出：

```
$ python -m unittest setUpClassDemo1 2> err.txt    # 运行测试用例
setUpClass() is Running
test_case_1_1() is Running
test_case_1_2() is Running
test_case_1_3() is Running
$ cat err.txt                                      # 查看错误输出的内容
...
----------------------------------------------------------------------
Ran 3 tests in 0.000s

OK
```

从上面的运行结果可以发现，执行测试用例时 PyUnit 的输出源是错误输出，而不是标准输出。我们可以将自己的 debug 信息从标准输出输出，这样看到的结果会比较整洁。从运行结果也可以看到 setUpClass()仅被执行了一次，而且是在所有 3 个测试用例开始执行前执行的。

在每一个测试用例执行之前执行的函数是 setUp()。该函数仅有一个 self 参数。假定有一个测试脚本 setUpDemo1.py，其内容如下：

```
import unittest
class Demo1TestCase(unittest.TestCase):
    def test_case_1_1(self):
        print("test_case_1_1() is Running")
    def test_case_1_2(self):
        print("test_case_1_2() is Running")
    def test_case_1_3(self):
        print("test_case_1_3() is Running")
    def setUp(self):
        print("setUp() is Running")
```

运行该脚本后得到如下输出：

```
$ python -m unittest setUpDemo1 2> err.txt
setUp() is Running            # 在每一个测试用例的前面运行 setUp()
test_case_1_1() is Running
setUp() is Running            # 在每一个测试用例的前面运行 setUp()
test_case_1_2() is Running
setUp() is Running            # 在每一个测试用例的前面运行 setUp()
test_case_1_3() is Running
$ cat err.txt
...                           # 3 个圆点
----------------------------------------------------------------------
Ran 3 tests in 0.000s

OK                            # 没有测试用例失败
```

可以发现 setUp()在每个测试用例执行前都会执行一次。在我们的例子中，脚本包含 3

个测试用例，setUp()就被执行了 3 次。

setUp()和 setUpClass()可以同时存在，这时会先执行 setUpClass()，然后在每个测试用例执行前执行 setUp()。假定有一个测试脚本 setUpAllDemo1.py，其内容如下：

```
import unittest
class Demo1TestCase(unittest.TestCase):
    def test_case_1_1(self):
        print("test_case_1_1() is Running")
    def test_case_1_2(self):
        print("test_case_1_2() is Running")
    def test_case_1_3(self):
        print("test_case_1_3() is Running")
    def setUp(self):
        print("setUp() is Running")
    def setUpClass():
        print("setUpClass() is Running")
```

运行该脚本，输出如下：

```
$ python -m unittest setUpAllDemo1 2> err.txt      # 运行脚本
setUpClass() is Running                       # 首先运行 setUpClass()
setUp() is Running                            # 在每个测试用例前运行 setUp()
test_case_1_1() is Running
setUp() is Running
test_case_1_2() is Running
setUp() is Running
test_case_1_3() is Running
$ cat err.txt                                 # 错误输出的内容
...                                           # 3 个圆点
----------------------------------------------------------------------
Ran 3 tests in 0.000s

OK                                            # 没有测试用例失败
```

2. 清理

和准备阶段类似，PyUnit 也是提供了两个接口函数，分别是 tearDown()和 tearDownClass()。其中 tearDown()在每个测试用例执行完成后运行；tearDownClass()则是在所有测试用例执行完后才运行，也就是在所有的 tearDown()之后运行。

tearDownClass()的用法，该函数也是不带任何参数，甚至没有 slef 参数。假定有一个测试脚本 tearDownClassDemo1.py，其内容如下：

```
import unittest
class Demo1TestCase(unittest.TestCase):
    def test_case_1_1(self):
        print("test_case_1_1() is Running")
    def test_case_1_2(self):
        print("test_case_1_2() is Running")
    def test_case_1_3(self):
        print("test_case_1_3() is Running")
    def tearDownClass():
        print("tearDownClass() is Running")
```

运行该脚本，输出如下：

```
$ python -m unittest tearDownClassDemo1 2> err.txt
test_case_1_1() is Running
test_case_1_2() is Running
test_case_1_3() is Running
tearDownClass() is Running
$ cat err.txt
...
----------------------------------------------------------------------
Ran 3 tests in 0.000s

OK
```

可以看到虽然该脚本中包含 3 个测试用例，但 tearDownClass()仅运行了一次，而且是在所有测试用例执行完成之后才运行的。

tearDown()带有唯一参数 self。该函数在每个测试用例执行完成后都会运行一遍。假定有一个脚本文件 tearDownDemo1.py，其内容如下：

```
import unittest
class Demo1TestCase(unittest.TestCase):
    def test_case_1_1(self):
        print("test_case_1_1() is Running")
    def test_case_1_2(self):
        print("test_case_1_2() is Running")
    def test_case_1_3(self):
        print("test_case_1_3() is Running")
    def tearDown(self):
        print("tearDown() is Running")
```

运行该脚本，输出如下：

```
$ python -m unittest tearDownDemo1 2> err.txt
test_case_1_1() is Running
tearDown() is Running
test_case_1_2() is Running
tearDown() is Running
test_case_1_3() is Running
tearDown() is Running
$ cat err.txt                    # 查看错误输出，也就是 PyUnit 的输出
...
----------------------------------------------------------------------
Ran 3 tests in 0.000s

OK
```

teardown()和 tearDownClass()可以同时存在，假定有一个测试脚本文件 tearDownAllDemo1.py，其内容如下：

```
import unittest
class Demo1TestCase(unittest.TestCase):
    def test_case_1_1(self):
        print("test_case_1_1() is Running")
    def test_case_1_2(self):
        print("test_case_1_2() is Running")
```

```
    def test_case_1_3(self):
        print("test_case_1_3() is Running")
    def tearDown(self):
        print("tearDown() is Running")
    def tearDownClass():
      print("tearDownClass() is Running")
```

运行后的输出如下：

```
$ python -m unittest tearDownAllDemo1 2> err.txt
test_case_1_1() is Running
tearDown() is Running
test_case_1_2() is Running
tearDown() is Running
test_case_1_3() is Running
tearDown() is Running
tearDownClass() is Running
$ cat err.txt
...
----------------------------------------------------------------------
Ran 3 tests in 0.000s

OK
```

最后，我们将两个准备阶段的函数和两个清理阶段的函数放在一起，看看它们的运行效果。假定有一个测试脚本 setup_teardown_demo1.py，其内容如下：

```
import unittest
class Demo1TestCase(unittest.TestCase):
    def test_case_1_1(self):
        print("test_case_1_1() is Running")
    def test_case_1_2(self):
        print("test_case_1_2() is Running")
    def test_case_1_3(self):
        print("test_case_1_3() is Running")
    def tearDown(self):
        print("tearDown() is Running")
    def tearDownClass():
        print("tearDownClass() is Running")
    def setUp(self):
        print("setUp() is Running")
    def setUpClass():
        print("setUpClass() is Running")
```

脚本运行后输出如下：

```
$ python -m unittest setup_teardown_demo1 2> err.txt
setUpClass() is Running
setUp() is Running
test_case_1_1() is Running
tearDown() is Running
setUp() is Running
test_case_1_2() is Running
tearDown() is Running
setUp() is Running
test_case_1_3() is Running
tearDown() is Running
```

```
tearDownClass() is Running
$ cat err.txt                                   # 错误输出的内容
...
----------------------------------------------------------------------
Ran 3 tests in 0.000s

OK
```

14.2.4　断言

我们在前面使用了系统自带的 assert 语句对运行结果进行检查，PyUnit 也提供了类似的断言函数。注意 PyUnit 提供的是函数，而不是语句。这些函数都定义在 unittest.TestCase 类中，而我们所有的测试用例都是派生自该类，所有测试脚本都可以使用这些断言函数。本节将对主要的断言函数进行介绍。

1．两个对象值相等——assertEqual(对象1, 对象2, [错误消息])

该函数应该是最常用的断言了。假定有一个测试脚本 assertEqualDemo1.py，其内容如下：

```
import unittest
class Demo1TestCase(unittest.TestCase):
    def test_case_1_1(self):
        # 高斯小时候计算和的问题
        ret = sum(range(1, 101))
        self.assertEqual(ret, 5050, u"1 到 100 的和不为 5050")
```

运行后的输出如下：

```
$ python -m unittest assertEqualDemo1.py
.
----------------------------------------------------------------------
Ran 1 test in 0.000s

OK
```

下面再来看一个断言失败的例子，假定有一个测试脚本 assertEqualDemo2.py，其内容如下：

```
import unittest
class Demo1TestCase(unittest.TestCase):
    def test_case_1_1(self):
        r = 1 / 3
        self.assertEqual(r, 0, u"Python3 中整数相除可能得到浮点数")
```

运行该脚本可以得到下面的输出：

```
$ python -m unittest assertEqualDemo2.py
F                                    # F 表示 fail，即该测试用例失败了
======================================================================
FAIL: test_case_1_1 (assertEqualDemo2.Demo1TestCase)
```

```
----------------------------------------------------------------------
Traceback (most recent call last):
  File "/lovepython/assertion/assertEqualDemo2.py",
      line 7, in test_case_1_1
    self.assertEqual(r, 0, u"Python3 中整数相除可能得到浮点数")
AssertionError: 0.3333333333333333 != 0 : Python 3 中整数相除可能得到浮点数

----------------------------------------------------------------------
Ran 1 test in 0.000s

FAILED (failures=1)                # 统计数据，1 个测试用例失败
```

这是我们第一次看到测试用例失败时的显示内容，可以在原来圆点“.”显示的地方看到一个 F，圆点表示成功，F 表示失败。

除了圆点和 F，测试用例执行结果还可以有其他两个状态——E 和 S。E 表示错误 error，如代码抛出了异常；S 表示跳过 skip，表明该测试用例没有执行。下面对错误和跳过进行简单介绍。

假定有一个测试脚本 errDemo1.py，其内容如下：

```
1  import unittest
2  class Demo1TestCase(unittest.TestCase):
3      def test_case_1_1(self):
4          list_data = [1, 2, 3]
5          item = list_data[3]            # 这里出现了错误，越界问题
6          ret = sum(range(1, 101))
7          self.assertEqual(ret, 5050, u"1 到 100 的和不为 5050")
```

可以明显看到第 5 行代码有问题，其访问的元素是不存在的。下面执行该脚本，可以得到下面的输出：

```
$ python -m unittest errDemo1.py
E
======================================================================
ERROR: test_case_1_1 (errDemo1.Demo1TestCase)
----------------------------------------------------------------------
Traceback (most recent call last):
  File "/Users/lovepython/assertion/errDemo1.py", line 8, in test_case_1_1
    item = list_data[3]
IndexError: list index out of range

----------------------------------------------------------------------
Ran 1 test in 0.000s

FAILED (errors=1)
```

这里需要注意的是，如果代码先发现了断言失败，那么就不会继续往下执行，同一个测试用例的其他错误便无法被发现；如果先发现错误，那么也不会继续往下执行，后面的断言失败也不会被发现。假定有一个测试脚本 errDemo2.py，其内容如下：

```
1  import unittest
2  class Demo1TestCase(unittest.TestCase):
3      def test_case_1_1(self):
4          r = 1 / 3
5          self.assertEqual(r, 0, u"Python 3 中整数相除可能得到浮点数")
6          # 后面的代码不会执行，所以发现不了后面的错误
7          list_data = [1, 2, 3]
8          # 这里出现了错误，越界问题
9          item = list_data[3]
```

可以发现第 5 行的断言是失败，第 9 行也有越界的错误，但是执行该测试用例时，其仅报告第一个问题，即第 5 行的问题。运行该脚本，输出如下；

```
$ python -m unittest errDemo2.py
F
======================================================================
FAIL: test_case_1_1 (errDemo2.Demo1TestCase)
----------------------------------------------------------------------
Traceback (most recent call last):
  File "/Users/lovepython/assertion/errDemo2.py", line 7, in test_case_1_1
    self.assertEqual(r, 0, u"Python 3 中整数相除可能得到浮点数")
AssertionError: 0.3333333333333333 != 0 : Python 3 中整数相除可能得到浮点数

----------------------------------------------------------------------
Ran 1 test in 0.001s

FAILED (failures=1)
```

如果调整一下顺序，得到脚本 errDemo3.py，其内容如下：

```
import unittest
class Demo1TestCase(unittest.TestCase):
    def test_case_1_1(self):
        list_data = [1, 2, 3]
        # 这里出现了错误，越界问题
        item = list_data[3]
        # 后面的代码不会执行，所以发现不了后面的错误
        r = 1 / 3
        self.assertEqual(r, 0, u"Python 3 中整数相除可能得到浮点数")
```

再次运行该脚本，可以看到下面的输出：

```
$ python -m unittest errDemo3.py
E
======================================================================
ERROR: test_case_1_1 (errDemo3.Demo1TestCase)
----------------------------------------------------------------------
Traceback (most recent call last):
  File "/Users/lovepython/assertion/errDemo3.py", line 8, in test_case_1_1
    item = list_data[3]
IndexError: list index out of range

```

```
----------------------------------------------------------------------
Ran 1 test in 0.000s

FAILED (errors=1)
```

可见其运行到第 6 行就不再继续执行了。因此，一个测试用例通常只能发现第一个异常，对于后面的异常一般是忽略的。

2. 两个对象值不等——assertNotEqual(对象1, 对象2, [消息])

该函数和 assertEqual()类似，不过却是断言这两个对象的值不相等。

假定有一个测试脚本 assertNotEqualDemo1.py，其内容如下：

```
import unittest                                        # 引入 unittest 模块
class Demo1TestCase(unittest.TestCase):                # 定义测试用例类
    def test_case_1_1(self):                           # 定义测试用例
        x = 100
        while x >= 0:
            x -= 1
        self.assertNotEqual(x, 0, u"x 不等于 0")        # 断言，失败会抛出异常
```

运行后的输出如下：

```
$ python -m unittest assertNotEqualDemo1.py
.
----------------------------------------------------------------------
Ran 1 test in 0.000s

OK
```

3. 指定对象为真——assertTrue(对象, [消息])

这个对象不一定是布尔型的，也可以是其他类型的，但其值应该是对应到布尔型的 True。为了节省篇幅，我们不再写完整的测试代码，仅创建一个测试用例对象，然后使用该对象的断言接口来进行演示。方法如下：

```
>>> import unittest
>>> class Demo1TestCase(unittest.TestCase):
...     pass
...                                                    # 类定义结束
>>> case_obj1 = Demo1TestCase()                        # 创建一个测试实例对象
```

本节后面的演示都会直接使用对象 case_obj1。

```
>>> case_obj1.assertTrue(1)                            # 断言成功
>>> case_obj1.assertTrue(0)                            # 断言失败
Traceback (most recent call last):
  File "<stdin>", line 1, in <module>
  File "/anaconda3/lib/python3.7/unittest/case.py", line 692, in assertTrue
    raise self.failureException(msg)
AssertionError: 0 is not true
>>> case_obj1.assertTrue([])                           # 断言空列表为 True，失败
```

```
Traceback (most recent call last):
  File "<stdin>", line 1, in <module>
  File "/anaconda3/lib/python3.7/unittest/case.py", line 692, in assertTrue
    raise self.failureException(msg)
AssertionError: [] is not true
>>> case_obj1.assertTrue([1, ])          # 断言有元素的列表为 True，成功
```

4．指定对象为假——assertFalse(对象, [消息])

该函数和 assertTrue()类似，不过是断言指定对象是假，其也并不要求指定对象的类型是布尔型的。

```
>>> case_obj1.assertFalse([1, ])              # 断言非空列表为 False，失败
Traceback (most recent call last):
  File "<stdin>", line 1, in <module>
  File "/anaconda3/lib/python3.7/unittest/case.py", line 686, in assertFalse
    raise self.failureException(msg)
AssertionError: [1] is not false
>>> case_obj1.assertFalse(0)                  # 断言 0 为 False，成功
>>> case_obj1.assertFalse([])                 # 断言空的列表为 False，成功
>>> case_obj1.assertFalse(1)                  # 断言 1 为 False，失败
Traceback (most recent call last):
  File "<stdin>", line 1, in <module>
  File "/anaconda3/lib/python3.7/unittest/case.py", line 686, in assertFalse
    raise self.failureException(msg)
AssertionError: 1 is not false
>>> case_obj1.assertFalse(True)               # 断言 True 为 False，失败
Traceback (most recent call last):
  File "<stdin>", line 1, in <module>
  File "/anaconda3/lib/python3.7/unittest/case.py", line 686, in assertFalse
    raise self.failureException(msg)
AssertionError: True is not false
>>> case_obj1.assertFalse("")                 # 断言空字符串为 False，成功
>>> case_obj1.assertFalse("a")                # 断言非空字符串为 False，失败
Traceback (most recent call last):
  File "<stdin>", line 1, in <module>
  File "/anaconda3/lib/python3.7/unittest/case.py", line 686, in assertFalse
    raise self.failureException(msg)
AssertionError: 'a' is not false
```

5．指定两个对象的id相同——assertIs(对象1,对象2,[消息])

该函数断言指定的两个对象是同一个对象。

```
>>> a = 1024
>>> b = 1024
>>> a is b                         # a 和 b 是同一个对象？
False                              # 错误
>>> case_obj1.assertIs(a, b)       # 断言 a 和 b 是同一个对象，失败
```

```
Traceback (most recent call last):
  File "<stdin>", line 1, in <module>
  File "/anaconda3/lib/python3.7/unittest/case.py", line 1120, in
  assertIs
    self.fail(self._formatMessage(msg, standardMsg))
  File "/anaconda3/lib/python3.7/unittest/case.py", line 680, in fail
    raise self.failureException(msg)
AssertionError: 1024 is not 1024
>>> c = d = 1024
>>> c is d                              # c和d是同一个对象
True                                    # 是同一个对象
>>> case_obj1.assertIs(c, d)            # 断言c和d是同一个对象，成功
```

6. 指定两个对象的id不同——assertIsNot(对象1,对象2,[消息])

该函数断言指定的两个对象不是同一个对象。

```
>>> a = 1024
>>> b = 1024
>>> a is not b                          # a和b是不同的对象?
True                                    # 正确
>>> case_obj1.assertIsNot(a, b)         # 断言a和不是不同的对象，成功
>>> c = d = 1024
>>> c is not d                          # c和d是不同的对象?
False                                   # 错误
>>> case_obj1.assertIsNot(c, d)         # 断言c和d是不同的对象，失败
Traceback (most recent call last):
  File "<stdin>", line 1, in <module>
  File "/anaconda3/lib/python3.7/unittest/case.py", line 1126, in
  assertIsNot
    self.fail(self._formatMessage(msg, standardMsg))
  File "/anaconda3/lib/python3.7/unittest/case.py", line 680, in fail
    raise self.failureException(msg)
AssertionError: unexpectedly identical: 1024
```

7. 某个对象为空——assertIsNone(对象, [消息])

该函数断言指定对象为 None。

```
>>> case_obj1.assertIsNone(None)        #断言None为None，成功
>>> a = 0
>>> case_obj1.assertIsNone(a)           #断言0为None，失败
Traceback (most recent call last):
  File "<stdin>", line 1, in <module>
  File "/anaconda3/lib/python3.7/unittest/case.py", line 1250, in
  assertIsNone
    self.fail(self._formatMessage(msg, standardMsg))
  File "/anaconda3/lib/python3.7/unittest/case.py", line 680, in fail
    raise self.failureException(msg)
AssertionError: 0 is not None
```

8. 某个对象不为空——assertIsNotNone(对象, [消息])

该函数断言指定对象不为 None。

```
>>> case_obj1.assertIsNotNone(None)       # 断言 None 不为 None，失败
Traceback (most recent call last):
  File "<stdin>", line 1, in <module>
  File "/anaconda3/lib/python3.7/unittest/case.py", line 1256, in assertIsNotNone
    self.fail(self._formatMessage(msg, standardMsg))
  File "/anaconda3/lib/python3.7/unittest/case.py", line 680, in fail
    raise self.failureException(msg)
AssertionError: unexpectedly None
>>> a = 0
>>> case_obj1.assertIsNotNone(a)          # 断言 0 不是 None，成功
```

9. 某个元素在指定列表中——assertIn(对象, 容器, [消息])

该函数断言指定容器包含指定对象。

```
>>> list_obj1 = [1, 3, 5]
>>> case_obj1.assertIn(1, list_obj1)    # 断言 1 在列表中，成功
>>> case_obj1.assertIn(2, list_obj1)    # 断言 2 在列表中，失败
Traceback (most recent call last):
  File "<stdin>", line 1, in <module>
  File "/anaconda3/lib/python3.7/unittest/case.py", line 1106, in assertIn
    self.fail(self._formatMessage(msg, standardMsg))
  File "/anaconda3/lib/python3.7/unittest/case.py", line 680, in fail
    raise self.failureException(msg)
AssertionError: 2 not found in [1, 3, 5]
```

10. 某个元素不在指定列表中——assertNotIn(对象, 容器, [消息])

该函数断言指定容器不包含指定对象。

```
>>> list_obj1 = [1, 3, 5]
>>> case_obj1.assertNotIn(1, list_obj1)     # 断言 1 不在列表中，失败
Traceback (most recent call last):
  File "<stdin>", line 1, in <module>
  File "/anaconda3/lib/python3.7/unittest/case.py", line 1113, in assertNotIn
    self.fail(self._formatMessage(msg, standardMsg))
  File "/anaconda3/lib/python3.7/unittest/case.py", line 680, in fail
    raise self.failureException(msg)
AssertionError: 1 unexpectedly found in [1, 3, 5]
>>> case_obj1.assertNotIn(2, list_obj1)     # 断言 2 不在列表中，成功
```

11. 指定对象属于指定类型——assertIsInstance(对象, 类型, [消息])

也就是断言 isinstance(对象, 类型)。

```
>>> case_obj1.assertIsInstance(2, int)      # 断言 2 是整数，成功
```

```
>>> case_obj1.assertIsInstance(2, float)        # 断言 2 是浮点数，失败
Traceback (most recent call last):
  File "<stdin>", line 1, in <module>
  File "/anaconda3/lib/python3.7/unittest/case.py", line 1263, in
  assertIsInstance
    self.fail(self._formatMessage(msg, standardMsg))
  File "/anaconda3/lib/python3.7/unittest/case.py", line 680, in fail
    raise self.failureException(msg)
AssertionError: 2 is not an instance of <class 'float'>
>>> case_obj1.assertIsInstance(True, int)       # 断言 True 是整数，成功
>>> case_obj1.assertIsInstance(True, bool)      # 断言 True 是布尔型，成功
```

12. 指定对象不属于指定类型——assertNotIsInstance(对象, 类型, [消息])

也就是断言 not isinstance(对象, 类型)。

```
# 断言 True 不是浮点数，成功
>>> case_obj1.assertNotIsInstance(True, float)
>>> case_obj1.assertNotIsInstance(True, list)  # 断言 True 不是列表，成功
>>> case_obj1.assertNotIsInstance(True, int)   # 断言 True 不是整数，失败
Traceback (most recent call last):
  File "<stdin>", line 1, in <module>
  File "/anaconda3/lib/python3.7/unittest/case.py", line 1269, in
  assertNotIsInstance
    self.fail(self._formatMessage(msg, standardMsg))
  File "/anaconda3/lib/python3.7/unittest/case.py", line 680, in fail
    raise self.failureException(msg)
AssertionError: True is an instance of <class 'int'>
# 断言 True 不是布尔型，失败
>>> case_obj1.assertNotIsInstance(True, bool)
Traceback (most recent call last):
  File "<stdin>", line 1, in <module>
  File "/anaconda3/lib/python3.7/unittest/case.py", line 1269, in
  assertNotIsInstance
    self.fail(self._formatMessage(msg, standardMsg))
  File "/anaconda3/lib/python3.7/unittest/case.py", line 680, in fail
    raise self.failureException(msg)
AssertionError: True is an instance of <class 'bool'>
```

13. 代码会抛出异常——assertRaises(异常类型)

该函数断言该异常会在指定的代码块中抛出，通常需要和 with 一起使用。

```
>>> with case_obj1.assertRaises(Exception):    # 断言会抛出异常，成功
...   12 / 0
...
>>> with case_obj1.assertRaises(Exception):    # 断言会抛出异常，失败
...   a = 12
...
Traceback (most recent call last):
  File "<stdin>", line 2, in <module>
  File "/anaconda3/lib/python3.7/unittest/case.py", line 203, in
  __exit__
    self._raiseFailure("{} not raised".format(exc_name))
```

```
  File "/anaconda3/lib/python3.7/unittest/case.py", line 135, in
  _raiseFailure
    raise self.test_case.failureException(msg)
AssertionError: Exception not raised
```

另外一个用法是将被测函数传入进来。

```
# 被测试函数，其会抛出 ZeroDivisionError 异常
>>> def func_under_test(*args, **kwds):
...     12 / 0
...                                              # 函数定义结束
# 断言 func_under_test()会抛出 ZeroDivisionError 异常
>>> case_obj1.assertRaises(ZeroDivisionError, func_under_test)
```

14．两个浮点数近似相等——assertAlmostEqual(浮点数1,浮点数2,误差)

“误差”参数是一个整数，如果该值为 0，表示两个浮点数的实际误差不大于 10^0 即 1；如果该值为 1，表示两个浮点数的实际误差不大于 10^{-1} 即 0.1，以此类推。

```
# 断言两者差距不大于 1，成功
>>> case_obj1.assertAlmostEqual(1.2, 1.1, places=0)
# 断言两者差距不大于 0.1，失败
>>> case_obj1.assertAlmostEqual(1.2, 1.1, places=1)
Traceback (most recent call last):
  File "<stdin>", line 1, in <module>
  File "/anaconda3/lib/python3.7/unittest/case.py", line 893, in
  assertAlmostEqual
    raise self.failureException(msg)
AssertionError: 1.2 != 1.1 within 1 places (0.09999999999999987
difference)
# 断言两者差距不大于 0.1，成功
>>> case_obj1.assertAlmostEqual(1.2, 1.19, places=1)
# 断言两者差距不大于 0.01，失败
>>> case_obj1.assertAlmostEqual(1.2, 1.19, places=2)
Traceback (most recent call last):
  File "<stdin>", line 1, in <module>
  File "/anaconda3/lib/python3.7/unittest/case.py", line 893, in
  assertAlmostEqual
    raise self.failureException(msg)
AssertionError: 1.2 != 1.19 within 2 places (0.010000000000000009
difference)
>>> case_obj1.assertAlmostEqual(1.2, 1.199, places=2)
```

与该函数类似的是 assertNotAlmostEqual(数 1,数 2,误差)，其表示数 1 和数 2 的差比指定的误差大。

15．第一个数大于第二个数——assertGreater (数1,数2)

该函数并不要求数 1 和数 2 的类型一致，但都应该是数值型的。

```
>>> case_obj1.assertGreater(1.2, 1.299)          # 断言失败
Traceback (most recent call last):
  File "<stdin>", line 1, in <module>
  File "/anaconda3/lib/python3.7/unittest/case.py", line 1238, in
```

```
assertGreater
    self.fail(self._formatMessage(msg, standardMsg))
  File "/anaconda3/lib/python3.7/unittest/case.py", line 680, in fail
    raise self.failureException(msg)
AssertionError: 1.2 not greater than 1.299
>>> case_obj1.assertGreater(1.2, 1.199)             # 断言成功
>>> case_obj1.assertGreater(1.2, 1)                 # 断言成功
>>> case_obj1.assertGreater(1, 1)                   # 断言失败
Traceback (most recent call last):
  File "<stdin>", line 1, in <module>
  File "/anaconda3/lib/python3.7/unittest/case.py", line 1238, in
assertGreater
    self.fail(self._formatMessage(msg, standardMsg))
  File "/anaconda3/lib/python3.7/unittest/case.py", line 680, in fail
    raise self.failureException(msg)
AssertionError: 1 not greater than 1
>>> case_obj1.assertGreater(1.1, 1)                 # 断言成功
>>> case_obj1.assertGreater(2, 1)                   # 断言成功
```

与该断言函数类似的有：数 1 大于或等于数 2——assertGreaterEqual(数 1,数 2)；数 1 小于数 2——assertLess(数 1,数 2)；数 1 小于或者等于数 2——assertLessEqual(数 1,数 2)。

16. 在字符串中查找符合指定正则表达式的子串——assertRegex(字符串,正则表达式)

如果能够找到，那么断言成功，否则失败。

```
>>> import re
>>> re_obj = re.compile("\d+")                  # 包含至少一个数字字符
>>> case_obj1.assertRegex("123", re_obj)     #断言能找到一个数字字符，成功
>>> case_obj1.assertRegex("123 ", re_obj)    #断言能找到一个数字字符，成功
>>> case_obj1.assertRegex("123 a", re_obj)   #断言能找到一个数字字符，成功
>>> case_obj1.assertRegex("a123 a", re_obj)  #断言能找到一个数字字符，成功
>>> case_obj1.assertRegex("aa", re_obj)      #断言能找到一个数字字符，失败
Traceback (most recent call last):
  File "<stdin>", line 1, in <module>
  File "/anaconda3/lib/python3.7/unittest/case.py", line 1316, in
  assertRegex
    raise self.failureException(msg)
AssertionError: Regex didn't match: '\\d+' not found in 'aa'
>>> case_obj1.assertRegex("", re_obj)        #断言能找到一个数字字符，失败
Traceback (most recent call last):
  File "<stdin>", line 1, in <module>
  File "/anaconda3/lib/python3.7/unittest/case.py", line 1316, in
  assertRegex
    raise self.failureException(msg)
AssertionError: Regex didn't match: '\\d+' not found in ''
>>> case_obj1.assertRegex("a1b", re_obj)     #断言能找到一个数字字符，成功
```

与该函数类似的是 assertNotRegex(字符串, 正则表达式)，其在查找失败时断言成功，否则断言失败。

17. 指定容器元素内容相同——assertCountEqual(容器1，容器2)

该函数断言如果对两个容器的元素按照某种规则进行排序，得到的结果是一样的，即可以将一个容器看作是另外一个容器乱序后的结果，如[1,3,2]可以看作[1,2,3]乱序后的结果。该函数并不要求两个容器的类型一致。

```
>>> case_obj1.assertCountEqual([1,], [1,])          # 断言元素相同，成功
>>> case_obj1.assertCountEqual([1,2], [2, 1,])      # 断言元素相同，成功
>>> case_obj1.assertCountEqual([1,2], [2, 1, 3])    # 断言元素相同，失败
Traceback (most recent call last):
  File "<stdin>", line 1, in <module>
  File "/anaconda3/lib/python3.7/unittest/case.py", line 1200, in
  assertCountEqual
    self.fail(msg)
  File "/anaconda3/lib/python3.7/unittest/case.py", line 680, in fail
    raise self.failureException(msg)
AssertionError: Element counts were not equal:
First has 0, Second has 1:  3
# 断言元素相同，成功
>>> case_obj1.assertCountEqual([1, 2, 3], [2, 1, 3])
```

18. 两个列表相同——assertListEqual(列表1,列表2)

该函数要求输入的两个参数都是列表对象，而且要求它们的值相同。

```
>>> case_obj1.assertListEqual(1,1)                  # 参数不是列表，断言失败
Traceback (most recent call last):
  File "<stdin>", line 1, in <module>
  File "/anaconda3/lib/python3.7/unittest/case.py", line 1045, in
  assertListEqual
    self.assertSequenceEqual(list1, list2, msg, seq_type=list)
  File "/anaconda3/lib/python3.7/unittest/case.py", line 948, in
  assertSequenceEqual
    % (seq_type_name, safe_repr(seq1)))
AssertionError: First sequence is not a list: 1
>>> case_obj1.assertListEqual([1], [1])             # 列表相同，断言成功
>>> case_obj1.assertListEqual([1, 2], [1])          # 内容不同，断言失败
Traceback (most recent call last):
  File "<stdin>", line 1, in <module>
  File "/anaconda3/lib/python3.7/unittest/case.py", line 1045, in
  assertListEqual
    self.assertSequenceEqual(list1, list2, msg, seq_type=list)
  File "/anaconda3/lib/python3.7/unittest/case.py", line 1027, in
  assertSequenceEqual
    self.fail(msg)
  File "/anaconda3/lib/python3.7/unittest/case.py", line 680, in fail
    raise self.failureException(msg)
AssertionError: Lists differ: [1, 2] != [1]

First list contains 1 additional elements.
First extra element 1:
2
```

```

- [1, 2]
+ [1]
>>> case_obj1.assertListEqual([], [])        # 两个空的列表相等，断言成功
```

与该函数类似的还有断言两个字符串相同的函数 assertMultiLineEqual(字符串 1,字符串 2)；断言两个序列相同的 assertSequenceEqual(序列 1,序列 2)，这里要求的是序列，可以是列表也可以是元组；断言两个元组相同的函数 assertTupleEqual(元组 1,元组 2)；断言两个集合相同的函数 assertSetEqual(集合 1,集合 2)；断言两个字典相同的函数 assertDictEqual(字典 1,字典 2)。这些都对参数的类型有要求，必须满足类型的检查断言才能通过。

14.2.5　测试用例的接口函数

前面介绍了测试用例的常用接口函数，如 assertTrue()、setUp()、tearDown()。本节介绍剩余的一些接口函数。

1．测试用例的标识——id()

该函数的返回值是用圆点连接的三段字符串，分别表示模块名、类名和测试用例对应的函数名。

```
>>> case_obj1.id()
'__main__.Demo1TestCase.runTest'
```

2．运行测试用例——run()

我们可以创建一个测试用例实例，然后执行该实例。

```
>>> import unittest
>>> class Demo1TestCase(unittest.TestCase):
...     def runTest(self):
...         print("test_case_1_1() is Running")
...
>>> case_obj1 = Demo1TestCase()
>>> case_obj1.run()
test_case_1_1() is Running
<unittest.result.TestResult run=1 errors=0 failures=0>
```

默认情况下，执行 run()时是调用 runTest()这个成员函数，但也可以在初始化实例对象时通过参数 methodName 来指定。例如下面的用法：

```
>>> import unittest
>>> class Demo1TestCase(unittest.TestCase):
...     def test_case_1_1(self):
...         print("test_case_1_1() is Running")
...
# 指定了函数名
>>> case_obj1 = Demo1TestCase(methodName="test_case_1_1")
>>> case_obj1.run()                         # 运行测试用例
```

```
test_case_1_1() is Running
<unittest.result.TestResult run=1 errors=0 failures=0>
```

3. 失败——fail()

该函数通过抛出异常，导致测试用例失败。

```
>>> case_obj1.fail()                    # 主动抛出异常
Traceback (most recent call last):
  File "<stdin>", line 1, in <module>
  File "/anaconda3/lib/python3.7/unittest/case.py", line 680, in fail
    raise self.failureException(msg)
AssertionError: None
```

假定有一个测试脚本 failDemo1.py，其内容如下：

```
import unittest
class Demo1TestCase(unittest.TestCase):
    def test_case_1_1(self):
        print("test_case_1_1() is Running")
        self.fail()                        测试用例失败
if __name__ == "__main__":
  unittest.main()
```

运行该脚本，输出如下：

```
$ python -m unittest failDemo1
test_case_1_1() is Running
F
======================================================================
FAIL: test_case_1_1 (failDemo1.Demo1TestCase)
----------------------------------------------------------------------
Traceback (most recent call last):
  File "/lovepython/case/failDemo1.py", line 7, in test_case_1_1
    self.fail()
AssertionError: None
----------------------------------------------------------------------
Ran 1 test in 0.000s
FAILED (failures=1)                     # 有一个测试用例失败
```

4. 跳过——skipTest(原因)

该函数也是通过抛出特殊异常 skipTest 来达到跳过执行测试用例的目的。

```
>>> case_obj1.skipTest()              #
Traceback (most recent call last):
  File "<stdin>", line 1, in <module>
TypeError: skipTest() missing 1 required positional argument: 'reason'
>>> case_obj1.skipTest("not supported yet")
Traceback (most recent call last):
  File "<stdin>", line 1, in <module>
  File "/anaconda3/lib/python3.7/unittest/case.py", line 676, in skipTest
```

```
    raise SkipTest(reason)
unittest.case.SkipTest: not supported yet
```

我们可以通过在测试用例代码中使用该函数来跳过当前的测试用例。假定有一个测试脚本 skipDemo1.py，其内容如下：

```
import unittest
class Demo1TestCase(unittest.TestCase):                # 测试用例类
    def test_case_1_1(self):                           # 测试用例
        print("test_case_1_1() is Running")
        self.skipTest(u"系统不支持")                    # 跳过执行
if __name__ == "__main__":
  unittest.main()
```

运行该脚本，输出如下：

```
$ python -m unittest skipDemo1
test_case_1_1() is Running
s                                             # 状态不是“.”而是 s，表示跳过
----------------------------------------------------------------------
Ran 1 test in 0.000s

OK (skipped=1)
```

可以看到该测试用例的结果是跳过，而不是成功或者失败。

14.2.6　覆盖率

在单元测试时，经常需要统计代码的覆盖率，以此来查看是否存在没有被测试到的代码。我们可以使用覆盖率工具 coverage 来得到代码的覆盖率数据。该工具不是 Python 安装包自带的，需要自行安装，目前比较新的版本是 4.5.3 推荐使用 PIP 来进行安装，命令如下：

```
pip install coverage
```

假定有两个文件，一个是被测试文件 utc.py，一个是测试脚本 caselist.py。utc.py 文件包含一个函数，用来得到列表的最大元素，内容如下：

```
def get_max(list_obj):
    u""" 得到列表输入的最大值
    """
    if type(list_obj) != list:
        print(u"无效数据类型")
    if len(list_obj) == 0:
        return None
    max = list_obj[0]
    for x in list_obj[1:]:
        if x > max:
            max = x
    return max
```

caselist.py 包含以下内容：

```
import unittest
```

```
import utc                                          # 引入被测模块
class Demo1TestCase(unittest.TestCase):
    def test_case1(self):                           # 定义测试用例
        input = [1, 2, 5, 8, 10, 6, 2]
        output = utc.get_max(input)
        self.assertTrue(output, 10)                 # 断言最大值为 10
if __name__ == "__main__":
  unittest.main()
```

下面便可以运行测试用例并且收集覆盖率数据，命令格式如下：

```
coverage run 测试用例脚本
```

运行测试脚本 caselist.py，输出如下：

```
$ coverage run caselist.py
.                                                   # 一个小圆点
----------------------------------------------------------------------
Ran 1 test in 0.000s

OK
```

这时会在当前目录下生成一个 coverage 文件，该文件使用了私有的格式，我们并不容易理解，但可以将其转换成常见的格式，如以文本方式来查看覆盖率，则可以看到下面的内容：

```
$ coverage report
Name          Stmts   Miss  Cover
---------------------------------
caselist.py       9      0   100%
utc.py           10      2    80%
---------------------------------
TOTAL            19      2    89%
```

也可以让其生成 xml 格式的报告，命令如下：

```
$ coverage xml -o cov.xml
```

然后查看 xml 格式的输出文件 cov.xml，可以看到下面的内容：

```
<?xml version="1.0" ?>
<coverage
    branch-rate="0"
    branches-covered="0"
    branches-valid="0"
    complexity="0"
    line-rate="0.8947"                      # 行覆盖率
    lines-covered="17"                      # 执行到的行数
    lines-valid="19"                        # 有效行数
    timestamp="1563307842536"
    version="4.5.3">                        # coverage 的版本
   <!-- Generated by coverage.py: https://coverage.readthedocs.io -->
   <!-- Based on
   https://raw.githubusercontent.com/cobertura/web
   /master/htdocs/xml/coverage-04.dtd
    -->
```

```
    <sources>
        <source>/lovepython/cov</source>
    </sources>
    <packages>
        <package
            branch-rate="0"                                   # 分支覆盖率为 0
            complexity="0"
            line-rate="0.8947"                                # 行覆盖率是 89.47%
            name=".">
            <classes>
                <class
                    branch-rate="0"
                    complexity="0"
                    filename="caselist.py"
                    line-rate="1"
                    name="caselist.py">
                    <methods/>
                    <lines>
                        # 指定行执行的次数
                        <line hits="1" number="3"/>
                        <line hits="1" number="4"/>
                        <line hits="1" number="6"/>
                        <line hits="1" number="7"/>
                        <line hits="1" number="8"/>
                        <line hits="1" number="9"/>
                        <line hits="1" number="10"/>
                        <line hits="1" number="11"/>
                        # 第 12 行执行了一次
                        <line hits="1" number="12"/>
                    </lines>
                </class>
                <class
                    branch-rate="0"
                    complexity="0"
                    filename="utc.py"
                    line-rate="0.8"
                    name="utc.py">
                    <methods/>
                    <lines>
                        <line hits="1" number="3"/>   # 第 3 行执行了 1 次
                        <line hits="1" number="6"/>
                        <line hits="0" number="7"/>   # 第 7 行没有执行
                        <line hits="1" number="8"/>
                        <line hits="0" number="9"/>
                        <line hits="1" number="10"/>
                        <line hits="1" number="11"/>
                        <line hits="1" number="12"/>
                        <line hits="1" number="13"/>
                        <line hits="1" number="14"/>
                    </lines>
                </class>
            </classes>
```

```
            </package>
        </packages>
    </coverage>
```

xml 格式比较适合作为代码的输入，如果是为了方便查看，html 格式会更加直观。可以使用下面的命令来生成 html 格式的报告：

```
$ coverage html
```

上面的命令执行完后，可以看到在当前目录多了一个 htmlcov 目录，打开该目录中的 index.html 文件，便可以看到覆盖率报告了，如图 14-5 所示。

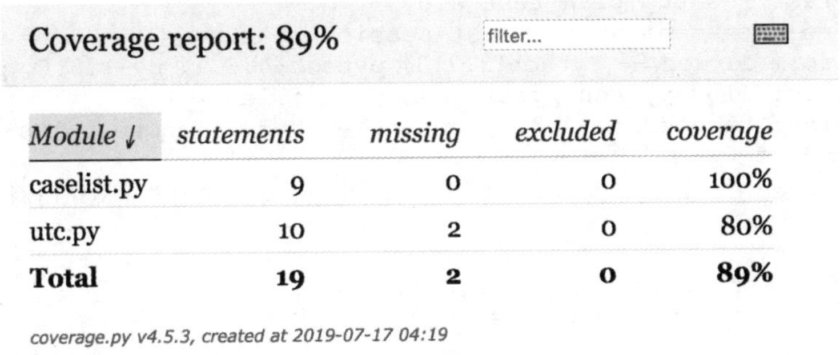

Coverage report: 89%　filter...

Module ↓	statements	missing	excluded	coverage
caselist.py	9	0	0	100%
utc.py	10	2	0	80%
Total	**19**	**2**	**0**	**89%**

coverage.py v4.5.3, created at 2019-07-17 04:19

图 14-5　html 格式的覆盖率报告

14.3　Pytest 测试框架

本节将介绍一个功能比较强大的测试框架 Pytest。Pytest 是一个比 PyUnit 更加复杂的框架，其将测试常用的内容都包含进来了，如生成测试报告、生成覆盖率报告等。而且 Pytest 提供插件功能，很多开发人员可以通过开发 Pytest 插件来扩展 Pytest 的功能。

Pytest 也不是 Python 自带的模块，需要自行安装。推荐使用 PIP 进行安装，安装命令如下：

```
pip install pytest
```

安装完成后就可以在系统的安装目录看到 pytest 和 py.test 两个文件。这两个文件只是文件名不同，内容是一样的，它们都是 Python 脚本文件。本节后面会一直使用这两个文件来进行各种操作。

14.3.1　测试用例

有两种定义测试用例的方法，第一种方法是定义一个以 test_开头的函数，这样的函数默认都会被认为是测试用例。假定有一个测试脚本文件 test_a.py，其内容如下：

```
import pytest
def test_case_a_1():                          # 这是一个测试用例
    pass
def test_case_a_2():                          # 这是一个测试用例
    pass
def case_a_1_test():                          # 这不是一个测试用例
    pass
def case_a_2_test()::                         # 这不是一个测试用例
    pass
```

下面统计一下该文件有多少个测试用例，方法如下：

```
$ pytest --setup-plan test_a.py
======================= test session starts =======================
platform darwin -- Python 3.7.3, pytest-4.3.1, py-1.8.0, pluggy-0.9.0
rootdir: /lovepython/pytest/case, inifile:
plugins: remotedata-0.3.1, openfiles-0.3.2, doctestplus-0.3.0,
arraydiff-0.3
collected 2 items                             # 一共有两个测试用例

test_a.py
        test_a.py::test_case_a_1
        test_a.py::test_case_a_2

=================== no tests ran in 0.01 seconds ===================
```

第二种方法是定义一个以 Test 开头的类，该类中所有以 test 开头的函数都被认为是一个测试用例。假定有一个测试脚本文件 test_b.py，其内容如下：

```
import pytest
class TestClassDemo1:
    def test_case1_1(self):                   # 这是一个测试用例
        print('test_case1_1() is running')
    def test_case1_2(self):                   # 这是一个测试用例
        print('test_case1_2() is running')
    def _test_case1_2(self):                  # 这不是一个测试用例
        print('_test_case1_2() is running')
class _TestClassDemo1:                        # 这不是一个测试用例类
    def test_case2_1(self):                   # 这不是一个测试用例
        print('test_case2_1() is running')
    def test_case2_2(self):                   # 这不是一个测试用例
        print('test_case2_2() is running')
    def _test_case2_2(self):                  # 这不是一个测试用例
        print('_test_case2_2() is running')
```

下面统计一下该文件有多少个测试用例，方法如下：

```
$ pytest --setup-plan test_b.py
======================= test session starts =======================
platform darwin -- Python 3.7.3, pytest-4.3.1, py-1.8.0, pluggy-0.9.0
rootdir: /lovepython/case, inifile:
plugins: remotedata-0.3.1, openfiles-0.3.2, doctestplus-0.3.0,
arraydiff-0.3
collected 2 items                             # 发现了两个测试用例

```

```
test_b.py                          # test_b.py 下面的所有测试用例
        test_b.py::TestClassDemo1::test_case1_1
        test_b.py::TestClassDemo1::test_case1_2

=================== no tests ran in 0.04 seconds ===================
```

可以发现仅类 TestClassDemo1 下的以 test 开头的函数才被认为是测试用例。

14.3.2　选择执行的测试用例

可以像以前一样，通过指定模块名来运行测试用例。假定当前目录下有两个文件，test_a.py 和 test_b.py，分别包含一些测试用例。test_a.py 的内容如下：

```
import pytest
def test_case_a_1():
    pass
def test_case_a_2():
    pass
```

test_b.py 的内容如下：

```
import pytest
def test_case_b_1():
    pass
def test_case_b_2():
    pass
def test_case_b_3():
    pass
```

如果希望执行 test_a.py 中的两个测试用例，可以使用下面的命令：

```
$ pytest test_a.py
======================= test session starts =======================
platform darwin -- Python 3.7.3, pytest-4.3.1, py-1.8.0, pluggy-0.9.0
rootdir: /lovepython/pytest, inifile:
plugins: remotedata-0.3.1, openfiles-0.3.2, doctestplus-0.3.0, arraydiff-0.3
collected 2 items

test_a.py ..                                                 [100%]
        # 两个小圆点表示有两个测试用例成功执行
==================== 2 passed in 0.01 seconds ====================
```

如果希望执行 test_a.py 和 test_b.py 中的所有测试用例，可以使用下面的命令：

```
$ pytest test_a.py test_b.py
======================= test session starts =======================
platform darwin -- Python 3.7.3, pytest-4.3.1, py-1.8.0, pluggy-0.9.0
rootdir: /lovepython/pytest, inifile:
plugins: remotedata-0.3.1, openfiles-0.3.2, doctestplus-0.3.0,
arraydiff-0.3
collected 5 items

test_a.py ..                                                 [ 40%]
test_b.py ...                                                [100%]
```

```

==================== 5 passed in 0.03 seconds ====================
```

如果希望仅执行 test_a.py 中的 test_case_a_1 测试用例，可以使用下面的命令：

```
$ pytest test_a.py::test_case_a_1
====================== test session starts ======================
platform darwin -- Python 3.7.3, pytest-4.3.1, py-1.8.0, pluggy-0.9.0
rootdir: /lovepython/pytest, inifile:
plugins: remotedata-0.3.1, openfiles-0.3.2, doctestplus-0.3.0, arraydiff-0.3
collected 1 item

test_a.py .                                                   [100%]

==================== 1 passed in 0.01 seconds ====================
```

如果希望执行 test_a.py 中的 test_case_a_1 和 test_b.py 中的 test_case_b_2 这两个测试用例，可以使用下面的命令：

```
$ pytest test_a.py::test_case_a_1 test_b.py::test_case_b_2
====================== test session starts ======================
platform darwin -- Python 3.7.3, pytest-4.3.1, py-1.8.0, pluggy-0.9.0
rootdir: /lovepython/pytest, inifile:
plugins: remotedata-0.3.1, openfiles-0.3.2, doctestplus-0.3.0, arraydiff-0.3
collected 2 items

test_a.py .                                                   [ 50%]
test_b.py .                                                   [100%]

==================== 2 passed in 0.01 seconds ====================
```

假定在当前目录下还有两个子目录 mod1 和 mod2，在这两个目录下分别有两个文件 test_a.py 和 test_b.py，如图 14-6 所示。

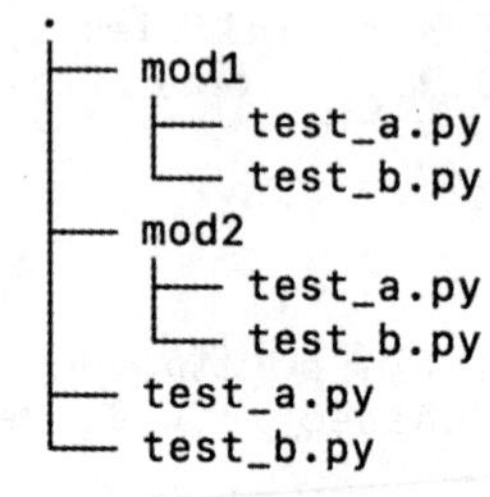

图 14-6　测试文件目录结构

如果希望执行 mod1 目录下面的所有测试用例，可以使用下面的命令：

```
$ pytest mod1
====================== test session starts ======================
platform darwin -- Python 3.7.3, pytest-4.3.1, py-1.8.0, pluggy-0.9.0
rootdir: /lovepython/pytest, inifile:
plugins: remotedata-0.3.1, openfiles-0.3.2, doctestplus-0.3.0, arraydiff-0.3
```

```
collected 5 items

mod1/test_a.py ..                                           [ 40%]
mod1/test_b.py ...                                          [100%]

==================== 5 passed in 0.06 seconds =====================
```

如果对于所选中的测试用例不是特别有把握，可以使用参数--setup-plan，这样测试用例不会真正执行，只是列出计划执行的测试用例列表。使用情况如下：

```
$ pytest --setup-plan mod1
======================= test session starts =======================
platform darwin -- Python 3.7.3, pytest-4.3.1, py-1.8.0, pluggy-0.9.0
rootdir: /lovepython/pytest, inifile:
plugins: remotedata-0.3.1, openfiles-0.3.2, doctestplus-0.3.0,
arraydiff-0.3
collected 5 items

mod1/test_a.py
        mod1/test_a.py::test_case_a_1
        mod1/test_a.py::test_case_a_2
mod1/test_b.py
        mod1/test_b.py::test_case_b_1
        mod1/test_b.py::test_case_b_2
        mod1/test_b.py::test_case_b_3

================== no tests ran in 0.02 seconds ===================
```

需要注意的是，测试用例文件的名字推荐以 test_开头，或者以_test 结尾；不同目录下不能有相同的文件。例如上面的例子中，在 mod1 目录和 mod2 目录下都有测试脚本 test_a.py 和 test_b.py，这在收集测试用例时会导致错误。下面是出现错误的例子：

```
$ pytest  --setup-plan              # 仅列出需要执行的测试用例，不执行
======================= test session starts =======================
platform darwin -- Python 3.7.3, pytest-4.3.1, py-1.8.0, pluggy-0.9.0
rootdir: /lovepython/pytest, inifile:
plugins: remotedata-0.3.1, openfiles-0.3.2, doctestplus-0.3.0,
arraydiff-0.3
collected 5 items / 10 errors

=========================== ERRORS ============================
________________ ERROR collecting en1/mod1/test_a.py ________________
import file mismatch:
imported module 'test_a' has this __file__ attribute:
  /lovepython/pytest/en1/test_a.py
which is not the same as the test file we want to collect:
  /lovepython/pytest/en1/mod1/test_a.py
HINT: remove __pycache__ / .pyc files and/or use a unique basename
   for your test file modules
```

所以需要将这些文件改名，下面是改名后的目录结构，如图 14-7 所示。

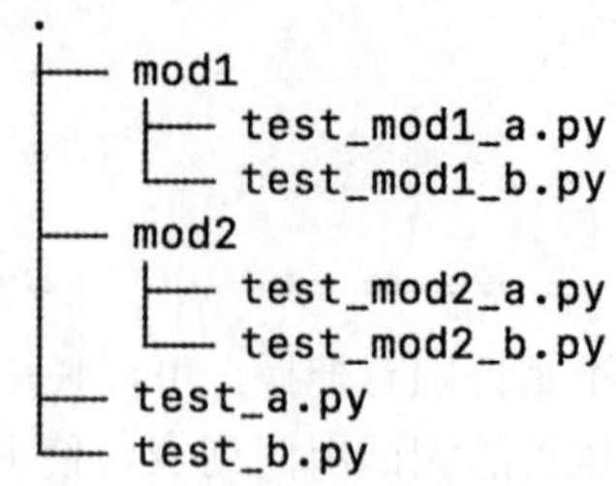

图 14-7　改名后的目录结构

重新执行上面的命令，便不会出现问题了，显示如下：

```
$ pytest --setup-plan                # 查看搜索到的测试用例列表，不执行
======================== test session starts =========================
platform darwin -- Python 3.7.3, pytest-4.3.1, py-1.8.0, pluggy-0.9.0
rootdir: /lovepython/pytest/en2, inifile:
plugins: remotedata-0.3.1, openfiles-0.3.2, doctestplus-0.3.0, arraydiff-0.3
collected 15 items

test_a.py                            # test_a.py 包含的测试用例列表
      test_a.py::test_case_a_1
      test_a.py::test_case_a_2
test_b.py                            # test_b.py 包含的测试用例列表
      test_b.py::test_case_b_1
      test_b.py::test_case_b_2
      test_b.py::test_case_b_3
mod1/test_mod1_a.py                  # mod1/test_mod1_a.py 包含的测试用例列表
      mod1/test_mod1_a.py::test_case_a_1
      mod1/test_mod1_a.py::test_case_a_2
mod1/test_mod1_b.py
      mod1/test_mod1_b.py::test_case_b_1
      mod1/test_mod1_b.py::test_case_b_2
      mod1/test_mod1_b.py::test_case_b_3
mod2/test_mod2_a.py                  # mod2/test_mod2_a.py 包含的测试用例列表
      mod2/test_mod2_a.py::test_case_a_1
      mod2/test_mod2_a.py::test_case_a_2
mod2/test_mod2_b.py                  # mod2/test_mod2_b.py 包含的测试用例列表
      mod2/test_mod2_b.py::test_case_b_1
      mod2/test_mod2_b.py::test_case_b_2
      mod2/test_mod2_b.py::test_case_b_3
```

假定在一个目录下有 4 个文件，每个文件都包含一些测试用例，但有一个文件的命名不符合规范，则在搜索测试用例时该文件就会被忽略。下面的例子演示了这个情况：

```
$ ls                    # 查看文件，4 个文件，但是 case_d.py 命名不符合规范
case_c_test.py  case_d.py  test_a.py test_b.py
$ pytest --setup-plan
======================== test session starts =========================
platform darwin -- Python 3.7.3, pytest-4.3.1, py-1.8.0, pluggy-0.9.0
rootdir: /lovepython/pytest/en3, inifile:
```

```
plugins: remotedata-0.3.1, openfiles-0.3.2, doctestplus-0.3.0,
arraydiff-0.3
collected 8 items

case_c_test.py                # case_c_test.py 中的测试用例列表
      case_c_test.py::test_case_b_1
      case_c_test.py::test_case_b_2
      case_c_test.py::test_case_b_3
test_a.py                     # test_a.py 中的测试用例列表
      test_a.py::test_case_a_1
      test_a.py::test_case_a_2
test_b.py                     # test_b.py 中的测试用例列表
      test_b.py::test_case_b_1
      test_b.py::test_case_b_2
      test_b.py::test_case_b_3

=================== no tests ran in 0.08 seconds ====================
```

14.3.3　生成测试报告

和 PyUnit 一样，Pytest 也能生成 xml 和 html 两种格式的测试报告。

1. xml格式的测试报告

不用安装任何软件包，直接在运行测试用例时加上参数“--junitxml=./报告名.xml”即可。假定有一个测试脚本 test_a.py，其内容如下：

```
import pytest
def test_case_a_1():
   pass
def test_case_a_2():
   pass
```

运行该脚本，输出如下：

```
$ pytest --junitxml=./report.xml test_a.py
===================== test session starts ========================
platform darwin -- Python 3.7.3, pytest-4.3.1, py-1.8.0, pluggy-0.9.0
rootdir: /lovepython/pytest/case, inifile:
plugins:  remotedata-0.3.1,  openfiles-0.3.2,  doctestplus-0.3.0,
arraydiff-0.3
collected 2 items

test_a.py..                                             [100%]

------ generated xml file: /lovepython/pytest/case/report.xml --------
=================== 2 passed in 0.02 seconds =======================
```

输出的报告文件内容如下：

```
<?xml version="1.0" encoding="utf-8"?>
<testsuite
 errors="0"                          # 错误的测试用例个数为 0
```

```
failures="0"                    # 失败的测试用例个数为 0
name="pytest"
skipped="0"                     # 跳过的测试用例个数为 0
tests="2"                       # 运行的测试用例个数为 2
time="0.018">
   <testcase
    classname="test_a"
    file="test_a.py"
    line="1"
    name="test_case_a_1"
    time="0.001">               # 执行时间
   </testcase>
   <testcase
    classname="test_a"
    file="test_a.py"
    line="3"
    name="test_case_a_2"
    time="0.001">
   </testcase>
</testsuite>
```

2. html格式的测试报告

为了生成 HTML 格式的测试报告，需要安装一个 Pytest 的插件 Pytest-html。和普通的 Python 软件包安装方法一样，推荐使用 PIP 进行安装，命令如下：

```
pip install pytest-html
```

安装完成后，在运行测试用例时带上参数--html=report.html 即可，命令格式如下：

```
pytest --html=report.html 测试脚本列表
```

如果仅运行一个测试脚本，执行上面的命令可以看到下面的输出：

```
$ pytest --html=report.html test_a.py
======================== test session starts ========================
platform darwin -- Python 3.7.3, pytest-4.3.1, py-1.8.0, pluggy-0.9.0
rootdir: / lovepython /pytest/case, inifile:
plugins: remotedata-0.3.1, openfiles-0.3.2, metadata-1.8.0,
html-1.21.1, doctestplus-0.3.0, arraydiff-0.3
collected 2 items                                  # 有两个测试用例
test_a.py ..                                                  [100%]
          # 两个圆点表示两个测试用例通过
# 生成 html 格式报告
- generated html file: file:///lovepython/pytest/case/report.html -
==================== 2 passed in 0.01 seconds =====================
```

在当前目录下可以看到报告文档 report.html，在浏览器中打开该文档，可以看到如图 14-8 所示的内容。

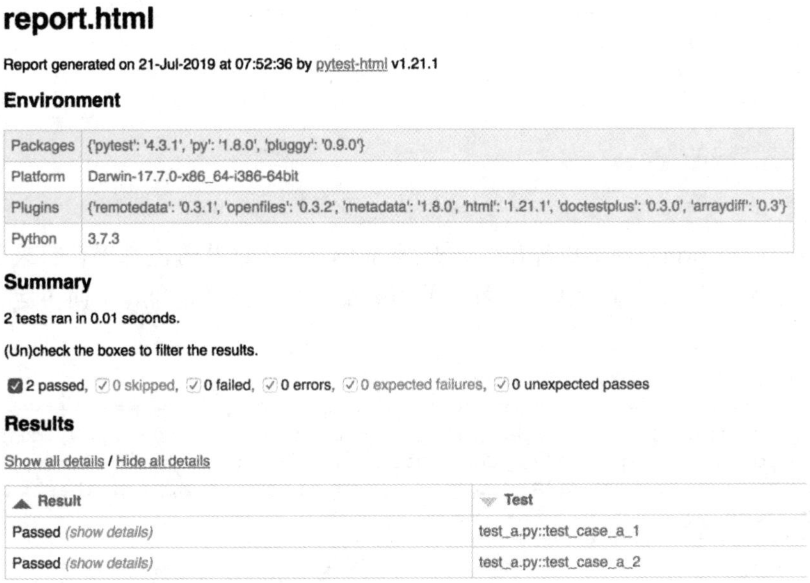

report.html

Report generated on 21-Jul-2019 at 07:52:36 by pytest-html v1.21.1

Environment

Packages	{'pytest': '4.3.1', 'py': '1.8.0', 'pluggy': '0.9.0'}
Platform	Darwin-17.7.0-x86_64-i386-64bit
Plugins	{'remotedata': '0.3.1', 'openfiles': '0.3.2', 'metadata': '1.8.0', 'html': '1.21.1', 'doctestplus': '0.3.0', 'arraydiff': '0.3'}
Python	3.7.3

Summary

2 tests ran in 0.01 seconds.

(Un)check the boxes to filter the results.

2 passed, 0 skipped, 0 failed, 0 errors, 0 expected failures, 0 unexpected passes

Results

Show all details / Hide all details

Result	Test
Passed *(show details)*	test_a.py::test_case_a_1
Passed *(show details)*	test_a.py::test_case_a_2

图 14-8　html 格式的测试报告

14.3.4　测试步骤

和 PyUnit 类似，Pytest 也支持准备和清理函数，就是在测试用例运行之前执行准备工作和在测试用例执行完毕之后执行清理工作。

如使用以 Test 开始的类来定义测试用例，那么我们可以在该类中提供 setup()和 teardown()两个函数，这两个函数类似于 PyUnit 中的 setUp()和 tearDown()函数，不同之处在于这两个函数的名字全是小写字母。假定有一个测试脚本 test_setup.py，其内容如下：

```
import pytest
class TestClassDemo1:
    def setup(self):
        print('setup() is running')
    def teardown(self):
        print('teardown() is running')
    def test_case1(self):
        print('test_case1() is running')
    def test_case2(self):
        print('test_case2() is running')
```

运行该测试用例，输出如下：

```
$ pytest test_setup.py
===================== test session starts ========================
platform darwin -- Python 3.7.3, pytest-4.3.1, py-1.8.0, pluggy-0.9.0
```

```
rootdir: /lovepython/pytest/case, inifile:
plugins: remotedata-0.3.1, openfiles-0.3.2, doctestplus-0.3.0,
arraydiff-0.3
collected 2 items

test_setup.py ..                                                    [100%]

===================== 2 passed in 0.03 seconds =====================
```

这里没有看到 print()函数的输出，这是因为 Pytest 将这些输出都缓存起来了，通常情况仅在测试用例失败时才显示出来。可以使用参数-s 来关闭该功能，下面再运行一次该测试脚本：

```
$ pytest -s test_setup.py
======================== test session starts ========================
platform darwin -- Python 3.7.3, pytest-4.3.1, py-1.8.0, pluggy-0.9.0
rootdir: /lovepython/pytest/case, inifile:
plugins:   remotedata-0.3.1,   openfiles-0.3.2,   doctestplus-0.3.0,
arraydiff-0.3
collected 2 items
                                  # 下面显示测试用例执行的情况
test_setup.py setup() is running
test_case1() is running
.teardown() is running
setup() is running
test_case2() is running
.teardown() is running            # 先打一个圆点，然后调用 teardown()
==================== 2 passed in 0.01 seconds =====================
```

如何更加灵活地定义准备和清理功能呢？Pytest 提供了另外一种称作脚手架的方法，就是定义一个函数，该函数包含 yield 语句。yield 语句之前的代码在测试用例执行前运行，yiled 语句之后的代码在测试用例执行完之后运行。这个函数被称作脚手架，是因为脚手架的作用是帮助别人，自己只是一个辅助的作用。和脚手架的作用类似，我们定义的准备函数和清理函数主要也是为了辅助测试用例的运行。注意，脚手架函数一定要使用 @pytest.fixture 来修饰。假定有一个测试脚本 test_setup2.py，其内容如下：

```
import pytest
@pytest.fixture                         # 必须加上这行代码,表明自己是一个脚手架
def fixtureDemo1():
    print(u"在 yield 语句的前面,相当于是准备部分")
    yield
    print(u"在 yield 语句后面,相当于是清理部分")
def test_demo1(fixtureDemo1):           # 使用脚手架 fixtureDemo1
 print(u"测试用例 test_demo1 在运行")
```

运行后的输出如下：

```
$ pytest -s test_setup2.py
======================= test session starts =======================
platform darwin -- Python 3.7.3, pytest-4.3.1, py-1.8.0, pluggy-0.9.0
rootdir: /lovepython/pytest/case, inifile:
plugins: remotedata-0.3.1, openfiles-0.3.2, doctestplus-0.3.0,
```

```
arraydiff-0.3
collected 1 item
test_setup2.py 在 yield 语句的前面,相当于是准备部分
测试用例 test_demo1 在运行
.在 yield 语句后面,相当于是清理部分
==================== 1 passed in 0.01 seconds ====================
```

可以发现脚手架程序的前半段和 setup()的功能是一样的，后半段和 teardown()的功能是一样的。使用脚手架的另外一个优点是，我们可以使用多个脚手架。例如，假定一个测试脚本 test_setup4.py，其内容如下：

```
import pytest
@pytest.fixture
def fixtureDemo1():                             # 脚手架 1
    print(u"脚手架 1:在 yield 语句的前面,相当于是准备部分")
    yield
    print(u"脚手架 1:在 yield 语句后面,相当于是清理部分")
@pytest.fixture
def fixtureDemo2():                             # 脚手架 2
    print(u"脚手架 2:在 yield 语句的前面,相当于是准备部分")
    yield
    print(u"脚手架 2:在 yield 语句后面,相当于是清理部分")
def test_demo1(fixtureDemo1, fixtureDemo2):
    print(u"测试用例 test_demo1 在运行")
```

运行后的输出如下：

```
$ pytest -s test_setup4.py
====================== test session starts ======================
platform darwin -- Python 3.7.3, pytest-4.3.1, py-1.8.0, pluggy-0.9.0
rootdir: /lovepython/pytest/case, inifile:
plugins: remotedata-0.3.1, openfiles-0.3.2, doctestplus-0.3.0,
arraydiff-0.3
collected 1 item
test_setup4.py 脚手架 1:在 yield 语句的前面,相当于是准备部分
脚手架 2:在 yield 语句的前面,相当于是准备部分
测试用例 test_demo1 在运行
.脚手架 2:在 yield 语句后面,相当于是清理部分
脚手架 1:在 yield 语句后面,相当于是清理部分
==================== 1 passed in 0.02 seconds ====================
```

通过输出可以发现，如果一个测试用例有多个脚手架，则其在运行前会按照顺序执行所有脚手架的前半部分代码，然后执行测试用例代码，最后按照顺序执行所有脚手架的后半部分代码。

脚手架是否一定要包含两部分呢？也不一定，例如我们仅有准备阶段的功能，在清理阶段不需要做任何事情，那么就只需要有前半段的代码，后面部分就不需要了。下面的例子演示了这种情况：

```
import pytest
@pytest.fixture
def fixtureDemo1():
```

```
    print(u"脚手架的前半段")
def test_demo1(fixtureDemo1):
    print(u"测试用例 test_demo1 在运行")
```

运行该测试脚本后的输出如下：

```
$ pytest -s test_setup5.py
======================= test session starts ======================
platform darwin -- Python 3.7.3, pytest-4.3.1, py-1.8.0, pluggy-0.9.0
rootdir: /lovepython/pytest/case, inifile:
plugins: remotedata-0.3.1, openfiles-0.3.2, doctestplus-0.3.0, arraydiff-0.3
collected 1 item
test_setup5.py 脚手架的前半段
测试用例 test_demo1 在运行
==================== 1 passed in 0.02 seconds =====================
```

如果脚手架仅有后半段，可以吗？答案是可以的。在这种情况下，脚手架的第一行代码一定是 yield 语句。下面的例子演示了这种用法：

```
import pytest
@pytest.fixture
def fixtureDemo1():
    yield                        # 这之后的才是清理部分，在测试用例执行后执行
    print(u"脚手架的后半段")
def test_demo1(fixtureDemo1):
    print(u"测试用例 test_demo1 在运行")
```

运行该脚本后的输出如下：

```
$ pytest -s test_setup6.py
======================= test session starts ======================
platform darwin -- Python 3.7.3, pytest-4.3.1, py-1.8.0, pluggy-0.9.0
rootdir: /lovepython/pytest/case, inifile:
plugins: remotedata-0.3.1, openfiles-0.3.2, doctestplus-0.3.0, arraydiff-0.3
collected 1 item
test_setup6.py 测试用例 test_demo1 在运行
.脚手架的后半段                              # 小圆点表示执行成功了
==================== 1 passed in 0.02 seconds =====================
```

脚手架还可以返回值，就是说 yield 可以带上参数，如 yield 88，那么在测试用例中便可以使用这个返回值 88。下面是使用参数的例子：

```
import pytest
@pytest.fixture
def fixtureDemo1():
    yield 88
    print(u"脚手架的后半段")
def test_demo1(fixtureDemo1):
    fixture_ret = fixtureDemo1
    print(u"测试用例 test_demo1 在运行")
    print(u"脚手架的参数是%d" % fixture_ret)
```

运行后的输出如下：

```
$ pytest -s test_setup7.py
======================== test session starts ========================
platform darwin -- Python 3.7.3, pytest-4.3.1, py-1.8.0, pluggy-0.9.0
rootdir: /lovepython/pytest/case, inifile:
plugins: remotedata-0.3.1, openfiles-0.3.2, doctestplus-0.3.0,
arraydiff-0.3
collected 1 item
test_setup7.py 测试用例 test_demo1 在运行
脚手架的参数是 88
.脚手架的后半段
===================== 1 passed in 0.02 seconds =====================
```

脚手架还可以带有输入参数，就是测试用例让脚手架代码按照指定的参数执行。这个和前面的用法刚好相反，前面是脚手架输出数据给测试用例，这里是测试用例给脚手架一些输入参数。例如在测试之前需要下载一个测试文件作为输入，但是不同的测试用例使用的测试文件不同，但是下载这个功能是确定的，而且下载后还需要将下载的测试文件删除。那么便可以按照下面的方法来编写这个下载的脚手架：

```
@pytest.fixture()
# request.param 是参数，包含有下载的文件名
def download_file_fix(request):
    fileList = request.param
    local_file_list = download_file(fileList)
    yield local_file_list                          # setup()结束
    delete_file_if_exist(local_file_list)          # 清理下载的文件
```

测试用例可以按照下面的方法来使用这个脚手架：

```
# download_file_fix 脚手架的参数
@pytest.mark.parametrize('download_file_fix',
# 要下载的测试文件列表
[["/testdata/data1.csv", "/testdata/data2.csv"]],
indirect=True)
def test_case1(download_file_fix):
    local_files = download_file_fix                # 得到下载后的文件列表
    # 依次使用这些测试文件进行测试
    for file in local_files:
        test_process(file)
```

14.3.5　断言

在 Pytest 中，并没有像 PyUnit 那样提供很多的额外断言函数，我们可以直接使用 assert 语句来做断言。这并不会弱化任何能力，因为 PyUnit 提供的断言功能多数都是可以使用 asset 语句来实现的。例如断言两个对象的值相等，“assertEqual(a, b)”就等效于“asset a == b”；而断言两个对象的值不相等，“assertNotEqual(a,b)”就等效于“asset a != b”；

断言某个元素包含在指定的容器中，“assertIn(a, l)”就等效于“assert a in l”。

对于异常抛出，Pytest 提供了 pytest.raises(异常类型)函数。该函数返回对象可以放在 with 语句中，表示该段代码中会抛出指定类型的异常。例如假定有一个测试脚本 test_assert1.py，其内容如下：

```
import pytest
def get_average(int_list_obj1):
    sum_val = sum(int_list_obj1)
    num = len(int_list_obj1)
    return sum_val / num
def test_case_a_1():
    # 下面的代码会抛出 ZeroDivisionError 异常
    with pytest.raises(ZeroDivisionError):
        get_average([])
```

运行该代码，输出如下：

```
$ pytest test_assert1.py
======================= test session starts ========================
platform darwin -- Python 3.7.3, pytest-4.3.1, py-1.8.0, pluggy-0.9.0
rootdir: /lovepython/pytest/assert, inifile:
plugins: remotedata-0.3.1, openfiles-0.3.2, doctestplus-0.3.0,
arraydiff-0.3
collected 1 item
test_assert1.py .                                            [100%]
===================== 1 passed in 0.01 seconds =====================
```

如果没有抛出异常，或者抛出的异常类型和参数不符，断言都会失败。

14.3.6　覆盖率

和 PyUnit 一样，Pytest 也使用 coverage 工具来统计覆盖率。不过 Pytest 对原始版本的 coverage 进行了一些优化，可以通过安装 Pytest 插件来安装 coverage。方法如下：

```
pip install pytest-cov
```

该插件目前的版本是 2.7.1。

安装好之后便可以使用“--cov=统计对象所在目录列表”这个命令行参数来生成覆盖率数据。例如有两个文件，一个是被测试文件 uto.py，其内容如下：

```
def get_max(list_ibj):               # 得到输入列表的最大元素
    if type(list_ibj) != list:       # 如果输入的参数表示列表
        return None
    if len(list_ibj) == 0:           # 如果没有元素
        return None
    ret = list_ibj[0]                # 得到最大的元素的值
    for x in list_ibj[1:]:
```

```
        if x > ret:
            ret = x
    return ret                          # 返回该最大值
```

另外一个是测试脚本文件 test_a.py，其内容如下：

```
import pytest
import uto
def test_case_a_1():                    # 第一个测试用例
    a = uto.get_max([1, 5, 20, 98, 97, 128])
    assert a == 128
def test_case_a_2():                    # 第二个测试用例
    a = uto.get_max([])
    assert a is None
```

运行该测试脚本，输出如下：

```
$ pytest --cov=./ ./                    # 统计当前目录下的文件数据
===================== test session starts ==========================
platform darwin -- Python 3.7.3, pytest-4.3.1, py-1.8.0, pluggy-0.9.0
rootdir: lovepython/pytest/cov, inifile:
plugins: remotedata-0.3.1, openfiles-0.3.2, metadata-1.8.0,
html-1.21.1, doctestplus-0.3.0, cov-2.7.1, arraydiff-0.3
collected 2 items                       # 一共发现了两个测试用例
test_a.py ..                                                   [100%]
          # 两个小圆点表示有两个测试用例运行成功
# 覆盖率信息
---------- coverage: platform darwin, python 3.7.3-final-0 -----------
Name        Stmts   Miss  Cover
-------------------------------
test_a.py       8      0   100%
uto.py         10      1    90%
-------------------------------
TOTAL          18      1    94%
==================== 2 passed in 0.02 seconds ======================
```

如果希望得到 html 格式的覆盖率报告，可以使用参数--cov-report=html。默认情况下会生成一个 htmlcov 目录，报告就是该目录下的 index.html 文件。下面演示一下我们的命令输出：

```
$ pytest --cov=./ --cov-report=html  ./     # 生成 html 格式的覆盖率报告
======================= test session starts =====================
platform darwin -- Python 3.7.3, pytest-4.3.1, py-1.8.0, pluggy-0.9.0
rootdir: /lovepython/pytest/cov, inifile:
plugins: remotedata-0.3.1, openfiles-0.3.2, metadata-1.8.0,
html-1.21.1, doctestplus-0.3.0, cov-2.7.1, arraydiff-0.3
collected 2 items                           # 收集到两个测试用例
test_a.py ..                                                   [100%]
        # 两个圆点表示两个测试用例运行成功
```

```
---------- coverage: platform darwin, python 3.7.3-final-0 -----------
Coverage HTML written to dir htmlcov        # 生成 html 格式的覆盖率报告
===================== 2 passed in 0.04 seconds ======================
```

在浏览器中打开 htmlcov/index.html 文件，可以看到如图 14-9 所示的覆盖率数据。

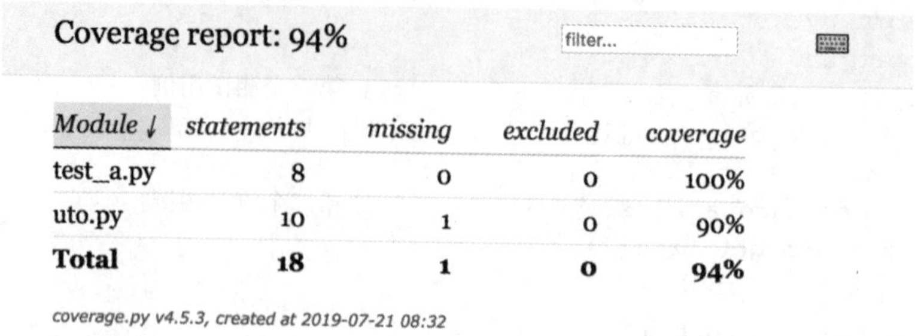

Coverage report: 94%　　filter...

Module ↓	statements	missing	excluded	coverage
test_a.py	8	0	0	100%
uto.py	10	1	0	90%
Total	**18**	**1**	**0**	**94%**

coverage.py v4.5.3, created at 2019-07-21 08:32

图 14-9　覆盖率报告

单击 module 列中的文件，可以看到哪里行被执行到了，哪些行没有被执行到。我们可以根据这些信息有针对性地设计测试用例。图 14-10 所示是 uto.py 模块覆盖的情况。

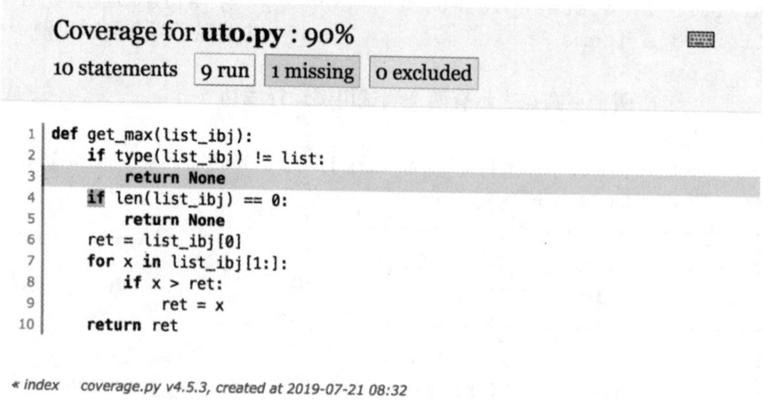

Coverage for **uto.py** : 90%

10 statements　9 run　1 missing　0 excluded

```
def get_max(list_ibj):
    if type(list_ibj) != list:
        return None
    if len(list_ibj) == 0:
        return None
    ret = list_ibj[0]
    for x in list_ibj[1:]:
        if x > ret:
            ret = x
    return ret
```

« index　coverage.py v4.5.3, created at 2019-07-21 08:32

图 14-10　uto 模块的代码覆盖情况

我们还可以设定最低覆盖率，如果覆盖率低于该值，那么测试即为失败。可以使用参数“--cov-fail-under=最低覆盖率”来设定最低覆盖率。例如上例的覆盖率是 94%，如果设定最低覆盖率是 95%，那么测试就会失败，如下面所示：

```
# 最低覆盖率 95%
$ pytest --cov=./ --cov-report=html --cov-fail-under=95 ./
====================== test session starts ======================
platform darwin -- Python 3.7.3, pytest-4.3.1, py-1.8.0, pluggy-0.9.0
rootdir: /lovepython/pytest/cov, inifile:
plugins: remotedata-0.3.1, openfiles-0.3.2, metadata-1.8.0,
html-1.21.1, doctestplus-0.3.0, cov-2.7.1, arraydiff-0.3
```

```
collected 2 items                                    # 收集到两个实测用例
test_a.py ..                                                   [100%]
              # 两个圆点表示两个测试用例通过，通过率是 100%
---------- coverage: platform darwin, python 3.7.3-final-0 -----------
Coverage HTML written to dir htmlcov         # 生成 html 格式的覆盖率报告
#失败
FAIL Required test coverage of 95% not reached. Total coverage: 94.44%
===================== 2 passed in 0.03 seconds =======================
$ echo $?                                            # 查看返回码
1                                                    # 返回码为 1，表示失败
```

如果手动运行，可以看到红色的输出，表示失败，如图 14-11 所示。

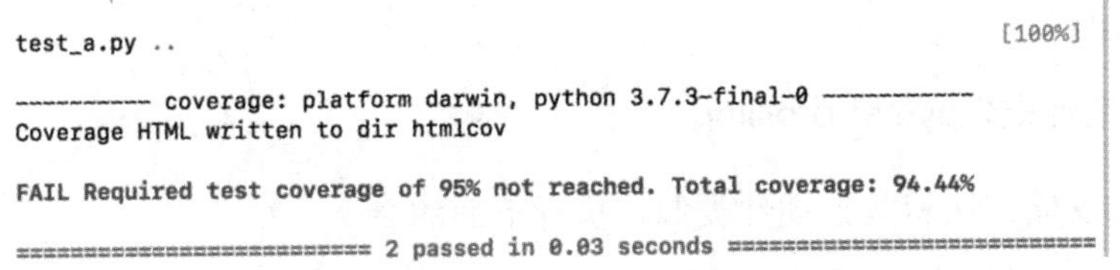

图 14-11　覆盖率低于预期的红色错误信息

如果是自动运行，则可以查看该命令的返回码。如果覆盖率检查成功，返回码为 0，否则为 1。在 Jenkins 中就是使用该方法来判定测试是否成功。例如我们将最低覆盖率降到 94，便不会有错误发生，得到下面的输出：

```
# 最低覆盖率为 94%
$ pytest --cov=./ --cov-report=html --cov-fail-under=94 ./
======================== test session starts ========================
platform darwin -- Python 3.7.3, pytest-4.3.1, py-1.8.0, pluggy-0.9.0
rootdir: /lovepython/pytest/cov, inifile:
plugins: remotedata-0.3.1, openfiles-0.3.2, metadata-1.8.0,
html-1.21.1, doctestplus-0.3.0, cov-2.7.1, arraydiff-0.3
collected 2 items
test_a.py ..                                                   [100%]
          # 测试通过，通过率为 100%
---------- coverage: platform darwin, python 3.7.3-final-0 -----------
Coverage HTML written to dir htmlcov
Required test coverage of 94% reached. Total coverage: 94.44%
==================== 2 passed in 0.03 seconds =====================
$ echo $?                                  # 返回码是 0 而不是 1 了
0
```

14.3.7　插件

Pytest 有很多插件，这些插件为 Pytest 提供了可扩展性。例如前面使用过的 html 格式报告的生成器，便是一个 Pytest 插件；覆盖率工具也是 Pytest 的一个插件。本节将介绍常

用的 Pytest 插件及其功能。

1. 并行执行功能插件pytest-xdist

该插件的安装方法如下：

```
pip install pytest-xdist
```

该插件能够并行运行测试用例，特别适合在测试用例多数时间不是在执行测试而是在等待被测对象完成任务的情形下使用。多个测试用例并行运行能够大大降低整个测试的运行时间。

在插件安装完成后，可以在命令行添加参数“--tx 进程个数*popen”，这样就可以同时启动多个进程。

2. 性能统计插件pytest-profiling

该插件的安装方法和其他插件类似，执行下面的命令：

```
pip install pytest-profiling
```

目前该插件的版本是 1.7.0。安装完成后在运行时带上参数—profile 便可以看到某个函数执行耗费的时间。下面将 uto.py 修改一下，让每个分支都耗费一定的时间，至少 1 秒钟。下面是修改后的代码：

```
import time                                 # 引入time 模块，用来调用 time.sleep()
def get_max(list_ibj):                                 # 被测函数
    if type(list_ibj) != list:                         # 错误分支，休眠 1 秒
        time.sleep(1)
        return None
    if len(list_ibj) == 0:                             # 特殊分支，休眠 1 秒
        time.sleep(1)
        return None
    ret = list_ibj[0]
    for x in list_ibj[1:]:
        if x > ret:
            ret = x
    time.sleep(3)                                      # 正确分支，休眠 3 秒
    return ret
```

运行原来的测试脚本，输出如下：

```
$ pytest --profile test_a.py                    # 带了 profiling 参数
======================= test session starts =======================
platform darwin -- Python 3.7.3, pytest-4.3.1, py-1.8.0, pluggy-0.9.0
rootdir: /lovepython/pytest/profile, inifile:
plugins: remotedata-0.3.1, profiling-1.7.0, openfiles-0.3.2,
metadata-1.8.0,
```

```
6    html-1.21.1, doctestplus-0.3.0, cov-2.7.1, arraydiff-0.3
7    collected 2 items                                   # 收集了两个测试用例
8    test_a.py ..                                          [100%]
     # 统计运行时间数据
9    Profiling (from /lovepython/profile/prof/combined.prof):
10   Sun Jul 21 17:22:48 2019    /lovepython/profile/prof/combined.prof
11            5288 function calls (5075 primitive calls) in 4.012 seconds
12     Ordered by: cumulative time
13     List reduced from 374 to 20 due to restriction <20>
14    ncalls  tottime  percall  cumtime  percall filename:lineno(function)
15         2    0.000    0.000    4.012   2.006 runner.py:76(pytest_runtest_
                                                protocol)
16     30/22    0.000    0.000    4.012   0.182 hooks.py:275(__call__)
17     30/22    0.000    0.000    4.011   0.182 manager.py:65(_hookexec)
18     30/22    0.000    0.000    4.011   0.182 manager.py:59(<lambda>)
19     30/22    0.001    0.000    4.011   0.182 callers.py:157(_multicall)
20         2    0.000    0.000    4.010   2.005 runner.py:83(runtestprotocol)
21         6    0.000    0.000    4.010   0.668 runner.py:172(call_and_report)
22         6    0.000    0.000    4.008   0.668 runner.py:191(call_runtest_hook)
23         6    0.000    0.000    4.008   0.668 runner.py:219(from_call)
24         6    0.000    0.000    4.008   0.668 runner.py:198(<lambda>)
25         2    0.000    0.000    4.005   2.003 runner.py:119(pytest_runtest_
                                                call)
26         2    0.000    0.000    4.005   2.003 python.py:1453(runtest)
27         2    0.000    0.000    4.005   2.002 python.py:156(pytest_pyfunc_
                                                call)
28         2    0.000    0.000    4.005   2.002 uto.py:2(get_max)
29         2    4.005    2.002    4.005   2.002 {built-in method time.sleep}
30         1    0.000    0.000    3.000   3.000 test_a.py:4(test_case_a_1)
31         1    0.000    0.000    1.004   1.004 test_a.py:7(test_case_a_2)
32    148/62    0.000    0.000    0.004   0.000 {built-in method builtins.next}
33        32    0.000    0.000    0.002   0.000 logging.py:504(_runtest_for)
34        36    0.000    0.000    0.002   0.000 {method 'send' of 'generator'
                                                objects}
35   ====================== 2 passed in 4.05 seconds==================
```

我们关心的是第 28 行，就是被测对象执行的时间，该函数执行了 2 次（第一列显示的数字），总计耗时 4.005 秒，一次是 1 秒，另外一次是 3 秒。

如果希望看到图形输出，可以使用另外一个参数--profile-svg。使用该参数可以生成一个图片，演示函数之间的调用关系。不过该功能依赖 gprof2dot，而该包需要自行安装。下面是使用--profile-svg 参数的输出：

```
$ pytest --profile-svg  test_a.py
===================== test session starts =========================
```

```
3  platform darwin -- Python 3.7.3, pytest-4.3.1, py-1.8.0, pluggy-0.9.0
4  rootdir: /lovepython/pytest/profile, inifile:
5  plugins: remotedata-0.3.1, profiling-1.7.0, openfiles-0.3.2, metadata-1.8.0,
6  html-1.21.1, doctestplus-0.3.0, cov-2.7.1, arraydiff-0.3
7  collected 2 items
8  test_a.py ..                                              [100%]
9  Profiling (from /lovepython/profile/prof/combined.prof):
10 Sun Jul 21 17:42:14 2019    /lovepython/profile/prof/combined.prof
11          5021 function calls (4808 primitive calls) in 4.012 seconds
12    Ordered by: cumulative time
13    List reduced from 374 to 20 due to restriction <20>
14  ncalls  tottime  percall  cumtime  percall filename:lineno(function)
15       2    0.000    0.000    4.012    2.006 runner.py:76(pytest_runtest_protocol)
16   30/22    0.000    0.000    4.011    0.182 hooks.py:275(__call__)
17   30/22    0.000    0.000    4.011    0.182 manager.py:65(_hookexec)
18   30/22    0.000    0.000    4.011    0.182 manager.py:59(<lambda>)
19   30/22    0.001    0.000    4.011    0.182 callers.py:157(_multicall)
20       2    0.000    0.000    4.009    2.004 runner.py:83(runtestprotocol)
21       6    0.000    0.000    4.009    0.668 runner.py:172(call_and_report)
22       6    0.000    0.000    4.007    0.668 runner.py:191(call_runtest_hook)
23       6    0.000    0.000    4.007    0.668 runner.py:219(from_call)
24       6    0.000    0.000    4.007    0.668 runner.py:198(<lambda>)
25       2    0.000    0.000    4.004    2.002 runner.py:119(pytest_runtest_call)
26       2    0.000    0.000    4.004    2.002 python.py:1453(runtest)
27       2    0.000    0.000    4.004    2.002 python.py:156(pytest_pyfunc_call)
28       2    0.000    0.000    4.004    2.002 uto.py:2(get_max)
29       2    4.004    2.002    4.004    2.002 {built-in method time.sleep}
30       1    0.000    0.000    3.001    3.001 test_a.py:4(test_case_a_1)
31       1    0.000    0.000    1.003    1.003 test_a.py:7(test_case_a_2)
32  148/62    0.000    0.000    0.005    0.000 {built-in method builtins.next}
33      32    0.000    0.000    0.003    0.000 logging.py:504(_runtest_for)
34      32    0.000    0.000    0.003    0.000 logging.py:513(_runtest_for_main)
   # 输出的图片文件
35 SVG profile in /lovepython/profile/prof/combined.svg.
36 ==================== 2 passed in 6.42 seconds =====================
```

我们可以使用 chrome 浏览器来查看第 35 行的输出文件，如图 14-12 所示。

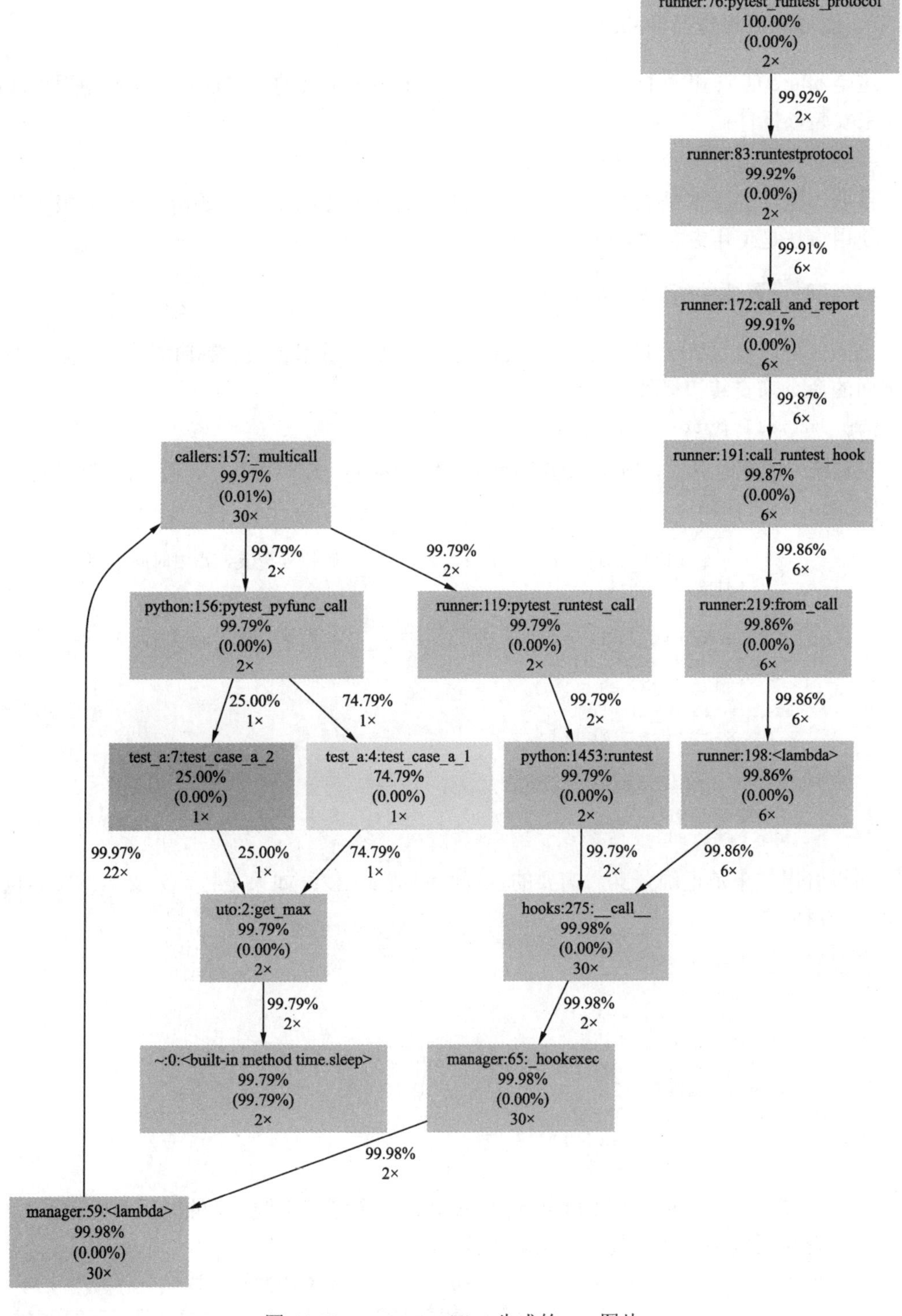

图 14-12　pytest-profiling 生成的 svg 图片

3．图形测试报告插件allure-pytest

这是 allure 工具和 Pytest 的结合，可以生成 allure 定义的报告格式。需要使用下面的命令来安装该插件：

```
pip install allure-pytest
```

目前该插件的版本是 2.7.0。成功安装之后，在运行 Pytest 时需要指定 allure 报告的位置，使用方法是使用参数"--alluredir=目录"。

4．超时设置插件pytest-timeout

该插件可以设置统一的超时时间，也可以对某个测试用例设置超时时间。首先需要通过下面的命令来安装该插件：

```
pip install pytest-timeout
```

设置统一的超时时间，方法是使用命令行"--timeout=超时秒数"，假定测试代码如下：

```
import time
def get_max(list_ibj):
    if type(list_ibj) != list:              # 错误分支，需要时间 10 秒
        time.sleep(10)
        return None
    if len(list_ibj) == 0:                  # 特殊分支，需要时间 10 秒
        time.sleep(10)
        return None
    ret = list_ibj[0]
    for x in list_ibj[1:]:
        if x > ret:
            ret = x
    time.sleep(30)                          # 正确分支，需要时间 30 秒
    return ret
```

可以看出如果是正确分支，需要的执行时间是 30 秒；如果是特殊分支，需要的执行时间是 10 秒。

测试脚本如下：

```
import pytest
import uto
def test_case_a_1():
    a = uto.get_max([1, 5, 20, 98, 97, 128])
    assert a == 128
def test_case_a_2():
    a = uto.get_max([])
    assert a is None
```

运行测试脚本，指定超时时间为 3 秒，那么有两个测试用例，总的时间不能超过 6 秒，所以两个测试用例都不能通过。输出如下：

```
$ pytest --timeout=3 test_a.py          # 每个测试用例 3 秒，总数是 6 秒
====================== test session starts =======================
```

```
platform darwin -- Python 3.7.3, pytest-5.0.1, py-1.8.0, pluggy-0.12.0
rootdir: /lovepython/pytest/timeout
plugins: openfiles-0.3.2, arraydiff-0.3, timeout-1.3.3,
allure-pytest-2.7.0, doctestplus-0.3.0, remotedata-0.3.1, cov-2.7.1,
html-1.21.1, profiling-1.7.0, metadata-1.8.0
timeout: 3.0s
timeout method: signal
timeout func_only: False
collected 2 items
test_a.py FF                                        [100%]
====================== FAILURES ========================
______________________ test_case_a_1 ___________________
    def test_case_a_1():
>       a = uto.get_max([1, 5, 20, 98, 97, 128])
test_a.py:5:
_ _ _ _ _ _ _ _ _ _ _ _ _ _ _ _ _ _ _ _ _ _ _ _ _ _ _ _ _ _ _ _ _ _ _ _ _ _ _
list_ibj = [1, 5, 20, 98, 97, 128]
    def get_max(list_ibj):
        if type(list_ibj) != list:
            time.sleep(10)
            return None
        if len(list_ibj) == 0:
            time.sleep(10)
            return None
        ret = list_ibj[0]
        for x in list_ibj[1:]:
          if x > ret:
                ret = x
>       time.sleep(3)
E       Failed: Timeout >3.0s
uto.py:13: Failed
______________________ test_case_a_2 __________________________
    def test_case_a_2():
>       a = uto.get_max([])
test_a.py:8:
_ _ _ _ _ _ _ _ _ _ _ _ _ _ _ _ _ _ _ _ _ _ _ _ _ _ _ _ _ _ _ _ _ _ _ _ _ _ _
list_ibj = []
    def get_max(list_ibj):
        if type(list_ibj) != list:
            time.sleep(10)
            return None
        if len(list_ibj) == 0:
>           time.sleep(10)                          # 在这里超时
E           Failed: Timeout >3.0s
uto.py:7: Failed
============== 2 failed in 6.08 seconds =============
```

如果希望指定测试用例的超时时间，可以使用“@pytest.mark.timeout(超时时间)”。下面是修改后的测试脚本：

```
import pytest
import uto
@pytest.mark.timeout(8)                        # 该测试用例超时时间为 8 秒
def test_case_a_1():
    a = uto.get_max([1, 5, 20, 98, 97, 128])
    assert a == 128
@pytest.mark.timeout(8)                        # 该测试用例超时时间为 8 秒
def test_case_a_2():
    a = uto.get_max([])
    assert a is None
```

运行效果和设置统一的超时时间类似。

第 15 章　网 络 编 程

早期，计算机之间没有相互连接，是孤立的，它们之间的交互多是通过软盘（相当于现在的 U 盘）来交换数据。后来人们创造了网络，计算机之间可以相互交换信息了。早期的计算机网络也是种类繁多，支持的协议也是五花八门。随着时间的推移，现在被广泛使用的是 IP 网络，其他类型的网络逐渐退出。当下不论是办公室内的局域网，还是互联网，使用的基本都是 IP 网络。本章就来介绍一下 IP 网络，主要包括以下内容：

- TCP/IP 协议介绍；
- Socket 接口介绍；
- TCP 服务器的构建；
- TCP 客户端的构建；
- UDP 服务器的构建；
- UDP 客户端的构建。

15.1　TCP/IP 协议介绍

计算机之间要交换信息，就需要定义交换信息的方式。1965 年，Donald Davies 创造了报文这个词语，用来描述在两台计算机之间传输的数据。在 1969 年，最早的广域网 ARPNET 出现了，这个网络也是第一个使用报文交换的网络（相对报文交换，早期的电话使用的是电路交换，就是在通话双方之间建立电路连接，直到通话结束）。ARPNET 网络也是目前人们使用的互联网的前身。在 1983 年，ARPNET 开始全面使用 TCP/IP 协议。本节要使用的便是 TCP/IP 协议，准确来说是 TCP/IP 协议族，因为这里面包含很多协议，不仅仅是 TCP 协议和 IP 协议这两个。ISO 对网络协议进行了分层，从最底层的物理层到最上面的应用层，一共是 7 层，但在 TCP/IP 中，仅分为 4 层。如图 15-1 所示为它们之间的对应关系。

左侧是 ISO 定义的参考模型，右侧是 TCP/IP 定义的模型。本章主要关心的是网络层和传输层，应用层则是需要自己开发内容。

1．网络层

网络层我们主要关心的是 IPv4 协议。网络上每台机器都至少有一个 IP 地址，不同的机器会有不同的 IP 地址。这个 IP 地址就是在网络层定义的，用来区分不同的机器。如图 15-2 所示，分别 ping 一下新浪网和百度的网址，可以看到它们有不同的 IP 地址，新浪网的 IP 地址是 123.126.157.222，百度的 IP 地址是 123.125.114.144。

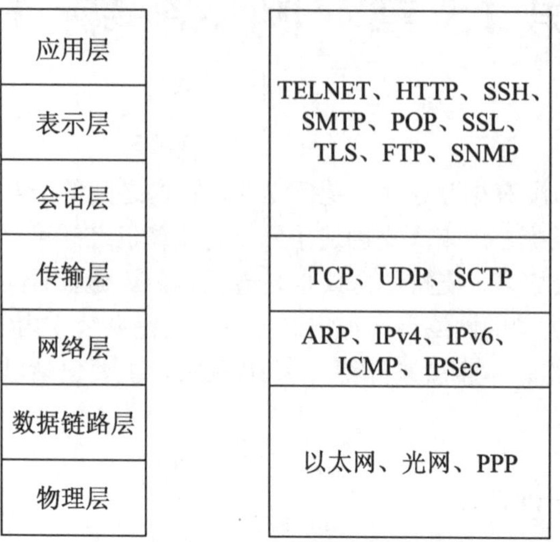

图 15-1　不同协议族中的协议分层

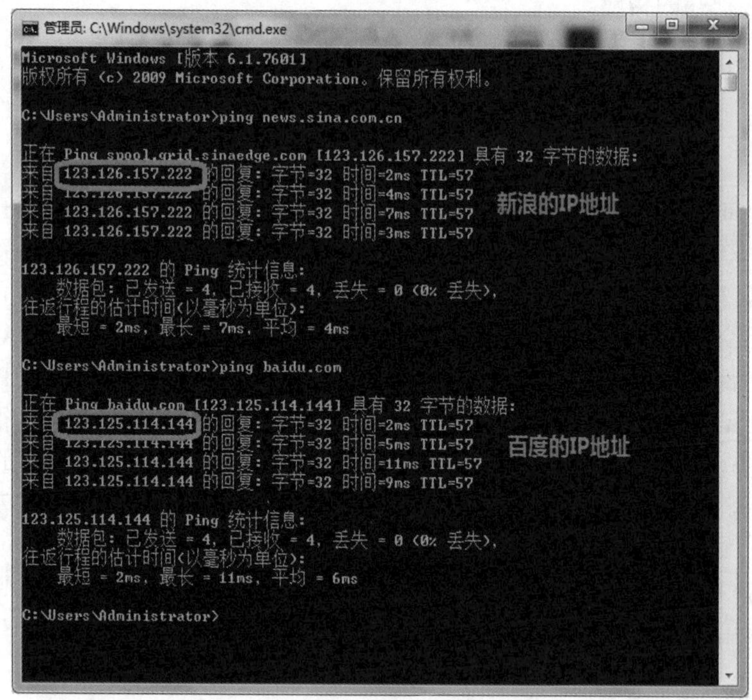

图 15-2　不同的网站有不同的 IP 地址

在 IPv4 中，IP 地址是用 32 位整数来表示的，但是多数情况下我们看到的是用点（.）分割的 4 个数字段，每段表示一个 0 到 255 之间的整数，这种表示法叫作点分十进制表示法（用小数点分割的，分割的每段表示的是十进制数）。点分十进制表达方式比较直观，也容易记忆。我们只需要知道这两种表达方式是等价的即可，它们是可以相互转换的。下面演示它们之间的相互转换。

```
>>> import socket                          # 这是我们将使用的库
>>> str_ip_addr = "123.125.114.144"        # 输入的是字符串表示的 IP 地址
>>> int_ip_addr = socket.inet_aton(str_ip_addr)     # 将其转换成字节流
>>> type(int_ip_addr)
<class 'bytes'>
>>> int_ip_addr[0]                         # 查看各个字节的内容
123
>>> int_ip_addr[1]
125
>>> int_ip_addr[2]
114
>>> int_ip_addr[3]
144
# 将字节流转换成整数
>>> int_val_1 = int.from_bytes(int_ip_addr, byteorder='big')
>>> type(int_val_1)                        # 查看类型
<class 'int'>
>>> int_val_1                              # 查看整数值
2071818896
>>> socket.inet_ntoa(int_ip_addr)          # 将字节流转换回字符串
'123.125.114.144'
```

IP 地址一共 32 位，分为两组，前面一组表示网络地址，后面一组表示主机地址。例如有两台机器，它们的 IP 地址分别是 192.168.1.1 和 192.168.1.2，由于这两台机器是在同一个网络中，所以它们的 IP 地址前面部分即网络地址是相同的（都为 192.168.1），只是后面的主机地址是不同的（分别为 1 和 2）。

在 TCP/IP 设计时，定义了一些特殊的 IP 地址，如 127.0.0.1 表示自己，也叫回环地址，就是说对该地址发送数据，其实就是发给自己。这个地址非常有用，我们知道一般网络通信需要两台机器，一个负责发送数据，一个负责接收数据。有了这个地址，便可以使用一台机器来模仿真实的网络环境。如在一台机器上运行两个进程，一个负责发送数据，一个负责接收数据，发送方将目标地址设定为 127.0.0.1 即可，所有发送的数据都会回环给本机，这样接收的进程就可以看到这个数据了。

还有一个特殊的地址是 0.0.0.0，其表示任意 IP 地址。多数机器有多个 IP 地址，一般来说至少有两个 IP 地址，一个是前面介绍的回环地址（127.0.0.1），另外一个是对外的普通 IP 地址。不同的 IP 地址对应不同的协议栈。可以这样理解，不同的 IP 地址表示不同的快递系统，如果你和多个快递公司签订了协议，那么在你们家门口就会有多个邮箱，那么在接收快件时，就需要指定需要查看的邮箱。如果希望查看所有的邮箱，那么就需要使用 0.0.0.0 这个特殊的地址。如果绑定到 127.0.0.1，那么表示仅接收来自该地址的数据，发送到本机另外一个 IP 地址的数据是接收不到的，就像查看运通的邮箱不会看到韵达的快递包裹一样。

在图 15-3 中，可以看到两个不同的协议栈实例，左边使用的是回环地址 127.0.0.1，右边使用的是普通地址 192.1681.1。可以看到它们是独立的、平等的。如果我们希望接收来自 127.0.0.1 的数据，那么使用的是左边这套系统；如果希望接收来自 192.168.1.1 的数据，那么就使用右边的这套系统。它们使用的的物理层可以相同，也可以不同。其实回环地址 127.0.0.1 是不需要物理层的，就是说不需要网卡和相应的驱动，这也意味着发送到 127.0.0.1 的数据在网络上是不可见的。

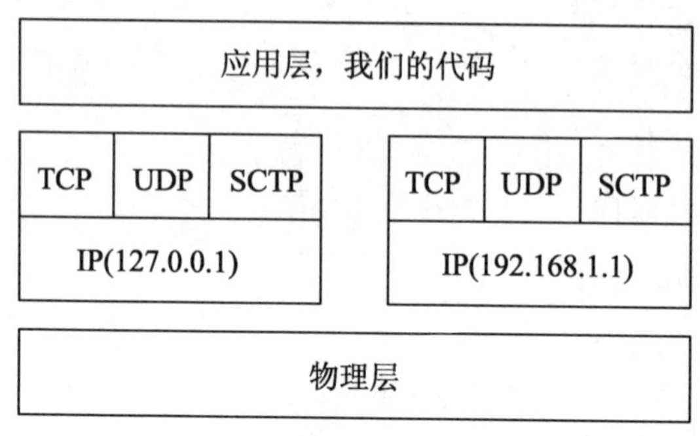

图 15-3　IP 协议栈

2. 传输层

传输层的主要功能就是让应用程序相互通信。通过 IP 层，可以将数据传送到某个主机。但是在该主机上会有很多应用程序，此时就需要指定一个应用程序来处理发送的信息。传输层引入了端口的概念，不同的应用程序会使用不同的端口。在发送信息时只需要指定目标端口就可以保证发送到指定的应用程序。

端口使用 16 位的整数来表示。有些端口是预先定义好的，如 HTTP 应用程序使用的端口默认是 80，而 Telnet 使用的端口是 23。需要注意的是，端口对于客户端和服务端都是确定的，但一般仅指定服务端的端口，而客户端不用指定。原因是所有的会话都是客户端发起的，服务端是被动等待的一方。但客户端也是有自己的端口，只是该端口一般是不固定的。

传输层的协议也有多个，本节主要介绍 TCP 和 UDP 这两个协议。

TCP 是有连接的，而且保证数据传输的可靠性。使用 TCP，不用担心发送的数据在传输过程中会丢失，其内部实现了自动重传的机制，如果发生丢包现象，TCP 会自动恢复发送丢失的数据。

UDP 和 TCP 不同，其不需要建立连接，也不保证数据的可靠传输。如果发生丢包现象，需要上层应用程序进行相应的处理。例如给包打上标签号，需要在接收端检查标签号是否连续，以确定在传输过程中是否发生了丢包现象。UDP 相对 TCP 来说简单一些，不需要建立连接，速度也会快不少。

由于 TCP 和 UDP 都有端口的概念，所以需要说明，使用 TCP 的 80 端口作为 http 的服务端口，或者使用 UDP 的 5060 端口作为 sip 的服务端口。

表 15-1 给出了常用端口以及它们对应的服务。

表 15-1　常用端口和对应的服务

端　口　号	名　　称	说　　明
TCP/21	ftp	文件传输协议
TCP/22	ssh	安全服务
TCP/23	telnet	远程登录
TCP/25	smtp	邮件协议
UDP/69	tftp	简单文件传输协议
TCP/80	http	WWW服务
TCP/109	pop2	邮件协议
TCP/110	pop3	邮件协议

15.2　socket 介绍

通过 15.1 节的介绍，是不是觉得 TCP/IP 很复杂，我们其实不必去完全了解这些协议的内部细节，因为对于多数用户来说，所关心的是如何使用这些协议来传输数据。本节将介绍一套历史悠久的接口——socket。使用 socket 我们就不用直接和这些协议打交道了，也不用了解这些协议的很多细节了。这套接口在很多操作系统上都被支持。也就是说，你的代码如果使用的是 socket 接口，那么在绝大多数操作系统中都是可用的。虽然不同操作系统会有不同的 TCP/IP 协议的实现，但是它们都提供 socket 接口。

socket 最初是伯克利加州分校在 20 世纪 70 年代在 UNIX 系统上实现的，当时各种类型的接口都被开发出来，但是到现在仅 socket 存活了下来。当时的 socket 接口是使用 C 语言实现的，我们以后使用的基本都是 Python 版的 socket。不过它们的使用方式基本一样。

socket 接口主要包括以下几个：

- socket()：创建一个 socket。
- bind()：绑定到本地指定的 IP 和端口。
- listen()：等待远端的连接请求。
- accept()：接受远端的连接请求。
- connect()：给远端发起连接请求。
- send()：给远端发送数据。
- recv()：读取远端发送的数据。

- close()：关闭 socket。

socket 分为服务器端和客户端，就是我们常说 C/S 结构，C 是客户端，S 是服务器端。服务器端一般是等待客户端的连接请求，接收连接请求，读取用户的数据请求并发送客户端需要的数据；客户端则是发起连接请求，发送请求数据，接收服务器端的数据并进行处理。

如图 15-4 所示为服务器端代码的基本结构。

在图 15-4 中，listen 返回时表示接收到了用户发起的连接请求。由于服务器需要给很多的客户端提供服务，所以一般情况下需要启动多个线程或者进程，这样在处理当前用户请求时还能继续对其他用户进行服务。所以可以看到在 listen 后使用 accept 来接收新的用户连接请求，然后启动一个新的链，该链包括 read、send、close 等操作。在启动这个链之后，当前进程直接返回到 listen，等待新的连接请求。

客户端相对来说比较简单。图 15-5 所示为一般情况下客户端的代码流程。

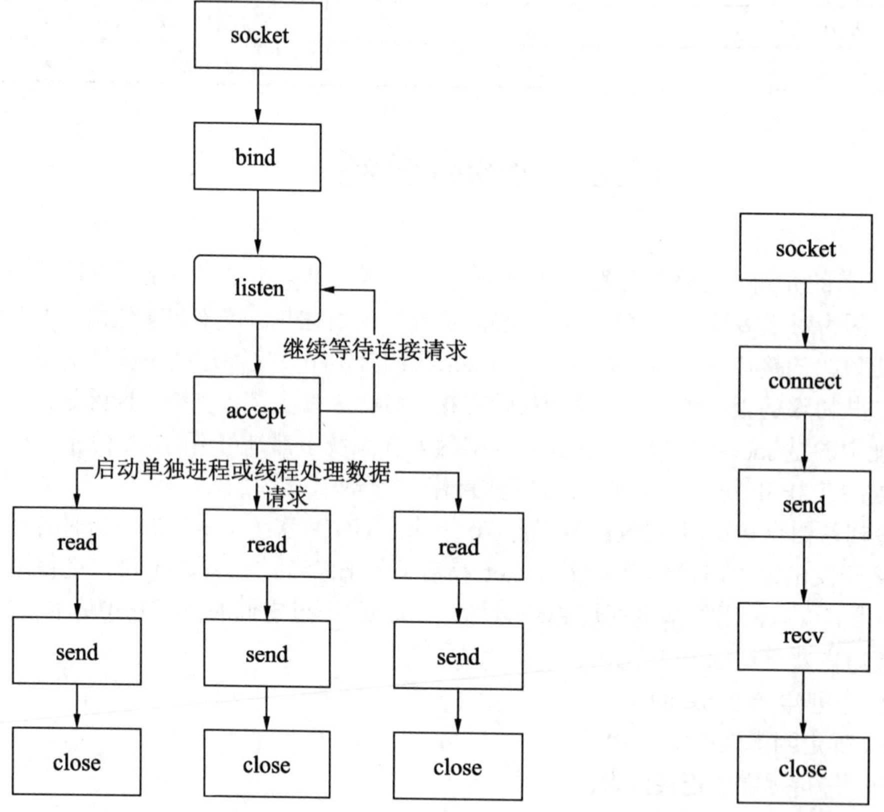

图 15-4　TCP 服务器端的基本工作流程

图 15-5　TCP 客户器端的基本工作流程

在图 15-5 中，首先申请一个 socket，然后连接到服务器上，连接成功后（也就是服务器调用了 accept 之后）就可以发送请求数据，最后等待服务器返回处理数据。如果没有更多需要处理的数据就可以使用 close 来关闭 socket 并释放资源。

15.3　TCP echo 服务器

本节我们先将编写一个简单的 echo 服务器。该服务器等待用户的连接，连接成功后，它将接收到的用户的任何输入都原封不动地回送给客户端，直到用户关闭了连接，此时服务器自动退出。

这个例子使用了 TCP 协议，使用的协议是在创建 socket 时指定的，方法如下：

```
s = socket.socket(socket.AF_INET, socket.SOCK_STREAM)
```

第一个参数 socket.AF_INET 表示使用 TCP/IP 协议族，第二个参数 socket.SOCK_STREAM 表示使用 TCP 而不是 UDP。

我们在服务器端使用端口 50007。对于服务器来说，端口是确定的，如果不确定，客户端就不知道将消息发送到哪里。IP 地址可以不用填写，因为程序可以从操作系统中得到自己的 IP 地址信息。我们使用 bind()来确定服务器使用的端口和 IP 地址。

```
s.bind((HOST, PORT))
```

listen()函数是用来等待客户端连接的。一般情况下，服务器是先运行起来，并且一直处于等待状态，直到有客户端发起连接。

```
s.listen(10)
```

参数 10 表示等待队列为 10，也就是说，如果同时有 12 个客户端发起连接，那么第 11 个和第 12 个会被拒绝。这些被拒绝的客户端的 connect()函数会返回失败信息。

accept()函数用来接收客户端的连接请求。该函数返回客户端的 Ip 地址和端口号信息，并且返回一个新的 socket 对象。

```
conn, addr = s.accept()
```

使用 accept()返回的新的 socket 对象，既可以读数据，也可以写数据。读数据相当于是从客户端得到它们发送的数据，写数据则相当于是给客户端发送数据。

```
data = conn.recv(1024)
conn.sendall(data)
```

读数据时可以指定缓存大小，就是说如果客户端发送的数据特别多，可以分几次读取，每次最多读取指定的字节数。如上面的例子中，指定了当前最多读入 1024 个字节的数据，如果客户端发送的数据大于 1024B，则需要多次读入。

最后关闭 socket 以释放资源。注意，服务器有两个 socket，一个用来接收连接请求的，一个用来发送数据。所以可以看到下面两个关闭语句：

```
conn.close()
s.close()
```

下面是完整的代码。

```
import socket                                    # 使用的 socket 接口
HOST = ''                                        # 本地地址和端口
PORT = 50007
s = socket.socket(socket.AF_INET, socket.SOCK_STREAM)  # 创建 socket
s.bind((HOST, PORT))                             # 绑定到本地 IP 和端口
s.listen(10)                                     # 等待用户请求连接
conn, addr = s.accept()                          # 接收用户连接请求
print('Connected From', addr)                    # 显示用户的地址信息
while True:                                      # 一直接收用户数据并原封不动地返回
    data = conn.recv(1024)                       # 读入数据
    if not data:                                 # 如果读入失败，如说用户关闭了连接
        break                                    # 跳出循环
    conn.send(data)                              # 将接收到的数据返回给用户
conn.close()                                     # 关闭读写数据连接
s.close()                                        # 关闭连接请求 socket
```

15.4 简单的 TCP 客户端

有了服务器，我们还需要一个客户端，这样才能实现数据交互。本节将编写一个这样的客户端，它和 15.3 节中介绍的服务器建立连接，并发送一串简单的数据，然后读取服务器的返回数据。

首先需要创建一个 socket 对象。和服务器端一样，也是指定使用 TCP。注意，客户端和服务器端的传输层协议必须一致，不能一个使用 TCP，另一个使用 UDP。

```
s = socket.socket(socket.AF_INET, socket.SOCK_STREAM)
```

然后使用 connect()函数连接到服务器，需要指定服务的 IP 地址和端口号。这两个值都要和服务器端匹配，如服务器使用 50007 端口，那么客户端一定也要指定该端口。

```
s.connect((HOST, PORT))
```

在成功后便可以读写数据了，客户端读数据就是接收服务器端发送过来的数据，客户端写数据就是给服务器端发送数据。读数据时同样可以指定缓存区的大小，方法如下：

```
s.sendall(b_data)
data = s.recv(1024)
```

在使用完成后可以使用 close()函数来关闭 socket，以释放资源。

```
s.close()
```

下面是完整的代码。

```
import socket
HOST = '127.0.0.1'                               # 服务器地址
PORT = 50007                                     # 服务器端口
s = socket.socket(socket.AF_INET, socket.SOCK_STREAM)
```

```
s.connect((HOST, PORT))                # 连接服务器
data = 'Hello, world'
b_data = data.encode("utf-8")
s.send(b_data)                         # 发送数据
data = s.recv(1024)                    # 接收回应
s.close()                              # 关闭连接，释放资源
print('Received: ', data)
```

在启动服务器端代码后，启动客户端代码，输出如下：

```
$ python echo-client1.py
Received:  b'Hello, world':
```

在客户端退出时，服务器也会自动退出。

15.5　UDP 版的 echo 服务器

在 15.3 节和 15.4 节中，分别介绍了使用 TCP 协议编写 echo 服务的服务器端代码和客户端代码。本节将实现一个 UDP 版的 echo 服务。虽然 TCP 和 UDP 区别很大，但是从 socket 接口来说它们并没有太大的区别，只是在 socket 创建时需要指定 socket 的不同类型,另外就是读取数据的接口时需要使用不同的接口。

在 UDP 中，最好不要使用 recv 接口，因为 UDP 是没有连接的，所以数据从哪里来是不确定的。也许第一段数据来自机器 A，第二段数据就来自机器 B。所以数据的来源就显得比较重要，使用 recv()是无法得到发送方的地址信息的,而使用 recvfrom()就可以得到发送方的地址信息。

发送数据也存在类似的情况。TCP 是有连接的，发送数据自然是将数据发送到另外一端。而 UDP 是没有连接的，所以在发送时需要指定接收人。send()是不带接收人的，因为接收人在 bind()时已经指定了。sendto()是有接收人参数的，这也意味着一个 socket 可以先发送一段数据到机器 A，再发送一段数据到机器 B,这个是 TCP 无法实现的功能。TCP 型的 socket 只能在某两台机器之间发送数据。

另外一个区别是，现在服务器端不能用前面的连接是否存在来决定是否退出了。所以为了让服务器能够退出，需要给其发送命令 quit，服务器在接收到 quit 命令时即可自动退出，否则就一直坚守岗位，将所接收到的数据发送回去。

下面是服务器端的代码。

```
import socket
HOST = ''
PORT = 50007
# 创建 socket 实例对象
s = socket.socket(socket.AF_INET, socket.SOCK_DGRAM)
s.bind((HOST, PORT))                       # 绑定本地端口号 50007
while True:                                # 循环读取数据
    data, sender = s.recvfrom(1024)        # 接收数据
```

```
    print('Got Data From', sender)                  # 显示发送者的信息
    s_data = data.decode("utf-8")                   # 解码
    print("Recv [%s] from " % s_data, sender)       # 显示数据内容
    s.sendto(data, sender)                  # 将接收到的数据送回给发送者
    if s_data == "quit":                            # 如果是 quit，那么退出
        print("Got quit message, Echo Server Quit")
        break
s.close()                                           # 关闭 socket 接口
```

下面是客户端的代码。

```
import socket
HOST = '127.0.0.1'                                  # 发送数据到本地
PORT = 50007
s = socket.socket(socket.AF_INET, socket.SOCK_DGRAM)
data = 'Hello, world'                               # 希望发送的字符串
b_data = data.encode("utf-8")                       # 编码
s.sendto(b_data, (HOST,PORT))                       # 发送数据
data, sender = s.recvfrom(1024)                     # 等待服务区的返回数据
print('Received: ', data, " From ", sender)         # 显示数据的发送方信息
data = 'quit'                                       # 发送 quit，让服务区退出
b_data = data.encode("utf-8")
s.sendto(b_data, (HOST,PORT))
s.close()                                           # 关闭 socket，节省资源
```

第 16 章 容器操作

容器是一种轻量级虚拟技术。相较于虚拟机来说，容器效率更高，启动速度更快，但隔离效果稍微差一些。Docker 是一种开源的容器引擎，由 Docker 公司开发，但是其遵循 Apache 2.0 开源协议。目前几乎所有的互联网公司都将自己的应用程序打包进 Docker，然后发布出去。像以前那种在物理机器上安装部署软件的方式已经比较少见了。Docker 可以大大简化运维的工作量，几乎已经成为了软件发布的默认方式。相信在未来很长一段时间内，Docker 还会是运维的主流技术。本章将介绍 Docker 的相关知识，主要涉及以下内容：

- Docker 的安装；
- Docker 的基本概念；
- docker-py 库；
- kubernetes 库。

16.1 Docker 的安装

Docker 目前可以在 Linux、macOS 和 Windows 10 系统上运行，并且在不同系统上的安装方式和运行方式也有所不同。Docker 目前分为两个版本，一个是社区版（CE，Community Edition），免费的；另外一个是企业版（EE，Enterprise Edition），该版本是收费的。社区版的 Docker 就可以满足本章的需求。

在 Linux 上安装 Docker 相对比较简单，只需要执行几个命令即可。例如在 Ubuntu 下安装 Docker 的命令如下：

```
$ sudo apt install docker.io
```

在安装完成后，可以通过执行下面的命令来检测安装是否成功。

```
$ sudo docker --version
Docker version 17.12.1-ce, build 7390fc6        # 安装的是 CE 版的
```

默认情况下 Docker 命令需要 sudo 权限，为了免去强制使用 sudo 的麻烦，可以将当前用户加入到 Docker 组中，这样就不必每次都需要使用 sudo 来执行 Docker 操作。下面是加入 Docker 组的命令：

```
$ sudo gpasswd -a $USER docker                  # 将自己加入 Docker 组
Adding user lovepython to group docker
```

修改了用户后还需要重启 Docker 服务，命令如下：

```
$ sudo systemctl restart docker                    # 重启服务
```

最后要求用户重新登录。如果是远程登录，那么首先在 bash 中执行 exit 命令退出登录，然后重新登录就可以了，这样再使用 Docker 命令就不需要强制使用 sudo 了。

在 Linux 下使用 Docker 也是我们推荐的方式。

macOS 平台上的安装和其他软件的安装类似。首先需要下载安装包，然后使用常规的方法进行安装（就是将 Docker 拖动到应用程序目录下）。目前官方的安装包下载地址是 https://download.docker.com/mac/stable/Docker.dmg，要求 macOS 的最低版本是 10.12。

安装完成后，可以看到如图 16-1 所示的图标。双击该图标即可启动 Docker 服务。启动后可以在屏幕的右上角看到图标，这表明 Docker 服务已经启动，使用鼠标单击该图标，可以看到弹出的菜单项，如重启服务、退出服务等。

Windows 下的安装和其他应用程序类似，但要求操作系是 Window 10 64 位专业版。目前其官方下载地址如下：

https://download.docker.com/win/stable/Docker%20for%20Windows%20Installer.exe

下载后双击安装文件即可进行安装。

由于 Docker 本身用到了很多 Linux 内核独特的技术，所以从本质上来讲，Docker 只能运行在 Linux 系统上。为了解决 Docker 在 Windows 和 macOS 上运行的问题，Docker 采用了一种变通的方法，它在这两种操作系统上安装了一个 Linux 虚拟机，然后让 Docker 运行在该虚拟机上。

图 16-2 给出了在 Windows 和 macOS 操作系统上的 Docker 系统架构。

图 16-1　Docker 应用的图标

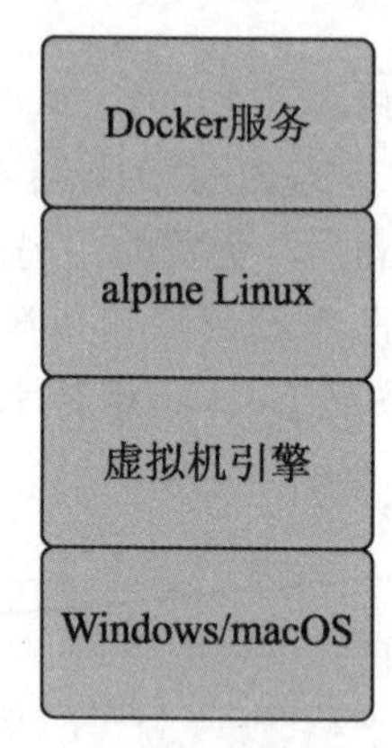

图 16-2　Docker 在 Windows 和 macOS 上的架构

从图 16-2 可以看出，最底层是 Windows 和 macOS 操作系统，在该系统上运行虚拟机引擎，并且创建了一个 alpine Linux 虚拟机，然后在该虚拟机上安装了 Docker 引擎。从图 16-2 很容易看出这个架构的效率不会太高，所以 Docker 的最大优势“高效”就不能完全发挥出来。这也是为何我们推荐在 Linux 下使用 Docker，尤其在 Ubuntu 上使用 Docker

的原因。

16.2　Docker 的基本概念

Docker 有三个基础概念，分别是容器、镜像和镜像仓库。如果我们将容器比作某个应用程序，那么它们分别对应的是进程、可执行文件和应用仓库。以 Ubuntu 为例，为了启动某个应用程序 wget，首先需要使用 apt install wget 命令从应用仓库中安装该应用程序。在 Docker 中就是从镜像仓库下载镜像，对应的命令是 docker pull。第二步是启动应用程序，例如执行命令 wget http://www.docker.org.cn/，这对应到 Docker 上就是 docker run 命令。

Docker 采用的是 Client-Server（C/S）结构，我们常说的 Docker 服务就是服务器端，Docker 命令就是客户端。它们之间的关系如图 16-3 所示。

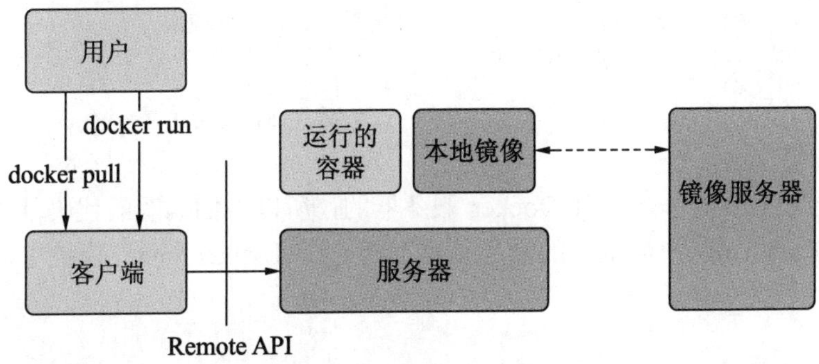

图 16-3　Docker 组件的关系

Docker 命令是发送给客户端的，客户端和服务器通过 Remote API 相互通信。在本地有一份从镜像服务器上下载的本地镜像。服务器接收客户端的命令，并真正完成 Docker 的运行及下载镜像等操作。

本章的主要目的就是使用 docker-py 和我们自己的脚本来取代图 16-3 中的用户和客户端，这样对 Docker 的操作就可以完全自动化了，不再需要人工来操作。如图 16-4 所示为我们的目标架构。

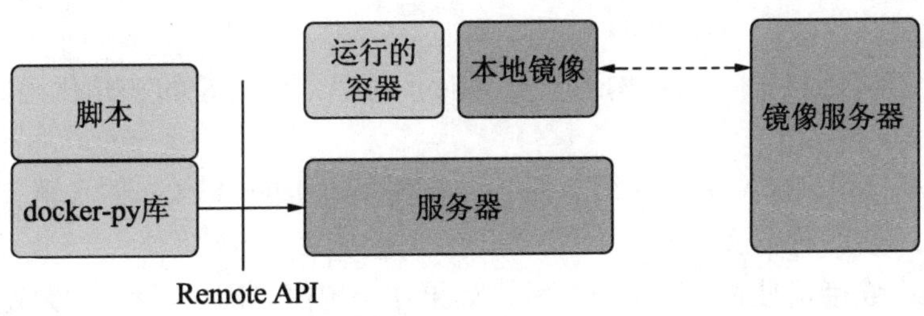

图 16-4　脚本和库在系统中的位置

16.3　docker-py 库

如图 16-4 所示，我们希望和 Docker 服务器对话，但并不打算按照 Remote API 的格式给其发送消息，因为这有点麻烦。这种操作方式需要构造特定的消息，然后发送给服务器，再将服务器的消息进行解析。此时可以使用 docker-py 库帮我们做这些繁杂的工作，我们只需要使用类似于 Docker 客户端的格式给 docker-py 发送命令即可。

docker-py 是一个第三方库，所以在使用之前需要自行安装。推荐使用 PIP 进行安装，命令如下：

```
pip install docker-py
```

目前的 docker-py 版本是 1.10.6。安装完成后可以运行下面的代码查看是否安装成功。

```
>>> import docker                       # 引入 docker 模块
>>> docker.version_info                 # 查看版本信息
(1, 10, 6)                              # 当前版本是 1.10.6
>>> docker.version                      # 另外一种查看版本信息的方法
'1.10.6'
```

由于我们的主要操作是针对 Docker 服务器的，所以我们编写的代码基本上都算作是客户端。在 docker-py 中最重要的操作基本上都是在 Docker.client 模块中，其提供了对 Docker 引擎的相关操作。

16.3.1　建立连接

Docker 服务器对外提供的是 Web 接口，就是接收 HTTP 消息并返回 HTTP 回应。但本书并不打算介绍这些底层的消息格式，也不打算直接给 Docker 服务器发送这些 HTTP 消息，而是使用客户端的高层接口函数来解决这个问题。这些接口函数相对比较直观，使用也更方便。而且基本和 Docker 命令行客户端的用法类似。

在对 Docker 服务器进行操作之前，首先需要建立连接，这时可以使用 docker.from_env()接口函数来建立连接。多数情况下不需要传输参数就可以正确建立连接，方法如下：

```
client = docker.from_env()
```

另外一个建立连接的方式是构造一个 Client 对象，该对象的初始化函数接收下面的参数。

- base_url：连接哪个 Docker 服务器，默认值是本机的 Docker 服务器。
- version：使用的协议版本。
- timeout：连接超时时间，单位为秒。如果在指定的时间内没有连接成功，则表示连接失败，返回值是 None。

- tls：是否使用 TLS 作为传输层，默认值是 False。

下面的代码演示了如何和 Docker 服务器建立连接；如何在建立连接后得到服务器的版本信息；如何得到服务器支持的接口信息以及如何获取服务器的编译时间信息。

```
>>> import docker
>>> client = docker.Client()
>>> if client is None:
...     print("connection failed")
... else:
...     print("connection done")
...                                         # 结束 if 语句
connection done                             # 连接成功
>>> client.base_url                         # 默认的连接方式
'http+docker://localunixsocket'
>>> client.timeout                          # 默认的连接超时时间是 60 秒
60
>>> ver_info = client.version()             # 得到服务器的信息
>>> ver_info['Version']                     # 服务器的版本信息
'18.06.1-ce'
>>> ver_info['ApiVersion']                  # API 版本信息
'1.38'
>>> ver_info['KernelVersion']
'4.9.93-linuxkit-aufs'
>>> ver_info['BuildTime']                   # 编译时间信息
'2018-08-21T17:29:02.000000000+00:00'
```

16.3.2　对 Docker 镜像的操作

Docker 的镜像就像是软件的安装包。对其操作主要有下载安装包、删除安装包等。对应到 Docker 镜像就是 pull 和 rmi(remove image)操作。

如果想下载某个镜像，默认命令是“docker pull 镜像名”。例如希望下载版本是 3.9 的 alphine 镜像，可以使用下面的命令：

```
$ docker pull alpine:3.9
```

类似地，我们用代码实现该功能如下：

```
import docker
client = docker.from_env()
imgs1 = client.images()                     # 列出所有本地的镜像
client.pull("alpine")                       # 得到所有的 alpine 镜像
imgs2 = client.images()                     # 再次查看所有的本地镜像
for img in imgs2:
   if img not in imgs1:
      print(img)
```

上面的代码会 pull 所有的 alpine 镜像。如果运行上面的代码，可以看到其下载到本地的镜像数目庞大。

```
$ docker images                             # 查看所有的镜像
```

```
REPOSITORY        TAG          IMAGE ID         CREATED          SIZE
alpine            3.9          055936d39205     5 weeks ago      5.53MB
alpine            3.9.4        055936d39205     5 weeks ago      5.53MB
alpine            latest       055936d39205     5 weeks ago      5.53MB
alpine            20190508     43cffc6f84a4     5 weeks ago      5.56MB
alpine            edge         43cffc6f84a4     5 weeks ago      5.56MB
alpine            3.9.3        cdf98d1859c1     2 months ago     5.53MB
alpine            20190408     3e8d7a5561f0     2 months ago     5.56MB
alpine            3.6          43773d1dba76     3 months ago     4.03MB
alpine            3.6.5        43773d1dba76     3 months ago     4.03MB
alpine            3.7          6d1ef012b567     3 months ago     4.21MB
alpine            3.7.3        6d1ef012b567     3 months ago     4.21MB
alpine            3.8          dac705114996     3 months ago     4.41MB
alpine            3.8.4        dac705114996     3 months ago     4.41MB
alpine            3.9.2        5cb3aa00f899     3 months ago     5.53MB
alpine            20190228     7da711226313     3 months ago     5.55MB
alpine            3.5          f80194ae2e0c     4 months ago     4MB
alpine            3.4          b7c5ffe56db7     4 months ago     4.82MB
alpine            3.3          a6fc1dbfa81a     4 months ago     4.82MB
alpine            3.2          98f5f2d17bd1     4 months ago     5.27MB
alpine            3.1          a1038a41fe2b     4 months ago     5.05MB
alpine            2.7          93f518ec2c41     3 years ago      4.71MB
alpine            2.6          e738dfbe7a10     3 years ago      4.5MB
```

通常这不是我们希望看到的结果，毕竟镜像体积比较大，这样会花费很多的时间，对硬盘也是一种浪费，所以我们一般会指定 tag 信息。例如，只下载 tag 为 3.9 的版本，那么可以用下面的代码。

```
import docker
client = docker.from_env()
imgs1 = client.images()
client.pull("alpine:3.9")
imgs2 = client.images()
for img in imgs2:
    if img not in imgs1:
       print(img)
```

如果希望看到下载镜像时的过程，那么在执行 pull 命令时使用参数 stream=True，这时就会看到下载的全部过程。

```
import docker
client = docker.from_env()
out_stream = client.pull("alpine:3.9", stream=True)
for line in out_stream:
    print(line)
```

运行上面的程序，可以看到下面的输出：

```
$ python pullImageWithTagAsStream.py
b'{"status":"Pulling from library/alpine","id":"3.9"}\r\n'
b'{"status":"Pulling fs layer","progressDetail":{},"id":"e7c96db718
1b"}\r\n'
b'{"status":"Downloading","progressDetail":{"current":27999,"total":
2757034},"
progress":"[\\u003e                                                ]
28kB/2.757MB","id":"e7c96db7181b"}\r\n'
```

```
b'{"status":"Downloading","progressDetail":{"current":58151,"total":2757034},"
progress":"[=\\u003e                                                 ]
58.15kB/2.757MB","id":"e7c96db7181b"}\r\n'
b'{"status":"Downloading","progressDetail":{"current":146750,"total":2757034},
"progress":"[==\\u003e                                                ]
146.8kB/2.757MB","id":"e7c96db7181b"}\r\n'
b'{"status":"Downloading","progressDetail":{"current":232899,"total":2757034},
"progress":"[====\\u003e                                              ]
232.9kB/2.757MB","id":"e7c96db7181b"}\r\n'
b'{"status":"Downloading","progressDetail":{"current":359742,"total":2757034},
"progress":"[======\\u003e                                            ]
359.7kB/2.757MB","id":"e7c96db7181b"}\r\n'
b'{"status":"Downloading","progressDetail":{"current":523582,"total":2757034},
"progress":"[=========\\u003e                                         ]
523.6kB/2.757MB","id":"e7c96db7181b"}\r\n'
b'{"status":"Downloading","progressDetail":{"current":662269,"total":2757034},
"progress":"[===========\\u003e                                       ]
662.3kB/2.757MB","id":"e7c96db7181b"}\r\n'
b'{"status":"Downloading","progressDetail":{"current":965373,"total":2757034},
"progress":"[=================\\u003e                                 ]
965.4kB/2.757MB","id":"e7c96db7181b"}\r\n'
b'{"status":"Downloading","progressDetail":{"current":1383165,"total":2757034},
"progress":"[=========================\\u003e                         ]
1.383MB/2.757MB","id":"e7c96db7181b"}\r\n'
b'{"status":"Downloading","progressDetail":{"current":1932029,"total":2757034},
"progress":"[===================================\\u003e               ]
1.932MB/2.757MB","id":"e7c96db7181b"}\r\n'
b'{"status":"Downloading","progressDetail":{"current":2521853,"total":2757034},
"progress":"[=============================================\\u003e     ]
2.522MB/2.757MB","id":"e7c96db7181b"}\r\n'
b'{"status":"Verifying Checksum","progressDetail":{},"id":"e7c96db7181b"}\r\n'
b'{"status":"Download complete","progressDetail":{},"id":"e7c96db7181b"}\r\n'
b'{"status":"Extracting","progressDetail":{"current":32768,"total":2757034},
"progress":"[\\u003e                                                  ]
32.77kB/2.757MB","id":"e7c96db7181b"}\r\n'
b'{"status":"Extracting","progressDetail":{"current":720896,"total":2757034},
"progress":"[=============\\u003e                                     ]
720.9kB/2.757MB","id":"e7c96db7181b"}\r\n'
b'{"status":"Extracting","progressDetail":{"current":2757034,"total":2757034},
"progress":"[==================================================\\u003e]
```

```
2.757MB/2.757MB","id":"e7c96db7181b"}\r\n'
b'{"status":"Pull complete","progressDetail":{},"id":"e7c96db7181b"}\r\n'
b'{"status":"Digest:
sha256:769fddc7cc2f0a1c35abb2f91432e8beecf83916c421420e6a6da9f8975464b6"
}\r\n'
b'{"status":"Status: Downloaded newer image for alpine:3.9"}\r\n'
```

可以看到这些进度的消息，并可以将这些消息显示在 GUI 界面上，给用户提示下载镜像的过程，让用户看到下载的进度。

删除镜像也是基本的操作。删除镜像需要知道镜像的 ID，但多数情况下我们只知道镜像的名字和标签。所以需要得到所有的镜像，并从中找到要删除的镜像 ID，然后再将其删除。这里需要注意的是，一个镜像可能有多个标签（tag），例如某个镜像可以有 1.2.1、1.2、1 和 latest 四个标签，所以镜像的 RepoTags 属性是一个列表。遍历这个列表，查看是否有要找的标签。

```
import docker                                  # 这个必须有，引入 Docker 包
client = docker.from_env()                     # 和 Docker 服务器建立连接
imgs = client.images()                         # 得到 Docker 镜像列表
for img in imgs:                               # 遍历所有的镜像
    # 一个镜像可能有几个 tag，只要有一个符合要求即可
    for tag in img['RepoTags']:
        if tag == "alpine:3.9":                # tag 是我们要找的
            client.remove_image(img['Id'])     # 删除挑选出来的镜像
```

运行该脚本，输出如下：

```
$ docker images                                # 查看当前的镜像状态
REPOSITORY   TAG    IMAGE ID    CREATED       SIZE
alpine           3.9      055936d39205  2 months ago   5.53MB
$ python delImageByTag.py                      # 执行脚本删除之
$ docker images                              # 再次查看镜像状态，已经没有镜像了
REPOSITORY   TAG    IMAGE ID    CREATED       SIZE
```

如果某个镜像正在运行中，运行上面的脚本就会出错，例如下面的情况：

```
$ docker run -d alpine:3.9                     # 使用镜像启动一个容器
# 本地没有该镜像，先从服务器下载下来
Unable to find image 'alpine:3.9' locally
3.9: Pulling from library/alpine
e7c96db7181b: Pull complete
Digest: sha256:7746df395af22f04212cd25a92c1
d6dbc5a06a0ca9579a229ef43008d4d1302a
Status: Downloaded newer image for alpine:3.9  # 镜像下载成功
3cfcf7b1b8268ac576572245caf3248c023b9680e5c3f5d666cc5a6c71d0819f
$ python delImageByTag.py                      # 执行删除镜像的脚本
Traceback (most recent call last):             # 抛出 HTTPError 异常
  File "/anaconda3/lib/python3.7/site-packages/docker/client.py", line 170,
    in _raise_for_status
   response.raise_for_status()
```

```
  File "/anaconda3/lib/python3.7/site-packages/requests/models.py", line 940,
    in raise_for_status
    raise HTTPError(http_error_msg, response=self)
requests.exceptions.HTTPError: 409 Client Error: Conflict for url:
http+docker://localunixsocket/v1.24/images/
sha256:055936d3920576da37aa9bc460d70c5f212028bda1c08c0879aedf03d7a66ea1?
force=False&noprune=False
During handling of the above exception, another exception occurred:
Traceback (most recent call last):
  File "delImageByTag.py", line 9, in <module>
    client.remove_image(img['Id'])
  File "/anaconda3/lib/python3.7/site-packages/docker/utils/decorators.py",
line 21, in wrapped
    return f(self, resource_id, *args, **kwargs)
  File "/anaconda3/lib/python3.7/site-packages/docker/api/image.py",
line 223, in remove_image
    self._raise_for_status(res)
  File "/anaconda3/lib/python3.7/site-packages/docker/client.py",
line 174, in _raise_for_status
    raise errors.APIError(e, response, explanation=explanation)
docker.errors.APIError: 409 Client Error: Conflict (
"b'{"message":"conflict: unable to delete 055936d39205 (must be forced)
- image is being used by stopped container 3cfcf7b1b826"}'")
```

为了解决这个问题，可以使用强制删除的方式。方法就是带上参数 force=True。其作用类似于 docker rmi -f xxxx 命令。下面是修改后的代码：

```
import docker                                     # 必须要引入的 Docker 包
client = docker.from_env()                        # 和 Docker 服务器建立连接
imgs = client.images()                            # 得到所有的本地镜像
for img in imgs:
    for tag in img['RepoTags']:
        if tag == "alpine:3.9":                   # 有我们要找的标签
            client.remove_image(img['Id'], force=True)   # 强制删除
```

如果希望删除所有的镜像，则还是先得到所有的镜像文件信息，然后将这些文件逐个删除。下面的代码演示了这个过程。

```
import docker                                     # 必须要引入的 Docker 包
client = docker.from_env()                        # 和 Docker 服务器建立连接
imgs = client.images()                            # 得到所有的本地镜像
for img in imgs:                                  # 依次遍历镜像文件
    client.remove_image(img['Id'])                # 删除镜像文件
```

如果有一个自己的 Dockerfile，内容如下：

```
FROM busybox:latest
CMD ["/bin/sh"]
```

如果希望使用这个 Dockerfile 来创建自己的容器镜像，可以使用下面的代码：

```
import docker
```

```
client = docker.from_env()
# 注意，一定要以二进制方式打开
fd = open("./Dockerfile", "rb")
result = client.build(fileobj=fd, rm=True, tag='pydocker/demo')
fd.close()
for line in result:
    print(line)
```

该脚本的执行情况如下：

```
$ python buildImg.py
b'{"stream":"Step 1/2 : FROM busybox:latest"}\r\n{"stream":"\\n"}
\r\n'
b'{"stream":" ---\\u003e e4db68de4ff2\\n"}\r\n{"stream":"Step 2/2 :
CMD [\\"/bin/sh\\"]"}\r\n{"stream":"\\n"}\r\n'
b'{"stream":" ---\\u003e Using cache\\n"}\r\n{"stream":"
---\\u003e 266fb6ebcc54\\n"}\r\n{"stream":"Successfully built
266fb6ebcc54\\n"}\r\n'
b'{"stream":"Successfully tagged pydocker/demo:latest\\n"}\r\n'
$ docker run -d pydocker/demo
d42108796ec0fd6d899d282bab91be455237b7cd45e0df29762d272cf0552e3b
```

如果需要推送镜像文件到服务器，这时一般需要先登录，然后再进行推送操作。下面是一个从登录到推送的例子。

```
import docker
client = docker.from_env()
# 指定用户名、密码和服务器
login_ret = client.login(username="lovepython",      # 用户名
                         password="py",               # 密码
                         registry="repo.docker.com")  # 服务器信息
print("login_ret:", login_ret)
# 将指定的镜像推送到服务器上
push_rsp = client.push("pydocker/demo", stream=False)
print("push_rsp:", push_rsp)
```

运行该脚本，得到下面的输出：

```
1   $ python login_push1.py
    # 登录成功
2   login_ret: {'IdentityToken': '', 'Status': 'Login Succeeded'}
3   push_rsp: {"status":"Pushing repository pydocker/demo (1 tags)"}\\n',
4    '{"status":"Pushing","progressDetail":{},"id":"511136ea3c5a"}\\n',
5    '{"status":"Image already pushed, skipping","progressDetail":{},
6      "id":"511136ea3c5a"}\\n',
7    ...
8    '{"status":"Pushing tag for rev [918af568e6e5] on {
9      https://repo.docker.com/v1/repositories/
10     pydocker/demo/app/tags/latest}"}
```

这里需要注意的是第 2 行的 login()返回值，状态 Status 表示成功。如果不成功，就不会继续进行下面的推送操作。

16.3.3　运行 Docker 镜像

启动 Dockder 镜像需要设定一些参数，如开放端口号、文件映射等，所以运行镜像的代码也会比较复杂。下面是一个简单的例子。

```
import docker
import time
ports = [80]                          # 暴露出来的 Docker 内部端口
# Docker 的内部端口是 80，Docker 的外部端口是 9999
port_bindings = {80: 9999}
volumes = ['/container']
volume_bindings = {
    '/lovepython/runImg.py': {
        'bind': '/runImg.py',
        'mode': 'rw',
    },
}
client = docker.from_env()
host_config = client.create_host_config(
    binds=volume_bindings,
port_bindings=port_bindings,
)
#下载镜像到本地，必须先行下载对应的镜像
client.pull("nginx:latest")
container = client.create_container(
image='nginx',
     ports=ports,
     volumes=volumes,
host_config=host_config,
)
client.start(container)
container_id = container['Id']
print("Container ID:", container_id)
time.sleep(3)
client.pause(container_id)            # 暂停容器运行
docker_inst_tmp = client.inspect_container(container_id)
print(docker_inst_tmp['State']['Status'])
time.sleep(3)
client.unpause(container_id)          # 恢复容器运行
docker_inst_tmp = client.inspect_container(container_id)
```

运行该脚本，可以看到下面的输出：

```
$ python runImg.py
2f19d3e39219097814c7aef957043d9605bca74c2cef290a54006008dfefb8b4
$ docker ps -q                        # 查看在运行的容器实例
2f19d3e39219                          # 这就是我们的脚本启动起来的容器实例
```

如果希望看到所有的容器，就是类似于 docker ps 这样的功能，那么可以使用 containers() 接口，该接口返回一个容器列表。下面是一个简单的例子。

```
import docker
```

```
client = docker.from_env()
container_list = client.containers()        # 得到所有的容器
for container_inst in container_list:
    print(container_inst['Id'])              # 显示这些容器的 ID
```

运行后的输出如下：

```
$ python docker_ps.py
2f19d3e39219097814c7aef957043d9605bca74c2cef290a54006008dfefb8b4
```

containers()接口有很多参数，如 quiet 参数表示是否只得到容器 ID，默认该参数为 False，如果设为 True，那么输出的只是一个比较短的容器 ID；all 参数用来控制是否返回所有的容器，包括以已经退出但是还没有删除的容器实例，该参数默认值是 False。

如果要杀掉该容器，则可以使用接口 kill(容器 ID)。下面是使用该接口的一个例子。

```
import docker
client = docker.from_env()
container_list = client.containers()
for container_inst in container_list:
    if container_inst['Image'] == 'nginx':  # 找到我们要删除的容器
        client.kill(container_inst['Id'])    # 删除该容器
```

kill()接口还有一个参数 signal，表示给容器进程发送什么信号让其退出，默认值是 SIGKILL。该参数可以是字符串类型，也可以是整数类型。

如果希望暂停然后恢复某个 Docker 的运行，则可以使用接口 pause(容器 ID)和 unpause(容器 ID)来达到目的。下面是一个例子，在该例子中首先启动一个容器，然后暂停该容器，再恢复运行，最后杀掉该容器。下面是完整的代码。

```
import docker
import time
ports = [80]                          # 暴露出来的 Docker 内部的端口
# Docker 内部的端口是 80，Docker 外部的端口是 9999
port_bindings = {80: 9999}
volumes = ['/container']
volume_bindings = {
    '/lovepython/runImg.py': {
        'bind': '/runImg.py',
        'mode': 'rw',
    },
}
client = docker.from_env()
host_config = client.create_host_config(
    binds=volume_bindings,
    port_bindings=port_bindings,
)
# 下载镜像下来，必须先行下载镜像
client.pull("nginx:latest")
container = client.create_container(
     image='nginx',
     ports=ports,
     volumes=volumes,
     host_config=host_config,
```

```
25 )
26 client.start(container)
27 container_id = container['Id']
28 print("Container ID:", container_id)
29 time.sleep(3)
30 client.pause(container_id)         # 暂停容器运行
31 docker_inst_tmp = client.inspect_container(container_id)
32 print(docker_inst_tmp['State']['Status'])
33 time.sleep(3)
34 client.unpause(container_id)       # 恢复容器运行
35 docker_inst_tmp = client.inspect_container(container_id)
36 print(docker_inst_tmp['State']['Status'])
37 client.kill(container_id)          # 杀掉容器
38 client.wait(container_id)          # 等待容器被杀掉
```

运行后的输出结果如下：

```
$ python docker_pause_resume.py
Container ID:
468e0965c8fd7bf7d575c4a5c401f98d5bf4bdf6b9ed7047c8a0de224a1b992c
paused                                # 第 32 行的输出
running                               # 第 36 行的输出
```

16.4　kubernetes 库

单个 Docker 通常并不能完成我们的日常任务，我们需要多个 Docker 协同工作，这时就需要一些容器编排工具，简单来说就是一些管理容器的工具。现阶段，Google 公司提供的 kubernetes 是最流行的容器编排管理工具。本节将介绍该工具的使用。

我们介绍的工具叫作 kubernetes-client。这个软件包是 kubernetes 团队提供的，更新速度还是不错的。其他类似的开发包也有一些，它们提供各自不同风格的接口，但是我们这里不打算介绍，仅仅关注 kubernetes-client 这个软件包。

由于 kubernetes 涉及的概念和内容非常多，一些基础的知识这里就直接跳过了，例如如何搭建一个 kubernetes 集群，如何设置集群用户等，所以本节内容适合有一定 kubernetes 操作经验的人阅读。

kubernetes-client 是一个需要自行安装的软件包，推荐的安装方法还是使用 PIP 命令。命令如下：

```
pip install kubernetes
```

kubernetes 目前的版本是 10.0.0。

在使用之前我们需要知道被操作集群的信息，它在 kubernetes 中用一个 yaml 文件表示。下面的例子显示的便是一个集群信息文件。

```
apiVersion: v1
kind: Config                                  # 表明这是一个配置文件
clusters:
```

```
- name: "demo1"                                        # 集群的名字
  cluster:
    server: https://lovepython/k8s/clusters/c-zjhdk    # 集群的地址
    api-version: v1
    certificate-authority-data:                        # 集群的证书
"LS0tLS1CRUdJTiBDRVJUSUZJQ0FURS0tLS0tCk1JSUM3akNDQ\
WRhZ0F3SUJBZ01CQURBTkJna3Foa2lHOXcwQkFRc0ZBREFvTV\
JJd0VBWURWUVFLRXdsMGFHVXQKY\
21GdVkyZ3hFakFRQmdOVkJBTVRDV05oZEhSc1pTMWpZVEFlRncwe\
E9UQXlNVFV3TkRBNE16TmFGd\
zB5T1RBeQpNVEl3TkRBNE16TmFNQ2d4RWpBUUJnTlZCQW9UQ1h\
Sb1pTMXlZVzVqYURFU01CQUdBM\
VVFQXhNSlkyRjBkR3hsCkxXTmhNSUlCSWpBTkJna3Foa2lHOXcw\
QkFRRUZBQU9DQVE4QU1JSUJDZ\
0tDQVFFQTkwNjNXekVWVmgvNzBsWisKb2NpQ1haZHFXNWkwbHN6W\
m5PUUF6NWh1VDNadDlWamx0R\
S9zQkllUTBjYnhZQlZDOWFqR01zM3RwOFk1WjJPWQpUbTZtNzlQ\
QjlpaC9DUDZPb0FIQy9JbDRMZ\
09zSTVvK1ErN0ZydVFHenA5c3JnMWV4ZkEzQVlqRmROK21mWE\
ptCmhxdEZMYzV5VDRwZ1U5VElMd\
U9kU0N2ZFRaTXl2b2wySG82MWVsRjYzdEdrdEpya2M4MXBHaXRhbU\
1GblhqRUEKMHkrZFpvdlJwS\
HNMdlgxUEtESmY1VWsydUVkUDExbzEwdEJYcnlPNy9mZEsvREJleWF\
2UFB2K05uV1VremtKWQp3d\
DV2TkIzUUZrNEwvRjd6MUZkNUdERXdWYjdZK1lwODcxU0lyWCtqUXdTT\
2dpVFk3T1JvTldSVm1MY\
m9Cd1hUCkVEazcyUUlEQVFBQm95TXdJVEFPQmdOVkhROEJBZjhF\
QkFNQ0FxUXdEd1lEVlIwVEFRS\
C9CQVV3QXdFQi96QU4KQmdrcWhraUc5dzBCQVFzRkFBT0NBUUV\
BeHAzUTNJR01uK0hLaHc4ZkVua\
3Q5TjNxRUFjdjZYTVczN2c4OWJ4MgpPdWxIQkxVcDFpYjdsYXBBanJnd\
VN6NEhlM2prL1R2SHIxZ\
0JiSTNzSHZZVi9NcU9LbGdzdG51T0NyeGEyWlNRCkM1SnZsL01\
aMzc2OXBQZnkwMmRaVnpKMERNL\
3JOK3RaUDdRRWo0VnpVRzIyWDhxM3dTQTF5ckpQSitETUxvZ\
GsKajZUNGZvR1ppa25nRGh0RlY0Y\
2dtbjVZYThiaUlpYlVNVi9mMDlJVUNGUm82aU5kZjVGNG5vTU9XWE\
hSYi9ZRApTemJjTXliMGV0e\
lpXWS82ckNoUWtHUWk4ZlBjeFV0dG5VTFhLdG5WNEpROGFDZUtiN\
FJpZmt5QzFqQ1BtUFFJCm1vQ\
TJJcXhSVVVsNTFHaXRXL0hCbFpXR2hpL1YwM0xWYi9VTWttOXFqc\
G1adUE9PQotLS0tLUVORCBDR\
 VJUSUZJQ0FURS0tLS0t"
users:                                    # 用户信息
- name: "user-xckkr"                      # 用户名
  user:                                   # 用户密码信息
    token: "kubeconfig-user-xckkr:9xb86js8htrcbw2j2nr2qglqvtc9rh4wrtqd\
            fpvchcz7wvf58dwpns"
contexts:
- name: "voddev"
  context:
    user: "user-xckkr"
    cluster: "demo1"
current-context: "demo1"
```

首先需要设定环境变量 KUBECONFIG，让其指向该配置文件。这个用法和 kubectrl 命令行工具是一样的。

然后就可以运行后面例子的代码了。第一个例子是查看当前集群所有的 pod 信息。pod 是一个比容器大一点的概念，是在 kubernetes 中的最小调度单位。在 kubernetes 中不能说启动一个容器实例，只能说启动一个 pod。一个 pod 可以包含一个或者几个容器，这些容器的 IP 地址一样，如果需要对外提供服务，只能用不同的端口或不同的传输层类型来区分；同一个 pod 中的容器运行在同一台主机（node）上。图 16-5 描述了 node、pod 和容器之间的关系。一个 node 上可以运行多个 pod，一个 pod 也可以包含多个容器，这些容器共享一个 IP 地址和其他资源。

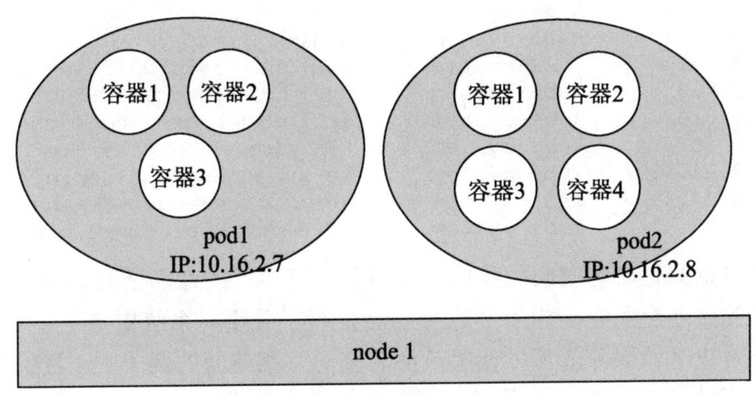

图 16-5　node、pod 和容器的关系

kubernetes 集群本身也有一些系统 pod 在运行，这些容器主要完成集群的管理工作。下面是完整的代码。

```
from kubernetes import client, config  # 引入我们要用的包
def query_pod():                          # 定义我们的主函数
    config.load_kube_config()             # 读入集群相关信息，就是要操作哪个集群
    v1 = client.CoreV1Api()               # 得到客户端中的一个组接口
    # 查询所有的 pod 信息
    ret = v1.list_pod_for_all_namespaces(watch=False)
    for i in ret.items:                   # 遍历得到的 pod
        print("%s\t%s\t%s" %              # 显示 pod 的 IP 地址、所属命名空间和名字
            (i.status.pod_ip, i.metadata.namespace, i.metadata.name))
if __name__ == '__main__':                # 作为脚本时运行
    query_pod ()                          # 运行主程序
```

运行后的输出结果如下：

```
$ python3 demo1.py
Listing pods with their IPs:              # 分为三列，IP 地址、命名空间和名字
10.42.0.6       cattle-system   cattle-cluster-agent-56cd4f89c5-jckdr
10.89.8.130     cattle-system   cattle-node-agent-7z88g
10.89.24.174    cattle-system   cattle-node-agent-kzb5s
```

```
10.89.24.41     cattle-system   cattle-node-agent-qt2f2
10.89.25.251    cattle-system   cattle-node-agent-wmpst
10.42.2.22      default         docker-mysql-7f899d8d57-nwl8h
10.42.1.3       default         memcached-7df989c75f-4srzj
10.42.2.2       default         mongo-slave1-687bcd7974-r9xbn
10.42.1.2       default         mongo-slave2-5564477c6b-dr7bk
10.42.2.107     default         phpmyadmin-6d748db95-9nkj7
10.42.0.5       ingress-nginx   default-http-backend-797c5bc547-rl2fh
10.89.25.251    ingress-nginx   nginx-ingress-controller-7vp79
10.89.8.130     ingress-nginx   nginx-ingress-controller-dhgn8
10.89.24.174    ingress-nginx   nginx-ingress-controller-gkfsw
10.89.24.41     ingress-nginx   nginx-ingress-controller-nq7dx
10.89.25.251    kube-system     canal-2h7wl
10.89.8.130     kube-system     canal-l4xms
10.89.24.41     kube-system     canal-xdmhd
10.89.24.174    kube-system     canal-zj9lm
10.42.0.2       kube-system     kube-dns-7588d5b5f5-jpvv8
10.42.0.3       kube-system     kube-dns-autoscaler-5db9bbb766-ljx2n
10.42.0.4       kube-system     metrics-server-97bc649d5-4dflv
10.89.24.41     kube-system     rke-ingress-controller-deploy-job-4n9rj
10.89.24.41     kube-system     rke-kubedns-addon-deploy-job-cqpll
10.89.24.41     kube-system     rke-metrics-addon-deploy-job-c4jnp
10.89.24.41     kube-system     rke-network-plugin-deploy-job-sq9mv
```

这里需要注意的是命名空间。我们一般可以创建自己的命名空间。这样，不同的 pod 可以放到不同的命名空间中，相当于是给 pod 进行了分组。系统提供了一个 default 命名空间，如果不希望继续细分就可以使用该命名空间。在前面的例子中，我们有很多的 pod 都是在 default 这个命名空间中。另外，有些 kubernetes 的管理 pod 都在 kube-system 这个命名空间中。

在 kubernetes 中定义了很多事件，如某个 pod 被创建了、某个 pod 被重新部署了等。我们也可以通过代码监视这些事件。下面是一个例子。

```
from kubernetes import client, config, watch
def event_demo ():
    config.load_kube_config()          # 得到集群信息
    v1 = client.CoreV1Api()            # 得到接口实例
    count = 10                         # 读取 10 个事件
    w = watch.Watch()                  # 创建一个监视对象
    for event in w.stream(v1.list_namespace, timeout_seconds=10):
        print("Event: %s %s" % (event['type'], event['object'].
        metadata.name))
        count -= 1                     # 打印事件的类型和名字
        if not count:                  # 如果检测到足够数量的事件，退出循环
            w.stop()
    print("Ended.")                    # 退出循环
if __name__ == '__main__':
    event_demo()
```

运行后的输入结果如下：

```
$ python3 demo2.py
Event: ADDED kube-public
```

```
Event: ADDED kube-system
Event: ADDED cattle-system
Event: ADDED default
Event: ADDED ingress-nginx
Ended.
```

kubernetes 的升级速度很快，所以接口的版本也比较多。我们可以通过查询的方式得到某个集群支持的接口版本和推荐的版本。示例如下：

```
from kubernetes import client, config
def query_api_ver ():
    config.load_kube_config()              # 得到集群信息
    print("Supported APIs (* is preferred version):")
    print("%-20s %s" %                     # 打印版本信息
        ("core", ",".join(client.CoreApi().get_api_versions().versions)))
    for api in client.ApisApi().get_api_versions().groups:
        versions = []
        for v in api.versions:
            name = ""
            if v.version == api.preferred_version.version and len(
                    api.versions) > 1:
                name += "*"
            name += v.version
            versions.append(name)
        print("%-40s %s" % (api.name, ",".join(versions)))
if __name__ == '__main__':
    query_api_ver()
```

运行后的输出如下：

```
$ python3 example3.py
Supported APIs (* is preferred version):   # 包含两列，接口名和版本
core                 v1
apiregistration.k8s.io                  *v1,v1beta1
extensions                              v1beta1
apps                                    *v1,v1beta2,v1beta1
events.k8s.io                           v1beta1
authentication.k8s.io                   *v1,v1beta1
authorization.k8s.io                    *v1,v1beta1
autoscaling                             *v1,v2beta1
batch                                   *v1,v1beta1
certificates.k8s.io                     v1beta1
networking.k8s.io                       v1
policy                                  v1beta1
rbac.authorization.k8s.io               *v1,v1beta1
storage.k8s.io                          *v1,v1beta1
admissionregistration.k8s.io            v1beta1
apiextensions.k8s.io                    v1beta1
scheduling.k8s.io                       v1beta1
crd.projectcalico.org                   v1
metrics.k8s.io                          v1beta1
```

我们操作的最基本单位是 pod，一个 pod 可以包含多个紧密联系的容器。但是可能需要同时运行多个 pod 来扩展容量，这时 pod 的个数就和处理能力相关了。例如在双十一，

我们希望处理能力提升 10 倍，那么就可以将 pod 的数量提升 10 倍，等双十一过去了，再将 pod 的数量降到平时的水平。

pod 的数量一方面和运算能力相关，另一方面和资源使用量相关，也和需要支付的费用相关。使用云的一个很大好处就是能够快速改变某个服务的处理能力，而且按需付费。如果使用手工改变 pod 的数目来达到这个目的显然是比较麻烦的。

为了便于管理 pod 的数量，kubernetes 提供了一个 deployment 概念。我们可以指定 deployment 中的 pod 数目。通过调整 pod 的数目，kubernetes 会自动帮你创建新的 pod 以提升计算能力，或者关闭一些 pod 来释放闲置的计算能力并降低费用。

我们只需要提供 deployment 的目标 pod 数目，kubernetes 会根据实际情况自动添加或者关闭一些 pod 来保证实际运行的 pod 数量和期望值一致。可以使用很多种方式定义和修改 deployment，这里使用 yaml 文件部署 deployment。下面使用 deployment 对象定义文件（格式是 yaml）。

```
apiVersion: extensions/v1beta1        # 接口版本
kind: Deployment                      # 类型是 deployments
metadata:                             # 名字
  name: nginx-deployment-test
spec:                                 # 定义详情
  replicas: 3                         # 期望 3 个 pods
  template:                           # pods 模版
    metadata:
      labels:
        app: nginx
    spec:
      containers:
      - name: nginx
        image: nginx:1.7.9            # 使用的容器镜像
        ports:
        - containerPort: 80
```

下面是使用前面的 yaml 文件来创建 deployment 的代码。

```
from os import path
from kubernetes import client, config, utils
def create_deployment_via_yaml():
    config.load_kube_config()
    k8s_client = client.ApiClient()
    # 部署 yaml 文件
    utils.create_from_yaml(k8s_client, "nginx-deployment.yaml")
    k8s_api = client.ExtensionsV1beta1Api(k8s_client)
    deps = k8s_api.read_namespaced_deployment("nginx-deployment", "default")
    print("Deployment {0} created".format(deps.metadata.name))
if __name__ == '__main__':
    create_deployment_via_yaml ()
```

运行后输出结果如下：

```
$ python3 create_deployment_from_yaml.py
Deployment nginx-deployment created
```

如果希望有更多的灵活性，如 pod 的数目不是固定的，而是从某个服务动态得到的，这时就不便使用某个固定的 yaml 文件了。但 kubernetes 库仍然提供了其他接口函数，我们可以使用这些接口函数来设定 deployment 的各种参数。示例如下：

```
from os import path
import yaml
from kubernetes import client, config
DEPLOYMENT_NAME = "nginx-deployment"
def create_deployment_object():              # 创建 deployment 的内容
    container = client.V1Container(          # 容器内容
        name="nginx",
        image="nginx:1.7.9",
        ports=[client.V1ContainerPort(container_port=80)])
    template = client.V1PodTemplateSpec(    # 模版
        metadata=client.V1ObjectMeta(labels={"app": "nginx"}),
        spec=client.V1PodSpec(containers=[container]))
    spec = client.ExtensionsV1beta1DeploymentSpec(      # 详情
        replicas=3,
        template=template)
    deployment = client.ExtensionsV1beta1Deployment(
        api_version="extensions/v1beta1",
        kind="Deployment",
        metadata=client.V1ObjectMeta(name=DEPLOYMENT_NAME),
        spec=spec)
    return deployment                        # 返回一个 deployment 对象
def create_deployment(api_instance, deployment):
    api_response = api_instance.create_namespaced_deployment(
        body=deployment,
        namespace="default")
    print("Deployment created. status='%s'" % str(api_response.status))
def update_deployment(api_instance, deployment):   # 更新 deployments
    deployment.spec.template.spec.containers[0].image = "nginx:1.9.1"
    api_response = api_instance.patch_namespaced_deployment(
        name=DEPLOYMENT_NAME,
        namespace="default",
        body=deployment)
    print("Deployment updated. status='%s'" % str(api_response.status))
def delete_deployment(api_instance):         # 删除某个 deployments
    api_response = api_instance.delete_namespaced_deployment(
        name=DEPLOYMENT_NAME,
        namespace="default",
        body=client.V1DeleteOptions(
            propagation_policy='Foreground',
            grace_period_seconds=5))
    print("Deployment deleted. status='%s'" % str(api_response.status))
def create_deployment_via_api ():
    config.load_kube_config()
    extensions_v1beta1 = client.ExtensionsV1beta1Api()
    deployment = create_deployment_object()
    create_deployment(extensions_v1beta1, deployment)
    update_deployment(extensions_v1beta1, deployment)
    delete_deployment(extensions_v1beta1)
if __name__ == '__main__':
```

```
    create_deployment_via_api()
```

运行后的输出结果如下：

```
$ python3 deployment_examples.py
  RequestsDependencyWarning)
Deployment created. status='{'available_replicas': None,
 'collision_count': None,
 'conditions': None,
 'observed_generation': None,
 'ready_replicas': None,
 'replicas': None,
 'unavailable_replicas': None,
 'updated_replicas': None}'
Deployment updated. status='{'available_replicas': None,
 'collision_count': None,
 'conditions': [{'last_transition_time':
    datetime.datetime(2019, 7, 25, 5, 22, 36, tzinfo=tzutc()),
             'last_update_time':
    datetime.datetime(2019, 7, 25, 5, 22, 36, tzinfo=tzutc()),
             'message': 'Created new replica set '
                    '"nginx-deployment-6c778678c7"',
             'reason': 'NewReplicaSetCreated',
             'status': 'True',
             'type': 'Progressing'},
            {'last_transition_time':
             datetime.datetime(2019, 7, 25, 5, 22, 36, tzinfo=tzutc()),
             'last_update_time':
             datetime.datetime(2019, 7, 25, 5, 22, 36, tzinfo=tzutc()),
             'message': 'Deployment does not have minimum availability.',
             'reason': 'MinimumReplicasUnavailable',
             'status': 'False',
             'type': 'Available'}],
 'observed_generation': 1,
 'ready_replicas': None,
 'replicas': None,
 'unavailable_replicas': 3,
 'updated_replicas': None}'
Deployment deleted. status='{
      'observedGeneration': 1,
      'unavailableReplicas': 3,
      'conditions': [
         {
            'type': 'Progressing',
            'status': 'True',
            'lastUpdateTime': '2019-07-25T05:22:36Z',
            'lastTransitionTime': '2019-07-25T05:22:36Z',
            'reason': 'NewReplicaSetCreated',
            'message': 'Created new replica set "nginx-deployment-
            6c778678c7"'
         },
         {
            'type': 'Available',
            'status': 'False',
            'lastUpdateTime': '2019-07-25T05:22:36Z',
            'lastTransitionTime': '2019-07-25T05:22:36Z',
```

```
                'reason': 'MinimumReplicasUnavailable',
                'message': 'Deployment does not have minimum availability.'
            }
        ]
    }`
```

这里需要注意的是 deployment 包含很多 pod，这些 pod 依赖于 deployment。如果我们删除某个 deployment，那么它包含的 pods 也会自动倍删除掉。如果我们删掉某个属于 deployment 的 pod，那么 kubernetes 会自动创建一个来替代那个被删除的。这样做的好处是如果某个容器失效了，系统会自动重启一个来替代它的工作，保证系统的正常运转。这个监视 pod 的状态和重启 pod 的操作都是 kubernetes 自动完成的，不需要人工来干预。

第 17 章　Scrapy 爬虫框架

Scrapy 是用 Python 实现的爬虫应用框架。Scrapy 经常被应用在数据挖掘、信息处理等方面。可以使用 Scrapy 框架通过添加很少的代码来实现一个爬虫，达到提取某个网站或者某组网站的相关格式化的数据。Scrapy 最初是为了页面抓取所设计的，但是也可以应用在获取 API 所返回的数据（例如 Amazon Associates Web Services）。作为通用的网络爬虫，其具有以下特点：

- 使用简单，功能强大；
- 易于扩展，速度快；
- 支持 Windows、Linux、macOS 等多个平台；
- 提供数据提取功能，支持 CSS 和 XPath 两种表示法；
- 异步工作方式；
- 可以输出 csv、xml、Json 等多种格式。

本章主要涉及以下内容：

- Scrapy 的基本用法；
- Scrapy 的配置；
- Scrapy 提取数据的方法；
- Scrapy 相关工具的使用。

17.1　Scrapy 的安装

和其他软件包的安装一样，可以通过 PIP 来安装 Scrapy。如果是在 Linux 或者 macOS 环境下，输入下面的命令：

```
$ sudo pip3 install scrapy
```

如果是在 Windows 环境下，需要先安装包 pypiwin32，然后安装 Scrapy，输入下面的命令：

```
C:\> pip3 install pypiwin32
C:\> pip3 install scrapy
```

对于 Windows，推荐使用 Anaconda 来安装。

图 17-1 演示了基本的安装过程。

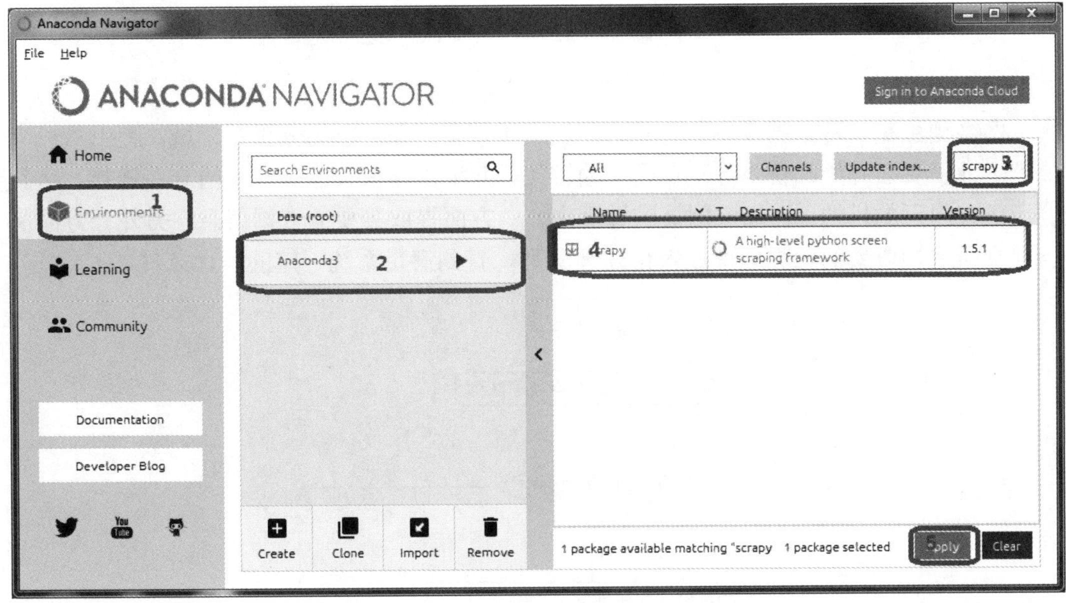

图 17-1 使用 Anacconda 安装 Scrapy

具体安装过程如下：

（1）在左侧面板选择 Enviornment 选项。

（2）在中间面板中选择工作环境，这里选择 Anaconda3。

（3）在右侧面板的文本框中输入 scrapy。

（4）选中查找到的项目 Scrapy。

（5）在右下角单击 Apply 按钮，启动安装过程。

安装完成后启动 IPython，输入 import scrapy，如果出现下面的内容，表明安装成功，如图 17-2 所示。

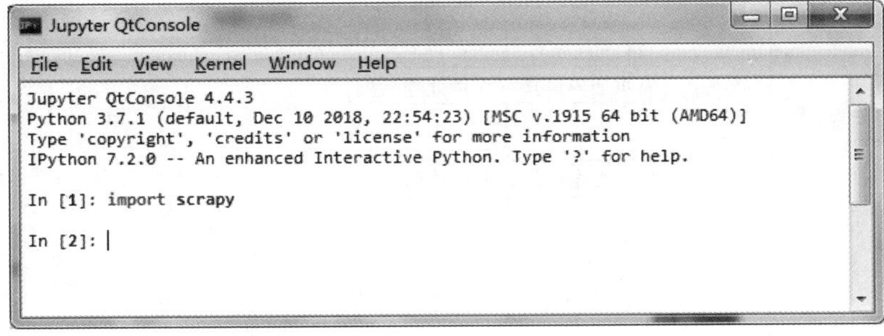

图 17-2 检查 Scrapy 是否安装成功

17.2 工 作 原 理

网络爬虫是一种数据收集的方式，广泛用于搜索引擎、市场分析等领域。爬虫从一个或若干种子页面开始，获得种子页面上的链接，并根据需求来追踪其中的一些链接，达到遍历所有网页的目的。在抓取网页的过程中，一方面提取需要的数据信息，另外一方面从当前页面上抽取新的网页地址放入待处理队列，直到满足系统一定的停止条件。

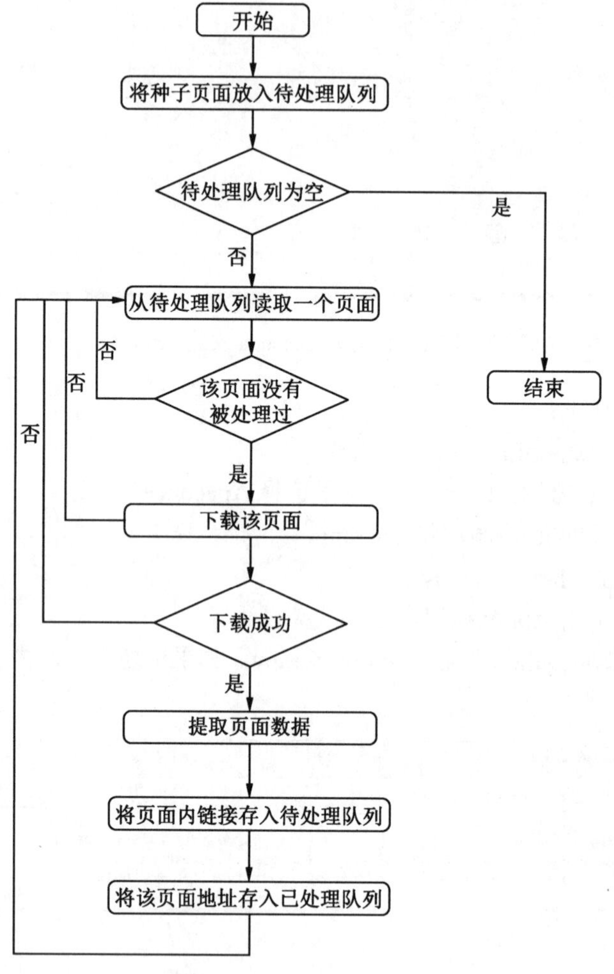

图 17-3　爬虫基本工作流程

如图 17-3 所示，爬虫的基本工作流程如下：

（1）确定一个或者多个种子页面。

（2）将种子页面地址放入待处理队列中。

（3）从待处理队列读取一个地址信息。如果待处理队列为空，结束。

（4）如果该地址没有被处理过，并且是希望处理的页面，继续执行；否则跳到第 3 步。

（5）得到该地址的页面内容。

（6）将该页面中符合期望的数据信息保存到结果。

（7）将该页面中符合要求的链接存入待处理队列。

（8）将该地址从待处理队列挪到已处理队列中。

（9）跳到第 3 步，重复执行。

17.3 一个简单的例子

在成功安装 Scrapy 之后，下面来看一个简单的例子。该例子仅包含一个源文件，内容如下：

```
#encoding: utf-8
import scrapy                                    # 引入 Scrapy 库
class Example1(scrapy.Spider):                   # 定义自己的爬虫类
    name = 'example1'                            # 爬虫的名称是 example1
    start_urls = ['https://blog.scrapinghub.com']        # 种子页面
    def parse(self, response):                           # 处理函数
        # 对于选择器选中的所有元素
        for title in response.css('.post-header>h2'):
            # 返回标题的内容
            yield {'title': title.css('a ::text').get()}
        # 对于下一个按钮
        for next_page in response.css('a.next-posts-link'):
            # 将其放入待处理列表
            yield response.follow(next_page, self.parse)
```

运行结果如下：

```
$ scrapy runspider ex1.py                        # 参数就是我们前面的 Python 文件
# 显示一些系统信息，如 Scrapy 的版本、Python 的版本
2019-03-19 02:30:59 [scrapy.utils.log] INFO: Scrapy 1.6.0 started (bot:
scrapybot)
…                                                # 省略一些常规信息
# 显示设置信息
2019-03-19 02:30:59 [scrapy.crawler] INFO: Overridden settings:
{'SPIDER_LOADER_WARN_ONLY': True}
…                                                # 省略一些设置信息
2019-03-19 02:30:59 [scrapy.middleware] INFO: Enabled item pipelines:
[]
# 启动爬虫
2019-03-19 02:30:59 [scrapy.core.engine] INFO: Spider opened
…                                                # 省略一些爬虫操作信息
```

```
2019-03-19 02:31:01 [scrapy.core.engine] DEBUG: Crawled (200)
 # 爬取页面 blog.scrapinghub.com
<GET https://blog.scrapinghub.com> (referer: None)
2019-03-19 02:31:01 [scrapy.core.scraper] DEBUG: Scraped from
<200 https://blog.scrapinghub.com>
{'title': u'Spidermon: …'}                          # 显示提取到的信息
# 爬取页面 https://blog.scrapinghub.com/page/13
2019-03-19 02:31:12 [scrapy.core.engine] DEBUG: Crawled (200)
<GET https://blog.scrapinghub.com/page/13>
# 其从 https://blog.scrapinghub.com/page/12 推荐过来
(referer: https://blog.scrapinghub.com/page/12)
2019-03-19 02:31:12 [scrapy.core.scraper] DEBUG: Scraped from
<200 https://blog.scrapinghub.com/page/13>
# 得到爬取的数据，从后面的 html 第 2 行提取得到
{'title': u'Autoscraping casts a wider net'}
2019-03-19 02:31:12 [scrapy.core.scraper] DEBUG: Scraped from
<200 https://blog.scrapinghub.com/page/13>
{'title': u'Scrapy 0.14 released'}              # 显示提取到的信息
2019-03-19 02:31:12 [scrapy.core.scraper] DEBUG: Scraped from
<200 https://blog.scrapinghub.com/page/13>
{'title': u'Dirbot - a new example Scrapy project'}   #显示提取到的信息
2019-03-19 02:31:12 [scrapy.core.scraper] DEBUG: Scraped from
<200 https://blog.scrapinghub.com/page/13>
{'title': u'Introducing w3lib and scrapely'}
2019-03-19 02:31:12 [scrapy.core.scraper] DEBUG: Scraped from
<200 https://blog.scrapinghub.com/page/13>
{'title': u'Scrapy 0.12 released'}
2019-03-19 02:31:12 [scrapy.core.scraper] DEBUG: Scraped from
<200 https://blog.scrapinghub.com/page/13>
{'title': u'Spoofing your Scrapy bot IP using tsocks'}
2019-03-19 02:31:12 [scrapy.core.scraper] DEBUG: Scraped from
<200 https://blog.scrapinghub.com/page/13>
{'title': u'Hello, world'}
# 爬虫结束任务
2019-03-19 02:31:12 [scrapy.core.engine] INFO: Closing spider (finished)
# 显示统计信息
2019-03-19 02:31:12 [scrapy.statscollectors] INFO: Dumping Scrapy stats:
{'downloader/request_bytes': 4959,                  # 请求消息的字节数
 'downloader/request_count': 13,                    # 请求的个数
 'downloader/request_method_count/GET': 13,         # GET 请求的个数
 'downloader/response_bytes': 134788,               # 回应消息的字节数
 'downloader/response_count': 13,                   # 回应消息的个数
 'downloader/response_status_count/200': 13,        # 200 回应消息的个数
 'finish_reason': 'finished',                       # 状态是完成
 # 完成时间
 'finish_time': datetime.datetime(2019, 3, 18, 18, 31, 12, 721064),
 'item_scraped_count': 127,                         # 抓取的结果数目
 'log_count/DEBUG': 140,                            # 调试消息个数
 'log_count/INFO': 9,                               # INFO 消息个数
 'memusage/max': 54374400,
 'memusage/startup': 54366208,
 'request_depth_max': 12,                           # 最大深度为 12
```

```
'response_received_count': 13,                # 接收到的回应消息个数
'scheduler/dequeued': 13,
'scheduler/dequeued/memory': 13,
'scheduler/enqueued': 13,
'scheduler/enqueued/memory': 13,
'start_time': datetime.datetime(2019, 3, 18, 18, 30, 59, 636948)}
2019-03-19 02:31:12 [scrapy.core.engine] INFO: Spider closed (finished)
```

运行命令 scrapy runspider ex1.py 来启动爬虫，输出的内容非常多，现阶段我们仅需要了解其中带有注释的一部分内容。

下面是从网页上爬取到的原始数据，爬虫就是处理这样的数据并将我们关心的信息提取出来。#开头的内容是我们添加的描述信息。

```
<div class="post-header">
 # 标题，我们提取的就是这些标题信息
   <h2><a href="https://blog.scrapinghub.com/xxx ">Scrapy 0.14 released
   </a></h2>
   <div class="byline">                        # 正文框
     <span class="date">                       # 日期
       <i class="fa fa-calendar-o"></i>
       <a href="https://blog.scrapinghub.com/xxx">November 18, 2011 </a>
     </span>
     <span class="author">                     # 作者信息
       <i class="fa fa-user"></i>
      <a href="https://blog.scrapinghub.com/xxx">Pablo Hoffman</a>
     </span>
     <span class="custom_listing_comments"> # 评论
       <i class="fa fa-comments-o"></i>
       <a href="https://blog.scrapinghub.com/xxx">0 Comment</a>
     </span>
   </div>
 </div>
```

后面章节会继续详细讲述如何提取 html 内容，这里暂时不详述，仅需要知道前面代码的 14～15 行完成了 html 内容的提取。

```
14.        for title in response.css('.post-header>h2'):
15.            yield {'title': title.css('a ::text').get()}
```

17.4　Scrapy 的架构图

Scrapy 主要包含引擎、下载器、爬虫、调度器和项目管道。

引擎（Scrapy Engine）处于核心位置，主要负责各个组件之间的通信和数据传递。所有的数据交流都是要通过引擎的。

爬虫（Spiders）将要请求的地址信息通过 Scrapy Engine 传给 Scheduler（调度器）。我们的主要任务就是编写自己的 Spider。

调度器（Scheduler）接收了引擎发送来的 Requests（请求），并按顺序排列整理，然

后把处理好的 Requests 再次发送给引擎，由引擎通过 Downloader Middlewares（下载中间件）发送给 Downloader（下载器）。

下载器（Downloader）通过下载中间件的设置来下载引擎传过来的 Requests，并且将获取到的 Response（响应数据）又发送给引擎（如果有下载失败的 Requests，那么下载器会在后面接着下载）。

引擎收到 Response 后，再将它发送给 Spiders，Spiders 解析 Response 并提取出需要的数据，如果还有需要继续请求的 URL，会继续执行上面的循环。

Spiders 将这些数据发送给引擎，最后引擎将这些数据发送给 Item Pipeline 进行数据处理和存储。

图 17-4 描述了主要的组件以及它们之间的数据流程。

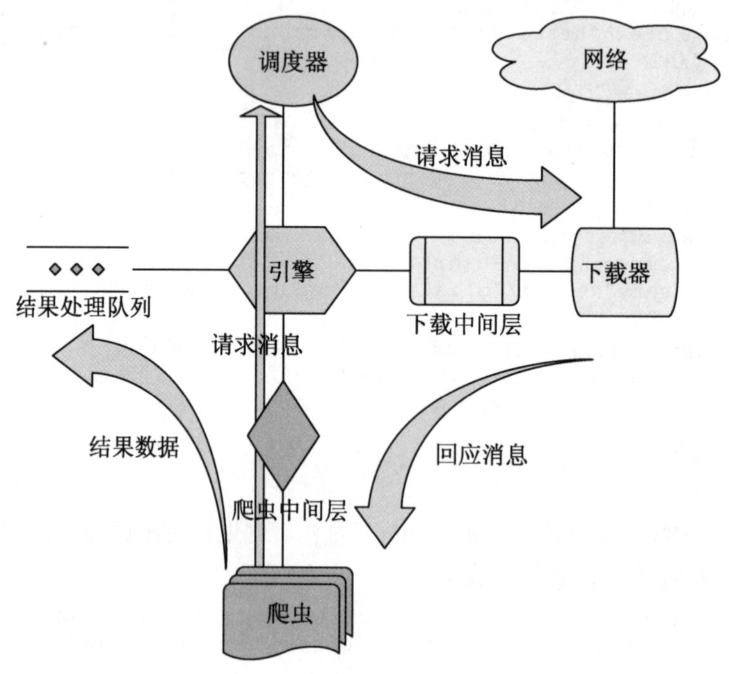

图 17-4　Scrapy 架构图

Scrapy 运行的基本流程如下：

（1）确定爬虫名称和要抓取的初始网站。

（2）向网站发起请求 Requests 获得响应数据 Responses。

（3）解析 Responses 提取数据，如果有需要跟进的地址则继续循环执行第二步。

（4）将需要的数据通过管道 Pipeline 的处理。

（5）处理完的数据传给 Item 保存。

17.5 爬 虫

Spider 类定义了如何爬取某个（或某些）网站，包括爬取的动作（例如：是否跟进链接）以及如何从网页的内容中提取结构化数据（爬取 item）。换句话说，Spider 就是定义爬取的动作及分析某个网页（或者是多个网页）的地方。定义爬虫是我们最重要的任务，而 scrapy.Spider 是最基本的类，所有我们编写的爬虫必须继承自该类。

17.5.1 点赞统计例子

下面先来看一个非常简单的例子，该例子仅爬取两级页面来获得需要的数据。爬虫的种子页面是 http://stackoverflow.com/questions?sort=votes，其上显示被点赞最多的话题，每页默认显示 15 项。但是话题的详细信息并不在这个页面上，而是在其链接所指向的二级页面上。所以为了得到我们的数据，需要进行两步操作：

（1）打开种子页面，读取出链接信息。

（2）打开被链接页面，读取需要的内容。

由于这些数据是动态的，所以读者看到的数据也许和下面显示内容的略有不同。

```
#encoding: utf-8
import scrapy                                    # 引入 scrapy 模块
# 定义自己的爬虫，必须继承自 scrapy.Spider
class StackOverflowSpider(scrapy.Spider):
    name = 'stackoverflow'                       # 爬虫的名字
    # 种子地址
    start_urls = ['http://stackoverflow.com/questions?sort=votes']
    # 回调函数 1，用来解析列表页面
    def parse(self, response):
        for href in response.css('.question-summary h3 a::attr(href)'):
            full_url = response.urljoin(href.extract())
            yield scrapy.Request(full_url, callback=self.parse_question)
    # 回调函数 2，用来解析某个有问题的页面
    def parse_question(self, response):
        yield {                                  # 输出结果，字典类型
            'title': response.css('h1 a::text').extract()[0],
            'votes': response.css('.question .js-vote-count::text').
            extract()[0],
            'body': response.css('.question .post-text').extract()[0],
            'tags': response.css('.question .post-tag::text').extract(),
            'link': response.url,
        }
```

运行命令 scrapy runspider ex2.py -o ex2.json，可以得到输出文件 ex2.json。下面显示了该输出文件的部分内容。每个页面一条记录，每个记录包含票数 votes、地址 link、标签 tags、

标题 title 和内容 body。

```
[
    {"votes": "4783",
     "link": "https://stackoverflow.com/questions/...",
     "tags": ["python", "namespaces", "main", "python-module", "idioms"],
     "title": "What does ..."
    },
    {"votes": "5159",
     "link": "https://stackoverflow.com/questions/...",
     "tags": ["security", "http", "authentication", "language-agnostic",
     "article"],
     "title": "The definitive guide to ..."
     },
…                              # 省略一些数据
]
```

那么执行命令 scrapy runspider ex2.py -o ex2.json 后，后台究竟发生了什么呢？首先 Scrapy 在文件 ex2.py 中查找 Spider 类或者派生类，找到后将其在引擎中执行。

Scrapy 首先读取定义在 start_urls 属性中的 URL（在本示例中，就是 StackOverflow 的点赞数最多的页面的 URL），创建请求，并且将接收到的 response 作为参数来调用默认的回调函数 parse()，从而启动爬取。在回调函数 parse()中，我们使用 CSS 选择器（Selector）来提取链接。接着产生（yield）更多的请求，将函数 parse_question()注册为这些请求完成时的回调函数。

这里可以注意到 Scrapy 的一个最主要的优势：请求是被异步调度和处理的。这意味着 Scrapy 并不需要等待一个请求完成及处理，与此同时，也可以发送其他请求或者做其他事情；也意味着当有些请求失败或者处理过程中出现错误时，其他的请求还可以继续处理。

这种工作方式允许用户可以以非常快的速度进行爬取（以容忍错误的方式同时发送多个请求），Scrapy 也通过一些设置来允许用户控制其爬取的方式。例如，可以为两个请求之间设置下载延迟、限制单域名（domain）或单个 IP 的并发请求量，甚至可以使用自动限制插件来自动处理这些问题。

最终，parse_question()回调函数从每个页面中爬取到问题（question）的数据并产生了一个 dict，Scrapy 收集并按照终端（command line）的要求将这些结果写入到了 json 文件中。

17.5.2　爬虫类

我们所定义的爬虫都是派生自 Scrapy.spiders.Spider。这是一个最简单的爬虫，其仅实现了 start_requests()的默认实现，读取并请求 spider 属性中的 start_urls，并根据返回的结果（resulting responses）调用 spider 的 parse()方法。

下面介绍爬虫类的一些基本属性和方法。

1. Name

定义爬虫的名字，类型是字符串，Scrapy 通过名字来找到对应的爬虫，所以其必须是唯一的。但是可以生成多个相同名字的爬虫实例，这没有任何限制。名字是爬虫的最重要的属性，定义新的爬虫时一定要给其赋值。如果该爬虫只是为了爬取单个网站，一个常见的做法是以爬虫的名字包含该网站的域名信息。例如，如果某个爬虫只爬取网站 website-abc.com，那么该爬虫通常会被命名为 website-abc。

2. allowed_domains

这是一个可选的属性，包含了爬虫允许爬取的域名列表。当 OffsiteMiddleware 设置启用时，域名不在列表中的 URL 不会被跟进。

3. start_urls

URL 地址列表。当没有指定特定的 URL 时，爬虫将从该列表中开始进行爬取。因此，第一个被获取到的页面的 URL 将是该列表之一，后续的 URL 将会从获取到的数据中提取。

4. custom_settings

该设置是一个字典。当启动爬虫时，该设置将会覆盖项目级的设置。由于设置必须在实例化之前被更新，所以该属性必须定义为类属性。

5. start_requests()

该方法必须返回一个可迭代对象，该对象包含了爬虫用于爬取的第一个 Request。当爬虫启动爬取并且未指定 URL 时，该方法被调用。当指定了 URL 时，make_requests_from_url()将被调用来创建 Request 对象。该方法仅会被 Scrapy 调用一次，因此可以将其实现为生成器。该方法的默认实现是使用 start_urls 的 URL 生成 Request。如果想要修改最初爬取某个网站的 Request 对象，可以重写该方法。例如，如果需要在启动时以 POST 登录某个网站，可以按照下面的方法编写代码：

```
class Ex3Spider(scrapy.Spider):          # 定义自己的爬虫类
    name = 'ex3-spider'                  # 爬虫名
    def start_requests(self):
        return [scrapy.FormRequest("http://www.ex3.com/login",
                               formdata={'user': 'john', 'pass': 'secret'},
                               callback=self.logged_in)]
    def logged_in(self, response):
        pass                             # 提取页面信息，目前为空
```

6．make_requests_from_url(url)

该方法接收一个 URL 地址并返回用于爬取的请求对象。该方法在初始化请求时被 start_requests()调用，也被用于转化 URL 为请求。默认未被重写的情况下，该方法返回的请求对象中，parse()作为回调函数，dont_filter 参数也被设置为开启。

7．parse(response)

当回应没有指定回调函数时，该方法是 Scrapy 处理下载的回应的默认方法。parse()函数负责处理回应消息并返回处理的数据以及跟进的 URL。Spider 对其他的请求的回调函数也有相同的要求。该方法及其他的请求回调函数必须返回一个包含 Request、字典或 Item 的可迭代的对象。

8．log(message[, level, component])

使用 scrapy.log.msg()方法记录 message，记录中自动带上该爬虫的名字属性。

9．closed(reason)

当爬虫关闭时，该函数会被调用。该方法提供了一个替代调用 signals.connect()函数来监听 spider_closed 信号的快捷方式。

17.6　一个完整的项目

前面我们只创建了一个爬虫，然后让爬虫去爬取网页信息。本节将创建一个比较完整的项目。首先创建一个新的目录 workplace，然后进入到该目录下，命令如下：

```
$ mkdir workplace
$ cd workplace
```

然后使用以下命令创建一个项目 simpleProj1：

```
$ scrapy startproject simpleProj1
```

这时会在当前目录新建一个目录叫作 simpleProj1，使用以下命令进入该目录：

```
$ cd simpleProj1
```

可以看到如下的目录结构：

```
.
|--scrapy.cfg                       # 项目配置文件
`--simpleProj                       # 项目的 Python 模块，将会从这里引用代码
  |-- __init__.py                   # 模块
  |-- items.py                      # 项目的目标文件
  |-- middlewares.py                # 下载中间层
```

```
  |-- pipelines.py                    # 管道文件
  |-- settings.py                     # 配置信息
  |-- spiders                         # 爬虫目录，前面创建的爬虫的源代码就存放在这里
     |-- __init__.py                  # 爬虫模块
```

现在来创建一个爬虫，还是爬取 stackoverflow.com 上的信息，不过这次仅爬取一个页面的信息。

```
$ scrapy genspider stackoverflow "stackoverflow.com"
```

添加爬虫后的目录结构，如图 17-5 所示，可以发现多了一个文件 stakoverflow.py。

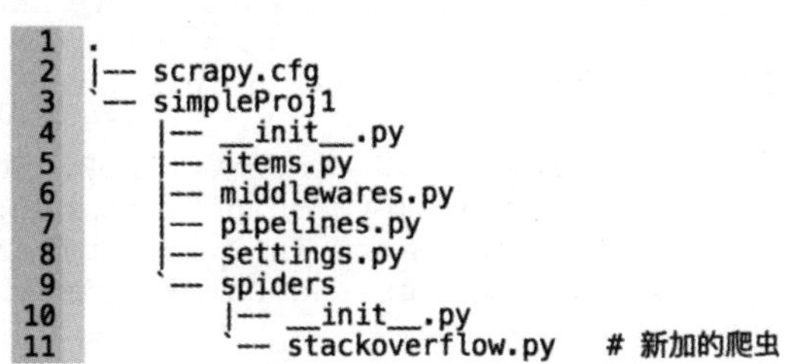

图 17-5　创建爬虫后的项目目录结构

该新加的爬虫文件内容如下；

```
# -*- coding: utf-8 -*-
import scrapy
class StackoverflowSpider(scrapy.Spider):
    name = 'stackoverflow'                                   # 爬虫名
    allowed_domains = ['stackoverflow.com']                  # 限制了爬取的范围
    start_urls = ['http://stackoverflow.com/']               # 种子页面
    def parse(self, response):
        pass                                                 # 提取数据，目前为空
```

可以看到其定义了 3 个属性和一个处理函数 parse()。这里 parse()函数是空的，需要自己填充代码来完成实际功能。首先我们修改 start_urls，放入我们自己的地址，然后修改 parse()函数来完成数据的提取，这里我们提取点赞数和标题信息。下面是修改后的代码：

```
# -*- coding: utf-8 -*-
import scrapy                                                # 使用 scrapy 模块
class StackoverflowSpider(scrapy.Spider):                    # 自己定义的爬虫类
    name = 'stackoverflow'
    allowed_domains = ['stackoverflow.com']
    start_urls = ['http://stackoverflow.com/questions?sort=votes']
    def parse(self, response):                               # 对页面的处理函数
        for each in response.xpath('//div[@class="question-summary"]'):
            # each 对应的就是一条记录块
            # up_num 是该记录块中的点赞数
            up_num = each.xpath("div[1]/div[1]/div[1]/div/span/strong/text()")
            # extract()得到所有元素，用列表来表示该元素集合，[0]表示第一个元素
            # 提取到的数据类型是字符串，需要使用 int()将其转换成整数类型
            up_num = int(up_num.extract()[0])
```

```
            # title 是该记录块的标题
            title = each.xpath("div[2]/h3/a/text()").extract()[0]
            # 显示结果
            print(u"title: %s, number: %d" % (title, up_num))
```

输入命令 scrapy crawl stackoverflow 来启动爬虫，可以看到其输出了标题和点赞数，输出结果如下：

```
title: Why is it faster to process a sorted array than an unsorted array?, number: 22749
title: How do I undo the most recent commits in Git?, number: 19304
title: How do I delete a Git branch both locally and remotely?, number: 14867
title: What is the difference between 'git pull' and 'git fetch'?, number: 10832
title: What is the correct JSON content type?, number: 9576
title: What does the "yield" keyword do?, number: 9057
title: What is the "-->" operator in C++?, number: 8186
title: How to undo 'git add' before commit?, number: 7981
… # 省略其他输出
```

17.7 结果数据

在前面，我们是直接将数据使用 print()函数打印出来，但更加常见的用法是使用 item 来保存数据。爬取的主要目标就是从数据源提取结构性数据，例如从网页得到我们关心的一些数据。Scrapy 的爬虫也可以以 Python 的字典来返回提取的数据，例如前面例子中通过 yield 来返回数据。虽然字典很方便，并且用起来也熟悉，但是其缺少结构性，容易输错字段的名字或者返回不一致的数据，尤其在具有多个爬虫的大项目中。

为了定义常用的输出数据，Scrapy 提供了 Item 类。Item 对象是一种简单的容器，保存了爬取到的数据。Item 对象提供了类似于词典的 API 以及用于声明可用字段的简单语法。

许多 Scrapy 组件使用了 Item 提供的额外信息：exporter 根据 Item 声明的字段来导出数据、序列化可以通过 Item 字段的元数据（metadata）来定义、trackref 追踪 Item 实例来帮助寻找内存泄露等。

下面来定义自己的结果数据，在 simpleProj1/items.py 文件中，包含了一个空的类 Simpleproj1Item，可以在此填充我们关心的数据。下面是修改前的内容。

```
# -*- coding: utf-8 -*-
# Define here the models for your scraped items
#
# See documentation in:
# https://doc.scrapy.org/en/latest/topics/items.html
import scrapy
class Simpleproj1Item(scrapy.Item):
    # define the fields for your item here like:
    pass
```

我们添加两个字段，即 title 和 number，这就是我们需要提取的数据。title 表示话题的标题，number 表示点赞数目。修改后的代码如下：

```
# -*- coding: utf-8 -*-
# Define here the models for your scraped items
#
# See documentation in:
# https://doc.scrapy.org/en/latest/topics/items.html
import scrapy
class Simpleproj1Item(scrapy.Item):
    # define the fields for your item here like:
    title = scrapy.Field()                    # 定义自己要保存的数据字段
    number = scrapy.Field()
```

现在修改文件 simpleProj1/spiders/stackoverflow.py，使用我们刚刚修改过的类 Simplepropro1Item 来保存提取的数据信息。下面是修改后的代码，主要是将结果保存在一个 Simpleproj1Item 的数组中并返回。

```
# -*- coding: utf-8 -*-
import scrapy
from simpleProj1.items import Simpleproj1Item  # 引入 Simpleproj1Item
class StackoverflowSpider(scrapy.Spider):
    name = 'stackoverflow'
    allowed_domains = ['stackoverflow.com']
    start_urls = ['http://stackoverflow.com/questions?sort=votes']
    def parse(self, response
        items = []                            # 存放结果数据
        for each in response.xpath('//div[@class="question-summary"]'):
            # each 对应的是一条源记录块
            # 创建一个结果记录
            item = Simpleproj1Item()
            # up_num 是该记录块中的点赞数
            up_num = each.xpath("div[1]/div[1]/div[1]/div/span/strong/text()")
            # 提取第一个元素并转换成整数类型
            item['number'] = int(up_num.extract()[0])
            # title 是该记录块的标题
            item['title'] = each.xpath("div[2]/h3/a/text()").extract()[0]
            items.append(item)               # 保存结果
        return items                          # 返回最后数据
```

从例子代码可以看到，我们没有使用"对象.属性"的方式来操作 item，而是使用"字典[键]"的方式来操作 item。

运行下面的命令来执行修改后的代码，注意我们让结果保存到了 json 文件中：

```
$ scrapy crawl stackoverflow -o stackoverflow.json
```

该 json 文件长度很长，一共有 52 行，下面显示了部分内容：

```
[
{"number": 22713, "title": "Why is it faster … to an unsorted array?"},
{"number": 19269, "title": "How do I undo the most recent commits in Git?"},
{"number": 14841, "title": "How do I delete a Git branch both locally
```

```
    and remotely?"},
    {"number": 10813, "title": "What is the difference between 'git pull'
    and 'git fetch'?"},
    {"number": 9567, "title": "What is the correct JSON content type?"},
    {"number": 9037, "title": "What does the \u201cyield\u201d keyword
    do?"},
    …
    {"number": 4250, "title": "The Definitive C++ Book Guide and List"},
    {"number": 4205, "title": "How to make Git \u201cforget\ was … now
in .gitignore?"}
    ]
```

可以看到其内容和我们以前从屏幕看到的是一致的，只是格式转换成了 json 而已。其还可以保存为其他的格式，比如 csv、xml 格式。

运行下面的命令可以得到 csv 格式的输出结果：

```
$ scrapy crawl stackoverflow -o stackoverflow.csv
```

用 Excel 打开结果文件 stackoverlfow.csv，如图 17-6 所示。

	A	B
1	number	title
2	22713	Why is it faster to process a sorted array than an unsorted array?
3	19269	How do I undo the most recent commits in Git?
4	14841	How do I delete a Git branch both locally and remotely?
5	10813	What is the difference between 'git pull' and 'git fetch'?
6	9567	What is the correct JSON content type?
7	9037	What does the ‚Äúyield‚Äù keyword do?
8	8177	What is the ‚Äú-->‚Äù operator in C++?
9	7967	How to undo 'git add' before commit?

图 17-6　csv 结果文件

运行下面命令可以得到 xml 格式的输出结果：

```
$ scrapy crawl stackoverflow -o stackoverflow.xml
```

使用 xml 工具可以查看内容，这里我们使用浏览器 chrome 来查看内容，如图 17-7 所示。

```
▼<items>
  ▼<item>
    ▼<title>
       Why is it faster to process a sorted array than an unsorted array?
     </title>
     <number>22713</number>
   </item>
  ▼<item>
     <title>How do I undo the most recent commits in Git?</title>
     <number>19269</number>
   </item>
```

图 17-7　xml 结果文件

17.8　选　择　器

前面介绍了如何从网页提取我们关心的数据，其提取的基本过程是首先找到页面的某个元素，然后读出该元素的值或者属性。这里的关键点是如何找到该元素，这里的关键点是如何找到该元素，这个就是选择器的工作，选择器从 web 页面找到我们关心的元素并提取其相关值和属性。而要想找到指定元素，首先就需要解析页面的内容，将页面数据解析成具有一定结构的各种元素的集合。

17.8.1　介绍

用于页面内容解析的 Python 库很多，其中最常见的是 BeautifulSoup 和 lxml。

- BeautifulSoup 是在程序员间非常流行的网页分析库，它基于 HTML 代码的结构来构造一个 Python 对象，对不良标记的处理也非常合理，但它有一个缺点——慢。
- lxml 是一个基于 ElementTree 的 Python 化的 XML 解析库，虽然最初是为了解析 xml 文件的，但其也可以解析 HTML。

Scrapy 底层使用的就是 lxml。在 Scrape 中完成解析和内容提取功能的是选择器。Scrapy 选择器的用法和 lxml 几乎是完全一样的，其支持两种格式，一种是 CSS，另外一种是 XPath。XPath 是一门用来在 XML 文件中选择节点的语言，也可以用在 HTML 上；CSS 是一门将 HTML 文档样式化的语言，选择器由它定义，并与特定的 HTML 元素的样式相关连。其中 XPath 是推荐的用法，也是我们介绍的重点。

先来看看下面的简单例子：

```
# -*- coding: utf-8 -*-
from scrapy.selector import Selector
from scrapy.http import HtmlResponse
body = '<html><body><span>good</span></body></html>'  # 输入是字符串
# 应用规则//span/text()来选择元素，再使用 extract()来读取元素的内容
result = Selector(text=body).xpath('//span/text()').extract()
print(result)                                  # 显示提取的结果
```

运行下面的命令可以查看结果：

```
$ python3 xpathDemo1.py
['good']
```

下面简单介绍一下//span/text()的含义，//表示任意起始位置，如果是/就表示根元素了；span 表示元素的名称是 span；text()表示提取的是内容而不是属性。由于选择条件可能找到多个元素，所以输出一般都是一个列表。

下面的例子不是从字符串，而是从网络上得到输入内容的。使用的网页地址是 http://doc.scrapy.org/en/latest/_static/selectors-sample1.html，其 html 内容如下：

```
<html>
<head>
  <base href='http://example.com/' />
  <title>Example website</title>
</head>
<body>
  <div id='images'>
```

```
<a href='image1.html'>Name: My image 1 <br />
<img src='image1_thumb.jpg' /></a>
  <a href='image2.html'>Name: My image 2 <br />
<img src='image2_thumb.jpg' /></a>
  <a href='image3.html'>Name: My image 3 <br />
<img src='image3_thumb.jpg' /></a>
  <a href='image4.html'>Name: My image 4 <br />
<img src='image4_thumb.jpg' /></a>
  <a href='image5.html'>Name: My image 5 <br />
<img src='image5_thumb.jpg' /></a>
 </div>
</body>
</html>
```

现在修改代码如下，主要是通过 requests 库来得到页面内容。这次提取的是标题信息。

```
# -*- coding: utf-8 -*-
import requests                      # requests 库用来充当 HTTP 客户端
from scrapy.selector import Selector
from scrapy.http import HtmlResponse
# 网址
url = 'http://doc.scrapy.org/en/latest/_static/selectors-sample1.html'
rsp_text = requests.get(url).text   # 得到 response 的内容
# 构造一个 response
response = HtmlResponse(url=url, body=rsp_text, encoding='utf-8')
# 提取 title 的内容
result = response.selector.xpath('//title/text()').extract()
print(result)                        # 显示结果
```

运行结果如下：

```
$ python3 xpathDemo2.py
['Example website']
```

17.8.2　text()

在前面的例子中经常使用到 text()，其作用是得到某个元素的内容。例如上一个例子中，如果修改 Secletor 的 xpath 为'//title'，那么提取的内容如下：

```
<title>Example website</title>
```

而如果加上 text()就是表示仅提取该元素内容而不包含元素标签了，提取的结果如下：

```
Example website
```

下面是一个简单的例子。

```
>>> import scrapy                                   # 引入 scrapy 库
>>> html_input = "<p id='demo1'>text1</p>"          # 输入数据
# 定义选择器
>>> sel_obj = scrapy.Selector(text=html_input, type='html')
>>> sel_seg = sel_obj.xpath("//p[@id='demo1']/text()") # 执行提取操作
>>> type(sel_seg)                                   # 查看提取结果的类型
<class 'scrapy.selector.unified.SelectorList'>
```

```
>>> sel_seg                                # 查看提取结果的内容
[<Selector xpath="//p[@id='demo1']/text()" data=u'text1 '>]
>>> len(sel_seg)                           # 返回结果一般是列表，查看元素个数
1
>>> sel_seg[0].get()                       # 查看第一个元素的值
u'text1 '
```

17.8.3　extract()/extract_first()

由于 xpath()返回的对象类型是选择器 Selector，所以需要使用 extract()或者 extract_first()将其转换成字符串列表或者字符串。

extract()返回的是一个列表，因为找到的元素可能会有很多，例如在上一个例子中，如果将 xpath 改成“//a/”我们就得到 5 个符合条件的元素，返回值就会是一个列表。

下面的例子演示了 extract()的用法。

```
>>> import scrapy                                      # 引入 scrapy 库
>>> html_input = "<p id='demo1'>text1</p>"             # 输入数据
# 定义选择器
>>> sel_obj = scrapy.Selector(text=html_input, type='html')
>>> sel_seg = sel_obj.xpath("//p[@id='demo1']/text()") # 执行提取操作
>>> type(sel_seg)                                      # 查看提取结果的类型
<class 'scrapy.selector.unified.SelectorList'>
>>> sel_seg                                            # 查看提取结果的内容
[<Selector xpath="//p[@id='demo1']/text()" data=u'text1 '>]
# 使用 extract()
>>> sel_seg2 = sel_obj.xpath("//p[@id='demo1']/text()").extract()
>>> type(sel_seg2)                                     # 查看类型
<type 'list'>
>>> sel_seg2                                           # 查看提取的内容
[u'text1']
```

extract_first()仅返回第一个符合条件的元素，所以返回值不是一个列表。下面是其使用方法：

```
extract_first()
```

extract_first()有一个可选的参数 default，就是如果没有找到任何符合条件的元素，那么就返回该默认值。下面的例子演示了 extract_first()的用法。

```
>>> import scrapy                          # 引入 Scrapy 库
# 输入数据
>>> html_input = "<p id='demo1'>text1</p><p id='demo2'>text2</p>"
# 定义选择器
>>> sel_obj = scrapy.Selector(text=html_input, type='html')
>>>                                        # 执行提取操作，提取所有的符合条件的元素
>>> sel_seg1 = sel_obj.xpath("//p/text()").extract()
>>> sel_seg1                               # 查看提取结果
[u'text1', u'text2']
>>>                                        # 仅仅提取第一个符合条件的元素
```

```
>>> sel_seg2 = sel_obj.xpath("//p/text()").extract_first()
>>> sel_seg2                              # 查看提取结果
u'text1'
# 提取不存在的元素 div
>>> sel_seg3 = sel_obj.xpath("//div/text()").extract_first()
>>> type(sel_seg3)                        # 返回值为 None
<type 'NoneType'>
>>>                                       # 提取不存在的元素 div，并且提供了默认值
>>> sel_seg4 = sel_obj.xpath("//div/text()").extract_first("default value")
>>> sel_seg4                              # 查看返回值
'default value'
```

17.8.4　@属性

有时想得到的不是元素值而是其属性，例如上个例子，如果只想知道其链接的目标地址，那么便可以提取 href 属性的值，xpath 的写法就是“//a/@href”。下面就是一个提取某个属性值的例子。

```
>>> import scrapy                         # 引入 scrapy 库
>>>                                       # 输入数据
>>> html_input = "<p id='demo1'><a href='next'>text1</a></p><p id='demo2'>text1</p>"
# 定义选择器
>>> sel_obj = scrapy.Selector(text=html_input, type='html')
>>> sel_obj.xpath("//p/a/@href").extract_first()    # 提取 href 的属性值
u'next'
# 另外一个例子，提取 id 的值
>>> html_input = "<p id='demo1'>text3</p>"
# 定义选择器
>>> sel_obj = scrapy.Selector(text=html_input, type='html')
sel_obj.xpath("//p/@id").extract_first()            # 提取 id 属性
u'demo1'
# 提取 class 属性
>>> html_input = "<p id='demo1' class='show collapsible'>text3</p>"
# 定义选择器
>>> sel_obj = scrapy.Selector(text=html_input, type='html')
>>> sel_obj.xpath("//p/@class").extract_first()     # 提取 class 属性
u'show collapsible'.    # 注意，多个 class 属性并没有分开，需要自己做处理
# 将多个属性转换成列表的形式
>>> sel_obj.xpath("//p/@class").extract_first().split()
[u'show', u'collapsible']
```

17.8.5　元素[@属性]

如果我们要选择的是元素，但是希望对元素进行基于属性的过滤，例如 href 属性值为 image1.html 的 a 元素，那么 xpath 就可以写成“//a[@href="image2.html"]”。

下面是提取指定属性的元素的例子。

```
>>> import scrapy                            # 引入 Scrapy 库
# 输入数据
>>> html_input = "<p id='demo1'>text1</p><p id='demo2'>text2</p>"
# 定义选择器
>>> sel_obj = scrapy.Selector(text=html_input, type='html')
>>>                                          # 找到 id 为 demo2 的元素的文本
>>> sel_obj.xpath("//p[@id='demo1']/text()").extract_first()
u'next'
>>>                                          # 选择带有 id 属性的元素
>>> html_input = "<p id='demo1'>text1</p><p>text2</p>"
# 定义选择器
>>> sel_obj = scrapy.Selector(text=html_input, type='html')
>>>                                          # 选择带有 id 属性的元素的文本
>>> sel_obj.xpath("//p[@id]/text()").extract_first()
u'next'
>>>                                          # 选择没有 id 属性的元素的文本
>>> sel_obj.xpath("//p[not(@id)]/text()").extract_first()
u'demo2'
```

17.9 设　　置

Scrapy 提供了定制 Scrapy 组件的方法，用户可以定制核心（core）、插件（extension）、pipeline 及 spider 组件。

如果使用某个配置文件，就需要设定环境变量 SCRAPY_SETTINGS_MODULE，其格式是以“.”连接起来的，而不是用“/”连接起来的。而且该模块必须能够在 Python 的搜索路径中。

Scrapy 提供了很多种配置的方法，不同的方法有不同的优先级和作用范围。下面列出了这些配置的方法，高优先级的放在前面：

（1）命令行选项（最高优先级）。

（2）每个 spider 的设定。

（3）项目设定模块。

（4）命令默认设定模块。

（5）全局默认设定（最低优先级）。

17.9.1 命令行方式

命令行传入的参数具有最高的优先级。用户可以使用命令行选项-s（或--set）来覆盖一个（或更多）选项。下面的例子设置了 LOG_FILE，值为 scrapy.log。

```
$ crapy crawl spider1 -s LOG_FILE=scrapy.log
```

类似的用法，可以设置 USER-AGENT，这样可以伪装成其他浏览器的样子。下面是定义 USER-AGENT 的一个例子。

```
# 在命令行中定义 USER_AGENT
$ scrapy crawl spider1 -s USER_AGENT=Mozilla/Firefox
2019-03-28 02:27:47 [scrapy.utils.log] INFO: Scrapy 1.6.0 started (bot: ex1)
# 其他版本信息
2019-03-28 02:27:47 [scrapy.crawler] INFO: Overridden settings:
{'NEWSPIDER_MODULE': 'ex1.spiders',
'SPIDER_MODULES': ['ex1.spiders'], 'ROBOTSTXT_OBEY': True,
# 我们设定的值
'USER_AGENT': 'Mozilla/Firefox', 'BOT_NAME': 'ex1'}
… # 其他信息
```

多数情况下，我们希望同时设定多个选项，这时就可以使用多个-s 命令行参数，例如下面的例子便同时设置了 LOG_FILE 和 USER_AGENT

```
$ crapy crawl spider1-s LOG_FILE=scrapy.log -s USER_AGENT=Mozilla/Firefox
```

17.9.2　爬虫范围内的设置

这个设置的优先级高于项目级别的设置。方式是修改爬虫类的属性 custom_settings。该属性是一个字典，键就是属性的名，值就是属性的值。下面是一个例子，其定义了某个爬虫的配置项。

```
# -*- coding: utf-8 -*-
import scrapy
from scrapy.linkextractors import LinkExtractor
from scrapy.spiders import CrawlSpider, Rule
class DemoSpider(scrapy.Spider):
   name = 'demo'
   # 定义相关设置
   custom_settings = {
      'CONCURRENT_ITEMS': 88,                  # 设定同时处理的结果个数
      'CONCURRENT_REQUESTS': 66                # 设置同时处理的请求个数
   }
   def parse_item(self, response):             # 数据提取函数
       pass
```

17.9.3　项目范围内的设置

其通过项目中的 setting.py 文件来设置。其格式是定义变量，例如：

```
AUTOTHROTTLE_DEBUG = False
```

下面是在创建完项目后就存在的默认设置，多数是被#注释掉的。

```
# -*- coding: utf-8 -*-
# 一些项目相关的描述信息
```

```
# Scrapy settings for ex1 project
…                                           # 省略一些配置信息
BOT_NAME = 'ex1'                            # 项目
SPIDER_MODULES = ['ex1.spiders']            # 爬虫信息
ROBOTSTXT_OBEY = True                       # 是否遵循 robots 协议
# 同时发出的请求数目，这里被注释掉了就表示使用默认值
#CONCURRENT_REQUESTS = 32
#DOWNLOAD_DELAY = 3                         # 下载之间的间隔时间
# 对于某个域名可以同时发起的请求数目
#CONCURRENT_REQUESTS_PER_DOMAIN = 16
# 对于同一个 IP 地址可以同时发起的请求数目
#CONCURRENT_REQUESTS_PER_IP = 16
#COOKIES_ENABLED = False                    # 是否使用 cookie
# 默认头部，可以在这里定义我们关心的值
#DEFAULT_REQUEST_HEADERS = {
#   'Accept': 'text/html,application/xhtml+xml,application/xml;q=
0.9,*/*;q=0.8',
#   'Accept-Language': 'en',
#}
```

这里预定义的设置只是常用的，我们可以按照需要自行添加新的配置项，由于这个文件就是一个 Python 文件，格式遵循 Python 格式即可。这里的配置对整个项目有效。

17.9.4 命令默认设定

就是 scrapy.cfg 文件，其采用 ini 格式，和普通的配置文件用法相同。其会在下面的位置查找该文件。

（1）系统级别：/etc/scrapy.cfg 或 c:\scrapy\scrapy.cfg。

（2）用户级别： ~/.config/scrapy.cfg ($XDG_CONFIG_HOME)

及 ~/.scrapy.cfg ($HOME)。

（3）项目级别：在 Scrapy 项目根路径下的 scrapy.cfg。

如果查到多个配置文件，Scrapy 会进行合并操作。如果对于同一个属性在多个文件中都有定义，那么项目级别的优先级最高，系统级别的优先级最低，此时仅高优先级的定义才有效。

17.9.5 全局默认设定

全局默认设定存储在 scrapy.settings.default_settings 模块。下面演示了如何查看这些配置项。

```
>>> import scrapy.settings
>>> dir(scrapy.settings.default_settings)
['AJAXCRAWL_ENABLED', 'AUTOTHROTTLE_DEBUG',
 'AUTOTHROTTLE_ENABLED',
 'AUTOTHROTTLE_MAX_DELAY', 'AUTOTHROTTLE_START_DELAY',
```

```
'AUTOTHROTTLE_TARGET_CONCURRENCY', 'BOT_NAME',
'CLOSESPIDER_ERRORCOUNT', 'CLOSESPIDER_ITEMCOUNT',
'CLOSESPIDER_PAGECOUNT', 'CLOSESPIDER_TIMEOUT',
'COMMANDS_MODULE', 'COMPRESSION_ENABLED', 'CONCURRENT_ITEMS',
'CONCURRENT_REQUESTS', 'CONCURRENT_REQUESTS_PER_DOMAIN',
'CONCURRENT_REQUESTS_PER_IP', 'COOKIES_DEBUG', 'COOKIES_ENABLED',
'DEFAULT_ITEM_CLASS', 'DEFAULT_REQUEST_HEADERS',
'DEPTH_LIMIT', 'DEPTH_PRIORITY', 'DEPTH_STATS_VERBOSE',
'DNSCACHE_ENABLED', 'DNSCACHE_SIZE', 'DNS_TIMEOUT',
'DOWNLOADER', 'DOWNLOADER_CLIENTCONTEXTFACTORY',
'DOWNLOADER_CLIENT_TLS_METHOD',
'DOWNLOADER_HTTPCLIENTFACTORY',
'DOWNLOADER_MIDDLEWARES', 'DOWNLOADER_MIDDLEWARES_BASE',
'DOWNLOADER_STATS', 'DOWNLOAD_DELAY',
'DOWNLOAD_FAIL_ON_DATALOSS',
'DOWNLOAD_HANDLERS', 'DOWNLOAD_HANDLERS_BASE',
'DOWNLOAD_MAXSIZE', 'DOWNLOAD_TIMEOUT',
'DOWNLOAD_WARNSIZE', 'DUPEFILTER_CLASS',
'EDITOR', 'EXTENSIONS', 'EXTENSIONS_BASE', 'FEED_EXPORTERS',
'FEED_EXPORTERS_BASE', 'FEED_EXPORT_ENCODING',
'FEED_EXPORT_FIELDS', 'FEED_EXPORT_INDENT', 'FEED_FORMAT',
'FEED_STORAGES', 'FEED_STORAGES_BASE', 'FEED_STORE_EMPTY',
'FEED_TEMPDIR', 'FEED_URI', 'FEED_URI_PARAMS',
'FILES_STORE_GCS_ACL', 'FILES_STORE_S3_ACL',
'FTP_PASSIVE_MODE', 'FTP_PASSWORD', 'FTP_USER',
'HTTPCACHE_ALWAYS_STORE', 'HTTPCACHE_DBM_MODULE',
'HTTPCACHE_DIR', 'HTTPCACHE_ENABLED',
'HTTPCACHE_EXPIRATION_SECS', 'HTTPCACHE_GZIP',
'HTTPCACHE_IGNORE_HTTP_CODES', 'HTTPCACHE_IGNORE_MISSING',
'HTTPCACHE_IGNORE_RESPONSE_CACHE_CONTROLS',
'HTTPCACHE_IGNORE_SCHEMES', 'HTTPCACHE_POLICY',
'HTTPCACHE_STORAGE', 'HTTPPROXY_AUTH_ENCODING',
'HTTPPROXY_ENABLED', 'IMAGES_STORE_GCS_ACL',
'IMAGES_STORE_S3_ACL', 'ITEM_PIPELINES', 'ITEM_PIPELINES_BASE',
'ITEM_PROCESSOR', 'LOGSTATS_INTERVAL', 'LOG_DATEFORMAT',
'LOG_ENABLED', 'LOG_ENCODING', 'LOG_FILE', 'LOG_FORMAT',
'LOG_FORMATTER', 'LOG_LEVEL', 'LOG_SHORT_NAMES', 'LOG_STDOUT',
'MAIL_FROM', 'MAIL_HOST', 'MAIL_PASS', 'MAIL_PORT',
'MAIL_USER', 'MEMDEBUG_ENABLED', 'MEMDEBUG_NOTIFY',
'MEMUSAGE_CHECK_INTERVAL_SECONDS', 'MEMUSAGE_ENABLED',
'MEMUSAGE_LIMIT_MB', 'MEMUSAGE_NOTIFY_MAIL',
'MEMUSAGE_WARNING_MB', 'METAREFRESH_ENABLED',
'METAREFRESH_MAXDELAY', 'NEWSPIDER_MODULE',
'RANDOMIZE_DOWNLOAD_DELAY', 'REACTOR_THREADPOOL_MAXSIZE',
'REDIRECT_ENABLED', 'REDIRECT_MAX_TIMES',
'REDIRECT_PRIORITY_ADJUST', 'REFERER_ENABLED',
'REFERRER_POLICY', 'RETRY_ENABLED',
'RETRY_HTTP_CODES', 'RETRY_PRIORITY_ADJUST', 'RETRY_TIMES',
'ROBOTSTXT_OBEY', 'SCHEDULER', 'SCHEDULER_DEBUG',
'SCHEDULER_DISK_QUEUE', 'SCHEDULER_MEMORY_QUEUE',
'SCHEDULER_PRIORITY_QUEUE', 'SPIDER_CONTRACTS',
'SPIDER_CONTRACTS_BASE', 'SPIDER_LOADER_CLASS',
'SPIDER_LOADER_WARN_ONLY', 'SPIDER_MIDDLEWARES',
'SPIDER_MIDDLEWARES_BASE', 'SPIDER_MODULES', 'STATSMAILER_RCPTS',
'STATS_CLASS', 'STATS_DUMP', 'TELNETCONSOLE_ENABLED',
```

```
'TELNETCONSOLE_HOST', 'TELNETCONSOLE_PASSWORD',
'TELNETCONSOLE_PORT', 'TELNETCONSOLE_USERNAME',
'TEMPLATES_DIR', 'URLLENGTH_LIMIT', 'USER_AGENT',
'__builtins__', '__doc__', '__file__', '__name__',
'__package__', 'abspath', 'dirname', 'import_module',
'join', 'six', 'sys']
```

可以看到这些配置项基本上都是全大写的。

17.9.6　读取配置

一般通过爬虫对象的 settings 属性来获得。这个属性是一个字典，键就是配置项的名字，值就是配置项的值。

下面的代码就是显示所有配置项的名称。

```
# -*- coding: utf-8 -*-
import scrapy
from scrapy.linkextractors import LinkExtractor
from scrapy.spiders import CrawlSpider, Rule
class settingUsageDemoSpider(scrapy.Spider):   # 定义爬虫
    name = 'settingUsageDemoSpider'            # 爬虫名字
    start_urls = ['http://example.com']        # 种子页面
    def parse(self, response):                 # 处理函数
        # 打印所有的配置项的名称
        print("Existing settings: %s" % self.settings.attributes.
        keys())
```

下面是运行时的结果：

```
$ scrapy crawl settingUsageDemoSpider          # 启动爬虫
...                                            # 省略一些常规输出
# 显示所有配置项的名称
Existing settings: ['CLOSESPIDER_ITEMCOUNT', 'RETRY_HTTP_CODES',
'MAIL_FROM', 'HTTPCACHE_EXPIRATION_SECS', 'SPIDER_LOADER_CLASS',
'FTP_PASSIVE_MODE', 'COMPRESSION_ENABLED', 'DOWNLOAD_TIMEOUT',
'DNSCACHE_SIZE', 'MEMUSAGE_LIMIT_MB', 'EXTENSIONS', 'DEPTH_PRIORITY',
'FEED_TEMPDIR', 'TELNETCONSOLE_HOST', 'MEMDEBUG_NOTIFY', 'FTP_USER',
'REFERRER_POLICY', 'DOWNLOAD_WARNSIZE', 'SPIDER_MODULES',
'RETRY_TIMES', 'IMAGES_STORE_GCS_ACL', 'TELNETCONSOLE_PORT',
'TELNETCONSOLE_ENABLED', 'DOWNLOADER_MIDDLEWARES',
'HTTPCACHE_DBM_MODULE', 'ROBOTSTXT_OBEY', 'DEPTH_LIMIT',
'REACTOR_THREADPOOL_MAXSIZE', 'FEED_EXPORT_FIELDS',
'SCHEDULER_DEBUG', 'CLOSESPIDER_PAGECOUNT', 'LOG_SHORT_NAMES',
'AUTOTHROTTLE_MAX_DELAY', 'DOWNLOADER_CLIENT_TLS_METHOD',
'URLLENGTH_LIMIT', 'FEED_EXPORTERS', 'DOWNLOAD_FAIL_ON_DATALOSS',
'LOG_ENCODING', 'FEED_EXPORTERS_BASE', 'FEED_FORMAT',
'DOWNLOAD_DELAY', 'HTTPCACHE_GZIP',
'DOWNLOADER_MIDDLEWARES_BASE', 'DNSCACHE_ENABLED',
'CONCURRENT_REQUESTS_PER_IP', 'DOWNLOADER_HTTPCLIENTFACTORY',
'EDITOR', 'MAIL_HOST', 'IMAGES_STORE_S3_ACL', 'CONCURRENT_REQUESTS',
'AUTOTHROTTLE_START_DELAY', 'CLOSESPIDER_ERRORCOUNT',
'STATS_CLASS', 'FEED_STORAGES_BASE', 'ITEM_PROCESSOR',
```

```
'AUTOTHROTTLE_ENABLED', 'COMMANDS_MODULE', 'AUTOTHROTTLE_DEBUG',
'NEWSPIDER_MODULE', 'FILES_STORE_S3_ACL', 'DEPTH_STATS_VERBOSE',
'CONCURRENT_ITEMS', 'DOWNLOAD_MAXSIZE', 'FTP_PASSWORD', 'MAIL_PORT',
'REFERER_ENABLED', 'HTTPCACHE_POLICY', 'STATS_DUMP',
'MEMUSAGE_NOTIFY_MAIL', 'DOWNLOAD_HANDLERS', 'LOG_DATEFORMAT',
'HTTPCACHE_ENABLED', 'DOWNLOADER_STATS', 'FEED_EXPORT_ENCODING',
'REDIRECT_ENABLED', 'REDIRECT_MAX_TIMES', 'REDIRECT_PRIORITY_ADJUST',
'DUPEFILTER_CLASS', 'SPIDER_LOADER_WARN_ONLY', 'RETRY_ENABLED',
'SPIDER_CONTRACTS', 'MAIL_PASS', 'LOG_ENABLED', 'MAIL_USER',
'HTTPCACHE_ALWAYS_STORE', 'LOGSTATS_INTERVAL',
'SCHEDULER_PRIORITY_QUEUE', 'DNS_TIMEOUT',
'DOWNLOADER_CLIENTCONTEXTFACTORY',
'MEMUSAGE_CHECK_INTERVAL_SECONDS', 'EXTENSIONS_BASE',
'FEED_STORAGES', 'BOT_NAME', 'DEFAULT_ITEM_CLASS',
'SPIDER_CONTRACTS_BASE', 'METAREFRESH_MAXDELAY',
'CONCURRENT_REQUESTS_PER_DOMAIN',
'HTTPCACHE_IGNORE_HTTP_CODES', 'TELNETCONSOLE_PASSWORD',
'MEMUSAGE_WARNING_MB', 'FEED_STORE_EMPTY', 'COOKIES_DEBUG',
'HTTPPROXY_AUTH_ENCODING', 'FEED_URI', 'SPIDER_MIDDLEWARES',
'DOWNLOADER', 'AUTOTHROTTLE_TARGET_CONCURRENCY', 'USER_AGENT',
'AJAXCRAWL_ENABLED', 'COOKIES_ENABLED', 'LOG_FORMAT',
'TELNETCONSOLE_USERNAME', 'FEED_EXPORT_INDENT', 'ITEM_PIPELINES',
'LOG_LEVEL', 'HTTPCACHE_IGNORE_RESPONSE_CACHE_CONTROLS',
'METAREFRESH_ENABLED', 'HTTPCACHE_IGNORE_MISSING',
'HTTPPROXY_ENABLED', 'HTTPCACHE_IGNORE_SCHEMES',
'SCHEDULER_MEMORY_QUEUE', 'SCHEDULER_DISK_QUEUE',
'RANDOMIZE_DOWNLOAD_DELAY', 'SETTINGS_MODULE', 'TEMPLATES_DIR',
'FILES_STORE_GCS_ACL', 'LOG_STDOUT', 'LOG_FORMATTER', 'LOG_FILE',
'HTTPCACHE_STORAGE', 'MEMDEBUG_ENABLED', 'FEED_URI_PARAMS',
'DEFAULT_REQUEST_HEADERS', 'CLOSESPIDER_TIMEOUT', 'SCHEDULER',
'SPIDER_MIDDLEWARES_BASE', 'ITEM_PIPELINES_BASE',
'STATSMAILER_RCPTS', 'MEMUSAGE_ENABLED']
... # 省略其他的普通输出，包括常规统计输出
2019-03-20 02:49:55 [scrapy.core.engine] INFO: Spider closed (finished)
```

17.9.7　常用配置

本节介绍一些常用的配置项，这些配置项会影响爬虫的爬取行为。

1．BOT_NAME

bot 的名称，默认值是 scrapybot。

2．CONCURRENT_ITEMS

同时处理 item 的个数，默认值是 100。

3．CONCURRENT_REQUESTS

同时发出的请求的个数，默认值是 16。

4. CONCURRENT_REQUESTS_PER_DOMAIN

对于单个网站进行并发请求的个数，默认值是 8。

5. CONCURRENT_REQUESTS_PER_IP

对于某个 IP 地址，可以同时发送的请求个数，0 表示没有限制。默认值是 0；如果非 0，则忽略配置项 CONCURRENT_REQUESTS_PER_DOMAIN。

6. DEFAULT_REQUEST_HEADERS

请求中的 header 内容，默认值如下：

```
{
    'Accept': 'text/html,application/xhtml+xml,application/xml;q=0.9,*/*;q=0.8',
    'Accept-Language': 'en',
}
```

7. DEPTH_LIMIT

爬虫的深度限制，如果为 0 表示没有深度限制。默认值是 0。

8. DNS_TIMEOUT

处理 DNS 的时长限制，单位秒，可以是浮点数。默认值是 60。

9. DOWNLOAD_DELAY

下载器在下载同一个网站下一个页面前需要等待的时间。该配置项可以用来限制爬取速度，减轻服务器压力。单位是秒，可以为浮点数，如 0.25 表示 250 毫秒。默认值是 0。

10. RANDOMIZE_DOWNLOAD_DELAY

有些网站会检测一些请求的相似性，例如请求间隔非常规律，将阻止该类型的后续请求。为了绕开这个问题，可以设置 RANDOMIZE_DOWNLOAD_DELAY=True，这样请求之间的间隔就是 DOWNLOAD_DELAY*[0.5, 1.5]，就是说请求间隔是一个 0.5 到 1.5 之间的随机数乘以 DOWNLOAD_DELAY，这样就比原来固定的间隔更有迷惑性。如果 DOWNLOAD_DELAY=0，RANDOMIZE_DOWNLOAD_DELAY 就没有效果了。

11. DOWNLOAD_TIMEOUT

下载器超时时间，单位是秒。默认值是 180。

12. DOWNLOAD_MAXSIZE

下载器下载的内容大小限制，单位是字节。默认值是 1073741824，表示 1024MB。如果不想有这个限制，设置其为 0。

13．LOG_ENABLED

是否启动日志功能，默认值是 True，表示启动日志功能。

14．LOG_FILE

日志文件名，None 表示将日志写入到标准输出。默认值是 None。

15．LOG_LEVEL

设定日志的级别，默认值是 DEBUG。可选的值包括 CRITICAL、ERROR、WARNING、INFO 和 DEBUG。

16．ROBOTSTXT_OBEY

是否启用 robot 服务。如果启用，Scrapy 将会尊重 robots.txt 策略。默认值是 False，就是不考虑 robots.txt 策略。

17．STATS_DUMP

当 spider 结束时显示 Scrapy 状态数据。默认值是 True，就是会显示状态数据。

17.10　命令行工具

前面的例子中已经演示了一些用法，如创建项目、创建爬虫等，本节将做一个比较系统的介绍。Scrapy 命令其实就是一个 Python 脚本，其内容如下所示：

```
# -*- coding: utf-8 -*-
import re                              # 正则表达式
import sys                             # 用来得到命令行参数信息
from scrapy.cmdline import execute
if __name__ == '__main__':
    sys.argv[0] = re.sub(r'(-script\.pyw?|\.exe)?$', '', sys.argv[0])
    sys.exit(execute())
```

17.10.1　创建项目

比较常见的用法是创建一个项目，该项目包含有配置文件、爬虫文件以及结果数据的定义等。也可以使用 Scrapy 命令来创建一个项目的基本框架，方法如下：

```
scrapy startproject 项目名称 [目录名称]
```

其中目录名称是可选的，如果没有指定，目录名称就是项目名称。

下面是两个简单的例子，演示了两个常用的用法。

```
$ scrapy startproject ex1  #ex1 是项目的名称
New Scrapy project 'ex1', using template directory
'/usr/local/lib/python2.7/site-packages/scrapy/templates/project',
created in:
/Users/py/work/scrapy/ex1
You can start your first spider with:
    cd ex1
    scrapy genspider example example.com [u'text1', u'text2']
# 指定项目目录名称，如果没有指定就是项目的名称
$ scrapy startproject ex2 ex2Folder
New Scrapy project 'ex2', using template directory
'/usr/local/lib/python2.7/site-packages/scrapy/templates/project',
created in:
/Users/py/work/scrapy/ex2Folder
You can start your first spider with:
    cd ex2Folder
    scrapy genspider example example.com
```

17.10.2 创建爬虫

在创建项目后，需要创建爬虫。默认情况下是不会自动创建爬虫的，所以这一步是必须要做的。可以使用下面命令格式来创建一个爬虫：

```
scrapy genspider [选项参数] 爬虫名 域名
```

常见的选项参数如表 17-1 所示。

表 17-1 创建爬虫命令的主要参数

参 数	说 明
--force	强制创建爬虫，即使该爬虫已经存在了
-t 模板名 -- template=模板名	指定模板，如果没有指定，就使用basic模板

下面的例子演示了常见的爬虫创建方法。

```
# 使用 basic 模板来创建爬虫
$ scrapy genspider spider1 domain1.com
Created spider 'spider1' using template 'basic' in module:
   ex1.spiders.spider1
# 查看这个爬虫的内容
$ cat ex1/spiders/spider1.py
# -*- coding: utf-8 -*-
import scrapy
class Spider1Spider(scrapy.Spider):
   name = 'spider1'
   allowed_domains = ['domain1.com']
   start_urls = ['http://domain1.com/']
```

```
    def parse(self, response):
        pass
# 如果再次创建同名爬虫会出现错误
$ scrapy genspider spider1 domain2.com
Spider 'spider1' already exists in module:
    ex1.spiders.spider1
# 如果带上-force，那么就可以覆盖原来的内容
$ scrapy genspider --force spider1 domain2.com
Created spider 'spider1' using template 'basic' in module:
    ex1.spiders.spider1
# 指定模版，前面没有指定模版，所以使用 basic 模版
$ scrapy genspider -t crawl spider2 domain3.com
Created spider 'spider2' using template 'crawl' in module:
    ex1.spiders.spider2
```

17.10.3　列出爬虫模板

我们也通过 Scrapy 命令行来查看当前系统存在哪些爬虫模板，下面是该命令的格式：

```
scrapy genspider -l
```

下面例子演示了如何查看当前系统存在的爬虫模板。

```
# 列出所有的爬虫模板
$ scrapy genspider -l
Available templates:
  basic
  crawl
  csvfeed
  xmlfeed
```

在 Ubuntu Linux 下，安装完 Scrapy 之后就存在目录/usr/local/lib/python3.5/dist-packages/scrapy/templates/spiders，在该目录下可以看到这些爬虫模板文件。

```
# 列出模板文件
$ ls -l /usr/local/lib/python3.5/dist-packages/scrapy/templates/spiders
total 16
-rw-r--r-- 1 root staff 208 Mar 10 17:52 basic.tmpl
-rw-r--r-- 1 root staff 657 Mar 10 17:52 crawl.tmpl
-rw-r--r-- 1 root staff 571 Mar 10 17:52 csvfeed.tmpl
-rw-r--r-- 1 root staff 565 Mar 10 17:52 xmlfeed.tmpl
```

下面是 basic 模板的内容。

```
# 查看 basic 模板文件的内容
$ cat /usr/local/lib/python3.5/dist-packages/scrapy/templates/spiders/basic.tmpl
# -*- coding: utf-8 -*-
import scrapy
class $classname(scrapy.Spider):        # 自定义的爬虫
    name = '$name'
    allowed_domains = ['$domain']
    start_urls = ['http://$domain/']
```

```
    def parse(self, response):
        pass
```

17.10.4 查看某个爬虫模板

在 17.10.3 节中，我们通过 cat 命令来查看某个模板的内容。Scrape 也提供了相关的命令来查看模板的内容，其优点是不需要记住模板的位置。

这个查看模板内容的命令格式如下：

```
scrapy genspider -d 模板名称
```

下面的例子演示了如何查看 basic 模板内容。

```
# 查看basic 模板文件的内容
$ scrapy genspider -d basic
# -*- coding: utf-8 -*-
import scrapy
class $classname(scrapy.Spider):
    name = '$name'
    allowed_domains = ['$domain']
    start_urls = ['http://$domain/']
    def parse(self, response):
        pass
```

可以看到和 17.10.3 节一样的内容。这里需要注意的是$name 和$domain 是变量，在使用模板生成具体爬虫时会用实际的值来代替。在 17.10.5 节会看到变量替换后的效果。

下面查看另外一个模板 crawl 的内容。

```
# 查看crawl 模板文件的内容
$ scrapy genspider -d crawl
# -*- coding: utf-8 -*-
import scrapy
from scrapy.linkextractors import LinkExtractor
from scrapy.spiders import CrawlSpider, Rule
class $classname(CrawlSpider):
    name = '$name'
    allowed_domains = ['$domain']
    start_urls = ['http://$domain/']
    rules = (
        Rule(LinkExtractor(allow=r'Items/'), callback='parse_item',
        follow=True),
    )
    def parse_item(self, response):
        item = {}
        #item['domain_id'] = response.xpath('//input[@id="sid"]/@value').
        get()
        #item['name'] = response.xpath('//div[@id="name"]').get()
        #item['description'] = response.xpath('//div[@id="description"]').
        get()
        return item
```

17.10.5　基于模板创建爬虫

可以使用模板创建自己的爬虫，这样会比从零开始创建一个完整的爬虫要节省一些时间。如果对从模板创建出来的爬虫不是很满意，也可以手动修改生成出来的爬虫。Scrapy 自带了 basic、crawl、csvfeed 和 xmlfeed 4 种模板，我们可以使用命令来创建基于它们的爬虫，命令格式如下：

```
scrapy genspider -t 模板名 爬虫名 域名
```

这里的爬虫名会替代模板中的变量$name，而域名会替代模板中的变量$domain。下面基于 crawl 模板来创建我们的爬虫 templateSpider，域名为 stackoverflow.com。

```
# 基于模板 crawl 创建爬虫 templateSpider
# $domain=stackoverflow.com
$ scrapy genspider -t crawl templateSpider stackoverflow.com
Created spider 'templateSpider' using template 'crawl' in module:
  ex1.spiders.templateSpider
$ scrapy list                                    # 查看该爬虫
templateSpider.                                  # 这就是我们新建的爬虫
$ cat ex1/spiders/templateSpider.py              # 查看文件
# -*- coding: utf-8 -*-
…                                                # 省略 6 行常规代码
class TemplatespiderSpider(CrawlSpider):
    name = 'templateSpider'
    allowed_domains = ['stackoverflow.com']
    start_urls = ['http://stackoverflow.com/']
    …                                            # 省略 11 行常规代码
```

17.10.6　启动爬虫

在定义完爬虫后可以通过命令行来将其启动，命令格式如下：

```
scrapy crawl 爬虫名
```

这个用法我们在 17.9.6 节使用过。下面是某个爬虫启动的过程：

```
$ scrapy crawl spider1                           # 启动爬虫 spider1
# 显示一些系统版本信息
2019-03-28 02:51:54 [scrapy.utils.log] INFO: Scrapy 1.6.0 started (bot:
ex1)
2019-03-28 02:51:54 [scrapy.utils.log] INFO: Versions: lxml 4.3.2.0,
libxml2 2.9.9, cssselect 1.0.3, parsel 1.5.1, w3lib 1.20.0, Twisted
18.9.0,
Python 2.7.15 (default, Oct  2 2018, 11:47:18) -
[GCC 4.2.1 Compatible Apple LLVM 10.0.0 (clang-1000.11.45.2)],
pyOpenSSL 19.0.0 (OpenSSL 1.1.0j  20 Nov 2018), cryptography 2.4.2,
Platform Darwin-17.7.0-x86_64-i386-64bit
2019-03-28 02:51:54 [scrapy.crawler] INFO:       # 爬虫信息
```

```
Overridden settings: {'NEWSPIDER_MODULE': 'ex1.spiders', '
SPIDER_MODULES': ['ex1.spiders'], 'ROBOTSTXT_OBEY': True, 'BOT_NAME':
'ex1'}
# 扩展信息
2019-03-28 02:51:54 [scrapy.middleware] INFO: Enabled extensions:
['scrapy.extensions.memusage.MemoryUsage',
…                                              # 省略扩展信息
# 爬虫爬取内容的信息
2019-03-28 02:51:56 [scrapy.downloadermiddlewares.retry]
DEBUG: Retrying <GET http://domain2.com/>
…                                              # 省略详细爬取过程信息
# 统计信息
2019-03-28 02:51:56 [scrapy.statscollectors] INFO: Dumping Scrapy
stats:
…                                              # 省略详细统计信息
# 关闭爬虫
2019-03-28 02:51:56 [scrapy.core.engine] INFO: Spider closed (finished)
```

17.10.7　爬虫列表

可以通过爬虫列表命令来查看当前项目下全部的爬虫，命令格式如下：

```
scrapy list
```

下面的例子演示了爬虫列表命令的用法。

```
$ scrapy list                    # 显示当前所有的爬虫
settingUsageDemoSpider
spider1
spider2
templateSpider
# 创建一个新的爬虫 new_spider_1
$ scrapy genspider new_spider_1 stackoverflow.com
Created spider 'new_spider_1' using template 'basic' in module:
  ex1.spiders.new_spider_1
$ scrapy list                    # 再次查看当前所有的爬虫
new_spider_1                     # 这就是刚才新建的爬虫
settingUsageDemoSpider
spider1
spider2
templateSpider
```

需要注意的是，必须在项目目录下面使用该命令，否则命令会失败。

```
$ scrapy list                    # 不在项目目录下，显示没有活动的项目
Scrapy 1.6.0 - no active project
Unknown command: list
Use "scrapy" to see available commands
```

17.10.8　爬取指定页面

爬取指定命令可以直接指定一个页面地址，让爬虫使用当前配置或者系统配置来爬取内容，这样便可以查看页面内容，或者 http 的头部信息。该命令格式如下：

```
scrapy fetch 页面地址
```

页面内容是在标准输出显示的。下面的例子演示了仅输出 html 和仅输出 header 信息的用法。

```
# 得到 http://www.example.com/1 的页面信息
$ scrapy fetch http://www.example.com/
…                                                    # 省略一些系统信息内容
2019-03-21 08:42:01 [scrapy.middleware] INFO: Enabled item pipelines:
[]    # pipelines
2019-03-21 08:42:01 [scrapy.core.engine] INFO: Spider opened
2019-03-21 08:42:01 [scrapy.extensions.logstats] INFO:
Crawled 0 pages (at 0 pages/min), scraped 0 items (at 0 items/min)
2019-03-21 08:42:01 [scrapy.extensions.telnet] INFO:
Telnet console listening on 127.0.0.1:6024
2019-03-21 08:42:02 [scrapy.core.engine] DEBUG:
Crawled (404) <GET http://www.example.com/robots.txt> (referer: None)
2019-03-21 08:42:02 [scrapy.core.engine] DEBUG: Crawled (404)
<GET http://www.example.com/> (referer: None)
<!doctype html>                                      # 页面内容
…                                                    # 省略页面内容
2019-03-21 08:42:02 [scrapy.core.engine] INFO: Closing spider (finished)
2019-03-21 08:42:02 [scrapy.statscollectors] INFO: Dumping Scrapy stats:
…                                                    # 省略统计信息
2019-03-21 08:42:02 [scrapy.core.engine] INFO: Spider closed (finished)
# 仅显示页面内容
$ scrapy fetch --nolog http://www.example.com/
<!doctype html>
<html>
…                                                    # 省略页面内容
</html>
# 仅显示 http 的头部信息
$ scrapy fetch --nolog --headers http://www.example.com/
> Accept-Language: en
> Accept-Encoding: gzip,deflate
> Accept: text/html,application/xhtml+xml,application/xml;q=0.9,*/*;q=0.8
> User-Agent: Scrapy/1.6.0 (+https://scrapy.org)
>
< X-Cache: HIT
< Accept-Ranges: bytes
< Expires: Thu, 28 Mar 2019 00:52:14 GMT
< Vary: Accept-Encoding
< Server: ECS (oxr/830A)
< Last-Modified: Fri, 09 Aug 2013 23:54:35 GMT
```

```
< Etag: "1541025663"
< Cache-Control: max-age=604800
< Date: Thu, 21 Mar 2019 00:52:14 GMT
< Content-Type: text/html; charset=UTF-8
# 我们希望指定 USER-AGENT，不用默认的 Scrapy/1.6.0 (+https://scrapy.org)
$ scrapy fetch -nolog --headers \
   --set=USER_AGENT='MyUA' http://www.example.com/
> Accept-Language: en
> User-Agent: MyUA                # 这就是我们设置的 USER-AGENT
…                                 # 省略其他的输出
```

17.10.9 在浏览器中显示页面

如果希望查看某个页面的内容，可以使用 scrapy view 这个命令。该命令会启动系统默认的浏览器来打开指定的页面，并且使用的是 Scrapy 项目的配置信息。该命令的格式如下：

```
scrapy view 页面地址
```

由于使用的是项目的配置，所有其显示的内容可能和直接在浏览器中输入的网页地址不同。可以使用 scrapy view 命令来查看不同，并且可以在浏览器中检视内容，或者做一些调试操作。下面的例子演示了该命令的用法。

```
# 启动 view 命令来打开页面 http://stackoverflow.com/questions?sort=votes
$ scrapy view http://stackoverflow.com/questions?sort=votes
2019-03-21 08:28:54 [scrapy.utils.log] INFO: Scrapy 1.6.0 started (bot:
ex1)
…                                          # 省略一些系统信息内容
  2019-03-21 08:28:54 [scrapy.middleware] INFO: Enabled extensions:
…                                          # 省略一些 middlewares 的输出
2019-03-21 08:28:54 [scrapy.middleware] INFO: Enabled item pipelines:
[]
2019-03-21 08:28:54 [scrapy.core.engine] INFO: Spider opened
2019-03-21 08:28:54 [scrapy.extensions.logstats] INFO:
Crawled 0 pages (at 0 pages/min), scraped 0 items (at 0 items/min)
2019-03-21 08:28:54 [scrapy.extensions.telnet] INFO:
Telnet console listening on 127.0.0.1:6024
2019-03-21 08:28:55 [scrapy.downloadermiddlewares.redirect] DEBUG:
Redirecting (301) to <GET https://stackoverflow.com/robots.txt>
from <GET http://stackoverflow.com/robots.txt>
2019-03-21 08:28:56 [scrapy.core.engine] DEBUG: Crawled (200)
# 得到爬虫协议文件
<GET https://stackoverflow.com/robots.txt> (referer: None)。
2019-03-21 08:28:56 [scrapy.downloadermiddlewares.redirect] DEBUG:
Redirecting (301) to <GET https://stackoverflow.com/questions?sort=
votes> from
<GET http://stackoverflow.com/questions?sort=votes>
    2019-03-21 08:28:57 [scrapy.core.engine] DEBUG: Crawled (200)
<GET https://stackoverflow.com/questions?sort=votes> (referer: None)
2019-03-21 08:28:57 [scrapy.core.engine] INFO: Closing spider
(finished)
```

```
2019-03-21 08:28:57 [scrapy.statscollectors] INFO: Dumping Scrapy stats:
…                                          # 省略统计信息
2019-03-21 08:28:57 [scrapy.core.engine] INFO: Spider closed (finished)
```

其将页面下载到本地，然后启动浏览器来查看。注意看浏览器中的地址栏，显示的不是 stackoverflow.com，而是一个以 file://开头的本地文件。

17.10.10 启动交互式 shell

前面的用法都是批量执行一个脚本，我们也可以使用交互的方式来执行。该方式一般是用来测试提取数据的代码，也就是用来测试 XPath 或 CSS 表达式，查看它们的工作方式及从爬取的网页中提取的数据。在编写 spider 时，该终端提供了交互性测试表达式代码的功能，免去了每次修改后运行完整 spider 的麻烦。一旦熟悉了 Scrapy 终端后，就会发现其在开发和调试爬虫时的巨大作用。如果安装了 IPython，Scrapy 终端将使用。如果没有安装 IPython，那么其启动标准的 CPython 终端。

该命令的格式如下：

```
scrapy shell [页面地址]
```

其会启动一个 shell，我们可以以交互的方式在 shell 内进行操作。下面的例子中，我们在 ex1 项目下打开页面 http://www.example.com/，其会自动使用当前设置去下载该页面的内容，并且将 request、response 等信息都以变量的形式提供给我们。

```
# 启动 shell，并让其打开 http://www.example.com/
$ scrapy shell http://www.example.com/
2019-03-20 08:52:42 [scrapy.utils.log] INFO: Scrapy 1.6.0 started (bot: ex1)
…                                          # 省略 scrapy 的常规输出
2019-03-20 08:52:43 [scrapy.core.engine] DEBUG: Crawled (200)
<GET http://www.example.com/> (referer: None)  # 下载页面
[s] Available Scrapy objects:
[s]   scrapy     scrapy module (contains scrapy.Request, scrapy.Selector, etc)
[s]   crawler    <scrapy.crawler.Crawler object at 0x108a67c90>
[s]   item       {}
[s]   request    <GET http://www.example.com/>
[s]   response   <200 http://www.example.com/>
[s]   settings   <scrapy.settings.Settings object at 0x108a67f10>
[s]   spider     <DefaultSpider 'default' at 0x108eb7450>
[s] Useful shortcuts:
[s]   fetch(url[, redirect=True]) Fetch URL and update local objects
 (by default, redirects are followed)
[s]   fetch(req)                  Fetch a scrapy.Request and update local objects
```

```
[s]   shelp()           Shell help (print this help)
[s]   view(response)    View response in a browser
```

这时就可以查看各种信息了，如 settings、request、response 等，方法如下：

```
>>> request                           # 查看请求信息
<GET http://www.example.com/>
>>> request.method                    # 查看请求的方法
'GET'
>>> request.url                       # 查看请求的地址
'http://www.example.com/'
>>> response                          # 查看回应消息
<200 http://www.example.com/>
>>> response.status                   # 查看状态码
200
```

也可以使用 xpath 来提取相关内容，方法如下：

```
>>> response.xpath("//h1/text()").extract()     # 查看所有 h1 标签的内容
[u'Example Domain']
>>> response.xpath("//a/@href").extract()  # 提取页面中包含的链接的地址
[u'http://www.iana.org/domains/example']
>>> response.xpath("//head/meta").extract()     # 提取头部的 meta 标签的值
[u'<meta charset="utf-8">',
u'<meta http-equiv="Content-type" content="text/html; charset=utf-8">',
u'<meta name="viewport" content="width=device-width, initial-scale=1">']
```

17.10.11　runspider

在不创建项目时，可以使用这种方法来运行定义在指定文件中的爬虫。该命令的格式如下：

```
scrapy runspider 源文件
```

下面是一个简单的例子。

```
# 启动文件 spider1.py 中定义的爬虫
$ scrapy runspider spider1.py
# 显示一些系统版本信息
2019-03-28 02:51:54 [scrapy.utils.log] INFO: Scrapy 1.6.0 started (bot:
ex1)
2019-03-28 02:51:54 [scrapy.utils.log] INFO: Versions: lxml 4.3.2.0,
libxml2 2.9.9, cssselect 1.0.3, parsel 1.5.1, w3lib 1.20.0, Twisted
18.9.0,
Python 2.7.15 (default, Oct  2 2018, 11:47:18) -
[GCC 4.2.1 Compatible Apple LLVM 10.0.0 (clang-1000.11.45.2)],
pyOpenSSL 19.0.0 (OpenSSL 1.1.0j  20 Nov 2018), cryptography 2.4.2,
Platform Darwin-17.7.0-x86_64-i386-64bit
# 爬虫信息
```

```
2019-03-28 02:51:54 [scrapy.crawler] INFO:
Overridden settings: {'NEWSPIDER_MODULE': 'ex1.spiders', '
SPIDER_MODULES': ['ex1.spiders'], 'ROBOTSTXT_OBEY': True, 'BOT_NAME': 'ex1'}
# 扩展信息
2019-03-28 02:51:54 [scrapy.middleware] INFO: Enabled extensions:
['scrapy.extensions.memusage.MemoryUsage',
…  # 省略扩展信息
# 爬虫爬取内容的信息
2019-03-28 02:51:56 [scrapy.downloadermiddlewares.retry]
DEBUG: Retrying <GET http://domain2.com/>
… # 省略爬取过程
# 统计信息
2019-03-28 02:51:56 [scrapy.statscollectors] INFO: Dumping Scrapy stats:
… # 省略统计数据
# 关闭爬虫
2019-03-28 02:51:56 [scrapy.core.engine] INFO: Spider closed (finished)
```

17.10.12　标定 Scrapy 的性能

Scrapy 提供了一个简单的性能测试工具，其创建了一个本地 HTTP 服务器，并以最大可能的速度进行爬取。该性能测试工具的目的是测试 Scrapy 在本地硬件上的效率，来获得一个基本的参考用于对比。其使用了一个简单的 spider，仅跟进链接，不做任何处理。该命令格式如下：

```
scrapy bench
```

该命令与项目无关，不用在项目文件夹下执行。下面的例子演示了该命令的使用情况。

```
# 启动标定程序
$ scrapy bench
…                                # 一些系统信息
2019-03-21 08:11:16 [scrapy.statscollectors] INFO: Dumping Scrapy stats:
{'downloader/request_bytes': 266851,
 'downloader/request_count': 860,
 'downloader/request_method_count/GET': 860,
 'downloader/response_bytes': 1275062,
 'downloader/response_count': 860,
 'downloader/response_status_count/200': 860,
…                                # 其他统计信息
'start_time': datetime.datetime(2019, 3, 21, 0, 11, 6, 90223)}
2019-03-21 08:11:16 [scrapy.core.engine] INFO: Spider closed (closespider_timeout)
```

在上面的例子中可以看到其性能大致是 860 个页面/分钟。注意，这是一个非常简单、仅跟进链接的 spider，任何其他 spider 都会做更多处理，那么其爬取的速度就会减慢。 减慢的程度取决于 spider 做的处理以及其是如何被编写的。

17.10.13　其他命令

也可以用命令来查看 Scrapy 的配置信息，命令格式如下：

```
scrapy settings [参数]
```

该命令也不依赖于项目。

下面的例子获得了某个配置的值。

```
# 在项目外面，获得爬虫的名称
$ scrapy settings --get=BOT_NAME
scrapybot  # 这个是系统的默认信息
# 进入到某个项目的目录下
$ cd ex1
$ scrapy settings --get=BOT_NAME
ex1      # 这个就是从项目得到的配置信息
```

如果对当前使用的 Scrapy 版本不确定，也可以通过命令来获得相关的信息。其有两种用法，一种是仅获得 Scrapy 的版本信息，命令格式如下：

```
scrapy version
```

另外一种可以获得除了 Scrapy 版本信息之外的其他一些信息，如 Python 的版本信息、其使用的 lxml 库的版本信息等，该命令格式如下：

```
scrapy version -v
```

下面的例子演示了上面两种用法。

```
$ scrapy version # 仅显示 Scrapy 的版本信息
Scrapy 1.6.0
$ scrapy version -v  # 显示更多的信息，如 Python、lxml 等的版本信息
Scrapy       : 1.6.0
lxml         : 4.3.2.0
libxml2      : 2.9.9
cssselect    : 1.0.3
parsel       : 1.5.1
w3lib        : 1.20.0
Twisted      : 18.9.0
Python       : 2.7.15 (default, Oct  2 2018, 11:47:18) -
 [GCC 4.2.1 Compatible Apple LLVM 10.0.0 (clang-1000.11.45.2)]
pyOpenSSL    : 19.0.0 (OpenSSL 1.1.0j  20 Nov 2018)
cryptography : 2.4.2
Platform     : Darwin-17.7.0-x86_64-i386-64bit
```

17.11 爬取北京公交线路数据

北京的公交线路非常多，一般网站会提供起始站到终点站的查询，也有网站提供公交线路经过的站点的查询。由于公交的线路不是连续的，因此不能确定存在哪些线路。通过对比各个网站，发现 http://bus.bj.bendibao.com 的线路比较清晰，可以从该网站得到所有的线路以及每条线路的经停站点信息。图 17-8 所示是在页面上看到的 10 路公交车经停的站点信息。

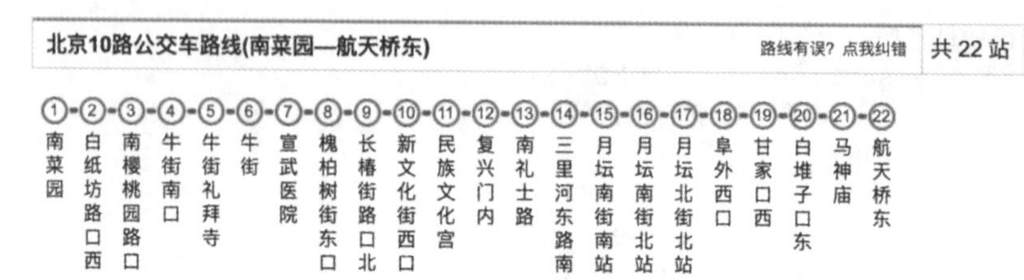

图 17-8 10 路公交车经停的站点

首先创建项目 bjbusroute，代码如下：

```
# 创建项目 bjbusroute
$ scrapy startproject bjbusroute
New Scrapy project 'bjbusroute', using template directory
'/usr/local/lib/python2.7/site-packages/scrapy/templates/project',
    /Users/scrapy/bjbusroute
You can start your first spider with:
    cd bjbusroute
    scrapy genspider example example.com
```

接着创建爬虫 bjbusspider，代码如下：

```
# 创建爬虫 bjbusspider
$ scrapy genspider bjbusspider bus.bj.bendibao.com
Created spider 'bjbusspider' using template 'basic' in module:
  bjbusroute.spiders.bjbusspider
```

我们需要提取的是线路名称和经过的公交站名，并将要提取的信息在 items.py 中定义，分别用属性 line 和 stops 来表示。下面是修改后的代码：

```
class BjbusrouteItem(scrapy.Item):
    line = scrapy.Field()              # 存储线路名称，比如 101 电车
    stops = scrapy.Field()             # 存储经过的公交车站的站名，是一个列表
```

我们还需要修改一下设置文件 settings.py，主要是有两个考虑，一是不希望给被爬取的网站太大的流量压力，二是不希望被该网站屏蔽。所以我们一方面降低了爬取的速度，

另外也伪装了我们的行为，使其看起来和普通的人工浏览类似。下面是修改添加部分的内容：

```
# 伪装成 Windows 下的 Firefox 浏览器
USER_AGENT = 'Mozilla/5.0 (Windows NT 6.1; rv:2.0.1) Gecko/20100101
Firefox/4.0.1'
CONCURRENT_REQUESTS = 1                # 并行处理的格式为 1，就是依次下载
6   DOWNLOAD_DELAY = 6                 # 每个下载之后平均休息的时间为 6 秒
RANDOMIZE_DOWNLOAD_DELAY = True        # 下载间隔是随机的
```

接着可以修改爬虫，提取公交线路数据。下面是完整的爬虫代码：

```
# -*- coding: utf-8 -*-
import scrapy
from bjbusroute.items import BjbusrouteItem
class BjbusspiderSpider(scrapy.Spider):     # 爬虫类
    name = 'bjbusspider'                    # 爬虫名
    allowed_domains = ['bus.bj.bendibao.com']
    start_urls = ['http://bus.bj.bendibao.com/linelist.aspx']
    def parse(self, response):
        # 得到种子页面上的线路地址信息
        url_list = response.xpath("//div[@class='bd_ddd pad8lr h100p']
        /ul/li/a/@href").
        extract()
        # 拼接成完成的 URL
        full_url = [response.urljoin(x) for x in url_list]
        for i in range(len(full_url)):       # 对每个链接进行处理
            yield scrapy.Request(full_url[i], callback=self.parse_stations)
        # 对下面的分页信息进行出列，得到所有的分页链接信息
        navigators = response.xpath("//*[@id='pagination1']/span/a")
        for nav in navigators:               # 找到下一页对应的链接
            text = nav.xpath("text()").extract_first()
            if text == '下一页':              # 找到了下一页的链接
                next_url = nav.xpath("@href").extract_first()
                next_url = response.urljoin(next_url)# 拼接完整链接信息
                # 对下一页进行处理
                yield scrapy.Request(next_url, callback=self.parse)
    # 对第二级页面的处理函数
    def parse_stations(self, response):
        bus = BjbusrouteItem()
        # name 包含的信息是类似于 439 路的线路信息
        bus['line'] = response.xpath("//div[@class='fleft w570']
        /input/@value").
        extract_first()
        # stops 包含的信息是类似于['白塔寺','阜成门内','阜成门']的站点信息
        bus['stops'] = response.xpath("//div[@class='pad8lr lh24'][2]
        /span/a/text()")
```

```
        .extract()
        yield bus                                   # 输出结果
```

最后启动爬虫，并生成 CSV 和 XML 格式的结果文件。命令如下：

```
$ scrapy crawl bjbusspider -o result.csv -o result.xml
```

图 17-9 所示是生成的结果文件 result.xml 中的部分内容。

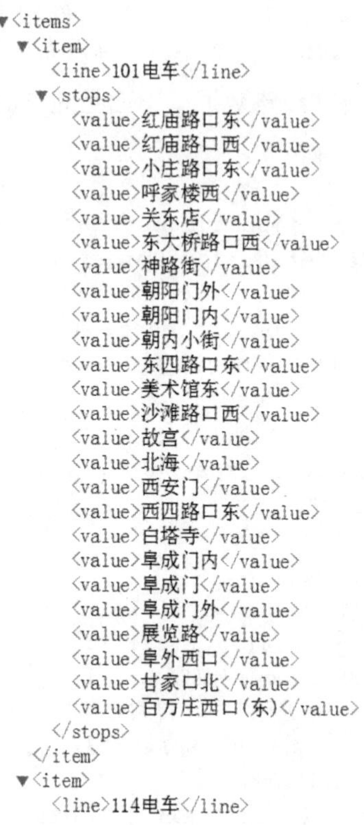

```
▼<items>
  ▼<item>
     <line>101电车</line>
    ▼<stops>
       <value>红庙路口东</value>
       <value>红庙路口西</value>
       <value>小庄路口东</value>
       <value>呼家楼西</value>
       <value>关东店</value>
       <value>东大桥路口西</value>
       <value>神路街</value>
       <value>朝阳门外</value>
       <value>朝阳门内</value>
       <value>朝内小街</value>
       <value>东四路口东</value>
       <value>美术馆东</value>
       <value>沙滩路口西</value>
       <value>故宫</value>
       <value>北海</value>
       <value>西安门</value>
       <value>西四路口东</value>
       <value>白塔寺</value>
       <value>阜成门内</value>
       <value>阜成门</value>
       <value>阜成门外</value>
       <value>展览路</value>
       <value>阜外西口</value>
       <value>甘家口北</value>
       <value>百万庄西口(东)</value>
     </stops>
   </item>
  ▼<item>
     <line>114电车</line>
```

图 17-9　结果文件的显示效果

第 18 章　Flask Web 开发框架

Flask 是一个用 Python 实现的 Web 应用框架。使用 Flask 开发 Web 应用程序是很简单的，只需要提供某个 URL 的对应操作的处理函数即可，至于 HTTP 请求是如何触发该处理函数的、该处理函数的返回值是如何被返回给浏览器的等问题都不需要开发者操心，Flask 会完成这一切。

本章主要涉及的内容包括：

- Flask 的安装；
- Flask 的简单应用；
- 路由；
- 应用参数；
- 模板的使用。

18.1　Flask 的安装

Flask 的安装比较简单，推荐使用 PIP 来完成。对于 Windows 系统，可以使用下面的命令：

```
pip install flask
```

在安装 Flask 的过程中，其所依赖的包 Werkzeug 也被自动安装。Werkzeug 完成底层的网络连接功能。下面的代码演示了如何使用 Werkzeug 来实现最简单的 Web 服务功能：

```
from werkzeug.wrappers import Request, Response
@Request.application                                # 定义一个处理函数
def demo1(request):
    return Response('Welcome to python in one')# 返回 html 文档的内容
if __name__ == '__main__':                          #
    from werkzeug.serving import run_simple
    run_simple('localhost', 8086, demo1)            # 运行在 8086 端口上
```

使用以下命令运行该程序以启动 Web 服务。

```
$ python flaskDemo1.py
* Running on http://localhost:8086/ (Press CTRL+C to quit)
```

在浏览器中输入地址 http://localhost:8086/即可看到在 demo1()中的输出。

18.2　最简单的 Flask 应用

本节将创建一个 Python 文件，在该文件中启动 Flask 应用程序。通过不到 10 行的代码就可以得到一个 Flask 应用程序，下面是这个迷你版的应用的代码：

```
from flask import Flask
# 创建一个应用对象，名字为 first_flask_demo
app1 = Flask('first_flask_demo')
@app1.route('/')                    # 给 app1 添加处理函数，其对于 URL 是/
def demo1():
    return 'Welcome to python in one'
if __name__ == '__main__':
    app1.run()                      # 启动应用程序
```

下面来运行该程序：

```
$ python flaskDemo2.py
 * Serving Flask app "first_flask_demo" (lazy loading)
 * Environment: production
   WARNING: Do not use the development server in a production environment.
   Use a production WSGI server instead.
 * Debug mode: off
 * Running on http://127.0.0.1:5000/ (Press CTRL+C to quit)
```

可以发现其运行在 127.0.0.1:5000 上。现在在浏览器中输入地址 http://localhost:5000/ 即可看到我们代码输出的内容了。图 18-1 所示是浏览器中显示的内容。

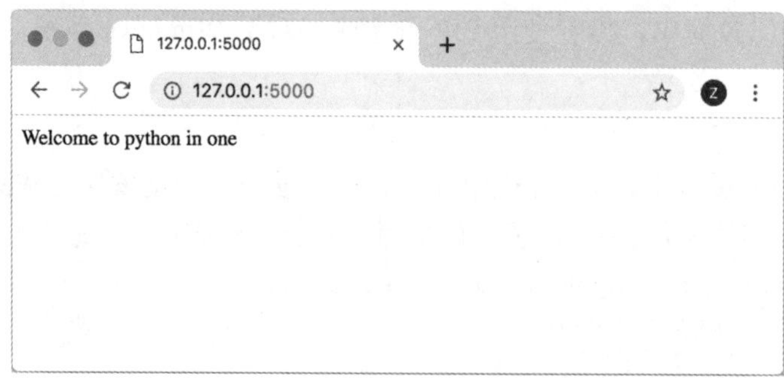

图 18-1　最简单的 Flask 应用程序的效果

18.3　路　　由

在前面的例子中我们定义了一个路由，即“/”，使用的方法是：

```
@app1.route('/')
```

app1 是我们创建的应用对象，/就是路由，表示如果用户输入了这个地址，那么 Flask 就会调用对应的 demo1()函数来进行处理。我们可以给应用定义多个路由，这样不同的 URL 就会有不同的处理函数。

```
from flask import Flask
app1 = Flask('first_flask_demo')
@app1.route('/')
def demo1():
    return 'Welcome to python in one'
@app1.route('/api_demo2')        # 定义另外一个路由
def api_demo2():
    return 'you are visiting api_demo2'
if __name__ == '__main__':
    app1.run()
```

运行后在浏览器中即可输入地址 http://localhost:5000/api_demo2 来查看这个新的地址。图 18-2 所示为在浏览器查看的效果。

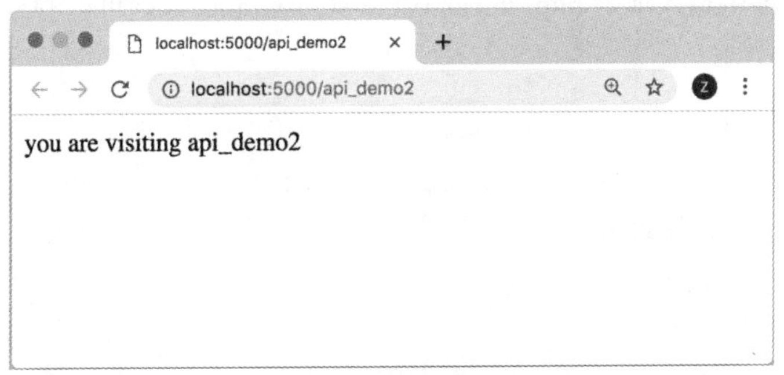

图 18-2　新定义的路由

18.3.1　动态路由

前面介绍的是静态路由，但有些 URL 的格式是/user/alex，其中 alex 表示用户名，不同的用户会有不同的名字。例如用户名是 bob，那么其对应的 URL 就是/user/bob。这种情况下可以使用变量来代替名字部分，方法如下：

```
app.route('/user/<username>')
```

在处理函数内部可以使用变量 username 来获得输入参数的实际值。

下面是一个简单的例子。

```
from flask import Flask
app1 = Flask('first_flask_demo')
@app1.route('/user/<username>')             # 指定了格式
def demo1(username):                        # username 是用户从地址上的输入
    return 'Welcome %s' % username
if __name__ == '__main__':
    app1.run(debug=True, host='0.0.0.0', port=8080)
```

运行后在浏览器中输入地址 http://localhost:8080/user/alex，可以看到输出为 Welcome alex，如图 18-3 所示。

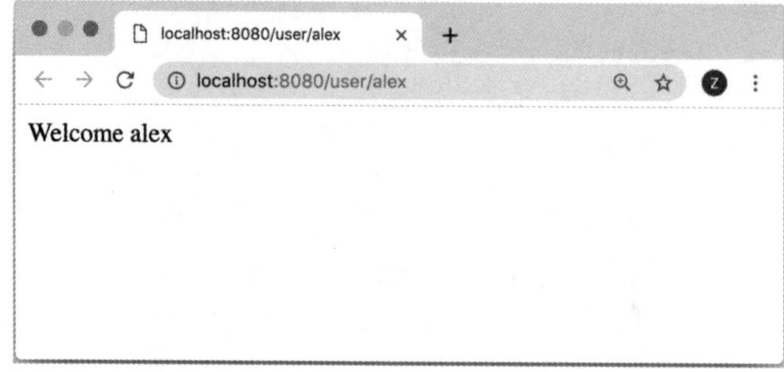

图 18-3　欢迎 alex 的页面

如果在浏览器中输入地址 http://localhost:8080/user/alice，则可以看到输出为 Welcome alice，如图 18-4 所示。

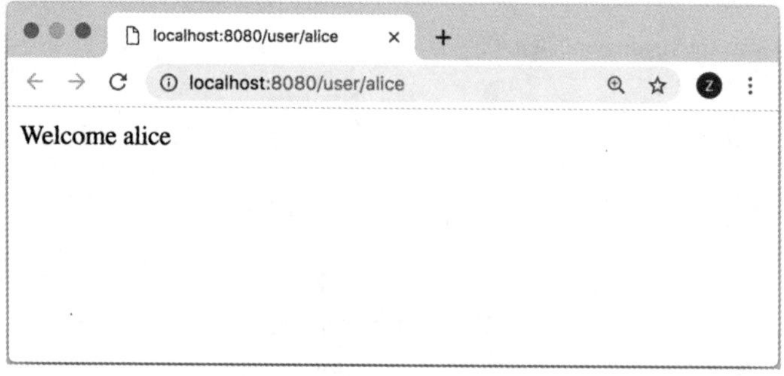

图 18-4　欢迎 alice 的页面

18.3.2　限定类型

如果希望限定输入的动态字段的类型，可以使用<类型:变量名>来实现，例如如果希望某个字段只能是整数，那么可以写为/user/<int:user_id>。

下面是一个简单的例子。

```
from flask import Flask                    # 引入 Flask
app1 = Flask('first_flask_demo')           # 创建应用程序
@app1.route('/user/<int:userid>')          # 限定参数 userid 只能是整数
def demo1(userid):
    return 'Welcome you [User %d]' % userid
if __name__ == '__main__':
    app1.run(debug=True, host='0.0.0.0', port=8080)
```

运行后在浏览器中输入地址 http://localhost:8080/user/12，可以看到 Welcome you [User 12]这样的输出，如图 18-5 所示。

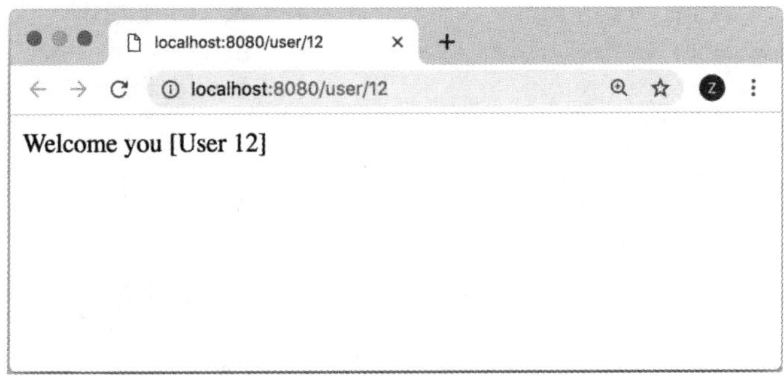

图 18-5　正确的用户参数

如果输入的不是整数，例如，输入的地址是 http://localhost:8080/user/alex，则可看到 404 错误，如图 18-6 所示。

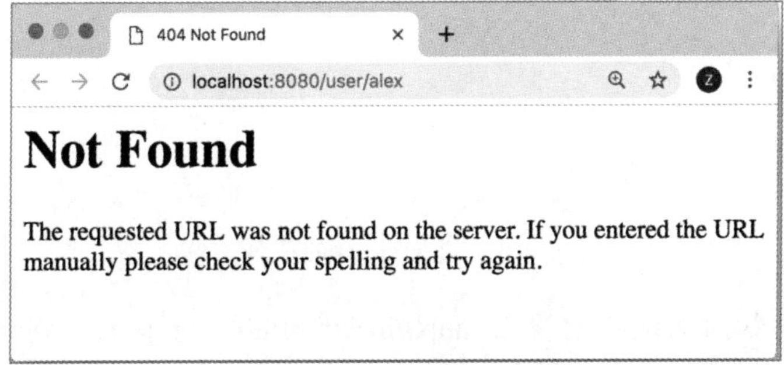

图 18-6　错误的参数类型

目前 Flask 支持的类型如表 18-1 所示。

表 18-1　Flask支持的数据类型

类　型	含　义
string	接受任何不包含斜杠的文本，这是默认值
int	接受正整数
float	接受正浮点数
path	类似string，但可以包含斜杠
uuid	接受UUID字符串

18.3.3　地址尾部的“/”

如果路由的尾部带有“/”，那么在浏览器的地址栏中输入“/”和不输入“/”的效果是一样的。如果路由的尾部没有“/”，那么在浏览器的地址栏中是不能输入“/”的，否则会出错。例如下面的代码：

```
from flask import Flask                    # 引入flask模块
app1 = Flask('first_flask_demo')           # 应用程序
@app1.route('/projects/')                  # 注意：尾部带有“/”
def projects():
    return 'The PROJECTS page'
@app1.route('/about')                      # 注意：尾部没有“/”
def about():
    return 'The ABOUT page'
if __name__ == '__main__':                 # 如果是运行该脚本
    app1.run(debug=True, host='0.0.0.0', port=8080)
```

在输入 http://localhost:8080/projects/地址时，一切正常。浏览器显示如图 18-7 所示。

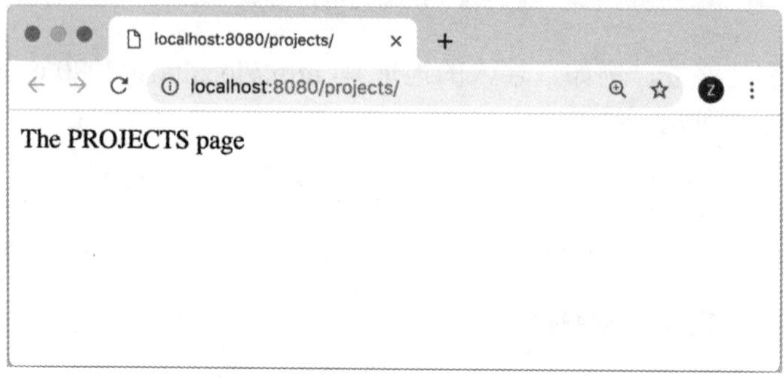

图 18-7　/projects/的页面

如果在浏览器的地址栏中输入 http://localhost:8080/projects，则会自动重定向到 http://localhost:8080/projects/，也没有问题。

如果输入 http://localhost:8080/about，一切正常。

如果输入 http://localhost:8080/about/，则会得到 404 错误，如图 18-8 所示。

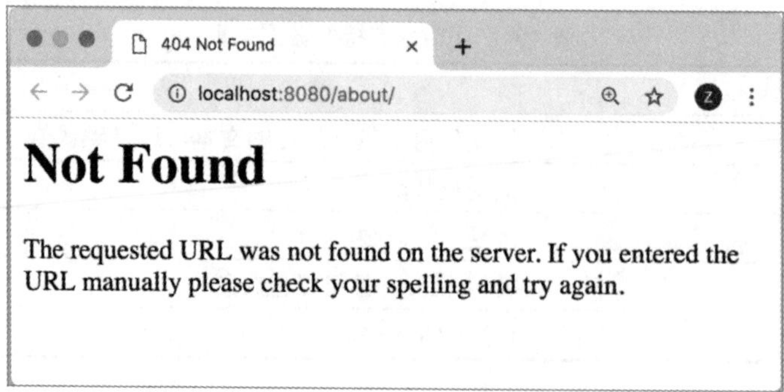

图 18-8　/about/的页面

18.4　运行应用的参数

1．Debug模式

参数 debug=True 表示是运行在 Debug 模式下，默认是 production。

假定将 app1.run()修改为 app1.run(debug=True)，那么运行时就可以看到下面的输出:

```
$ python flaskDemo3.py
 * Serving Flask app "first_flask_demo" (lazy loading)
 * Environment: production
   WARNING: Do not use the development server in a production
   environment.
   Use a production WSGI server instead.
 * Debug mode: on                    # 运行在 Debug 模式下
 * Restarting with stat
 * Debugger is active!
 * Debugger PIN: 181-405-252
* Running on http://127.0.0.1:5000/ (Press CTRL+C to quit)
```

Debug 模式的一个好处就是，如果用户修改了代码，它会自动重启服务并应用最新的代码，不用手动按 Ctrl+C 组合键来停掉服务，然后再次启动服务。

2．监听的主机

该配置项默认是 127.0.0.1，表示仅在本机上可以访问该 Web 服务器，其他机器是不可以访问的。为了让其他机器可以访问，可以将其设定为 0.0.0.0。

```
app1.run(host='0.0.0.0')
```

运行后可以发现其监听的主机 IP 发生了变化。

```
$ python flaskDemo3.py
 * Serving Flask app "first_flask_demo" (lazy loading)
 * Environment: production
   WARNING: Do not use the development server in a production
   environment.
   Use a production WSGI server instead.
 * Debug mode: on                    # Debug 模式
 * Restarting with stat
 * Debugger is active!
 * Debugger PIN: 181-405-252
# 使用 0.0.0.0
 * Running on http://0.0.0.0:5000/ (Press CTRL+C to quit)
```

3．端口号

默认的端口号是 5000，如果我们希望修改这个值，可以使用参数 port 来实现。

```
app1.run(port=8080)
```

启动后会发现输出的消息有下面的变化：

```
$ python flaskDemo3.py
 * Serving Flask app "first_flask_demo" (lazy loading)
 * Environment: production
   WARNING: Do not use the development server in a production
   environment.
   Use a production WSGI server instead.
 * Debug mode: on                              # Debug 模式
 * Restarting with stat
 * Debugger is active!
 * Debugger PIN: 181-405-252
 # 端口是 8080
 * Running on http://0.0.0.0:8080/ (Press CTRL+C to quit)
```

18.5　命令行方式运行

在前面的例子中是通过 Python 文件名来启动 Flask 应用，其实质就是运行 app1.run()命令。Flask 自己也带有一个 Flask 命令，可以完成类似的工作。例如有一个文件 cmdlineDemo1.py，其内容如下：

```
from flask import Flask
app1 = Flask('cmd_line_demo1')
@app1.route('/')
def demo1():
    return 'Welcome to python in one'
```

现在通过设定环境变量 FLASK_APP=flaskDemo3.py 来表示将要运行的应用是哪个，然后运行 flask run 来启动该应用。

```
$ flask run
 * Serving Flask app "cmdlineDemo1.py"
 * Environment: production
   WARNING: Do not use the development server in a production
   environment.
   Use a production WSGI server instead.
 * Debug mode: off
 * Running on http://127.0.0.1:5000/ (Press CTRL+C to quit)
```

同样的问题，如何设置 Debug 模式呢？类似地，可以使用环境变量来达到目的，即设定环境变量 FLASK_DEBUG=1 就可以在 Debug 模式下运行了。

如何设定监听的主机呢？默认是 127.0.0.1，如果我们希望设定为 0.0.0.0，那么可以在命令行后面带上参数--host=0.0.0.0。

```
$ flask run --host=0.0.0.0
 * Serving Flask app "cmdlineDemo1.py"
 * Environment: production
   WARNING: Do not use the development server in a production
   environment.
   Use a production WSGI server instead.
```

```
 * Debug mode: off
 * Running on http://0.0.0.0:5000/ (Press CTRL+C to quit)
```

如何设定端口号呢？可以使用命令行参数--port=8080 这种方式来设定。

```
$ flask run --port=8080
 * Serving Flask app "cmdlineDemo1.py"
 * Environment: production
   WARNING: Do not use the development server in a production environment.
   Use a production WSGI server instead.
 * Debug mode: off
 * Running on http://127.0.0.1:8080/ (Press CTRL+C to quit)
```

运行环境默认是 production，如何设定为 development 呢？可以通过环境变量 FLASK_ENV 来设置，即 FLASK_ENV=development。

18.6　HTTP 的方法

HTTP 协议定义了下面这些方法：

- GET
- POST
- PUT
- DELETE
- OPTIONS
- HEAD
- TRACE
- CONNECT

但比较常用的是前面 4 种。我们可以在路由中指定其支持的方法，下面的例子表示指定地址仅支持 GET 和 POST 这两种操作。

```
@app.route('/login', methods=['GET', 'POST'])
```

18.7　静 态 文 件

对于网页来说，静态文件是不可避免的。即使简洁如 Google，其主页也包含有图片。静态文件通常是 css 文件、js 文件以及图片、视频、音频文件等。

假定在 static 目录下有一个文件 demo1.png，那么我们可以通过地址 http://localhost:8080/static/demo1.png 来访问该文件。

```
from flask import Flask, url_for
app1 = Flask('first_flask_demo')
```

```python
@app1.route('/')
def index():
    png_url = url_for('static', filename='demo1.png')
    return 'The URL is [%s]' % png_url
if __name__ == '__main__':
    app1.run(debug=True, host='0.0.0.0', port=8080)
```

在浏览器中输入地址 http://localhost:8080/，可以看到输出为 The URL is [/static/demo1.png]，如图 18-9 所示。

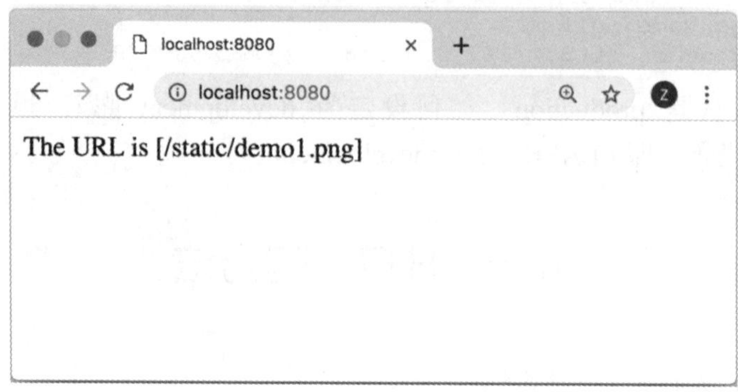

图 18-9　静态文件的地址

如果在浏览器输入图 18-9 中的地址信息，可以看到如图 18-10 所示的图片。

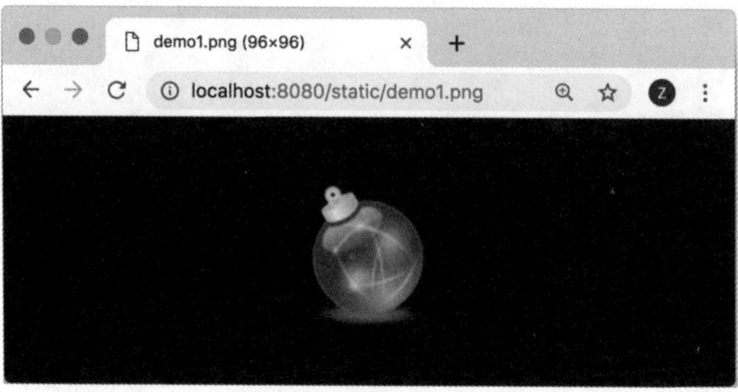

图 18-10　显示静态图片文件

18.8　模　板

我们在前面都是通过返回一个字符串的方式来处理浏览器的请求，该字符串就是 html 页面的内容。该方法比较笨拙，我们可以直接让其返回一个文件的内容。如果在 templates 目录下创建了一个文件 hello.html，那么我们就可以直接将该文件返回给浏览器让其显示。

下面是该模板文件的内容：

```
<html>
<head>
<title>模板 hello</title>
</head>
<body>
你正在使用模板 hello<BR>
</body>
</html>
```

下面是在代码中使用该模板的方法：

```
from flask import Flask, url_for, render_template
app1 = Flask('first_flask_demo')
@app1.route('/')
def index():
    return render_template('hello.html')
if __name__ == '__main__':
    app1.run(debug=True, host='0.0.0.0', port=8080)
```

在浏览器中输入 http://localhost:8080/，便可以看到模板文件的内容了，如图 18-11 所示。

图 18-11　模板的效果

这种使用模板的方法是比较简单的，只是将要输出的 html 放到单独的文件中去了。但是默认动态功能，比如说不同人看见的内容是不同。Flask 使用的是 jinja 模板，它是支持这种动态的。

模板一般包含两个动态元素，一个是变量，一个是表达式。

18.8.1　变量

如果需要在页面中显示欢迎人的名字，可以使用{{变量名}}来表示。例如，可以将前面的模板文件修改为：

```
<html>
<head>
```

```
<title>模板 hello</title>
</head>
<body>
你({{username}})正在使用模板 hello<BR>
</body>
</html>
```

然后将代码修改为：

```
from flask import Flask, url_for, render_template
app1 = Flask('first_flask_demo')
@app1.route('/<user_name>')
def index(user_name):
    return render_template('hello2.html', username=user_name)
if __name__ == '__main__':
    app1.run(debug=True, host='0.0.0.0', port=8080)
```

运行该代码后，在浏览器中输入 http://localhost:8080/alex，就可以看到“你(alex)正在使用模板 hello”这样的输出，如图 18-12 所示。

图 18-12　模板变量使用效果

18.8.2　表达式

表达式需要放在{%和% }之间。我们可在这里放任意的 Python 语句。

1．for表达式

模板内容如下：

```
<html>
<head>
<title>模板演示</title>
</head>
<body>
<ul id="navigation">
{% for item in href_list %}
    <li><a href="{{ item.href }}">{{ item.caption }}</a></li>
```

```
{% endfor %}
</ul>
</body>
</html>
```

代码内容如下:

```
from flask import Flask, url_for, render_template
app1 = Flask('first_flask_demo')
@app1.route('/')
def index():
    data = [
        {"href":"back.html", "caption":"back"},
        {"href":"forward.html", "caption":"forward"},
    ]
    return render_template('hello3.html', href_list=data)
if __name__ == '__main__':
    app1.run(debug=True, host='0.0.0.0', port=8080)
```

在浏览器中输入地址 http://localhost:8080/，可以看到如图 18-13 所示的内容。

图 18-13　带有 for 语句的模板

2. if表达式

需要将 if 表达式放到{%和%}之间，还可以放入 else、endif、elif 等语句，endif 表示表达式结束。下面是一个模板的例子，代码如下：

```
<!doctype html>
<html>
  <head>
    <title>if 语句在模板中的使用</title>
  </head>
  <body>
    hello,
    {% if gender=='male' %}          # if
        Mr.
    {% else %}                       # else
        Ms.
    {% endif %}                      # endif
```

```
    {{ name }},
    you are {{ age }} years old now.
  </body>
</html>
```

使用该模板的代码如下：

```
from flask import Flask, url_for, render_template
app1 = Flask('first_flask_demo')
@app1.route('/')
    def index():
    args = {                            # 给模板的参数
        'name': "alex",
        'gender': "male",
        'age': 18
    }
    return render_template('ifdemo1.html', **args)      # 使用模板
if __name__ == '__main__':
    app1.run(debug=True, host='0.0.0.0', port=8080)
```

现在在浏览器中输入地址 http://localhost:8080/，便可以看到如图 18-14 所示的内容。

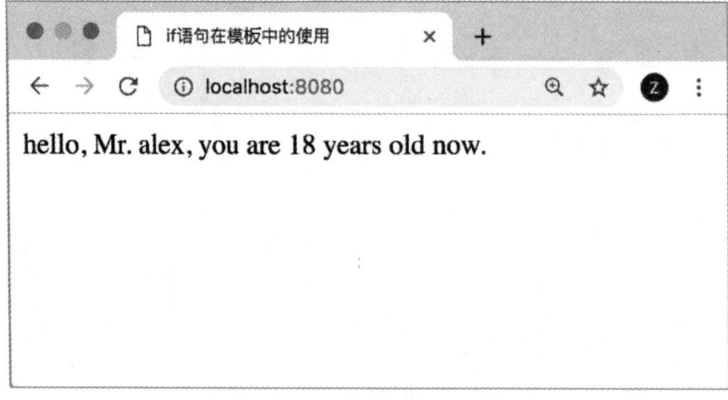

图 18-14　if 语句在模板中的使用

18.8.3　子模板

有一个基础模板叫作 layout.html，其内容如下：

```
<!doctype html>
<html>
  <head>
    {% block head %}
    <link rel="stylesheet" href="{{ url_for('static', filename=
    'style.css') }}">
    <title>{% block title %}{% endblock %} - python_in_one</title>
    {% endblock %}
  </head>
  <body>
    <div id="content">{% block content %}{% endblock %}</div>
```

```
    <div id="footer">
      {% block footer %}
      &copy; Copyright 2019 by <a href="http://lovepython.cn/">
      lovepython</a>.
      {% endblock %}
    </div>
  </body>
</html>
```

下面定义一个派生的模板，命名为 subtemplate1.html，其内容如下：

```
{% extends "layout.html" %}
{% block title %}首页{% endblock %}
{% block head %}
  {{ super() }}
  <style type="text/css">
    .important { color: #336699; }
  </style>
{% endblock %}
{% block content %}
  <h1>首页内容</h1>
  <p class="important">
    欢迎来到 Python 大全网站.
{% endblock %}
```

定义代码来使用该模板，代码如下:

```
from flask import Flask, url_for, render_template
app1 = Flask('first_flask_demo')
@app1.route('/')
def index():
    return render_template('subtemplate1.html')
if __name__ == '__main__':
    app1.run(debug=True, host='0.0.0.0', port=8080)
```

运行该代码后，打开页面 http://localhost:8080/，可以看到如图 18-15 所示的内容。

图 18-15　子模板的使用

第 19 章　键值数据库 Redis

传统的数据库是以表为单位存储数据的。近几年流行一些其他类型的数据库，如存储键值的数据库。比较典型的存储键值的数据库是 Memcached 和 Redis，Memcached 出现的比较早，Redis 可以看作是升级版的 Memcached。我们可以将键值数据库看作是一种特殊的关系数据库，其表仅有两列，一列是键，一列是值。本章主要涵盖了下面的内容：

- Redis 数据库的介绍；
- 服务器的安装；
- Python 客户端的安装；
- 元操作；
- 字符串数据的操作；
- 哈希数据的操作；
- 列表数据的操作；
- 集合数据的操作；
- 订阅发布；
- 设置时效；
- 管道模式。

19.1　介　　绍

Redis 是一种开源的键值数据库，其相较于传统的关系数据库要简单很多。由于其结构简单，其速度也能快很多。为了进一步提升性能，键值数据库一般使用内存保存数据，还使用 C 语言来进行开发。根据官方数据，其可以达到 100000 次/秒的读操作，81000 次/秒千次的写操作。传统的关系数据库 MySQL 只能达到 5000 次/秒的读操作，写操作只能达到 3000 次/秒。

和 MySQL 类似，Redis 系统地包括服务器端和客户端两个角色。客户端和服务器通过 RESP 协议通信，如图 19-1 所示。

Redis 服务器通常使用 TCP 端口 6379。其常用的工作模式是客户端发送一个请求，服务器处理该请求，然后将结果返回给客户端，如图 19-2 所示。

另外一种工作模式是管道（pipelining）模式，其不等待前面的回应消息就发送下一条请求以提升吞吐量，如图 19-3 所示。

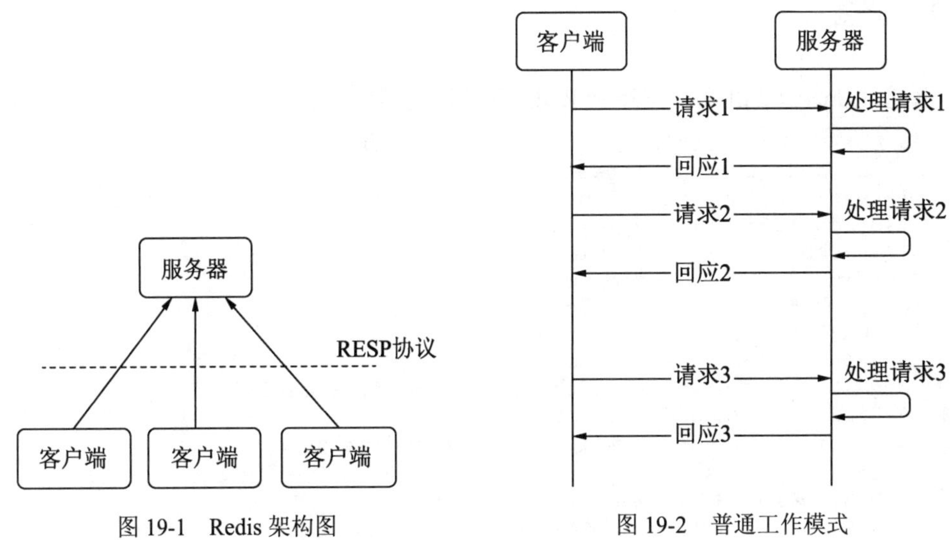

图 19-1　Redis 架构图　　　　图 19-2　普通工作模式

第三种工作模式是订阅模式，就是客户端先告诉服务器其关心哪些数据，然后在这些数据发生改变时服务器主动发送消息通知客户端。在该模式中，客户端不是主动去请求某个数据，而是服务器主动通知客户端某个数据的最新值，如图 19-4 所示。

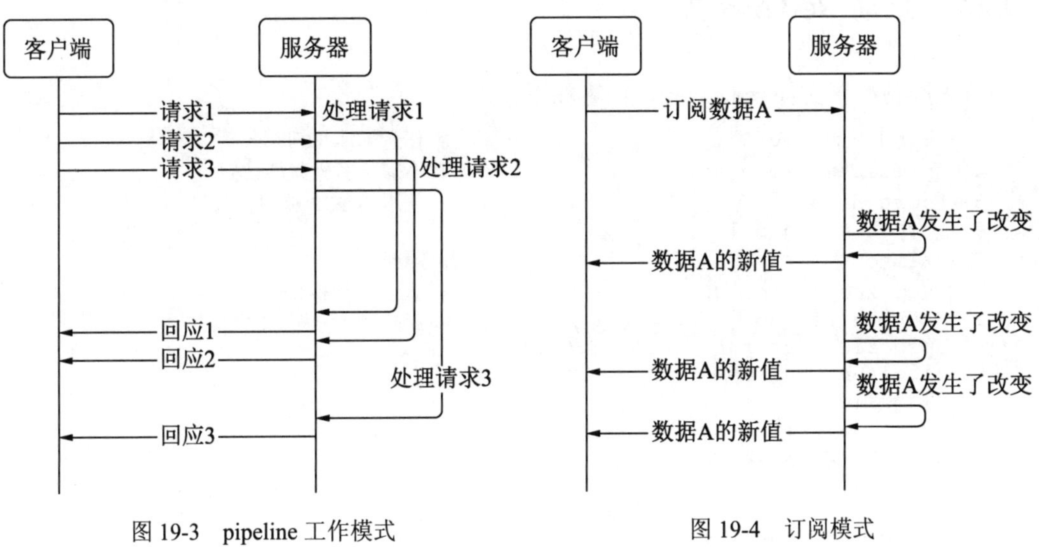

图 19-3　pipeline 工作模式　　　　图 19-4　订阅模式

19.2　服务器的安装

本节不介绍传统的 Redis 安装方法，而是介绍使用 Docker 来启动 Redis 服务器的方法。

19.2.1 服务器容器下载

可以通过 docker pull 命令来得到 Redis 服务器的镜像，版本选择最新的即可。

```
1  $ docker pull redis                     # 下载最新的 Redis 镜像
2  Using default tag: latest
3  latest: Pulling from library/redis
4  743f2d6c1f65: Already exists
5  171658c5966d: Pull complete
6  fbef10bd7a65: Pull complete
7  0b0b11956c72: Pull complete
8  09dbd716637e: Pull complete
9  d09046fd4481: Pull complete
10 Digest: sha256:e549a30b3c31e6305b973e0d9113a3d38d6056
11 6708137af9ed7cbdce5650c5cc
12 Status: Downloaded newer image for redis:latest
13 $ docker images                         # 查看是否下载完成
14 REPOSITORY   TAG   IMAGE ID     CREATED    SIZE
15 redis          latest  d3e3588af517  8 days ago    95MB
```

下载过程比较快，因为从第 15 行的输出可以看到，该镜像只有 95MB。

另外需要说明的是，Redis 相关的容器镜像很多，这里介绍的是 Redis 官方版本。

19.2.2 启动 Redis 容器

首先准备配置文件 redis.conf，内容如下：

```
bind 0.0.0.0                             # 任意本地 IP 地址
protected-mode no                        # 不需要密码就能访问
port 6379                                # 使用的 TCP 端口
tcp-backlog 511
timeout 0                                # 不超时
tcp-keepalive 300                        # TCP 连接保持时间
supervised no
pidfile /var/run/redis_6379.pid
loglevel notice
logfile ""
databases 16
always-show-logo yes
save 900 1
save 300 10
save 60 10000
stop-writes-on-bgsave-error yes
rdbcompression yes
rdbchecksum yes
dbfilename dump.rdb
dir ./
slave-serve-stale-data yes
slave-read-only yes
```

```
repl-diskless-sync no
repl-diskless-sync-delay 5
repl-disable-tcp-nodelay no
slave-priority 100
lazyfree-lazy-eviction no
lazyfree-lazy-expire no
lazyfree-lazy-server-del no
slave-lazy-flush no
appendonly no
appendfilename "appendonly.aof"
appendfsync everysec
no-appendfsync-on-rewrite no
auto-aof-rewrite-percentage 100
auto-aof-rewrite-min-size 64mb
aof-load-truncated yes
aof-use-rdb-preamble no
lua-time-limit 5000
slowlog-log-slower-than 10000
slowlog-max-len 128
latency-monitor-threshold 0
notify-keyspace-events ""
hash-max-ziplist-entries 512
hash-max-ziplist-value 64
list-max-ziplist-size -2
list-compress-depth 0
set-max-intset-entries 512
zset-max-ziplist-entries 128
zset-max-ziplist-value 64
hll-sparse-max-bytes 3000
activerehashing yes
client-output-buffer-limit normal 0 0 0
client-output-buffer-limit slave 256mb 64mb 60
client-output-buffer-limit pubsub 32mb 8mb 60
hz 10
aof-rewrite-incremental-fsync yes
```

下面需要将配置文件 redis.conf 给 Redis 使用，所以需要使用容器参数-v，该参数将配置文件映射到容器内部的:/etc/redis/redis.conf。下面是启动容器实例。

```
1  $ docker run --name python_redis -p 6379:6379 -v redis.conf:/etc/redis/
   redis.conf \
2  -d redis redis-server             # 启动 Redis 服务器
3  4de3010dbba372b1ea194e9330ee4bbf6b137ba56b57e204f42abf96e9819045
4  $ docker ps
5  CONTAINER ID           IMAGE      COMMAND
6  CREATED                STATUS
7  PORTS                  NAMES
8  bb7cf9ba429a           redis      "docker-entrypoint.s…"
9  3 seconds ago          Up 2 seconds
10 0.0.0.0:6379->6379/tcp python_redis
```

由于 Docker 实例显示的信息比较长，这里将其放在三行内即第 8 行到第 10 行。第 8 行显示的信息是 Docker 的标识符（这个对所有的 Docker 实例都是唯一的）、使用的镜像文件和启动时运行的命令；第 9 行显示的信息是 Docker 实例开始运行的时间以及 Docker

实例的状态；第 10 行显示的信息是端口映射和 Docker 实例的名字。

19.3　Python 客户端的安装

在服务器安装完毕后，需要实现自己的客户端，并通过客户端来操作服务器。构建客户端时需要使用 redis 库，该库可以使用 PIP 进行安装，方法如下：

```
$ sudo pip install redis
Collecting redis
  Downloading https://files.pythonhosted.org/packages/ac/a7/
cff10cc5f1180834a3ed564d148fb4329c989cbb1f2e196fc9a10fa07072/
redis-3.2.1-py2.py3-none-any.whl (65kB)
    100% |████████████████████████████████| 71kB 200kB/s
Installing collected packages: redis
Successfully installed redis-3.2.1
```

安装完成后，可以检查一下是否安装成功，启动 Python 解释器，输入下面的命令：

```
>>> import redis                # 引入 redis 库
>>> redis.__version__           # 得到版本信息
'3.2.1'
```

如果能够正确执行上面的代码并显示版本，表示客户端安装完成。下面介绍客户端基本的操作步骤。

（1）引入库。

（2）建立连接。

（3）读写数据。

下面是一个最简单的例子。

```
>>> import redis                                              # 引入库
>>> r = redis.Redis(host='10.20.17.13', port=6379, db=0)   # 建立连接
>>> r.set('key1', "value1")                                   # 写入数据
True
>>> r.get('key1')                                             # 读出数据
b'value1'
```

19.4　元　操　作

本节主要介绍一些元操作，不涉及数据的读写。

（1）type()：可以通过这个方法来知道某个键对应数据的类型。

```
>>> import redis
>>> r = redis.Redis(host='127.0.0.1', port=6379, db=0)
>>> r.set('key1', "value1")
True
```

```
>>> r.type('key1')
b'string'
```

（2）exists()：该函数可以接收一个参数，字符串类型，表示键，如果存在该键，则返回 1。该韩式也可以接收多个参数，每个参数都表示一个键，如果有一个存在就返回 1，否则返回 0

```
>>> r.exists("set1")                # 是否存在 set1 这个元素
1                                   # 存在
>>> r.exists("set2")                # 是否存在 set2 这个元素
0                                   # 不存在
>>> r.exists("set1", "set2")        # 多个参数，有一个存在就返回 1
1
```

（3）delete()：该函数用来删除某个元素，或者某些元素。该函数的返回值是删除掉的元素个数。如果没有删除掉任何元素就返回 0。

```
>>> r.set(‘key1’, 1)                # 创建元素 key1
True                                # 成功
>>> r.set(‘key2’, 2)                # 创建元素 key2
True                                # 成功
>>> r.delete('key1', ‘key2’)        # 删除 2 个元素
2                                   # 2 个元素被删除
>>> r.delete('key1', 'key2’)        # 删除 2 个元素
0                                   # 0 个元素被删除
```

（4）rename()：该函数用于重命名文件。

```
>>> r.keys()                        # 所有的键
[b'key2', b'key1']
>>> r.rename('key2', 'newkey')      # 改名
True
>>> r.keys()                        # 改名后的键
[b'newkey', b'key1']
```

（5）keys()：该函数返回一个列表，里面是全部的键。

```
>>> r.keys()
[b'key2', b'key1']
```

（6）dbsize()：该函数返回一个整数，表示有多少条数据。

```
>>> r.keys()                        # 得到所有的键
[b'key2', b'key1']                  # 两个键
>>> r.dbsize()                      # 记录条数
2                                   # 2 条记录
```

19.5　字符串数据的操作

本节主要介绍字符串数据的操作。

（1）给单个键赋值 set()：该函数用于给单个键赋值。

```
>>> r.set('key10', 100)
True
>>> r.get('key10')                        # 得到键 key10 对应的值
b'100'                                    # 返回值是字符串
```

该函数还有几个参数，其中包括有效时间，即如果过了指定时间，该键自动被删除。可以用 ex 参数来指定该键存在的秒数。下面的代码设定一个键，其有效时间是 10 秒，可以发现在 10 秒后该键就不存在了。

```
import time, redis
r = redis.Redis(host='127.0.0.1',port=6379)
r.set("str_set_expire_demo", "val1", ex=10)
print("Key Exist? %s" % bool(r.exists("str_set_expire_demo")))
time.sleep(12)
print("12 Seconds Passed, Key Exist? %s" % bool(r.exists("str_set_
expire_demo")))
```

运行后的结果如下：

```
$ python setEx1.py
Key Exist? True
12 Seconds Passed, Key Exist? False
```

如果希望存在的时间比较短，可以使用参数 px，其表示存在的毫秒数。下面的例子设置在 800 毫秒后就自动删除。

```
import time, redis
r = redis.Redis(host='127.0.0.1',port=6379)
r.set("str_set_expire_demo", "val1", px=800)
print("Key Exist? %s" % bool(r.exists("str_set_expire_demo")))
time.sleep(1)
print("1 Seconds Passed, Key Exist? %s" % bool(r.exists("str_set_
expire_demo")))
```

运行后的结果如下：

```
$ python setEx2.py
Key Exist? True
1 Seconds Passed, Key Exist? False
```

如果希望 1.2 秒后就自动删除，可以设置为：

```
r.set("str_set_expire_demo", "val1", ex=1, px=1200)
```

如果希望仅在该键不存在时才进行赋值，则可以使用参数 nx=True。

```
>>> r.set("str_set_nx_demo", "val1")   # 设定了该值
True                                   # 设定成功
>>> r.exists('str_set_nx_demo')        # 键是否存在
1                                      # 存在
# 仅不存在时才赋值，没有赋值
>>> r.set("str_set_nx_demo", "val1", nx=True)
>>> r.set("str_set_nx_demo", "val1")   # 直接赋值，返回 True 表示赋值成功
True
```

如果希望仅在该键已经存在时才进行赋值，则可以使用参数 xx=True。

```
>>> r.exists('str_set_xx_demo')              # 键是否存在
0                                            # 不存在
>>> r.set("str_set_xx_demo", "val1", xx=True)      # 赋值，失败
>>> r.set("str_set_xx_demo", "val1")         # 直接赋值
True                                         # 返回值 True 表示赋值成功
>>> r.exists('str_set_xx_demo')              # 键是否存在
1                                            # 存在
>>> r.set("str_set_xx_demo", "val1", xx=True)      # 再次赋值，
True                                         # 成功
```

另外还有几个专有的赋值接口，如 setex(key, val, exval)，其等效于 set(key, val, ex= exval)；如 psetex(key, pxval, val)，其等效于 set(key, val, px= pxval)。

（2）mset()：该函数给多个键赋值，其接收一个字典，输入字典的键和值都应该是字符串。

```
>>> dict_a = {'mset_key1': 'mset_val1', 'mset_key2': 'mset_val2'}
>>> r.mset(dict_a)
True
>>> r.get('mset_key1')
b'mset_val1'
>>> r.get('mset_key2')
b'mset_val2'
```

（3）get(键)：该函数得到单个键的值，其输入参数是一个字符串。如果该键不存在，返回 None。

```
>>> r.exists('key1')                         # 是否存在键 key1
1                                            # 存在
>>> r.get('key1')                            # 得到键 key1 对应的值
b'12'
>>> r.exists('key100')                       # 是否存在键 key100
0                                            # 不存在
>>> ret = r.get('key100')                    # 得到键 key100 对应的值
>>> ret is None                              # 返回值是 None
True
```

（4）mget()：该函数得到一组键的值，其输入和输出都是列表。

```
>>> r.set("mget1", "mget_val1")
True
>>> r.set("mget2", "mget_val2")
True
>>> r.set("mget3", "mget_val3")
True
>>> r.mget(["mget1", "mget2", "mget3"])
[b'mget_val1', b'mget_val2', b'mget_val3']
```

（5）getset()：该函数首先得到指定键原来的值，然后修改其内容，并返回原来的值。如果指定的键不存在，则返回 None。

```
>>> r.set("getset1", 10)                     # 给 getset1 赋值 10
```

```
True                                        # 成功
>>> r.get("getset1")                        # 得到 getset1 的值
b'10'
>>> r.getset("getset1", 1000)               # 得到 getset1 的旧值并赋新值 1000
b'10'                                       # 旧值为 10
>>> r.get("getset1")                        # 修改后的值为 1000
b'1000'
>>> r.exists("getset100")                   # getset100 不存在
0
>>> r.getset("getset100", "abc")            # 这时返回的是 None
>>> r.get("getset100")                      # 赋值成功
b'abc'
```

（6）setrange(键，开始位置，新值)：该函数用新的值来替换从开始位置开始的同等长度的子字符串。如果原始字符串长度不够，可以认为在最后一个字符后面跟着无限长的 null 字符，这样就不存在被替代的子字符串不够长的问题了。该函数返回修改后的字符串的长度。

```
>>> r.set("setrange1", "12345")             # 第一个例子，原始值
True
>>> r.setrange("setrange1", 3, "abcdefghijk")  # 从第三个开始的子字符串
14                                          # 新字符串的长度为 14
>>> r.get("setrange1")                      # 新字符串的值
b'123abcdefghijk'
>>> r.set("setrange2", "1234567890")        # 第二个例子，原始值
True
>>> r.setrange("setrange2", 3, "ax")        # 修改第三和第四个字符
10
>>> r.get("setrange2")                      # 新字符串的值
b'123ax67890'
>>> r.set("setrange3", "12")                # 第三个例子
True
>>> r.setrange("setrange3", 4, "abcd") # 原来值里面没有第四个字符
8                                  # 所以可以认为第三和第四个字符是 null 字符
>>> r.get("setrange3")
b'12\x00\x00abcd'
```

（7）修改指定的位 setbit(键，位置，值)：该函数将每个字符转换成对应的 ASCII 码，然后连接起来。例如字符串 python 对应的二进制值为 01110000 01111001 01110100 01101000 01101111 01101110，下面是得到这个二进制流（也称为位流）的代码。

```
>>> a = "python"                            # 计算字符串对应的二进制流
>>> for c in a:
...   print(bin(ord(c)))
...                                         # for 循环结束
0b1110000
0b1111001
0b1110100
0b1101000
0b1101111
0b1101110
```

我们可以修改其中任意一位。例如将第一个字符 p 对应的 01110000 修改为 01110001，便得到一个新的值 q，这样该键对应的值就变成了 qython。下面的代码演示了这个过程。

```
>>> r.set("setbit1", "python")
True
>>> r.setbit("setbit1", 7, 1)
0
>>> r.get("setbit1")
b'qython'
```

下面介绍如何将中文转换成对应的位流。中文使用 utf-8 的编码方式，例如“中”字在 utf-8 中用三个字节表示，分别是 e4、b8、ad，所以其对应的二进制流就是 11100100 10111000 10101101。下面是计算这个二进制流的方法。

```
>>> chinese_c = "中"
>>> chinese_c.encode("utf-8")
b'\xe4\xb8\xad'
>>> for c in chinese_c.encode("utf-8"):
...   print(bin(c))
...                                    # for 循环结束
0b11100100                             # 二进制内容输出
0b10111000
0b10101101
```

（8）getbit(键，位置)：该函数先将字符串转换成二进制流，然后得到指定位的值。下面仍以前面的中文字符串为例来看看该函数的用法。

```
>>> r.set("getbit1", "中")
True
>>> r.getbit("getbit1", 1)
1
>>> r.getbit("getbit1", 7)
0
```

（9）bitop(运算类型，结果存放地，操作数)：该函数用于进位运算。这里结果存放地和操作数都是键，就是说对操作数进行运算类型指定的操作，并将结果放到结果存放地。

运算类型用字符串表示，支持的操作包括 AND、OR、NOT 和 XOR。我们以“1”和“2”为操作数，它们对应的二进制流分别为 00110001 和 00110010。

```
>>> bin(ord("1"))
'0b110001'
>>> bin(ord("2"))
'0b110010'
```

下面演示 AND 操作，00110001 AND 00110010 应该得到的是 00110000。

```
>>> bin(ord("1"))                          # 得到字符 1 的 ASCII 码
'0b110001'                                 # 二进制表示该 ASCII 码
>>> bin(ord("2"))                          # 对字符 2 进行同样的操作
'0b110010'
>>> r.set("op1", "1")                      # 设 op1 为 1
True
>>> r.set("op2", "2")
```

```
True
>>> r.bitop("AND", "result", "op1", "op2")      # 与操作
1
>>> x = r.get("result")
>>> x
b'0'
>>> bin(ord(x))                                 # 得到二进制表示的结果
'0b110000'
```

下面演示 OR 操作，00110001 OR 00110010 应该得到的是 00110011。

```
# 对 op1 和 op2 做或操作，结果放入 result 中
>>> r.bitop("OR", "result", "op1", "op2")
1                                               #
>>> x = r.get("result")                         # 得到 result 的值
>>> x                                           # 查看 x 的值
b'3'
>>> bin(ord(x))
'0b110011'
```

下面演示 NOT 操作，NOT 00110001 得到的结果是 11001110。

```
>>> r.bitop("NOT", "result", "op1")     #
1
>>> x = r.get("result")
>>> x
b'\xce'
>>> bin(ord(x))
'0b11001110'
```

下面演示 XOR 操作，00110001 XOR 00110010 应该得到的是 00000011。

```
>>> r.bitop("XOR", "result", "op1", "op2")
1
>>> x = r.get("result")
>>> x
b'\x03'
>>> bin(ord(x))
'0b11'
```

（10）strlen(键)：该函数得到字符串的长度，单位是字节，如果是中文的话，大于字符的个数。

```
>>> r.set("str_len", "abcd")
True
>>> r.strlen("str_len")
4
>>> r.set("str_len", "中文")          # 中文两个字符，但是却占了 6 个字节
True
>>> r.strlen("str_len")
6
```

（11）incr(键，增加量)：如果指定的键不存在，就创建该键，并且值为增加量；如果指定的键已经存在，那么该键值等于原来的值加上增加量。返回值是指定的键操作后的值。注意，增加量只能是整数，不能是浮点数，如果希望用浮点数，则应该使用 incrbyfloat()

函数。

```
>>> r.exists("incr_demo1")
0
>>> r.incr("incr_demo1", 12)
12
>>> r.get("incr_demo1")
b'12'
>>> r.incr("incr_demo1", 12)
24
```

如果原来的值不能转换成数字，会抛出 redis.exceptions.ResponseError 异常。

（2）decr(键，减少量)：和 incr()类似，如果指定的键不存在，创建该键，赋值为减少量的相反数；如果指定的键已经存在，那么该键的值为原来值减去减少量的结果。

```
>>> r.exists("decr_obj1")
0
>>> r.decr("decr_obj1", 10)
-10
>>> r.get("decr_obj1")
b'-10'
>>> r.decr("decr_obj1", -88)
78
>>> r.get("decr_obj1")
b'78'
```

（13）incrbyfloat(键，增加量)：和 incr()类似，不过其增加量是浮点数。

```
>>> r.exists("incr_float_obj1")
0
>>> r.incrbyfloat("incr_float_obj1", 18.98)
18.98
>>> r.get("incr_float_obj1")
b'18.98'
>>> r.incrbyfloat("incr_float_obj1", -918.75)
-899.77
>>> r.get("incr_float_obj1")
b'-899.77000000000000002'
```

（14）append(键，字符串)：该函数用于字符串的连接操作，例如，原来的值是“abc”，现在添加“xyz”，那么结果就是“abcxyz”。如果指定的键原来不存在，则创建该键，并且将其初始化为空字符串，然后执行 append()操作。返回值是操作后字符串的字节数，例如“abc”后面添加“xyz”后返回的就是 6。

```
>>> r.exists("append_obj1")
0
>>> r.append("append_obj1", "abc")
3
>>> r.get("append_obj1")
b'abc'
>>> r.append("append_obj1", "xyz")
6
>>> r.get("append_obj1")
b'abcxyz'
>>> r.append("append_obj1", 897.98)
```

```
12
>>> r.get("append_obj1")
b'abcxyz897.98'
```

19.6 哈希数据的操作

在 Redis 中，哈希就是键值对组成的集合。相较于字符串，值为集合，而且集合的每个元素包含两个部分，第一部分为键，第二部分为值。或者说，该类型的值就是一个小的 Redis 集合,可以用图 19-5 来表示这种关系。

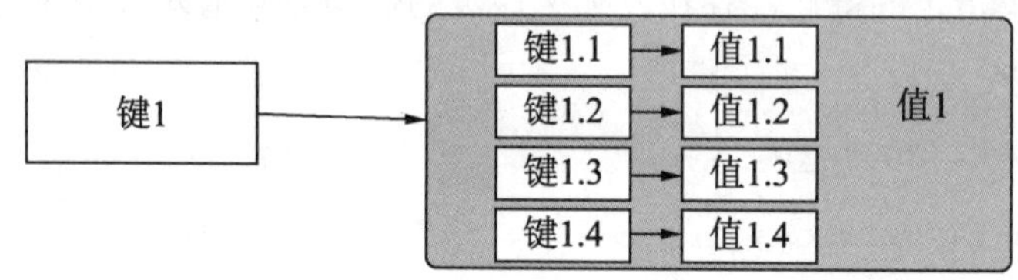

图 19-5 哈希数据类型

下面介绍常用的哈希数据的操作。

（1）hset(键,子键,值)：该函数用于添加或修改指定子键的值。如果指定的键不存在，就创建该键；如果指定的子键不存在，就创建该子键。否则修改该键下面的子键的值。如果是添加操作，那么返回 1，否则返回 0。

```
>>> r.exists("key1")
0
>>> r.hset("key1", "key1.1", "val1.1")
1
>>> r.exists("key1")
1
>>> r.type("key1")
b'hash'
>>> r.hset("key1", "key1.2", "val1.2")
1
>>> r.hset("key1", "key1.3", "val1.3")
1
>>> r.hset("key1", "key1.4", "val1.4")
1
```

（2）hget(键,子键)：该函数用于得到指定键下某个子键的值如果该键或者子键不存在，那么返回 None。

```
>>> r.hget('key1', 'key1.1')             # 指定了键和子键
b'val1.1'
>>> x = r.hget('key1', 'key1.100')       # 子键不存在
>>> x is None                            # 返回值为 None
True
>>> x = r.hget('key100', 'key1.1')       # 键不存在
```

```
>>> x is None                          # 返回值为 None
True
```

（3）hkeys(键)：该函数用于得到指定键下所有的子键。

```
>>> r.hkeys("key1")
[b'key1.1', b'key1.2', b'key1.3', b'key1.4']
```

（4）hlen(键)：该函数用于统计指定键下所有的子键个数。

```
>>> r.hlen("key1")
4
```

hexists(键,子键)：该函数用于判断是否存在某个子键。返回值是一个布尔型的，True 表示在指定键下有该子键；False 表示没有该键或者该键下面没有该子键。

```
>>> r.hexists("key1", "key1.2")      # 是否在键 key1 下存在子键 key1.2
True                                 # 存在
>>> r.hexists("key100", "key1.10")   # 指定的键不存在，返回 False
False
>>> r.hexists("key1", "key1.10")     # 指定的键存在,但是该键下没有指定的子键
False
```

（5）hmget(键,多个子键)：该函数用于返回一个或多个指定键的值。多个子键可以用列表来表示，或者用多个参数来表示，也可以混着使用。返回值是一个列表，该列表的顺序和子键的顺序一致。

```
>>> r.hmget("key1", 'key1.1', 'key1.2')              # 用多个参数表示
[b'val1.1', b'val1.2']
>>> r.hmget("key1", ['key1.1', 'key1.2'])            # 用列表表示多个子键
[b'val1.1', b'val1.2']
>>> r.hmget("key1", ['key1.1', 'key1.2'], 'key1.3')     # 混合表示
[b'val1.1', b'val1.2', b'val1.3']
```

（6）hmset(键,子键值字典)：该函数用于批量设置指定键下面的子键和值。需要将子键和值放到字典中。

```
>>> hval = {"key1.10": "val1.10", "key1.11": "val1.11"}  # 子键值字典
>>> r.hmset('key1', hval)                            # 批量设置
True
>>> r.hget('key1', 'key1.10')                        # 查看是否设置成功
b'val1.10'
>>> r.hget('key1', 'key1.11')
b'val1.11'
```

（7）hvals(键)：该函数返回指定键下面的所有值。返回值是一个列表。

```
>>> r.hvals("key1")
[b'val1.1', b'val1.2', b'val1.3', b'val1.4']
```

（8）hkeys(键)：该函数返回指定键下面的所有子键。返回值是一个列表。

```
>>> r.hkeys("key1")
[b'key1.1', b'key1.2', b'key1.3', b'key1.4']
```

（9）hgetall(键)：该函数返回指定键下面所有的子键和值。返回值是一个字典，里面

的键就是哈希的子键，值就是哈希的值。

```
>>> r.hgetall("key1")
{b'key1.1': b'val1.1', b'key1.2': b'val1.2', b'key1.3': b'val1.3',
b'key1.4': b'val1.4'}
```

如果该键不存在，返回一个空的字典。

```
>>> r.exists("key2")
0
>>> r.hgetall("key2")
{}
```

19.7　列表数据的操作

本节主要介绍对列表数据类型的操作，包括在左右两边添加元素、在指定位置添加元素、删除指定位置的元素等。列表数据类型的结构如图 19-6 所示。

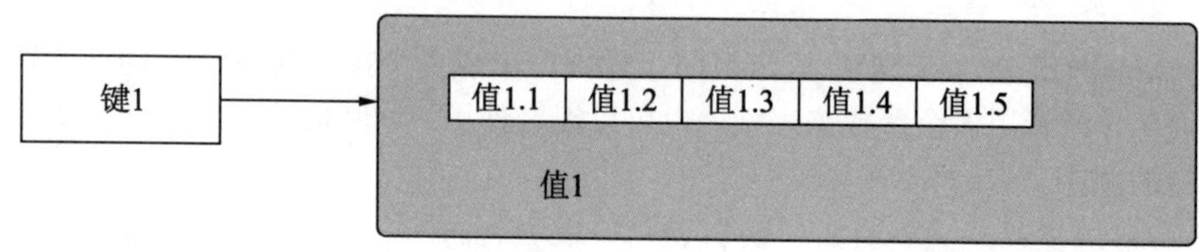

图 19-6　列表类型

（1）lindex(键, 位置)：该函数用于得到指定键下某个位置的值。位置是整数，0 表示第一个位置的元素的值。

```
>>> r.exists('list_obj2')              # 是否存在 list_obj2 这个键
1                                      # 存在
>>> r.llen('list_obj2')                # 该键包含多少个元素
3                                      # 3 个元素
>>> r.lindex('list_obj2', 0)           # 0 表示第一个位置的元素
b'3'
>>> r.lindex('list_obj2', 1)           # 1 表示第二个位置的元素
b'2'
>>> r.lindex('list_obj2', 2)           # 2 表示第三个位置的元素
b'1'
```

（2）lrange(键,开始位置,结束位置)：该函数返回指定键下指定区间内元素的值，当然也可以得到所有元素的值。返回值是一个列表。

```
>>> r.exists('list_obj2')              # 是否存在 list_obj2 这个键
1                                      # 存在
>>> r.llen('list_obj2')                # 该键包含多少个元素
3                                      # 3 个元素
>>> r.lrange('list_obj2', 0, 3)        # 返回所有元素的值
[b'3', b'2', b'1']
```

（3）lpush(键，值)：该函数用于在列表的左边插入元素。返回值是修改后列表中元素的个数。

```
>>> r.lpush('list1', 12)
1                                             # 现在只有元素
>>> r.type('list1')                           # 查看类型
b'list'
>>> r.lindex('list1', 0)                      # 查看第一个元素的值
b'12'
>>> r.lpush('list1', 18)                      # 在左边插入一个元素 18
2                                             # 现在有两个元素了
>>> r.lindex('list1', 0)                      # 读取第一个元素的值
b'18'
>>> r.lindex('list1', 1)                      # 读取第二个元素的值
b'12'
>>> r.lindex('list1', -1)                     # 允许使用-1 表示最后一个元素的值
b'12'
```

允许一次插入多个元素，方法是传入多个参数。最后一个参数是最后被插入的，所以其也是在列表的最左边，也就是 index=0 的位置。

```
>>> r.lpush('list1', 1, 2, 3)                 # 一次在左边插入 1、2 和 3
7                                             # 现在有 7 个元素
>>> r.lindex('list1', 0)                      # 最左边的元素应该是 3
b'3'
>>> r.lindex('list1', 1)                      # 左边第二个元素应该是 2
b'2'
>>> r.lindex('list1', 2)                      # 左边第三个元素应该是 1
b'1'
```

（4）rpush(键，值)：该函数用于在列表的右边插入元素。返回值是插入后列表的元素个数。

```
>>> r.rpush('list1', 180)                     # 在右边插入一个元素 180
3                                             # 现在包含 3 个元素
>>> r.lindex('list1', -1)                     # 查看最右边的元素的值
b'180'                                        # 就是刚才插入的值
>>> r.rpush('list1', 190)                     # 再在右边插入一个新的值 190
4
>>> r.lindex('list1', -1)                     # 查看最右边的元素的值
b'190'
```

和 lpush()一样，也可以一次插入多个元素。

```
>>> r.rpush('list1', 199, 299, 399)           # 插入 3 个元素
10
>>> r.lindex('list1', -1)                     # 最右边的元素是 399
b'399'
>>> r.lindex('list1', -2)                     # 右边第二个元素是 299
```

```
b'299'
>>> r.lindex('list1', -3)                  # 右边第三个元素是 199
b'199'
```

可以发现 rpush(list, val1, val2, val3)等效于下面的代码段：

```
rpush(list, val1)
rpush(list, val2)
rpush(list, val3)
```

（5）llen(键)：该函数用于返回指定键下元素的个数，其仅对列表对象有效。

```
>>> r.exists('list_obj2')              # 是否存在键 list_obj2
0                                      # 不存在
>>> r.lpush('list_obj2', 1, 2, 3)      # 依次在左边插入 1、2、3 三个元素
3                                      # 现在列表中有 3 个元素了
>>> r.exists('list_obj2')              # 是否存在键 list_obj2'
1                                      # 存在
>>> r.type('list_obj2')                # 该键对象的值的类型
b'list'                                # 列表
>>> r.llen('list_obj2')                # 得到对应键的列表元素个数
3                                      # 元素个数为 3
```

（6）lpop()：该函数用于删除最左边的元素。返回值是原来最左边元素的值。

```
>>> r.lindex('list1', 0)               # 原来第一个元素的值为 3
b'3'
>>> r.lindex('list1', 1)               # 原来第二个元素的值为 2
b'2'
>>> r.lpop('list1')                    # 删除第一个元素
b'3'                                   # 删除的元素的值
>>> r.lindex('list1', 0)               # 现在第一个元素就是原来的第二个元素了
b'2'
```

（7）rpop(键)：该函数用于删除最右边的元素。返回值是原来最右边元素的值。

```
>>> r.lindex('list1', -1)              # 最右边元素的值
b'399'
>>> r.lindex('list1', -2)              # 倒数第二个元素的值
b'299'
>>> r.rpop('list1')                    # 弹出最右边的，也就是倒数第一个元素
b'399'                                 # 弹出元素的值
>>> r.lindex('list1', -1)   # 现在的最后一个元素，就是原来的倒数第二个元素
b'299'
```

19.8　集合数据的操作

本章主要介绍对集合数据的操作。集合数据类型的结构如图 19-7 所示。

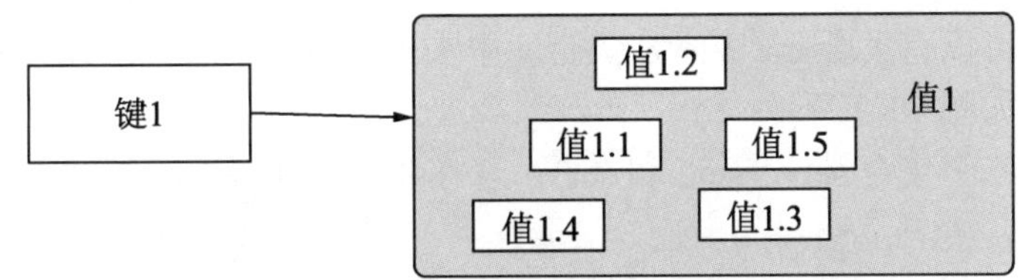

图 19-7　集合类型

（2）sadd()：该函数用于向集合中添加单个或多个元素，返回新添加的元素个数。如果某个值以前就存在了，就不会添加了，所以实际添加的元素个数可能比请求添加的个数少。

```
>>> r.sadd('set1', 1)              # 添加一个元素 1
1                                  # 成功添加了一个元素
>>> r.type('set1')                 # 类型是 set
b'set'
>>> r.sadd('set1', 2, 3, 4)        # 添加多个元素
3                                  # 成功添加 3 个元素
>>> r.sadd('set1', 2, 3, 100)      # 再次添加多个元素
1                                  # 仅新添加了一个元素
```

（2）scard()：该函数返回集合中元素的个数。

```
>>> r.sadd('set1', 1)              # 添加一个元素
1
>>> r.type('set1')
b'set'
>>> r.sadd('set1', 100)            # 再次添加一个元素
1
>>> r.sadd('set1', "name")
1
>>> r.scard('set1')                # 得到现在集合中元素的个数
3                                  # 现在有三个元素了
```

（3）smembers(键)：该函数得到集合内所有的元素，返回一个普通的集合。

```
>>> r.smembers('set1')
{b'name', b'100', b'1'}            # 返回一个集合
>>> type(x)                        # 得到返回值的类型
<class 'set'>
```

（4）sdiff(键 a, 键 b)：该函数用于求两个集合的差集，并返回一个集合，该集合包含属于集合 a 且不属于集合 b 的元素，如图 19-8 所示。

```
>>> r.sadd("set1", 1, 2, 3)
3
>>> r.sadd("set2", 2, 3, 100)
3
>>> r.sdiff("set1", "set2")
{b'1'}
```

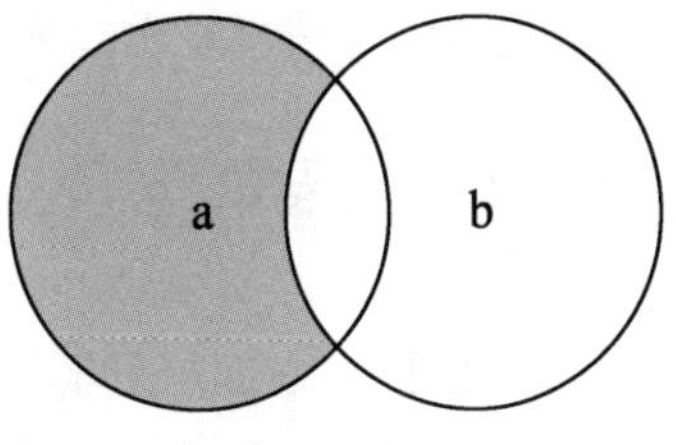

图 19-8　差集

其实参数还可以有集合 c，表示从集合 a 中去掉所有属于集合 b 或者集合 c 内的元素后剩余的部分，如图 19-9 所示。

例如可以有三个集合 set1、set2 和 set3，现在要求 set1-set2-set3 的值。

```
>>> r.sadd("set1", 1, 2, 3)               # 定义集合 set1
3
>>> r.sadd("set2", 2, 3, 100)             # 定义集合 set2
3
>>> r.sdiff("set1", "set2")               # set1-set2
{b'1'}
>>> r.sadd("set3", 1, 3, 200)             # 定义集合 set3
3
>>> r.sdiff("set1", "set2", "set3")       # 求 set1-set2-set3
set()                                     # 一个空的集合
```

（5）sunion(键 1，键 2)：该函数用于求两个集合的合集。合集就表示这样的集合，其元素要么来自输入集合 a，要么来自输入集合 b，如图 19-10 所示。

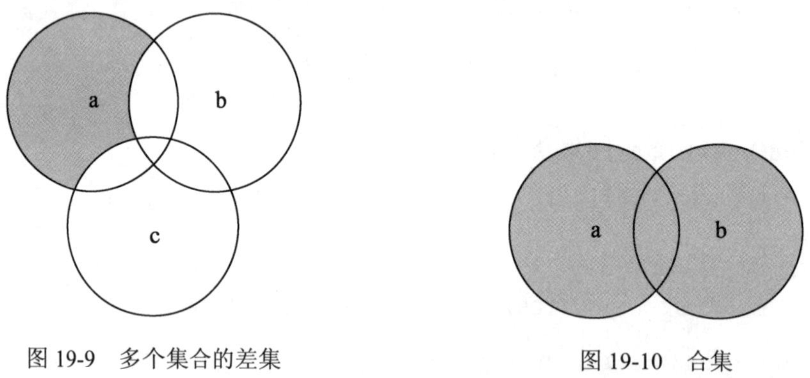

图 19-9　多个集合的差集

图 19-10　合集

19.9 订阅发布

前面都是通过查询的方法得到某个键的值，我们也可以用订阅的方法来得到某个键的值，而且仅在该值发生变化时才会被触发。其基本工作模式是：首先订阅某个频道的消息，如果该频道有消息发送过来，那么相应的处理函数就会被执行。

19.9.1 基本用法

实现订阅发布功能需要两个角色，一个是发布者，也就是消息发布者；另外一个是订阅者，就是消息接收和处理者。所以一般需要分别用代码实现这两个角色。

订阅者代码如下：

```
import redis                                        # 引入库
r = redis.Redis(host='10.20.17.13',port=6379)       # 建立连接
channel = 'test_channel1'                           # 定义频道名
sub_obj = r.pubsub()                                # 创建订阅对象
sub_obj.subscribe(channel)                          # 订阅到指定的频道上
sub_obj.parse_response()                            # 等待消息
while True:                                         # 无限循环
    msg = sub_obj.parse_response()                  # 得到消息内容
    print(msg)                                      # 显示消息内容
```

运行后收到的消息是一个列表，显示如下：

```
[b'message', b'test_channel1', b'msg1']
[b'message', b'test_channel1', b'msg2']
```

发布者代码如下：

```
import redis
r = redis.Redis(host='10.20.17.13',port=6379)       # 建立连接
channel = 'test_channel1'                           # 频道名,要和订阅代码一致
r.publish(channel, "msg1")                          # 发送消息
r.publish(channel, "msg2")
```

我们可以像前面演示的那样编写两个程序，分别完成发布和订阅功能，也可以用多线程的方式，将它们写到一份代码里，但是这两个功能需要在两个线程中完成。下面是合并后的代码，实现了和前面代码一样的功能，但是更有利于演示功能。

```
#encoding: utf-8
import redis
import time, _thread
def thread_entry(sub_obj):
    for i in range(2):
        msg = sub_obj.parse_response()
        print("Received Msg: %s" % msg)
r = redis.Redis(host='127.0.0.1',port=6379)
channel = 'test_channel1'
sub_obj = r.pubsub()
sub_obj.subscribe(channel)
sub_obj.parse_response()
_thread.start_new_thread(thread_entry, (sub_obj,))      # 启动订阅线程
time.sleep(1)
r.publish(channel, "msg1")
time.sleep(1)
r.publish(channel, "msg2")
time.sleep(1)
```

运行后的结果如下：

```
$ python pubsubThreads1.py
Received Msg: [b'message', b'test_channel1', b'msg1']
Received Msg: [b'message', b'test_channel1', b'msg2']
```

前面这种方式看起来和消息队列没有太大的区别，就是一个任务负责发布消息，另外一个任务负责接收和处理消息。但是它们还是有区别的，具体如下：

（1）消息队列中的消息一般只能被一个任务处理，而订阅方式可以有很多个接收消息的任务，它们都会接收到相同的消息，都能进行相关的处理。我们可以修改前面的多线程代码，启动多个订阅线程，然后发送一个消息，看看有多少个消息被接收并被处理。下面是修改后的代码：

```
import redis
import time, _thread
def thread_entry(r, channel, sub_id):                # 订阅线程
    sub_obj = r.pubsub()                             # 创建对象
    sub_obj.subscribe(channel)                       # 订阅指定频道的消息
    sub_obj.parse_response()                         # 丢掉第一个消息
    for i in range(10):                              # 处理接收到的其他消息
        msg = sub_obj.parse_response()
        print("Thread [%d] Received Msg: %s" % (sub_id, msg))
r = redis.Redis(host='127.0.0.1',port=6379)          # 建立连接
channel = 'test_channel1'
time.sleep(1)
# 启动三个订阅线程，其 id 分别是 1、2 和 3
_thread.start_new_thread(thread_entry, (r, channel, 1))
_thread.start_new_thread(thread_entry, (r, channel, 2))
_thread.start_new_thread(thread_entry, (r, channel, 3))
time.sleep(2)
r.publish(channel, "msg1")                           # 发布第一个消息
time.sleep(2)
r.publish(channel, "msg2")                           # 发布第二个消息
time.sleep(2)
```

运行后的结果如下：

```
$ python multiSub1.py
Thread [1] Received Msg: [b'message', b'test_channel1', b'msg1']
Thread [3] Received Msg: [b'message', b'test_channel1', b'msg1']
Thread [2] Received Msg: [b'message', b'test_channel1', b'msg1']
Thread [1] Received Msg: [b'message', b'test_channel1', b'msg2']
Thread [2] Received Msg: [b'message', b'test_channel1', b'msg2']
Thread [3] Received Msg: [b'message', b'test_channel1', b'msg2']
```

可以看到每个消息都被三个线程分别接收和处理了，不会像消息队列那样，仅一个线程能够得到这个消息。

（2）消息队列中的消息一般一直在队列中，直到被处理任务读出。而订阅方式可以没有订阅者，这时发布的消息就没有任务进行处理，但是该消息不会一直保存在队列中，其会自动消失。

```
import redis
import time, _thread
def thread_entry(sub_obj):                           # 订阅线程
    while True:                                      # 一直接收消息
        msg = sub_obj.parse_response()               # 得到消息
        print("Received Msg: %s" % msg) # 打印消息
r = redis.Redis(host='127.0.0.1',port=6379)          # 建立连接
```

```
channel = 'test_channel1'          # 定义频道
sub_obj = r.pubsub()               # 创建订阅对象，但是还没有和频道关联起来
# 现在没有接收者，发送的消息会丢失
r.publish(channel, "msg1")
sub_obj.subscribe(channel)         # 建立和频道的联系，以后该频道的消息不回丢了
sub_obj.parse_response()           # 丢掉第一个消息，这个是订阅成功的消息
time.sleep(1)
# 启动订阅线程
_thread.start_new_thread(thread_entry, (sub_obj,))
time.sleep(1)
r.publish(channel, "msg2")         # 发送第二个消息
time.sleep(1)
r.publish(channel, "msg3")         # 发送第三个消息
time.sleep(1)
```

运行后的结果如下：

```
$ python lostMsg.py
Received Msg: [b'message', b'test_channel1', b'msg2']
Received Msg: [b'message', b'test_channel1', b'msg3']
```

可以看到第一个消息 msg1 是没有被接收到的，原因就是在发送 msg1 时，没有人订阅该频道。

19.9.2　订阅多个频道

subscribe()函数可以带有多个参数，表示其同时订阅多个频道。下面演示了同时订阅两个频道的用法。

```
import redis                                        # 引入 redis 模块
import time, _thread                                # 引入时间和线程模块
def thread_entry(sub_obj):                          # 线程入口函数
    for i in range(10):                             # 循环 10 次
        msg = sub_obj.parse_response()              # 得到消息
        print("Received Msg: %s" % msg)             # 打印消息内容
r = redis.Redis(host='127.0.0.1',port=6379)         # 连接 Redis 服务器
channel1 = 'test_channel1'                          # 两个频道
channel2 = 'test_channel2'
sub_obj = r.pubsub()
sub_obj.subscribe(channel1, channel2)
sub_obj.parse_response()
sub_obj.parse_response()
_thread.start_new_thread(thread_entry, (sub_obj,)) # 启动线程
time.sleep(1)
r.publish(channel1, "msg1")                         # 在第一个频道发送消息
time.sleep(1)
r.publish(channel2, "msg2")                         # 在第二个频道发送消息
time.sleep(1)
```

运行后的结果如下：

```
$ python pubmultisubThreads1.py
Received Msg: [b'message', b'test_channel1', b'msg1']
Received Msg: [b'message', b'test_channel2', b'msg2']
```

19.9.3　频道使用通配符

如果使用 psubscribe()来订阅某个频道，可以是使用通配符“*”，表示符合该模式的所有频道。例如可以用“test_channel*”来表示所有以 test_channel 开头的频道，这样发送给 test_channel1、test_channel2 等频道的消息它都可以收到。下面是这种用法的一个演示：

```
import redis
import time, _thread
def thread_entry(r, channel, id):
    sub_obj = r.pubsub()
    group_channel = channel + "*"
    sub_obj.psubscribe(group_channel)
    sub_obj.parse_response()
    for i in range(10):
        msg = sub_obj.parse_response()
        print("Thread %d Received Msg: %s" % (id, msg))
r = redis.Redis(host='127.0.0.1',port=6379)
channel = 'test_channel'
# 启动订阅线程
_thread.start_new_thread(thread_entry, (r, channel, 1))
_thread.start_new_thread(thread_entry, (r, channel, 2))
_thread.start_new_thread(thread_entry, (r, channel, 3))
_thread.start_new_thread(thread_entry, (r, channel, 4))
time.sleep(1)
r.publish("test_channel1", "msg1")
time.sleep(1)
r.publish("test_channel2", "msg2")
time.sleep(1)
r.publish("test_channel3", "msg3")
time.sleep(1)
```

运行后的输出如下：

```
$ python groupsend.py
Thread 3 Received Msg: [b'pmessage', b'test_channel*', b'test_channel1', b'msg1']
Thread 1 Received Msg: [b'pmessage', b'test_channel*', b'test_channel1', b'msg1']
Thread 4 Received Msg: [b'pmessage', b'test_channel*', b'test_channel1', b'msg1']
Thread 2 Received Msg: [b'pmessage', b'test_channel*', b'test_channel1', b'msg1']
Thread 4 Received Msg: [b'pmessage', b'test_channel*', b'test_channel2', b'msg2']
Thread 2 Received Msg: [b'pmessage', b'test_channel*', b'test_channel2', b'msg2']
Thread 1 Received Msg: [b'pmessage', b'test_channel*', b'test_channel2', b'msg2']
Thread 3 Received Msg: [b'pmessage', b'test_channel*', b'test_channel2', b'msg2']
```

```
Thread 4 Received Msg: [b'pmessage', b'test_channel*', b'test_channel3', b'msg3']
Thread 2 Received Msg: [b'pmessage', b'test_channel*', b'test_channel3', b'msg3']
Thread 3 Received Msg: [b'pmessage', b'test_channel*', b'test_channel3', b'msg3']
Thread 1 Received Msg: [b'pmessage', b'test_channel*', b'test_channel3', b'msg3']
```

19.10 设置时效

默认情况下，某个键的存在是没有时效性的，即在明确删除该键之前，该键会一直有效。当然在创建字符串数据时是可以指定时效的，也可以在键创建后修改时效属性，如让该键的有效期为 5 秒，到了时间该键便会自动被删除。

下面的代码演示了一个键在设定时效后自动被删除的情况。

```
import time, redis
r = redis.Redis(host='10.20.17.13', port=6379, db=0)   # 建立连接
_key = "exists_test_key"          # 键
_val = "exists_test_val1"         # 值
if r.exists(_key) > 0:            # 如果存在了这个键，先删除它
    r.delete(_key)
r.set(_key, _val)                 # 创建这个键
if r.exists(_key) > 0:            # 如果有这个键
    print("1) key exists")
r.expire(_key, 2)                 # 这个键在 2 秒后就无效了
time.sleep(3)                     # 休眠 3 秒
if r.exists(_key) > 0:            # 查看这个键是否还存在
    print("2) key exists")
else:
    print("2) key doese NOT exists")
```

运行结果

```
$ python expire1.py
1) key exists                     # 刚刚创建时是存在的
2) key doese NOT exists           # 休眠 3 秒后就不存在了
```

19.11 管道模式

我们知道所有对 Redis 的操作都需要发送消息给服务器，然后等待服务器处理，在服务器完成后才能执行下一个操作。而使用管道（pipelining）模式就可以不用等待服务器处理完之后再进行下一个操作。这样可以将自己要执行的操作像脚本文件一样打包发送给服务器，服务器会依次执行。由于服务器其实是单线程模式运行的，所以不会出现第 3 个请

求在第 1 个请求结束之前就开始的情况，这样就不会出现错误结果。这种做法主要是节省了中间的等待时间。

管道模式要求申请一个管道（pipeline）对象，然后在该对象中输入要执行的命令，最后启动管道，就是向服务器发送请求。

```
>>> r = redis.Redis(host='127.0.0.1',port=6379)     # 连接服务器
>>> pipe = r.pipeline()                              # 创建管道
>>> pipe.set('key1', 'val1')                         # 设定值
Pipeline<ConnectionPool<Connection<host=127.0.0.1,port=6379,db=0>>>
>>> pipe.set('key2', 'val2')
Pipeline<ConnectionPool<Connection<host=127.0.0.1,port=6379,db=0>>>
>>> pipe.set('key3', 'val3')
Pipeline<ConnectionPool<Connection<host=127.0.0.1,port=6379,db=0>>>
>>> pipe.execute()
[True, True, True]
```

从前面的输出可以看到管道执行操作之后返回值还是自己，所以可以用链式写法如下：

```
>>> r = redis.Redis(host='127.0.0.1',port=6379)     # 连接服务器
>>> pipe = r.pipeline()
>>> pipe.set('key1', 'val1').set('key2', 'val2').set('key3', 'val3')
Pipeline<ConnectionPool<Connection<host=127.0.0.1,port=6379,db=0>>>
>>> pipe.execute()
[True, True, True]
```

管道默认是原子性的，就是在执行 execute()的过程中，其他的请求是不会被执行的，就算是其他的客户端在这时发送了请求，这个新的请求也只能等待 execute()执行完毕后才可以开始执行。

第 20 章　图形界面应用

在前面我们的程序都是没有图形界面的，本章将介绍几个常见的开发图形界面的库，包括 Tk 这种很古老的库，也包括 wxPython 这种完全开源免费的库，另外一个就是有丰富元素但是用于商业开发需要付费的 pyQT 库。这些库在 Python 中的使用方法类似，我们学会了一种就很容易学习其他的图形界面开发库了。

本章主要包括以下内容：

- Tk 和 Tkinter；
- wxPython；
- pyQt。

20.1　Tk 和 Tkinter

Tk 最初是 TCL 语言的一个图形界面的包。TCL 语言是在 1988 年发布的一种脚本语言，因此 Tk 包可以被看作其他图形界面包的祖先，后来出现的各种图形界面包都或多或少地借鉴了其设计思想。Tk 也被移植到了很多脚本语言中，例如 Perl 语言中的 Perl/Tk 模块、PHP 语言中的 phptk 模块、Ruby 语言中的 Ruby/Tk 模块。当然 Python 也集成了这个模块，而且是一个 Python 自带的模块，称为 Tkinter。

我们在前面介绍的解释器 IDLE 也是用 Tk 这个模块编写的。图 20-1 所示为 IDLE 的界面，包括菜单栏、输入框、状态栏等。

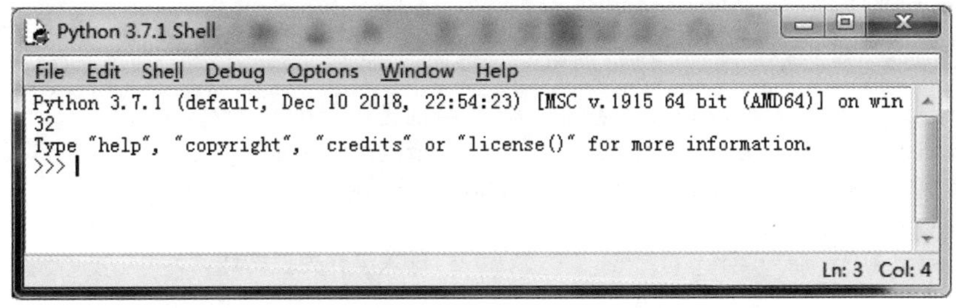

图 20-1　IDLE 应用程序

Tkinter 模块在 Python 2 和 Python 3 中的名称有所不同，在 Python 2 中是 Tkinter，所以引入该模块需要使用下面的代码：

```
import Tkinter
```

在 Python 3 中，这个模块的名字是 tkinter，所以引入该模块需要使用下面的代码：

```
import tkinter
```

为了保持代码的一致性，这里使用下面的引入包的方法：

```
import sys                                  # 引入 sys 包
if sys.version_info.major == 3:             # 如果是 Python 3
    import tkinter as tk
elif sys.version_info.major == 2:           # 如果是 Python 2
    import Tkinter as tk
```

20.1.1　基本程序结构

最简单的 Tk 程序只需要包含两行代码，一行代码用于创建窗口，一行代码用于启动该窗口并处理相关操作。下面是我们的第一个 Tk 程序：

```
import sys
if sys.version_info.major == 3:
    import tkinter as tk
elif sys.version_info.major == 2:
    import Tkinter as tk
main_win = tk.Tk()                          # 创建窗口
main_win.mainloop()                         # 启动窗口并进行相关消息处理
```

运行该程序，可以看到如图 20-2 所示的窗口。

这就是一个普通的窗口，可以进行移动、关闭、最小化和最大化等操作。我们还可以做更多的事情，如给其加上标题、设定窗口的大小等。

```
import sys
if sys.version_info.major == 3:
    import tkinter as tk
elif sys.version_info.major == 2:
    import Tkinter as tk
main_win = tk.Tk()                  # 创建一个窗口
main_win.title(u"新的标题")          # 修改窗口的标题
# 修改窗口的尺寸，200 为宽，300 为高，单位是像素
main_win.geometry("200x300")
main_win.mainloop()                 # 进入事件处理循环
```

运行后可以看到如图 20-3 所示的窗口。

图 20-2　最简单的 Tkinter 程序

图 20-3　修改标题后的窗口

20.1.2　常用组件

和 Windows 编程类似，在 Tkinter 中，最常用的也是一些组件。不同的组件可以完成不同的任务，例如按钮可以单击、文本框可以用来输入文本、标签可以输出文本。Tkinter 几乎包含其他图形界面库所包含的全部组件，本节就来介绍一些常用的组件。

1．标签

标签（Label）用来显示静态的文本信息。创建一个标签最简单，只需要一个参数，即父窗口。

```
label_obj = tk.Label(main_win)
```

当然还可以设置其他的属性，如背景颜色、对齐方式等。

下面实现一个有意思的标签，用鼠标单击该标签时，标签的内容会发生改变。这些显示在标签中的内容来自一些心灵鸡汤。

```
import sys
if sys.version_info.major == 3:
    import tkinter as tk
elif sys.version_info.major == 2:
    import Tkinter as tk
import random                                          # 引入 random 库
# 显示的内容，每次随机从这里挑选一条出来显示
idiom = [
    u"""世上任何生命都不是尽善尽美的""",
    u"""让我们怀着善良的心去做成人之美之事""",
    u"""心存大爱，则无可阻之道""",
    u"""心存美好，则无可恼之事""",
```

```
    u"""做人无德不足以立身""",
    u"""微笑可以减轻紧张的情绪和压力""",
    u"""退一步，海阔天空""",
    u"""心存善良，则无可恨之人""",
    u"""人生的最佳状态是淡定从容""",
    u"""以责人之心责己，以恕己之心恕人""",
    u"""一个人的涵养，来自一颗包容的心""",
    u"""善良是心湖绽放柔媚的花朵""",
    u"""努力是一种生活态度，与年龄无关""",
    u"""不为困苦所屈服""",
    u"""人生因有梦想而充满动力""",
    u"""坚持，是生命的一种毅力""",
    u"""努力是一种生活态度，与年龄无关"""
]
# 标签被单击的处理函数，当用鼠标左键单击标签时这个函数被调用
def label_click_handler(events):
    selected = random.randint(0, len(idiom)-1)
    label_obj1['text'] = idiom[selected]          # 修改标签的内容
root = tk.Tk()                                    # 初始化 Tk()
root.title(u"标签用法演示")                        # 设置窗口标题
root.geometry("400x80")                           # 宽 x 高
# 不可以调整窗口大小
root.resizable(width=False, height=False)
selected = random.randint(0, len(idiom)-1)
label_obj1 = tk.Label(root, text=idiom[selected], width=380, height=60)
# 鼠标左键单击了标签，处理函数是 label_click_handler()
label_obj1.bind("<Button-1>",label_click_handler)
label_obj1.pack(side=tk.LEFT)
root.mainloop()                                   # 进入消息循环
```

运行后可以看到如图 20-4 所示的窗口。

图 20-4　静态标签

标签除了显示文本外，也可以显示图片。下面的例子通过属性 image 来设置标签上的图片：

```
import sys
if sys.version_info.major == 3:
    import tkinter as tk
elif sys.version_info.major == 2:
    import Tkinter as tk
root = tk.Tk()                          # 初始化 Tk()
root.title(u"图片标签演示")              # 设置窗口标题
```

```
root.geometry("200x200")                    # 宽 x 高
# 不可以调整窗口大小
root.resizable(width=False, height=False)
# 打开文件 dog.png
pic1 = tk.PhotoImage(file="dog.png")
# 通过参数 image 来设定图片
label_obj1 = tk.Label(root, image=pic1, width=180, height=180)
label_obj1.pack(side=tk.TOP)
root.mainloop()                             # 进入消息循环
```

运行后可以看到图 20-5 所示的窗口。

图 20-5　显示图片的静态标签

2. 按钮

按钮（Button）有两个比较常用的属性，一个是 text，表示按钮上的文字；另外一个是 command，表示该按钮被鼠标单击时需要调用的函数。

下面的代码演示了创建按钮和处理按钮事件。在按钮被单击时修改窗口的标题信息，第一个按钮被单击时显示“按钮 1 被单击”，第二个按钮被单击时显示“按钮 2 被单击”。这里我们借用标题栏来作为调试输出。

```
import sys
if sys.version_info.major == 3:
    import tkinter as tk
elif sys.version_info.major == 2:
    import Tkinter as tk
def button1_click_handler():                # 第一个按钮被单击的处理函数
    root.title(u"按钮 1 被单击")
def button2_click_handler():                # 第二个按钮被单击的处理函数
    root.title(u"按钮 2 被单击")
root = tk.Tk()                              # 主窗口
root.title(u"按钮演示")                      # 窗口标题
root.geometry("400x50")
button1 = tk.Button(root, text=u"按钮 1", command=button1_click_handler)
button1.grid(row=0, column=0)
button2 = tk.Button(root, text=u"按钮 2", command=button2_click_handler)
button2.grid(row=0, column=1)
root.mainloop()
```

运行后出现如图 20-6 所示的窗口。

图 20-6　普通按钮

单击“按钮 1”后窗口如图 20-7 所示。

图 20-7　单击按钮后修改标题

单击“按钮 2”后窗口如图 20-8 所示。

图 20-8　再次单击按钮后修改标题

3．单选框

单选框（Radiobox）表示该组元素仅可以选中其中一个元素。创建单选框时，多个同组的元素的 variable 属性要相同，这样才表示它们是属于一个组的。另外，同一个组内的元素 value 属性应该不同，这样当某个元素被选中时，variable 指定的值就等于该元素对应的 value 属性的值。

```
import sys                                  # 引入 sys 模块
if sys.version_info.major == 3:             # 如果是 Python 3
    import tkinter as tk
elif sys.version_info.major == 2:           # 如果是 Python 2
    import Tkinter as tk
import random
class DemoApplication(tk.Frame):
    def on_radiobox_changed(self):
        if self.check_box_var1.get()==1:
            main_win.title(u"C 被选中了")
        elif self.check_box_var1.get()==2:
            main_win.title(u"Python 被选中了")
        elif self.check_box_var1.get()==3:
            main_win.title(u"Java 被选中了")
        else:
            main_win.title(u"单选框演示")
    def createWidgets(self):
        self.check_box_var1 = tk.IntVar()
        # 创建单选框 1
        self.check_box1 = tk.Radiobutton(main_win,
                                    text=u'C',
                                    variable = self.check_box_var1,
                                    value = 1,
                                    command=self.on_radiobox_changed)
```

```
        self.check_box1.pack()
        # 创建单选框 2
        self.check_box2 = tk.Radiobutton(main_win,
                                         text=u'Python',
                                         variable = self.check_box_var1,
                                         value = 2,
                                         command=self.on_radiobox_changed)
        self.check_box2.pack()
        # 创建一个单选框
        self.check_box3 = tk.Radiobutton(main_win,
                                     text=u'Java',
                                     variable = self.check_box_var1,
                                         value = 3,
                                         command=self.on_radiobox_changed)
        self.check_box3.pack()
    def __init__(self, master=None):
        tk.Frame.__init__(self, master)
        self.createWidgets()
main_win = tk.Tk()                              # 创建主窗口
main_win.title(u"单选框演示")                    # 设置主窗口的标题
main_win.geometry("300x100")                    # 设置主窗口的大小
app = DemoApplication(master=main_win)
app.mainloop()                                  # 启动消息循环
```

运行该程序，可以看到如图 20-9 所示的窗口。

不同单选框被选中后的状态如图 20-10 所示。

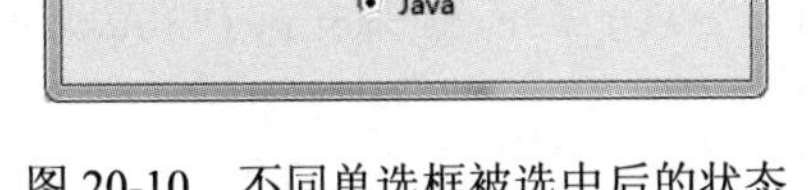

图 20-9　单选框初始状态

图 20-10　不同单选框被选中后的状态

4. 复选框

复选框（Checkbox）表示可以选中多个该组元素。下面是一个创建复选框的例子。

```
import sys
if sys.version_info.major == 3:
    import tkinter as tk
elif sys.version_info.major == 2:
    import Tkinter as tk
import random
class DemoApplication(tk.Frame):
    def on_checkbox_changed(self):
        if self.check_box_var1.get()==1 and self.check_box_var2.get()==1:
            main_win.title(u"都被选中了")
        elif self.check_box_var1.get():
            main_win.title(u"C 被选中了")
        elif self.check_box_var2.get():
            main_win.title(u"Python 被选中了")
        else:
            main_win.title(u"都没有被选中")
    def createWidgets(self):
        self.check_box_var1 = tk.IntVar()
        self.check_box_var2 = tk.IntVar()
        # 创建一个多选框
        self.check_box1 = tk.Checkbutton(main_win,
                                         text=u'C',
                                         variable = self.check_box_var1,
                                         onvalue = 1,
                                         offvalue = 0,
                                         command=self.on_checkbox_changed)
        self.check_box1.pack()
        # 创建一个多选框
        self.check_box2 = tk.Checkbutton(main_win,
                                         text=u'Python',
                                         variable = self.check_box_var2,
                                         onvalue = 1,
                                         offvalue = 0,
                                         command=self.on_checkbox_changed)
        self.check_box2.pack()
    def __init__(self, master=None):
        tk.Frame.__init__(self, master)
        self.createWidgets()
main_win = tk.Tk()
main_win.title(u"多选框演示")
main_win.geometry("300x100")
app = DemoApplication(master=main_win)
app.mainloop()
```

运行后显示图 20-11 所示的窗口。

选中某个复选框后的显示如图 20-12 所示，注意窗口的标题发生了改变。

图 20-11　多选框的初始状态

图 20-12　鼠标操作多选框后的状态

6. 文本输入框

这是一个单行的文本输入框（Entry）。下面是一个简易的文本计算器的例子。

```
import sys
if sys.version_info.major == 3:
    import tkinter as tk
elif sys.version_info.major == 2:
    import Tkinter as tk
class Calculator(tk.Frame):                    # 定义一个窗口
    def calc(self):                            # 对文本输入框的内容进行计算
        input_str = self.entry_obj.get()
        result = eval(input_str)
        result_str = str(result)
        out_str = input_str + " = " + result_str
        self.result['text'] = out_str          # 将计算结果输出到静态标签中
        self.entry_obj.delete(0, tk.END)       # 清空文本输入框的内容
    def createWidgets(self):
        self.input_label = tk.Label(self, text=u"请输入:")
        self.input_label.grid(row=0)
        self.entry_obj = tk.Entry(self)
```

```
        self.entry_obj.grid(row=0, column=1)
        self.result_label = tk.Label(self, text=u"结果")
        self.result_label.grid(row=2, column=0)
        self.result = tk.Label(self, text=u"")
        self.result.grid(row=2, column=1)
        self.calc_button = tk.Button(self)
        self.calc_button.grid(row=3, column=1)
        self.calc_button["text"] = u"计算"
        self.calc_button["fg"]   = "red"
        self.calc_button["command"] =  self.calc
    def __init__(self, master=None):
        tk.Frame.__init__(self, master)
        self.createWidgets()
        self.pack()
root = tk.Tk()
root.title(u"计算器")
app = Calculator(master=root)
app.mainloop()
```

运行后的结果如图 20-13 所示。

输入计算的公式后，单击“计算”按钮就可以看到结果了，如图 20-14 所示。

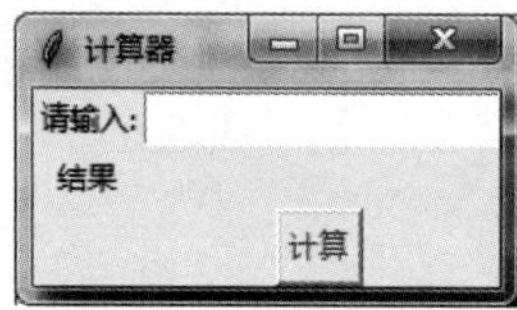

图 20-13　文本计算器

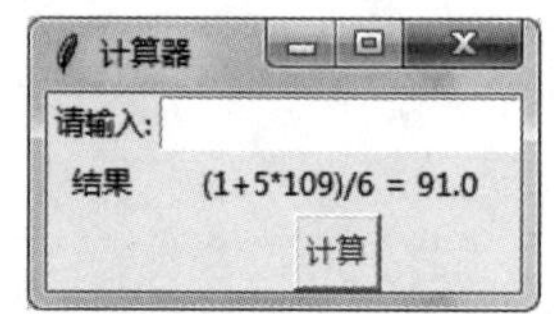

图 20-14　文本计算器的使用

7. 滑块

我们可以通过滑动滑块（Scale）来设置属性值，最常见的就是设定音量，如图 20-15 所示便是 MAC 上的音量调节滑块，如图 20-16 所示便是 Windows 上的音量调节滑块。

图 20-15　MAC 上的音量控制器

图 20-16　Windows 上的音量控制器

创建滑块的方法是：

```
scale_obj = tk.Scale(父亲组件)
```

常用的滑块属性包括取值范围，默认是 0 到 100，也可以用 from 和 to 来表示范围；方向属性 orient，其初始是竖向的，如果希望是横向的，需要设置为 tk.HORIZONTAL；组件的长度 length，单位是像素，如果该值比较大，就表示滑块的尺寸比较大；分辨率 resolution，表示可以增加或减少的最小值；回调函数 command()，就是在拖动滑块时调用该函数来通知滑块的运动事件。

下面编写一个游戏程序，在游戏开始时，程序输出一个 1 到 100 之间的整数值，现在需要拖动滑块到该值对应的位置，然后单击“测量一下”按钮来查看当前滑块对应的真实值，看看自己对位置估计的能力。如果不太满意，可以单击“再来一次”按钮来进行下一次测试。下面是完整的代码：

```
import sys      # 引入 sys 模块，用来判断当前的解释器是 Python 2 还是 Python 3
if sys.version_info.major == 3:             # 如果是 Python 3
    import tkinter as tk
elif sys.version_info.major == 2:           # 如果是 Python 2
    import Tkinter as tk
import random                               # 引入 random 模块，出题用的
class DemoApplication(tk.Frame):            # 定义一个窗口类
    def measure(self):
        # 还没有测量
        if self.button_operation.state == 0:
            real_val = self.scale_bar.get()  # 得到真实值
            self.real_label['text'] = u"你的真实值为%d" % real_val
            self.button_operation["text"] = u"再来一次"   # 修改按钮文字
            self.button_operation.state = 1  # 修改状态
        else:                                # 已经测量过了
            self.expected_val = random.randint(0, 100)
            expected_label_txt = u"期待的值为%d" % self.expected_val
            self.expected_label['text'] = expected_label_txt
            self.real_label['text'] = ""
            self.button_operation.state = 0
            self.button_operation["text"] = u"测量一下"
    def createWidgets(self):
        self.expected_val = random.randint(0, 101)
        expected_label_txt = u"期待的值为%d" % self.expected_val
        self.expected_label = tk.Label(main_win, text=expected_label_txt)
        self.expected_label.pack()
        self.scale_bar = tk.Scale(main_win, orient=tk.HORIZONTAL, showvalue=0)
        self.scale_bar['length'] = 500
        self.scale_bar.pack()
        self.real_label = tk.Label(main_win, text="")
        self.real_label.pack()
        self.button_operation = tk.Button(main_win)
        self.button_operation.state = 0
        self.button_operation["text"] = u"测量一下"
```

```
        self.button_operation["command"] = self.measure
        self.button_operation.pack()
    def __init__(self, master=None):
        tk.Frame.__init__(self, master)
        self.pack()
        self.createWidgets()
main_win = tk.Tk()
main_win.title(u"试试手感")
main_win.geometry("600x100")
app = DemoApplication(master=main_win)
app.mainloop()
```

运行后的效果如图 20-17 所示。

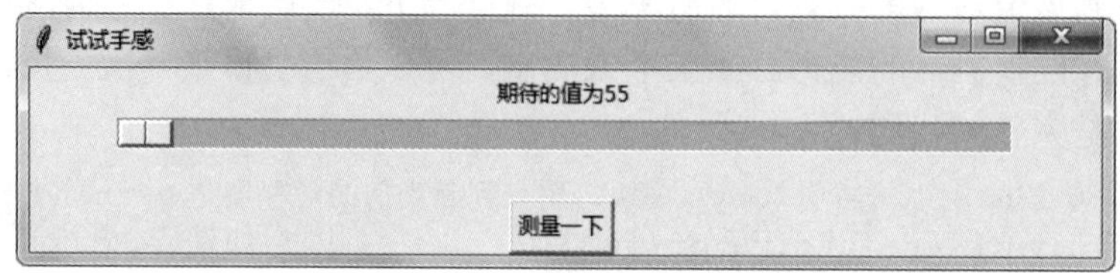

图 20-17　估算位置初始画面

拖动滑块到估计的位置，然后单击“测量一下”按钮会显示测试结果，如图 20-18 所示。

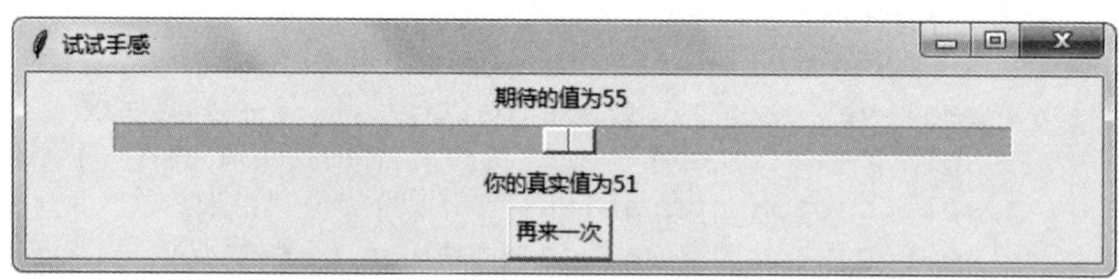

图 20-18　查看实际值

8. 列表框

列表框（Listbox）组件用来存放一个列表数据，可以对其数据进行添加和删除操作。

下面使用该组件实现一个栈，在头部进行压栈和出栈操作。为了让例子更加有趣，规定压栈的数据只能从“1，2，3，…，10”这个队列的头部取，也就是第一次压栈的数据是 1，第二次压栈的数据是 2，以此类推。问仅通过压栈和出栈操作能否得到指定的输出序列，如“10，9，8，7，6，5，4，3，2，1”，也就是说第一次出栈的是 10，第二次出栈的是 9，以此类推。

```
import sys
if sys.version_info.major == 3:              # Python 3
    import tkinter as tk
elif sys.version_info.major == 2:            # Python 2
    import Tkinter as tk
import random
```

```
class DemoApplication(tk.Frame):
    def pop(self):
        element_num = self.list_box1.size()
        if element_num == 0:
            print("Error: No Element")
        else:
            # 栈中有元素
            # 得到最后一个元素的值，该类型是字符串类型的
            las_val = self.list_box1.get(tk.END)
            las_val = int(las_val)                          # 转换成整数类型
            # 将最后一个元素放入输出队列的尾部
            self.output_list.append(las_val)
            # 删除最后一个元素
            self.list_box1.delete(tk.END)
            msg = u"输出队列：%s" % self.output_list
            self.expected_label['text'] = msg
            if element_num == 1:
                self.button_pop.config(state=tk.DISABLED)
    def push(self):
        if self.next_push > 10:
            self.button_push.config(state=tk.DISABLED)
        else:
            # 在尾部添加
            self.list_box1.insert(tk.END,str(self.next_push))
            self.next_push = self.next_push + 1
            if self.next_push > 10:
                # 不让入栈了
                self.button_push.config(state=tk.DISABLED)
            # 如果刚才不让执行出栈操作，那么现在可以进行出栈操作了
            print("self.button_pop['state'] = %s" % self.button_pop['state'])
            if self.button_pop['state'] == tk.DISABLED:
                self.button_pop.config(state=tk.NORMAL)
    def createWidgets(self):
        self.expected_val = random.randint(0, 101)
        self.list_box1 = tk.Listbox(main_win)         # 创建一个列表框
        self.list_box1.pack()
        self.next_push = 1
        self.real_label = tk.Label(main_win, text="")
        self.real_label.pack()
        self.button_push = tk.Button(main_win)
        self.button_push.state = 0
        self.button_push["text"] = u"压栈"
        self.button_push["command"] = self.push
        self.button_push.pack()
        self.button_pop = tk.Button(main_win)
        self.button_pop.state = 0
        self.button_pop["text"] = u"出栈"
        self.button_pop["command"] = self.pop
        # 最开始，栈中没有元素，所以不可以出栈
        self.button_pop.config(state=tk.DISABLED)
        self.button_pop.pack()
        self.expected_label = tk.Label(main_win, text="输出队列：")
```

```
        self.expected_label.pack()
    def __init__(self, master=None):
        tk.Frame.__init__(self, master)
        self.output_list = []
        self.pack()
        self.createWidgets()
main_win = tk.Tk()                                  # 创建主窗口
main_win.title(u"栈操作演示")                        # 设置窗口标题
main_win.geometry("200x300")                        # 设置窗口大小
app = DemoApplication(master=main_win)              # 创建应用程序
app.mainloop()                                      # 进入消息循环
```

运行后结果如 20-19 所示。

当全部压栈完成，并且所有元素都出栈时，显示如图 20-20 所示的界面。

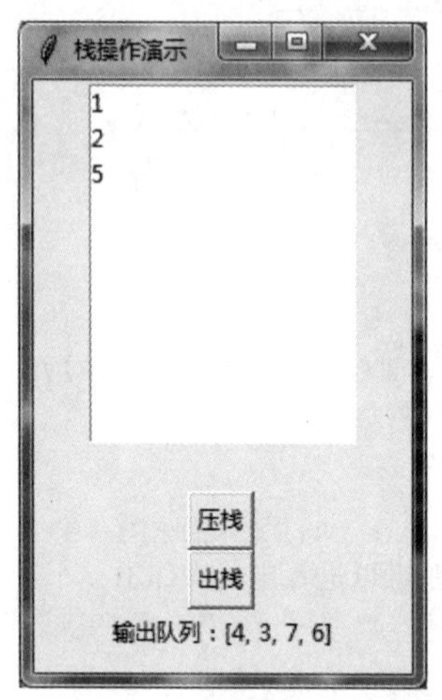

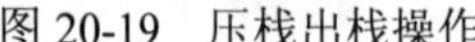

图 20-19　压栈出栈操作

图 20-20　全部出栈完成

列表框默认只能选中一个元素，但是可以通过设置参数 selectmode 的值为 MULTIPLE 来允许选中多个元素。为了演示这个属性，下面来玩一个游戏，就是在给定的数中挑出一些数，要求这些数的和要尽量接近指定的值 t。

这里用 Listbox 来存放数组 l，用户可以从中任意挑选元素。在挑选的过程中，显示目前挑选数的和。在用户完成挑选后单击“查看答案”按钮可以查看是否得到了正确的结果。

下面是完整的代码：

```
import sys
if sys.version_info.major == 3:
    import tkinter as tk
elif sys.version_info.major == 2:
    import Tkinter as tk
import random
class DemoApplication(tk.Frame):
    # 背包问题的求解方法
    def resolve_bag(self, bag_volume, goods_list):
        biggest_valid_vol = 0
```

```
        biggest_valid_selection = []
        goods_num = len(goods_list)
        candidate_num = 1 << goods_num
        for candidate in range(candidate_num):
            selection_decision = []
            for x in range(goods_num):
                if (candidate & 1) == 1:
                    selection_decision.append(True)
                else:
                    selection_decision.append(False)
                candidate = candidate >> 1
            current_vol = 0
            for x in range(goods_num):
                if selection_decision[x] == True:
                    current_vol = current_vol + goods_list[x]
            if current_vol <= bag_volume and current_vol > biggest_valid_vol:
                biggest_valid_vol = current_vol
                biggest_valid_selection = selection_decision
            result = [goods_list[x] for x in range(goods_num) \
                    if biggest_valid_selection[x] == True]
            return result
    def show_answer(self):                        # 显示标准答案
        answer_list = self.resolve_bag(self.target, self.data)
        standard_answer_sum = sum(answer_list)
        if abs(self.current_sum-self.target) <= \
                  abs(standard_answer_sum-self.target):
            # 用户的也是标准答案
            user_answer_list = [self.data[x] for x in self.list_box1.curselection()]
            answer_label_text = u"标准答案是: %s" % user_answer_list
        else:
            answer_label_text = u"标准答案是: %s" % answer_list
        self.answer_label['text'] = answer_label_text
    def selection_evt_handler(self, evt):   # 选中某个元素的处理函数
        seleted_index_list = self.list_box1.curselection()
        sum = 0
        for x in seleted_index_list:
            sum = sum + self.data[x]
        self.current_sum = sum
        actual_sum_label_text = u"当前的和为%d" % self.current_sum
        self.actual_label['text'] = actual_sum_label_text
    def reset(self):                              # 重新开始
        self.generate_data()
        expect_label_txt = u"期望的和为%d" % self.target
        self.expected_label['text'] = expect_label_txt
        self.answer_label['text'] = ""
    def generate_data(self):                      # 产生输入数据
        # 一共是 8 个元素，从 0 到 7，全部删除
        self.list_box1.delete(0, 7)
        self.data = []
        for x in range(8):
            v = random.randint(1, 20)
            self.data.append(v)
```

```
        self.target = random.randint(20, 60)
        for x in self.data:
            self.list_box1.insert(tk.END,str(x))
    def createWidgets(self):               # 画出初始界面
        self.expected_val = random.randint(0, 101)
        self.list_box1 = tk.Listbox(main_win)
        # 允许选中多个元素
        self.list_box1["selectmode"] = tk.MULTIPLE
        self.list_box1.pack()
        self.list_box1.bind("<<ListboxSelect>>", self.selection_evt_handler)
        self.generate_data()
        self.next_push = 1
        self.real_label = tk.Label(main_win, text="")
        self.real_label.pack()
        expect_label_txt = u"期望的和为%d" % self.target
        self.expected_label = tk.Label(main_win, text=expect_label_txt)
        self.expected_label.pack()
        self.current_sum = 0
        actual_label_txt = u"当前的和为%d" % self.current_sum
        self.actual_label = tk.Label(main_win, text=actual_label_txt)
        self.actual_label.pack()
        self.answer_label = tk.Label(main_win, text="")
        self.answer_label.pack()
        self.button_reset = tk.Button(main_win)
        self.button_reset.state = 0
        self.button_reset["text"] = u"重新开始"
        self.button_reset["command"] = self.reset
        self.button_reset.pack()
        self.button_end = tk.Button(main_win)
        self.button_end.state = 0
        self.button_end["text"] = u"查看答案"
        self.button_end["command"] = self.show_answer
        self.button_end.pack()
    def __init__(self, master=None):        # 初始化函数
        tk.Frame.__init__(self, master)
        self.output_list = []
        self.pack()
        self.createWidgets()
main_win = tk.Tk()
main_win.title(u"选中最接近目标的元素组合")
main_win.geometry("250x350")
app = DemoApplication(master=main_win)
app.mainloop()
```

开始运行时的显示如图 20-21 所示。

在查看答案时得到如图 20-22 所示的窗口。

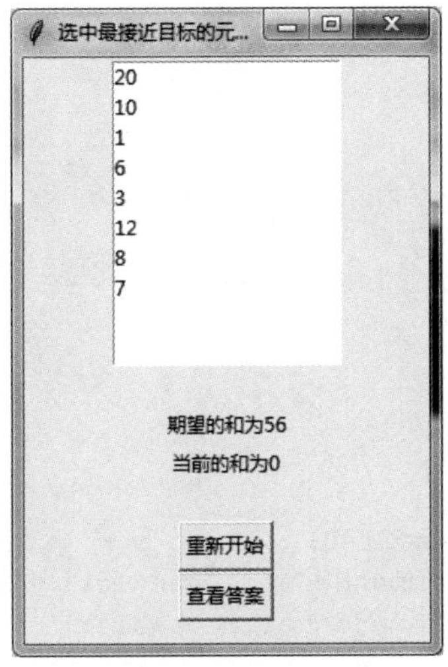

图 20-21　初始界面

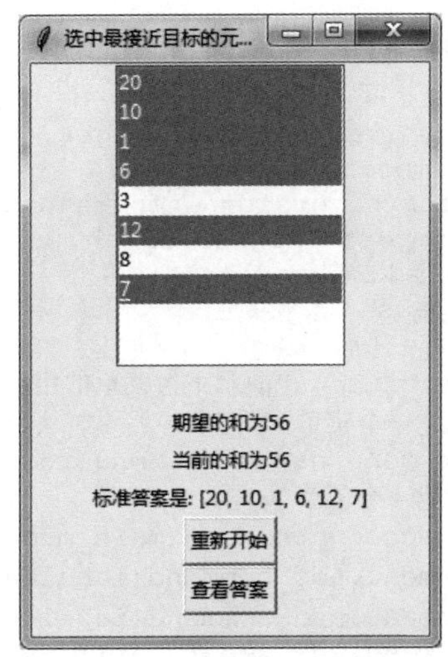

图 20-22　完成后查看答案

9. 菜单

菜单是常见的 UI 元素。下面创建一个特别简单的菜单，仅包含两个菜单项。代码如下：

```
import sys
if sys.version_info.major == 3:
    import tkinter as tk
elif sys.version_info.major == 2:
    import Tkinter as tk
def hello_handler():
    pass
root = tk.Tk()
root.title(u"演示菜单的用法")
# 创建一个菜单
menubar = tk.Menu(root)
menubar.add_command(label=u"单击我试试!", command=hello_handler)
menubar.add_command(label=u"退出", command=root.quit)
# 将菜单添加到主窗口中
root.config(menu=menubar)
root.mainloop()
```

运行后菜单的显示如图 20-23 所示。

图 20-23　带有菜单的窗口

当然也可以创建下拉菜单，下面演示了创建的方法。

```
import sys
if sys.version_info.major == 3:
    import tkinter as tk
elif sys.version_info.major == 2:
    import Tkinter as tk
def hello_handler():
    pass
root = tk.Tk()
root.title(u"演示下拉菜单的用法")
# 创建一个菜单
main_menu_bar = tk.Menu(root)
# 创建一个子菜单
filemenu = tk.Menu(main_menu_bar, tearoff=0)
filemenu.add_command(label=u"打开", command=hello_handler)
filemenu.add_command(label=u"保存", command=hello_handler)
filemenu.add_separator()
filemenu.add_command(label=u"退出", command=root.quit)
# 将子菜单加入到菜单条中
main_menu_bar.add_cascade(label=u"文件", menu=filemenu)
# 创建一个子菜单
editmenu = tk.Menu(main_menu_bar, tearoff=0)
editmenu.add_command(label=u"剪切", command=hello_handler)
editmenu.add_command(label=u"复制", command=hello_handler)
editmenu.add_command(label=u"粘贴", command=hello_handler)
# 将子菜单加入到菜单条中
main_menu_bar.add_cascade(label=u"编辑", menu=editmenu)
# 创建一个子菜单
helpmenu = tk.Menu(main_menu_bar, tearoff=0)
helpmenu.add_command(label=u"关于", command=hello_handler)
# 将子菜单加入到菜单条中
main_menu_bar.add_cascade(label=u"帮组", menu=helpmenu)
# 将菜单添加到主窗口中
root.config(menu=main_menu_bar)
root.mainloop()
```

运行后出现如图 20-24 所示的窗口。

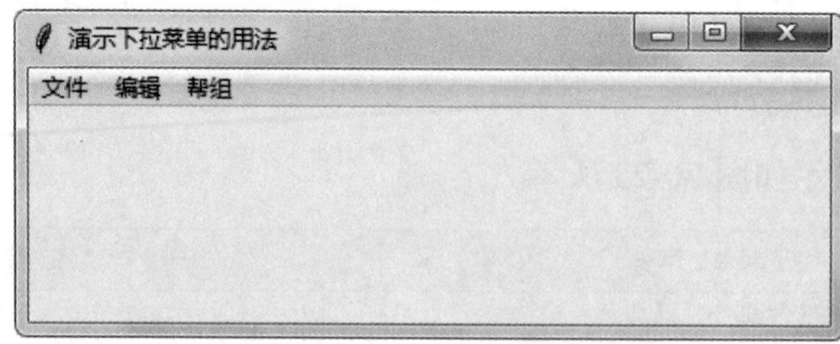

图 20-24 初始化时的窗口

分别打开这三个菜单项，显示如图 20-25 所示。

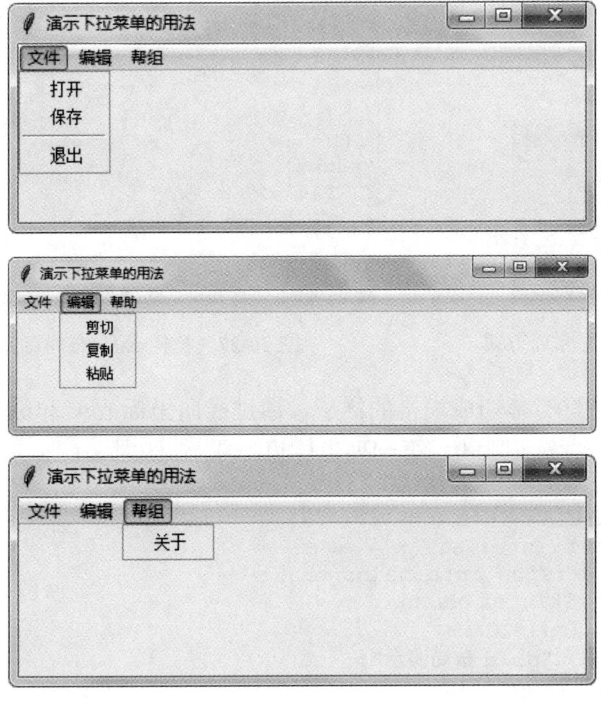

图 20-25　展开的下拉菜单

20.1.3　布局

在前面的介绍中，基本没有布局过 UI 元素，所有元素都是从上到下摆成一列，很不美观。Tkinter 提供了布局功能，主要包含 pack、grid 和 place 三种布局方法。其中 pack 布局方法在前面使用过，这是最简单的布局方式。

```
import sys
if sys.version_info.major == 3:
    import tkinter as tk
elif sys.version_info.major == 2:
    import Tkinter as tk
root = tk.Tk()
root.title(u"pack 布局演示")
tk.Button(root, text="side:top").pack(side='top')
tk.Button(root, text="side:bottom").pack(side='bottom')
tk.Button(root, text="side:left").pack(side='left')
tk.Button(root, text="side:right").pack(side='right')
root.mainloop()
```

启动后窗口显示如图 20-26 所示。如果拉伸窗口，显示如图 20-27 所示。

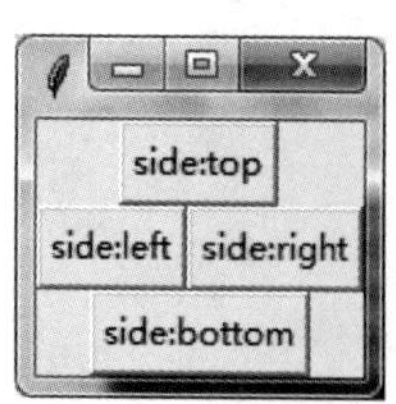

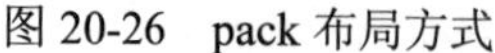

图 20-26　pack 布局方式

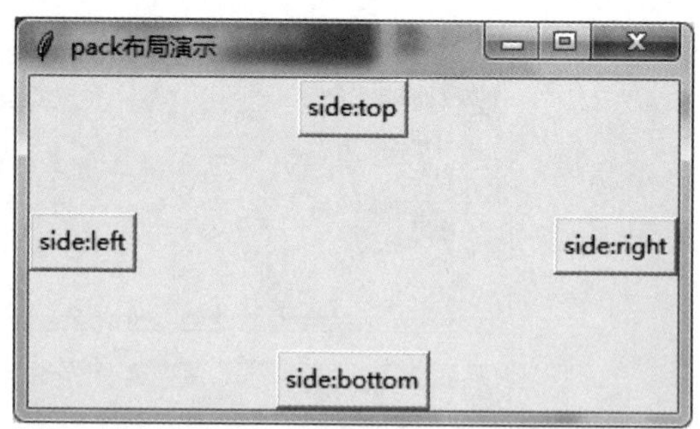

图 20-27　拉伸 pack 布局后的效果

grid 布局法就是将屏幕切成表格的样子，通过横向坐标 row 和纵向坐标 column 来指定元素的位置。第一行标记为 0，第一列也标记为 0。

```
import sys
if sys.version_info.major == 3:
    import tkinter as tk
elif sys.version_info.major == 2:
    import Tkinter as tk
root = tk.Tk()
root.title(u"grid布局演示")
for row in range(3):
    for col in range(4):
        text_ = "row=%d, col=%d" % (row, col)
        tk.Button(root, text=text_).grid(row=row, column=col)
root.mainloop()
```

运行该程序后，显示如图 20-28 所示的窗口。

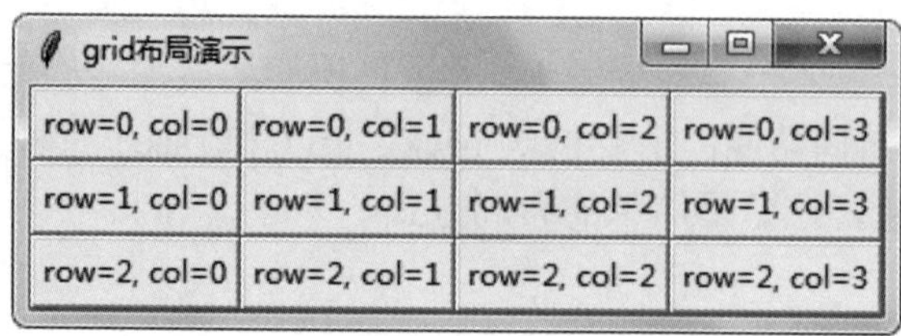

图 20-28　grid 布局

拉伸窗口后，显示如图 20-29 所示。

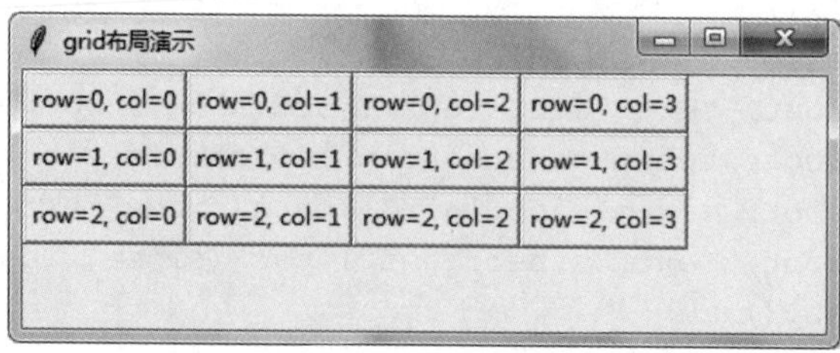

图 20-29　拉伸后的 grid 布局

最后一种布局方法是 place，它直接指定元素在父元素中的坐标值，单位是像素。

20.1.4　游戏 2048

2048 是一个比较好玩的小游戏，在网络上有各种版本，难易程度各不相同。基本的玩法是两个相同的数字碰到一起会抵消一个，另外一个存活的数字会数值翻倍。游戏玩家通过操作上下左右键来控制哪些方块会发生碰撞。在下面要实现的这个版本中，一共有 4 行 4 列 16 个格子，每次操作后会多出一个数字 2，当出现数字 2048 时游戏就成功结束。当所有的空格都填满时表示用户闯关失败，游戏结束。

这里用静态标签来表示这些数字，通过计算得到它们所代表的值，不同的值用不同的颜色来标识；通过接收键盘输入来决定合并的方向；同时还设计了计分机制，消掉的分数方块的总分就是当前玩家的得分。

下面是完整的代码：

```
import sys
if sys.version_info.major == 3:
    import tkinter as tk
elif sys.version_info.major == 2:
    import Tkinter as tk
import random
# 记录当前各个位置的值
# 0 表示该位置没有值
# 其他可能的值是 2、4、8、16、32、64、
# 128、256、512、1024、2048
map_status = [
    [0, 0, 0, 0],
    [0, 0, 0, 0],
    [0, 0, 0, 0],
    [0, 0, 0, 0]
]
# 重置
def reset():
    # 将 map_status 的内容清空
    map_status = []
    map_status.append([0, 0, 0, 0])
    map_status.append([0, 0, 0, 0])
    map_status.append([0, 0, 0, 0])
    map_status.append([0, 0, 0, 0])
    # 在空白地图上填充两个 2
    new_element()
    new_element()
# 得到空白位置的个数
def get_space_count():
    count = 0
    for r in map_status:
        count += r.count(0)
```

```
    return count
# 计算分数，就是除 0 和 2 外所有值的和
def get_total_score():
    score = 0
    for row in map_status:
        for ele in row:
            if ele != 0 and ele != 2:
                score = score + ele
    return score
# 随机在空白位置生成一个 2
def new_element():
    # 空白位置的个数
    empty_place_num = get_space_count()
    if 0 == empty_place_num:
        return False
    # 随机找到一个位置
    pos = random.randint(0, empty_place_num)
    current_pos = 0
    for row in map_status:
        for col in range(4):
            if 0 == row[col]:
                if current_pos == pos:
                    row[col] = 2
                    return True
                current_pos = current_pos + 1
# 判断游戏是否结束
def game_over():
    # 如果没有空的位置了，那么结束
    if get_space_count() == 0:
        return -1
    # 如果出现了 2048，成功结束
    for row in map_status:
        for ele in row:
            if ele >= 2048:
                return 1
    return 0
# 用户按了向左移动的键，合并指定的元素
def move_left(line):
    ret = []
    # 删除掉所有的 0
    # [2, 0, 8, 0] => [2, 8]
    for line_ele in line:
        if line_ele != 0:
            ret.append(line_ele)
    # 合并，最多合并 3 次
    for round in range(3):
        num = len(ret)
        candidate = 1
        while candidate < len(ret):
            if ret[candidate] == ret[candidate-1]:
```

```
                ret[candidate-1] = ret[candidate-1] << 1
                print("new val:", ret[candidate-1])
                ret.pop(candidate)
            else:
                candidate = candidate + 1
    # 将结果保存回去
    for x in range(4):
        if x < len(ret):
            line[x] = ret[x]
        else:
            line[x] = 0
def action_left():
    for line in map_status:
        move_left(line)
# 用户按了向右移动的键，合并指定的行
def move_right(line):
    # 颠倒顺序
    line.reverse()
    move_left(line)
    line.reverse()
def action_right():
    for line in map_status:
        move_right(line)
def action_up():                                # 按了向上或者 W 键的处理函数
    tmp_line = [0, 0, 0, 0]
    for col in range(4):
        for row in range(4):
            tmp_line[row] = map_status[row][col]
        move_left(tmp_line)
        for row in range(4):
            map_status[row][col] = tmp_line[row]
def action_down():                              # 按了向下或者 S 键的处理函数
    tmp_line = [0, 0, 0, 0]
    for col in range(4):
        for row in range(4):
            tmp_line[3-row] = map_status[row][col]
        move_left(tmp_line)
        for row in range(4):
            map_status[row][col] = tmp_line[3-row]
reset()
root = tk.Tk()
root.title('2048 游戏')                          # 设置窗口标题
root.resizable(width=False, height=False)       # 固定宽和高
key_map = {
    'a': action_left,
    'd': action_right,
    'w': action_up,
    's': action_down,
    'Left': action_left,
    'Right': action_right,
```

```
    'Up': action_up,
    'Down': action_down,
    'q': root.quit,
}
label_colors = {
    0: ("#c0c0b0", "#706060"),
    2: ("#eee4da", "#776e60"),
    4: ("#ede0c8", "#f9f6f0"),
    8: ("#f2b179", "#f9f6f0"),
    16: ("#f59563", "#f9f6f0"),
    32: ("#f67c5f", "#f9f6f0"),
    64: ("#f65e3b", "#f9f6f0"),
    128: ("#edcf72", "#f9f6f0"),
    256: ("#e0c060", "#f9f6f0"),
    512: ("#e0c020", "#f9f6f0"),
    1024: ("#e0b010", "#f9f6f0"),
    2048: ("#e0c000", "#f9f6f0"),
}
def on_key_down(event):
    # 得到键盘信息
    keysym = event.keysym
    if keysym in key_map:
        key_map[keysym]()
        new_element()
    update_ui()
    if game_over():
        mb = messagebox.askyesno(title="gameover",
                                 message=u"游戏结束!\n 退出游戏? ")
        if mb:
            root.quit()
        else:
            reset()
            update_ui()
def update_ui():
    for r in range(4):
        for c in range(4):
            number = map_status[r][c]
            label = map_labels[r][c]
            label['text'] = str(number) if number else ''
            label['bg'] = label_colors[number][0]
            label['foreground'] = label_colors[number][1]
    label_score['text'] = str(get_total_score())
def reset_game():
    reset()
    update_ui()
root_frame = tk.Frame(root, bg="#b0a0a0")
root_frame.grid(sticky=tk.N + tk.E + tk.W + tk.S)
# 能接收按键事件
root_frame.focus_set()
root_frame.bind("<Key>", on_key_down)
```

```
# 初始化图形界面
map_labels = []
for r in range(4):
    row = []
    for c in range(len(map_status[0])):
        value = map_status[r][c]
        if value == 0:
            text = ""
        else:
            text = str(value)
        label = tk.Label(root_frame,
                         text=text,
                         width=4,
                         height=2,
                         font=("黑体", 30, "bold"))
        label.grid(row=r,
                   column=c,
                   padx=5,
                   pady=5,
                   sticky=tk.N + tk.E + tk.W + tk.S)
        row.append(label)
    map_labels.append(row)
# 设置显示分数的 Lable
label = tk.Label(root_frame,
                 text='得分',
                 font=("黑体", 30, "bold"),
                 bg="#bbada0",
                 fg="#eee4da")
# 将其放在第 5 行的第 2 列
label.grid(row=4, column=1, padx=5, pady=5)
label_score = tk.Label(root_frame,
                       text='0',
                       font=("黑体", 30, "bold"),
                       bg="#b0a0a0",
                       fg="#ffffff")
# 将其放在第 5 行的第 3 列
label_score.grid(row=4, columnspan=2, column=2, padx=5, pady=5)
reset_button = tk.Button(root_frame,
                         text='再来一局',
                         font=("黑体", 16, "bold"),
                         bg="#807060",
                         fg="#181818",
                         command=reset_game)
# 将其放在第 5 行的第一列
reset_button.grid(row=4, column=0, padx=5, pady=5)
update_ui()
root.mainloop()
```

运行后出现如图 20-30 所示的窗口。

通过按方向键，完成一些合并操作后可以看到如图 20-31 所示的窗口。

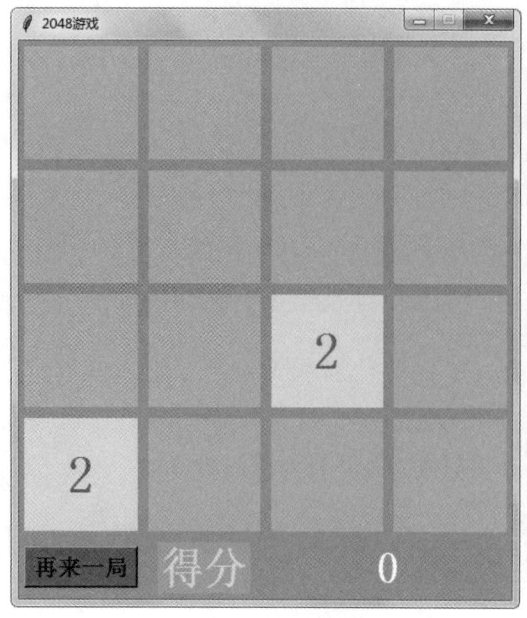

图 20-30　2048 游戏窗口

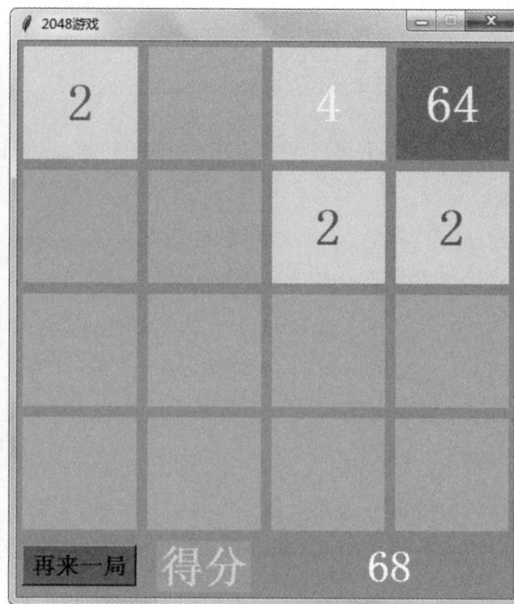

图 20-31　2048 游戏操作后的窗口

20.2　wxPython

wxWidgets 是一款优秀的、跨平台的图形界面库，其使用 C++语言开发，所以使用 wxWidgets 的最直接的开发语言也是 C/C++。为了让 Python 用户也能使用该库，Robin Dunn 开发了 wxPython 这个库，该库可以看做是对 wxWidgets 的 Python 封装。有了 wxPython 库，Python 开发人员也可以享受 wxWidgets 带来的强大功能。

20.2.1　程序基本结构

在使用 wxPython 之前，首先需要安装 wxPython。安装过程很简单，直接使用 pip 就可以完成，命令如下：

```
pip install wxpython
```

目前的推荐版本是 wxPython4.0.6。

在完成安装后，需要引入该包，方法如下：

```
import wx
```

在 wxPython 中，一个程序一般包括一个窗口 Frame，一个应用程序 app。在窗口 Frame 中包括了各种用户界面的元素，应用程序 app 则负责对用户界面元素产生的消息进行转发处理。最简单的一个应用程序如下：

```
import wx    # 引入 wxpython 库
# 创建一个应用程序
# 参数 False 表示标准输出和错误输出内容不会被重定向
app = wx.App(False)
# 创建一个窗口
# 该窗口的父窗口是 None，就是没有父窗口
# wx.ID_ANY 表示随机生成一个 ID 给该窗口
# 第三个参数是窗口的标题
frame = wx.Frame(None, wx.ID_ANY, u"第一个 wxPython 演示程序")
frame.Show(True)                    # 显示该窗口
app.MainLoop()                      # 应用程序消息处理
```

运行后可以看到如图 20-32 所示的窗口。

我们可以对该窗口进行关闭、移动、最小化和最大化等操作，这就是一个最简单的也是最常见的应用程序窗口。

图 20-32　简单的使用 wxPython 创建的窗口

这里需要注意的是父窗口的概念，在 wxPython 中，所有的用户界面元素都可以有父元素，如果父元素是 None 表示该元素没有父元素，所以它是应用程序的最顶级用户界面元素。一般这样的元素就是窗口，其他的如按钮等界面元素，它们都有一个，并且是唯一的一个父亲界面元素。这样属于同一个窗口的所有用户界面元素就形成了一个树形结构，树的根就是窗口元素，它是没有父节点的，其他的元素都有自己的父亲节点。

另外需要注意的是，所有的用户界面元素都有一个 ID，在上面的例子中，我们给 ID 赋值为 wx.ID_ANY，这表示该元素的 ID 由系统自动分配，但是在 ID 分配完成后就不会再发生改变了。

20.2.2　基本用户界面元素

和 Tkinter 一样，wxPython 也提供了很多的基础界面元素，如静态文本框、文本框输入、按钮、单选框、多选框等。这些界面元素的用法和 tkinter 的类似，可能只是属性的名字有所不同。

1. 窗体Frame

这就是在桌面上看到的窗口，其包含标题、图标、位置、大小、风格、名字等属性。这些属性可以在创建窗体时设置，也可以在创建后进行设置。下面是窗体的初始化函数：

```
Frame(parent,
      id=ID_ANY,
      title=EmptyString,
      pos=DefaultPosition,
      size=DefaultSize,
      style=DEFAULT_FRAME_STYLE,
      name=FrameNameStr)
```

窗体比较常用的操作包括显示 show()，隐藏，关闭 close()，移动 move()等。

下面将前面的代码稍加修改，为其添加一个图标。首先需要装入图标文件，然后使用 SetIcon()函数来设置图标，完整代码如下：

```
import wx                               # 引入 wxPython 库
app = wx.App(False)
frame = wx.Frame(None, wx.ID_ANY, u"带有图标的窗口")
# 创建图标
icon_obj = wx.Icon(name="flower.jpg", type=wx.BITMAP_TYPE_JPEG)
frame.SetIcon(icon_obj)                 # 设定图标
frame.Show(True)                        # 显示该窗口
app.MainLoop()                          # 应用程序消息处理
```

运行后显示如图 20-33 所示的窗口。

2. 面板Panel

面板是一个容器元素，可以在其上放很多其他的元素，这点类似于 Frame。我们通常会将窗口上的元素分类，例如图 20-34 所示的计算器程序，其就可以看做是由三大块组合而成的。

图 20-33 修改窗口图标

图 20-34 计算器的结构

可以用使 Panel 来表示这些块。Panel 的初始化函数定义如下：

```
Panel(parent,
      id=ID_ANY,                        # 自己的 ID
      pos=DefaultPosition,              # 自己相对父窗口的位置
      size=DefaultSize,                 # 大小
      style=TAB_TRAVERSAL,              # 风格
```

```
        name=PanelNameStr)              # 名字
```

块里面的元素的父元素（parent）就是对应的 Panel，例如现在按钮 1 就不直接隶属于主窗口，而是隶属于右下角的 Panel。下面就创建这样的窗口，为了显示方便，为三个块设置不同的背景颜色。为了设置 Panel 的背景颜色，使用了其成员函数 SetBackgroundColour()。下面是完整的代码：

```
import wx
# 主窗口类
class MainFrame(wx.Frame):
  def __init__(self, p, t):
    """ p: 父亲窗口
    t:  窗口标题
    """
    wx.Frame.__init__(self, id=wx.NewId(), parent=p, title=t, size=(420, 320))
    # 该panel的父亲就是该窗口， id=-1 就表示任意 id
    panel_top = wx.Panel(self, -1, size=(420, 110), pos=(0, 0))
    panel_top.SetBackgroundColour("#DB7093")            # 红色
    panel_left_down = wx.Panel(self, -1, size=(210, 210), pos=(0, 116))
    panel_left_down.SetBackgroundColour("#007FFF")      # 蓝色
    panel_right_down = wx.Panel(self, -1, size=(210, 210), pos=(220, 116))
    panel_right_down.SetBackgroundColour("#00FF7F")     # 绿色
if __name__ == "__main__":                   # 如果运行该脚本
    # 创建应用程序
    app = wx.App(False)
    # Frame 就是应用程序的主窗口，不是子窗口
    frame = MainFrame(None, "计算器-演示版")
    frame.Show(True)                         # 显示主窗口
    app.MainLoop()
```

运行后显示如图 20-35 所示的窗口。

图 20-35 使用 Panel 来布局计算器

3．静态文本框wx.StaticText

其对应于 Tkinter 中的 tk.Label。其文本内容用属性 label 来表示，则 label 属性相当于 tk.Label 的 text 属性。其初始化函数定义如下：

```
StaticText(parent,
         id=ID_ANY,
         label=EmptyString,
         pos=DefaultPosition,
         size=DefaultSize,
         style=0,
         name=StaticTextNameStr)
```

对于静态文本框，可以设置字体、对齐方式以及显示多行文本等。下面的例子演示了如何设置这些属性。

```
import wx
class StaticTextDemo1(wx.Frame):                    # 定义自己的 Frame 类
   def __init__(self):                              # 初始化函数
       wx.Frame.__init__(self,
                      None,
                      wx.ID_ANY,
                      "StaticText 演示 1",
                      size =(400, 400))
       panel = wx.Panel(self, -1)
       #基本静态的文本
       text1 = wx.StaticText(panel,
                        wx.ID_ANY,
                        "这是个基本的静态文本。",
                        (100, 10))
       #为文本指定前景色和背景色
       text2 = wx.StaticText(panel,
                        wx.ID_ANY,
                        "指定文本前景和背景色",
                        (100, 30))
       text2.SetForegroundColour("White")        # 设定前景色为白色
       text2.SetBackgroundColour("Black")        # 设置背景色为黑色
       #指定居中对齐
       text = wx.StaticText(panel, wx.ID_ANY, "居中对齐", (100,50), (160, -1),\
                         wx.ALIGN_CENTER)
       text.SetForegroundColour("White")
       text.SetBackgroundColour("Black")
       #指定右对齐
       text3 =wx.StaticText(panel,
                        wx.ID_ANY,
                        "居右对齐",
                        (100,70),
                        (160, -1),
                        wx.ALIGN_RIGHT)
       #指定字体的静态文本的 font
       text4 = wx.StaticText(panel,
```

```
                                  wx.ID_ANY,
                                  "设置文本 font",
                                  (20,100))
        # 设定字体
        font=wx.Font(18, wx.DECORATIVE, wx.ITALIC, wx.NORMAL)
        text4.SetFont(font)
        #设置显示多行文本
        multiStr ="现在你看到\n 的是多行\n 文本"
        text5 = wx.StaticText(panel,
                                  wx.ID_ANY,
                                  multiStr,
                                  (20, 150))
if __name__ == '__main__':
    app = wx.App()
    frame = StaticTextDemo1()
    frame.Show(True)
    app.MainLoop()
```

运行该程序，可以看到图 20-36 所示的效果。

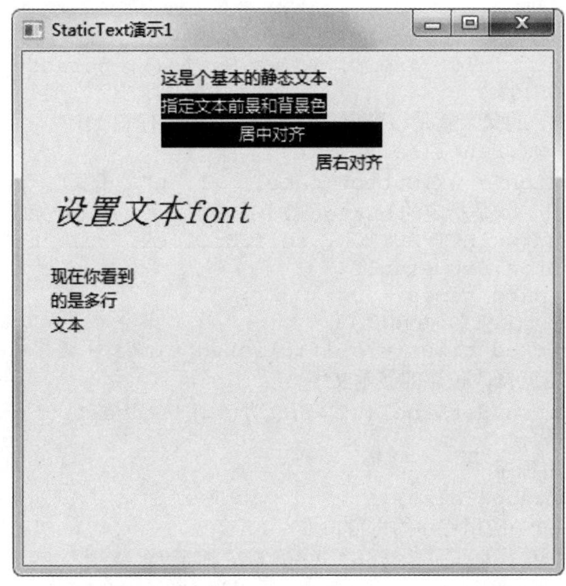

图 20-36　静态文本库

4．按钮Button

这个元素的主要属性包括上面的文字 label、单击后的处理函数等。下面是其初始化函数的定义：

```
Button(parent,
       id=ID_ANY,
       label=EmptyString,              # 按钮上显示的内容
       pos=DefaultPosition,
```

```
        size=DefaultSize,
        style=0,
        validator=DefaultValidator,
        name=ButtonNameStr)
```

处理函数通过其成员函数 Bind()来定义，该函数的定义如下：

```
Bind(self, event, handler, source=None, id=-1, id2=-1)
```

其中 event 和 handler 是必须定义的，其他的可以不用填写。source 表示事件的发起者，id 表示事件发起者的 ID，id2 用来指定事件发起者的 ID 范围。

下面是一个按钮使用的例子，其窗口有一个按钮，单击该按钮，按钮上的文字发生变化，显示被单击的次数。下面是完整的代码：

```
import wx
# 主窗口类
class MainFrame(wx.Frame):              # 记住一定要从 wx.Frame 派生出主窗口类
  def __init__(self, p, t):
    """ p: 父亲窗口
    t:  窗口标题
    """
    wx.Frame.__init__(self, id=wx.NewId(), parent=p, title=t, size=
     (300, 100))
    # 该 panel 的父亲就是该窗口， id=-1 就表示任意 ID
    panel = wx.Panel(self, -1)
    self.button = wx.Button(panel, -1, u"单击我", pos=(50, 20))
    # 绑定事件，就是指定的 button 被单击后调用 onClick()成员函数
    self.Bind(wx.EVT_BUTTON, self.OnClick, self.button)
    self.button.SetDefault()
    self.clicked_times = 0
  def OnClick(self, event):
    self.clicked_times = self.clicked_times + 1
    # 一旦单击就修改按钮的显示文字
    self.button.SetLabel(u"单击成功(%d)" % self.clicked_times)
if __name__ == "__main__":
    # 创建应用程序
    app = wx.App(False)
    # frame 就是应用程序的主窗口
    frame = MainFrame(None, "button 演示")
    frame.Show(True)                    # 显示该窗口
    app.MainLoop()                      # 进入消息循环
```

运行该程序，显示如图 20-37 所示的窗口。

单击窗口上的“单击我”按钮后，显示如图 20-38 所示。

图 20-37　普通按钮

图 20-38　单击按钮后的窗口

5. 图片按钮BitmapButton

这是一类特殊的按钮，和普通按钮的区别就是该按钮上面不显示文字而是显示图片。下面是该元素的初始化函数定义：

```
BitmapButton(parent,
             id=ID_ANY,
             bitmap=NullBitmap,
             pos=DefaultPosition,
             size=DefaultSize,
             style=BU_AUTODRAW,
             validator=DefaultValidator,
             name=ButtonNameStr)
```

下面演示了一个使用该元素的例子，在该例子中，主窗口包含一个图片按钮，如果单击该按钮，应用程序就退出。完整代码如下：

```
import wx                              # 引入 wxPython 包
# 定义主窗口类
class MainFrame(wx.Frame):
  def __init__(self, p, t):            # 初始化函数
    """ p: 父亲窗口                    # 第一个参数 p 表示 parent，也就是父元素对象
    t:  窗口标题"""                    # 第二个参数 t 表示 title，也就是窗口的标题
    # 基类的初始化函数
    wx.Frame.__init__(self, id=-1, parent=p, title=t, size=(300, 200))
    # 该 panel 的父亲就是该窗口， id=-1 就表示任意 ID
    panel = wx.Panel(self, -1)
    bmp = wx.Image("exit.png", wx.BITMAP_TYPE_PNG).ConvertToBitmap()
    self.button = wx.BitmapButton(panel, -1, bmp, pos=(50, 20))
    # 绑定事件，就是指定的 button 被单击后调用 onClick()成员函数
    self.Bind(wx.EVT_BUTTON, self.OnClick, self.button)
    self.button.SetDefault()
  def OnClick(self, event):
    # 一旦单击就关闭主窗口
    self.Destroy()
if __name__ == "__main__":
    # 创建一个应用程序
    app = wx.App(False)
    # frame 就是应用程序的主窗口
    frame = MainFrame(None, "BitmapButton演示")
    frame.Show(True)       # 显示主窗口
    app.MainLoop()         # 开始消息循环
```

运行后，显示如图 20-39 所示的窗口。

图 20-39　图片按钮

6. 单选框RadioBox

单选框从某一组元素中只能有一个被选中，如果某个元素被单击选中，那么其他元素都会取消选中。

该元素的初始化函数定义如下:

```
RadioBox(parent,
         id=ID_ANY,
         label=EmptyString,            # 关联的文本库
         pos=DefaultPosition,          # 默认值的位置，从 0 开始计数
         size=DefaultSize,
         choices=[],                   # 候选项列表
         majorDimension=0,
         style=RA_SPECIFY_COLS,
         validator=DefaultValidator,
         name=RadioBoxNameStr)
```

该元素包含很多属性，其中最主要的属性有两个，一个是 label，也就是单选框的标题；另外一个是 choices，也就是该组元素的标签列表。另外还有一个接口函数 GetSelection()，用来返回被选中的元素的位置，返回值是一个整数，如果是 0 表示第一个候选项被选中，如果是 1 表示第二个候选项被选中。

下面是选择商品的一个例子，用户可以选择商品个个数和商品种类，并且这两个选项都是单选的。下面是完整的代码：

```
import wx
class RadioButtonFrameDemo1(wx.Frame):
    def __init__(self):
        wx.Frame.__init__(self,
                          None,
                          -1,                 # 系统自动生成 ID 值
                          'RadioBox 演示',    # 标题
                          size=(350, 200))
        panel = wx.Panel(self, -1)
        sampleList1 = ['0', '1', '2', '3', '4', '5',
                       '6', '7', '8']
        wx.RadioBox(panel, -1, "选择商品个数", (10, 10), wx.DefaultSize,
                    sampleList1, 2, wx.RA_SPECIFY_COLS)
        sampleList2 = [u'苹果', u'桃', u'梨']
        wx.RadioBox(panel, -1, "选择商品种类", (150, 10), wx.DefaultSize,
                    sampleList2, 3, wx.RA_SPECIFY_COLS | wx.NO_BORDER)
if __name__ == '__main__':
    app = wx.App()
    frame = RadioButtonFrameDemo1()
    frame.Show(True)
    app.MainLoop()
```

运行后可以看到图 20-40 所示的窗口。

可以通过鼠标单击来设定商品种类和个数，操作后窗口如图 20-41 所示。

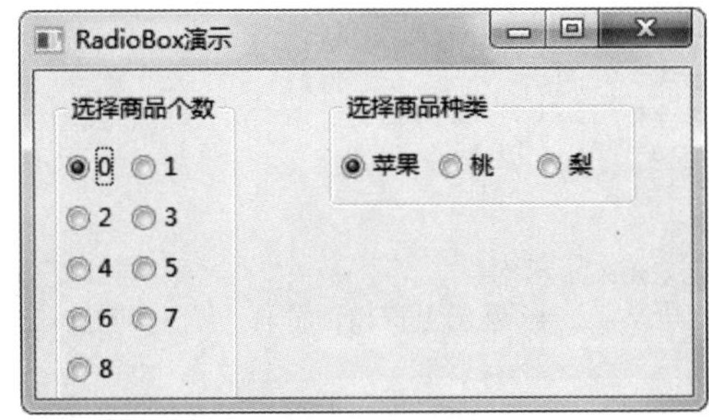

图 20-40　单选框

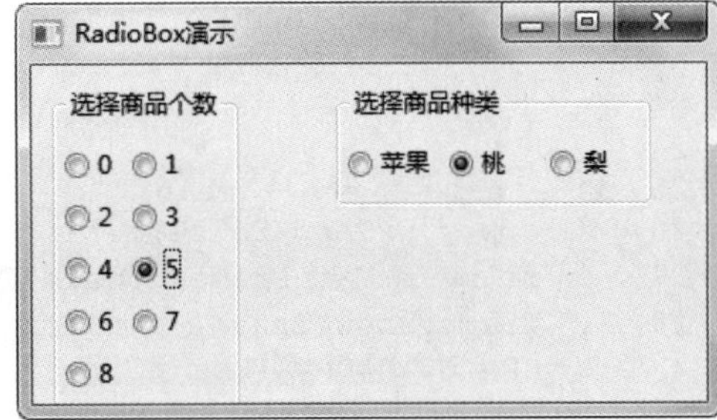

图 20-41　操作单选框后的窗口

7. 复选框CheckBox

复选框允许选中指定组内的多个元素，或者说每个元素可以独自取选中或者没有选中这两个值，与其他元素无关。其初始化函数定义如下：

```
CheckBox(parent,
         id=ID_ANY,
         label=EmptyString,
         pos=DefaultPosition,
         size=DefaultSize,
         style=0,
         validator=DefaultValidator,
         name=CheckBoxNameStr)
```

在该元素的属性中，最重要的属性就是 label 和 IsChecked，label 属性用来显示这个元素的标签；IsChecked 是一个函数，用来判断该框是否被选中，如果被选中返回 True，否则返回 False。

下面是一个选择水果的例子，用户可以通过复选框同时选中多个水果。

```
import wx
class MainFrame(wx.Frame):
    def __init__(self, p, t):
        wx.Frame.__init__(self,
                          id=-1,              # -1 表示自动生成 id
                          parent=p,
                          size=(260, 120),
                          title=t)
        panel = wx.Panel(self, -1)
        self.checkbox1 = wx.CheckBox(parent=panel,
                                     id=-1,
                                     label=u"苹果",
                                     size=(120, 18),
                                     pos=(60, 10))
        self.checkbox2 = wx.CheckBox(parent=panel,
                                     id=-1,
                                     label=u"桃",
                                     size=(120, 18),
                                     pos=(60, 30))
        self.checkbox3 = wx.CheckBox(parent=panel,
```

```
                                          id=-1,
                                          label=u"梨",
                                          size=(120, 18),
                                          pos=(60, 50))
if __name__ == '__main__':
    app = wx.App(False)
    frame = MainFrame(None, "Checkbox 演示")
    frame.Show(True)                                # 显示主窗口
    app.MainLoop()
```

运行该程序，显示图 20-42 所示的窗口。

通过鼠标可以任意选中自己喜欢的水果，操作后的窗口如图 20-43 所示。

图 20-42　复选框

图 20-43　鼠标操作后的复选框

8. 复合框ComboBox

其本质是一个单选框，不同于普通的单选框，其占地比较小，而且可以用键盘输入来设定选中对象。

该元素的初始化函数定义如下:

```
ComboBox(parent,
         id=ID_ANY,
         value=EmptyString,
         pos=DefaultPosition,
         size=DefaultSize,
         choices=[],
         style=0,
         validator=DefaultValidator,
         name=ComboBoxNameStr)
```

其中比较重要的属性是 value 和 choices。value 表示当前选中的值，choices 是可以选中的值，也就是备选项。

下面是投票候选人的一个例子，通过 ComboBox 列出候选人名单以供用户选择。下面的完整代码:

```
import wx
class ComboxFrameDemo1(wx.Frame):
  def __init__(self, p, t):
    wx.Frame.__init__(self,
                      id=wx.NewId(),
                      parent=p,
                      size=(300, 128),
                      title=t)
    panel = wx.Panel(self, -1)
```

```
        self.label1 = wx.StaticText(parent=panel,
                                    id=-1,
                                    size=(100, 18),
                                    label=u"请选择第一候选人:",
                                   pos=(10, 10))
        candidates = [u"张三", u"李四", u"王五", u"唐七", u"其他..."]
        self.combo1 = wx.ComboBox(parent=panel,
                                  id=-1,
                                  size=wx.DefaultSize,
                                  pos=(160, 10),
                                  value="",
                                  choices=candidates,
                                  name=u"候选人名单")
if __name__ == '__main__':
    app = wx.App(False)
    frame = ComboxFrameDemo1(None, "ComboBox 演示")
    frame.Show(True)
    app.MainLoop()
```

运行该程序后，显示图 20-44 所示的窗口。

可以使用鼠标来选中候选人，如图 20-45 所示。

也可以使用键盘输入任意的值，例如输入曹六如图 20-46 所示。

图 20-44　复合框

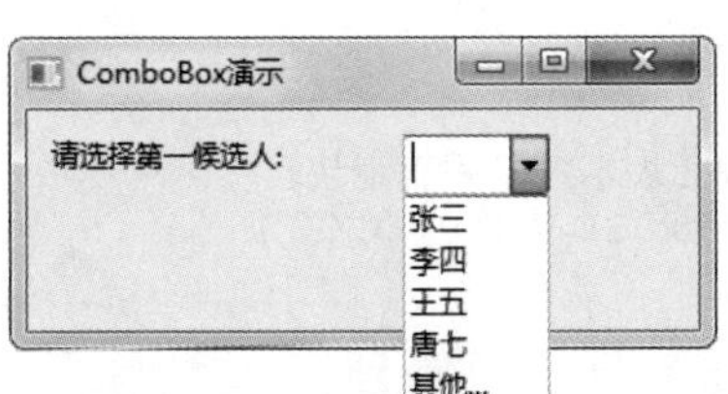

图 20-45　鼠标操作复合框

图 20-46　键盘输入内容到复合框

9．滑块Slider

滑块是可以通过拖动完成设置的元素，可以设定滑块的最小值（最左边或者最下面的代码的值）和最大值（最右边或者最上面代码的值），而且可以设置步长。下面是该元素的初始化函数定义：

```
Slider(parent,                             # 父元素
       id=ID_ANY,                          # id，可以为-1
       value=0,                            # 初始值
       minValue=0,                         # 最小值
       maxValue=100,                       # 最大值
       pos=DefaultPosition,                # 位置
       size=DefaultSize,                   # 大小
       style=SL_HORIZONTAL,                # 风格，横向，纵向
       validator=DefaultValidator,         # 检查值的有效性函数
       name=SliderNameStr)
```

下面的例子演示了一个窗口包含两个滑块的情况。

```
import wx
class SliderFrameDemo1(wx.Frame):
    def __init__(self):
        wx.Frame.__init__(self, None, -1,
                'Slider 演示 1',
                size=(300, 350))
        panel = wx.Panel(self, -1)
        self.count = 0
        slider1 = wx.Slider(panel,
                -1,                                # id
                25,                                # 当前值
                1,                                 # 最小值
                100,                               # 最大值
                pos=(20, 20),                      # 位置
                size=(250, -1),                    # 大小
                # 水平滑块，wx.SL_HORIZONTAL 表明这是水平滑块
                style=wx.SL_HORIZONTAL | wx.SL_AUTOTICKS )
        slider1.SetTickFreq(5)
        slider2 = wx.Slider(panel,
                -1,
                25,
                1,
                100,
                pos=(125, 70),
                size=(-1, 250),
                # 垂直滑块，wx.SL_VERTICAL 表示这是垂直滑块
                style=wx.SL_VERTICAL | wx.SL_AUTOTICKS )
        slider2.SetTickFreq(220)
if __name__ == '__main__':
    app = wx.App()
    frame = SliderFrameDemo1()
    frame.Show(True)
    app.MainLoop()
```

运行该程序后，可以看到图 20-47 所示的窗口。

10．列表框ListBox

列表框允许用户从列表中选中一个或者多个元素。该元素的初始化函数定义如下：

```
ListBox(parent,
        id=ID_ANY,
        pos=DefaultPosition,
        size=DefaultSize,
        choices=[],
        style=0,
        validator=DefaultValidator,
        name=ListBoxNameStr)
```

下面是一个列表框的例子，该列表框包含 4 个候选项，用户可以单击任意一个来选中该候选项。这个例子中使用默认的属性，只能选中单个候选项，当选中了其他的候选项时，

当前候选项就被取消选中了。

```
import wx
class MainFrame(wx.Frame):
  def __init__(self, p, t):
    wx.Frame.__init__(self, id=wx.NewId(), parent=p, title=t)
    self.label1 = wx.StaticText(parent=self,
                                id=-1,
                                size=(40, 58),
                                label=u"地点:",
                                pos=(10, 10))
    self.list1 = wx.ListBox(parent=self,
                            id=-1,
                            size=(60, 68),
                            pos=(60, 10),
                            style=wx.LB_EXTENDED,
                            choices=[u"北京", u"上海", u"广州", u"深圳"])
if __name__ == "__main__":
    app = wx.App(False)
    main_frame = MainFrame(None, u"ListBox演示程序")
    main_frame.Show(True)                    # 显示主窗口
    app.MainLoop()
```

运行后显示图 20-48 所示的窗口。

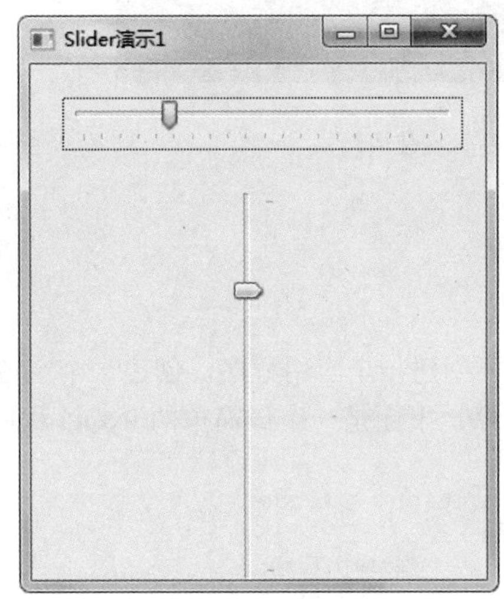

图 20-47　滑块

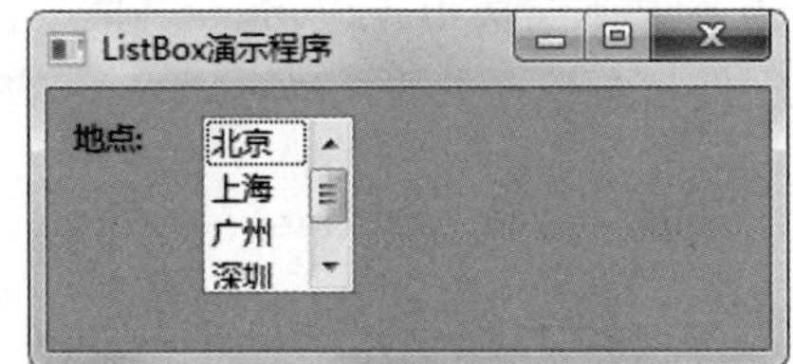

图 20-48　列表框

由于篇幅原因，这里不再对其他界面元素进行介绍。但 wxPython 的文档是比较详细的，而且接口也是比较直观的，所以在使用的过程中可以直接通过查看文档来得到需要的信息。

20.3　PyQt

QT 是 Linux 桌面 KDE 的开发包，目前支持 Windows、macOS 和 Linux 等操作系统。QT 的历史相当悠久，早在 1991 年，QT 就进入了开发阶段，不过那时的目标操作系统仅是安装有 X11 的 Linux 系统和 Windows。目前 QT 的大版本是 5，所以也被称作 QT5。QT 是一个 C++语言的开发包，本节介绍的是该开发包的 Python 版本，由于最新的 QT 版本是 5，所以该 Python 版的 QT 也被称作是 PyQt5。

在使用 PyQt 之前，首先需要安装该软件包，和以前一样，还是使用 pip 来安装。安装命令如下：

```
pip install PyQt5
```

目前最新版本是 5.12.2。在安装完成后启动 Python 解释器，引入 PyQt5 这个包，看是否有异常抛出，如果没有即表示安装成功，如图 20-49 所示。

```
管理员: C:\Windows\system32\cmd.exe - python
(book37) C:\Users\Administrator>python
Python 3.7.3 (default, Apr 24 2019, 15:29:51) [MSC v.1915 64 bit (AMD64)] :: Ana
conda, Inc. on win32
Type "help", "copyright", "credits" or "license" for more information.
>>> import PyQt5
>>>
```

图 20-49　检查 PyQt5 是否安装成功

20.3.1　基本程序结构

PyQt 的基本结构和 wxPython 类似，也是需要创建一个应用程序，创建一个主窗口。应用程序接收命令行参数，可以用来配置应用程序。下面是一个最简单的 PyQt5 程序。

```
import sys
from PyQt5.QtWidgets import QApplication, QWidget
if __name__ == '__main__':
    app = QApplication(sys.argv)          # 应用程序
    w = QWidget()                         # 主窗口
    w.resize(250, 150)                    # 设置窗口尺寸
    w.move(300, 300)                      # 设置窗口位置
    w.setWindowTitle(u'QT,您好')           # 设置窗口标题
    w.show()                              # 显示窗口
    sys.exit(app.exec_())                 # 程序退出是调用 app.exec_()
```

运行该程序，可以看到图 20-50 所示的窗口。

和 wxPython 类似，可以为该窗口加上图标，方法是使用窗口的 setWindowIcon()函数来设置。由于需要使用图标，所以需要引入 QIcon 模块。下面是完整的代码：

```
import sys
from PyQt5.QtWidgets import QApplication, QWidget
from PyQt5.QtGui import QIcon
if __name__ == '__main__':
    app = QApplication(sys.argv)              # 应用程序
    w = QWidget()                             # 主窗口
    w.resize(250, 150)                        # 设置窗口尺寸
    w.move(300, 300)                          # 设置窗口位置
    w.setWindowTitle(u'我带有图标哦')          # 设置窗口标题
    w.setWindowIcon(QIcon('dog.png'))         # 设置图标
    w.show()                                  # 显示窗口
    sys.exit(app.exec_())                     # 程序退出是调用 app.exec_()
```

运行后可以看到如图 20-51 所示的窗口。

图 20-50　简单的 QT 窗口

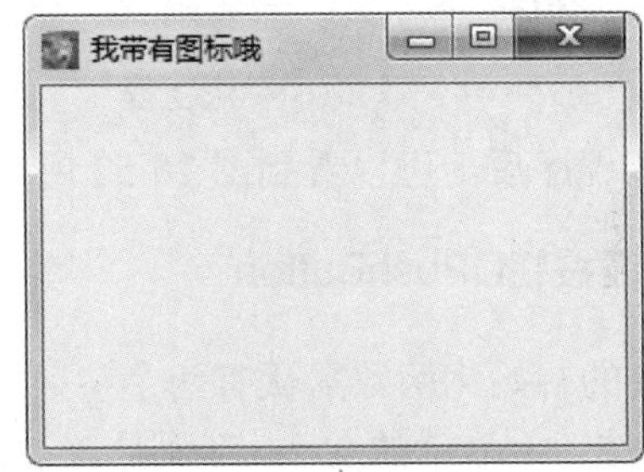

图 20-51　带有用户指定图标的 QT 窗口

20.3.2　常用组件

PyQt 以其提供组件数量多闻名，据说包含有 200 多个组件，而且在网络上还有很多用户自己定义的组件。PyQt 不仅包含类似于 wxPython 的那些文本框、按钮等基本组件，还包含不少的高级组件，如日历、液晶数字显示等。本节将分别介绍几个基本的组件和几个高级组件，基本组件用来演示其基本用法，高级组件用来演示 QT 的强大功能。

首先来介绍几个常用的基本组件。

1. 静态文本框QLabel

可以在该组件上显示一行文字。

这里需要注意的是，QT 包含很多的模块，如数据库操作模块 SQL、网络操作模块 Network 等，而这里主要介绍的是图形界面模块 Widgets，在 PyQT 中用 PyQt5.QtWidgets 来表示该模块。QLabel 就属于该模块，其完整的名字是 PyQt5.QtWidgets.QLabel。该组件的初始化函数很简单，就两个参数，一个是父组件对象；一个是配置属性，该参数可以为

None。完整定义如下：

```
QLabel(parent, flags)
```

下面建立一个仅包含一个静态文本框的窗口，完整代码如下：

```
import sys
from PyQt5.QtWidgets import QMainWindow, QApplication, QLabel
class QLabelDemo(QMainWindow):
    def __init__(self):
        super().__init__()
        self.initUI()
    def initUI(self):
        self.label = QLabel(self)
        self.label.setText(u"我是静态文本框 QLabel")
        self.label.setGeometry(10, 10, 260, 20)
        self.setWindowTitle(u'演示 QLabel')          # 设置窗口标题
        self.show()
if __name__ == '__main__':
    app = QApplication(sys.argv)
    ex = QLabelDemo()
    sys.exit(app.exec_())
```

运行该程序后，可以看到图 20-52 所示的窗口。

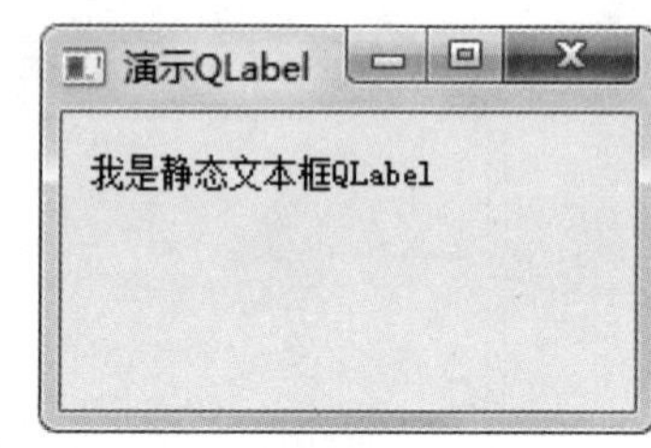

图 20-52　静态文本框

2. 普通按钮QPushButton

该组件的初始化函数默认有两个参数，一个是父组件对象，一个是按钮上显示的文字。下面是该初始化函数的定义：

```
QPushButton(str, parent: QWidget = None)
```

如果希望显示的是图片，那么可以传入三个参数，其中一个是图片信息，这种用法定义如下：

```
QPushButton(QIcon, str, parent: QWidget = None)
```

按钮的一个事件就是 clicked，就是被用户鼠标左键单击了一下。可以通过调用该组件的 clicked 属性的 connect()函数来定义该事件的处理方式。例如：

```
button_obj.clicked.connect(function_a)
```

下面是一个演示按钮的例子，在这个例子中，每次单击一下该按钮，按钮上的文字信息就发生改变，显示被单击的次数。完整代码如下：

```
import sys
from PyQt5.QtWidgets import QMainWindow, QApplication, QPushButton
class QLabelDemo(QMainWindow):
    def __init__(self):
        super().__init__()
        self.initUI()
    def onClick(self):
        self.click_num = self.click_num + 1
        button_text = u"被单击了(%d)次" % self.click_num
        self.button1.setText(button_text)
```

```
    def initUI(self):
        self.button1 = QPushButton(u"我是 QPushButton,单击我看看", self)
        self.button1.setGeometry(10, 10, 260, 20)
        self.click_num = 0
        # 如果被单击，处理函数是 self.onClick
        self.button1.clicked.connect(self.onClick)
        self.setWindowTitle(u'演示 QPushButton')      # 设置窗口标题
        self.resize(280, 60)
        self.show()
if __name__ == '__main__':
    app = QApplication(sys.argv)
    ex = QLabelDemo()
    sys.exit(app.exec_())
```

运行后显示图 20-53 所示的窗口。

单击按钮，可以发现按钮上的文字在发生改变，如入 20-54 所示。

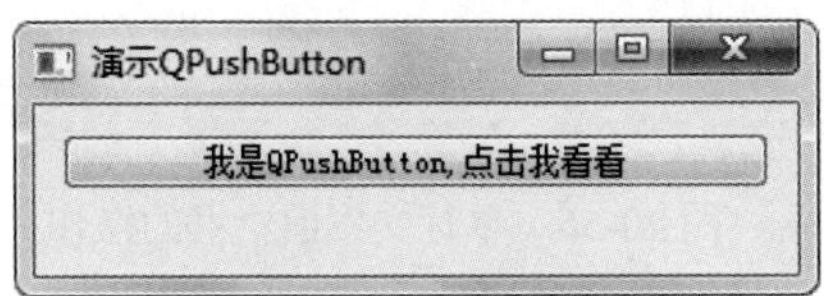

图 20-53　普通按钮

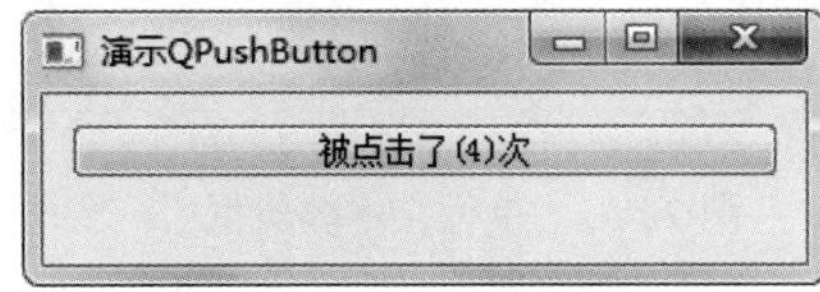

图 20-54　单击按钮后的效果

3. 单行文本编辑框QLineEdit

这个文本框仅能输入一行文字，即使在其中按 Enter 键也没有效果。下面的例子演示了单行文本编辑框的用法，用户可以在其中编辑文本，文本内容将显示在上面的静态标签上。下面是这个例子的完整代码：

```
import sys
from PyQt5.QtWidgets import QMainWindow, QApplication, QLabel, QLineEdit
class QTLineEditExample(QMainWindow):
    def __init__(self):
        super().__init__()
        self.initUI()
    def initUI(self):                                       # 初始化用户界面
        self.label_obj1 = QLabel(self)                      # 静态标签
        self.label_obj1.setText(u"静态文本框在这里")
        self.line_edit_obj1 = QLineEdit(self)               # 单行编辑框
        self.line_edit_obj1.move(60, 100)
        self.label_obj1.move(60, 40)
        self.line_edit_obj1.textChanged[str].connect(self.onChanged)
        self.setGeometry(300, 300, 400, 200)
        self.setWindowTitle(u'演示 QLineEdit 的用法')
        self.show()
    def onChanged(self, text):
        self.label_obj1.setText(text)
        self.label_obj1.adjustSize()
if __name__ == '__main__':
```

```
    app = QApplication(sys.argv)
    ex = QTLineEditExample()
    sys.exit(app.exec_())
```

运行该程序，可以看到图 20-55 所示的窗口。

在单行文本编辑框中输入内容，或者编辑内容，可以看到其内容都显示在上面的静态文本框中，如图 20-56 所示。

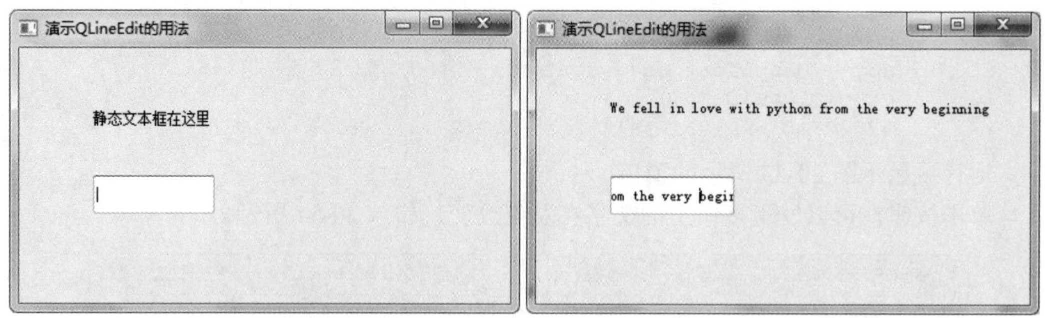

图 20-55　单行文本编辑框　　　　图 20-56　单行文本编辑框的操作

4. 进度条QProgressBar

进度条其实就是滑块，可以设置其最小值、最大值、当前值，也可以设置其方向，如横向或者竖向。其初始化函数非常简单，仅一个参数 parent，表示父组件，其定义如下：

```
QProgressBar(parent: QWidget = None)
```

最大值可以通过该对象的函数 setMaximum()来设置，定义如下：

```
setMaximum(self, int)
```

最小值可以通过该对象的函数 setMinimum()来设置，定义如下：

```
setMinimum(self, int)
```

当前值可以通过该对象的函数 setMinimum()来设置，定义如下：

```
setValue(self, int)
```

方向可以通过该对象的函数 setOrientation()来设置，定义如下：

```
setOrientation(self, Qt.Orientation)
```

下面的例子包含一个进度条和一个按钮，最开始时按钮显示“开始”，如图 20-57 所示。

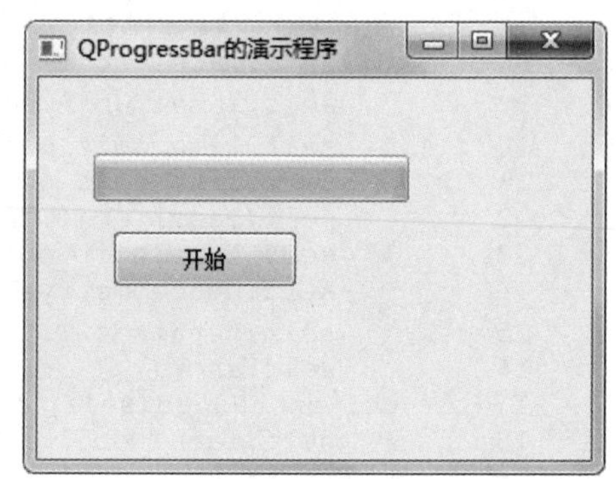

图 20-57　进度条

在单击按钮后，启动定时器，每 0.1 秒修改进度条的值，此时地按钮显示为“暂停”，如图 20-58 所示。

如果这时单击按钮，将暂停定时器，同时按钮显示为“继续”，如图 20-59 所示。

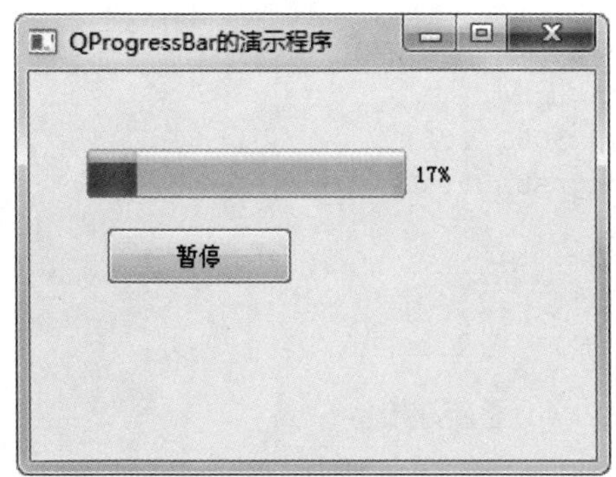

图 20-58　运行中的进度条

图 20-59　暂停中的进度条

如果这时单击按钮，会启动定时器，并且进度条会继续按照原来的速度向前走，直到进度条走到最右边，这时按钮显示“重新开始”，并且停掉定时器，如图 20-60 所示。

如果这时单击按钮，进度条会重置为 0，按钮显示为“暂停”，就和第一次单击按钮时一样，如图 20-61 所示。

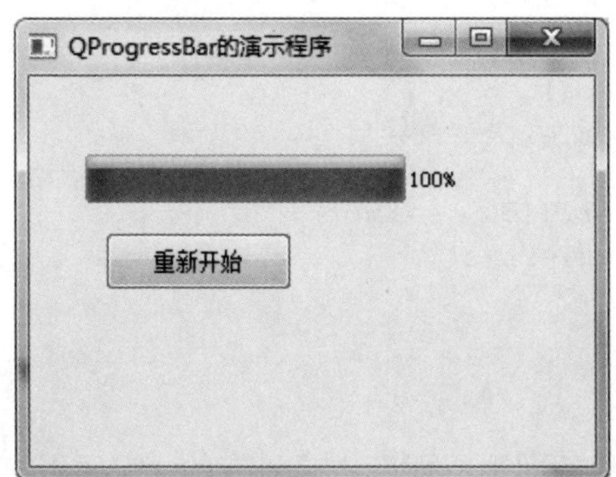

图 20-60　到了终点的进度条

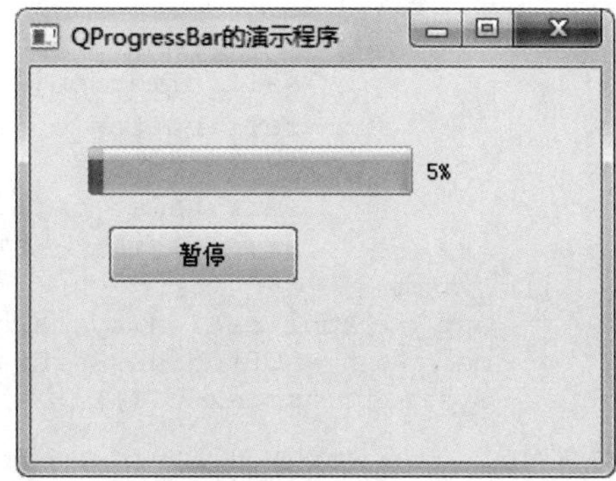

图 20-61　重新开始运行的进度条

下面是这个应用程序的完整代码：

```
import sys
from PyQt5.QtWidgets import QMainWindow, QApplication, \
    QPushButton, QProgressBar
from PyQt5.QtCore import QBasicTimer
class QProgressBarExample(QMainWindow):
    def __init__(self):
        super().__init__()
        self.init_ui()
    def init_ui(self):
        self.progressbar_obj1 = QProgressBar(self)
        self.progressbar_obj1.setGeometry(30, 40, 200, 25)
        self.button_obj1 = QPushButton(u'开始', self)
        self.button_obj1.move(40, 80)
```

```
        self.button_obj1.clicked.connect(self.on_button_clicked)
        self.timer_obj1 = QBasicTimer()
        self.step = 0
        # 窗口的大小,前面两个参数是位置信息
        # 后面两个参数是宽度和高度信息
        self.setGeometry(300, 300, 300, 200)
        self.setWindowTitle(u'QProgressBar 的演示程序')
        self.show()
    # 定时器处理函数
    def timerEvent(self, e):
        if self.step >= 100:
            self.timer_obj1.stop()
            self.button_obj1.setText(u'重新开始')
            return
        self.step = self.step + 1
        self.progressbar_obj1.setValue(self.step)
    def on_button_clicked(self):          # 按钮被单击后的处理函数
        # 已经走到头了，重新启动起来
        if self.progressbar_obj1.value() >= 100:
            self.step = 0
            self.progressbar_obj1.setValue(0)
            self.timer_obj1.start(100, self)
            self.button_obj1.setText(u'暂停')
        else:
            if self.timer_obj1.isActive():   # 如果正在运行中，那么暂停
                self.timer_obj1.stop()
                self.button_obj1.setText(u'继续')
            else:                            # 如果处于暂停状态，那么启动起来
                self.timer_obj1.start(100, self)
                self.button_obj1.setText(u'暂停')
if __name__ == '__main__':
    app = QApplication(sys.argv)
    main_win = QProgressBarExample()
    sys.exit(app.exec_())
```

下面介绍一些高级的组件，这些组件在其他的图形界面库中是没有的，需要用户自己使用基本组件来创建。

1. 日历组件QCalendarWidget

该组件可以用来选中日期和查看日期。下面的例子演示了显示日期和得到用户选中的日期信息。其中通过定义回调函数 show_data()来得到用户选中的日期信息，该回调函数在用户选中了不同的日期时被触发。下面是完整的代码：

```
import sys
from PyQt5.QtWidgets import QMainWindow, QCalendarWidget, QApplication
from PyQt5.QtWidgets import QLabel
from PyQt5.QtCore import QDate
class CalendarExample(QMainWindow):
    def __init__(self):
        super().__init__()
        self.init_ui()
```

```
    def init_ui(self):
        self.calendar_obj1 = QCalendarWidget(self)
        self.calendar_obj1.setGridVisible(True)
        # (20, 20)是位置
        # (200, 200)是大小
        self.calendar_obj1.setGeometry(20, 20, 200, 200)
        self.calendar_obj1.clicked[QDate].connect(self.show_data)
        self.label_obj1 = QLabel(self)
        date = self.calendar_obj1.selectedDate()
        self.label_obj1.setText(date.toString())
        self.label_obj1.setGeometry(130, 260, 200, 20)
        self.setGeometry(300, 300, 300, 300)
        self.setWindowTitle(u'演示 QCalendarWidget 的用法')
        self.show()
    def show_data(self, date):
        self.label_obj1.setText(date.toString())
if __name__ == '__main__':
    app = QApplication(sys.argv)
    main_win = CalendarExample()
    sys.exit(app.exec_())
```

运行该程序，可以看到图 20-62 所示的窗口。

这时显示的是当前的日期，可以通过鼠标来选中其他日期，此时会发现下面静态标签的内容也会发生改变，内容是用户选中的日期信息，如图 20-63 所示。

图 20-62　日历组件

图 20-63　选中某个日期

2. LCD数字显示QLCDNumber

该组件用来显示一串阿拉伯数字，样式和电子表上的显示类似。该组件的初始化函数很简单，可以指定其父组件对象和初始值，如果没有指定初始值，则默认初始值是 0。下面是该初始化函数的定义：

```
QLCDNumber(parent: QWidget = None)
QLCDNumber(int, parent: QWidget = None)
```

这里主要是使用其 display()函数来显示数字。对于不同的输入，其显示的样式是不同的，目前主要接收字符串输入、浮点数输入和整数输入。下面是这个函数的定义：

```
display(self, str)
display(self, float)
display(self, int)
```

下面是 QLCDNumber 组件使用的一个例子，在这个例子中，创建了一个滑块，用户可以拖动该滑块，这样就可以得到滑块的位置，并将该位置信息用 QLCDNumber 来显示出来。例如当前滑块的位置是 88，那么 QLCDNumber 就显示如图 20-64 所示的信息。

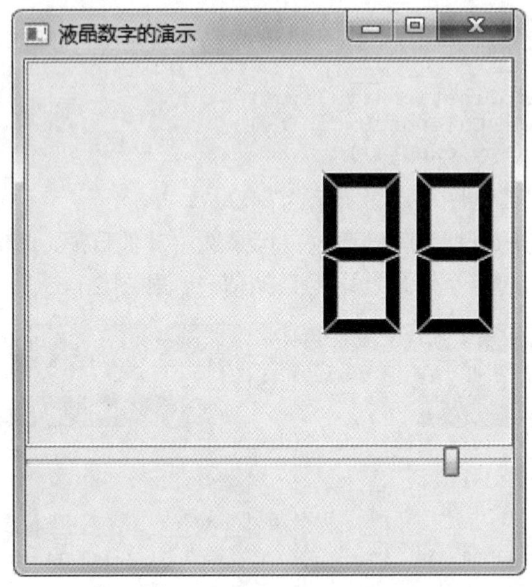

图 20-64　LCD 数字显示组件

下面是完整的代码：

```
import sys
from PyQt5.QtWidgets import QMainWindow, QApplication, QLCDNumber
from PyQt5.QtWidgets import QSlider, QVBoxLayout
from PyQt5.QtCore import Qt, QRect
class LCDNumberExample(QMainWindow):
    def __init__(self):
        super().__init__()
        self.init_ui()
    def init_ui(self):
        self.lcd_obj1 = QLCDNumber(self)
        self.slider_obj1 = QSlider(Qt.Horizontal, self)
        vbox = QVBoxLayout()
        vbox.addWidget(self.lcd_obj1)
        vbox.addWidget(self.slider_obj1)
        vbox.setGeometry(QRect(0, 0, 300, 250))
```

```
        self.setLayout(vbox)
        self.slider_obj1.valueChanged.connect(self.lcd_obj1.display)
        self.setGeometry(300, 300, 300, 300)
        self.setWindowTitle(u'液晶数字的演示')
        self.show()                       # 显示 UI 元素
if __name__ == '__main__':
    app = QApplication(sys.argv)
    main_win = LCDNumberExample()
    sys.exit(app.exec_())                 # 在退出是调用 app.exec_()
```

20.4　小　　结

到这里我们大致了解了图形界面库的使用方法了。由于 Python 越来越得到用户的认可，所以各种图形界面的库都被移植到 Python 上来了，这些图形库多数都是使用 C 或者 C++语言编写的，毕竟在计算机上画图还是比较耗费计算资源的。本节我们就简单小结一下 Python 上常用的图形界面库。

- Tkinter：这个我们介绍过了，其是从 TCL 语言的 TK 包移植过来的。
- Flexx：这个是完全基于 Python 创建的，其代码完全使用 Python 编写。可以使用它来编写桌面程序，也可以编写网页程序，还能将其输出到一个静态网页文件。运行 Flexx 应用程序时需要浏览器，所以本质上其还是输出一个网页应用。
- CEF：基于 Google Chromium。其主要作为嵌入式浏览器嵌入到第三方应用程序中。
- Dabo：其是基于 wxPython 的应用程序框架，不仅仅是一个库。
- Kivy：基于 OpenGL ES 2，其非常适合开发游戏。
- PyGObject：其是对 GTK3+库的移植。GTK3+库可以用来开发 gnomes 桌面系统的应用程序。当前现在 GTK 也可以用来开发 Windows 上的应用程序。
- PyQT：基于 QT。QT 最开始是用来开发 KDE 桌面系统的库，现在 QT 也可以用来开发其他桌面系统的应用程序，如 Windows 上的应用程序。
- PySide：也是基于 QT。但是其授权比较宽松，可以用来开发商业软件而不用付费，也不用开源自己的应用程序。
- PyGUI：这个是 Python 原生的库，可以在多个平台上运行。希望以后能够放入到 Python 的发行包内。比较有意思的是，其在不同的操作系统上使用了不同的底层库，例如在 Linux 平台使用的是 pygtk，在 Windows 平台使用的是 pywin32。
- PyGTK：基于 GTK2。由于 GTK 是跨平台的，所以 PyGTK 也是跨平台的。
- wxPython：基于 wxWidgets，20.2 节有详细介绍。
- libavg：其是一个独立的 Python 项目，具体实现还是使用 C++语言，但并不是某个独立 C++项目的移植。其底层使用了 OpenGL 并支持硬件加速。

第 21 章　数 据 处 理

随着互联网用户的快速增长，大数据技术也兴起。这种技术的关注点不是微观的某个用户个体，而是关注宏观的统计数据，例如用户平均年龄、用户平均使用时长等，因此这些宏观统计数据的处理和展示也就变得非常重要。

本章主要介绍 Python 在数据处理方面的相关工具，主要包括下面的内容：

- matplotlib 画图工具；
- NumPy 数据处理工具；
- NumPy 在金融领域的应用；
- NumPy 在工程领域的应用；
- NumPy 在神经网络领域的应用。

21.1　matplotlib

matplotlib 表示 math plot library，直观理解就是数学画图包。这个包和 Matlab 包的作用类似，接口也类似，但是它是一个免费的 Python 包。matplotlib 不是 Python 自带的，需要自行安装，推荐使用 PIP 进行安装，命令如下：

```
pip install matplotlib
```

我们经常使用的是 matplotlib.pyplot，并且常用的方法如下：

```
import matplotlib.pyplot as plt
```

现在我们就可以使用 plt 这个模块了。该模块可以画各种图表。下面将对常用的图表进行介绍。

1．点状图

如果输入的是两个列表，一个表示 x 轴的值，一个表示 y 轴的值，那么就可以在直角坐标系中划出很多个点，然后将这些点用指定的线段连接起来就得到了点状图。可以使用 plt.plot(x, y, 风格)来达到目的，其中的风格有很多种，如点状、小叉、圆圈、不同颜色等。

例如有下面的脚本：

```
import matplotlib.pyplot as plt
x = [1, 2, 3, 4]
```

```
3   y = [2, 4, 2, 6]
4   y1 = [e+1 for e in y]
5   y2 = [e+2 for e in y]
6   plt.plot(x, y, "b.")                    # b: 蓝色, .: 点
7   plt.plot(x, y1, "ro")                   # r: 红色, o: 圆圈
8   plt.plot(x, y2, "kx")                   # k: 黑色, x: x 字符(小叉)
9   plt.show()                              # 在窗口显示该图片
```

运行该脚本，可以得到如图 21-1 所示的点状图。

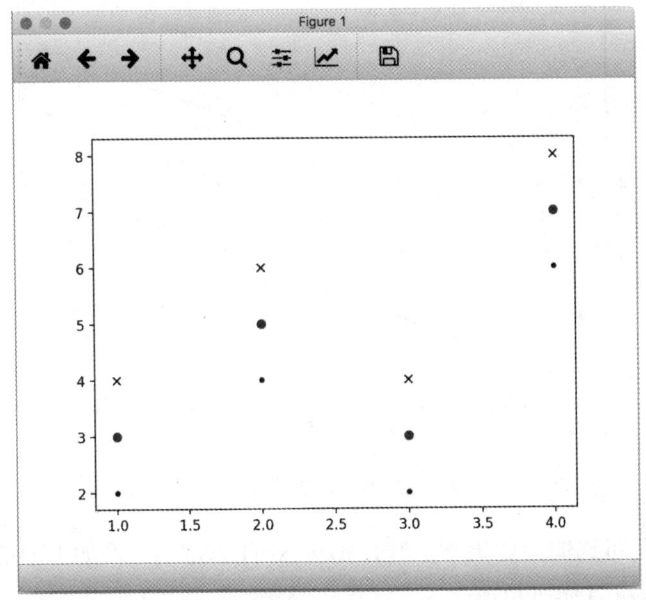

图 21-1　点状图

我们可以看到不同颜色、不同线型、不同的点的形状。上述代码的第 9 行用来显示图片，但这并不是最好的使用方式。本章后面的部分会将产生的图片保存到 png 文件中。可以使用下面的代码来替换第 9 行的代码：

```
plt.savefig("demo1.png")
```

2. 折线图

折线图和点状图类似，只是在风格上有所不同。我们需要指定线型，如“-”表示实线、“--”表示虚线、“-.”表示带点的虚线、“:”表示完全用点来组成的虚线。下面的代码和前面的类似，不过风格部分有所不同。

```
import matplotlib.pyplot as plt
x  = [1, 2, 3, 4]
y  = [1, 2, 3, 4]
y1 = [e+1 for e in y]                    # 计算 y 的值
y2 = [e+2 for e in y]
y3 = [e+3 for e in y]
```

```
plt.plot(x, y,  "b.-")                # b: 蓝色, .: 点, -: 线
plt.plot(x, y1, "ro--")               # r: 红色, o: 圆圈, --: 短线连接起来
plt.plot(x, y2, "kx-.")               # k: 黑色, x: x 字符, -.: 点和线
plt.plot(x, y3, "c*:")                # c: 蓝绿色, *: *字符, :: 点组成的线
plt.savefig("demo1.png")              # 将图片保存到文件中
```

运行该脚本可以生成一个图片文件，如图 21-2 所示。

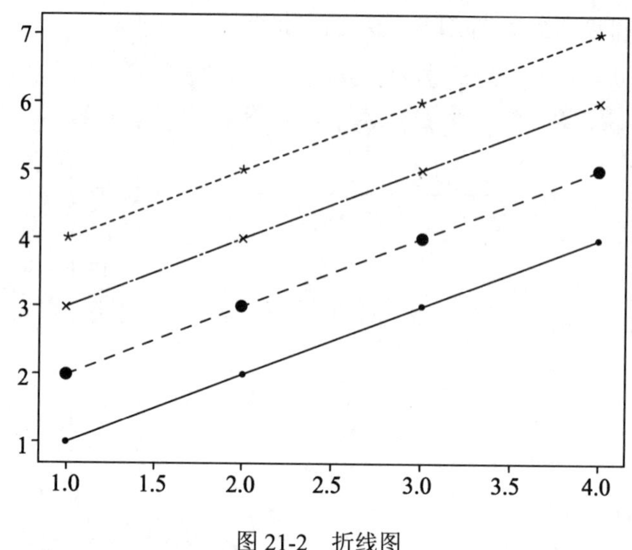

图 21-2　折线图

其实参数 x 是可选的，如果不填写，那么 x=[1,2,3,…]。例如上面的代码可以写成下面的样子，而含义没有任何差别：

```
import matplotlib.pyplot as plt
y  = [1, 2, 3, 4]               # 4 组数据
y1 = [e+1 for e in y]
y2 = [e+2 for e in y]
y3 = [e+3 for e in y]
plt.plot(y,  "b.-")             # 没有 x 参数
plt.plot(y1, "ro--")            # r: 红色, o: 圆圈, --: 短线连接起来
plt.plot(y2, "kx-.")            # k: 黑色, x: x 字符, -.: 点和线
plt.plot(y3, "c*:")             # c: 蓝绿色, *: *字符, :: 点组成的线
plt.savefig("demo3.png")
```

颜色的表示法如表 21-1 所示。

表 21-1　颜色表示法

表　示　法	对应的颜色
'b'	蓝色
'g'	绿色
'r'	红色

（续）

表　示　法	对应的颜色
'c'	蓝绿色
'm'	品红
'y'	黄色
'k'	黑色
'w'	白色

点的样式如表 21-2 所示。

表 21-2　点的样式

表　示　法	点的样式
'o'	小圆圈
'v'	朝下的三角形
'^'	朝上的三角形
'>'	朝右的三角形
'<'	朝左的三角形
'x'	叉
'+'	加号
's'	方框

线型的样式如表 21-3 所示。

表 21-3　线型的样式

表　示　法	线型的样式
'-'	实线
'--'	虚线
'-.'	带有点的虚线
':'	点组成的虚线

3. 柱状图

柱状图和点状图类似，也是需要两个参数 x 和 y，但画出来的效果差别很大，而且需要使用 bar()函数而不是 plot()函数。下面是一个最简单的例子：

```
import matplotlib.pyplot as plt
x  = [1, 2, 3, 4]
y  = [1, 2, 3, 4]
y1 = [e+1 for e in y]
y2 = [e+2 for e in y]
y3 = [e+3 for e in y]
```

```
7   plt.bar(x, y)
8   plt.savefig("bardemo1.png")
```

输出的图片如图 21-3 所示。

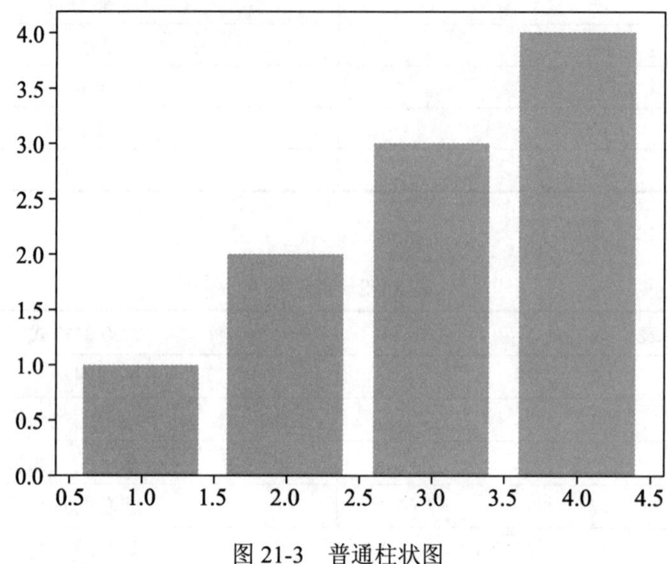

图 21-3　普通柱状图

可以修改柱体的颜色，通过参数 color 来完成。例如将以上代码的第 7 行进行如下修改：

```
plt.bar(x, y, color="red")
```

即可将柱状体修改为红色，运行后得到如图 21-4 所示的输出图片。

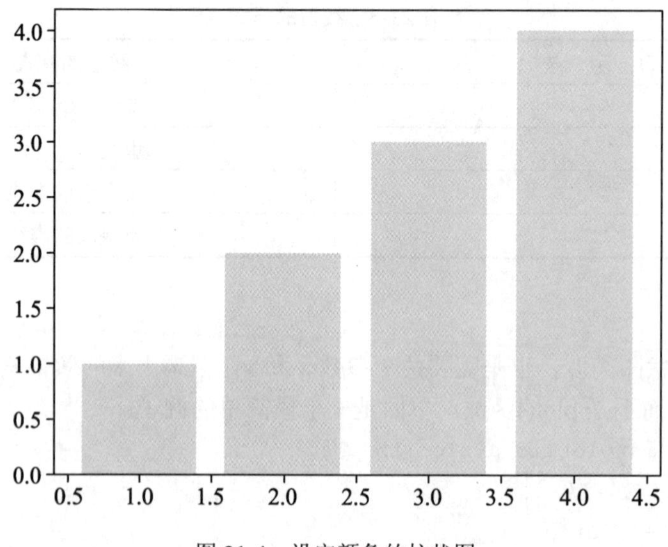

图 21-4　设定颜色的柱状图

也可以设定柱体边框的颜色，通过参数 edgecolor 来完成。例如将以上代码的第 7 行修改为：

```
plt.bar(x, y, color="red", edgecolor="black")
```

即可将柱体边框设定为黑色，运行后得到的图片如图 21-5 所示。

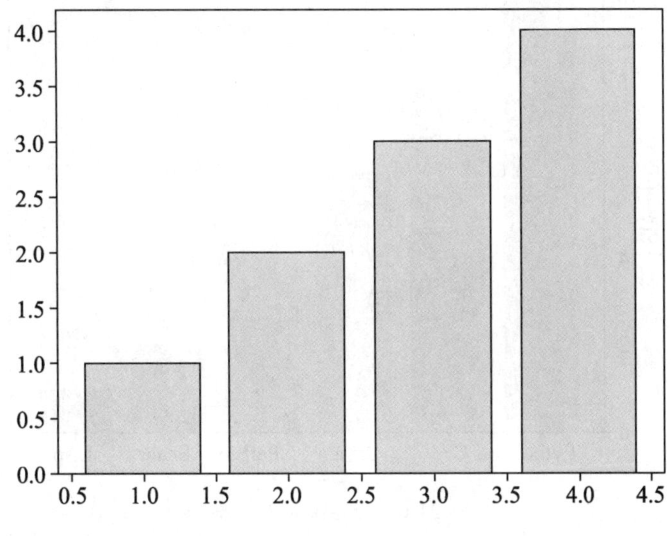

图 21-5　带有边框的柱状图

x 轴除了可以是数字信息外，也可以是其他信息。例如可以用柱状图来表示几种编程语言的受欢迎程度，代码如下：

```
import matplotlib.pyplot as plt
language = ('Python', 'C++', 'Java', 'Perl', 'Scala', 'Lisp')
x_pos = range(len(language))  # [0, 1, 2, 3, 4, 5, 6]
pop = [10, 8, 6, 4, 2, 1]
plt.bar(x_pos, pop, align='center', alpha=0.5)
plt.xticks(x_pos, language)
plt.ylabel('Popularity')
plt.title('Programming Language Popularity)
plt.savefig("demo4.png")
```

运行该脚本，得到如图 21-6 所示的输出图片。

4．水平柱状图

将柱状图中的 bar 改成 barh 即可，barh 表示 horizon bar，就是水平的柱状图。其用法和垂直的柱状图类似，下面是一个使用的例子：

```
import matplotlib.pyplot as plt
language = ('Python', 'C++', 'Java', 'Perl', 'Scala', 'Lisp')
x_pos = range(len(language))  # [0, 1, 2, 3, 4, 56]
pop = [10, 8, 6, 4, 2, 1]
plt.barh(x_pos, pop, align='center', alpha=0.5)
```

```
plt.yticks(x_pos, language)
plt.xlabel('Popularity')
plt.title('Programming Language Popularity')
plt.savefig("demo5.png")
```

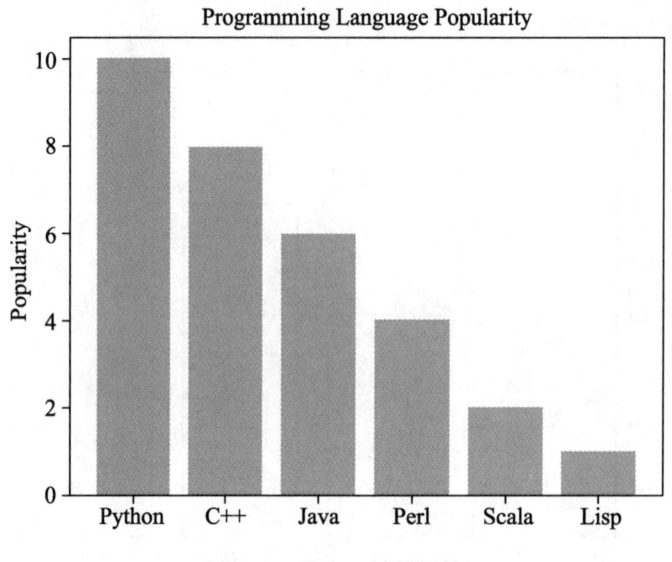

图 21-6　设定 x 轴的标签

运行该脚本，得到的输出图片如图 21-7 所示。

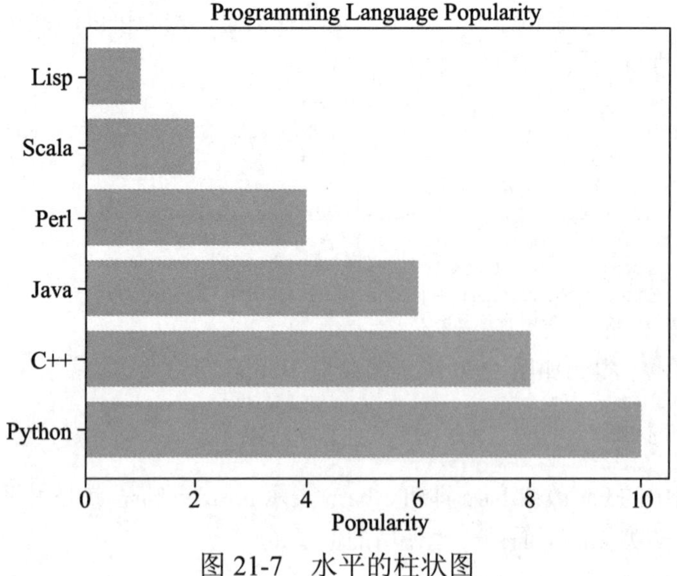

图 21-7　水平的柱状图

5．饼图

可以使用 pie()函数来画饼图。下面是最简单的饼图，表示 4 个城市的高技术产值。

```
import matplotlib.pyplot as plt
lbs = ["Beijing", "Shanghai", "Guangzhou", "Shenzhen"]      # 标签
vals = [50, 20, 10, 20]
plt.pie(vals, labels=lbs)
plt.savefig("piedemo1.png")
```

运行该脚本，得到的输出图片如图 21-8 所示。

也可以使用 explode 参数表示某个单元是否被切出来，以及切出来的长度。例如希望上海和广州被切出来，那么可以使用下面的代码：

```
import matplotlib.pyplot as plt
lbs = ["Beijing", "Shanghai", "Guangzhou", "shenzhen"]      # 标签
vals = [50, 20, 10, 20]
# 0 表示不切出来，否则表示切出来，值越大切出的距离越大
explode = (0, 0.1, 0.2, 0)
plt.pie(vals, explode=explode, labels=lbs)
plt.savefig("piedemo2.png")
```

运行该脚本，输出的图片如图 21-9 所示。

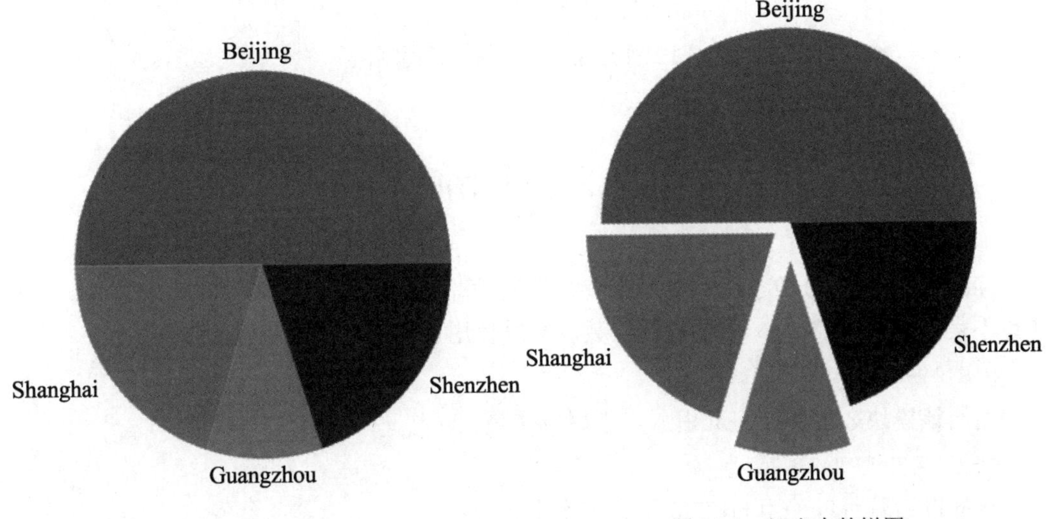

图 21-8　饼图　　　　图 21-9　切出来的饼图

也可以用 colors 参数来表示各个块的颜色，这也是一个字符串的列表，如下面的代码所示：

```
import matplotlib.pyplot as plt
lbs = ["Beijing", "Shanghai", "Guangzhou", "shenzhen"]
vals = [50, 20, 10, 20]                                  # 值的列表
explode = (0, 0.1, 0.2, 0)                               # 切出的长度
color_list =['red', 'blue', 'yellow', 'gray']            # 颜色列表
plt.pie(vals, explode=explode, colors=color_list, labels=lbs) # 饼图
plt.savefig("piedemo3.png")                              # 保存到 png 文件中
```

运行该脚本，得到的图片文件如图 21-10 所示。

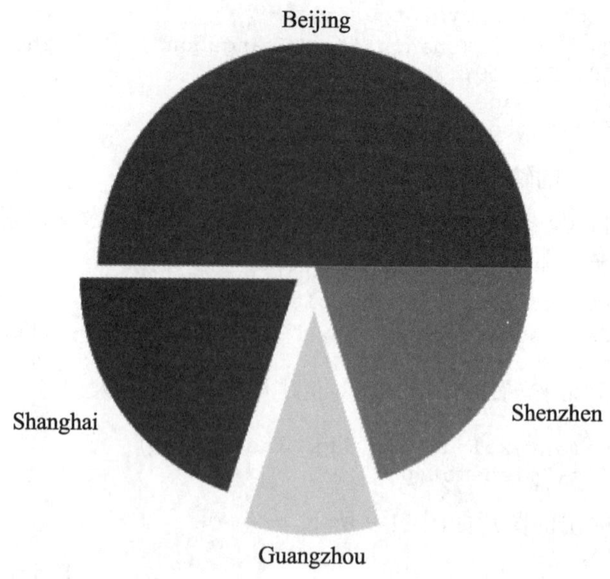

图 21-10　指定饼图各个块的颜色

21.2　NumPy

NumPy 就是一个数学运算的库，其是用 C 语言实现的，所以运算速度非常快。该模块也不是 Python 自带的，需要自行安装。可以使用 PIP 进行安装，命令如下：

```
pip install numpy
```

使用该模块之前需要将其引入，常用方法是：

```
import numpy as np
```

这样以后就可以使用 np 来表示该模块了。

NumPy 最常见的数据结构是 ndarray，ndarray 表示 N-dimentioanl Array，就是多维数组的意思。本节也从这里开始介绍 NumPy。

21.2.1　ndarray 的构造

可以使用多种方式来构建多维数组，最常见的是使用列表来构建多维数组。下面的例子便使用一维列表构建了一个一维数组。

```
>>> import numpy as np
>>> nda1 = np.array([1, 2, 3])      # 使用一维列表来作为输入
>>> nda1
array([1, 2, 3])6   >>> type(nda1)
```

```
<class 'numpy.ndarray'>
```

如果希望构建二维数组，可以使用下面的方法：

```
>>> input_list = [
...     [1, 2, 3],
...     [4, 5, 6]
... ]
>>> nda2 = np.array(input_list)
>>> nda2
array([[1, 2, 3],                           # 查看值
       [4, 5, 6]])
>>> type(nda2)                              # 查看类型
<class 'numpy.ndarray'>
```

也可以指定一些特征值，让 NumPy 自动产生相关的数组。例如指定维度，让其产生所有元素都为 0 的数组，代码如下：

```
>>> np.zeros(5)                             # 5 个元素的一维数组
array([0., 0., 0., 0., 0.])
>>> np.zeros((5, 2))                        # 二维数组，5 行，2 列
array([[0., 0.],
       [0., 0.],
       [0., 0.],
       [0., 0.],
       [0., 0.]])
```

也可以指定维度，让其产生所有元素值都为 1 的数组，代码如下：

```
>>> np.ones((5, 2))                         # 二维数组，5 行，2 列，所有元素都为 1
array([[1., 1.],
       [1., 1.],
       [1., 1.],
       [1., 1.],
       [1., 1.]])
>>> np.ones(5)                              # 一维数组，5 个元素
array([1., 1., 1., 1., 1.])
```

还可以让 NumPy 自动产生等差数组，此时需要指定开始值、结束值和步长。代码如下：

```
>>> np.arange(3,7,2)                        # 从 3 开始，直到 7，步长为 2
array([3, 5])
>>> np.arange(3,7,1)                        # 从 3 开始，直到 7，步长为 1
array([3, 4, 5, 6])
>>> np.arange(7, 3, -1)                     # 从 7 开始，直到 3，步长为-1
array([7, 6, 5, 4])
>>> np.arange(7, 3, -2)                     # 从 7 开始，直到 3，步长为-2
array([7, 5])
```

arange()函数和 range()类似，如果仅提供一个值，那么开始值是 0，步长是 1，代码如下：

```
>>> np.arange(7)
array([0, 1, 2, 3, 4, 5, 6])
```

如果提供两个参数，那么步长为 1：

```
>>> np.arange(2, 5)                    # 从 2 开始，直到 5，步长为 1
array([2, 3, 4])
>>> np.arange(2, 6)                    # 从 2 开始，直到 6，步长为 1
array([2, 3, 4, 5])
```

另外一个等差数列函数是 linspace()，其指定开始位置和结束位置，但不指定步长，而是指定元素个数。例如从 1 开始，到 5 结束，一共有 8 个数，那么生成的数组如下面所示：

```
>>> np.linspace(1, 5, 8)         # 包括 1 和 5，等分 8 个点
array([1. , 1.57142857, 2.14285714, 2.71428571, 3.28571429,
     3.85714286, 4.42857143, 5])
```

可以发现元素个数和指定的一致，开始值和结束值也都被包含，而且它们的确是等差数列。

linspace()函数比较有用，例如要画正弦函数在 0 到 2π 之间的图形，便可以使用该函数在 0 到 2π 之间产生均匀分布的 100 个点，然后使用 matplotlib 将它们画出来。下面是演示的代码：

```
import matplotlib.pyplot as plt
import numpy as np
x  = np.linspace(0, 2*np.pi, 100)
y  = [np.sin(e) for e in x]
plt.plot(x, y)
plt.savefig("sindemo1.png")
```

运行后产生的图片如图 21-11 所示。

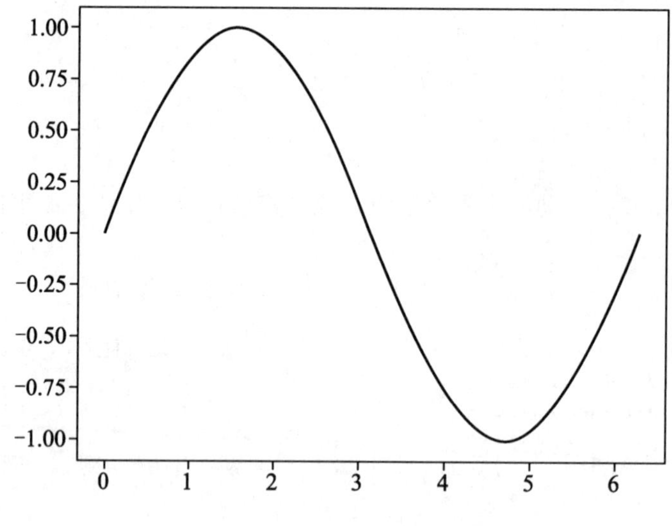

图 21-11　y=sin(x)的曲线

还可以使用 logspace()函数让 NumPy 自动产生等比数列，此时需要指定开始点和结束点，同时指定点的个数。如果没有提供点的数目，默认是生成 50 个点。

```
>>> np.logspace(2.0, 3.0, num=4)    # 4 个点，其实位置是 10², 结束位置是 10³
array([ 100. , 215.443469, 464.15888336, 1000.])
```

下面是一个例子，其演示了 logspace()的用法和参数 endpoint 的用法。endpoint=True 表示结束值被包含在输出数组中，否则表示不包含在输出数组中。下面是完整的代码：

```
import matplotlib.pyplot as plt
import numpy as np
N = 10                  # 一共 10 个点
x1 = np.logspace(0.1, 1, N, endpoint=True)      # 10 被算作是最后一个点
x2 = np.logspace(0.1, 1, N, endpoint=False)     # 10 不被算作是最后一个点
y = np.zeros(N)
plt.plot(x1, y, 'o')
plt.plot(x2, y + 0.5, 'x')
plt.ylim([-0.5, 1])                             # y 轴的范围是-0.5 到 1
plt.savefig("logspace1.png")                    # 保存图片到文件
```

运行该脚本，得到的输出图片如图 21-12 所示。

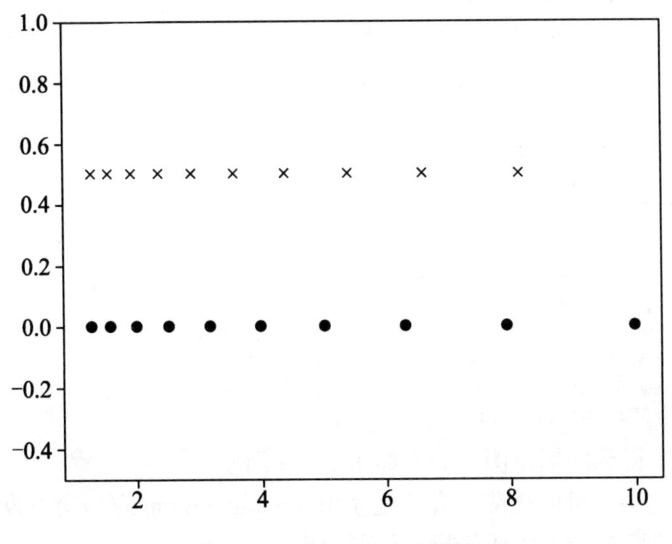

图 21-12　logspace()的用法

还可以使用 full()函数指定维度和一个值，让所有的元素都等于该值。该函数和 ones()类似，但值是由用户指定的。

```
>>> np.full((2, 2), np.inf)             # 所有元素都是无穷大
array([[inf, inf],
       [inf, inf]])
>>> np.full((2, 2), 11)                 # 所有元素都是 11
array([[11, 11],
       [11, 11]])
>>> np.full((2, 2), 1.51)               # 所有元素都是 1.51
array([[1.51, 1.51],
       [1.51, 1.51]])
```

使用 eye()函数还可以自动生成单位矩阵，就是仅对角线上的值为 1，其他位置上的值

都为 0。

```
>>> np.eye(2)                                    # 2x2 的单位矩阵
array([[1., 0.],
       [0., 1.]])
>>> np.eye(3)                                    # 3x3 的单位矩阵
array([[1., 0., 0.],
       [0., 1., 0.],
       [0., 0., 1.]])
```

还可以自动产生随机的矩阵，例如可以使用 random.normal()函数产生一个正态分布的一维矩阵：

```
>>> mu, sigma = 0, 0.1                           # mu 是平均值，sigma 代表分散程度
>>> s = np.random.normal(mu, sigma, 1000)
>>> s.size                                       # 元素个数为 1000
1000
>>> np.mean(s)                                   # 平均值接近 0
-0.0011152161285000821
>>> abs(mu - np.mean(s)) < 0.01                  # 平均值接近 mu=0
True
>>> abs(sigma - np.std(s, ddof=1)) < 0.01        # 分散程度检查
True
```

可以将生成的数据画出来，使用下面的代码：

```
import matplotlib.pyplot as plt
import numpy as np
mu, sigma = 0, 0.1
s = np.random.normal(mu, sigma, 1000)
count, bins, ignored = plt.hist(s, 30, density=True)
plt.plot(bins, 1/(sigma * np.sqrt(2 * np.pi)) *
        np.exp( - (bins - mu)**2 / (2 * sigma**2) ),
        linewidth=2, color='r')
plt.savefig("rand1.png")
```

运行该脚本，得到的输出图片文件如图 21-13 所示。

还可以生成完全随机的矩阵，方法是使用 np.random.rand(外形)函数。例如在下面的例子中，就生成了随机内容组成的指定外形的矩阵。

```
>>> np.random.rand(3,2)                          # 3x2 的二维矩阵
array([[0.11319256, 0.84668147],
       [0.4040353 , 0.70912343],
       [0.6511614 , 0.80706271]])
>>> np.random.rand(3,2,2)                        # 3x2x2 的三维矩阵
array([[[0.64851863, 0.3895985 ],
        [0.63038544, 0.58402249]],
       [[0.39816687, 0.92149102],
        [0.07113285, 0.17109903]],
       [[0.06713956, 0.39415293],
        [0.06125844, 0.71276929]]])
>>> np.random.rand(4)                            # 一维矩阵
array([0.11918788, 0.91847982, 0.29599804, 0.42242323])
```

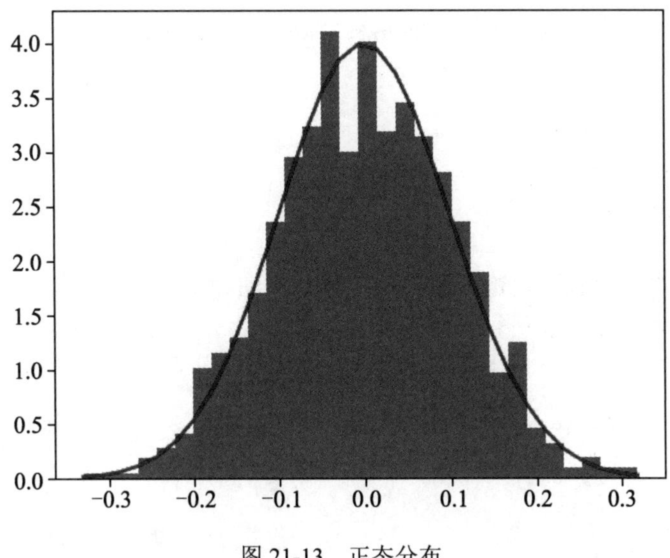

图 21-13　正态分布

21.2.2　ndarray 的一些属性

ndarray 是一个类，其包含一些属性，最基本的便是其维度。可以用属性 ndim 来得到指定矩阵的维度，方法如下：

```
>>> a = np.array([1, 2, 3])
>>> a.ndim                          # 维度为 1
1
>>> b = np.eye(3)
>>> b.ndim                          # 维度为 2
2
```

可以用属性 shape 来得到指定数组的外形，方法如下：

```
>>> a = np.eye(3)                   # 3x3 的单元矩阵
>>> a                               # 查看 a 的值
array([[1., 0., 0.],
       [0., 1., 0.],
       [0., 0., 1.]])
>>> a.shape                         # a 的外形
(3, 3)
```

可以用属性 dtype 来得到指定矩阵每个元素的类型，方法如下：

```
>>> a = np.eye(3, dtype=int)        # 指定类型为整型
>>> a
array([[1, 0, 0],
       [0, 1, 0],
       [0, 0, 1]])
>>> a.dtype                         # 查看类型
dtype('int64')
```

可以用属性 size 来得到指定矩阵的元素个数，方法如下：

```
>>> a = np.eye(3, dtype=int)
>>> a
array([[1, 0, 0],
       [0, 1, 0],
       [0, 0, 1]])
>>> a.size                                 # 矩阵元素个数，9 个
9
```

可以用属性 T 来得到指定矩阵的转置矩阵，方法如下：

```
>>> a = np.array([1, 2, 3])                # 一维矩阵
>>> a.T                                    # 转置矩阵是自己
array([1, 2, 3])
>>> b = np.array([[1, 2, 3], [4, 5, 6]])   # 二维矩阵
>>> b
array([[1, 2, 3],
       [4, 5, 6]])
>>> b.T                                    # 转置矩阵
array([[1, 4],
       [2, 5],
       [3, 6]])
```

需要注意的是，转置矩阵就是将原矩阵旋转 90 度得到的矩阵，但其仅对二维以及多维矩阵有效。对于一维矩阵来说，其转置矩阵还是自己。

21.2.3　ndarray 的一些操作

对于多维矩阵，可以进行变形、加减乘除等操作，本节就来介绍常见的相关操作。

1．变形reshape(维度列表)

例如原来是 3×4 的矩阵，可以将其变成 6×2 的矩阵。内容不变，但是样子发生了改变。方法如下：

```
>>> x = np.arange(1, 7)                # 一维矩阵
>>> x
array([1, 2, 3, 4, 5, 6])
>>> y = x.reshape(2, 3)                # 变成 2 行 3 列的二维矩阵
>>> y
array([[1, 2, 3],
       [4, 5, 6]])
```

2．加减乘除操作

加法操作是指对外形相同的两个矩阵，进行相同位置元素的加法运算，得到一个和输入矩阵相同外形的矩阵。下面的代码便演示了加法操作的使用：

```
>>> a = numpy.random.rand(3,2)         # a 是 3 行 2 列的随机二维矩阵
>>> b = numpy.random.rand(3,2)         # b 是 3 行 2 列的随机二维矩阵
```

```
>>> a                                         # 查看 a 的值
array([[0.49219148, 0.30470874],
       [0.42371119, 0.96857757],
       [0.09432051, 0.55935613]])
>>> b                                         # 查看 b 的值
array([[0.41471195, 0.85316671],
       [0.6231908 , 0.98244841],
       [0.65246256, 0.73501929]])
>>> a+b                                       # a+b 的值
array([[0.90690343, 1.15787545],
       [1.04690199, 1.95102597],
       [0.74678307, 1.29437542]])
```

与之类似的还有减法、乘法和除法操作，其运算符号和普通的数值运算符号相同，都是对相同的位置进行操作。下面的例子是减法操作的使用：

```
>>> a = numpy.random.rand(3,2)                # 随机生成 3x2 的矩阵
>>> b = numpy.random.rand(3,2)                # 随机生成 3x2 的矩阵
>>> a                                         # 查看矩阵 a 的内容
array([[0.49219148, 0.30470874],
       [0.42371119, 0.96857757],
       [0.09432051, 0.55935613]])
>>> b                                         # 查看矩阵 b 的内容
array([[0.41471195, 0.85316671],
       [0.6231908 , 0.98244841],
       [0.65246256, 0.73501929]])
>>> a-b                                       # 减法操作
array([[ 0.07747953, -0.54845797],
       [-0.19947961, -0.01387084],
       [-0.55814205, -0.17566316]])
```

下面的例子是乘法操作的使用：

```
>>> a = numpy.random.rand(3,2)                # 随机生成 3x2 的矩阵
>>> b = numpy.random.rand(3,2)                # 随机生成 3x2 的矩阵
>>> a                                         # 查看矩阵 a 的内容
array([[0.49219148, 0.30470874],
       [0.42371119, 0.96857757],
       [0.09432051, 0.55935613]])
>>> b                                         # 查看矩阵 b 的内容
array([[0.41471195, 0.85316671],
       [0.6231908 , 0.98244841],
       [0.65246256, 0.73501929]])
>>> a * b                                     # 乘法操作
array([[0.20411769, 0.25996735],
       [0.26405291, 0.95157749],
       [0.0615406 , 0.41113754]])
```

下面是除法操作运算的例子：

```
>>> a = numpy.random.rand(3,2)                # 随机生成 3x2 的矩阵
>>> b = numpy.random.rand(3,2)                # 随机生成 3x2 的矩阵
>>> a                                         # 查看矩阵 a 的内容
array([[0.49219148, 0.30470874],
```

```
       [0.42371119, 0.96857757],
       [0.09432051, 0.55935613]])
>>> b                                          # 查看矩阵 b 的内容
array([[0.41471195, 0.85316671],
       [0.6231908 , 0.98244841],
       [0.65246256, 0.73501929]])
>>> a / b                                      # 除法操作
array([[1.18682735, 0.3571503 ],
       [0.67990604, 0.98588135],
       [0.1445608 , 0.76100877]])
```

3. 逻辑判断

还可以对矩阵进行逻辑判断，例如判断矩阵元素是否大于 0 或者小于 1。其结果是一个矩阵，分别表示各元素是否满足规定的判断。例如下面就是判断矩阵元素是否小于 0.5 的操作：

```
>>> a = np.random.rand(3,2)                    # 随机生成 3x2 的矩阵
>>> a                                          # 查看矩阵 a 的内容
array([[0.36826283, 0.1993915 ],
       [0.3278179 , 0.66236192],
       [0.98973706, 0.67244684]])
>>> a < 0.5                                    # 各个元素是否小于 0.5
array([[ True,  True],
       [ True, False],
       [False, False]])
```

当然也可以和其他矩阵进行比较，例如下面的例子：

```
>>> a = numpy.random.rand(3,2)                 # 随机生成 3x2 的矩阵
>>> b = numpy.random.rand(3,2)                 # 随机生成 3x2 的矩阵
>>> a                                          # 查看矩阵 a 的内容
array([[0.49219148, 0.30470874],
       [0.42371119, 0.96857757],
       [0.09432051, 0.55935613]])
>>> b                                          # 查看矩阵 b 的内容
array([[0.41471195, 0.85316671],
       [0.6231908 , 0.98244841],
       [0.65246256, 0.73501929]])
>>> a < b                                      # a 的各个元素是否小于 b 对应的元素
array([[False,  True],
       [ True,  True],
       [ True,  True]])
```

21.2.4 NumPy 在金融领域的应用

我们知道 NumPy 有强大的数值计算功能，在生活中，经常会用到的一个计算就是贷款计算。例如如果贷款 200 万，在 15 年内还清，每个月需要还多少钱？其中支付的利息是多少？再例如，如果购买了一份医疗保险，要求每个月存钱 2000 元，一直存 20 年，20

年内每年最多可以报销医疗费用 5000 元，20 年后可以全额返还本金，这样是否划算？

由于一年期固定存/贷款利率是由央行规定的，所以这个利率在一定时间内基本是固定的。在本节中会经常用到这个概念。

首先来看看存款利息的问题，假定一年期存款利率是 5%，那么每个月存入 100 元，10 年后账户余额是多少？可以使用函数 np.fv()来处理这类问题，该函数定义如下：

```
np.fv(利率，年限，每月存款，当前存款)
```

在上面的问题中，可以这么来求解，月利率是 0.05/12；年限是 12*10 个月；每月存款是-100，负数表示支出；当前存款是 0。计算方法如下：

```
>>> np.fv(0.05/12, 10*12, -100, 0)
15528.227944566719
```

其中本金部分是 12000，由此得出利息收入是 3528.22。

下面来看一个贷款的问题。如果我们的还款能力是每个月 13000 元，贷款 300 万，那么应该贷款多长时间呢？可以使用函数 np.nper()来完成该任务，该函数定义如下：

```
numpy.nper(利率，还款能力，贷款数目，剩余贷款数目=0)
```

对于我们的场景，可以使用下面的方法来计算：

```
>>> np.nper(0.05/12, -13000, 3000000, 0)
array(783.57108846)
```

结果是需要 783 个月才能还清。这里有一个问题，如果每个月还款的数目小于贷款每月产生的利息，那么就永远也还不清，而且欠款还会随着时间而增加。例如上面的例子，300 万每个月的利息是 12500，如果还款低于这个值就永远也还不完了。

如果希望查看每个月还的利息是多少，可以使用利息的计算函数 np.ipmt()，该函数定义如下：

```
np.ipmt(利率，时间段列表，还款年限，贷款数目，未来剩余贷款数目=0)
```

还是以上面的买房贷款为例，可以看到下面的情况：

```
>>> per = np.arange(10*12) + 1          # 前 10 年还的利息
>>> ipmt = np.ipmt(0.05/12, per, 783, 3000000)
>>> ipmt                                # 每个月支付的利息，负数表示支付
array([-12500.  , -12497.91151511, -12495.81432821, -12493.70840303,
       -12491.59370315, -12489.47019203, -12487.33783295, -12485.19658903,
…                # 省略中间数据
       -12202.70446367, -12199.37724738, -12196.0361677 , -12192.68116684,
       -12189.31218682, -12185.92916938, -12182.53205603, -12179.12078805])
```

可以很容易发现每个月还的利息数目都在减少，因为每个月都还了一部分本金，随着本金的减少，利息的基数也在减少，所以利息也在减少。

如果希望得到全部利息的数目，也就是贷款所支付的利息总和，可以对利息列表求和，方法如下：

```
>>> per = np.arange(783) + 1          # 总计 783 个月
>>> ipmt = np.ipmt(0.05/12, per, 783, 3000000)
```

```
>>> ipmt.sum()                          # 总计利息为 717 万
-7179968.0796168335
```

可以看到利息数目比较大，为了解决这个问题，可以提高每个组的还款金额或者减少还款周期，例如调整为 25 年还完，那么利息总额为：

```
>>> per = np.arange(12*25) + 1
>>> ipmt = np.ipmt(0.05/12, per, 12*25, 3000000)
>>> ipmt.sum()                          # 利息总额是 226 万
-2261310.3735718103
```

所以说在 5%的年化利率情况下，等额还款方式，贷款 25 年，利息约是本金的 75%。这是比较常见的情况，如果将年限降低为 15 年，那么可以得到如下的利息总额：

```
>>> per = np.arange(12*10) + 1
>>> ipmt = np.ipmt(0.05/12, per, 12*10, 3000000)
>>> ipmt.sum()                          # 利息总额是 81 万
-818358.548606708
```

可以看到利息数目大幅下降，但每月的还款金额却上升的很大，每月需要支付的还款金额为：

```
>>> np.pmt(0.05/12, 12*15, 3000000)
-23723.808802246393                     # 每月支付的金额
```

本金还款计划和利息的计算方法类似，不过需要将 ipmt()函数改为 ppmt()函数。下面是贷款 300 万，等额还款 783 个月的情况：

```
>>> per = np.arange(10*12) + 1 # 头 10 年还的利息
>>> ppmt = np.ppmt(0.05/12, per, 783, 3000000)
>>> ppmt
array([-501.23637244, -503.32485732, -505.42204423, -507.52796941,
       -509.64266928, -511.7661804 , -513.89853949, -516.0397834 ,
       -518.18994917, -520.34907396, -522.5171951 , -524.69435008,
       -526.88057654, -529.07591227, -531.28039524, -533.49406355,
       -535.71695548, -537.94910947, -540.19056409, -542.44135811,
       -544.70153043, -546.97112014, -549.25016648, -551.53870884,
       -553.83678679, -556.14444007, -558.46170857, -560.78863235,
       -563.12525165, -565.47160687, -567.82773857, -570.19368748,
       -572.56949451, -574.95520073, -577.3508474 , -579.75647593,
       -582.17212792, -584.59784512, -587.03366947, -589.4796431 ,
       -591.93580827, -594.40220748, -596.87888334, -599.36587869,
       -601.86323652, -604.371     , -606.8892125 , -609.41791755,
       -611.95715888, -614.50698037, -617.06742612, -619.6385404 ,
       -622.22036765, -624.81295252, -627.41633982, -630.03057457,
       -632.65570196, -635.29176739, -637.93881642, -640.59689482,
       -643.26604855, -645.94632375, -648.63776676, -651.34042413,
       -654.05434256, -656.77956899, -659.51615052, -662.26413449,
       -665.02356838, -667.79449991, -670.576977  , -673.37104773,
       -676.17676043, -678.9941636 , -681.82330595, -684.66423639,
       -687.51700404, -690.38165823, -693.25824847, -696.1468245 ,
```

```
       -699.04743627, -701.96013392, -704.88496782, -707.82198851,
       -710.7712468 , -713.73279366, -716.7066803 , -719.69295814,
       -722.6916788 , -725.70289412, -728.72665618, -731.76301725,
       -734.81202982, -737.87374661, -740.94822056, -744.03550481,
       -747.13565275, -750.24871797, -753.37475429, -756.51381577,
       -759.66595667, -762.83123149, -766.00969495, -769.20140201,
       -772.40640785, -775.62476789, -778.85653775, -782.10177333,
       -785.36053072, -788.63286626, -791.91883654, -795.21849836,
       -798.53190877, -801.85912505, -805.20020474, -808.55520559,
       -811.92418562, -815.30720306, -818.7043164 , -822.11558439])
```

可以看到最开始时还的本金特别少，而且本金在逐月增加。

总的来说，每个月还给银行的钱分为两部分，一部分是利息，一部分是本金，可以使用的公式表示：

```
本金 + 利息 = 每月还款额
```

因此，如果本金等于 0，那么就永远也还不完；如果本金小于 0，那么不仅还不完，而且背负的债务还会随时间而增加；只有当本金大于 0 时才是正常的还款情况。

```
利息 = 剩余本金 * 利率
剩余本金 = 上次剩余本金 - 最近一次归还本金
```

归还贷款的最终目的就是将剩余本金降低为 0。当剩余本金降低为 0 时，利息也降低为 0。

21.2.5　NumPy 中的傅里叶变换

傅里叶变换是将时域数据转换成频域数据。例如周期为 25 的正弦波可以用下面的函数来表示：

$$y = \sin(2\pi * f * x) = \sin(50\pi\, x)$$

如果以 150Hz 的采样频率来采样，也就是在 0 到 1 之间有 150 个采样点，那么其时间列表，即公式中的 x 的列表如下：

```
[0.         0.00666667 0.01333333 0.02       0.02666667 0.03333333
 0.04       0.04666667 0.05333333 0.06       0.06666667 0.07333333
…. 省略中间数据
 0.88       0.88666667 0.89333333 0.9        0.90666667 0.91333333
 0.92       0.92666667 0.93333333 0.94       0.94666667 0.95333333
 0.96       0.96666667 0.97333333 0.98       0.98666667 0.99333333]
```

得到的输出列表，即 y 的列表如下：

```
[ 0.00000000e+00  8.66025404e-01  8.66025404e-01  1.22464680e-16
 -8.66025404e-01 -8.66025404e-01 -2.44929360e-16  8.66025404e-01
…. 省略中间数据
  2.25434048e-14  8.66025404e-01  8.66025404e-01 -1.17627991e-14
```

```
 -8.66025404e-01 -8.66025404e-01]
```

将这些数据画成一个图，就如图 21-14 所示。

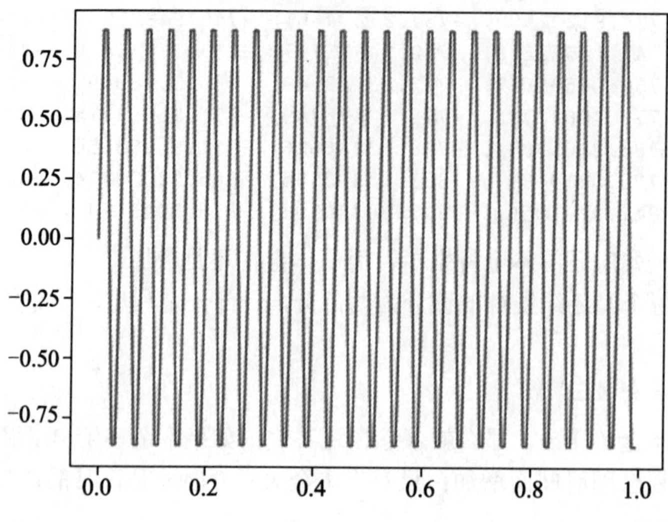

图 21-14　y=sin(50π x)的时域图

如何将它们转换成频域图呢？很简单，只需将 y 输入到 np.fft.fft()函数即可。下面是实现的代码：

```
import numpy as np
import matplotlib.pyplot as plt
from numpy.fft import fft,ifft
# x 是时域值
# y 是频域值
# time_span 是采样时长
def show(x, ft, time_span = 5):
    n = len(x)                                      # 采样点个数
    interval = time_span / n
    frequency = np.arange(n / 2) / (n * interval)
    nfft = abs(ft[range(int(n / 2))] / n )
    plt.plot(frequency, nfft, 'red')
    plt.xlabel('Freq (Hz)'), plt.ylabel('Amp. Spectrum')
    #plt.show()
    plt.savefig("fftv2_1_1.png")
time = np.arange(0, 5, .005)
x = np.sin(2 * np.pi * 10 * time)                  # 时域信号
y = np.fft.fft(x)                                   # 频域信号
show(x, y, 5)
```

运行该脚本，得到的输出图片如图 21-15 所示。

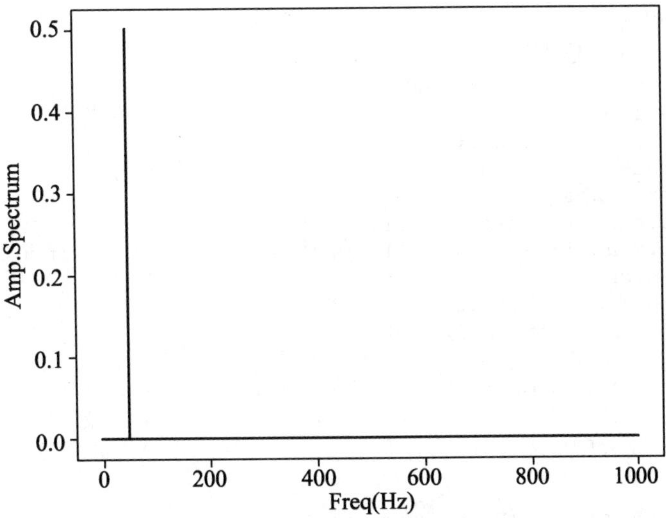

图 21-15　y=sin(10π x)的频域图

如果输入信号中带有两个不同幅度的正弦信号，例如输入信号为：

$$y=\sin(2*10\pi\ x) + 3\ \sin(2*50\pi\ x)$$

它们的时域图如图 21-16 所示。

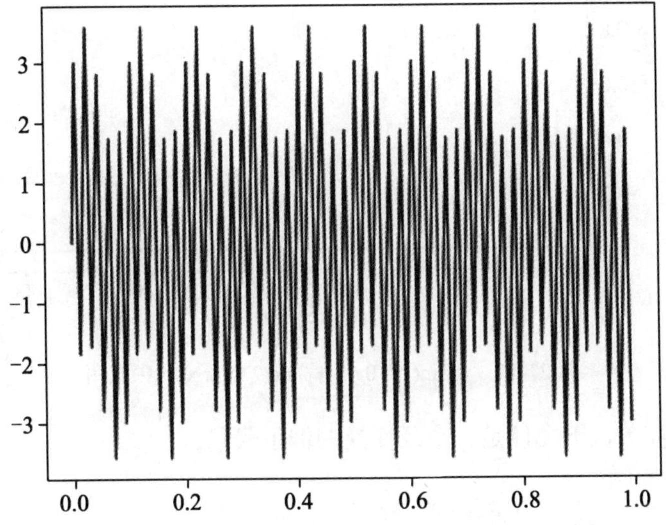

图 21-16　y=sin(2*10π x)+ 3sin(2*50π x)的时域图

那么它们的傅里叶变换代码如下：

```
import numpy as np
import matplotlib.pyplot as plt
from numpy.fft import fft, ifft
# x是时域值
```

```
# y 是频域值
# time_span 是采样时长
def show(x, ft, time_span = 5):
    n = len(x)                                            # 采样点个数
    interval = time_span / n
    frequency = np.arange(n / 2) / (n * interval)
    nfft = abs(ft[range(int(n / 2))] / n )
    plt.plot(frequency, nfft, 'red')
    plt.xlabel('Freq (Hz)'), plt.ylabel('Amp. Spectrum')
    #plt.show()
    plt.savefig("fftv2_1_2.png")
time = np.arange(0, 5, .0005)
x0 = np.sin(2 * np.pi * 10 * time)                     # 10HZ
x1 = 3 * np.sin(2 * np.pi * 50 * time)                 # 30HZ
x = x0 + x1                                            # 时域信号
y = np.fft.fft(x)                                      # 频域信号
show(x, y, 5)
```

运行该脚本，得到的输出图片如图 21-17 所示。

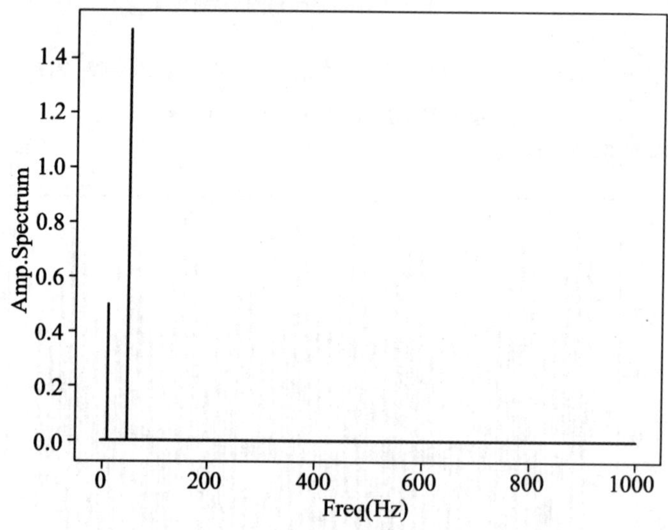

图 21-17　y=sin(2*10π x)+ 3sin(2*50π x)的频域图

反变换也很简单，下面便是一个反变换的例子代码：

```
import numpy as np
import matplotlib.pyplot as plt
from numpy.fft import fft,ifft
# 在 0 到 2π 之间取 50 个点
x = np.linspace(0, 2*np.pi, 50)
wave = np.cos(x)                                       # 时域的值
transformed=np.fft.fft(wave)                           # 傅里叶变换
reversed_data = np.fft.ifft(transformed)               # 反变换
plt.plot(x, wave, 'r')
# 反变换出来的值+0.2，以免和变换之前的值重合
```

```
plt.plot(x, reversed_data.real+0.2, 'b')
plt.savefig("fft4.png")
```

运行该脚本，可以得到如图 21-18 所示的时域图，其中上面那条曲线是傅里叶变换后再傅里叶反变换并向上移动 0.2 的曲线；下面那条曲线是 y=cos(x)的曲线。可以发现傅里叶变换后再次反变换得到的曲线近似于输入的曲线。

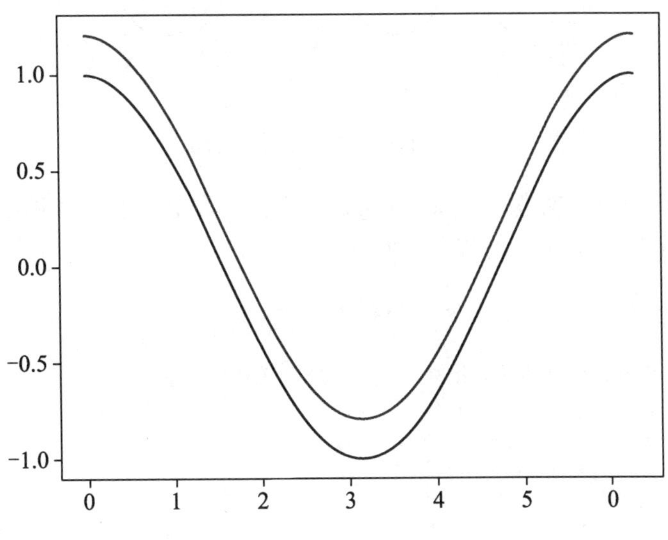

图 21-18　y=cos(x)和 y=ifft(fft(cos(x)))的时域图

21.2.6　神经网络应用

最近深度学习非常热门，深度学习就是使用多层的神经网络来解决问题的一种方法。在 20 世纪，人们认为任何神经网络都可以等效于某个 3 层的神经网络，这样就没有必要去研究多层的神经网络。直到最近几年人们才意识到多层神经的独特用途，其在图片识别、博弈等方面有着很大的优势。但不论是多少层的神经网络，其基本工作单元都是神经元，通过多个神经的不同连接方式来搭建不同的神经网络，从而解决不同的问题。

本节将介绍神经元和最简单的神经网络，以及基本的神经网络参数训练。由于神经网络是由很多的神经元组成，神经元又是由多个输入和一个输出组成，而对于前向神经网络，最终输出和输入之间的关系基本可以用一个矩阵来表示，这和 NumPy 的基本数据结构 ndarray 是很一致的，所以很多 NumPy 的方法也可以用在神经网络技术上。

每个神经元有 n 个输入 x，一个输出 y，输出和输入的关系可以用下面的数学公式表示

$$y = S(m)$$

$$m = w_1x_1 + w_2x_2 + \ldots\ w_nx_n$$

简单来说就是对所有输入求一个加权和，然后通过 S(x)这个函数输出出来，不同的加

权和标识不同的神经网络。我们也可以用图 21-19 来表示神经元的基本形式。

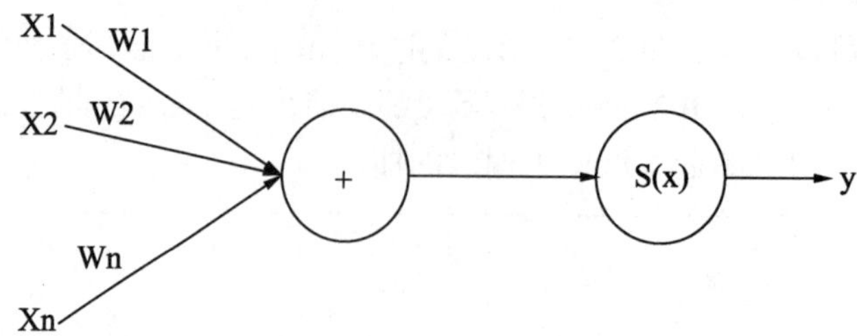

图 21-19　神经元的基本形式

S(x)这个函数一般来说是固定的，主要是为了将 y 的输出范围压缩到指定的范围。常用的 S(x)是 Sigmoid 函数，该函数定义如下：

$$S(x)=\frac{1}{1+e^{-x}}$$

可以使用下面的代码来画出该函数输入 x 和输出 y 的关系：

```
import numpy as np
import matplotlib.pyplot as plt
x = np.arange(-10,10,0.01)
y = 1.0/(np.exp(x*-1.0)+1.0)
plt.plot(x, y, 'b')  # 画图
plt.savefig("sigmod1.png")
```

运行该脚本，输入的图片如图 21-20 所示。

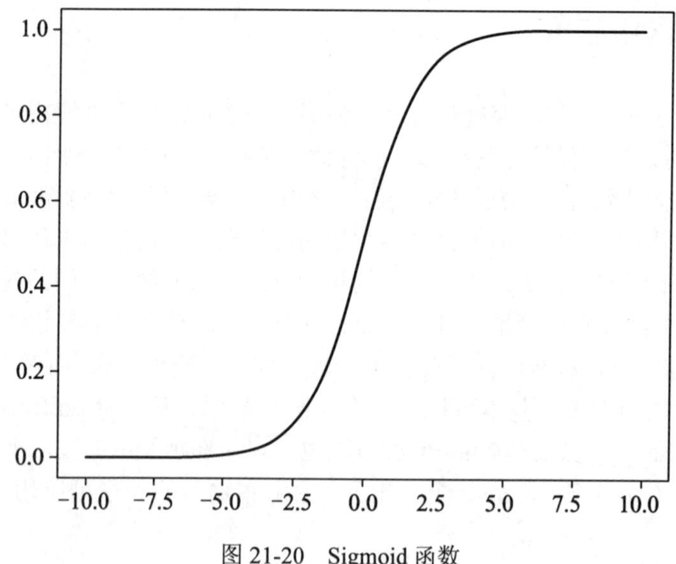

图 21-20　Sigmoid 函数

我们可以发现其规律如下：曲线是平滑的；输出 y 随输入 x 单调递增；输出 y 的范围是 0～1；当 x 超出−5～5 这个范围，输出 y 基本等于 0 或者 1，和数字信息一致。由于有

这些特性，Sigmoid 函数被广泛应用在各种神经元。

该函数还有一个特别的地方，就是求导特别方便，下面是其导数计算公式：

$$S'(x)=\frac{e^{-x}}{(1+e^{-x})^2}=S(x)(1-S(x))$$

在训练模型的过程中，如果发现对于输入 x，输出 y 和目标输出 y_0 存在差别Δy，就需要调整权重 w 来消除这种差别。方法就是找到Δw，让新的 w'=w+Δw。

该如何找到这个Δw 呢？这时就需要求导了，我们需要知道 y 对 w 的在当前 x 位置的导数∂，Δy = Δw ∂，由于知道了Δy 和∂，便可以求出Δw。但在实际应用中我们并不会使用这个Δw，而是自己定义一个固定的步长 s。∂的作用是规定了移动的方向，s 确定了移动的长度，结合 s 和∂可以让Δy 变小。按照这种方式多次迭代就可以让Δy 趋近于 0。这个过程就是模型训练，训练的目的就是调整权重 w 以消除Δy。Δy 也叫损失函数，就是真实输出和期待输出之间的差别。这种计算∂的办法也叫作梯度下降法，就是确定某个位置 x 最快下降方向。

在实际应用中，网络非常复杂，包含的神经元个数庞大，神经元之间的连接方式也是数量庞大。为了演示神经网络的使用，不太可能拿实际使用情况作为例子，这里仅以单个神经元组成的神经网络作为例子。该神经元有 3 个输入，输入基本就是 0 和 1；该神经元有一个输出，输出也只有 0 和 1 两个值，它们可以用图 21-21 表示。

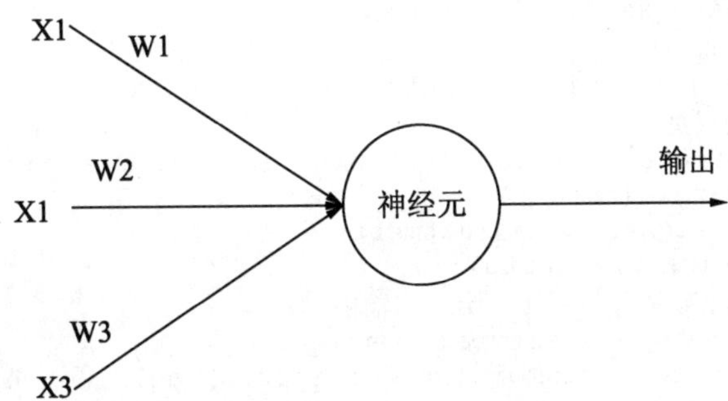

图 21-21　神经元的输入和输出

该神经元的输入和输出的关系如表 21-4 所示。

表 21-4　神经网络期待结果

输入			输出
输入x_1	输入x_2	输入x_3	
0	0	1	0
1	1	1	1
1	0	1	1
0	1	1	0

这里使用单个神经元来达到设计目的。由于仅有一个神经元，所以参数个数也就只有 3 个，分别是 w_1、w_2 和 w_3。我们的任务就是通过给代码输入期望的结果来训练这 3 个参数。下面是完整的训练和验证代码：

```
import numpy as np
class NeuralNetwork():
  def __init__(self):
    # 设置随机数种子
    np.random.seed(1)
    # 将权重转化为一个 3x1 的矩阵，其值分布为-1~1，并且均值为 0
    self.weights = 2 * np.random.random((3, 1)) - 1
  def sigmoid(self, x):
    # 应用 Sigmoid 激活函数
    return 1 / (1 + np.exp(-x))
  def sigmoid_derivative(self, x):
    #计算 Sigmoid 函数的偏导数
    return x * (1 - x)
  def train(self, training_inputs, training_outputs, iterations_num):
    # 训练模型
    # 输入是 training_inputs，是一个二维矩阵
    # 期待值是 training_outputs，是一个一维矩阵
    # iterations_num 是迭代的次数
    for iteration in range(iterations_num):
      # 得到输出
      output = self.think(training_inputs)
      # 计算误差
      error = training_outputs - output
      # 微调权重
      adjustments = np.dot(training_inputs.T, error * self.sigmoid_derivative(output))
      self.weights += adjustments
  def think(self, inputs):
    # 基于当前参数，计算 inputs 的输出
    inputs = inputs.astype(float)
    output = self.sigmoid(np.dot(inputs, self.weights))
    return output
if __name__ == "__main__":
  # 初始化神经类
  neural_network = NeuralNetwork()
  print(u"随机生成最初的权重值")
  print(u"初始权重值为：", neural_network.weights)
  #训练数据的输入部分
  training_inputs = np.array([[0,0,1],
                              [1,1,1],
                              [1,0,1],
                              [0,1,1]])
  # 训练数据的输出
  training_outputs = np.array([[0,1,1,0]]).T
  # 开始训练，进行 150000 次训练
  neural_network.train(training_inputs, training_outputs, 15000)
  print(u"训练后的权重：", neural_network.weights)
```

```
    # 验证结果
    y = neural_network.think(np.array(training_inputs[0]))
    assert abs(y - training_outputs[0]) < 1e-2
    y = neural_network.think(np.array(training_inputs[1]))
    assert abs(y - training_outputs[1]) < 1e-2
    y = neural_network.think(np.array(training_inputs[2]))
    assert abs(y - training_outputs[2]) < 1e-2
    y = neural_network.think(np.array(training_inputs[3]))
    assert abs(y - training_outputs[3]) < 1e-2
    print(u"验收通过")
```

运行该脚本后的输入如下：

```
$ python ex1.py
随机生成最初的权重值
初始权重值为： [[-0.16595599]
 [ 0.44064899]
 [-0.99977125]]
训练后的权重： [[10.08740896]
 [-0.20695366]
 [-4.83757835]]
验收通过
```

可以发现，其实训练就是调整权重参数的一个过程。虽然不知道最终我们期望的参数是多少，但是可以通过比较实际输出和期望输出的差值来微调这些权重，最终可以达到输出和我们的期望一致。

推荐阅读

人工智能极简编程入门（基于Python）

作者：张光华 贾庸 李岩　书号：978-7-111-62509-4　定价：69.00元

“图书+视频+GitHub+微信公众号+学习管理平台+群+专业助教”立体化学习解决方案

本书由多位资深的人工智能算法工程师和研究员合力打造，是一本带领零基础读者入门人工智能技术的图书。本书的出版得到了地平线创始人余凯等6位人工智能领域知名专家的大力支持与推荐。本书贯穿“极简体验”的讲授原则，模拟实际课堂教学风格，从Python入门讲起，平滑过渡到深度学习的基础算法——卷积运算，最终完成谷歌官方的图像分类与目标检测两个实战案例。

从零开始学Python网络爬虫

作者：罗攀 蒋仟　书号：978-7-111-57999-1　定价：59.00元

详解从简单网页到异步加载网页，从简单存储到数据库存储，从简单爬虫到框架爬虫等技术

本书是一本教初学者学习如何爬取网络数据和信息的入门读物。书中涵盖网络爬虫的原理、工具、框架和方法，不仅介绍了Python的相关内容，而且还介绍了数据处理和数据挖掘等方面的内容。本书详解22个爬虫实战案例、爬虫3大方法及爬取数据的4大存储方式，可以大大提高读者的实际动手能力。

从零开始学Python数据分析（视频教学版）

作者：罗攀　书号：978-7-111-60646-8　定价：69.00元

全面涵盖数据分析的流程、工具、框架和方法，内容新，实战案例多
详细介绍从数据读取到数据清洗，以及从数据处理到数据可视化等实用技术

本书是一本适合“小白”学习Python数据分析的入门图书，书中不仅有各种分析框架的使用技巧，而且也有各类数据图表的绘制方法。本书重点介绍了9个有较高应用价值的数据分析项目实战案例，并介绍了NumPy、pandas库和matplotlib库三大数据分析模块，以及数据分析集成环境Anaconda的使用。

推荐阅读

Python Flask Web开发入门与项目实战

作者：钱游　书号：978-7-111-63088-3　定价：99.00元

从Flask框架的基础知识讲起，逐步深入到Flask Web应用开发
详解116个实例、28个编程练习题、1个综合项目案例

本书从Flask框架的基础知识讲起，逐步深入到使用Flask进行Web应用开发。其中，重点介绍了使用Flask+SQLAlchemy进行服务端开发，以及使用Jinja 2模板引擎和Bootstrap进行前端页面开发，让读者系统地掌握用Python微型框架开发Web应用的相关知识，并掌握Web开发中的角色访问权限控制方法。

Python Django Web典型模块开发实战

作者：寇雪松　书号：978-7-111-63279-5　定价：99.00元

腾讯云+社区/阿里云栖社区专栏作者分享Django全栈开发经验
详解Web开发中的11个典型模块，帮你成为全栈开发的大神级程序员

本书讲解了11个实战项目案例的典型模块开发，让读者从项目需求分析、产品设计、业务模式、功能实现、代码优化，以及设计理念和开发原理等角度进行系统学习。读者只要按照书中的讲解进行学习，就可以完成案例代码的编写，实现案例模块的基本功能，并能通过项目案例开发夯实Django的基础知识。

从零开始学Scrapy网络爬虫（视频教学版）

作者：张涛　书号：978-7-111-63474-4　定价：99.00元

科大讯飞人工智能教育培训与研究专家多年实战经验的总结
科大讯飞人工智能研究院潘青华、CSDN博客专家贾志刚推荐

本书从零开始，循序渐进地介绍了目前流行的网络爬虫框架Scrapy，即使你没有任何编程基础，阅读本书也不会有压力。本书以案例为导向，通过对14个项目案例的不断迭代和优化，让读者加深对知识的理解，提高解决实际问题的能力。本书附赠16小时配套教学视频和教学PPT，方便读者高效学习。